当代中国科学家学术谱系丛书

丛书主编 王春法

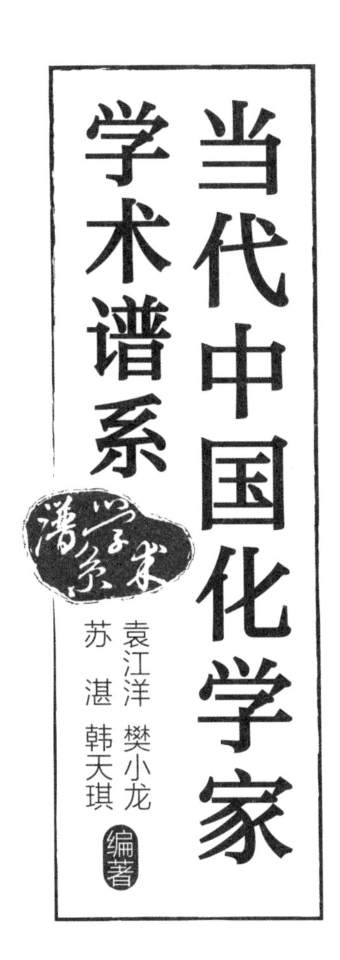

内容提要

本书系《当代中国科学家学术谱系丛书》之一，旨在以化学学科为例，探讨现代科学学术谱系在中国发生和发展的一般趋势，借以描述、认知20世纪以来中国科学发展的生态环境和运作机制。本书主要梳理了20世纪以来中国无机化学、有机化学、物理化学、分析化学、高分子化学五个化学的二级学科的学术谱系，并基于对这些谱系的研究对相关学术问题进行了讨论。

图书在版编目(CIP)数据

当代中国化学家学术谱系/袁江洋等编著.—上海:上海交通大学出版社,2016

(当代中国科学家学术谱系丛书)

ISBN 978-7-313-15272-5

Ⅰ.①当… Ⅱ.①袁… Ⅲ.①化学—学术思想—谱系—中国—现代 Ⅳ.①O6

中国版本图书馆CIP数据核字(2016)第144573号

当代中国化学家学术谱系

编　　著:袁江洋　樊小龙　苏　湛　韩天琪

出版发行:上海交通大学出版社　　地　　址:上海市番禺路951号

邮政编码:200030　　电　　话:021-64071208

出 版 人:韩建民

印　　制:上海景条印刷有限公司　　经　　销:全国新华书店

开　　本:710mm×1000mm　1/16　　印　　张:37.75

字　　数:645千字

版　　次:2016年7月第1版　　印　　次:2016年7月第1次印刷

书　　号:ISBN 978-7-313-15272-5/O

定　　价:149.00元

《当代中国科学家学术谱系丛书》编委会

“当代中国化学家学术谱系研究”课题组成员名单

负责人： 袁江洋

成　员： 乌云其其格　苏　湛　樊小龙　高　洁

荣小雪　罗兴波　冯　翔　田　闯

总　序

中国现代科学制度系由20世纪初叶从西方引入的，并在古老而年轻的中国落地生根、开花结果。百余年来，一代又一代中国科技工作者尊承前贤、开慈后学，为中国现代科技的初创、进步，并实现跨越式发展作出了巨大贡献。可以说，中国现代科技的发展史，就是一部中国科技工作者代际传承、接续探索的奋斗史。今天，我们站在建设创新型国家的历史新起点上，系统梳理百余年来中国现代科技发展的传承脉络，研究形成当代中国科学家学术谱系，对于我们深刻理解中国现代科技发展规律和科技人才成长规律，对于加快建设人才强国和创新型国家，无疑是十分重要和必要的。

一

学术谱系是指由学术传承关系（包括师承关系在内）关联在一起的、不同代际的科学家所组成的学术群体。在深层意义上，学术谱系是学科学术共同体的重要组成单元，是学术传统的载体。开展当代中国科学家学术谱系研究，旨在深入探讨各门学科或主要学科分支层面上学术谱系的产生、运作、发展以及在社会中演化的历史过程及一般趋势，促进一流学术谱系及科学传统在当代中国生根、成长。

学术谱系研究具有重要的学术价值。它突破了以往科学史研究的边界，涉及由学术谱系传承过程中数代科学家所构成的庞大的科学家群体，而且在研究时段上要考察历时达数十年乃至近百年的学术谱系发生发展过程。为了实现这一目标，研究者必须将人物研究、科学思想史研究与关于科学家群体的社会学解析（群体志分析）结合起来，将短时段的重要事件描述、中时段的谱系运作方式研究与长时段的学术传统探讨乃至学科发展研究结合起来。

学术谱系研究还具有突出的现实意义。它有助于探讨现行体制下科技人才成长规律，回答“钱学森之问”；有助于加快一流学术传统在当代中国的移植与本土化进程，有助于一流学术谱系的构建，也有助于一流科技人才的培养。

二

当代中国科学家学术谱系研究，以科学家和科学家群体为研究对象，通过综合运用科学史、科学哲学和科学社会学的理论和方法，分别从短时段、中时段和长时段多种视角审视学术谱系的产生与发展过程，画出谱系树。在此基础上，就学术谱系的内部结构、运作机制、相关学术传统及代际传承方式展开深入研究，同时与国外先进学术谱系展开比较研究，并结合国情提出相关政策建议。

具体来说，当代中国科学家学术谱系的主要研究内容，应包括以下五个方面：(1)结合学科发展史，对学科内科学家进行代际划分和整体描述，找出不同代际之间科学家之间主要的学术传承关系，描述学术传承与学科发展、人才成长的内在联系；(2)识别各学科中的主要学术谱系，归纳提炼出代表性谱系的学术思想和学术传统；(3)研究主要学术谱系中代表性科学家在相关学科发展中的地位与作用；(4)着眼于学术谱系发展趋势，分析相关学科发展的突出特点、主要方向以及潜在突破点；(5)与国外相关学术谱系开展比较研究。

三

如何开展当代中国科学家学术谱系研究？首先要广泛而扎实地收集史

料，在保证真实性的基础上，尽可能做到详尽、全面。史料收集可采用文献研究、访谈、网络数据库等方法，其中以文献研究方法为主。如采用访谈方法，必须结合历史文献记录对访谈的内容进行验证，以免因访谈对象的记忆错误或个人倾向而导致史实上的分歧问题。

其次，确定代际关系。划分代际关系是适当把握学科整体学术谱系结构的重要前提。可以学科史、师承关系和年龄差距这三方面依据为参考。学科史有助于了解学科发展早期同代际学者的分布以及彼此之间的合作关系。师承关系是划定不同代际的基本依据，但由于科学家的学术生涯长达50年左右，对其早期弟子与晚期弟子应作必要区分。此时，则需要参考年龄因素，可以25年为代际划分的参考依据。

再次，初步识别并列出所研究领域内的所有谱系。对所研究的学科进行一个概略性的介绍，包括该学科在我国移植和发展的大致情况、所包含的分支领域和主要学术谱系等。依据适当理由对不同代际科学家进行划分，描述不同代际科学家之间的总体学术传承关系。尽可能全面、系统地列出所有能够辨识的学术谱系，绘制出师承世系表。

第四，开展典型谱系研究。从经过初步识别的学术谱系中选出若干具有典型意义的重点谱系进行深入研究，理清谱系发展过程中的主要事实。典型谱系的研究可按短、中、长三个时段推进。典型谱系的研究要以事实为基础，但不能仅仅停留在史实上，而要在史实基础上进行提炼(特别是在中时段和长时段研究中)，通过提炼找出规律性的东西。

第五，与国内外相关学术谱系进行比较研究。选择与所选典型谱系相似方向和相同源头的国外学术谱系进行比较研究，主要考察内容可包括学术传统差别、人才培养情况差别、总体学术成就差别、外部发展环境差别等。

第六，提出研究建议。结合在典型学术谱系研究和比较研究中总结出的促进学术谱系健康成长的经验和阻碍、制约学术谱系发展的教训，给出相关研究和工作建议，以推动一流科学传统在我国的移植与本土化进程，促进我国科学文化和创新文化的发展。

四

中国科协是科技工作者的群众组织，是党领导下的人民团体。广泛动员组织科技界力量开展当代中国科学家学术谱系研究，梳理我国科技发展各领域学术传承的基本脉络，探究现代科技人才成长规律，对科协组织而言，既是职责所系，也是优势所在。

为此，自2010年5月起，中国科协调研宣传部先后在数学、物理、化学、天文学、生物学、光学、医学、药学、遗传学、农学、地理学、动物学、植物学等学科领域，启动当代中国科学家学术谱系研究，相关研究成果就此陆续出版。我们期待，本套丛书的出版将带动学界同行进一步深入探讨新中国成立前后、“文革”前后，以及改革开放以来我国科学家学术传承的不同特点，探讨中国科学家学术谱系与国外科学家学术谱系之间的区别和联系，探讨国外科学传统（英、美、德、日、法以及苏联传统）的引入与本土研究兴起之间的内在关联，从而为我国科技发展更好遵循现代科技发展规律和科技人才成长规律，实现新发展新跨越提供有益的思考和借鉴。

本套丛书的研究出版是一项专业性的工作，也是一项开创性的工程。感谢各有关全国学会的大力支持，感谢中国科技史学界同行们的热情参与，也感谢上海交通大学出版社的辛勤付出。正是有了各方面的积极工作和密切协作，我们更有信心把这项很有价值的工作持续深入地开展下去。

是为序。

王春法

2016年5月23日

前　言

本书是中国科协“当代中国化学家学术谱系研究”项目的成果。

“当代中国化学家学术谱系研究”项目旨在以化学学科为例，探讨现代科学学术谱系在中国发生和发展的一般趋势，借以描述、认知20世纪以来中国科学发展的生态环境和运作机制。

化学家学术谱系研究主要围绕无机化学、有机化学、物理化学、分析化学、高分子化学五个化学的二级学科进行。受限于研究的工作量和可操作性，部分二级学科，如应用化学、化学生物学，以及化学中一些新兴的交叉学科未能收入本书的视野范围之内。这并不意味着这些二级学科不够重要，只是从课题的可操作性、课题组的能力，以及课题的研究目标来考虑，我们只能优先选择在中国当代化学学科的发展历程中从业人数最多、历史最长，且最具典型性的几个分支。

在书中，学术谱系特指由学术传承关系关联在一起的、不同代际的科学家所组成的、动态发展的、开放的学术群体。科学家之间的师承关系是学术传承关系中最重要的一种，也是我们识别谱系的重要依据。但学术谱系并不仅仅意味着师承关系，对于我们的研究目的而言，谱系学术传统的传承关系并不亚于名义上的师承关系。学术传统是由科学家的道德和价值取向、研究问题取向、基本研究方法、学术评价标准和相关分配-奖励机制所构成的综合体，它是学术谱系的核心。因此，我们对学术谱系的识别将采取师承关系与学术传承关系并重的原则。基于以上原则以及本项研究的学术目的，我们做出以下三点说明：

第一，本书基于师承关系和学术传承关系来识别学术谱系，并以学术传统的建立作为谱系形成的标志。单纯通过师承关系连接起来的教学谱系不在本书的考察范围之内，而是否开展独立的学术研究将是我们判断学术传统能否建立的最低学术标准。鉴于这一标准，部分中国化学学科和化学教育的早期奠基者，如高崇熙、张子高、任鸿隽等为化学教学和化学学术团体的组织与管理付出毕生精力的老一辈化学家，尽管为中国化学学科的建立和化学人才的培养做出了不可磨灭的贡献，但由于其主要精力没有放在科学研究上，因此并未列入本书的考察范围。这绝不意味着他们及其以后历代专门从事化学教学和组织管理工作的化学家们的工作不重要，只是这方面的工作并非本次研究的侧重点。我们希望未来能够在其他课题中对此做专门研究。

第二，在考察学术传承关系时，在早期历史中以本科学历所显示的师承关系为主要指标，在后期历史中（“文革”后）则主要参照研究生学历来锁定传承关系；此外，考虑到构成谱系核心组成的教-研单元往往包括助手在内，而助手虽然不一定是主要导师的直系学生，但却在该核心教-研单元中扮演了重要角色，因此，我们也将导师的重要助手作为谱系成员对待。

第三，对于同一位化学家在不同二级学科发展出的学术谱系，虽然其创始人相同，但仍将其视作两个或多个独立的谱系。

为了确保研究质量，课题组自项目启动以来广泛搜寻各方面的资料，所收集的人物传记资料包括（但不限于）中国科学院化学学部历任院士、国内外有影响的化学奖项得主、中国化学会历任理事及重点化学研究所、实验室和高校的化学院系科室的学术带头人等；参考的资料包括公开出版的权威性传记资料，如：《中国科学技术专家传略（化学卷）》；来自老科学家的同事、亲友、学生的公开发表的回忆和纪念性文章；科学家所属院校或研究机构官方网站上的个人学术履历（主要针对较年轻的学者）；等等。

但即便如此，最终形成的报告仍然只能涵盖20世纪以来中国化学家群体的很小一部分。一方面，由于档案材料的缺失，很多化学家尽管为中国化学的发展做出了杰出贡献，但我们无法取得相关资料，因此无法对其展开研究。另一方面，鉴于本项研究的核心目的及我们所能承受的工作量，课题组只能将精力集中在前述的五个二级学科中一些明显可识别的、具有典型意义的学术谱系上，而未涉及这五个二级学科外的其他一些二级学科中的学术谱系。此外，在这五个二级学科之内，还可能存在其他的学术谱系，如北京大学王夔院士开创的药物无机化学学术谱系，尽管有很重要的研究价值，并且作了初步梳理，但是由于资料缺乏，一些核心问题最终无法落实，出于对学术负责，权衡再三，不得不忍痛割爱，在终稿中删去了相关内容。

本书的部分内容，包括本书涉及的所有由1921年以前出生的化学家开创的学术谱系，曾于2014年初在中国化学会网站上进行公示。在本书付印时，除了已公示过的部分，我们还选择了少数比较有代表性的由1921年以后出生的化学家创建的学术谱系，补入书稿中，以作为研究我国化学家学术谱系演变情况的参考。

本书是一项科学史学术研究的成果，其目的在于研究我国化学学术谱系的发生与发展的历史过程，并不对学术谱系及谱系成员学术成就和地位进行评价。本书的全部内容，包括内容的选择取舍，只代表我们对各谱系实际情况的认知。由于前述种种原因，有不少为当代中国化学事业做出杰出贡献的化学家及其所属的学术谱系未能收录在本书中，这绝不意味着他们的贡献不够大或不够重要。在此，本书的所有作者向包括他们在内的所有当代中国化学家致以深深的敬意。

学术谱系研究，在本书作者看来，作为一项具有独立意义的史学研究，其涉及面已远远超出了科学家个人、学派的研究范畴，绝不止于对学术谱系的标识和绘制谱系树这样的工作，还应该综合运用长时段、中时段和短时段的历史研究手法，对学术谱系的发生发展过程中的重大事件、运行机制、学术传统的确立与传承、谱系学术成果的时空分布、谱系间的竞争与合作机制、与国外同类学术谱系的对比研究等重要学术问题，展开全方位的调查、分析和研究。因此，本书在前述许多问题上的研究只能说是刚刚起步，如本书只选取了“唐敖庆谱系”以及“亚当斯中国谱系”这两个谱系展开了相关的个案分析、对照研究及成果统计分析。在此，我们衷心希望有机会继续推进相关的研究，以回报关心此项研究的人们。

本书的写作由中国科协资助。中国科学史学会和中国化学会在本书写作过程中给予了大力协助。中国科学史学会和中国化学会的一些资深专家，如鲁大龙博士、习复研究员，为本书提供了大量宝贵意见，在此对有关专家致以深深的谢意。

编著者

2016 年 4 月

学校及研究机构简称对照表

燕大——燕京大学
北大——北京大学
清华——清华大学
南大——南京大学——前身国立中央大学
复旦——复旦大学
南开——南开大学
上交——上海交大——上海交通大学
川大——四川大学
山大——山东大学
吉大——吉林大学——前身东北人民大学
福大——福州大学
厦大——厦门大学
兰大——兰州大学
浙大——浙江大学
武大——武汉大学
同济——同济大学
北师大——北京师范大学
西工大——西北工业大学
西北师大——西北师范大学
上师大——上海师范大学
华东理工——华东理工大学——前身华东化工学院
华南理工——华南理工大学

武汉理工——武汉理工大学
浙江工大——浙江工业大学
西南联大——西南联合大学
华中科大——华中科技大学
中国矿大——中国矿业大学
中国科技大学——中国科学技术大学
哈军工——哈尔滨军事工程学院
哈工大——哈尔滨工业大学
中科院——中国科学院
中科院化学所——中国科学院北京化学研究所
兰州化物所——中国科学院兰州化学物理研究所
青海盐湖所——中国科学院青海盐湖化学研究所
大连化物所——中国科学院大连化学物理研究所——前身大连大学科学研究所
中科院光机所——中国科学院长春光学精密机械与物理研究所
长春应化所——中国科学院长春应用化学研究所
成都有机所——中国科学院成都有机化学研究所
上海有机所——中国科学院上海有机化学研究所
中科院过程所——中国科学院过程工程研究所——前身中国科学院化学冶金研究所
中科院理化所——中国科学院理化技术研究所
中科院环境化学所——现更名为中国科学院生态环境研究中心
福建物构所——中国科学院福建物质结构研究所
上海硅酸盐研究所——中国科学院上海硅酸盐研究所
广州地化所——中国科学院广州地球化学研究所
防化研究所——中国人民解放军防化研究院
石油科学研究院——中国石油化工股份有限公司石油化工科学研究院

目　录

第一部分　论学术谱系

第二部分　谱系梳理

第三部分 谱系研究

第一部分

论学术谱系

第一章 论学术谱系

第一节 学术谱系的定义

一、从长时段历时分析视角理解科学：学术谱系研究

100 多年以来，在理解人类科学事业——理解科学活动及相关的知识产出和应用过程之时，人们从哲学、历史和社会学等多个视角做出了多种努力，并促成了相关学术事业的制度化发展。通常的做法是，先抓住科学活动的某一个时间横截面作共时分析，然后再以此为基础展开历时分析。20 世纪的科学哲学家、科学社会学家乃至科学史家大多采取这样的研究进路。比如，实证论者或逻辑经验主义者将科学理解为实证知识系统，他们致力于解析科学知识系统的形式和结构，将之描述为彼此相互支撑且受经验支撑的命题系统。又如，社会学者关注人类科学活动的社会性，他们扣住科学共同体这一具有共时特征的社会学概念，致力于解析科学共同体内部的运行规则以及科学共同体这个小社会与外部社会之间的关系。关于科学共同体，科学家波兰尼(Michael Polanyi)以“科学共和国”概念为其提供了一种最简单的刻画：这个共和国的每个成员原则上均享有充分的平等和自由。社会学家默顿(Robert King Merton)及其追随者进而描述了科学共同体内部的分层结构及相关的活动机制。无疑，基于以上这两种共时分析都可以引申出相关的历史研究——历时分析。比如，人们可以以实证知识观为基础、从科学知识累积增长的模式来考察科学知识的产生和发展过程——科学史家乔治·萨顿(George Alfred Leon Sarton)在其《科学史指南》中正是采用了这种编史进路；也可以致力于描述具有共时特征的科学共同体及相关机制的历时变化。然而，所有这些研究均不能替代这样一种研究——以历时

研究为基础、为起点,将共时分析置于其后,以这样一种方式来理解科学。

在此,看一个生动而有趣的例子——老师戴维(Sir Humphry Davy)与他的弟子法拉第(Michael Faraday)之间学术衣钵传承的故事。我们知道,无论是在气体化学、电化学乃至电磁学方面,戴维的工作均构成了法拉第研究的基础,而且前者的实验研究方法也为后者充分继承。数十年间,师徒两人的关系尽管经历了从亲密无间到隔膜丛生的变化,但高高在上的戴维在因健康问题主动退休之际,仍义无反顾地选择法拉第作为自己学术道统的继承人,将自己耗费一生心血建立的皇家研究院实验室交给法拉第掌管。当时法拉第虽已当选为法兰西学院会员,但在戴维实验室中的身份或者说职称仍只是实验室助手,而戴维的另一位学生威廉·布兰德(William Thomas Brande)早在数年之前已升任实验室教授,并出任皇家学会秘书。这是一种超越了个人好恶的抉择,一种立足于长程学术道统传承而作出的抉择。然而,法拉第个人虽然在学术上取得了远胜于老师的成就,但终其一生,他却没有像他的老师那样培养出下一代的杰出人才来接任自己的位置。

今天,当人们试图深化对科学的理解之时,不妨采纳戴维在接班人问题上所采取的那种长远视角,顺此思路作一些积极的尝试,即将由共时分析而历时分析转变为由历时分析而共时分析,将由短时段至中时段而长时段的分析顺序转变为长时段至中时段而短时段的分析顺序。人们将会在这样一种视角中看到在以往的视角中难以看到的一些东西——那些为以往视角所遮蔽的东西。

或许,人们已习惯于由共时分析而进入历时分析的研究路径,习惯于由个性来发现共性、由差异来发现一致,但正是在这样的背景下,反向的做法——由历时分析而共时分析,由共性而发现个性、由一致而发现差异——的价值才得以彰显。

在长时段的历时分析视角下,首先进入研究者视线的不是别的,恰恰是某种形式的"大写的人",是以学术传承关系关联在一起的科学家学术谱系,由学术谱系向下看到的是不同代际的研究团队乃至个人研究者,由学术谱系的交叉与互动、合作与竞争看到的则是学科界面上的行为主体;由表而里看到的则是蕴藏在一个个学术谱系背后的各具特色的学术传统或亚学术传统。

在库恩(Thomas Samuel Kuhn)的视域中,科学家无不受整个科学共同体共同认同的统一的科学范式的支配;而且,晚年库恩还曾明确表示,若他重写《科学革命的结构》,他将从科学共同体开始写起。但是,采用统一的科学范式概念来理解科学并不能充分展现科学家在实际科学创造过程中所拥有的个性特征以及不同创造主体之间的个体差异,因而难以据之对科学创造的过程给出真切的理解。范式概念或许能够表达不同研究群体所采用的不同研究进路之间存在的一致的一面,或许能够从某种意义上描绘整个科学共同体的某些共性特征,却不足以展现——或者说,掩盖了不同的研究者、不同的研究群体或团队乃至不同学术谱系个性化的特色。因此,我们不妨以学术联合体的概念代替学术共同体的概念,既承认学术联合体内不同研究者以及不同谱系彼此之间在基本世界观和方法论上存在一致的可理解性和可相容性,也承认他们/它们彼此之间在涉及各自的研究问题时保持充分的自由度和特色,可以以各不相同的研究进路、通过合作与竞争来锁定各自的研究领域和问题域,找寻各具特色的研究方法和进路,确立不同品位的评价标准,建立相应的学术交流和奖励机制,并展开自由创造。

学术谱系研究将有助于人们更真切地把握历史及现实中科学活动的实际(而非理想的)过程和机制。学术谱系是科学家成长的摇篮或者说内环境,是科学家步入职业生涯的立足点,也是科学家彼此之间展开合作与竞争的重要舞台和依托。科学史表明,没有哪一个科学发现是由整个科学共同体共同完成的,没有哪一位科学大师是由整个科学共同体集体培养的。在现代科学制度下,一个科学家,总是在助手、学生、合作者的共同努力下,展开研究和创造活动的;在很大程度上,学习科学的学生也是在由学术谱系所提供的内环境中成长的。比如,18世纪法兰西科学院在设立为数不多的教授席位时,就曾长期采用这样一种制度:由一位教授、两位助理教授和一位学生来构成学术梯队结构,教授的研究离不开助手和学生的合作,而助手和学生的成长也离不开教授的指导和谱系内环境的支撑。而且,在相当重要的意义上,科学家个人往往依托学术谱系展开合作与竞争。这在我们考察科学合作的具体途径和科学资源及荣誉的分配机制时是屡见不鲜的。

学术谱系研究的切入点和关键点首先在于对长时段中纵向学术传承关系的把握。众所周知,学术的发展有赖于继承和创新。学术继承的对象既包括实用的器物,如建筑师留下的建筑、艺术家留下的雕塑、科学实验室中配置的仪器,也包括学术语言以及运用这些语言来编码的科学知识、语句和文档,除此以外,还包括学术理念与治学方法。这些要素身兼皮鞭与火炬双重角色,比之知识来得更为核心,永续不断地推动人类学术向前迈步。继承是长足创新的前提,缺少前辈呕心沥血所创的学术基础而事事重起炉灶,则人类学术只能像西西弗斯的滚石,永远无法推到比昨日更高;创新是高质量继承的归宿,每一份学术遗产当中都寄予着永无止境的期望,都浸染着创新的品质,都必然走向发展;学术继承和发展的过程是高度统一的。

学术的流传与继承是由多种途径实现的。如果我们不去考虑更早的文化或学术形态及其发展的情形，而以今天人们对于“学术”一词的定义，将之理解为系统而专门的学问，则学术传承可以根据实现手段为标准划分为三类。第一类为“传”与“承”分离的方式，比如艺术作品或学术著述的流传与学习——无论是谁，身处何时何地都可以创作；无论是谁，身处何时何地都可以研习。第二类为“传”与“承”合一的方式，比如开馆讲学与拜师学艺，教与学的当事人形成固定的师徒关系，教与学的行为在特定的时空中同时同地获得实现。事实上，学术访问、通信等可以被作为中间类别归为第三类。第一类和第三类关系均可在一定程度上突破时空的限制，可远远越出谱系的范围在通常所说的科学共同体的意义上展开。

随着学术的发展，学术目标、其在社会中的功能定位、形式类别、实现手段等都在不断变化。比如，学术的普及与学术的专门化两个维度时近时远；为学术而学术以及为实用而学术的两类主张时分时合；学科分化与融合交相辉映；高校、公立及私立研究所等学术研究机构百家争鸣；各类学术会议、期刊、学术组织纷繁复杂等。单就学术传承方式的变化这一点来看，出于教育理念和方法及技术手段的进步等原因，前述第一类与第二类途经之间也表现出某种交叉融合的趋势，比如教材越来越区别于学术论著而专注于教育目的；与此同时，网络课程、远程教学等也渐渐摆脱了时空束缚，成为一种变相的“图书”；通信技术的发达更是拓展了第三类途经的空间。

但是以书籍、课堂与通信为代表的三类学术传承路径仍各具其适用性，各自的若干核心特点与区别仍旧是不容抹杀的。就第一类而言，无论是学术专著、教材或者期刊都具有特定的优势，适合全面、深入、精要、专门地阐述学术理念、成果和方法，并进行长期而广泛的传播。第三类办法适合成熟的学术研究主体之间就某些具体问题进行自由而深入的交流切磋。相比于其他两类，课堂途径既能够克服静态的文字和图画等所难以胜任的表现和被理解的要求，又能够比之通信更为系统、长期、稳定，能够通过对于学问中精深细节的深度诠释和不断巩固，促使学生把握学术的精髓并启发、引导和把关其创造性工作，最适合于学术由学术人群向非学术人群的高密度、高质量流通。非学术人群既包括不谙学术的年轻人，也包括不习某一门专门学术领域的“学术成人”——接受过基础教育或具有某一门学术阅历的人。受本研究主题所限，在此不做过多的这方面的比较，而在以下篇幅中专注于课堂或曰师徒形式的探讨。

课堂通道的内核无疑是师徒关系，围绕这一内核形成学园、学馆或学校。学校为师徒关系维系提供全方位的条件，包括：教室、实验室、科研设备等硬件设施，教材、课程等素材，院、系、科、室、专业和方向等制度层级设置，还有学术与学位委员会等学术评定机制。

“师者，所以传道授业解惑也。”诚如韩愈所说，老师的职责和功能可以概括为传授学问、传授“饭碗”以及答疑解惑三个层次。“传道”的内容包括：综合的人类文明的基础智慧——道德领域的基本信条(师道尊严也在其中)以及自然科学领域的基本认识等；某一门学问的专业基础知识和技能及专业基本理念、思维和方法等。“授业”的核心是向其门徒中日后将以学问为生者传授运用学问和创造学问的能力。授业完成，学生自师门毕业以后，老师仍旧可帮助他们取得工作，比如引荐其进入学术圈，或介绍及推荐其进入更高一级的学府，并且可以在其入行以后的很长一段时间里持续给予人脉、学术资源及智力等方面的支持，直至他们充分独立，能够独当一面，甚至开始有能力反哺师门为止。这一点对于初出茅庐的青年人来说尤其重要。“人非生而知之者，孰能无惑?”对于学问上的困惑，或者苦心孤诣自己求解，或者求助于书本找寻答案，但是毫无疑问，师徒关系提供了最为有效的机会，此所谓“惑而不从师，其为惑也，终不解矣”。通过促膝长谈，手把手地指导以及师生情谊的熏陶，往往能够使学生在迷惑中幡然醒悟，从而取得学问的快速长进。

求学与为学是一项艰苦的工作，师徒关系能够提供绝佳的学习氛围，比如师徒群体之间的密切互动有助于克服“孤陋寡闻”；老师对于学生一贯严格要求，督促训诫有助于克服学生的懒惰和不求上进；老师以学术理想及学术精神灌输于学生，有助于培养其良好的学术品质；师门戒律及师生情谊则最终能够作为一根坚实的纽带将一代代老师与学生、同辈的学友乃至数代成员之间紧密关联起来，形成师门(学门)或者叫做学术谱系，身处学术谱系中的成员即使在离开学校乃至离开学术谱系的母体以后仍携带着指向于该谱系的归属感和使命感。因此，学术谱系最终能够超越学术机构，近似血缘关系一般成为一种伴随一个人学术生涯乃至非学术生涯的持久而稳固的社会关系网络结构。

二、学术谱系的定义

在本项研究中，学术谱系特指由学术传承关系(以实质性的师承关系为主)关联在一起的、不同代际的科学家所组成的、动态发展的、开放的学术群体；在深层意义上，学术谱系是学科学术联合体的重要组成单元，是各种各具特色的学术传统或亚学术传统的载体。而学术传统是由科学家的道德和价值取向、研究问题取向、基本研究方法、学术评价标准和相关分配-奖励机制所构成的综合体。

上述定义需作进一步说明：

(1) 学术谱系由不同代际科学家组成，纵向的学术传承关系是不同代际科学家之间的纽结，也是识别学术谱系的主要依据。

(2) 在现实科学活动中，学术谱系既是依托于某些大学或科研机构的、融研究和教学于一体的师生教研实体，也是以跨机构方式互动的、开放的无形学院。学术谱系的核心组织内核是由导师、助手和在读研究生构成的研究-教学团队，当我们将毕业离开导师另行工作的学生与此内核合在一起考虑时，则不妨将之视为绕此内核运转的无形学院。谱系成员，在参与学术合作与竞争时，均可以在某种程度上获得来自学术谱系的支撑。

(3) 学术谱系是动态发展的、开放的，其每一次代际学术传承，均涉及不同代际成员的纵向延展，亦涉及共时、共代际谱系成员的横向扩展。我们可以设想一幅自上而下构筑的金字塔图景，并以此为基础构想整个学术谱系的发展进程。或者，我们可以以谱系树的生长来形容学术谱系的生长。此外，我们更需要设想一幅蒲公英随风传播、重新生根生长的图景，以此理解学术谱系的分化、理解新学术谱系的创生。非如此不足以理解学术谱系在现代中国的发端和进化过程。中国现代科学由西方移植而来，相应地，中国科学最早的学术谱系自无例外。

(4) 学术谱系在生长过程中是有主干的，在此，我们不妨将谱系宗师所依托的学术机构称为该谱系的学术大本营。但是，这并不排除有杰出弟子游离于原大本营外并凭其杰出才能另行开创新的学术谱系。

(5) 当谱系宗师退隐或故去，学术谱系顶端金字塔塔尖消失，则学术谱系呈现不稳定的台形结构，时常伴随发生谱系分化现象。因此，培养具有创新意识和组织才能的杰出弟子常常是学术谱系发展的内在要求。

(6) 谱系学术传统，尤其是谱系宗师选择或确立的研究领域的宽度和深度，所确立的研究方法的效力和覆盖面，往往决定着谱系的生命期和繁盛期。因此，学术研究纲领——作为学术传统的核心板块——的构建与更新，是谱系存续和发展的关键，是新谱系创生的关键。

(7) 没有独立学术研究的谱系，如单纯的教学谱系，将不在本研究研究对象之列。这是因为，据上述定义，是否开展独立的学术研究是锁定谱系考察范围的最低学术标准，还因为，到目前为止，我国并没有孕育出类似于日本诺贝尔物理奖获奖谱系那样的、国际一流的学术谱系(即使我们拥有一定数量的大科学家)。尽管如此,我们仍然认为,若解除学术谱系与学术传统之间的强关联,则考察科学家学术谱系无异于为科学家修族谱、家谱。

家族血脉有强弱之分,学术谱系也有优劣之别。从外在表现上来看,优秀的学术谱系往往具有旺盛的生命力和高度的开放性,能够源源不断地培养杰出人才和创造最新的知识,学术谱系的规模及其影响力也能够不断走向壮大,乃至孕育出多个新的学术谱系。反过来,一个劣质的学术谱系常常表现得缺乏生命力,即使在谱系传承的某一个时段偶然出现某些杰出的人物或成就,但从长远来看,则可能出现一代不如一代、最终走向消亡的结局。优秀学术谱系不仅依赖于优越的外部支撑条件,比如充裕的资金支持、先进的实验条件和基础设施等,更依赖于优秀学术传统的继承与发展。谱系成员在谱系当中的地位与声望、对于自身所处谱系的荣誉感和向心力,主要是由谱系的学术研究成果决定的,而学术成就的取得显然依赖于学术传统的品质。

倘若将一个学术谱系比作一个人,则师承关系相当于其躯体,是学术谱系的脸谱和标识,而学术传统则好比骨肉中流淌的血液和大脑内发酵的灵魂,是该学术躯体生命力之所在。学术传统是一个学术谱系的核心,也是借以定义学术谱系的根本特征之所在,是在谱系的传承过程中,历经谱系成员的自然更替而始终保持不变的东西。也可以说,对于一个学术谱系而言,学术传统既是它的灵魂,又扮演着基因的角色。因此,学术传统也是学术谱系研究所关注的深层内容。

学术传统通常由以下两个要素组成:

首先,在知识层面上,它是关于一个研究领域中的实体和过程以及该领域中研究问题及构造理论的合适方法的一组总的假定;是科学家发现问题、解决问题、评价结果的能力;在具体的研究活动中表现为对研究方向和研究方法的选择或开创。

其次,在价值论层面上,它负载着谱系内科学家个人及整个研究集体对于科学事业(包括科学人才培养在内)的价值观。

学术传统是前两者的行为表达和制度表达,表现为研究集体具体的研究方式、信息互动模式、科研团队结构及人才培养-使用-流动方式、资源及荣誉分配方式等。

总之,一流的学术传统普遍性地表现为一流的学术谱系中所承载的一流学术纲领、学术规范和学术的内在精神气质等多个层面的内容,并且从根本上借由学术谱系施展其提出和解决问题的能力、对已知现象的解释力、对求知现象的预见力、对科学家思考的启发力。因此,不仅仅是学术传统在学术谱系中扮演着基因和灵魂的角色,反过来说,学术谱系的存在对于学术传统的形成与存续也起着无法替代的作用。

在科学发展过程中,无论是知识还是经验技能,都是有形的,都可以通过制度、程序以及器物方面的手段来实现,唯有学术传统是深入到精神层面的东西,既不能通过书本或言传习得,也无法完全依赖制度去保证(虽然知识传承与制度保障对于学术传统的传承和维系同样具有重要价值)。学术传统的核心是科学精神,尤其是理性、求真和探索的精神。这要求科学家不仅仅是拥有专业知识和技能的专业人员,而且必须是有一定信仰和奉献精神的人,需要有为真理和科学的进步做出牺牲的觉悟。这种精神来源于对自己所从事的事业的高度认同,而培养这种认同和传承这种精神,唯有依靠老一代科学家用自己的人格去对年轻一代做出感召、以自己的行为为年轻一代做出示范,因此也只有通过学术谱系才能实现。从这个意义上说,学术谱系是学术传统得以继承和发展的关键载体与核心途径。作为学术传统的载体,孕育和传承一种学术传统正是学术谱系最关键的意义所在。

学术传统的作用还不仅仅局限于促成和维系一个学术谱系及相关的谱系文化的形成与存续。从宏观上说,学术传统也是一个国家科学文化和科学传统的核心组成部分。众多优秀科学学术谱系及其所承载的学术传统共同构成了一个国家科学传统的主干,并对社会形成辐射效应,从而推动科学精神和科学文化在社会范围内的传播和普及,使一个社会的整体综合科技实力得以提高。正因为如此,对优秀学术传统的移植和构建对于科学后发国家而言尤其具有重要意义。因此,促进学术谱系健康成长,其意义也就不仅仅局限于对学科自身科研水平的提升,而是构建我们民族的科学传统和科学文化、建设我们国家的综合科技实力的一部分。

三、国内外研究现状

在国外,科学家学术谱系研究的兴起与科学社会学的发展有关。20 世纪中叶以来,一些科学社会学家在对著名科学家群体,如诺贝尔科学奖获得者群体,进行群体志研究的过程中,注意到许多诺贝尔奖得主之间存在着密切的师承关系。[①] 科学家的学术传承及其社会后果问题由此进入科学社会学的研究视野。

① [美]哈里特·朱克曼.科学界的精英:美国的诺贝尔奖金获得者[M].周叶谦,等,译.北京:商务印书馆,1979.

此后，一些学者先后以学术传承为线索展开了各种各样的研究。如韩国学者张水荣关于美国物理学家学术谱系的研究，梳理了 20 世纪初以来美国物理学家的学术谱系。① 又如凯利(Elizabeth A. Kelley)和萨斯曼(Robert W. Sussman)对珍妮·古道尔(Jane Goodall)等田野灵长类学家的学术谱系所作的研究。② 此外还有一些以人文社会科学为对象的研究，如弗斯(Pierre Force)关于亚当·斯密以前的经济学学术谱系的专著等。③ 但这些学者还尚未有意识地将学术谱系研究作为一个新的研究方向来发展，而只是借用其作为一个临时的研究视角，对于学术谱系的文化内涵，以及谱系与学科之间的关系也缺乏敏感性。总之，目前尚无社会学家以长时段意义上的学术谱系为主要分析对象，提出系统的理论解析，在有关谱系的研究中，他们主要关注的是由学术谱系而致的学术关系及声望对科学的分配机制及奖励机制的影响。

从哲学角度来看，法国哲学家福轲(Michel Foucault)借助尼采(Friedrich Wilhelm Nietzsche)发明的知识-权力考古学思想，构建了其独特的考古学-谱系学(后直接改称为谱系学)哲学分析方法，撰写了一大批具有强烈后现代意识的文本，如《知识考古学》《词与物》《尼采、谱系学、历史》等一大批著作。他对线性的宏大叙事的历史观深恶痛绝，他的谱系学是要以反讽的话语形式解构传统历史研究的一致性、神圣性。他分析知识(真)、道德(善)与权力之间无定形的、(短程)利益驱动的、凌乱不堪的、偶然性的、不同特定时刻上的关联，力图解构一切形式的有关真善美的意识形态话语。简言之，当他说“知识-权力谱系”时，虽然也在某种意义上借用“谱系”一词在日常话语中的用法，但实际上是一种强力的转喻，“谱系”一词在这里指的是一个完全没有任何本质规定的、不成系统的“系统”，是非线性的、混乱的、复杂的、无规则的、断裂的“知识-权力复合体”的代名词。应该承认的是，福轲的思想对于 20 世纪的后现代话语有着重要影响。但是，这样一种做法完全不适合于我们目前所面临的课题研究，也不适合于中国的国情。试想，如果说我国至今尚未全面完成世界一流科学传统的移植、重建与本土化进程，那么，学者的责任更多地在于促进这一进程的完成而非站在彻底批判

---

① Sooyoung Chang. Academic Genealogy of American Physicists [J]. AAPPS Bulletin, 2003,13(6): 6-41.

② Elizabeth A. Kelley, Robert W. Sussman. An Academic Genealogy on the History of American Field Primatologists [J]. American Journal of Physical Anthropology, 2007,132(3): 406-25.

③ Pierre Force. Title Self-interest Before Adam Smith: A Genealogy of Economic Science [M]. Cambridge University Press, 2003.

的立场上去破坏这一进程的实施。

此外，近些年来网络上也出现了一些学术谱系调查网站，如：http://academictree.org/；http://www.scs.illinois.edu/～mainzv/Web_Genealogy/等。这些网站按学科对科学家的学术传承过程进行了开放式的全程描述。目前尚未见到在此基础上展开的研究工作。当本课题研究需要对大众进行展示时，其谱系展现方式可供参考、借用。

在科学史领域，科学家学术谱系研究可以说是一个全新的研究方向——如果说研究的目的不只是在于为科学家制作简单的家谱和族谱的话。科学史家研究科学家个人（如牛顿、爱因斯坦、麦克斯韦等）、科学学会（如皇家学会）乃至科学学派（如哥本哈根学派、李比希学派等），研究科学知识的累积进步，但到目前为止，还甚少涉足对长时段意义上的大型学术谱系的深度研究。在方法论上，也同样面临着极大的困难：无论是用科学思想史还是科学社会史的一般方法，均无力对长时段意义上的学术谱系做出适当的、有深度的描述。本书认为，学术谱系作为历史研究的对象是极为复杂的对象系统，进行这样的研究，需要综合运用科学史、科学哲学以及科学社会学的多种方法，以长时段历时分析为入手点，并广泛借用社会学和科学哲学的共时分析手法，才有可能做出稍微像样一点的研究。

在国内，中国科协“当代中国科学家学术谱系研究”项目启动以前，还未有中国学者有意识地对中国本土科学家的学术谱系发展情况展开研究。此前国内学界对科学家学术谱系问题的认识主要来自对国外科学社会学著作的引进，关于这一问题的讨论也主要是以国外的研究对象为主。袁江洋和乌云其其格曾站在学术谱系的角度对中日现代科学学术传统的构建进行对比，指出了学术谱系在一国学术传统形成中的重要性。①②

中国科协“当代中国科学家学术谱系研究”项目的启动和实施，不但为了解百年来中国科学家群体成长历程设定了一个特殊的研究视角——“大写的人”的视角，而且为中国科学史、科学哲学及科学社会学研究者提供了一个高难度的研究对象和问题。开展此项研究，不但具有重大的现实意义，也具有极为重要的学术价值。

---

① 乌云其其格，袁江洋．谱系与传统：从日本诺贝尔奖获奖谱系看一流科学传统的构建[J]．自然辩证法研究，2009，25(7)：57－63.

② 乌云其其格．日本诺贝尔物理学奖获奖谱系的反思[J]．科技导报，2009，27(7)：106.

第二节 科学家学术谱系研究的价值和意义

一、科学家的谱系

自现代科学诞生以来，对于“科学是什么”，不同的学者给出过很多不同的回答。有的理论将其定义为一套知识体系；有的理论将其定义为一种社会建构；还有理论将其定义为从知识的创造、传承到使用在内的一整套社会活动。这些理论都有它们自己的道理，但从本质上说，无论作为知识体系、社会建构还是社会活动，它们的主体都是人。人——各个时代科学家和技术工作者——始终是科学活动的主体。

另一方面，“科学发展的历史”——它的主题词是历史，而人类是历史的永恒的主角。因此不能把科学发展的历史仅仅看成科学理论不断演进、技术手段不断更新的过程，更应该注意到它是科学知识、技术知识和科学传统、科学文化在一代代科学家和技术工作者之间传承、发展的过程，是一代代科学家和技术工作者不断在已有基础上创造出新知识的过程。

换句话说，科学技术工作者不但是科学技术的创造者，也是科学技术和科学文化的载体。正是在科学知识、技术知识、科学传统、科学文化在一代代科技工作者之间传承和发展的过程中，出现了科学家学术谱系。科学或许具有其内在发展规律，但是最终的实现手段无疑是人，是科学家的学术谱系，准确地讲，是科学家的谱系。

科学家谱系不仅是科学传承的通道和载体，而且也是科学家共同体在一个时间节点上空间分布的基本形式——在建制化的学术（科学）研究队伍中，既有星星点点的独行侠或是时分时合的小团体，又有百年传承、生生不息的学术谱系。虽然这一个个学术谱系并非构成整个学术研究圈子的唯一的组成元素或形式，但无疑扮演着中流砥柱的角色。因此，对科学家谱系进行剖析，有助于我们更深刻地理解科学时空的发展规律。

二、后发国家科学本土化的根本在于学术传统的确立

现代科学起源于16—17世纪的欧洲科学革命。从时间上看，这些知识传入

中国的时间其实并不晚。早在17世纪上半叶，中国人就开始接触到由耶稣会士传来的西方科学知识，即所谓“西学东渐”。19世纪后期，西方的先进科学技术又一次随着殖民主义的坚船利炮以及新教使团传入中国，并在中国的一些有识之士主导和官方支持下掀起了旨在引进西方先进科学知识和技术的“洋务运动”。

然而无论是无意识的“西学东渐”，还是有意识的“洋务运动”，虽然一时带来了大量新鲜的知识和器物，令人眼前一亮，却并没有从本质上使中国告别中世纪式的愚昧落后而融入现代科学的洪流。在西方科学知识不断流入中国的情况下，中国的科技水平与世界的差距反而越拉越大。尽管进入20世纪以后，随着新式教育的兴起和大量留学生的派遣，中国也曾涌现出一大批拥有世界级声誉的科学家，但直到21世纪初，何时能够形成中国自己的培养世界一流科技人才的能力仍然是困扰中国科学界和教育界的一个难题。

反观同样作为汉字文化圈成员的日本，隋唐以来尤其是江户时代以来曾深受中国文化影响。19世纪以后，日本一度与中国一样深受西方殖民主义蚕食之苦，也与中国几乎同时接触到西方先进的科学技术。然而与中国不同的是，在时间上远远晚于中国“洋务运动”的日本“明治维新”，不仅彻底将日本从贫穷落后的中世纪封建国家改造成基本建立现代国家制度的资本主义强国，更使日本在短短一个世纪内就跻身于世界科学强国之列。早在第二次世界大战前，日本科学家野口英世、北里柴三郎就曾得到过诺贝尔奖提名。时至今日，已先后有15位日本学者获得过诺贝尔科学奖，15人全部在日本完成大学教育，其中13人在日本本土取得博士学位，14人的获奖工作主要在日本本土完成。此外，获得2008年诺贝尔物理学奖的美籍日裔科学家南部阳一郎也是在日本完成大学学业并取得博士学位的。

对比中日两国引进西方科学方式的差异，中国采取的是所谓“中学为体，西学为用”的方式，即只引进西方的科学知识和技术，而将西方科学共同体的组织方式、制度规范、文化等非器物性的东西拒之门外。尽管在20世纪后，中国也努力从形式上全面引进西方的大学、研究所、学会等现代科研制度，但“中学为体，西学为用”的理念仍潜移默化，中国传统政治文化——而非科学文化的痕迹仍深深浸淫着中国大大小小的科研机构。而与中国相反，日本则不但全面引进了西方的科学知识和技术，也全面引进了西方科学的制度、规范、组织管理方式，特别是科学文化。

所谓“文化”，可以被理解为一组价值理念及其制度化表达（制度、习俗等）的综合体。也就是说,人们对某些价值理念的追求、认同和实践以及由此而致的物质和精神产物,就构成了文化。文化的核心是文化传统,即文化中相对稳定的部分。看一种文化,关键是要看其文化传统。特定的文化传统,说到底,就是内化于特定文化群体成员之内心,并对该群体的行为和活动起规范作用的价值理念。这种内化的过程就是对价值理念的认同过程,也就是价值理念的制度化进程。所谓行为规范或习俗则是这些价值理念的制度表达。当特定的文化理念越出最初信奉它的特定群体的范围发生更广泛的社会影响和作用、引起更广泛的社会认同时,就形成了更具普遍意义的文化,宗教文化、科学文化以及各种各样的人类群体的组织文化莫不如此。

对于科学文化来说,它的核心也就是学术传统。这里所说的科学传统包含劳丹(Larry Laudan)意义上的研究传统但又不限于此。① 劳丹的研究传统是认识论意义上的。他所说的研究传统系指科学共同体关于外部世界(实体和过程)的本体论承诺和关于科学认识的方法论原则,研究传统有助于科学家发现问题、探讨问题、建构科学理论。而我们所说的学术传统不但涉及科学共同体(尤其是其中有影响的科学学派或"谱系")的产生和发展,涉及其本体论和方法论承诺,还涉及科学共同体以及科学共同体之外的社会民众关于科学的价值取向及道德取向。

现代科学传统的构建就是科学价值原则和思想原则在科学家中获得普遍认同和自觉运用的过程,是科学文化价值观内化于科学探索者的思想和行动的过程,同时,科学传统也通过科学探索者的科学实践活动来体现,并在这些实践中传承、发展。而这种传承,以及传播、扩散,其最基本的载体就是由一代代科学家组成的学术谱系。

在现代科学技术的发源地欧洲,科学文化是在东西方文化 2 000 多年的互动过程中逐渐形成,并在适宜的社会-文化环境中萌发起来的。从培根(Francis Bacon)《新大西岛》中的乌托邦到英国皇家学会的创建,不只是现代科学组织的产生过程,也是以玻意耳、牛顿为代表的英国科学传统的产生过程。

而对于中国、日本这样的后发国家来说,现代意义上的科学传统并非源自本土文化,而是对产生于近代欧洲社会并在此后不断发展的现代科学传统的跨文化移植、重构和本土化。而这就意味着不仅仅拥有一个或一批接受了现代科学

---

① L. Laudan. Progress and Its Problems: Towards a Theory of Scientific Growth[M]. Berkeley: University of California Press, 1977: 81.

文化的价值观、认同现代科学规范、理解现代科学制度的科学家(这一步单纯通过派遣留学生就可以实现),而且要建立起一个拥有自我更新能力的认同这种文化的有机体,将通过留学制度引入中国的优秀学术传统不断传承下去,这样才能培养出一批一批、一代一代的优秀科学家。

回到日本的例子,可以看到,在日本科学的本土化进程中存在着若干条清晰的学术谱系,正是这些学术谱系使通过移植而建立的优秀学术传统生生不息地传递,并不断发展壮大,最终构成了日本科学本土化的坚实基础。以物理学为例,(参见表 1.1)可以看到日本五代著名现代物理学家之间鲜明的师承关系(其中以加粗字体表示者为诺贝尔奖得主)。在日本的 7 位诺贝尔物理学奖得主中,有 6 位都出自同一学术谱系,足见优秀的学术谱系对于一国科学事业的影响力之强。

表 1.1 日本诺贝尔物理学奖获奖谱系

<table>
<tr><th>第 1 代</th><th>第 2 代</th><th>第 3 代</th><th>第 4 代</th><th>第 5 代</th></tr>
<tr><td rowspan="6">长冈半太郎(1865—1950,留德,师从玻尔兹曼)</td><td rowspan="5">仁科芳雄(1890—1951,1921 年留学卡文迪什实验室,师从卢瑟福;1922 年去哥廷根,师从希尔伯特;1923 年去哥本哈根,师从玻尔;1927 年去巴黎 4 个月,师从泡利;后返哥本哈根,随克莱因工作)</td><td rowspan="3">汤川秀树(1907—1981,1949 年获奖)</td><td rowspan="2">坂田昌一(1911—1970)</td><td>小林诚(1944— ,2008 年获奖)</td></tr>
<tr><td>益川敏英(1940— ,2008 年获奖)</td></tr>
<tr><td>武谷三男(1911—2000)</td><td></td></tr>
<tr><td rowspan="2">朝永振一郎(1906—1979,留德,师从海森堡,1965 年获奖)</td><td>南部阳一郎(美籍,1921— ,2008 年获奖)</td><td></td></tr>
<tr><td>小柴昌俊(1926— ,留英,2002 年获奖)</td><td></td></tr>
<tr><td colspan="2">菊池正士(1902—1974,留德,师从海森堡)</td><td></td><td></td></tr>
</table>

三、学术谱系与学科发展

在空间维度上,正如作为科学文化核心的学术传统是由众多具体学术谱系保持和传承着的学术传统总合而成，诸多学术谱系组合在一起就形成了学科学术联合体的主体成分。科学是无地域性的，但是科学研究是有地域性的。每一门成熟学科都在一定程度上存在空间（地域）上的平行分布。科学理应是信息共享的，但是在现实中，科学研究中的重复现象以及专注于同一个研究主题的竞争研究则非常常见。因此。在每一门成熟的学科中，都存在学术谱系的竞争、合作以及互动（包括谱系成员及学术思想和成果的互动）。

在时间维度上，学术谱系在学科发展的不同阶段扮演着不同的角色。从谱系成员的创造力来看，在一门学科制度化的早期，往往会出现一位或者少数几位奠基人，由他们培养出该学科的第1代人才，这个时期的谱系成员往往普遍表现出非凡的学术创造力及传播能力；随着该学科渐渐在学术上发展成熟，并取得一个牢固的学术地位，该学科的学术增殖空间日益萎缩，导致成员流失或在学术成就上表现平庸；从谱系的分化与融合的角度来看，随着一门学科在地域上的扩张以及该学科的初始谱系在规模上的膨胀，其谱系成员必然要向外界科研机构迁徙，造成学术谱系空间上的拓展；另一种情况是当一个谱系在内部发生研究方向的转向及研究思路、方法和进路的分歧以后就会造成该学术谱系在学术传统上的分化。学术谱系发展的好坏固然能够影响一门学科的状况，然而学科发展的内在规律更是为谱系的兴衰提供了大背景。比如，学科的兴盛时期，谱系数量和规模会相应高涨，而学科的衰败注定了同领域间谱系恶性竞争的加剧，造成谱系的衰败。

对于在科学后发国家和地区引进科学的情况，虽然各门学科都是在移植当时国际科学研究的基础之上创建的，但是因为本国并无与该学科相适应的学术土壤，于是移植和重建的过程本身也是“从零做起”。因此后发国家的每一门学科史在某种意义上都是原发国家学科发展史的缩影，谱系发展和传承的状况也类似，譬如后发国家的某一门学科往往是这样兴起的：某一个或数个先驱从国外留学，归国兴办教育，培养了一批早期的优秀传人，他们将这门学问传播开来，后来又分化出各自的谱系直到该学科发展成熟，从而融入国际学术界的该学科的整体发展史当中。纵观现代科学在中国建立和发展的过程，在每一个学科中都可以找到几个起主导作用的学术谱系。这些学术谱系发展、传承以及相互交流的历史也折射出了整个学科的历史。

四、科学家谱系研究的学术价值与现实意义

学术谱系研究不同于对科学家个体的研究，也不同于传统的群体志研究或学派研究，它研究长时段意义上出现的某种形式的“大写的人”。所谓“长时段”，依年鉴学派二代领袖布罗代尔((Fernand Braudel)所述，指的不是突发性的短程事件，也不是前后延续达20年的中时段过程，而是指50年、100年乃至更长时段中发生的、变化缓慢的历史过程。年鉴学派的长时段历史研究，曾广泛借鉴(人文)地理学、经济学、统计学、社会学乃至科学和历史哲学等诸多学科的理论和方法，来把握那些长时段的历史过程，由表及里，追问这些历史过程背后的深层意蕴。学术谱系研究亦复如此，它将学术谱系产生、延续、发展乃至终结的全过程，视为一项缓慢发生的长时段过程，并要求追问此过程所以发生的历史原因，要从此过程的表观现象来透视其内在原因，由“the outside of historical process”到达“the inside of it”。所以，学术谱系研究终需经常性地切入思想史的研究，切入通常所说的科学内史的研究，探究学术谱系背后的学术传统或研究纲领，比较不同谱系、国内外可比学术谱系在学术意境、学术问题锁定、学术方法的创新、学术评价等方面的异同。作为科学史领域的一个新兴的研究方向，它对科学史学科自身的完善和发展具有重要意义。

同时，在世界科学史上，学术谱系普遍存在，而且在世界科学的发展中扮演着重要的作用。这为我们提供了一个理解科学发展、科学文化形成，以及科学共同体(或者干脆说“学术联合体”)内部的微观结构和运作方式的全新角度。全面开展科学家学术谱系研究，无论是在科学思想史，还是在科学社会史方面，都会起到重要的推动作用。

除了学术意义以外，学术谱系研究在今日中国的现实意义主要体现在以下三个方面：

(1) 促进中国的科学制度化。中国科学的制度化进程与西方有很大区别。现代科学产生于西方，从科学革命开始，西方科学走过了一两个世纪的相当漫长的时间才完成了其制度化进程，由此而致的知识传统和知识使用模式有着极为深厚的历史文化内涵。而在包括中国在内的科学后发国家，科学制度化走的是引进移植的道路。科学作为一种舶来品，对于中国的文化土壤本身并没有天然的适应性，这是中国科学的先天不足之处。与此同时，我国在最初引进科学以及此后相当长的一段时间里，主要关注如何实现科学的社会价值尤其是经济价值，

而对于科学的文化价值的实现,对于科学制度化建设的内部方面——如何建立适宜科学发展的科技制度和社会制度以促进科学发展——关注不足,这又造成了中国科学发展的后天失调。

随着我们国家科学技术的发展,国家已越来越认识到科学文化和科学内部价值的重要性。我国科学界及政界现今正面临着弥补以往科学制度化过程之不足而必须实施科技体制改革的关键时点,面临着构筑一流的国家科学传统、培育科学文化的重任。在此背景下,进行科学家学术谱系研究,可以说是对我国引入西方科学以来形成的各种学术传统进行的一次系统总结。这无疑极大地有助于在我国完善科学制度化中的进程,有助于培育科学文化和创新文化。

(2) 了解中国科学文化生长发育情况。要发展科学文化、促进一流科学传统在中国的本土化进程,首先要了解相关的发展现状。而在这一方面,以往无论是对科学家个人的研究还是科研机构研究,都无法覆盖全部盲区。而学术谱系研究则为了解我国20世纪以来,特别是新中国成立以来的科学传统,以及我国科学文化的生长发育情况提供了一个新的窗口。

(3) 促进有生命力、有创造力的中国科学家学术谱系的生长。在科学界,谱系是普遍存在的。但是谱系的发展状况、它们在世界科学发展中的地位却是千差万别的。与国外优秀的科学家谱系相比,中国的科学家谱系的确存在着很大差距。我们至今尚未看到一个能够培养出本土意义上的诺贝尔奖得主(更不用说连续培养)的科学学术谱系在中国出现。但是我国也有一些相对成功的学术谱系,比如吉林大学唐敖庆的学术谱系,其成员致力于探讨配位场理论,这从当时国际学术来看也是颇具独创性的。通过对不同学术谱系的比较,包括将它们与国外优秀谱系进行比较,可以看到这些谱系留下来的优秀的传统是什么,而我们与国外优秀谱系的差距在哪里。要进行科技体制改革,要完善科学制度化进程,要大力弘扬科学文化,就需要了解,在价值观上、认知目标与认知方法上,乃至在社会文化环境上,我国与科技强国到底存在着哪些差距。

一流的学术传统往往以一流的学术谱系为归宿、为载体。由于学术传统之外的多种外在因素对于学术谱系的形成、发展与衰竭起着不容忽视的作用,从而最终间接决定了学术传统自身演变的命运。所以,我国需要充分了解影响学术谱系的形成、发展与衰竭的内在原因和社会文化原因,以此为基础,可更好地实行科技体制改革及相关的社会文化制度改革,进而促进有生命力、有创造力的中国科学家学术谱系的成长。

第三节　中国当代化学家学术谱系

一、中国本土化学家谱系源于西方，移植与本土化长期并行

尽管西方科学知识早在明末清初就开始随同耶稣会士的传教活动一同传入中国，在清末又有过一次清教使团的科学传播，但这两次传播均未能导致现代科学制度在中国当时社会建立。现代科学制度的引入最终还要依靠中国留学生（主要的留学目的地是美国、德国和英国）以及西方在中国设立的教会学校等力量。但是，这一移植过程远不是一次性完成的。我们完全可以说，相关的再移植和本土化进程至今仍未大功告成。就化学这一学科而言，今天，本土培养的化学专业人才当然在化学家总体人数中占到绝对优势，但若论最高水平的中国化学人才，在各个历史时期均以海外留学归国博士为主，第一代、第二代乃至今天工作于化学研究前沿的一代均无例外。中国本土的科学人才成长与留学生培养长期以来一直是并行的，本土谱系和留学生谱系是新生谱系的两个主流来源。本土谱系的学术传统与每一代留学生回国所带回的国外学术传统是我国化学界学术传统的两大类主脉。两类谱系和学术传统之间总是存在着竞争、交流与融合，从根本上讲，几乎所有的中国化学家谱系在最初都是留学生谱系，而所有留学生谱系在其本土化的过程中也会演变为本土谱系。

二、中国当代化学家谱系的奠基时期处于世界化学史的特殊时期

中国化学是从西方移植过来的事业。西方化学有其发展的历史，并且每一门分支学科的历史都有各自特点。中国化学的本土移植身处西方化学发展的特定历史阶段，这个时间背景对于化学整体以及化学各分支学科在中国的本土化产生了深远的影响。事实上，中国化学的奠基正好处在世界化学发展的一段特殊时期，20 世纪 30 年代前后，西方化学正在经历一系列深刻变革：物理学革命所带来的全新物质理论在化学中催生了价键理论和分子轨道理论等新的化学基础理论，X 射线及同位素等重大新现象被发现，有机化学蓬勃发展，高分子化学崭露头角，仪器分析开始迅猛发展并投入应用。这些基本情况和基本发展趋势

深刻影响了中国化学事业的开启。

从总体上看，世界化学深刻变革的背景为中国化学事业的移植重建提供了难得的机遇，如若不是当时国内发展科学的条件非常不理想，那么可以设想，中国化学必能在当时的化学变革浪潮中迅速赶上世界水平并占有一席之地；但是另一方面，这也向中国化学提出了挑战，中国缺少足够的时间来迅速吸收以往世界化学的成果并转而继承新的学术潮流。从化学各个分支学科的情形看，中国无机化学起步晚，发展水平低，只有张青莲等极少数人在同位素化学等领域有过杰出成就，而这些成就基本都是在国外取得的。这与当时世界无机化学总体低迷的情况是一致的；中国有机化学相对发展迅速，在当时的世界有机化学界已占有一席之地；中国物理化学在个别研究领域有少数优秀成果产出，如黄子卿在溶液化学以及孙承谔在化学动力学；分析化学中，化学分析发展较好，但仪器分析严重落伍；高分子化学因为是新学科，加之在新中国成立以后受到党和国家的高度重视，所以发展水平与国际水平差距不大。

从谱系角度来看，中国第一代化学及化工专业留学生，在国外大多跟随国际学术泰斗，以当时的化学研究前沿热点为题目进行研究，不少取得了世界一流的学术成就。回国以后，他们一方面地继续自己在海外的研究——这促使中国化学尽最大可能跟上国际学术潮流；另一方面他们艰苦卓绝地从事学术奠基工作，力图尽早培植中国的化学土壤，为化学的全面振兴做准备。

三、中国当代化学家谱系的本土背景

中国现代化学是在近代中国复杂多变的历史情境之下开始发展的，受到当时中国社会条件尤其是政治格局的强烈影响，中国化学的制度化进程在不同历史时段表现出鲜明的时代烙印。据此，我们可以将中国化学家学术谱系的发展历程概分为以下五个阶段：

(1) 从京师大学堂成立到“五四”运动，是我国化学的萌芽时期。

(2) 从“五四”运动结束到抗日战争爆发以前，尤其是在其中的20世纪30年代，一些在中国化学史上占有重要地位的学术谱系开始生长发芽。

(3) 抗战开始至中华人民共和国成立前，由于战争原因，化学研究的发展严重受阻，但国家仍尽最大努力保持化学教育不致中断。

(4) 新中国成立至“文革”前夕是我国化学的第一个大发展时期，我国迅速建成比较系统的化学科研和教学体系。但是，知识分子政策变动不居，军事作战的理念广泛引入科学技术领域，受到院系调整以及建立研究所浪潮的影响，早期谱系在此间发生了明显的谱系扩张、分化和融合，学术谱系的研究方向也随着“任务带学科”政策而大规模转向有明晰工业和军事应用前景的领域；1957年“反右”运动，造成了大批优秀人才的废弃，使这一代毕业生中的“白专”大多远离科研教学的一线。

(5)“文革”时期，除了个别研究领域以外，化学乃至科学事业都遭受重创，陷于停滞。

(6)“文革”结束，科学的春天终于来临，研究生教育制度重新确立，化学家谱系的发展开始步入正轨。

在各种影响因素中，战争动乱和积贫积弱等无疑是早期的主导因素，严重影响了科研与教育规模和质量，也压抑了学术谱系的健康、快速成长；在新中国成立以后，和平时期到来，国家开始大力扶持科学事业，化学在此时获得快速发展。但是，国内的某些政治环境在一段时间内曾经对化学及化学家谱系的发展也产生过不可忽视的消极影响，比如：基础理论学科及领域相比于应用学科获得较少关注和较薄弱的扶持，造成学科之间及谱系之间发展不平衡，在后期严重影响了科学技术事业的可持续发展；极“左”思潮及“反右”和“文革”运动等严重损害了科学的健康发展乃至科学家的正常工作和生活；国家科学的管理模式及人海战术等科研组织模式与科学家及科学自身属性的自然配置需求差距较大，因此经常出现化学家因项目需要转变研究领域的情况以及年轻科研人员盲目参与科研项目而造成人才浪费等情况，如牛胰岛素的合成项目，先后有成百上千科研能力远不足以胜任的人参与其中，造成大量资源浪费和人才荒废，学术谱系走向畸形的发展方向。虽然中国化学的发展道路受到特殊国情的影响而表现得异常曲折，但总体发展趋势与世界化学相一致。

四、中国当代化学家群体的年龄代际划分

通常意义上所指的“当代”，是对人类发展历史时间段的一个定性界定。从全球来看，当代应该是指20世纪40—50年代第三次世界科技革命以后至今。西方科学传入中国最早可追溯至明末清初，但真正开始生根则要等到20世纪初，以京师大学堂等新式高等学府的建立及《奏定学堂章程》等新式教育条令的颁布实施为标志。现代化学在中国的规模化，起始于20世纪20年代末30年代初，当时在欧美等科学发达国家留学并研习现代化学的第一代中国留学生回国，开始投身国内化学教育及科研事业。张子高、王琎等人在归国后致力于大学化

学教育事业，为中国化学事业开辟了道路。但受到国难的影响，从 30 年代后期至 40 年代末，中国化学乃至整个学术界都持续着一种苟延残喘的局面，无开展研究之可能，但仍有不少莘莘学子存科学报国之念，安书桌于炮火声中。新中国成立后，在苏联帮助下，迅速重建了现代科学系统，走上了快速发展的道路，可惜的是自“反右”运动开始至“文革”结束，中国科技政策及相当的人才政策出现严重偏差，给中国科技事业和国家发展造成了严重伤害。

总体来讲，中国现代化学事业起步于 20 世纪 30 年代(1932 年中国化学会成立前后)，实质性进展或者说主要学术成就的取得是在新中国成立之后，尤其是改革开放之后。另一方面，中国化学家谱系在总体上与这一情形相适应，在新中国成立以前就已经建立了许多优质学术谱系，但在规模和范围上的爆发式增长则是在新中国成立以后。因此本项目中所说的“当代”并不严格对应于社会史或政治史中的时间界定，而是指从现代化学落户中国以来的整个发展时间段。

综合分析现代化学制度的引入、留学运动、中国社会政治环境变迁以及国际化学发展的节律，我们尝试对一百余年来的中国化学家群体代际进行一个大致的划分，将之划分为六代(因表格宽度所限，表中未列 2000 年以后的第六代)。

断代理据如下：

(1) 一代学人成长大约需要 15～20 年左右的时间——从导师本人拿到博士学位到他所指导的学生拿到博士学位；

(2) 全民族性、全国性战争节点降临，致使科学研究无法正常进行；

(3) “反右”运动使许多所谓“白专”人才离开化学岗位，“文革”的到来，又进一步失去返校求学的机会，造成一代优秀导师的缺失；

(4) “文革”严重改变学术发展进程，并造成近十年人才的“代际下沉”，部分 20 世纪 70 年代初的工农兵学员以及一小部分“文革”初期的红卫兵学生于“文革”结束后重返校园求学，不回炉者在学术上被迅速边缘化；

(5) 院士制度使越代指导现象普遍发生：第一代、第二代导师指导(或在名义上“指导”)数代学生，如果以 60 岁退休计，则难以在其名下拥有分属三至四代人的弟子；

(6) 不乏同代指导现象；

(7) 与国际化学发展存在时间差；

(8) 谱系内学术传承关系分明，另用“第 1 代”、“第 2 代”方式表征。但由于隔代指导现象的普遍存在，在描绘学术谱系时须以此种方式为统领描述年龄学术代际，如在“第 2 代”导师下可分栏区分早期弟子(第三代)、中期弟子(第四代)和晚期弟子(第五代)。

表 1.2 中国当代化学家群体的代际划分

代际		第一代	第二代	第三代	第四代	第五代
取得学位时间		1920 年以前	1921—1937 年	1938—1949 年	1950—1965 年	1967—1976 年 1977—2000 年
标志性事件		现代化学的初步引进、第一代留学生	“五四”运动后至抗战前完成大学教育	抗战至新中国成立前接受大学教育	可细分为社会主义改造完成前后两段	可细分为“文革”、改革开放以后两段
成长背景	留学背景	晚清末年最终决心全面移植西方科学体系，开始向西方大规模派遣留学生	求学期间社会、政治环境相对稳定，对外交流条件良好，中国学生前往国外求学形成稳定通道	受战乱影响，求学条件较前一代有所下降，但求学热情高涨（如西南联大等）	新中国成立初期的外交孤立，1957 年“反右”运动致使许多人才流离失所，对下一代人才培养造成不利影响	（1）十年动乱，留学通道堵塞，人才代际下移（回炉） （2）海外交流渠道越来越畅通，求学环境空前优越
	国内化学发展	第一代留学生开始归国，国内大学化学教育开始出现	第一代（化学）留学生继续学成归国，在本土初步形成本科生培养能力	抗战和解放战争，致使化学研究基本停滞，化学教育仍得以维持	对科学教育的实用性诉求不断加强，并最终占据压倒性优势，化学教育发展停滞	化学研究全面启动，化学教育制度向国际标准看齐，全面加速发展
	政治背景	晚清至北洋政府初期（袁世凯时期）	北洋政府后期（袁世凯死后）至南京政府“黄金十年”	抗战和解放战争	社会主义改造运动、“四清”运动、1957 年“反右”运动	“文革”十年 改革开放
	国际化学	配位化学、同位素化学、放射化学兴起	有机化学（元素有机及物理有机）、结构化学及量子化学等发展迅猛	仪器分析、高分子科学兴起，化学创新潮解救经济危机	高分子工业大发展	无机新材料研究尤其是纳米科学兴起

（续表）

代际	第一代	第二代	第三代	第四代	第五代
代际特征	有海外留学经历；多出身于中上层知识分子家庭；半途弃学从政、从商者较多；学术成就极高者有限，但在化学教育和学科建设上功勋卓著	绝大多数有留学经历，学术水平较前代增长迅速，与国外化学界联系较密切，在海外留学者多有世界级水准的学术成就	大部分有留学经历，但学术成长受学术之外的因素限制较多；成就多集中于解决与国民经济和国防事业相关的化工问题	求学进程被严重干扰，学生家庭成分发生重要变化	(1) 代际下沉：在“文革”后重回校园，或赴海外进修、访问、求学 (2) 1977 年后在国内外获得博士学位，优秀者已进入世界化学发展最前沿

第四节　研究方法

一、谱系研究的层次

谱系研究不同于传统的科学史人物研究或学派研究，它是一种多层次的研究。对于当代中国化学家谱系，我们需要从长时段（可超过 100 年）、中时段（一般不超过 30 年）和短时段（半年乃至几年以内）这三个层次展开相关的历史考察（参见表 1.3）。此外每个层次都有学术传统内外（内史和外史）两类因素，都有谱系内部与谱系之间两个视野，都有特定的研究对象，要使用不同的研究方法。

表 1.3　科学家学术谱系研究的层次

	关注对象	研究方法	案例	
			唐敖庆谱系	亚当斯谱系
长时段	学术传统：科学价值、认知目标、认知方法、认知标准之变与不变； 社会背景：时代背景、文化背景与谱系总体状况的发展	比较研究、统计学研究	略	略
中时段	学术热点：新发现、新方法、新领域及其时空分布； 谱系传承与内部组织：代际密度、谱系规模、组织架构、工作方式以及谱系交流	个案研究、群体志	高分子反应统计理论； 讨论班学员毕业工作	生物化学的新走向； 亚当斯时代的伊利诺伊大学化学系
短时段	谱系开端人物研究； 起点研究的对象、方法、专长等；谱系继承演变过程中的关键事件	历史描述	唐敖庆在吉林大学； 物质结构讨论班； 配位场理论等	亚当斯来到伊利诺伊大学； 卡罗瑟斯与高分子； 亚当斯催化剂

(1) 长时段研究，要关注整个谱系发展的全部历程：首先要对学术谱系内学术传承关系进行较全面的了解与整理，描绘出不同代际谱系成员之间的学术传承关系；继之，深入刻画一个谱系的学术传统——包括科学价值与科学道德、认知目标、认知方法、认知标准等内容在时空中的变迁线索与规律；还要关注这个

谱系所成长的社会背景——包括时代背景、文化背景，进而通过对诸多学术谱系共性和差异性的研究，探讨谱系文化、学科文化乃至科学文化的组成要素与特征。这部分工作就要通过各种比较研究，寻找在相当长时期内保持相对稳定的历史要素，借以识别谱系发展的过程和程度。

(2) 中时段研究，主要关注某一个谱系或者某一个学科领域的若干个谱系在某一个相对较长的时段内(一般是一个标准代际时间段以上)的情况，包括这个时期内的学术热点的触发及其时空分布；谱系发展演变的速率(代际密度以及代际之间人员增加的速率等)、质量(优秀谱系成员的比重)，谱系分化空间扩散以及谱系之间的互动；谱系内部的组织架构、工作方式等。由此总结出这个谱系的中时段特征，进而以此为依据进行跨谱系比较，探讨时代背景与谱系发展的关联性。这里将借鉴个案研究、群体志等研究方法。

(3) 短时段研究，主要关注与第 1 代谱系宗师及各代杰出成员相关的、与整个谱系存续与发生相关的重要时间节点及标志性事件，比如谱系创立的标志性事件、谱系发展中出现的重要人物、谱系研究传统和学术纲领上发生的重大转折以及前后相继的两代谱系之间的传承细节。这里主要采用历史描述的研究方法。

二、谱系研究的原则

首先，按学科分类，将谱系按五个主要二级学科分类，以有助于在后续研究中综合某一学科的全体谱系的信息来研究学科。需要注意的是：一是早年化学刚刚在中国起步之时，恰如化学在西方实现建制化的初期那样，国内尚不具备化学事业成熟运行的土壤，虽然每一个谱系及学科创始人在其教育背景(主要是海外留学经历)中都有学科分属及学术专长，但学科之间的总体分野仍显模糊不清，比如几乎每一个早期化学家都从事过分析化学的工作。二是在学科发展的特殊时段，学科分化与融合异常活跃——事实上这种情况正愈演愈烈。交叉学科的不断出现也使传统学科分野的边界不断模糊化，比如无机元素有机化学、物理有机化学等大大削弱了几门传统学科之间的彼此差距。三是一个化学家在其求学与科研生涯中，可能出于个人志趣或者外部要求等多方面原因而发生学科领域之间的跳跃。在第一种情况下，将主要根据谱系创始人的初始及日后传承的主要研究专长来确定其所处的学科领域；对于第二种情况，适当根据该交叉学科的主体特征及特定人物的研究特点来确定其所处的学科；对于第三种情况，可区别对待不同研究方向的谱系生长，亦即虽然同属一个人所引出的学术谱系，但仍视作是独立的两个或多个谱系。

其次，划分谱系学术代际，应根据具体谱系的发展状况对该谱系进行代际划分。然而，摆在我们面前的有两种划分标准：一是根据师徒关系来划分，从一名化学家开始指导研究生（早期大学里的教学生涯也可计算在内）算起，直到其育人生涯终止，他所培养的所有学生算作“徒 1 代”，“徒 1 代”的所有人在其育人生涯所培养的所有学生算作“徒 2 代”，以此类推；二是对于广泛存在的隔代指导现象，则根据前述年龄代际划分进一步予以标明。

根据谱系学术代际（以 1，2，3，4 等阿拉伯数字表示）划分的办法，可以锁定谱系内学术传承关系。由于同代、隔代、跳代指导现象均普遍存在，使我们有必要对之作进一步的区分。简单划分学术代际过于笼统，不能反映一个谱系乃至学科的具体情况；根据严格的师徒关系划分的办法能够清晰准确地进行代际定位并能展示具体谱系的原貌，但现实中往往出现不同代际的成员在同一时间存在，甚至出现晚辈比前辈还年长得多的情形——如“文革”所造成的代际下沉效应（“文革”前几代延迟上位接班，老一代化学家延迟科研和育人的退休时间），从而造成划分上的混乱和难堪。此外，由于不同时代均有新学术谱系不断产生，使得不同谱系的谱系宗师分属不同年代代际，不能简单地将所有谱系的第 1 代宗师共置于同一代际之内。因此，我们需要综合并协调谱系学术代际和年龄代际划分这两种划分方法，在学术谱系代际划分的基础上，引入年龄代际划分，以区分同一导师的早期、中期及晚期弟子。

考察学术传承关系时，在早期历史中可以本科学历所显示的师承关系为主要指标，在后期历史中则可以主要参照研究生学历来锁定传承关系；此外，也不能一味按照师徒关系的标准识别谱系成员，须知构成谱系核心组成的教—研单元往往包括助手在内，而助手虽然不一定是主要导师的直系学生，但却在该核心教—研单元中扮演了重要角色，因此，必须将导师的重要助手纳入学术谱系成员之中。

再次，抓住重点领域、谱系、人物，项目定位所限，无法对近代中国化学史中的所有谱系发展的全貌进行系统梳理，故而只能求其次，把握几大学科的若干重点领域——通常是有所成就、应用性强、国家重视的领域，譬如氟化学、“牛胰岛素”、高分子化学等；若干骨干谱系及各时代的代表人物——通常是中国化学各分支学科或研究方向对应的“奠基人”，譬如，我国胶体与界面化学的奠基人傅鹰、我国盐湖化学的奠基人柳大纲等。

最后，兼顾学术传统与谱系，学术传统与谱系的关系前文已有详细述及，在谱系人物的历史研究中应抓住其“拜师学艺-科学研究-收徒传道”这样一个标准循环单元架构，弄清人物的教育背景、科学研究以及教书育人的情况。如果谱系中的每个主要人物都能弄清这几处关键节点，就能准确把握谱系发展的历史细节。

三、谱系研究的流程

在本研究的操作层面上，我们进行了以下几步的工作(参见表1.4)。

(一) 信息采集

这主要关注三类信息点：

(1) 人物，包括其教育背景(重点是留学经历及最高学历等情况)、科研及教学经历(所在科研和教学机构以及所从事的主要研究内容和成果)，以及培养学生的情况。在最初阶段，从逾两百位的院士队伍入手，建立基础名录，随后参考有一定地位的化学家的传略等材料，依据有影响力的化学奖项的得主、中国化学会历任理事以及重点化学研究所、实验室和高校的化学院系科室的学术带头人等类别的重点人物对基础名录进行扩充。绝大部分著名化学家多有传记，从中便可获取相关的受教育及科研和教学信息等；对于不太有名以及资历较浅的化学家，通过其曾任职的机构档案等途径来获取资料。有关培养学生的具体情况，在早期乃至于到“文革”后的数年里，这方面的资料都不易收集，只能通过寻找其所著文章的合作者姓名，并进行身份识别，以判断其与作者的具体关系，或者进行零敲碎打，借助于互联网和一些权威采访及回忆录有甄别地寻找线索；对于科研和教育在“文革”后步入正轨以来的师承关系信息(1982年以后毕业的研究生)则借助学位论文数据库等途径摄取锁定。

(2) 研究和教育机构。科研和教学机构是学术谱系赖以存在的现实基础，每一个学术谱系或者在其发展的某一阶段或者在其存在的整个过程中都依附于某一个学术机构，借助这个机构，学术谱系得以获取相关资源，进行科学研究，开展学术交流及实施人才培养。需要重点关注的学术机构，包括：民国中央研究院的化学研究所及北平研究院的若干化学相关研究所；新中国成立以后改建及新设立的多个化学研究所；高校化学系，比如抗日战争爆发前的清华大学化学系、20世纪50年代到“文革”前夕的北京大学化学系等。此外，早期的若干地方及私立研究所、军工和化工企业以及若干国外大学的化学系也在需要的情况下纳入关注的范围。

(3) 化学家的代表学术论著名目。检索、收集和整理谱系项目所涉及的化学家名录中核心人物的代表性学术论著(学位论文及代表性的科研论文),借以标识化学家的科研生涯的时间线索以及研究兴趣及其变迁等方面信息,综合分析更能够得出某一谱系研究传统及发展线索。

(二) 谱系梳理

系统梳理前一步谱系化学家名录所列人物之间的师承关系,并通过绘制图表来进行表现。由于涉及人数众多,尤其是我国化学发展早期谱系关系异常复杂,经过多方尝试,通过谱系表的方式对谱系进行呈现。如表 1.4 所示从左到右为代际划分(包括学术代际及年龄代际);从上到下对应于从早到晚的时间序列;

表 1.4 孙承谔物理化学谱系表

学术代际　合作导师　年龄代际　时间序列

<table>
<tr><th>第 1 代</th><th colspan="2">第 2 代</th><th>第 3 代</th><th colspan="2">第 4 代</th></tr>
<tr><th>第二代</th><th>第三代</th><th>第四代</th><th>第五代</th><th colspan="2">第六代</th></tr>
<tr><td rowspan="8">孙承谔[1933 年博士,威斯康星大学,师从谢尔曼(A. Sherman),艾林(E. Eyring)]</td><td rowspan="7">刘若庄(1947 年学士,辅仁大学;1950 年研究生,北京大学,先后师从袁翰青、孙承谔、唐敖庆等)</td><td rowspan="7"></td><td>陈光巨</td><td>刘若庄,陈光巨</td><td>谭宏伟(2004 年博士,北京师范大学)</td></tr>
<tr><td colspan="3">于建国(1987 年博士,北京师范大学)</td></tr>
<tr><td rowspan="3">黄元河(1988 年博士,北京师范大学,师从刘若庄,山道时雄)</td><td>刘若庄,黄元河</td><td>陈媛梅(2001 年博士,北京师范大学)</td></tr>
<tr><td colspan="2">杜世萱(2002 年博士,北京师范大学)</td></tr>
<tr><td colspan="2">李玉学(2002 年博士,北京师范大学)</td></tr>
<tr><td>方维海(1992 年博士,北京师范大学)</td><td>刘若庄,方维海</td><td>丁万见(2003 年博士,北京师范大学)</td></tr>
<tr><td>汪志祥(1996 年博士,北京师范大学)</td><td colspan="2"></td></tr>
<tr><td></td><td>赵学庄(1955 年学士,北京大学)</td><td></td><td colspan="2"></td></tr>
</table>

每一个单元格内对应一个谱系人物的主要信息，包括人物姓名，获得学位（后期只标识最高学位）的年份及学位授予机构，对于早期的著名人物，尤其是第1代人物，还需要补充其留学期间的指导老师；对于副导师的情形，则通过分割单元格的办法，将导师姓名列于人物信息单元格左边的单元格内。谱系表格之后会有关于此谱系的详尽说明信息。除谱系表之外，附录部分还集中收集了与各个谱系的文字部分及其谱系表对应的谱系树状图。

（三）学术谱系的宏观分析

刻画每一个涉猎的学术谱系的基本发展面貌，指出谱系发展的基本情况、趋势和特点；综合一个学科内的若干重要谱系的信息，对谱系进行对比和分类，分析谱系之间的竞争与互动，考察该学科从谱系角度来看的发展的基本情况、发展的规律和特点。此外，借助谱系化学家信息数据库进行谱系存在和发展基本参数的统计和分析，以数据来说明谱系发展与学科发展的规律。

（四）案例分析及国内外谱系的对比分析

选择有代表性的谱系进行案例研究，了解其运行机制和盛衰原因（以亚当斯谱系和唐敖庆谱系为例）。

表1.5 中国当代化学家谱系项目研究流程

序号	步骤	内容	方法
1	谱系资料收集整理	收集研究范围以内所有化学家的人物资料、谱系所在科研和教育机构的资料以及谱系人物代表性论著的资料	建立谱系化学家人名录、重要科研及教育机构信息录以及谱系化学家代表论著名录及相关数据库
2	谱系的梳理	梳理谱系化学家名录内人物之间的所有谱系关系	绘制谱系表
3	学术谱系的宏观分析	刻画单个谱系的发展全貌；综合一个学科内的多个代表谱系，从谱系角度来理解和说明学科的发展状态和规律；通过谱系化学家信息数据库对谱系发展进行统计分析	绘制学科谱系表、对谱系化学家数据库进行数据分析
4	案例研究及对比研究	以亚当斯谱系和唐敖庆谱系这两个具有代表性的学术谱系为例，进行细致的案例研究，了解其运行机制和盛衰原因，探讨国内外之间的差别，给出促进谱系及学科良性发展的政策建议	撰写专题研究报告

第二部分

谱系梳理

第二章 无机化学部分

新中国成立之前，中国无机化学总体发展缓慢，只有极少数的化学家在此领域内工作，研究工作多数为无机原料的分析和分离，以及若干简单无机物的制备与定性表征，无机化学的基础理论研究领域直到1949年基本仍为空白，高等学校中甚至连一本自主编撰的教材都没有。这种情况一方面源于无机化学在当时国际化学界相比于其他分支学科处于一个相对落寞的地位，另一方面也受制于国内无机化学药品和仪器等科研条件的短缺。

20世纪30年代起至40年代末，尤其是抗日战争爆发前的十年中，一批早期留学海外研习化学与化工的优秀化学家陆续回国，在当时中央研究院、北平研究院的几个化学相关研究所以及清华和北大等高校化学系就职，从事无机化学科研与教学工作，开中国无机化学事业之先河。他们一方面任劳任怨地从零做起，完成了大量奠基性工作，另一方面也坚持不懈地把在国外所做的前沿研究工作带回国内，继续维系着艰苦而富有成效的研究工作，并辛勤哺育了我国无机化学学术谱系当中的第1代本土人才，其中的代表人物有高崇熙、戴安邦、张青莲等。1925年，高崇熙试验8种新方法，证明$SeCl_2$可在70%水溶液中制备出来，突破了贝采里乌斯自1818年以来否认这一可能的论断，在当时的化学界赢得赞誉。回国后，高崇熙对于清华大学无机化学的繁荣起到了关键作用。1932年，戴安邦发表博士论文《氧化铝水溶胶的本质》，回国以后成为我国胶体化学和络合物研究的开拓者，在金陵大学和南京大学等机构领导教学和科研工作。张青莲从1935年开始研究稳定同位素，与国外研究几乎同步，回国后在北京大学等机构长期主导无机化学科研和教学工作。在无机化工方面，侯德榜与他所供职的永利化学公司的工程技术人员一道，在1921年发明了“侯氏制碱法”。

新中国成立后，科学研究得到重视，尤其是1956年制定的《十二年科学技术发展规划》颁布以后，有力地促进了各门学科的发展。无机化学研究开始转入对无机物进行较为系统的定量和基础理论研究。在无机合成、配位化学和稀有元素等领域取得了长足的进展，仅此三个方向发表的研究论文有340余篇，其中一些已经达到国际水平。1963年《十年科学技术发展规划》公布实施后，无机化学有了更加迅速的发展。通过对以往各种化学研究、教育机构和体制进行大规模调整和改造，无机化学作为一个专业领域，逐步成为整个化学的重要基础分支学科。与此同时，根据历史沿革和国家任务安排，形成了无机化学研究在我国高校和科研单位无机化学各领域研究方向的核心布局，如：复旦大学的丰产元素化学，南京大学的配位化学，北京大学、兰州大学和长春应用化学所的稀土元素化学，北京大学的稳定同位素化学与放射化学，南开大学的氢化学及无机元素有机化学，吉林大学的无机制备与分子工程学等研究据点。此外，中科院福建物质结构研究所、兰州化物所、中山大学无机化学与材料研究所、山东大学化学与化工学院等相关研究机构及实验室也是我国无机化学发展的重要阵地。而这一布局的核心是一系列优秀学术谱系，这些谱系源自西方，植根本土，由先辈培植，借后辈传承，人才与科研成果不断涌现，这些学术谱系构成了我国无机化学事业的基本支柱。

本章涉及我国无机化学研究领域的11个典型学术谱系，包括近50名院士及无机领域的著名专家，300余位教授/研究员，较早与较晚谱系时间跨度逾40年。研究领域涵盖：无机合成(无机晶体、无机纳米材料、分子筛、功能陶瓷等)、无机元素化学、稀土化学、同位素化学、配位化学、物理无机化学、盐湖化学以及生物无机化学、有机金属化学等交叉研究领域。所涉及的研究机构主要有：北京大学、清华大学、南京大学、吉林大学、中山大学、兰州大学、复旦大学、华中科技大学、上海交通大学、中国科技大学，以及中国科学院化学研究所、福建物质结构研究所、上海硅酸盐所、青海盐湖所、中科院生态环境研究中心等。

表2.1 无机化学谱系总表

谱系	第1代人数	第2代核心/总人数	第3代核心/总人数	谱系总核心/总人数	主要研究机构	主要研究领域
戴安邦谱系	1	5/9	1/42	7/68	南京大学、南京理工大学、福建物质结构研究所	配位化学、固相配位化学、计算机化学
柳大纲无机化学谱系	1	2/3	0/8	3/15	中科院生态环境研究中心、青海盐湖所、兰州大学	无机盐化学、盐湖化学、环境化学

（续表）

谱系	第1代人数	第2代核心/总人数	第3代核心/总人数	谱系总核心/总人数	主要研究机构	主要研究领域
严志弦谱系	1	1/3	0/10	2/17	南京大学	络合物化学、生物无机化学
张青莲谱系	1	3/6	0/23	4/30	北京大学、复旦大学、华中科技大学	同位素化学、原子量测定、分子筛、稀土化学、生物无机化学
严东生谱系	2	1/9	0/3	3/18	上海硅酸盐所、上海交通大学	高温结构陶瓷等无机材料
徐光宪无机化学谱系	1	5/15	0/20	6/50	北京大学	稀土化学、配位化学
顾翼东、徐如人-庞文琴谱系	2	3/31	0/6	5/45	吉林大学	钨、钒、钼化学、分子筛（沸石）、无机晶体制备
游效曾无机化学谱系	1	7/34	0/25	8/63	南京大学	配位化学、纳米化学
计亮年谱系	1	0/12	0	1/16	中山大学	配位化学、生物无机化学
李铁津谱系	1	2/15	0/4	3/27	吉林大学、中科院化学所	纳米材料、纳米晶、纳米光子学、纳米功能界面材料
钱逸泰谱系	1	3/29	0/18	4/48	中国科技大学、清华大学	无机纳米材料、新铜氧化物超导材料

第一节　戴安邦无机化学谱系

戴安邦，无机化学家、化学教育家。他在配位化学领域做出了许多开拓性工作，是我国配位化学的主要奠基人之一。自1931年戴安邦在美国获得博士学位回国任金陵大学副教授起，戴安邦谱系迄今已培养了数百人——南京大学是戴安邦谱系的大本营，目前仍在中国化学界从事化学科研和教育工作并具有副教授及以上职位者有逾 50 人，江龙、忻新泉、朱龙根、孟庆金和汪信等是戴安邦优秀传人中的代表人物，此外，出国发展或转向其他领域的优秀人才亦为数不少。

江龙，胶体化学家。长期从事浓分散体系流变学、有序分子组合体和纳米颗粒的研究。曾对硅酸聚合理论、感光乳剂制备、强化采油、水煤浆、细菌视紫红质光电薄膜、生物传感器等胶体和薄膜体系做过研究。他学术思想活跃，学风民主、严谨，注重培养和引进人才，锻造了一支高水平的胶体化学研究队伍。

忻新泉，无机化学家。开辟了固相配位化学反应研究的新领域，是开展计算机辅助化学教学的发起人之一。他培养的学生主要在固相配位化学及计算机化学两个领域开展研究。

一、第 1 代

戴安邦(1901—1999)，1919 年考入南京金陵大学农科，1921 年兼任南京成美中学化学教师。两年预科毕业后改学化学。1924 年大学毕业，获理学学士学位，以全优成绩获得金钥匙奖，并被选为中国斐陶斐荣誉学会会员。同年留校任金陵大学化学系助教。1928 年获中国医学会奖学金赴美国哥伦比亚大学化学系深造，由于勤奋刻苦，每门功课成绩均优，次年 6 月获硕士学位，并于 12 月被选为美国荣誉化学学会(Phi Lambda Upsilon [ΦΛΥ] National Honorary Chemical Society)会员，荣获金钥匙奖。又被选为美国荣誉科学学会(Sigma Xi [ΣΞ])会员，再度荣获金钥匙奖。通过博士生预试，攻读博士学位。师从胶体化学家托马斯(Arthur W. Thomas, 1891—1982)教授，用配位化学观点进行“氧化铝水溶胶的研究”，1931 年获博士学位。

戴安邦在获博士学位同年婉拒导师挽留美国，回国任金陵大学副教授，1933 年升教授。1934 年任金陵大学理学院化学研究所主任。1938 年随校西迁四川成都，任化学系系主任。著名高分子物理及物理化学家程镕时院士就是他在这段时期所指导的学生①。

1949 年后，戴安邦继续留在金陵大学以及院系调整后的南京大学任教，先

① 程镕时，高分子物理及物理化学家。1945 年考入金陵大学化学系，在戴安邦教授指导下，完成了题为《大豆分散液的黏度》的毕业论文，于 1949 年毕业。参见高分子部分。

后任金陵大学化学系主任、理学院院长，南京大学化学系主任，南京大学配位化学研究所所长等职[①]。江龙院士是戴安邦在此期间指导的青年研究者中的一员。1980 年 11 月当选为中国科学院化学学部委员。

二、第 2 代

戴安邦致力于无机化学的教育和科学事业 70 余年。1983 年起与研究生副导师共同培养了 14 名博士研究生，其中 6 名博士生的论文在国内获奖。江龙、忻新泉是他们中的代表。

江龙(1933—)，1950—1953 年在南京大学化学系胶体化学专业学习。毕业后，被分配到中国科学院长春物理化学所柳大纲先生处从事硅酸固化地基的工作。1954 年随柳先生来中科院化学所工作，当年被派往南京大学在戴安邦先生领导下进行硅酸盐聚合的研究，为主要研究者之一。从理论上阐明了 SiO_2溶胶胶凝速度与 pH 的关系，该理论被傅鹰称之为“关于 SiO_2溶胶胶凝速度与 pH 关系的第一个定量理论”，这一成果同时被伊莱尔(Iler)引用收入《硅化学》(*Chemistry of Silica*)一书，并于 1982 年获国家自然科学二等奖。1956 年 9 月，江龙被派往苏联科学院物理化学研究所做研究生，专业胶体科学，于 1960 年毕业，获副博士学位。

1960 年江龙自苏联回国后，继续在化学所从事黏土胶体的流变工作。1964 年开始感光科学研究，于 1975 年调感光所，历任副研究员(1979 年)、研究员(1986 年)、研究室主任(1981—1996)、胶体与界面开放实验室学术委员会主任(1998 年)。1999 年至今在中国科学院化学研究所工作。

忻新泉(1935—)，1953 年考入南京大学，就读化学系，成绩优秀。1956 年被戴安邦教授选派到复旦大学学习无机化学络合物课程，为南京大学建立无机化学专业做准备，次年返校。

忻新泉自 1957 年自复旦大学返回后，在南京大学从教至今[②]。1962 年南京大学建立络合物化学研究室，他被选为第一批工作人员。1963—1965 年，主要从事络合物反应动力学研究。“文化大革命”开始后，工作停顿。1971 年后，“化学模拟生物固氮”被中科院选中立项，引起众多科学家的关注，忻新泉参加了这

---

① 1952 年任南京大学教授，1952—1985 年任化学系主任，1963 年兼任络合物化学研究室主任，1978 年兼任配位化学研究所所长。

② 1957—1978 年任南京大学助教。1978—1981 年任南京大学讲师。1982—1983 年任美国乔治城大学化学系访问学者。1982—1984 年任南京大学副教授。1985 年至今任南京大学教授、博士生导师。

一工作。"十年固氮"已成为历史,虽然未取得突破性进展,但还是培养了一些学术骨干。尤其是对忻新泉后来的研究工作影响深远,无论是固相合成含 Mo-S 原子簇化合物,还是计算机化学研究,都与之有关。

1982 年前后,忻新泉在协助戴安邦指导第一个博士研究生汪信时,用 GC 法①研究配合物热分解,获得了差热、热重、量热法等通过其他方法所无法获得的信息,特别是可以确定释放气体的种类并进行计量。在此基础上,发现很多配合物在与其他化合物共存时能降低分解温度,由此建立了固相配位化学反应研究方向。忻新泉领导的课题组从体系的发掘、结构与反应性、固相反应规律、合成、性质、应用、开发等多方面开展了研究,初步构成了一个较为完整的体系。曾多次获得国家教委科技进步一等奖、二等奖。他培养的研究生汪信、高逢君等人在这方面做了探索,取得了较好的经济效益。

另一方面,忻新泉是我国最早从事计算机化学研究的工作人员之一②。1977 年南京大学化学系第一届研究生的化学课程中就设置了计算机化学,由他主讲该课程直到 1993 年。他编写的教材《计算机在化学中的应用》自 1986 出版后,被许多大学用做主要教材和参考书。1986 年忻新泉招收了第一个计算机化学研究生洪汇孝。他的另一名研究生吴沛成将计算机与工厂实际相结合,在工艺参数调优方面做出了突出贡献,取得了巨大的经济效益。

朱龙根(1940—),1965 年于南京大学毕业留校。现任南京大学教授,配位化学国家重点实验室主任。长期从事配合物的合成、结构、性质和理论研究。20 世纪 70 年代,参加了全国重大研究课题"化学模拟生物固氮的研究",发现了温和条件下高效合成氨催化剂(活性炭-草酸铁-金属钾催化剂体系)并探讨了反应机理,达到当时同类研究的先进水平,分享 1978 年国家科学大会奖。80 年代,开展了配合物的光化学和分子轨道理论研究,较系统地研究了簇合物、层状化合物和光

---

① 气相色谱仪(GC)在有机、分析、物化中广泛使用,唯独无机体系应用极少。

② "十年固氮"对忻新泉后来的研究工作不无影响,无论是固相合成含 Mo-S 原子簇化合物,还是计算机化学研究,都与之有关。为了阐明 α-Fe 表面上的七铁原子簇活化氮中心模型,忻新泉想到了借助量子化学方法计算分子氮的活化。他开始向夫人宋满英学习计算机。当时南大的 Pallas 计算机是第二代电子管混合型计算机,使用纸带输入,上机自己操作。在机房工作人员的帮助下,他很快学会了编程和操作,并在计算机上第一次计算了 Fe 原子上 H 的活化。该论文发表在 1977 年的《科学通报》上。其后又计算了七铁原子簇活化氮分子等多项工作。在进一步熟悉计算机的基础上,他预见计算机更有前景的功能不是数值运算,而是非数值运算。于是,就在这一台混合型计算机上开始了非数值运算在化学中的应用探索,其中包括"有机化合物最佳合成路线的选择"、"计算机辅助化学教学"、"化学图形结构式表达"等。这部分工作,在 1980 年《化学通报》上发表的《计算机——化学工作者的助手》一文中有所反映。

敏配合物的合成、电子结构、成链、自然杂化轨道分析，以及核磁共振化学位移的理论计算，对辅酶 B_{12} 中钴-碳键的断裂提出了新见解，获 1989 年度江苏省科技进步二等奖、1990 年度国家教委科技进步一等奖和 1991 年度国家自然科学三等奖。90 年代，主要致力于生物无机化学研究。在国际上，创先发展了以 Pd(Ⅱ)配合物作为人工金属配合物内切酶高效选择性水解多肽和蛋白质肽键的新方法。

孟庆金，1965 年于南京大学本科毕业，1968 年南京大学化学系无机化学专业研究生毕业；1981—1984 年在美国布朗大学（Brown University）做访问学者[①]，回国后就职于南京大学，1986 年任副教授；1993 年至今任教授。主要研究方向为过渡金属超分子化学、功能配合物、分子晶体和包合物化学。

汪信，1982 年和 1985 年在南京大学化学系分别获得硕士、博士学位。博士论文由忻新泉协助戴安邦共同指导。曾任南京理工大学化工学院副院长、研究生部主任、校长助理等职。1998 年 9 月出任南京理工大学副校长。

金国新（1959—　），1987 年博士，复旦大学教授，博士生导师。主要研究方向为金属有机化学、新型烯烃聚合催化剂。

姚元根（1962—　），1987 年博士，福建物质结构研究所副所长。研究方向包括：重要生物过程中的结构化学问题（金属簇物对氮等小分子的成键和活化机理）、无机-有机杂化分子树型催化剂。

杨宇翔，1991 年博士，现任华东理工大学化学系教授、博士生导师。主要研究方向为生物无机化学、配位化学及纳米材料化学。

三、第 3 代

（一）江龙弟子

江龙从事人才培养多年，仅在中国科技大学研究生院讲授“胶体与界面化学”就有近 7 年。1998 年获中国科学院优秀导师奖。迄今为止，江龙已培养博士、硕士生逾 30 位。他们绝大部分都从事胶体化学方面的研究，江龙的谱系将在物理化学部分予以介绍。

（二）忻新泉弟子

忻新泉在南京大学培养的学生中已有数十位成为高校教授，乃至一个研究

---

① 此后还有多次访学及合作研究经历：1986 年 10 月—1987 年 3 月香港大学合作科研，1990—1992 年美国布朗大学合作科研，1996—1997 年美国布朗大学访问教授。

团队或机构的带头人，以下列举了他们中的部分代表。

王志林，1962 年学士，南京大学教务处处长。主要研究领域为生物无机化学和超分子化学。

吴沛成，1982 年研究生，金陵石化有限责任公司教授级高工。

郑丽敏，1992 年博士，南京大学教授，博士生导师。主要研究领域为配位化学、金属有机膦酸化学和磁化学。

郎建平，1993 年博士，苏州大学材料与化学化工学部教授，副院长，博士生导师。主要研究方向：配合物催化剂的设计、合成及应用，配合物(簇合物)光电材料的设计与合成，具有纳米空间的 MOF 的设计及应用，金属蛋白质和酶中金属中心的模拟合成及反应性等。

侯红卫，1995 年博士，郑州大学教授，博士生导师。主要研究领域为新型功能配合物。

叶向荣，1995 年博士，浙江师范大学化学与生命科学学院教授。主要研究领域为功能纳米材料。

龙德良，1996 年博士，英国格拉斯哥大学(University of Glasgow)高级研究员。

金琼花，1996 年博士，北京师范大学教授。

周益明，1998 年博士，南京师范大学化学与材料科学学院教授，教学副院长，兼任化学实验教学中心主任。研究领域为电化学和先进能源。

郑和根，1998 年博士，南京大学教授，博士生导师。主要研究领域为原子簇化学、非线性光学、配位聚合物化学、敏化染料太阳能电池。

张千峰，1999 年博士，安徽工业大学教授，博士生导师，安徽工业大学分子工程与应用化学研究所所长。

(三) 朱龙根弟子

朱龙根已亲自或与他人合作指导了数十名优秀硕士、博士研究生，例如：

孙岳明，1992 年博士，游效曾、江元生、朱龙根共同指导，东南大学教授、博士生导师、化学化工学院院长。主要研究方向为光电功能材料、能源材料化学、线性光学材料。

段春迎，1992 年博士，游效曾、江元生、朱龙根共同指导，大连理工大学教授，化学学院院长。主要研究方向为功能体系的晶体工程、拓扑定向功能体系和组装。

（四）孟庆金弟子

孟庆金所指导的硕博士已有十多位，其中多人已晋升教授或研究员，例如：

步修仁，1988 年博士，戴安邦、游效曾、孟庆金合作指导，美国克拉克・亚特兰大大学(Clark Atlanta University)教授。

孙守恒，1987 年南京大学硕士，1996 年美国布朗大学博士，布朗大学分子与纳米前沿研究所副所长。主要研究方向为：①磁性材料的合成及纳米颗粒自组装；②功能纳米材料的构建与修饰及其在生物医药、催化、信息储存等领域中的应用。

展树中，华南理工大学无机化学教研室主任、责任教授。主要从事金属有机与催化、化学材料等方向的研究。

胡传江，苏州大学材料与化学化工学部教授，博士生导师。主要研究方向为：金属蛋白和金属酶的化学仿生，对生物分子的手性识别，卟啉相关的光电磁材料等。目前致力于研究弱相互作用，如氢键。

任小明，南京工业大学，教授。主要研究方向为：磁、电和光学等功能性分子材料设计及控制组装，电子和晶体结构，功能与结构关系。

倪春林，华南农业大学，教授。长期从事无机功能材料研究。

（五）汪信弟子

1985 年以来，汪信一直活跃在软配位化学和纳米材料化学领域，主要从事与无机物的软化学合成工艺研究和开发相关的教学及科研工作。与此同时，他也培养了多位硕士和博士研究生，其中已有多位在高校(主要在南京理工大学)任教授，例如：

刘孝恒，1999 年博士，南京理工大学化工学院教授、博士生导师。主要从事纳米材料学研究。

孙东平，2002 年博士，汪信、方志杰共同指导，南京理工大学化工学院教授、博士生导师。研究领域包括：①新能源-质子交换膜燃料电池制备及性能研究；②微生物工程；③生物功能材料。

安立超，2004 年博士，汪信、陆路德共同指导，南京理工大学环境与生物工程学院教授、硕士生导师。主要研究废水处理与回用等。

车剑飞，2005 年博士，汪信、陆路德、杨绪杰共同指导，南京理工大学化工学院教授、博士生导师。主要从事纳米材料科学研究。

表 2.2 戴安邦无机化学谱系表

<table>
<tr><th>第 1 代</th><th colspan="3">第 2 代</th><th colspan="3">第 3 代</th><th>第 4 代</th></tr>
<tr><th>第二代</th><th colspan="2">第三、第四代</th><th>第五代</th><th>第四代</th><th>第五代</th><th>第六代</th><th>第六代</th></tr>
<tr><td rowspan="6">戴安邦(1924 年学士,金陵大学;1931 年博士,哥伦比亚大学,导师托马斯)</td><td colspan="2">程镕时(1949 年学士,金陵大学;1951 年硕士,北京大学)(第三代)</td><td></td><td></td><td></td><td></td><td></td></tr>
<tr><td>列宾捷尔、柳大纲</td><td>江龙(戴安邦助手,1953 年学士,南京大学,见物理化学部分)(第四代)</td><td></td><td></td><td></td><td></td><td></td></tr>
<tr><td colspan="2" rowspan="4">忻新泉(1957 年学士,南京大学)(第四代)</td><td rowspan="4"></td><td>王志林(1962 年学士,南京大学)</td><td></td><td></td><td></td></tr>
<tr><td>洪汇孝</td><td></td><td></td><td></td></tr>
<tr><td>高逢君</td><td></td><td></td><td></td></tr>
<tr><td></td><td>吴沛成(1982 年硕士,南京大学)</td><td></td><td></td></tr>
</table>

（续表）

第1代	第2代		第3代			第4代	
第二代	第三、第四代	第五代	第四代	第五代	第六代	第六代	
				郑丽敏（1992年博士，南京大学）		忻新泉、郑丽敏	殷平[1]（2002年博士，南京大学）
						郑丽敏、忻新泉	要红昌[2]（2005年博士，南京大学）
				郎建平（1993年博士，南京大学）			
				侯红卫（1995年博士，南京大学）			
				叶向荣（1995年博士，南京大学）			
				金琼花[3]（1996年博士，南京大学）			
				龙德良（1996年博士，南京大学）			
				周益明（1998年博士，南京大学）			
				郑和根（1998年博士，南京大学）			

（续表）

<table>
<tr><th>第1代</th><th colspan="2">第2代</th><th colspan="5">第3代</th><th>第4代</th></tr>
<tr><th>第二代</th><th>第三、第四代</th><th>第五代</th><th>第四代</th><th colspan="2">第五代</th><th colspan="2">第六代</th><th>第六代</th></tr>
<tr><td rowspan="8"></td><td rowspan="4"></td><td rowspan="4"></td><td></td><td colspan="2">张千峰（1999年博士，南京大学）</td><td colspan="2"></td><td></td></tr>
<tr><td></td><td colspan="2">宋会花[4]（2000年博士，南京大学）</td><td colspan="2"></td><td></td></tr>
<tr><td></td><td colspan="2">陈金喜[5]（2001年博士，南京大学）</td><td colspan="2"></td><td></td></tr>
<tr><td></td><td colspan="2">牛云垠[6]（2002年博士，南京大学）</td><td colspan="2"></td><td></td></tr>
<tr><td rowspan="4">朱龙根（1965年学士，南京大学）（第四代）</td><td></td><td></td><td colspan="2">孙守恒（1987年硕士，南京大学）</td><td colspan="2"></td><td></td></tr>
<tr><td></td><td></td><td rowspan="2">游效曾、江元生、朱龙根</td><td>孙岳明（1992年博士，南京大学）</td><td colspan="2" rowspan="2"></td><td></td></tr>
<tr><td></td><td></td><td>段春迎（1992年博士，大连理工大学）</td><td></td></tr>
<tr><td></td><td></td><td colspan="2"></td><td>朱龙根、陆国元</td><td>刘芳[7]（2003年博士，南京大学）</td><td></td></tr>
</table>

（续表）

第1代	第2代		第3代			第4代
第二代	第三、第四代	第五代	第四代	第五代	第六代	第六代
	孟庆金（1965年学士，南京大学）（第四代）			宋乐新[8]（1995年博士，南京大学）		
				展树中（1996年博士，南京大学）		
				胡传江（2000年博士，南京大学）		
				卢昌盛[9]（2000年博士，南京大学）		
				任小明（2000年博士，南京大学）		
					黄伟[10]（2001年博士，南京大学）	
					邹洋[11]（2004年博士，南京大学）	
					倪春林（2004年博士，南京大学）	

（续表）

<table>
<tr><th>第1代</th><th colspan="3">第2代</th><th colspan="4">第3代</th><th>第4代</th></tr>
<tr><th>第二代</th><th>第三、第四代</th><th colspan="2">第五代</th><th>第四代</th><th>第五代</th><th colspan="2">第六代</th><th>第六代</th></tr>
<tr><td rowspan="7"></td><td rowspan="3"></td><td colspan="2" rowspan="3"></td><td></td><td></td><td rowspan="3">孟庆金、苟少华</td><td>党东宾[12]（2005年博士，南京大学）</td><td></td></tr>
<tr><td></td><td></td><td>臧双全[13]（2006年博士，南京大学）</td><td></td></tr>
<tr><td></td><td></td><td>温丽丽[14]（2006年博士，南京大学）</td><td></td></tr>
<tr><td rowspan="4"></td><td rowspan="4">戴安邦、忻新泉</td><td rowspan="4">汪信（1985年博士，南京大学）</td><td></td><td>刘孝恒（1999年博士，南京理工大学）</td><td colspan="2"></td><td></td></tr>
<tr><td></td><td></td><td rowspan="2">汪信、陆路德</td><td>韩巧凤[15]（2002年博士，南京理工大学）</td><td></td></tr>
<tr><td></td><td></td><td>安立超（2004年博士，南京理工大学）</td><td></td></tr>
<tr><td></td><td></td><td>汪信、方志杰</td><td>孙东平（2002年博士，南京理工大学）</td><td></td></tr>
</table>

（续表）

第1代	第2代				第3代				第4代
第二代	第三、第四代	第五代			第四代	第五代	第六代		第六代
							汪信、陆路德、杨绪杰、建方方	卑凤利[16]（2002年博士，南京理工大学）	
							汪信、陆路德、杨绪杰	朱俊武[17]（2004年博士，南京理工大学）	
								车剑飞（2005年博士，南京理工大学）	
							汪信、林西平	姚超[18]（2005年博士，南京理工大学）	
							汪信、孙小强	林森[19]（2005年博士，南京理工大学）	
				金国新（1987年博士，南京大学）					
		游效曾		姚元根（1988年博士，南京大学）			戴玉梅[20]（2005年博士，福州大学）		
							杨娥（2005年博士，福建物质结构研究所）		
							温一航[21]（2005年博士，福建物质结构研究所）		

（续表）

第1代	第2代			第3代			第4代
第二代	第三、第四代	第五代		第四代	第五代	第六代	第六代
		戴安邦、游效曾、孟庆金	步修仁（1988年博士，南京大学）				
		戴安邦、陈荣三	杨宇翔（1991年博士，南京大学）				

注：1. 鲁东大学化学与材料科学学院化学系教授，硕士研究生导师，系主任。研究领域为无机功能材料、无机有机杂化材料。
2. 郑州大学化学与分子工程学院副教授，硕士生导师。研究领域为无机材料化学、功能配位化学。
3. 北京师范大学教授。
4. 河北师范大学化学与材料科学学院教授。
5. 东南大学教授。
6. 郑州大学教授，硕士研究生导师。
7. 南京大学化学与化工学院副教授。
8. 中国科学技术大学化学与材料科学学院副教授。
9. 南京大学副教授。
10. 南京大学化学化工学院配位化学研究所副教授。
11. 浙江理工大学理学院副教授。
12. 河南大学副教授。
13. 郑州大学化学系副教授。
14. 华中师范大学副教授。
15. 南京理工大学化工学院副教授。
16. 南京理工大学化工学院副教授。
17. 南京理工大学副教授。
18. 常州大学教授。
19. 南昌大学教授。
20. 福建师范大学化学与材料学院副教授，硕士生导师。
21. 浙江师范大学副教授。

第二节　柳大纲无机化学谱系

本谱系的开创者柳大纲是我国著名物理化学和无机化学家，分子光谱学的先驱之一，盐湖化学的奠基人。柳大纲的科学研究与人才培养横跨无机化学（盐湖化学）与物理化学（分子光谱学）两个领域。他在新中国成立前后分别长期在中研院化学所和中科院化学所等科研机构任职，他的学生不多。他所培养的人才多是新中国成立之后在具体的科研和科研管理任务中通过类似助手的方式带出来的。柳大纲谱系现有教授级别成员十余人。

胡克源、徐晓白、高世扬等曾得益于柳大纲的培养，是柳大纲无机化学谱系第 2 代的代表。①胡克源是无机化学和环境化学家。早期在我国水盐体系相平衡研究和无机盐工艺研究方面做了许多奠基性的工作。后期在有机污染物化学及其治理新技术研究中做出了贡献。②徐晓白是环境化学和无机化学家。早期在荧光材料、稀土二元化合物以及核燃料后处理工艺等领域做出了贡献。近 20 余年来在发展环境有机毒物的痕量分析、环境行为与生态毒理方面做了大量的开拓性工作。③高世扬，是盐湖化学家，中国科学院院士。主要从事盐卤硼酸盐化学的研究、硼酸盐水盐体系热力学非平衡态相图与溶液结构化学的研究，以及盐湖资源开发应用和产品高值化研究工作。继承和发展了盐湖化学，形成了盐湖成盐元素无机化学研究领域，特别是在盐卤硼酸盐化学研究方面更具独创性。

一、第 1 代

柳大纲（1904—1991），1925 年毕业于东南大学化学系后留校任物理系助教。1929—1949 年任中央研究院化学研究所助理研究员、副研究员和研究员，其间曾在物理化学家吴学周教授的指导下进行分子光谱的研究，并于 1946 年由中央研究院选派赴美进修，1948 年获美国罗彻斯特大学（University of Rochester）博士学位，论文题目为“环氧乙烷和六氟化硫在真空紫外区的吸收光谱——关于环丙烷、二甲基碳酸酯和乙酰丙酮的光谱研究”。可见，柳大纲最开始的科研领域在分子光谱学。

1949 年初，柳大纲携带大批图书资料回国，1949—1954 年先后在上海和长春中科院物理化学研究所任研究员、副所长①。1955—1991 年历任中科院化学所研究员、副所长、代所长、所长和名誉所长②。胡克源和徐晓白等是他在此期间指导和培养过的年轻后辈③。1957—1963 年兼任中科院综合考察委员会中国盐湖科学调查队队长;1963 年主持创建并兼任中科院青海盐湖所所长(1963—1967 年)及名誉所长(1979—1984 年)。高世扬等是他在盐湖所创办以后所培养的盐湖研究人才。

二、第 2 代

胡克源(1926—),1948 年毕业于中央大学化学系,获学士学位。由张江树教授推荐入中央研究院化学所,师从吴学周教授从事反应动力学研究(1948—1949 年),在中央研究院化学研究所任助理员。1949 年后跟随柳大纲教授先后在中国科学院物理化学所④、长春应用化学所⑤和化学所⑥从事无机化学研究直至“文化大革命”前夕。其间于 1956 年被选派赴苏联科学院普通及无机化学所学习,1960 年获副博士学位回国。

“文化大革命”结束后,1975—1989 年,在中国科学院环境化学所(1985 年更名为生态环境研究中心)任副研究员、研究员(1982 年)⑦。在此期间,胡克源开始研究有机污染物化学与治理新技术,直至 1989 年离休。

徐晓白(1927—2014),1948 年毕业于交通大学化学系,获学士学位。毕业后即受聘于中央研究院化学所师从梁树权教授工作⑧。1950 年中国科学院建立后,她跟随柳大纲教授先后在物理化学所⑨、长春应用化学所⑩和化学所⑪从事无机化学研究至 1968 年。“文化大革命”结束后在中国科学院环境化学所(后更名

---

① 1950 年起在中国科学院物理化学研究所任研究员,该所于 1952 年迁到长春后任副所长。
② 其间,在 1954—1956 年参加中科院学术秘书处工作(1955 年被聘为学部委员)。
③ 江龙院士 1953 年在其毕业分配到长春物化所后曾跟随柳大纲先手从事过硅酸固化基地的研究工作。
④ 1949—1952 年,在中国科学院物理化学研究所任助理员,助理研究员(自 1951 年)。
⑤ 1952—1955 年,在中国科学院长春应用化学研究所任助理研究员。
⑥ 1955—1975 年,任助理研究员、副研究员(自 1961 年)。
⑦ 1985 及 1990 年他曾两度应邀赴美国加州大学劳伦斯伯克利实验室从事烟道气 SO_2 洗脱化学与利用磷氧反应破坏水中有机物的研究。
⑧ 1948—1949 年,上海中央研究院化学所助理员。
⑨ 1949—1952 年,上海中国科学院物理化学所助理员、助理研究员(自 1951 年)。
⑩ 1952—1955 年,长春中国科学院物理化学所、应用化学所助理研究员。
⑪ 1955—1975 年,北京中国科学院化学所助理研究员,研究室主任(自 1966 年)。

生态环境研究中心)从事环境化学研究至今[①]。1995 年当选为中国科学院院士。

高世扬(1931—2002),1953 年毕业于四川大学化学系,随即被分配到中科院长春应用化学所,在柳大纲教授领导的荧光料课题组从事分析工作。后跟随柳大纲从事盐湖调查及盐湖化学研究,在调查中发现柱硼镁石。高世杨继承和发展了盐湖化学,形成了盐湖成盐元素无机化学研究领域,特别是在盐卤硼酸盐化学研究方面有独创贡献。1997 年当选为中国科学院院士。

三、第3代

(一) 胡克源弟子

胡克源早年从事无机化学研究,曾亲自或协助柳大纲指导过若干该领域的学生,如闵霖生等。1989 年离休之前,他曾指导过若干分析化学及环境科学专业的硕士研究生,例如:

闵霖生,1955 年考入北京大学,1960 年毕业于北京大学地质系地球化学专业稀有元素专门化,进入中国科学院化学研究所第一研究室,从事盐湖中稀有元素研究工作。时任所长柳大纲和胡克源研究员担任其导师,在他们的指导下从事分析盐湖卤水中的钾、镁、硼、锂等元素含量并提取等工作。曾任淮安市环保局副局长,高级工程师。

王怡中,1983 年毕业于中国科学院研究生院(原中国科学院环境化学所,现中科院生态环境研究中心),获硕士学位,现任中国科学院生态环境研究中心研究员,博士生导师,主要从事环境污染控制技术的应用基础研究。

张岳,1982 年毕业于兰州大学化学系,1984 年获中科院环境化学研究所硕士学位,1993 年获美国得克萨斯大学奥斯汀分校(University of Texas at Austin)博士学位。现任美国得克萨斯州卫生部环境科学实验室研究员。

(二) 徐晓白弟子

徐晓白自 1985 年起,在中国科学院生态环境研究中心,陆续亲自或者与他人合作指导了逾 30 位硕士生及博士生,他们的专业在早期有少数为分析化学,以后绝大多数为环境科学(该部分内容将在分析化学部分介绍)。

---

① 1975—1986 年,中国科学院环境化学所助理研究员,副研究员(自 1978 年),研究员(自 1982 年),研究室主任(至 1984 年)。1986 年至今,任中国科学院生态环境研究中心研究员,博士生导师。

（三）高世扬弟子

从1982年开始，高世扬及其助手在兰州大学、陕西师范大学及青海盐湖所共同培养了近40名硕士研究生和10多名博士研究生。他非常重视人才培养工作：为了开阔学生们的眼界，一方面积极支持学生出国读博士，另一方面与国外专家联合培养学生。他们所指导的博士生中，有的被破格提升为研究员，有的当上了研究所所长，也有的成为科研单位的主任或科技骨干，例如：

李军，1994年博士，中科院青海盐湖所研究员。主要研究方向为盐湖无机化学、物理化学、极端条件下的化学反应和纳米结构组合材料研究。

陈若愚，1998年博士，常州大学教授、研究生部副部长。主要研究方向为无机非金属发光材料和无机纳米功能材料。

李亚红，1999年博士，兰州大学无机化学研究所教授，博士生导师。主要研究方向为有机合成的金属有机化学、配位化学、计算化学。

贾永忠，2000年博士，青海盐湖研究所盐湖资源综合利用工程技术中心常务副主任，研究员。主要研究方向为盐湖丰产元素无机化工和材料科学。

刘志宏，2003年博士，兰州大学教授，博士生导师，无机化学教研室主任。主要从事功能无机固体合成及热化学研究。长期以来，对硼酸盐化学进行了多方面的研究，曾先后开展水合硼酸盐复盐的溶解及相转化动力学、硼酸盐相化学、水合硼酸盐热力学性质测定及利用拉曼(Raman)光谱和差示FT－IR光谱技术研究硼酸盐水溶液结构等方面的研究工作。

表2.3 柳大纲无机化学谱系

第1代	第2代		第3代		
第二代	第三代	第四代	第五代		第六代
柳大纲(1925年学士，东南大学)	胡克源(1948年学士，中央大学；1960年副博士，苏联科学院普通及无机化学所，曾师从吴学周)		王怡中(1983年硕士，中科院生态环境研究中心)		
			张岳(1983年硕士，中科院生态环境研究中心)		
			郑文齐、胡克源	张秋波(1990年硕士，中科院生态环境研究中心)	

（续表）

第1代	第2代		第3代	
第二代	第三代	第四代	第五代	第六代
	徐晓白（1948年学士，交通大学，见梁树权分析化学谱系）			
		高世扬（1953年学士，四川大学）	李军（1994年博士，兰州大学）	
			陈若愚（1998年博士，兰州大学）	
			李亚红（1999年博士，兰州大学）	
			贾永忠（2000年博士，兰州大学）	
				刘志宏（2003年博士，兰州大学）

第三节 严志弦无机化学谱系

严志弦是我国著名的无机化学家，致力于络合物热力学性质的研究，是我国络合物化学的奠基人；他也是声誉卓著的化学教育家，长期从事无机化学的教学和科学研究工作，编写多种无机化学和定性分析教材，其中《络合物化学》是我国第一部有关络合物化学的专著。新中国成立以后担任复旦大学化学系副主任，在国内率先创立络合物研究基地，借此培养了大批专业人才。著名无机化学家、南京大学教授唐雯霞就是他的高足。唐雯霞多年从事配位化学和生物无机化学的教学和科研，在铂抗癌配合物的构效关系、作用机理和抗药性机理，金属蛋白和酶的结构、功能和模拟，低维和螺旋型配合物的合成和功能，以及无机应用化学方面取得了丰硕成果，此外，她为中国配位化学研究培育了一大批优秀人才，仅教授就有近10人。此外，著名无机化学家忻新泉和分析化学家沈含熙等也曾是严志弦的学生。

一、第1代

严志弦(1905—1968),1918年考取常州第五中学,因学习成绩优异,连跳二级。1922年考入苏州东吴大学化学系。他学习刻苦,名列前茅,大学毕业前已被推荐至苏州桃坞中学执教化学。1926年,严志弦于东吴大学毕业,获理学士学位。

鉴于同时代的科学人才当中鲜有未出国留学而有所成者,人们都说严志弦是个没有啃过"洋"面包、自学成才的"土"专家。严志弦也深知在科学技术上有许多东西可以向外国学习,但他不认为唯有出国留学才能成才,坚信只要勤奋,在自己的国土上照样会有所作为。为了这一目标,青年时代的严志弦凭借良好的外语基础及对教学的热爱,刻苦自学,对各类教材都钻研得很深,从不放过一个疑难问题。对于重要的概念和独到的见解,他总是按图索骥,寻找原始资料,追根究底,以求彻底知其所以然。他说做学问不仅要有方法,还要有一股"憨劲"。正是靠着这股刻苦自学的"憨劲",严志弦开阔了自己的知识面,得以在化学教育的领域里自由驰骋,而又能抓住问题的关键和实质。早期出版的《普通化学》和《无机化学原理》两本书是当时享有名望的化学译著,以其译文流畅、容易看懂见长,由此已经反映出他在学术上的功底。

大学毕业后严志弦先在桃坞中学任数理化主任教师,他讲课深入浅出,条理清楚,取得了良好的教学效果。1930—1942年受聘于东吴大学历任讲师、教授;1938年起兼任复旦大学教授,此后至新中国成立之前在东吴大学、复旦大学两校任教授,其间曾于1942—1945年任天丰药厂化验部主任、天元药厂厂长兼主任技师。中华人民共和国成立后,严志弦应聘出任复旦大学化学系主任。为提高教学质量,他广邀赵廷炳、赵汉威、徐墨耕、李世瑨、陶延桥、顾毓珍等著名学者到校执教基础课程,并采取从事翻译、开展科研、上课试讲、提携后进等方法培养年青一代。在他的带领下,全系团结融洽,使原来设备、师资较差的化学系在短期内得到改善和提高,为该系的发展做出了贡献。1952年全国院系调整以后,严志弦兼任复旦大学化学系副主任和无机化学教研室主任,主持无机化学课程的教学工作和络合物化学的研究工作,以其丰富的教学经验和旺盛的工作热情投身于新中国的教育和科研事业。

在东吴大学、复旦大学任教时期,严志弦讲授过无机化学、无机化学原理、高等无机化学、定性分析、定量分析、有机化学、有机分析、胶体化学和物理化学等多门课程，在理论和实验上都很有造诣，人们普遍反映严志弦讲授的物理化学概念最清楚。他对化学原理之熟悉，令人叹服。但严志弦也有自己的专长，那就是络合物化学。

1952 年高等院校院系调整以后，国家为高校创造了较好的科研条件，严志弦立即筹划建立络合物化学实验室。经过近 10 年的艰苦努力，到 20 世纪 60 年代初期，建立了一个初具规模的有机金属化合物和络合物研究实验室，形成了一支研究队伍。为了促进络合物化学的研究工作在国内开展，他深感有写一本反映当时国际上研究水准的络合物化学专著的必要。从 1959 年初，他着手收集资料，并为自己规定了一周至少写 1 万字的目标，经过半年努力，完成全书。中国第一部络合物化学专著在 1960 年 5 月问世，不仅对国内研究工作起了很好的推动作用，在国际上也产生了深远的影响。1962 年该书在苏联被译成俄文出版。严志弦还通过接受教师进修和举办训练班等方式，为中国培养了一批优秀的络合物化学研究人才。1963 年底，教育部直属高等学校无机化学校际学术讨论会在上海举行，全上海有将近 2/3 有关络合物化学的研究论文都有他的学生参与。

二、第 2 代

严志弦作为教育家的一生培养了众多的优秀学子，南京大学著名教授唐雯霞及忻新泉是他亲自执导过的学生。分析化学家及化学教育家沈含熙也是他在复旦大学期间栽培过的高足。

唐雯霞(1934—2003)，1956 年以优异成绩毕业于华东师范大学化学系，由学校推荐，公派留苏。出国前在复旦大学化学系进修一年，师从严志弦先生，在溶液配位化学方面打下了扎实的基础。1958 年 12 月到苏联莫斯科大学化学系攻读学位。在著名无机化学家、科学院院士斯皮森(Виктор Иванович Спицын，1902—1988)教授指导下，从事低价钨钼配位化学的研究，发现低价钼具有形成金属间多重键的倾向，论文受到好评。她是当时莫斯科大学同届中国研究生中各科成绩取得全优的两名研究生之一。

1962 年唐雯霞学成回国，开始在南京大学化学系任教[①]，讲授稀有元素化

① 1962—1985 年，在南京大学络合物化学研究室及配位化学研究所任讲师、副教授。1985—1986 年，为英国牛津大学无机化学实验室访问学者。1986 年至今，任南京大学配位化学研究所配位化学国家重点实验室教授。

学，并继续从事低价钨钼配位化学研究。此时正值南京大学络合物化学研究室筹建之时，唐雯霞被任命为络合物研究室副主任，协助戴安邦先生组织和领导该室的研究工作。1978 年在络合物研究室基础上成立配位化学研究所，唐雯霞任副所长。1988 年，在戴安邦教授领导下，南京大学组建了“国家配位化学重点实验室”。

三、第3代

唐雯霞弟子

多年来，唐雯霞培养了 30 多名博士研究生，40 多名硕士研究生，数名博士后研究人员。她培养的博士中有 3 名获洪堡奖学金，3 名获中国化学会优秀青年化学家奖，绝大多数博士毕业生到美、英、德、日本、意大利的著名大学接受博士后训练，有的已成为助理教授、副教授。留在国内的许多人已成为多个单位的科研及教学骨干，例如：

陈慧兰，1963 年毕业于南京大学化学系，后留校任教，系唐雯霞早期指导过的学生之一。现为南京大学化学化工学院教授，博士生导师，主要研究领域为生物无机、配位化学和超分子化学。

燕红，1994 年博士，南京大学教授，博士生导师，无机学科副主任。主要研究领域有：金属有机合成与均相催化，金属协助的 X－H 活化及 C－X 键形成，生物金属有机化学与药物化学。

陈忠宁，1994 年博士，中国科学院福建物质结构研究所研究员，博士生导师。主要研究领域涉及金属有机化学、配位化学。

毛宗万，1994 年博士，中山大学化学与化学工程学院院长，教授，博士生导师。主要从事金属酶结构的研究。

谭相石，1996 年博士，复旦大学教授，博士生导师。主要研究方向为生物无机化学、金属酶化学和蛋白质化学。

朱海亮，1998 年博士，武汉科技学院教授，博士生导师。主攻生物无机化学。

舒谋海，1999 年博士，上海交通大学化学化工学院副教授，硕士生导师。主要研究领域为超分子化学和生物无机化学。

表 2.4 严志弦无机化学谱系表

<table>
<tr><td>第1代</td><td>第2代</td><td colspan="4">第3代</td></tr>
<tr><td>第二代</td><td>第三代</td><td>第四代</td><td>第五代</td><td colspan="2">第六代</td></tr>
<tr><td rowspan="12">严志弦（1926年学士，东吴大学）</td><td rowspan="10">唐雯霞（1956年学士，华东师范大学）</td><td>陈慧兰（1963年学士，南京大学）</td><td></td><td colspan="2"></td></tr>
<tr><td rowspan="7"></td><td>燕红（1994年博士，南京大学）</td><td rowspan="7" colspan="2"></td></tr>
<tr><td>陈忠宁（1994年博士，南京大学）</td></tr>
<tr><td>毛宗万（1994年博士，南京大学）</td></tr>
<tr><td>谭相石（1996年博士，南京大学）</td></tr>
<tr><td>仲维清[1]（1997年博士，南京大学）</td></tr>
<tr><td>朱海亮（1998年博士，南京大学）</td></tr>
<tr><td>舒谋海（1999年博士，南京大学）</td></tr>
<tr><td rowspan="2" colspan="2"></td><td colspan="2">李树安（2002年博士，南京大学）</td></tr>
<tr><td>唐雯霞、孙为银</td><td>黄瑾[2]（2004年博士，南京大学）</td></tr>
<tr><td>忻新泉</td><td></td><td></td><td colspan="2"></td></tr>
<tr><td>沈含熙</td><td></td><td></td><td colspan="2"></td></tr>
</table>

注：1. 第二军医大学药学院无机化学教研室副教授，硕士生导师，副主任。
2. 广西师范大学化学化工学院副教授。

第四节　张青莲无机化学谱系

张青莲是我国著名无机化学家、教育家。长期从事无机化学的教学与科研工作。对同位素化学造诣精深，是我国稳定同位素学科的奠基人和开拓者。他对中国重水和锂同位素的开发和生产起过重要作用。晚年从事同位素质谱法测定原子量的研究，1991年测得的铟原子量114.818±0.003，已被国际采用为新标准。自20世纪30年代末起至80年代，他在近半个世纪的教育生涯中培养了大批无机化学研究人才，开创了一个具有“张青莲”标识的学术谱系。西南联大时期、20世纪50年代起至“文革”前以及“文革”后至80年代初，是张青莲培养学生的几个主要时期，其中以新中国成立后的北大时期更为关键。张青莲谱系人才兴旺，目前，就已获得的数据而言，谱系中具有副教授以上职位的成员有30余人。

他所培养的第2代优秀传人中，高滋以分子筛及石化研究著称，培养了一支具有分子筛和石化特色的人才队伍。张榕森从事稳定同位素化学的教学及研究工作，曾任北京大学化学系副主任及主任职务，但缺少学术传人。黄春辉长期在北京大学化学系和北京大学稀土材料化学及应用国家重点实验室从事科研和教学工作，研究方向涉及稀土分离化学、配位化学和分子基功能膜材料，均取得了丰硕成果，与此同时培养了一支涉及有机无机配合物、染料敏化电池、分子功能材料及膜材料等领域的多元科研队伍。徐辉碧长期从事硒的生物无机化学的研究，培养了一支无机生物化学生力军。

一、第1代

张青莲（1908—2006），14岁时考入苏州桃坞中学，即圣约翰大学附中。1926年入读光华大学①，1930年大学毕业后在常熟孝友中学任教一年。1931年

① 张青莲高中毕业时因成绩优异，原可免费直升该大学，但由于1925年该校美籍校长侮辱我国国旗，爱国师生纷纷愤而离校并组建私立光华大学。这一爱国行动得到张青莲的支持，他放弃圣约翰免费入学的机会而考入光华大学。他考虑到化学系毕业后除可在中学谋职外，还可以搞小型化学工业，因而选择了化学。在光华大学他只用三年半的时间就读完了所需的学分，毕业时以第一名获得银杯奖。

考取清华大学研究生院无机化学专业研究生，在高崇熙教授指导下完成了三篇研究稀有元素领域的论文，分别为无机合成、分析鉴定和物化测量，最后以优异成绩获得庚款公费并出国留学。鉴于美国早期的化学家中不少曾留学德国，张青莲决定到德国深造，于1934年秋入读柏林大学物理化学系。由于他在国内大学已经读过13个学期的课程，按德国的规定只需注册学习3个学期。他师从无机化学家李森菲尔特(Ernst Hermann Riesenfeld, 1877—1957)。当时美国诺贝尔奖获得者尤莱(Harold Clayton Urey, 1893—1981)因发现重氢并制得重水，引起国际化学界很大震动。李森菲尔特根据张青莲已有的科研基础，建议他以重水的研究作为博士论文的题目。他在购得挪威生产的第一批重水药品后，立即开始了重水临界温度的测定研究。当时用的是微量法，石英玻璃毛细管内径0.3 mm，恒温器温度要达645 K，管内压力达20 MPa以上。封管时常会炸裂，实验难度较大。他在导师的指导下，夜以继日地奋力工作，于短期内完成了目标。但重水的凝固点和沸点都高于轻水，而所测得的重水临界温度却比轻水低2.7℃，这似乎是一种反常现象。这个结果于1935年春发表在德国物理化学杂志上，4年后为德国另一学者用精密的常量法所验证。在留学西欧的三年中，张青莲在做研究工作的同时，还从许多权威科学家，如化学动力学创始人博登斯坦(Max Ernst August Bodenstein, 1871—1942)、诺贝尔奖金获得者哈恩(Otto Hahn, 1879—1968)等的讲学中得到不少教益。他在柏林聆听了来访的第一流科学家包括诺贝尔奖获得者的学术报告，并在瑞典听取获奖报告；还参观了赫兹(Gustav Ludwig Hertz, 1887—1975)、斯维德贝格(Theodor Svedberg, 1884—1971)、西格班(Kai Manne Börje Siegbahn, 1918—2007)三位诺贝尔奖获得者的实验室、著名的剑桥卡文迪什实验室(Cavendish Laboratory)和巴黎居里镭学研究所(Institut du Radium)。这些学术活动对张青莲日后的科研生涯产生了深远的影响。

张青莲在瑞典时收到中央研究院化学研究所所长庄长恭的电报，被聘为副研究员[①]。1937年7月，张青莲取道大西洋、北美洲、太平洋辗转回到上海，时值是日本侵华战争初期，化学所被迫停止工作。张青莲遂借用位于租界的光华大学的实验室，进行多种络合物合成的研究。次年，被聘为光华大学教授。他指导两名四年级学生的毕业论文，一个做络合物合成，一个为用半微量法测

---

① 这个聘任是庄长恭从杂志上看到他的文章后决定的。对于一个素昧平生的青年人来说，在当时是很罕见的。由此可见，张青莲在早期的科研工作中已充分显露出他作为科学家的素质和才华。

定 25℃下氯化钠在轻水、重水混合液中的溶解度，两个论文都得到很好的结果。

1939 年，昆明西南联合大学的化学系由于两位教授先后离校，补聘张青莲为教授。他取道越南赴昆明就职。当时西南联大虽集中了国内众多知名学者，但条件却十分艰苦，科研工作难以开展。然而张青莲和化学系主任杨石先分配给他的两名中英庚款研究助理一起，用从国外带回的 110 克重水和一些石英玻璃仪器，完成了两篇重水性质的论文①。

1946 年西南联合大学解散，张青莲赴任清华大学教授。1952 年因院系调整任北京大学教授，1978—1983 年兼任化学系主任。1955 年当选为中国科学院学部委员，1981—1992 年任化学学部副主任。

二、第 2 代

张青莲在西南联合大学期间与同事们一起培养了大批化学及化工优秀人才。嵇汝运、刘有成、高鸿、黄葆同、张存浩等著名化学家都曾是他的学生。到北京大学后，他呕心沥血又陆续培养了多批优秀的无机化学科研工作者。高滋、张榕森、黄春辉、徐辉碧等是其中的代表。

高滋(1933—)，1950 年考入交通大学化学系，1952 年院系调整时转到复旦大学化学系求学。1953 年毕业，被选送至北京大学俄语培训班，学习结束后回复旦大学任教，并在顾翼东教授指导下，从事稀有元素化学研究工作。1954 年高教部委托北京大学化学系首次举办进修教师学习班，高滋又被选送到北京大学学习，并在张青莲教授的指导下参加稳定同位素的研究。

1979—1981 年，她作为首批赴英访问学者之一，到英国伦敦大学帝国学院(Imperial College)的分子筛实验室从事合作研究，在里斯(Lovat V. C. Rees，1927—2006)教授的指导下，就穆斯堡尔(Moessbauer)谱研究沸石结构课题做出了系统的、开创性的工作，在 *Zeolites* 杂志上发表论文 5 篇。

---

① 其一是首次将测定重水密度时的温度提高到 50℃，纠正了当时文献中靠近此温度之下密度有一最大值的假设。同时还完成了有关重水动力学效应的论文两篇。在采用乙醇铝水解法制取纯净的重乙醇时，因昆明海拔高而要测定其正常沸点，自制了一套恒压器。但当时纯试液只有 1 mL，要在标准温度计读数恒定的一刹那间读取数据，要求熟练的技巧和有条不紊的操作步骤。他亲自完成了这一测定，首次精确地测得重乙醇的沸点和密度，此结果已被收入《拜尔斯登有机化学手册》(*Beilstein Handbook of Organic Chemistry*)中。

1956年，高滋从北京大学返回复旦大学任教。1958年应当时国防建设的需要，高滋负责筹建了复旦大学化学系化学物理新专业，为国家培养国防建设急需人才，并且承担了一批重要的国防科研任务，培养了一批学生；但她从事研究及人才培养的鼎盛时期是在1981年自英国伦敦大学帝国学院访学回国之后。1982—1985年高滋就任复旦大学化学系主任，1986年以后任复旦大学化学系教授、博士生导师。在此期间她专注于沸石分子筛、固体超强酸、介孔分子筛、层状磷酸盐、吸附分离与催化等方面基础应用研究，积极投入"功能体系分子工程学"建设，推动了我国分子筛学科和石油化工的发展，与此同时培养了一支这方面的后继人才队伍。

张榕森(1933—)，在北平师范大学附属中学读高中期间，受化学老师符绥玺影响，对化学产生浓厚兴趣，并参加课余化学实验小组。1951年高中毕业后，考入北京大学化学系。1955年以优异的成绩毕业，是班里少数几个"三好"学生之一，随后留系做研究生，师从张青莲教授研读稳定同位素化学。1959年10月，研究生毕业后留北大化学系任教，此后历任助教、讲师、副教授、教授等职，长期从事稳定同位素分离的教学和重水分析的科研工作。1979—1982年曾赴美国加州大学戴维斯分校化学系进修。1983年5月到1993年4月的整整十年间，张榕森以绝大部分精力投身于北大化学系繁忙的行政管理工作之中①。10年的行政工作耗费了张榕森大量宝贵精力，许多专业上的科研想法未能实现，也错失了培养自己的科研传人的机会。

黄春辉(1933—)，1951年考入清华大学化学系，1952年院校调整转入北京大学，1955年毕业于北京大学化学系留校工作至今，历任北京大学化学系助教、讲师、副教授、教授②。现任北京大学化学与分子工程学院教授、博士生导师。黄春辉在北大的长期任教过程中，前后共培养硕士生11名、博士生19名。其中一名博士生获1996年中国化学会青年化学奖，并获得1997年首届全国优秀博士论文奖；另一名获得1999年中国大学生"五四奖学金"；一名年轻教师获1998年中国化学会青年化学奖，并获1998年国家杰出青年基金资

① 1983年5月至1988年4月在北大化学系担任副系主任，分管科研、外事和科技开发工作。1988年5月至1993年4月担任北大化学系系主任，负责全面工作。

② 1955年夏至1976年在北京大学化学系任助教。1976—1978年在北京大学生化学系任讲师。1978—1986年在北京大学化学系任副教授。1981—1982年在美国能源部艾姆斯国家实验室((Ames Laboratory)做访问学者。1982—1983年在美国亚利桑那大学化学系做访问学者。1988—1990年任北京大学化学系教授。1990年至今任北京大学化学系教授，博士生导师。

助。黄春辉本人也于1996年和1998年两度获得北京大学优秀博士生导师奖励。

徐辉碧(1933—),1950年冬(在江西南昌一中读高三)响应祖国号召参加军干校,1951年初分配到北京坦克学校任文化教员。曾因教学成绩突出,荣立三等功一次。1953年初,军委决定一批女同志报考大学,她考上了北京大学化学系。当时受发展原子能科学的鼓舞,她选择了无机化学专业,以"重水分析"为题做毕业论文,从师于张青莲教授。她的论文《落滴法分析重水的研究》发表在1957年的《科学记录》上。徐辉碧1962年调入华中工学院(今华中科技大学)任教至今[①],历任讲师、副教授及教授(1983年)。她曾为工程物理系仅有的一届学生讲授了"铀钍核材料工艺"。1964年后,她主讲"普通化学"、"电子材料化学"等课程。"文革"后,从事"生物无机化学"研究[②],讲授过"高等无机化学",指导了一批生物无机化学研究领域的硕士生、博士生。她曾兼任华中理工大学(华中工学院1988年更名为华中理工大学)化学系主任、理学院副院长。

三、第3代

(一) 高滋弟子

秦代毅,1989年博士,现任职于英国石油公司(BP),负责投资项目开发和商务技术谈判。

---

① 1957—1961年曾在北京化工研究院任技术员,从事重水的分离与分析工作,参与了重水生产的中试。

② 1978年召开了全国科学大会,迎来了科学的春天。徐辉碧思考:学校的无机化学向何处发展?经调查文献,又拜访了南京大学戴安邦等教授,她决心选择生物无机化学这个边缘学科。1979年,她作为访问学者派赴美国深造。当年11月,她到了美国加州大学圣迭戈分校化学系,在席劳泽(Gerhard N. Schrauzer)教授实验室做研究工作。那时,席劳泽是国际生物无机化学会的主席。她被安排在维生素B_{12}系列衍生物合成组和博士生一起工作。维生素B_{12}是含钴的可啉配合物,由于它具有治疗恶性贫血病的功能,是生物无机化学研究中的一个重要方面。历史上从事维生素B_{12}研究的化学家、生理学家曾三次获诺贝尔奖。她接受了席劳泽的安排,研究课题是"在氧化-还原条件下从维生素$B_{12}r$直接合成烷基钴胺素",目的在于探讨有生物活性的化合物的合成及新的合成方法。经过约半年时间,在国外参与的第一项研究工作结束了,论文发表在1980年德国《自然》杂志上。后来,作为系列文章,又有两篇论文也发表在同一期刊上。在美国,她工作十分勤奋,周末、节假日几乎全在实验室、图书馆度过。她希望能有一个更有生命力的、有理论和应用意义的研究方向,在回国前半年,她坦率地把自己的想法告诉了席劳泽,得到了他的理解。于是就转向做硒的生物无机化学研究,并把这个研究方向带回中国。这个方向她已坚持了近20年。在诸多的必需生物微量元素中,硒是最引人注目的少数几个元素之一,但对硒的生物功能的分子基础却了解不多。

乐英红，1995 年博士，复旦大学教授。主要研究方向是催化新材料与新催化反应：沸石、介孔分子筛催化材料，层状催化材料，纳米催化材料，酸碱催化反应，氧化还原催化反应，环境保护催化反应，精细化工和石油催化反应等。

缪长喜，1996 年博士，教授级高工，上海石油化工研究院副总工程师。主要从事基本有机原料催化剂及成套技术开发研究。

华伟明，1997 年博士，复旦大学教授。主要从事固体酸催化、环保催化、催化新材料和催化反应机理的研究。

夏勇德，1999 年博士，英国埃克塞特大学（University of Exeter）工程、数学和物理科学学院讲师。主要从事纳米孔材料的能源储存和利用研究。

（二）黄春辉弟子

黄春辉所指导的博士生中已有所成就的如：

翟锦，1999 年博士，曾任中国科学院化学研究所有机固体重点实验室研究员，现任北京航空航天大学化学与环境学院教授。长期从事功能分子超薄膜和微纳米结构的制备（自组装技术和 LB 技术）、表征及其光电性质，染料敏化太阳能电池等方面的研究。

（三）徐辉碧弟子

徐辉碧在华中科技大学指导的不少博士研究生现已成为教授及科研骨干，例如：

黄开勋，1995 年博士，王君健，徐辉碧共同指导，华中科技大学化学与化工系主任、博士生导师。主要研究方向有：①硒与活性氮（RNS）在血管疾病、糖尿病发生发展中的作用及其机理；②无机纳米材料的合成与生物安全性研究；③新药制剂及功能食品的研究与开发。

陈春英，1995 年博士，徐辉碧，周井炎共同指导，国家纳米科学中心研究员，博士生导师。长期致力于纳米材料的生物效应、外源性物质的生物毒理学、核技术在生命科学中的应用等领域的研究工作。

王传贵，1995 年博士，徐辉碧，梅兴国共同指导，华东师范大学教授，博士生导师。主要研究方向有：肿瘤细胞信号转导、肿瘤蛋白质组学研究、肿瘤特异性标志物筛选、抗肿瘤天然药物筛选。

表 2.5 张青莲无机化学谱系

第1代	第2代		第3代	
第二代	第三代	第四代	第五代	第六代
张青莲(1930年学士,清华大学,师从高崇熙;1936年博士,柏林大学,师从李森菲尔特)	嵇汝运			
	刘有成			
	高鸿			
	黄葆同			
	张存浩			
		严宣申(1953年学士,复旦大学)		
		高滋(1953年学士,复旦大学)	秦代毅(1989年博士,复旦大学)	
			乐英红(1995年博士,复旦大学)	
			缪长喜(1996年博士,复旦大学)	
			华伟明(1997年博士,复旦大学)	
			夏勇德(1999年博士,复旦大学)	
				马宁[1](2003年博士,复旦大学)
				叶兴南[2](2004年博士,复旦大学)
		张榕森(1955年学士,北京大学)		
		黄春辉(1955年学士,北京大学)	程天蓉[3](1997年博士,北京大学)	
			郎爱东[4](1998年博士,北京大学)	
			翟锦(1999年博士,北京大学)	
			高希存[5](1999年博士,北京大学)	
			韦天新[6](2000年博士,北京大学)	

（续表）

第1代	第2代		第3代	
第二代	第三代	第四代	第五代	第六代
				王忠胜（2001年博士，北京大学）
				杨术明[7]（2002年博士，北京大学）
				黄岩谊（2004年博士，北京大学）
		徐辉碧（1957年学士，北京大学）	黄开勋（1995年博士，华中科技大学）	
			陈春英（1996年博士，华中科技大学）	
			王传贵（2000年博士，华中科技大学）	
				梅付名（2001年博士，华中科技大学）
				余龙江（2001年博士，华中科技大学）
				周志彬（2001年博士，华中科技大学）
				董先智[8]（2002年博士，华中科技大学）
				朱玉山[9]（2002年博士，华中科技大学）

注：1. 天津大学副教授。
2. 复旦大学环境科学与工程系讲师。
3. 国家自然科学基金委员会研究员。
4. 山东大学药学院副教授。
5. 南昌大学教授。
6. 北京理工大学副教授。
7. 信阳师范学院化学化工学院教授，校特聘教授，硕士生导师，河南省教育厅学术技术带头人，信阳师范学院应用化学研究所副所长。
8. 中科院生物物理所研究员。
9. 南开大学副教授。

第五节　严东生无机化学谱系

严东生，材料科学家、无机化学家，中国科学院及中国工程院院士，著名科技组织领导者。在材料科学领域内造诣很深，成果涉及高温结构陶瓷、无机复合材料、高温无机涂层、耐火材料以及高温过程物理化学的研究等方面，为发展中国的无机材料、冶金、航空航天等事业做出了贡献。他曾任中国科学院副院长，是我国科研事业的卓越组织领导者之一。严东生与夫人——上海交通大学著名物理化学教授孙璧媃——亲密无间的合作，不仅在科研上取得了骄人的成就，也培养了一支素质过硬的无机非金属材料方向的人才梯队。严东生无机化学谱系自20世纪50年代中期开始，80年代后依托于中科院硅酸盐所及上海交通大学这两处重要的科研和教育机构发展迅猛，迄今已有数十位在学界具有影响力的谱系成员，谱系第2代骨干之一施剑林现任中科院陶瓷研究所高性能陶瓷和超微结构国家重点实验室主任。

一、第1代

严东生(1918—　)，1935年考入清华大学化学系，深受该系张子高教授严谨的治学态度的影响。1937年夏，抗日战争爆发，严东生为了照顾体弱多病的母亲，未能随校南迁，遂转入燕京大学化学系，学习期间，一直保持总成绩全校第一名。他以毕业论文《酚醛高分子聚合及其离子交换作用》获得该校“金钥匙”荣誉奖。1939年毕业后，他留校攻读研究生，同时兼任助教，导师是曾获美国麻省理工学院陶瓷与化学工程博士学位威尔逊(Earl Orlando Wilson，1890—1949)教授[①]，从而开始了对固相反应的研究。1941年他的论文《固相反应机理》通过答辩，获得硕士学位。研究生毕业后，留校担任从清华大学转到燕京大学来的张子高教授的助手。1941年12月，太平洋战争爆发，燕京大学被迫停办，严东生随张子高到私立中国大学任教，后又被开滦耐火材料厂聘为工程师。1943年他与燕京大学化学系同学孙璧媃结婚。抗日战争胜利后，他获得奖学金赴美留学，

① 燕京研究院.燕京大学人物志：第一辑[M].北京：北京大学出版社，2001：119-121.

先进入纽约大学化学系，一年后转到伊利诺伊大学，从事无机材料研究，并攻读博士学位。1949 年春，他的博士论文《高温氧化物系统相平衡的研究》顺利通过答辩，获得博士学位。同年被选为美国荣誉科学学会等 4 个荣誉学会会员，并留在伊利诺伊大学继续从事博士后的研究工作。

1950 年春，严东生放弃国外的优厚条件回国，任唐山开滦化工研究所副所长[①]、唐山交通大学教授。1954 年末起历任中国科学院冶金陶瓷研究所（今中科院上海硅酸盐研究所）研究员、副所长、所长[②]。在此期间，他和同事对高温氧化物陶瓷，尤其是对稀土等高温氧化物体系进行了相平衡与结晶化学规律的基础研究，成果引人注目，获 1962 年国家自然科学奖。他还领导科技人员对高温合金及难熔金属抗氧化、耐腐蚀涂层开展研究，为国民经济和国防建设做出了贡献[③]。

孙璧媃（1918— ），1935 年保送入燕京大学，学习生物化学专业，学习期间一直获得全额奖学金。1939 年从燕京大学毕业后毕业，在协和医学院进修学习。1943 年，孙璧媃与大学同窗严东生喜结连理。严东生到唐山开滦化工研究所任副所长，并在唐山交通大学（今西南交通大学）任教后，孙璧媃也从北京迁往唐山工作，在唐山交通大学从事化学方面的教学。

1955 年孙璧媃调入交通大学（上海部分），从此与上海交大化学教育工作结下不解之缘。无论在怎样艰苦的条件下，只要是学校的需要，她都挺身而出，不遗余力地发挥她的聪明才智，勇于开拓，而且成绩卓著。1962 年被上海交大聘为新中国成立后的第一位也是当时唯一的女教授，她先后担任基础部化学教研室副主任、冶金学院物理化学与分析化学教研室主任等职。1979 年任应用化学系首任系主任，1988 年退休。

1957—1966 年，孙教授始终没有脱离教学第一线，一直活跃在物理化学讲台上。她授课方法新颖得当，加之其与章燕豪等教授合著的《物理化学》通俗易懂、深入浅出，授课广受欢迎，效果极好。比如，1968 届学生考研究生较多，物理化学是必考课，冶金所录取研究生的前三名竟然都是孙璧媃的学生。

---

① 1950 年，国家正处于国民经济恢复时期，钢铁工业急需在战后的废墟上重建。严东生到开滦化工研究所后，立即着手耐火材料的研究，并到鞍山钢铁公司参与制定第一个耐火材料的生产、检验、测试标准。该标准以后沿用颇久，对中国的钢铁工业发展起了促进作用。同时，他还开展了窑炉热平衡的研究，详细计算分析了高温装置中热量的分配，提出了节约能源的有效措施。

② 1954 年 12 月—1983 年，任中国科学院冶金陶瓷研究所研究员、室主任，中国科学院上海硅酸盐所研究员、副所长、所长。1983 年起任中国科学院上海硅酸盐所名誉所长。

③ 严东生和他的合作者在复合材料的研究中，为解决中国第一代洲际导弹提供了关键材料和部件。为此，于 1981 年获得国家重大发明一等奖。

二、第2代

（一）严东生弟子

严东生在上海硅酸盐所不仅取得了科研上的累累硕果，在人才培养方面也喜获丰收。施剑林等是其所培养的人才队伍中的领军人物。除了施剑林，严东生的高足还有刘茜、施鹰、张骋等，他们作为新的火种，已在多个大学及研究机构的热土中开始熊熊燃烧，这预示着严东生谱系更加光明的未来。

施剑林，1989年在严东生指导下于上海硅酸盐研究所获博士学位。此后留所工作至今，曾在严东生的领导下从事先进陶瓷材料制备科学、烧结理论、结构陶瓷高温可靠性等研究。当前的研究领域包括无机纳米材料、介孔基纳米复合材料合成与催化、生物及光学应用等。先后承担了国家重大基础研究项目[“信息功能陶瓷若干基础问题研究”（“973”）计划，任首席科学家]、国家高技术（“863”）项目、国家自然科学基金重点项目、发改委高技术产业化项目等重要研究课题。他是中科院首批“百人计划”学者，1996年国家杰出青年基金获得者。现为中国科学院上海硅酸盐研究所研究员，博士生导师，高性能陶瓷和超微结构国家重点实验室主任。近十年来，施剑林已培养博士研究生（毕业）30人，其中8人获得严东生奖学金、2人获得中国科学院院长奖学金、5人荣获中国科学院冠名奖学金、2人获得上海市科技创新市长奖、1人获中国科学院优秀学生干部及上海市高校优秀毕业生、1人获中国科学院优秀博士论文、2人获上海市优秀博士论文、3人入选上海市青年科技启明星。他们中已有多人成长为科研骨干。

刘茜，1994年博士，中国科学院上海硅酸盐研究所研究员，所学位委员会委员，高性能陶瓷和超微结构国家重点实验室副主任。

施鹰，1995年博士，曾任中国科学院上海硅酸盐研究所研究员、博士生导师、科技业务处副处长、所学术委员会委员，现任上海大学材料与工程学院研究员、博士生导师。

张骋，1997年博士，上海应用技术学院教授，复合材料系主任。主要研究方向：结构陶瓷、粉体合成、性能表征、功能薄膜。

（二）孙璧媃弟子

孙璧媃教授桃李满天下，许多已成为国内外学术界的领军人物。仅1982届应用电化学专业的硕士研究生中有所建树的就有：

张国栋，安徽工业大学化学与化工学院院长、教授。

钱士元，加拿大国家研究院(National Research Council Canada)，电化学领域专家。

杨宏钧，苏州圣诺生物医药技术有限公司总裁。

史苑芗，江苏省科技厅副厅长、省政协科技委员会副主任。

沈建，美国安万特(Aventis)制药公司高级研究员。

表 2.6　严东生无机化学谱系

<table>
<tr><td>第1代</td><td colspan="2">第2代</td><td colspan="2">第3代</td></tr>
<tr><td>第三代</td><td colspan="2">第五代</td><td colspan="2">第五代</td></tr>
<tr><td rowspan="11">严东生(1939年学士，燕京大学，师从张子高；1949年博士，伊利诺伊大学，博士师从威尔逊)；
孙璧媃(严东生妻子，1939年学士，燕京大学，著名物理化学教授)</td><td rowspan="3">严东生、林祖纕</td><td rowspan="3">施剑林(1989年博士，上海硅酸盐所)</td><td rowspan="3">严东生、施剑林</td><td>王连洲[1](1999年博士，上海硅酸盐所)</td></tr>
<tr><td>张文华(2000年博士，上海硅酸盐所)</td></tr>
<tr><td>陈航榕(2001年博士，上海硅酸盐所)</td></tr>
<tr><td colspan="2">刘茜[2](1994年博士，上海硅酸盐所)</td><td colspan="2"></td></tr>
<tr><td>严东生、黄校先</td><td>施鹰[3](1995年博士，上海硅酸盐所)</td><td colspan="2"></td></tr>
<tr><td colspan="2">张骋[4](1997年博士，上海硅酸盐所)</td><td colspan="2"></td></tr>
<tr><td rowspan="5">孙璧媃</td><td>张国栋(1982年研究生，上海交大)</td><td colspan="2"></td></tr>
<tr><td>钱士元(1982年研究生，上海交大)</td><td colspan="2"></td></tr>
<tr><td>杨宏钧(1982年研究生，上海交大)</td><td colspan="2"></td></tr>
<tr><td>史苑芗(1982年研究生，上海交大)</td><td colspan="2"></td></tr>
<tr><td>沈建(1982年研究生，上海交大)</td><td colspan="2"></td></tr>
</table>

注：1. 澳大利亚昆士兰大学任职。
2. 中国科学院上海硅酸盐研究所研究员，高性能陶瓷和超微结构国家重点实验室副主任。
3. 曾任中国科学院上海硅酸盐研究所研究员、博士生导师、科技业务处副处长、所学术委员会委员。现任上海大学材料与工程学院研究员、博士生导师。
4. 上海应用技术学院教授，复合材料系主任。

第六节　徐光宪无机化学谱系

徐光宪是著名物理化学家、无机化学家，教育家，被誉为中国“稀土之父”，“稀土界的袁隆平”。徐光宪的研究领域较宽，涵盖物理化学和无机化学，在量子化学和化学键理论、配位化学、萃取化学、核燃料化学、稀土化学、串级萃取理论及其应用等方面都有突出的成就。他在我国较早开设物质结构和量子化学课程。1954 年受教育部委托，他和卢嘉锡、唐敖庆、吴征铠一起在北京举办物质结构暑期进修班，培养了我国第一批物质结构课的师资。20 世纪 50 年代末，他从事核燃料萃取化学研究，提出萃取机理的分类法，准确测定了大量溶液化合物的稳定常数和两相萃取平衡常数，为国际手册收录。1976 年，他提出串级萃取理论，并在全国推广，把我国稀土萃取分离工艺提高到国际先进水平。在量子化学领域中，他对化学键理论进行了深入研究，提出了原子价的新概念、nxcπ 结构规则和分子片的周期律。同系线性规律的量子化学基础和稀土化合物的电子结构特征研究，被授予国家自然科学奖二等奖。

在科学研究的同时，徐光宪也培养了大批人才。20 世纪 50—60 年代，徐光宪亲自指导了一批研究生，其中著名的如物理化学家谢有畅，物理化学家与化学教育家赵学庄，物理化学与无机化学家吴瑾光，量子化学和物理无机化学家黎乐民、李标国等；80 年代后，他和早期学生又共同指导了一批学生，如稀土化学家、中国科学院院士严纯华等。徐光宪无机化学谱系人才兴旺，就我们所掌握的信息，现今该谱系中从事无机化学研究且担任副教授以上职位的人数有 30 余人。

谢有畅长期从事物理化学、结构化学和固体表面化学的教学与研究工作。专长于固体表面结构与功能关系的基础研究和应用开发研究。在催化剂结构机理、石油化工和环境保护催化剂、高效 CO 吸附剂、空分制氧吸附剂和纳米氧化物陶瓷等方面的研究和开发工作中取得了一系列成果。他本人及学生的工作主要在物理化学领域，将在物理化学部分予以介绍。

赵学庄长期从事化学动力学的科研和教学工作，在场论中对称性原理的化学应用、非线性化学反应动力学和富勒烯化学等方面取得了若干有意义的研究成果，曾编写化学反应动力学教材。他本人及学生的主要工作也集中在物理化学部分，详见物理化学部分。

吴瑾光长期从事配位化学与分子光谱学，论著涉及萃取机理及溶液结构、稀土络合物和新材料、生物无机化学与生物谱学等。他本人及其所指导学生的工作中，既有涉及物理化学也有涉及无机化学的。

黎乐民早年从事核燃料配位化学和萃取化学研究。1977 年以后主要从事量子化学和物理无机化学研究。研究成果“应用量子化学——成键规律和稀土化合物的电子结构”获得 1987 年国家自然科学奖二等奖。他晚期指导的学生多从事量子化学及物理无机化学研究。详见物理化学部分。

严纯华在稀土分离和应用及稀土功能材料化学研究和应用中取得了许多富有创造性的科研成果。他培养了一支规模庞大、素质过硬的稀土化学及功能材料化学研究队伍。

高松主要从事配位化学与分子磁性研究，他及其研究组结合分子设计合成与各种物理方法，系统研究分子固体中磁性离子的相互作用、磁弛豫、磁有序等与分子结构、晶体结构、单离子各向异性等的关系，在发现新的磁现象、发展新类型分子磁体方面取得了一些重要进展，详见物理化学部分。

一、第 1 代

徐光宪（1920—2015），1936 年初中毕业后考入浙江大学附属高中，1937 年转入浙江宁波高级工业职业学校，1939 年毕业。时值抗日战争，社会动荡不安。原拟赴昆明参加叙昆（宜宾-昆明）铁路的修建工作，因路费不足滞留上海当家庭教师度日。就在这样困难的处境中，他强烈的求知愿望不泯，省吃俭用，积攒学费，挤出时间，考入交通大学学习。他夜晚兼任家庭教师，日间上学，焚膏继晷，刻苦攻读，于 1944 年 7 月从交通大学化学系毕业，获理学学士学位。由于学习成绩优秀，1946 年 1 月起被交通大学化学系聘为助教。

他为了继续深造，于 1948 年初赴美国留学，1—6 月就读于华盛顿大学化工系。1948 年夏，在纽约哥伦比亚大学暑期试读班中，成绩名列榜首，被该校录取为研究生并被聘为助教，不仅免交学费，还被正式列入教员名录。当时能得到这一待遇的留学生是极少的。他师从 C. O. 贝克曼（Charles Otto Beckmann）攻读量子化学，一年后即获得哥伦比亚大学理学硕士学位。由于成绩优异，1950年7月被选为美国荣誉化学会会员，荣获象征能打开科学大门的金钥匙及荣誉会员证书。1951年3月完成博士论文《旋光的量子化学理论》，并通过论文答辩，获得博士学位，并被选为美国荣誉科学会会员，再次获得金钥匙。他从入学到取得博士学位只用了两年零八个月的时间，这在当时美国一流水平的哥伦比亚大学，是很不容易的。

徐光宪在获得博士学位之后旋即回国[①]，受聘为北京大学化学系副教授，并兼任燕京大学化学系副教授。1952年9月院系调整后，继续任北京大学化学系副教授。受教育部委托，他和卢嘉锡、唐敖庆、吴征铠一起先后于1953年在青岛、1954年7月在北京举办了两期物质结构暑期进修班，培养了我国第一批物质结构课的师资[②]。1957年7月，他被任命为放射化学教研室主任，1958年9月被任命为新成立的原子能系(1960年以后改名为技术物理系)副主任，兼核燃料化学教研室主任。1961年他晋升为教授。同年8月应中国科学院上海有机化学研究所邀请，在该所讲萃取化学一个月。

在"文化大革命"中，徐光宪受到迫害。1969年底被迫离开技术物理系，到江西农场劳动。1971年底返回北京，到北京大学化学系工作。他不因为曾受到过错误对待而消极，仍是一如既往地积极努力工作。自1977年起，他被任命为化学系无机化学教研室主任。1980年11月，当选为中国科学院学部委员。1988年开始任稀土化学研究中心主任。

徐光宪在科学研究方面注意结合国家建设发展的需要，坚持理论与实践结合的方向，基础研究与应用研究并重，在量子化学、化学键理论、配位化学、萃取化学、原子能化学和稀土科学等领域都做出了贡献。

---

① 他的导师贝克曼极力挽留他继续留在美国进行科学研究，推荐他去芝加哥大学莫利肯(Robert Sanderson Mulliken, 1896—1986)教授处做博士后。莫利肯是当时国际上最负盛名的理论化学家之一(后以量子化学成就获得诺贝尔奖)，到莫利肯的研究组工作是当时很多年轻学者努力追求的目标。他的夫人高小霞当时尚未获得博士学位，他去莫利肯处不但可获得最好的科研工作环境，而且也可为高小霞继续求学创造良好的条件。但当时美国侵朝战争已经爆发，徐光宪认为祖国更需要自己，应当尽快回国。当时美国政府极力阻挠留美中国学生返回新中国。1951年初，美国国会通过有关禁令，待美国总统批准后即正式生效。在这种情况下，徐光宪焦急万分，千方百计设法尽快离开美国，高小霞也毅然决定放弃再过一年即可获得的博士学位和他一起回国。他们假借华侨归国探亲的名义，于1951年4月乘船一同回到祖国。

② 1986年暑期与唐敖庆等在长春举办了量子化学教学研究班。

二、第 2 代

徐光宪在数十年的教育生涯中为国家培养了一批物质结构、配位化学、原子能化学和稀土科学方面的优秀人才。谢有畅、赵学庄、高松、吴瑾光、黎乐民、李标国和严纯华等是徐光宪亲自指导过的学生中的代表[①]。其中谢有畅、赵学庄和高松的科研和育人工作主要在物理化学领域,将在物理化学部分予以介绍,在本节中主要介绍吴瑾光、黎乐民、李标国和严纯华的学术谱系情况。

吴瑾光(1934—),祖籍安徽省歙县,1934 年 7 月 17 日出生于北京,吴瑾光由于受父亲和化学教师的影响,很早就喜欢化学,1952 年她考取了北京大学化学系。大学三年级时,学年论文的题目《无机含氧酸强度的规律性》是徐光宪教授出的,这一巧遇对吴瑾光的科学生涯起了重要作用。她毕业后被安排在物质结构组读研究生,导师仍是徐光宪教授,研究方向是溶液络合物结构,课题是研究碱金属离子与含氧酸的络合作用。当时有关碱金属的配位效应是不清楚的,她的实验结果证实了徐光宪提出的碱金属有络合作用的看法,澄清了配位化学中的一个重要问题。次年,徐光宪调往原子能系(现技术物理系),1959 年初她也调到技术物理系,讲授物理化学,建立和开设物理化学实验课等,同时进行研究工作,不过课题方向改为"核燃料铀的萃取机理研究"。1960 年响应全民办原子能的号召,吴瑾光首批被安排到土法炼铀点进行铀矿浆直接萃取研究。当年冬天,在萃取 100 克铀/升高浓度溶液时,她的手割破了,意外地受到毒害。不久,中毒症状逐渐出现,人感到疲倦,大量脱发,牙龈肿痛,血象很不正常,经诊断为铀放射性中毒,两三个月后症状仍未能改善。那时她照常坚持教学科研工作,以坚韧不拔的意志抵御病魔的侵害,于 1961 年完成了研究生论文和答辩,同年留系工作。

1969 年技术物理系迁往汉中,吴瑾光留守技术物理大楼,1971 年转到无线电系,分配到电子学教研室,学习焊接晶体管电路,撰写光学课程讲义。1975 年

---

① 此外,有机化学家金声(1950—1953 年于北京大学),分析化学及化学史家赵匡华(1951—1955 年于北京大学),催化专家殷元骐(1952—1956 年于北京大学),分析化学家方肇伦(1953—1957 年于北京大学)等都曾在大学时期受教于他。

她回到阔别16载的化学系，分配到分析站红外光谱实验室，从事分析测试①等研究工作。

吴瑾光从事配位化学和分子光谱研究40年，成就卓著，领域涉及萃取机理及溶液结构、稀土络合物和新材料、胆结石、生物无机化学与生物谱学等，在国内外刊物发表论文多篇（其中国内外期刊论文218篇，进入SCI源期刊的有127篇）；主编专著1部，在国外出版专著2部，在国内3部专著中撰写了专章；获得3项专利权。

严纯华（1961— ），稀土化学家。1982年毕业于北京大学化学系，研究生阶段师从徐光宪院士、李标国和吴瑾光教授，专门从事稀土化学的研究工作，并于1988年获得博士学位。1988年2月起留校工作，先后任化学系讲师（1988年）、副教授（1989年）、教授（1992年）、长江学者（1999年），现任北京大学稀土材料化学及应用国家重点实验室主任、北京大学-香港大学稀土生物无机和材料化学联合实验室主任。

中国是世界第一的稀土大国。基于对稀土的了解和对稀土事业的感情，严纯华深知我国稀土资源的优越性和稀土元素的重要战略意义。自1982年以来，他便开始运用实验与计算机技术相结合的方法，开发了一系列适合各种稀土矿源、工艺流程和产品结构的串级萃取分离体系最优化设计理论和仿真计算方法，提出了新的回流启动模式和"三出口"、"多出口"新工艺及其设计理论，还针对稀土萃取分离工艺技术中的一些关键难题，研制了低耗、高效的萃取法连续浓缩稀土料液、共逆流反萃取、萃取法生产高纯荧光级稀土产品等新技术，在国内外首次实现了稀土分离新工艺由理论设计"一步放大"到实际生产规模，并已广泛应用于国内主要的单一稀土生产线，到1996年已获新增产值6亿多元，每年可为企业和国家增收利税亿元以上。其中，稀土分离新工艺在四川省的应用，更是有效地配合了国家"西部大开发"的战略。自1998年以来，他作为"973计划"的首席科学家，负责组织与协调着一个国家首批启动的"973"项目——"稀土功能材料的基础研究"，他始终秉承徐光宪院士提出的"立足基础研究，面向应用开发"的科研思想，近年来在稀土分离理论及其应用、稀土功能材料化学的研究中取得

① 例如胆结石的剖析，色素型胆结石是威胁人类健康的外科疾病，然而国内外医学界对它的组成都不清楚，她与北医三院周孝思大夫开展合作研究，她认为红外光谱是有效的研究手段，最后阐明色素型胆结石是一种组成复杂、结构特殊的生物矿化组织，其主要成分是钙的络合物。还发现难溶棕色结石（色素型胆结石有两种，我国多为棕色结石，而欧美国家多为黑色结石）含有大量水溶性蛋白、糖蛋白和多糖，部分胆红素钙以聚合物形式存在。这个课题后来发展成生物无机化学中的一个新方向。

了一系列创新性成果，并为下一阶段的深入研究奠定了基础。艰辛的探索和努力使他的课题组在过去的一年中发表了33篇SCI论文，论文的数量和质量均名列化学学院之首。他还注重基础研究为国家经济建设的服务职能，针对国家稀土产业的发展目标，为我国稀土工业提供了一系列具有自主知识产权的专利技术。

陈志达，北京大学教授，博士生导师。主要研究领域为理论无机化学。

刘会洲，1988年博士，徐光宪、吴瑾光共同指导，中科院青岛生物能源与过程研究所所长。主要从事分离科学与工程应用基础研究。

王科志，1993年博士，徐光宪、黄春辉共同指导，北京师范大学无机化学教研室主任与化学系副主任，教授，博士生导师。主要研究方向：功能金属配合物。

三、第3代

（一）吴瑾光弟子

吴瑾光培养博士生25名，硕士生16名，博士后6名。他们中间有很多人已成长为学术带头人、教授和博士生导师。

习宁，1990年博士，广东东阳光药业研究院特聘外籍专家，任首席科学家；美国开拓药业公司(Kintor Pharmaceuticals, Inc.)创建人之一，任首席科学家。

李彦，1993年博士，美国杜克大学教授。

王笃金，1995年博士，中科院化学所副所长，中国科学院工程塑料重点实验室主任，研究员，博士生导师。主要研究方向：高分子材料结构-性能关系研究和聚烯烃合金材料制备技术。

（二）严纯华弟子

严纯华在繁忙的科研工作的同时，培养了数十位硕士和博士研究生，其中已有多人升任高校教授。他协助徐光宪指导的博士黄云辉(2000年)是华中科技大学特聘教授、博士生导师，华中科技大学材料学院院长。

（三）刘会洲弟子

郭晨，1999年博士，刘会洲、陈家镛共同指导，中国科学院过程工程研究所研究员，博士生导师。主要研究方向：基于纳微结构材料的绿色生物转化。

表 2.7 徐光宪无机化学谱系

<table>
<tr><td>第 1 代</td><td colspan="3">第 2 代</td><td colspan="3">第 3 代</td></tr>
<tr><td>第三代</td><td colspan="2">第四代</td><td>第五代</td><td colspan="2">第五代</td><td>第六代</td></tr>
<tr><td rowspan="15">徐光宪(1944 年学士,交通大学,1951 年博士,哥伦比亚大学,导师贝克曼;妻子高小霞,见分析化学部分)</td><td colspan="2">任镜清</td><td></td><td colspan="2"></td><td></td></tr>
<tr><td colspan="2">黎健</td><td></td><td colspan="2"></td><td></td></tr>
<tr><td colspan="2" rowspan="9">吴瑾光(1956 年学士,1961 年研究生,北京大学)</td><td rowspan="9"></td><td colspan="2">习宁(1990 年博士,北京大学)</td><td></td></tr>
<tr><td colspan="2">李彦(1993 年博士,北京大学)</td><td></td></tr>
<tr><td colspan="2">王笃金(1995 年博士,北京大学)</td><td></td></tr>
<tr><td colspan="2">李维红[1](1995 年博士,北京大学)</td><td></td></tr>
<tr><td colspan="2">惠建斌[2](1996 年博士,北京大学)</td><td></td></tr>
<tr><td colspan="2">杨展澜[3](1998 年博士,北京大学)</td><td></td></tr>
<tr><td colspan="2">马刚[4](1999 年博士,北京大学)</td><td></td></tr>
<tr><td colspan="2"></td><td>陶栋梁[5](2002 年博士,北京大学)</td></tr>
<tr><td colspan="2"></td><td>苏允兰[6](2003 年博士,北京大学)</td></tr>
<tr><td colspan="2">李标国(1957 年学士,北京大学)</td><td></td><td>李标国、严纯华、增田嘉孝</td><td>张亚文[7](1997 年博士,北京大学)</td><td></td></tr>
<tr><td rowspan="3">徐光宪、李标国、吴瑾光</td><td rowspan="3">严纯华(1982 年学士,1988 年博士,北京大学)</td><td rowspan="3"></td><td>徐光宪、严纯华</td><td>黄云辉[8](2000 年博士,北京大学)</td><td></td></tr>
<tr><td>严纯华、孙聆东</td><td>王明文[9](2000 年博士,北京大学)</td><td></td></tr>
<tr><td colspan="2">张东凤[10](2003 年博士,北京大学)</td><td></td></tr>
</table>

(续表)

第1代	第2代				第3代			
第三代	第四代		第五代		第五代		第六代	
							严纯华、廖春生、张亚文	徐刚[11](2004年博士,北京大学)
							严纯华、张亚文、廖春生	严铮洸[12](2004年博士,北京大学)
	陈志达(1983年博士,北京大学)				卫海燕[13](2005年博士,北京大学)			
	徐光宪、吴瑾光	刘会洲(1988年博士,北京大学)			刘会洲、陈家镛	郭晨(1999年博士,中科院过程工程研究所)		
							刘会洲、陈家镛	姜成英[14](2001年博士,中科院过程工程研究所)
								罗明芳[15](2003年博士,中科院过程工程研究所)
					苏延磊(2005年博士,中科院过程工程研究所)			
			徐光宪、黄春辉	王科志(1993年博士,北京大学)				

（续表）

第1代	第2代			第3代	
第三代	第四代	第五代		第五代	第六代
		王晓青[16]（1994年博士，北京大学）			
		徐光宪、吴瑾光	卞江[17]（1995年博士，北京大学）		
		徐光宪、吴瑾光	谢大弢[18]（1998年博士，北京大学）		
		徐光宪、许振华	徐怡庄[19]（1997年博士，北京大学）		
		徐光宪、高松	马宝清[20]（2000年博士，北京大学）		

注：1. 北京大学副教授。
2. 中国科学院化工冶金研究所副研究员。
3. 北京大学化学与分子工程学院副教授。
4. 河北大学教授。
5. 北京化工大学副教授。
6. 中科院化学所副研究员。
7. 北京大学教授。
8. 华中科技大学特聘教授、博士生导师，华中科技大学材料学院院长。
9. 北京科技大学副教授。
10. 北京航空航天大学应用化学系副教授。
11. 浙江大学化学工程与生物工程学系副教授。
12. 北京工业大学固体所助理研究员。
13. 南京师范大学化学与材料科学学院教授，江苏省特聘教授。
14. 中国科学院微生物研究所副研究员。
15. 中科院研究生院化学与化学工程学院副教授。
16. 清华大学化学系副教授。
17. 北京大学化学与分子工程学院副教授。
18. 北京大学核物理与核技术国家重点实验室副研究员。
19. 北京大学副教授。
20. 在美国西北大学从事研究工作。

第七节 顾翼东、徐如人-庞文琴无机化学谱系

顾翼东，无机化学家、化学教育家。早期从事过药物制备的研究，后在萃取化学、稀土元素分离及其化合物性质研究、钨矿的综合利用等方面做出了贡献，尤其在制备钨化合物领域有独到之处。顾翼东是我国早期的著名化学教育家，他自1926年起先后在东吴大学、复旦大学等高校执教，培养了大批优秀学生，徐如人院士是他最得意的门生之一。

徐如人，无机化学家。对分子筛晶化机理提出了比较全面的见解，提出模板作用机理、晶化动力学机制，对新型无机微孔晶体的开发及其化学发展做出了贡献，开辟了在有机体系中特种链状、层状与骨架结构无机化合物的晶化合成路线，在TEG体系中晶化出迄今国际上具有最大孔径的微孔磷酸铝分子筛JDF-20(14.5×6.2Å)晶体。以一维、二维与三维骨架磷酸铝为对象在国际上首次系统开展了分子筛设计与定向合成研究，并取得了系列成果。庞文琴是徐如人院士的夫人，同为吉林大学教授，是著名的分子筛研究专家，吉林大学无机化学重点学科主要带头人之一，也是无机化学方向的基础与专业课程和科研工作的创始人之一。她的研究方向与丈夫徐如人处于同一研究领域，主要为过渡金属磷酸盐无机微孔晶体及层状化合物的合成与定向设计、硅铝酸盐沸石分子筛及含过渡金属的硅铝酸盐沸石的合成条件及规律等。徐如人及夫人通力合作，在科研及人才培养方面做出了杰出贡献。他们的人才培养工作主要在“文革”结束以后，学术大本营为吉林大学。迄今为止，顾翼东、徐如人-庞文琴谱系已有副教授以上级别的成员约40人。

一、第1代

顾翼东(1903—1996)，1914年入苏州东吴大学附属中学，1918年入东吴大学化学系，受龚士(Ernest Victor Jones)教授启蒙有志于物理化学，1923年获得理学学士学位毕业，并被选为菲陶菲学会会员。1924年赴美国芝加哥大学化学系留学，1925年获硕士学位。1926年受聘东吴大学化学系教授，1931年兼任系主任。1933年再次赴美留学，1935年获芝加哥大学化学哲学博士学位，被选为美国荣誉科学学会会员。

1938—1952年回国，曾任交通大学物理化学教授、上海震旦女子文理学院化学系教授及系主任、上海医学院院长、上海大同大学物理化学教授、上海光明化学制药厂顾问和资源委员会分析室主任、东吴大学理学院院长(1942—1952年)。1952年院系调整之后，一直在复旦大学任教授，1956年任复旦大学稀有元素化学教研室主任。1979年任复旦大学无机化学教研室主任。1980年当选学部委员。

二、第2代

顾翼东是我国培养的第一批化学方面的进修教师、化学硕士生(20世纪50年代)和博士生(20世纪80年代)的导师。徐如人是受他指导的最为著名的弟子之一。

徐如人(1932—　)，1949年考取复旦大学化学系，一年后转入交通大学化学系。1952年，徐如人在交通大学毕业。他积极响应国家建设东北工业基地的号召，到东北人民大学(现吉林大学)化学系无机教研室任教，从此开始了他的教学生涯。在老一辈化学家、教育家蔡镏生、唐敖庆、关实之和陶慰荪教授的直接指导下，徐如人以饱满的热情、严谨的治学态度和求实进取的精神认真工作。他不仅热情地投身于教学活动，而且更虔诚地学习老一辈化学家的治学精神和教学本领，初步显露头角。1956年徐如人被派往复旦大学进修稀有元素化学。在著名无机化学家顾翼东教授指导下，于1958年取得了“1∶3多钒酸铵的制备与应用”与“黄钼酸的制备与脱水”的研究成果，发表在《科学通报》上，并被编入联邦德国《盖墨林无机化学手册》(*Gmelins Handbuch der Anorganischen Chemie*)一书中。至“文化大革命”前，徐如人在教学科研中基本上形成了自己特有的学术风格，在“钒钼多酸盐”和“钒化学”研究中取得了初步成果，发表论文20余篇，成为无机化学专业的学术带头人。

徐如人自1952年以来迄今逾60载的时间里，历任东北人民大学(今吉林大学前身)助教、讲师、副教授及教授(1979年)。

“文革”结束以来，徐如人看到我国石油化工迅速发展的广阔前景，遂将自己的研究工作转向与石油炼制、石油化工密切相关的“沸石分子筛合成与结构化学”基础研究。20多年来在“分子筛的合成化学与晶化理论”，“无机微孔晶体合成化学、结构与性能及其分子工程学的研究”，“水热化学”等领域进行了系统深入的研究，为我国在上述研究领域进入国际先进行列做出了重要贡献。他在国内外学术刊物上发表论文400余篇，出版了《沸石分子筛的结构与合成》、《固体核磁共振》、《无机合成化学》、《沸石科学的进展——一个中国视角》(*Progress in*

Zeolite Science—A China Perspective)、《无机合成与制备化学》与《分子筛与多孔材料化学》等8部学术专著。

庞文琴，1952年毕业于东北人民大学并留校任助教。1955—1957年在北京大学化学系无机研究生班进修。1957年起历任吉林大学助教、讲师、副教授、教授(1985年)、博士生导师。庞文琴与丈夫徐如人同为吉林大学无机化学方向的基础与专业课程和科研工作的创始人之一，研究方向为过渡金属磷酸盐无机微孔晶体及层状化合物的合成与定向设计、硅铝酸盐沸石分子筛及含过渡金属的硅铝酸盐沸石的合成条件及规律等。

三、第3代

徐如人、庞文琴夫妇不仅在科学研究方面并肩作战，功勋卓著；在人才的培养方面，也多有相互提携。虽然两个人名下有各自的研究生，但在私下里，两位教授的学生关系密切和睦，每个人都将他们夫妇两人看做不分彼此的导师。他们十分重视对中青年人才的培养与教育：一方面严谨、一丝不苟；另一方面又对年轻人委以重任，让他们挑重担，将他们推向科研与教学的前沿，鼓励竞争，同时为他们创造必要的条件，尽量让他们在比较宽松的环境中成长。

1978年恢复研究生制度以来，徐如人及其团队指导博士研究生近40人，硕士研究生近百人，博士后研究人员多名(其中有来自德国汉堡大学的梅迪乐博士)。在已毕业的博士中，有2人于1990年被国家教委和国务院学位委员会授予"有突出贡献的中国博士"称号，1名获中国科协青年科技奖，5名获中国青年化学奖，1名获霍英东青年科技奖。其中冯守华博士于1994年连续获得国家教委跨世纪人才基金、自然科学基金会优秀中青年人才专项基金与中国杰出青年基金。

他们所培养的庞大队伍中诚可谓人才济济，现任吉林大学化学学院院长、无机合成与制备化学国家重点实验室主任、中科院院士冯守华是其中具有代表性的人物。

(一) 徐如人弟子

冯守华，1978年毕业于吉林大学化学系，1986年在吉林大学获理学博士学位。1987年至今历任吉林大学副教授、教授(1992年)，其间曾于1989—1992年在美国新泽西州立大学化学系从事博士后研究。现任吉林大学化学学院院长，"无机合成与制备化学"国家重点实验室主任，"现代无机合成化学"研究中心主任。

冯守华的主要研究方向包括：功能与新型无机化合物的超临界与亚临界水热或溶剂热合成、微波固相合成，以及结构与性能关系的研究；重点研究体系为新型微孔晶体、快离子导体、化学传感器、功能复合氧化物与复合氟化物，以及无机-有机杂化材料等。主要研究成果为提出沸石分子筛自发成核晶化动力学模型和沸石分子筛的生成机理；开发出系列新型微孔晶体材料；开发出含五元环高硅微孔晶体材料非水合成新路线、快离子导电材料的水热合成路线、快离子导体的微波诱导固相合成方法，以及复合氧化物陶瓷与功能复合氟化物的温和水热合成新路线；发展了生物水热合成化学与无机-有机螺旋杂化材料合成的研究。

李守贵，1987 年博士，吉林大学教授，博士生导师。主要研究方向：无机微孔晶体合成。

宋天佑，1989 年博士，吉林大学化学学院教授，博士生导师，主管教学工作的副院长，兼任教育部高等学校化学及化工学科教学指导委员会副主任委员。主要研究方向：无机化合物的非水合成和功能无机化合物等。

陈接胜，1989 年博士，上海交通大学化学化工学院教授。主要研究方向：主-客体化学与物理；特种结构和具有特殊光电磁性能的无机固体合成。

肖丰收，1990 年博士，现为浙江大学化学系教授。

于吉红，1995 年博士，吉林大学化学学院教授，博士生导师，无机合成与制备化学国家重点实验室常务副主任。主要从事无机合成研究。

刘在群，1996 年博士，吉林大学化学学院有机化学系主任，教授，博士生导师。主要研究方向：物理有机化学。

陈代荣，1997 年博士，山东大学化学与化工学院教授。主要研究方向：纳米材料化学。

高秋明，1997 年博士，北京航空航天大学化学与环境学院教授、博士生导师。主要研究方向：新能源储能和催化材料、环境催化和净化材料、多孔膜制备技术。

朱广山，1998 年博士，吉林大学教授，博士生导师。主要研究方向：功能无机孔材料的合成与组装。

王开学，2002 年博士，上海交通大学化学化工学院特别研究员，博士生导师。主要研究方向：碳纳米管和微孔化合物。

（二）庞文琴诸弟子

裘式纶，1988 年博士，吉林大学副校长，研究生院院长，教授，博士生导师。主要研究方向：无机化合物的非水合成和功能无机化合物等。

岳勇,1990 年博士,曾任中科院武汉物理与数学研究所副所长,现任中共湖北省委副秘书长。

孙家跃,1991 年博士,北京工商大学教授,博士生导师,曾任北京工商大学化学与环境工程学院院长,科学技术处处长。主要研究方向:光电功能材料设计合成与应用。

田一光,1992 年博士,温州大学化学与材料工程学院教授,化学与材料工程学院材料科学与技术研究所所长。主要研究方向:纳米材料的合成和性能,稀土硅酸盐类材料化学和光谱化学,侧重于纳米复合材料的功能性及智能性,新型发光材料研发。

郑文君,1996 年博士,南开大学化学院材料化学系教授,博士生导师。主要研究方向:基于离子液体的特殊性质,开展无机功能材料的晶体生长与纳米材料的新合成方法、纳米材料自组装及纳米结构的新构筑途径、无机功能材料在光电磁及能源方面的应用研究。

杜红宾,1997 年博士,南京大学化学化工学院教授、博士生导师。主要研究方向:微孔材料化学、无机合成化学、主客体化学。

张萍,2001 年博士,吉林大学化学学院教授,博士生导师,无机与材料化学系系主任。主要研究方向:无机介孔材料功能化和配合物制备。

刘云凌,2003 年博士,吉林大学化学学院教授。主要研究方向:无机及金属有机配位聚合物材料。

四、第 4 代

冯守华弟子:

冯守华自 1993 年被聘为博士生导师至今已培养了近 40 位博士。他们中有大批出国深造,部分在国内成为大学教授或研究员。

安永林,1994 年博士,徐如人、冯守华共同指导,大连理工大学化工与环境生命学部教授,博士生导师。

崔得良,1995 年博士,徐如人、冯守华共同指导,山东大学材料科学与工程学院教授,博士生导师。主要从事固体发光材料和电致发光器件研究。

徐跃华,1996 年博士,庞文琴、冯守华共同指导,吉林大学综合化学实验室副主任,教授,博士生导师。

施展,2002 年博士,吉林大学教授。主要研究无机有机杂化材料。

表 2.8　徐如人-庞文琴无机化学谱系

第 1 代	第 2 代	第 3 代			第 4 代			
第二代	第四代	第五代		第六代	第五代		第六代	
顾翼东（1923 年学士，东吴大学；1935 年博士，芝加哥大学）	徐如人（1952 年学士，复旦大学）		冯守华（1986 年博士，吉林大学）（第五代）		徐如人、冯守华	安永林（1994 年博士，吉林大学）		
					徐如人、冯守华、蒋良华	崔得良（1995 年博士，吉林大学）		
					庞文琴、冯守华	徐跃华（1996 年博士，吉林大学）		
								施展（2002 年博士，吉林大学）
			李守贵（1987 年博士，吉林大学）					
			宋天佑（1989 年博士，吉林大学）					
			陈接胜（1989 年博士，吉林大学）					
		郭燮贤、徐如人	肖丰收（1990 年博士，吉林大学）				徐如人、肖丰收	孙建敏[1]（2001 年博士，吉林大学）
			霍启升[2]（1992 年博士，吉林大学）					
			郭灿雄[3]（1995 年博士，吉林大学）					
			于吉红（1995 年博士，吉林大学）				徐如人、于吉红	黄坤林[4]（2004 年博士，吉林大学）
			刘在群（1996 年博士，吉林大学）					

（续表）

<table>
<tr><td>第1代</td><td>第2代</td><td colspan="4">第3代</td><td colspan="2">第4代</td></tr>
<tr><td>第二代</td><td>第四代</td><td colspan="2">第五代</td><td colspan="2">第六代</td><td>第五代</td><td>第六代</td></tr>
<tr><td rowspan="14"></td><td rowspan="7"></td><td colspan="2">陈代荣（1997年博士，吉林大学）</td><td colspan="2"></td><td></td><td></td></tr>
<tr><td colspan="2">高秋明（1997年博士，吉林大学）</td><td colspan="2"></td><td></td><td></td></tr>
<tr><td colspan="2">朱广山（1998年博士，吉林大学）</td><td colspan="2"></td><td></td><td></td></tr>
<tr><td colspan="2">袁宏明[5]（2000年博士，吉林大学）</td><td colspan="2"></td><td></td><td></td></tr>
<tr><td colspan="2">李激扬[6]（2000年博士，吉林大学）</td><td colspan="2"></td><td></td><td></td></tr>
<tr><td colspan="2"></td><td>徐如人、李连生</td><td>徐庆红[7]（2001年博士，吉林大学）</td><td></td><td></td></tr>
<tr><td colspan="2"></td><td colspan="2">王开学[8]（2002年博士，吉林大学）</td><td></td><td></td></tr>
<tr><td rowspan="7">庞文琴（1952年学士，东北人民大学）</td><td colspan="2">裘式纶（1988年博士，吉林大学）</td><td colspan="2"></td><td></td><td></td></tr>
<tr><td colspan="2">于龙[9]（1990年博士，吉林大学）</td><td colspan="2"></td><td></td><td></td></tr>
<tr><td colspan="2">岳勇（1990年博士，吉林大学）</td><td colspan="2"></td><td></td><td></td></tr>
<tr><td colspan="2">赵大庆[10]（1990年博士，吉林大学）</td><td colspan="2"></td><td></td><td></td></tr>
<tr><td>庞文琴、石春山</td><td>孙家跃（1991年博士，吉林大学）</td><td colspan="2"></td><td></td><td></td></tr>
<tr><td colspan="2">田一光（1992年博士，吉林大学）</td><td colspan="2"></td><td></td><td></td></tr>
<tr><td colspan="2">孟宪平[11]（1993年博士，吉林大学）</td><td colspan="2"></td><td></td><td></td></tr>
</table>

（续表）

第1代	第2代	第3代		第4代	
第二代	第四代	第五代	第六代	第五代	第六代
		周群[12]（1994年博士，吉林大学）			
		郑文君（1996年博士，吉林大学）			
		杜红宾（1997年博士，吉林大学）			
		庞文琴、徐文国 李宝宗[13]（1997年博士，吉林大学）			
		刘云凌[14]（2000年博士，吉林大学）			
		郭阳虹[15]（2000年博士，吉林大学）			
			张萍（2001年博士，吉林大学）		
			刘云凌（2003年博士，吉林大学）		

注：1. 哈尔滨工业大学基础与交叉科学院教授，博士生导师。
2. 吉林大学化学学院教授，博士生导师，无机合成与制备化学国家重点实验室常务副主任。
3. 北京化工大学理学院副教授。
4. 重庆师范大学化学学院教授。
5. 吉林大学副教授。
6. 吉林大学化学院教授。
7. 北京化工大学副教授，博士生导师。
8. 上海交通大学化学化工学院特别研究员，博士生导师。
9. 沈阳市科技局副局长。
10. 辽宁大学化学系教授，沈阳市科技局副局长。
11. 国家自然科学基金委员会化学科学部化学科学三处处长。2009年3月起任计划局局长。
12. 苏州大学分析化学研究所教授。
13. 苏州大学材料与化学化工学部副教授。
14. 吉林大学化学学院教授。
15. 吉林大学化学学院副教授。

第八节　游效曾无机化学谱系

游效曾是我国著名无机化学及物理化学家，长期从事无机物理化学和配位化学的教学及研究工作，重视实验和理论相结合的研究方法，在新型配合物的合成、结构、成键和性质方面取得了重要成果，开拓了功能配位化合物的研究，在发展我国无机化学及培育青年无机化学家等方面做出了贡献。自 20 世纪 50 年代末开始，游效曾长期在南京大学从事科研和教学工作，尤其是“文革”以后依托南京大学配位化学研究所指导了 80 多位获得硕士、博士学位的研究生和博士后，如徐正、苟少华等，他们活跃于国内外化学界，并业已培养了自己的学生。游效曾无机化学谱系人数众多，现今已有副教授以上级别的成员近 60 人。

一、第 1 代

游效曾(1934—　)，1951—1955 年在武汉大学化学系学习。1955 年考入南京大学攻读研究生，师从李方训教授，从事电解质溶液理论研究，同时选修了多门数学和物理学课程。1957 年毕业后留校任教。1962—1964 年参加了高教部委托吉林大学举办、由唐敖庆教授主讲的“物质结构讨论班”，进一步掌握了理论化学知识，为日后从事科学研究打下了坚实的基础。1957—1985 年历任南京大学化学系助教、副教授、教授。1980—1982 年在美国威斯康星大学、伊利诺伊大学和佛罗里达大学化学系任访问学者。1985 年至今任南京大学化学系教授，博士生导师。

1983 年游效曾归国后，作为研究所所长和博士生导师，他以全部精力投入到我国配位化学的基础研究和研究生的培养工作中。1988 年，在戴安邦教授领导下，南京大学组建了“国家配位化学重点实验室”。在他任职室主任和学术委员会主任期间，这个国家实验室被国家科技委员会和教委评估为全国化学方面仅有的两个 A 级国家实验室之一。他本人也荣获教委全国国家重点实验室金牛奖(1994 年)。1991 年当选为中国科学院院士。

二、第 2 代

游效曾主持了一个由中青年教师、博士后、博士研究生、硕士研究生、国内访问学者等组成的科研集体，多次完成国家科技部和自然科学基金委员会的重大项目和重点项目。为表彰他在研究生培养中的贡献,1989 年中国化学会授予他"配位化学"育才奖。迄今为止,他已指导了 80 多位获得硕士、博士学位的研究生以及博士后,他们活跃于国内外化学界,成绩卓著。有的受国家教委等表彰有突出贡献,有的是国家杰出青年基金、中国化学会青年化学奖、美国总统奖和德国洪堡基金获得者。徐正、荀少华等是其中的代表人物。

徐正,南京大学化学化工学院教授。1962 年毕业于南京大学化学系,1966 年研究生毕业于中国科学院大连化学物理研究所,1981 年至今在南京大学配位化学研究所工作。主要研究方向:纳米化学,如大小和形状可控的纳米粒子的制备、性质和组装,纳米线、纳米管及纳米复合结构有序阵列的制备、结构和性质;纳米材料合成中的配位化学;富勒烯化学和时间分辨光谱,如新型富勒烯衍生物的合成和光物理、光化学性能研究。

荀少华,东南大学教授、东南大学药物研究中心主任、江苏省生物药物高技术研究重点实验室主任、东南大学研究生院副院长(兼任)。1990 年毕业于南京大学化学系,获博士学位。1992 年 9 月至 1993 年 11 月,在英国皇家学会奖学金的资助下于谢菲尔德大学从事博士后研究,1996 年 1 月至 6 月,在奥地利维也纳技术大学开展合作科研工作,曾任南京大学配位化学研究所教授。主要研究方向:金属离子导向的分子自组装研究,新型大环配体的设计与合成及其离子和分子识别研究,新药开发与铂药物筛选。

白志平,1982 年学士,南京大学化学化工学院教授、科学技术处副处长,兼任南京大学-金川公司金属化学联合实验室主任。主要研究配位化合物的功能材料。

孙岳明,1992 年博士,游效曾、江元生、朱龙根共同指导,东南大学教授、博士生导师、化学化工学院院长。主要研究方向:光电功能材料、能源材料化学、线性光学材料。

段春迎,1994 年博士,大连理工大学化学学院院长。主要研究方向:功能体系的晶体工程,拓扑定向功能体系和组装。

姚天明,1994 年博士,同济大学化学系教授,副主任。主要研究方向:功能配合物超分子组装。

王希萌,1995 年博士,游效曾、孙红随共同指导,美国加州大学教授。主要研究方向:多齿含氮配件与过渡金属配合物的光化学与催化。

周锡庚,1996 年博士,复旦大学教授、博士生导师。研究方向有:金属有机化学;基于稀土金属参与的新有机合成方法学;金属导向的分子组装、结构、磁性和化学反应。

牛景扬,1996 年博士,河南大学化学化工学院院长、博士生导师。

赵存元,1997 年博士,中山大学化学与化学工程学院教授、博士生导师。主要研究领域:理论无机化学。

卢忠林,1997 年博士,游效曾、孙红随、支志明共同指导,北京师范大学化学学院有机化学研究所所长,教授,博士生导师。主要研究领域:金属有机化学、物理有机化学、生物有机化学。

左景林,1997 年博士,南京大学化学化工学院、配位化学国家重点实验室教授,博士生导师。主要研究方向:光电功能配位化合物的合成、结构、成键和性质。

三、第 3 代

(一)徐正弟子

李明星,1993 年博士,上海大学理学院化学系常务副主任,教授。

魏先文,1999 年博士,安徽工业大学副校长。

曹化强,2001 年博士,清华大学化学系教授,博士生导师。

(二)苟少华弟子

曾庆祷,1997 年博士,游效曾、苟少华共同指导,国家纳米科学中心研究员,博士生导师。

(三)段春迎弟子

田玉鹏,1996 年博士,游效曾、段春迎共同指导,安徽大学教授,博士生导师,安徽大学无机化学省重点学科带头人,安徽省跨世纪学术技术带头人。主要研究领域:无机化学、配位化学、光电功能配合物。

(四)周锡庚弟子

张春梅,1997 年博士,华东理工大学化学系副教授。主要研究方向:金属有机化合物在有机合成中的应用。

(五)左景林弟子

沈珍,2000 年博士,游效曾、左景林共同指导,南京大学配位化学国家重点实验室教授,博士生导师。主要研究方向:功能配位化学。

表 2.9　游效曾无机化学谱系

第1代	第2代		第3代	
第四代	第四、第五代	第六代	第五、第六代	
游效曾(1951年学士,1953年硕士,武汉大学)	徐正(1962年学士,南京大学;1966年研究生,中科院大连化学物理研究所(第四代)		游效曾、徐正	李明星(1993年博士,南京大学)(第五代)
			魏先文(1999年博士,南京大学)(第五代)	
			曹化强(2001年博士,南京大学)	
			刘辉彪[1](2001年博士,南京大学)	
			尹桂[2](2001年博士,南京大学)	
			包建春[3](2002年博士,南京大学)	
			周全法[4](2002年博士,南京大学)	
	荀少华(1990年博士,南京大学)(第五代)		游效曾、荀少华	曾庆祷(1997年博士,南京大学)(第五代)
			孟庆金、荀少华	黄伟[5](2001年博士,南京大学)
				邹洋(2004年博士[6],南京大学)
			诸海滨[7](2005年博士,南京大学)	
			孟庆金、荀少华	党东宾(2005年博士,南京大学)
				温丽丽(2006年博士,南京大学)
				臧双全(2006年博士,南京大学)
			储昭莲[8](2007年博士,南京大学)	

（续表）

第 1 代	第 2 代			第 3 代	
第四代	第四、第五代		第六代	第五、第六代	
	白志平（1982 年学士，南京大学；1991 年博士，筑波大学）			游效曾、白志平	王作祥[9]（1998 年博士，南京大学）（第五代）
	游效曾、江元生、朱龙根	孙岳明（1992 年博士，南京大学）			
	游效曾、江元生、朱龙根	段春迎（1992 年博士，南京大学）		游效曾、段春迎	田玉鹏（1996 年博士，南京大学）（第五代）
				李明雪[10]（2006 年博士，南京大学）	
				张丙广[11]（2006 年博士，南京大学）	
				段春迎、孟庆金	魏梅林[12]（2007 年博士，南京大学）
	姚天明（1994 年博士，南京大学）				
	熊仁根（1996 年博士后，南京大学）			游效曾、熊仁根	袁荣鑫[13]（2002 年博士，南京大学）
					谢永荣[14]（2004 年博士，南京大学）
	游效曾、孙红随	王希萌（1995 年博士，南京大学）			
		牛景扬（1995 年博士，南京大学）			

（续表）

第1代	第2代			第3代	
第四代	第四、第五代		第六代	第五、第六代	
		李晖[15]（1997年博士，南京大学）			
		胡怀明[16]（1996年博士，南京大学）			
	周锡庚（1995年博士，南京大学）			张春梅（2004年博士，复旦大学）	
	赵存元（1997年博士，南京大学）				
	游效曾、孙红随、支志明	卢忠林（1997年博士，南京大学）			
	左景林（1997年博士，南京大学）			游效曾、左景林	沈珍（2000年博士，南京大学）（第五代）
	游效曾、庄金钟	刘彩明[17]（1997年博士，南京大学）			
	蔡琥[18]（1999年博士，南京大学）				
	游效曾、庄金钟	刘家成[19]（1999年博士，南京大学）			
	建方方[20]（1999年博士，南京大学）				
	陈晓峰[21]（1999年博士，南京大学）				

（续表）

第1代	第2代				第3代
第四代	第四、第五代		第六代		第五、六代
	朱小蕾[22]（2000年博士，南京大学）				
	朱敦如[23]（2000年博士，南京大学）				
	朱旭辉[24]（2000年博士，南京大学）				
	游效曾、庄金钟	宋友[25]（1999年博士，南京大学）			
	白俊峰[26]（2000年博士，南京大学）				
			张立娟[27]（2001年博士，南京大学）		
			金传明[28]（2002年博士，南京大学）		
			张扣林[29]（2002年博士，南京大学）		
			蔡晨新[30]（2002年博士，南京大学）		
			田运齐[31]（2005年博士，南京大学）		
			李永绣[32]（2003年博士，南京大学）		
			瞿志荣[33]（2003年博士，南京大学）		
			王石（2006年博士，南京大学）		
			游效曾、沈珍	吴迪[34]（2007年博士，南京大学）	

注：1. 中国科学院化学研究所研究员。
2. 南京大学副教授。

3. 南京大学教授。
4. 江苏技术师范学院副院长、江苏省贵金属深加工技术及其应用重点建设实验室主任。
5. 南京大学副教授。
6. 浙江理工大学理学院副教授。
7. 东南大学化学化工学院制药工程系副研究员。
8. 安徽工业大学化学与化工学院副教授。
9. 东南大学副教授。
10. 河南大学化学化工学院教授,博士生导师。
11. 中南民族大学副教授。
12. 河南师范大学副教授。
13. 常熟理工学院化学与材料工程系主任,江苏省新型功能材料重点建设实验室副主任,常熟理工学院应用化学研究所所长。
14. 赣南师范学院江西省有机药物化学重点实验室教授。
15. 北京理工大学教授。
16. 西北大学化学与材料科学学院教授,博士生导师。
17. 中国科学院化学研究所有机固体重点实验室副研究员。
18. 南昌大学化学系教授。
19. 西北师范大学教授,博士生导师。
20. 青岛科技大学研究生处处长,博士生导师。
21. 南京师范大学化学与材料学院教授。
22. 南京工业大学化学化工学院教授,博士生导师。
23. 南京工业大学教授,博士生导师,化学化工学院院长助理,化学系系主任。
24. 华南理工大学发光材料与器件国家重点实验室(筹)及高分子光电材料与器件实验室教授,博士生导师。
25. 南京大学化学化工学院副教授。
26. 南京大学教授,博士生导师。
27. 北京化工大学理学院化学系副教授。
28. 湖北师范学院教授,硕士生导师,省重点实验室副主任。
29. 扬州大学化学化工学院教授,无机化学教研室主任。
30. 上海有机化学研究所副研究员。
31. 辽宁师范大学教授。
32. 江西大学化学系教授,博士生导师。
33. 东南大学有序物质科学研究中心教授,博士生导师。
34. 四川大学副教授。

第九节 计亮年无机化学谱系

计亮年,无机化学家与教育家,专长于配位化学和生物无机化学的研究。在过渡金属羰基配合物领域,首次证明了“茚基效应”,这项成果为用廉价金属锰代替贵金属作为氧化均相催化剂开辟了新途径。设计并合成了300多个结构新颖、具有核酸酶或氧化酶功能的模型化合物,提出了其中一些模型化合物的结构和功能之间的规律性,并将该规律推广到天然氧化酶中并进一步推广到细胞水平,提出了黑曲霉生物合成过氧化氢酶的规律,在酶法生产微量元素药品中取得应用效果。计亮年长期在中山大学从事教学及研究生培养工作,培养的学生中人才辈出,如中山大学化学院无机化学与材料研究所叶保辉、华南农业大学理学院院长乐学义等。计亮年谱系已有副教授以上级别的成员10多人,多数任职于中山大学、华南理工大学等高校。

一、第1代

计亮年(1934—),1952年以第一名考取山东大学化学系,1956年毕业后,先后在北京大学[①]、南京大学[②]、衡阳矿冶工程学院、广东工学院[③]、中山大学[④]任进修教师、助教、讲师、副教授、教授、博士生导师等职。1982—1983年经教育部委派到美国西北大学的国际著名配位化学家弗瑞德·巴索罗(Fred Basolo,1920—2007)的实验室任访问学者。为了进行动力学研究,他常常冒着寒冬,在凌晨5点就独自步行到实验室做实验直至深夜。在短短的一年中就在*Organometallics*、*J. Chem. Soc.*、*Chem. Commun*等刊物上发表了4篇论文。在过渡金属羰基配合物领域,首次从实验上证明了“茚基效应”,这项成果为廉价金属代替贵金属作为氧化均相催化剂开辟了一条新途径,先后被引用了近200次。现为中山大学化学与化工学院教授,曾任该院院长,兼同济大学教授。2003

① 1956年9月至1959年9月,在北京大学原子能系、北京外国语学院学习和工作。

② 1959年9月至1960年9月,在南京大学高教部配位化学研究班学习。

③ 1960年9月至1975年9月,任核工业部衡阳矿冶工程学院和广东工学院化学系讲师。

④ 1975年9月以后历任中山大学化学系讲师、副教授、教授、博士生导师、化学与化学工程学院院长(1994—1999)、校学术委员会委员、校学位委员会委员、校务委员会委员,直至退休。

年当选为中国科学院院士。

计亮年长期从事生物无机化学方面的研究工作，系统地研究了钌的小分子配合物的组成和结构、与DNA的作用及其机理。在合成大量小分子配合物的基础上，用热力学、动力学及理论计算(密度泛函法)等总结了这些配合物的不同组成、结构与DNA的作用规律。总结了配合物主配体平面面积等多种因素对配合物和DNA作用方式和稳定性的影响，并进一步提出了许多具有应用前景的体系。在具有酶功能的新型配合物的合成及金属模拟酶的结构、性能及应用的研究方面，设计合成了金属多吡啶、金属卟啉及金属大环三个体系共数百余种新型配合物。曾获广东省自然科学奖一等奖等。

二、第2代

计亮年自1975年任教中山大学以来，无论职位、职称如何变动，始终坚持在教学工作的第一线。他从事教学和科研40年，先后为本科生和研究生讲授过无机化学、高等无机化学、配位场理论及其应用、配位化学、结构化学、化学热力学、群论和红外光谱、络合物研究方法、结晶化学、生物无机化学等课程，编写了多种教材。1994年由计亮年申请的无机化学课程被列为广东省重点课程，1998年起又被教育部列为国家理科基地名牌课程。计亮年出版了3部著作，其中，译著《空气敏感化合物的操作》促进了国内无氧操作合成技术的推广；由他主编的《生物无机化学导论》一书已被国内十多所高校用作教材，并于1995年获得第三届国家教委优秀教材二等奖。“提高研究生综合素质，培养高层次的化学人才”的教学成果，于1997年分别获得广东省省级优秀教学成果一等奖和国家级优秀教学成果二等奖。

他的研究小组迄今共接受博士后、指导博士生近40名，指导硕士研究生30多名，接受国内外访问学者数十名。其中有不少人已成为教授及研究员，他们跟随着计亮年院士的脚步，正在科研和教学一线不断获取累累果实。

叶保辉，1994年博士，中山大学化学院无机化学与材料研究所教授，博士生导师，所长。主要科研方向：功能金属配合物超分子体系的分子设计、合成和结构与性能研究，重点是超分子配合物在催化、有机合成、分离、材料化学等领域中的应用。

乐学义，1996年博士，华南农业大学理学院院长，教授，博士生导师。主要从事功能配合物设计、合成、结构及生物活性研究。

刘海洋，1997年博士，华南理工大学化学与化工学院教授、化学系副主任。主要研究方向：过渡金属配位化学、化学生物学。

彭小彬，1999 年博士，计亮年、黄锦汪共同指导，华南理工大学材料学院教授，硕士生导师。主要研究方向：纳米功能光电材料。

巢晖，2000 年博士，中山大学光电材料与技术国家重点实验室固定研究人员，教授。主要研究领域：配位化学。

刘劲刚，2000 年博士，华东理工大学教授，博士生导师，无机化学博士点导师组组长。主要研究方向：生物无机化学。

胡小鹏，2001 年博士，计亮年、蔡继文共同指导，中山大学药学院教授，博士生导师。主要从事结构生物学及与之相关的结构导向药物开发研究，同时也进行有关真核生物基因转录蛋白质的研究。

张黔玲，2001 年博士，深圳大学化学与化工学院教授、硕士生导师。主要研究方向：过渡金属配合物与 DNA 的作用机制及荧光性质研究；生物传感器。

蒋才武，2002 年博士，广西中医学院药物化学教授，硕士生导师，药物化学学科带头人，中药研究所常务副所长，教务处副处长。主要研究方向：中药有效成分解析。

表 2.10 计亮年无机化学谱系表

<table>
<tr><td>第1代</td><td colspan="4">第2代</td></tr>
<tr><td>第四代</td><td colspan="2">第五代</td><td colspan="2">第六代</td></tr>
<tr><td rowspan="12">计亮年（1956 年学士，山东大学，曾师从弗瑞德·巴索罗）</td><td colspan="2">叶保辉（1994 年博士，中山大学）</td><td colspan="2"></td></tr>
<tr><td colspan="2">乐学义（1995 年博士，中山大学）</td><td colspan="2"></td></tr>
<tr><td colspan="2">刘海洋（1997 年博士，中山大学）</td><td colspan="2"></td></tr>
<tr><td>计亮年、黄锦汪</td><td>彭小彬（1999 年博士，中山大学）</td><td colspan="2"></td></tr>
<tr><td colspan="2">巢晖（2000 年博士，中山大学）</td><td colspan="2"></td></tr>
<tr><td colspan="2">刘劲刚（2000 年博士，中山大学）</td><td colspan="2"></td></tr>
<tr><td colspan="2"></td><td colspan="2">章浩[1]（2001 年博士，中山大学）</td></tr>
<tr><td colspan="2"></td><td>计亮年、蔡继文</td><td>胡小鹏（2001 年博士，中山大学）</td></tr>
<tr><td colspan="2"></td><td colspan="2">张黔玲（2001 年博士，中山大学）</td></tr>
<tr><td colspan="2"></td><td colspan="2">蒋才武（2002 年博士，中山大学）</td></tr>
<tr><td colspan="2"></td><td colspan="2">邹小华[2]（2003 年博士，中山大学）</td></tr>
<tr><td colspan="2"></td><td colspan="2">徐宏[3]（2003 年博士，中山大学）</td></tr>
</table>

注：1. 华南理工大学化学科学学院副教授。
2. 广州海汇投资管理有限公司副总裁、合伙人、风险控制委员会主席。
3. 深圳大学师范学院教授。

第十节 李铁津无机化学谱系

李铁津是蔡镏生、唐敖庆等老一辈吉林大学化学系的开创者培养出来的学生中的一员，他终其一生都在吉林大学化学系从事科学研究及教学工作，研究方向主要在纳米材料领域。李铁津从20世纪90年代起开始独立或合作培养博士生，已培养大批纳米科学领域的领军人物，如中国科学院院士江雷，以及国际顶尖的纳米材料学家彭笑刚等。与此同时，他们的身边也正成长着李铁津谱系的第3代传人。现今，李铁津谱系共有教授级别成员20人。

一、第1代

李铁津(1934—2005)，1955年毕业于南开大学物理系光学专业，被分配到东北人民大学(现吉林大学)物理系工作，1978年转到化学系工作。曾任吉林大学物理系教授、化学系教授、化学系催化动力学研究室主任、化学系光化学研究室主任。李铁津长期从事光物理与光化学研究工作，一生发表学术论文逾300篇，一手开创了吉林大学的纳米材料研究方向。除了基础性研究，李铁津在应用研究方面也有丰硕的成果。他参与研制的“电阻带式远红外辐射器”、“高硅氧远红外灯”，获1979年吉林省科技成果一等奖；“光散射胃癌诊断仪”1991年获国家教委科技进步三等奖；他与他人合作发明的“新型远红外辐射材料及其制备”更于1980年获国家发明奖三等奖。

二、第2代

邹炳锁，1981年考入了吉林大学化学系，吉林大学良好的学术氛围和教师的前瞻意识使他及早接触了纳米技术。在李铁津、肖志良等老师的指引下，他迷上了一个崭新的领域——纳米光子学材料与技术。1991年，他的博士论文《量子限域超微粒的制备、表征和光学性质研究》通过了答辩，这可以说是国内最早的“量子限域”(quantum confinement)的中文提法，从此他与纳米体系结缘。博士毕业同年，邹炳锁进入南开大学现代光学研究所做博士后，之后就职于中科院物理所，在这里，他再一次遇到“贵人”解思深院士、杨国祯院士等学界泰斗，在他们的支持和指导下，邹炳锁的物理概念得到了强化。1996—1999 年他作为访问学者在新加坡国立大学和美国佐治亚理工学院开展学术访问研究。海外三年，拓宽了他的视野，也进一步锻造了他的学术能力。

邹炳锁 2000 年入选中科院“百人计划”。2005 年和 2009 年，邹炳锁因“985”大学建设需要先后调入湖南大学和北京理工大学，曾任湖南大学“985”二期平台纳米光子学方向首席科学家和北京理工大学材料学院院长。邹炳锁现任北京理工大学微纳技术中心常务副主任，负责人。他在微纳技术领域不断耕耘，取得了一系列成果。他是国内最早倡导与开展纳米光子学材料与技术的研究者之一，2010 年曾获得湖南省自然科学一等奖。已在 *Nano Lett.*、*J. Am. Chem. Soc.*、*Small* 等国内外高水平专业学术杂志发表 SCI 论文 270 余篇。

长期以来，邹炳锁以带领学生走向世界前沿，使学生学到知识、能独立解决问题为基本职责。他经常要求学生讲述第一流杂志上（如 *Nature*，*Science*）文章的结果，发动大家讨论，关键之处加以点拨详解，以此促使学生了解国际学术研究的动态，把握前沿的问题，强化交叉学科研究能力。他鼓励大家创新，取得了良好效果，现在很多学生已成长为国内外研究机构中的骨干，在纳光子材料领域创造了一个个奇迹，至今共培养了近 20 位博士。

彭笑刚，1987 年、1992 年在吉林大学分别获得学士学位和博士学位，师从李铁津教授和沈家骢院士；1994—1996 年在美国加州大学伯克利分校从事博士后研究工作，师从阿利维萨托斯（Paul Alivisatos，1959—　）教授；1996—1999 年在加州大学劳伦斯伯克利国家实验室工作；1999 年进入美国阿肯色大学（University of Arkansas），2005 年被提升为教授，并在同年升任讲座教授。2009 年辞去阿肯色大学全职教职，加盟浙江大学，担任化学系全职教授、博士生导师，同年入选第二批国家“千人计划”。2011 年 2 月 10 日，全球领先的专业信息供应商汤森路透公司（Thomson Reuters）发布了依据过去 10 年中所发表研究论文的影响因子而确定的全球顶尖 100 名化学家榜单（TOP 100 CHEMISTS，2000—2010），彭笑刚教授名列第 8，在这 100 位入选化学家中，彭笑刚教授是目前唯一一位在中国国内全职任教的学者。

彭笑刚的研究小组主要从事胶状纳米晶的配位化学、无机纳米材料的生长机制、功能纳米晶的合成化学等研究工作。已在 *Nature*、*Nature Materials*、*J. Am. Chem. Soc.*、*Nano Lett.*、*Angew. Chem. Int. Ed.* 等国际权威刊物上发表高水平研究论文 100 余篇，被引用超过 10 000 余次，其中论文“Shape control of CdSe nanocrystals: from dots to rods and back”在 *Nature* 发表后,被引用超过 3 000 余次。

从决定回国之日起,彭笑刚教授开始集中精力撰写本科生教材《物理化学讲义》,并担任浙江大学该门本科生基础课的主讲教师。在过去的两个多学期里,学校网站的学习论坛上关于彭笑刚教授所著《物理化学讲义》的讨论帖多达 1 000余个、点击以万计。学生反响极为热烈,反映课程非常引人入胜。全书从量子化学基础出发,通过统计热力学过渡到宏观物理化学理论框架,突出了溶液在化学中的地位,并在此基础上将化学动力学统一到热力学理论中,以新体系、新角度、新内容全面梳理物理化学的知识结构,令教学局面焕然一新。

在做好本科生教育、开展学术研究、推动高科技产业化的同时,彭教授还参与浙江大学化学系制度建设,致力于推动学科整体水平提高,2012 年浙江大学化学系在 *J. Am. Chem. Soc.*、*Angew. Chem. Int. Ed.* 等国际核心期刊上发表论文 30 余篇,较往年发表论文水平有了显著提高。目前,彭笑刚因回国任教时间不长,其指导的学生多为在读或刚刚毕业,但是可以预见,在不久的未来就会有一支崭新的彭笑刚学术支队成长起来。

江雷,1987 年毕业于吉林大学物理系,1990 年获该校化学系硕士学位,1992—1994 年就读吉林大学与东京大学联合培养博士,导师为李铁津和藤嶋昭教授,1994 年回国后获吉林大学博士学位。1996—1999 年在日本神奈川科学院任研究员。1998 年入选中国科学院“百人计划”,1999 年 4 月回国工作。现任中国科学院化学研究所研究员,博士生导师,兼任北京航空航天大学化学与环境学院院长,吉林大学客座教授。2004—2006 年兼任国家纳米科学中心首席科学家。2009 年当选中国科学院院士。

江雷研究员一直从事仿生纳米功能界面材料方面的研究,提出了“纳米界面材料的二元协同效应”的新思想,揭示了生物体表面超疏水性的机理,指导相关仿生材料的可控制备,在超双亲/超双疏功能材料的制备和性质研究等方面取得了系统的创新成果。研究体系集中在无机微纳米结构制备及其表面功能性修饰,相关成果受到国际同行的关注,带动了该方向在世界范围内的发展。承担“973”项目(课题负责人)、基金委重点项目(负责)及中科院创新项目、国家“十五”科技攻关项目等。

2005 年以“具有特殊浸润性(超疏水/超亲水)的二元协同纳米界面材料的构筑”成果获国家自然科学奖二等奖(第一获奖人),并撰写专著《仿生智能纳米界面材料》。他曾获国家自然科学基金委员会杰出青年基金及国家杰出青年基金(终评优秀)资助,入选中科院“百人计划”,荣获中国青年科技奖、中国化学会青年化学奖、"中国青年科学家奖提名奖"。多次作为主席组织国际双边会议,受邀在国际和双边会议上作特邀报告 20 余次。现任《无机化学学报》和 *Small* 等杂志的编委。

江雷在科学上开疆拓土的同时,也高度重视人才培养。2003—2006 年连续 4 年获中科院优秀博士生导师奖。迄今培养博士后、博士、硕士共 19 名,其中 4 名博士生获中科院院长奖学金特别奖,2 名博士生获中国化学会青年化学奖,1 名博士生获全国百篇优秀博士论文奖,1 名博士后在德国获 2006 年德国洪堡基金会索菲亚奖励研究基金(100 万欧元),两名毕业生已经晋升为副教授,两名副研究员晋升为研究员,其中一名获得国家自然科学基金杰出青年基金资助。

王宝辉,1995 年博士,东北石油大学化学化工学院院长、黑龙江省重点学科带头人、省特聘教授(龙江学者)。目前的研究方向是新能源化学与油气田应用化学,主要工作包括:新型电源(绿色高能电池和太阳能)研究与应用、油气田废水(气)监测与处理新技术的研究。

杨文胜,1995 年博士,李铁津、汤心颐共同指导,美国圣母大学(University of Notre Dame)化学与生物化学系博士后。主要研究方向:纳米生物医用材料。

李林松,1997 年博士,河南大学特种功能材料重点实验室教授。主要研究方向:有机半导体纳米晶的合成及应用;纳米结构材料的结构控制及组装。

卢然,1998 年博士,吉林大学有机化学系副主任,有机化学研究所副所长。主要研究方向:光电活性有机材料。

张昕彤,1998 年博士,李伯符、李铁津、肖良质共同指导,东北师范大学教授。研究兴趣包括光催化、光电化学太阳能电池、光致变色存储材料、稀土发光材料等。

杜祖亮,1999 年博士,河南大学教授,博士生导师。主要从事纳米结构材料与器件、光电材料、分子组装等方面的研究。

吕男,2000 年博士,李铁津、王策共同指导,吉林大学教授。研究方向为功能纳米结构可控组装,主要是结合纳米压印和 LB 技术,研究界面对超分子的组装行为、组装体的结构与性能的影响,并探索组装体在化学及生物传感器中的应用。

费晓方,2001 年博士,李铁津、池岛乔共同指导,吉林大学教授。主要从事抗肿瘤的分子机制研究,抗肿瘤药物的研制与开发。

谢腾峰,2001 年博士,李铁津、王德军共同指导,吉林大学教授。主要研究方向:光电功能材料及其在环境与能源中的应用。

王荔军,2002 年博士,王运华、李铁津共同指导,华中农业大学资源与环境学院教授。主要研究方向:植物体内的生物矿化研究。

表 2.11 李铁津无机化学谱系表

第1代	第2代		第3代	
第四代	第五代	第六代	第六代	
李铁津	李铁津、肖良质	邹炳锁(1991年博士,吉林大学)		
	李铁津、沈家骢	彭笑刚(1992年博士,吉林大学)		
	李铁津、藤鸠昭	江雷(1993年博士,吉林大学与东京大学联合培养)		李书宏[1](2002年博士,中科院化学所)
				冯琳[2](2005年博士,中科院化学所)
				高雪峰(2008年博士,中科院化学所)
				王树涛(2009年博士,中科院化学所)
	王宝辉(1995年博士,吉林大学)			
	李铁津、汤心颐	杨文胜(1995年博士,吉林大学)		
	李林松(1997年博士,吉林大学)			
	卢然(1998年博士,吉林大学)			
	李伯符、李铁津、肖良质	张昕彤(1998年博士,吉林大学)		
	李铁津、王策	曹昌盛[3](1999年博士,吉林大学)		
	李葵英[4](1999年博士,吉林大学)			

（续表）

第1代	第2代		第3代		
第四代	第五代	第六代	第六代		
	杜祖亮（1999年博士，吉林大学）				
	李铁津、王策	吕男（2000年博士，吉林大学）			
			李铁津、池岛乔	费晓方（2001年博士，吉林大学）	
			李铁津、王德军	谢腾峰（2001年博士，吉林大学）	
	王荔军（2002年博士，华中农业大学）				

注：1. 北京工商大学副教授。
2. 清华大学副教授，主要研究领域为计算有机化学。
3. 徐州师范大学教授。
4. 燕山大学教授。

第十一节　钱逸泰无机化学谱系

钱逸泰是中国著名无机材料化学家，中国科学院院士，在纳米材料的制备和新铜氧化物超导材料探索方面有创造性的贡献。钱逸泰曾任中国科学技术大学化学与材料学院院长，在中国科学技术大学任教和担任管理岗位近30年，20世纪90年代中期开始指导博士研究生，培养了一批优秀化学人才，长江学者谢毅和中科院院士李亚栋等是其中的代表。钱逸泰谱系起步较晚，迄今不过20年，但发展很快，现今已有副教授以上级别成员近50人。

一、第1代

钱逸泰(1941—　)，1962年毕业于山东大学化学系，1982—1985年及1989—1990年，在美国布朗大学访问，其间，先后从事铁系催化剂的费-托过程研究和薄膜制备。1992—1993年在美国普渡大学(Purdue University)从事热分析研究。1986年起历任中国科学技术大学副教授、教授。2005年任山东大学化学与化工学院教授、博士生导师，2008年任化学与化工学院院长。

钱逸泰在纳米材料制备方面发展了溶剂热合成制Ⅲ-Ⅴ族纳米材料技术，将溶剂热合成技术发展成一种重要的固体合成方法，创造性地发展了有机相中的无机合成化学，实现了一系列新的有机相无机反应，大大降低了非氧化物纳米结晶材料的合成温度，如用苯热合成技术制得纳米结晶 GaN，工作成果发表在1996年 *Science* 上。另外，还在相对较低温度和条件下通过催化还原热解过程成功地合成出金刚石粉末，这一成果也发表在1998年 *Science* 上。在超导新材料方面，他运用结晶化学原理设计和发现了多种新超导体，发展了超导材料的制备科学：用溶胶法降低了制备温度，制成 Hg 系新超导体；在200℃以下水热合成铊系超导体。

二、第2代

钱逸泰在中国科学技术大学长期从事科研的同时也不遗余力地从事教学与人才培养，迄今为止，仅他直接或与同事合作培养的博士研究生就有逾50位。其中已有许多人成为著名化学家，如：李亚栋当选中科院院士，俞书宏、谢毅等成为知名大学教授。

李亚栋，1982—1986年在安徽师范大学化学系读本科，后在中国科学技术大学跟随钱逸泰攻读硕士、博士研究生，1991年和1998年分别获得硕士和博士学位。1991—1999年历任中国科学技术大学助教、讲师、副教授。1999年至今任清华大学化学系教授、博士生导师。2011年当选中国科学院院士。

李亚栋主要从事无机功能纳米材料的合成、结构、性能及应用研究，提出了纳米晶"液相-固相-溶液"界面调控机制，实现了不同类型纳米晶的可控制备；将水热、溶剂热合成技术成功应用于新型一维纳米材料的合成，实现了金属铋、钛酸盐、硅酸盐、钒酸盐、稀土化合物等纳米线、纳米管的制备，揭示了液相条件下纳米晶的取向生长规律性；提出金属间化合物、合金表观电负性概念及其计算经验公式，建立了比传统高温合成金属间化合物、合金材料低400～500℃的低温合成方法。近几年来，在*Nature*、*J. Am. Chem. Soc.*、*Angew Chem. Int. Ed.*、*Chem-Eur. J*、*Chem. Commun.*、*Adv. Mater.*、*J. Phys. Chem. B*、*Chem. Mater.*、*Inorg. Chem.*等国际一流的刊物上发表论文50余篇，申请中国发明专利10余项。承担过国家自然科学基金委重点专项项目"新型无机单晶纳米管、线的制备、结构与性能研究"，国家杰出青年基金项目"无机功能纳米结构的化学控制合成"与国家重大基础研究项目("973")"纳米材料与纳米结构"等课题。

除了在研究方面硕果累累，李亚栋在教育方面也成绩斐然。他在清华大学坚持开课，教授本科生基础课无机化学与化学原理，研究生专业课无机合成、固体化学等。近年来招收博士后9名、博士研究生12名、硕士研究生10余名，有的已晋升为教授。

谢毅，1988年毕业于厦门大学化学系，获学士学位；1996年获中国科学技术大学应用化学系博士学位，留校任教，历任副教授、教授(1998年)。其间曾于

1997年9月至1998年7月在美国纽约州立大学石溪分校化学系从事博士后研究。现为中国科学技术大学化学与材料科学学院教授，合肥微尺度物质科学国家实验室教授，国家同步辐射实验室首席科学家。

谢毅主要从事无机固体功能材料的制备、结构、理论和性能研究。在*J. Am. Chem. Soc.*、*Angew Chem Int Ed*、*Adv. Mater.*、*Phys. Rev. Lett*等化学、材料、物理学科的重要国际刊物上发表SCI论文180多篇，被引近6 000次。曾获中国青年科学家奖、中国青年女科学家奖、中国科学院-拜耳青年科学家奖、中国科学院青年科学家奖等重要奖励。曾作为学术带头人主持完成国家基金委创新研究群体科学基金项目“无机合成与纳米化学”，2009年担任国家重大科学研究计划“节能领域纳米材料机敏特性的关键科学问题研究”项目首席科学家。

谢毅自1999年被聘为博士生导师起开始指导博士研究生，迄今已培养了近30位博士，另有硕士和博士后多名。她在培养研究生方面成绩卓著，曾获教育部霍英东青年教师奖，三次获得中国科学院优秀研究生指导教师称号。她的学生中已有多位成为知名教授或科研专家。

俞书宏，1988年7月获合肥工业大学无机专业学士学位，1991年5月获上海化学工业研究院硕士学位，1998年10月获中国科学技术大学化学系无机化学专业博士学位。俞书宏博士期间师从钱逸泰，开展运用水热和溶剂热反应制备非氧化物纳米晶、尺寸和形态调控研究，1998年提前毕业并获得无机化学理学博士学位，他的博士论文曾获第十九届郭沫若奖。1999年赴国际著名水热和溶剂热学者、日本材料学会前理事长、国际溶剂热水热联合会首任主席、日本东京工业大学材料与结构实验室吉村昌弘教授的实验室继续从事水热和溶剂热法制备磁性薄膜和功能纳米结构材料研究，2001年赴德国马克思·普朗克学会(Max Planck Gesellschaft)胶体与界面研究所从事洪堡学者研究。2002年入选中国科学院“引进海外杰出人才”，自此在中国科学技术大学从事科研及教学工作，创建了“仿生与纳米化学实验室”，所领导的课题组在模拟生物矿化与仿生材料、无机合成与制备、无机-有机复合材料、生物质转化制备新型碳纳米材料及应用等方面取得多项创新成果。现任合肥微尺度物质科学国家实验室纳米材料与化学研究部执行主任，中国科学技术大学化学与材料科学学院副院长(分管科研)、院学术委员会副主任，兼任国家重点学科无机化学博士点负责人。

自1998年以来，俞书宏在无机纳米材料的化学制备及性能、模拟生物矿化与仿生合成科学等研究领域已有丰富的工作积累并取得多项创新性成果。在国际期刊上发表SCI检索论文85篇，如 *Nature Materials*、*Angew. Chem. Int. Ed.*、*J. Am. Chem. Soc.*、*Adv. Mater.*、*Adv. Funct. Mater.*、*Small*、*Nano Lett.*、*Chem. Commun.*、*Chem. Eur. J.*、*Chem. Mater. J. Phys. Chem. B* 等，SCI检索他引700余次。

唐凯斌，1995年博士，中国科学技术大学化学系教授。主要研究方向：新型（纳米）结构材料的设计、合成及物性；材料合成新方法、新技术的研究。

陈乾旺，1995年博士，中国科学技术大学化学院材料科学与工程系教授，博士生导师。主要从事极端条件下无机合成、纳米材料的结构与物性研究。

曹光旱，1995年博士，浙江大学物理系凝聚态物理研究所研究员，博士生导师。主要研究方向：非常规超导材料的探索、结构与性质。

王成，1998年博士，中科院长春应用化学研究所研究员。主要从事金属硫化物微孔材料的合成和无机纳米材料的控制合成研究。

王文中，1998年博士，中科院上海硅酸盐研究所研究员，博士生导师。主要研究方向为环境功能材料。

钱雪峰，1998年博士，上海交通大学化学系教授、博士生导师、化学系系主任。主要从事功能纳米结构的化学控制合成、组装、机理以及性能研究，尤其侧重于纳米结构材料在锂电池、太阳能电池等方面以及纳米结构材料在光催化剂材料等方面的应用基础研究。

王声乐，2000年博士，东南大学道路与铁道工程研究所，教授。主要研究方向：高原冻土区单向散热沥青路面材料与结构；功能型沥青路面及技术——胶粉沥青路面、冰雪抑制路面、裂缝自愈合路面以及尾气路面降解技术。

张卫新，2000年博士，合肥工业大学化工工艺系教授，博士生导师。主要研究方向：有序纳米结构的化学合成与性质研究；功能纳米材料的合成与性能研究。

曹成喜，2000年博士，钱逸泰、何友昭共同指导，上海交通大学生命科学学院教授、博士生导师和首席科学家。主要研究方向：①重要生物技术——

电泳学新原理、新方法和应用研究;②制备性电泳分离技术的研究;③双向凝胶电泳 2DE 成套设备技术开发与应用的研究;④对接国家社会民生的重大需求,围绕重大疾病糖尿病的诊断问题,开发具有自主知识产权的糖尿病诊断新仪器、新技术和新试剂等,提升我国在糖尿病诊断等方面的技术与产业化水平。

杨剑,2001 年博士,华南理工大学化学与化工学院教授。研究领域主要是以结构新颖、性质独特的纳米结构为工具探索其在物理器件、生物医学等方面的应用。具体研究方向为:以低维纳米结构建造的结构可控的复杂异质纳米材料体系及其光学性质;基于一维金属纳米材料的光学信号的疾病诊断和生物成像;基于复杂荧光编码的纳米体系的构筑与生物应用。

蒋阳,2001 年博士,合肥工业大学教授,材料学院副院长。主要研究方向:新型无机功能材料与器件;化合物半导体纳米材料的合成、表征、性质与光伏、光电器件应用研究;无机纳米材料化学液相控制合成;粉末冶金过程与粉末冶金材料理论;氧化物系纳米陶瓷粉体与精细陶瓷材料。

曾京辉,2002 年博士,陕西师范大学化学与材料科学学院教授。主要从事纳米及纳米结构材料的结构、性质及其在能源转化、存储、催化等方面的应用研究:染料敏化太阳能电池电极材料的合成及组装,量子点热载流子和多激子过程,新型染料、电解液、对电极的合成;高容量及高功率锂离子电池材料;选择性及手性催化剂的合成及相关催化反应研究;尺寸、形貌可控纳米荧光粉的合成及其生物标记、成像、检测及治疗;无磷金属表面处理剂-纳米陶瓷。

谷云乐,2003 年博士,武汉工程大学特聘教授。主要研究纳米功能材料与新型陶瓷。

李村,2003 年博士,安徽大学化学化工学院教授。主要在光电功能低维纳米材料-半导体材料以及无机-有机纳米复合材料、多孔氧化物复合材料的合成及应用方面开展研究工作。

杨保俊,2004 年博士,合肥工业大学化工学院副院长、教授。主要研究方向:非金属矿产资源综合利用技术;纳米材料的制备与应用。

表 2.12 钱逸泰无机化学谱系表

<table>
<tr><th>第1代</th><th colspan="3">第2代</th><th colspan="2">第3代</th></tr>
<tr><th>第四代</th><th colspan="2">第五代</th><th>第六代</th><th colspan="2">第六代</th></tr>
<tr><td rowspan="11">钱逸泰(1962年学士,山东大学)</td><td>张曼维、钱逸泰</td><td>朱英杰(1994年博士,中国科学技术大学)</td><td></td><td colspan="2"></td></tr>
<tr><td colspan="2" rowspan="9">唐凯斌(1995年博士,中国科学技术大学)</td><td rowspan="9"></td><td rowspan="6">钱逸泰、唐凯斌</td><td>胡俊青[1](2000年博士,中国科学技术大学)</td></tr>
<tr><td>陆轻铱[2](2000年博士,中国科学技术大学)</td></tr>
<tr><td>杨晴[3](2002年博士,中国科学技术大学)</td></tr>
<tr><td>王春瑞[4](2002年博士,中国科学技术大学)</td></tr>
<tr><td>安长华[5](2003年博士,中国科学技术大学)</td></tr>
<tr><td>沈国震[6](2003年博士,中国科学技术大学)</td></tr>
<tr><td colspan="2">陈娣[7](2005年博士,中国科学技术大学)</td></tr>
<tr><td colspan="2">方臻[8](2006年博士,中国科学技术大学)</td></tr>
<tr><td colspan="2">雷水金[9](2006年博士,中国科学技术大学)</td></tr>
<tr><td>张曼维、张志成、钱逸泰</td><td>刘华蓉(1999年博士,中国科学技术大学)</td><td></td><td colspan="2"></td></tr>
</table>

（续表）

第1代	第2代		第3代	
第四代	第五代	第六代	第六代	
	陈乾旺（1995年博士，中国科学技术大学）			
	曹光旱（1995年博士，中国科学技术大学）			
	谢毅（1996年博士，中国科学技术大学）		谢毅、钱逸泰	乔正平[10]（2000年博士，中国科学技术大学）
				陈萌[11]（2001年博士，中国科学技术大学）
				苏慧兰[12]（2001年博士，中国科学技术大学）
			熊宇杰[13]（2004年博士，中国科学技术大学）	
	王成（1998年博士，中国科学技术大学）			
	王文中（1998年博士，中国科学技术大学）			
	俞书宏（1998年博士，中国科学技术大学）			
	钱雪峰（1998年博士，中国科学技术大学）			

（续表）

第1代	第2代			第3代
第四代	第五代		第六代	第六代
	王声乐（2000年博士，中国科学技术大学）			
	张卫新（2000年博士，中国科学技术大学）			
	占金华[14]（2000年博士，中国科学技术大学）			
	钱逸泰、何友昭	曹成喜（2000年博士，中国科学技术大学）		
			李亚栋（2001年博士，中国科学技术大学）	彭卿[15]（2005年博士，清华大学）
				王训[16]（2006年博士，清华大学）
				孙晓明[17]（2007年博士，清华大学）
				李晓林[18]（2008年博士，清华大学）
				王定胜[19]（2012年博士，清华大学）
			杨剑（2001年博士，中国科学技术大学）	
			蒋阳（2001年博士，中国科学技术大学）	
			曾京辉（2002年博士，中国科学技术大学）	
			谷云乐（2003年博士，中国科学技术大学）	

（续表）

第1代	第2代		第3代
第四代	第五代	第六代	第六代
		李村（2003年博士，中国科学技术大学）	
		邵名望[20]（2003年博士，中国科学技术大学）	
		杨保俊（2004年博士，中国科学技术大学）	
		陈祥迎[21]（2004年博士，中国科学技术大学）	
		王德宝[22]（2004年博士，中国科学技术大学）	
		马剑华[23]（2004年博士，中国科学技术大学）	
		魏朔[24]（2004年博士，中国科学技术大学）	
		胡寒梅[25]（2004年博士，中国科学技术大学）	
		刘兆平[26]（2004年博士，中国科学技术大学）	
		丁轶[27]（2001年硕士，中国科学技术大学；2005年博士，约翰·霍普金斯大学）	

注：1. 东华大学材料学院教授。
2. 南京大学化学化工学院教授。
3. 中国科学技术大学化学与材料科学学院化学系教授。
4. 东华大学理学院物理系主任，固体物理学教授，博士生导师。主要研究方向：固体材料和纳米材料。
5. 中国石油大学副教授。
6. 华中科技大学教授。
7. 武汉光电国家实验室（筹）/华中科技大学教授、博士生导师。主要研究方向：高性能可见及紫外响应型纳米光催化材料的合成与性能检测；光解纯水制氢；光催化剂在污水处理及有机物降解方面的应用研究；光催化材料在环境、能源方面的应用等。
8. 安徽师范大学副教授。
9. 南昌大学前湖校区材料科学与工程学院副教授。
10. 中山大学化学与化学工程学院副教授。

11. 复旦大学副教授。
12. 上海交通大学材料科学与工程学院副研究员。
13. 中国科学技术大学化学与材料科学学院教授、博士生导师，双聘于合肥微尺度物质科学国家实验室(筹)，主要从事无机纳米材料研发。
14. 山东大学化学与化工学院教授、博士生导师。
15. 清华大学化学系副教授。
16. 清华大学化学系教授，博士生导师，化学系副主任。
17. 北京化工大学教授，博士生导师。
18. 入选 2008 年全国百篇优秀博士论文。
19. 清华大学化学系讲师，入选 2012 年全国百篇优秀博士论文。
20. 安徽师范大学化学与材料科学学院教授。
21. 合肥工业大学化工学院副教授。
22. 青岛科技大学教授。
23. 温州大学教授、高级工程师。
24. 北京师范大学化学学院副教授。
25. 安徽建筑工业学院材料与化学工程学院教授。
26. 中科院宁波材料技术与工程研究所研究员。
27. 山东大学化学与化工学院特聘教授。

第三章　有机化学部分

现代有机化学移植到中国之时，国际有机化学正处于由传统向现代的转型时期。一方面，随着量子化学的引入而建立了现代有机化学理论；另一方面，有机分析与合成的手段也在日新月异。中国有机化学本该拥有一个绝佳的发展机遇，可惜当时国内社会长期动荡，无力为科学研究提供良好的环境，致使我国有机化学比国际学界同行的研究水平落伍不少。那时欧美已经开始有机微量分析，而中国有机微量分析到20世纪20年代后期才开始建立。在欧美国家，应用光谱分析、X射线衍射分析方法测定有机化合物结构的工作开始于20世纪30年代初期；在中国应用紫外光谱、荧光分析则是在抗战胜利以后，红外光谱在20世纪50年代后期，核磁共振谱在20世纪60年代中期，质谱分析在20世纪70年代初期。标记同位素最初应用到有机化学研究，在国外是20世纪30年代末至40年代初，而中国是在10年以后。元素有机化学在国外早已报道，至20世纪50年代迅速发展，零价过渡金属的π键配合钨化学也获得迅速进展。齐格勒试剂类的有机催化剂出现后，立即获得应用、推广和发展。在第二次世界大战期间及以后，有机氟及有机硼的研究发展甚为迅速，有机氟材料已用于军用和民用工业。中国金属有机化学开始于20世纪30年代的有机砷药物合成，有机汞开始于20世纪40年代农药合成。从1958年起，中国在有机氟、有机硼以及有机锡等金属有机化学方面都做出了一些成绩。至于理论有机化学和物理有机化学，国际上始于20世纪20年代化学反应机理的研究。自从电子学说引入有机化学以后，20世纪30年代有机化学理论有了新的发展，并开始应用量子化学理论、新的物理技术和计算机技术，定量、半定量地进行反应动力学的研究以及中间态的讨论；而中国直到20世纪50年代中期以后才缓慢地开展，到80年代才迅速发展。

中国现代有机化学研究起始于20世纪20年代，当时仅有少数高等学校开展一些研究工作，大都属于有机分析、有机化合物衍生物的制备等。稍后，当时的中央研究院和北平研究院开展了少量的天然有机和有机合成的研究。在天然有机方面，特别是中药有效成分的研究方面，有麻黄素的药理作用、钩吻和汉防己生物碱的分离及结构分析工作；在有机合成方面，有磁性甾族激素的全合成等。在当时的条件下取得这样的成就实属不易。专门从事研究工作的科学家不过 20 余人，其中庄长恭、赵承嘏、黄鸣龙、纪育沣、曾昭抡、杨石先等是中国第 1 代有机化学家。艰难的 20 世纪 30 年代后半期到 40 年代，有机化学工作者为了解救受帝国主义侵略、封锁而缺医少药的病人的痛苦，为了维护民族工业，开展和从事了药物合成和染料工作。

1949 年新中国成立至 20 世纪 60 年代前半期，天然有机化学、高分子化学、染料化学、药物化学得到蓬勃发展。1958 年元素有机化学研究在中国也开展起来。“文革”期间，我国有机化学发展遭受重创，濒于停滞，仅有的一些成就是围绕国家政治特别是国防建设需要而取得的，如有机氟材料的研制。改革开放以后，有机化学各分支学科全面恢复和建立起来，进步显著。

在合成有机化学领域，钱保功、蔡启瑞和王葆仁等利用煤、石油和天然气合成有机化工原料及有机高聚物。邢其毅、汪猷、黄耀曾等对于抗生素合成的研究成果卓著，尤其是牛胰岛素的合成研究举世瞩目。上海有机所、北京大学等研究机构是有机合成领域的研究重镇。

天然产物有机化学是中国有机化学中最先开展研究工作的一个分支学科，中国第 1 代天然有机化学家在早期极端艰苦的条件下，从中草药组成的分离、分析入手，重点对生物碱等进行了研究。1949 年以后，这些工作继续深入开展，并拓展了新的研究领域，包括对萜类、甾族、激素、抗生素、碳水化合物、蛋白质与核酸等天然有机物的研究。长期以来，中科院上海药物所、上海有机所、中国医学科学院药物所及北京大学、复旦大学和四川大学等是几个研究重镇，庄长恭、赵承嘏、邢其毅、汪猷、黄鸣龙是第 1 代中的代表人物，黄耀曾、梁晓天等是继任者中的优秀代表。

自 20 世纪 30 年代开始，国际上元素有机化学开始迅速发展起来，与此同时我国在有机砷药物等领域也有了零星的研究。新中国成立以后，中国元素有机化学开始系统地建立和发展起来，针对社会需要，开展了多项研究。南开大学、北京农业大学等单位开展了元素有机农药化学的研究。中国元素有机化学发展的一个转折点是有机氟化学研究领域的开拓。出于原子能技术急需一批特殊含氟材料，1958 年上海有机所组织了一批优秀化学家如黄耀曾、黄维垣、蒋锡夔、田遇霖等从其他专业转向有机氟化学领域；与此同时，中科院化学所及长春应用化学所也在分别进行氟橡胶和含氟共聚物的研制工作。1963 年以后，氟化学的研究集中到上海。经过几年的艰苦努力，终于研制成功了国内急需的含氟材料，支撑了我国的原子弹研究，培养了一批氟化学科研人员，为以后的有机氟化学打下了良好的基础，上海有机所成为全国乃至世界有机氟研究的重镇之一。

中国物理有机化学起步于20世纪50年代，主要研究成果基本上是在80年代以后取得的。高振衡是中国最早开拓有机化学结构理论研究并卓有成就的学者之一，是中国比较早地将量子化学计算应用于研究有机分子结构与性能关系的有机化学家。他于1962年在南开大学建立了中国第一个物理有机化学研究室，此后这里发展成为中国物理有机化学研究的重镇之一。刘有成是我国自由基化学的开拓者和奠基人，1955年在兰州大学化学系创建了中国第一个自由基化学研究小组。中科院化学所蒋明谦和夫人戴萃辰在20世纪60年代就开始致力于有机化合物的结构性能定量关系的研究，其在20世纪七八十年代提出的有机分子同系线性规律是中国这个时期物理有机化学研究的重要代表成果之一。上海有机所蒋锡夔在有机分子簇集及自由基化学中的研究以及中科院理化技术研究所佟振合等在有机光化学领域的研究都是可圈可点的研究亮点。

中国有机化学家队伍的主流是由少数优秀的有机化学家学术谱系构成的。这些学术谱系均发端于西方，本土化过程中多起始于第1代留学生，并通过代代优秀学生薪火相传。这些谱系各自长期掌控着某个重要的有机化学研究机构，统领某个关键研究学科或方向；差不多每一位有机化学精英都与这些谱系存在渊源关系，他们或是谱系奠基时期的元老，或是谱系传承过程中的后辈；与此同时，很大比例的科研成果都由这些谱系产生。

本章涉及我国有机化学研究领域的12个典型的学术谱系，包括近70名院士及有机领域的著名专家，300余位教授和研究员级科研人员，较早与较晚谱系时间跨度逾30年。研究涵盖天然有机化学(生物碱、甾类及萜类、激素及抗生素、多肽及核酸化学)、有机合成化学、元素有机化学(有机氟、有机磷硫、过渡金属有机化学)、物理及理论有机化学等领域。所涉及的研究机构主要有：美国伊利诺伊大学、北京大学、南开大学、武汉大学、北京师范大学、南京大学、北京协和医学院、吉林大学、复旦大学、兰州大学、华东理工大学、大连理工大学，以及中国科学院化学研究所、理化技术研究所、上海有机所、上海药物所等。

表 3.1　有机化学谱系总表

谱系	第1代人数	第2代核心/总人数	第3代核心/总人数	谱系总核心/总人数	主要研究机构	主要研究领域
亚当斯谱系	7	15/29	2/42	24/103	伊利诺伊大学、北京师范大学、南京大学、理化技术研究所、北京石油大学、北京大学、南开大学等	有机合成、立体化学、天然有机化学、杂环化学、曼尼期反应、高分子化学、理论有机化学等
吴宪谱系	1	1/4	1/5 第4代 3/11	6/42	北京协和医学院、上海有机化学研究所、复旦大学	生物有机化学、蛋白质变性、抗生素、金属有机化学
庄长恭谱系	1	2/3	3/8	6/43	东北大学、国立中央大学、上海有机化学研究所、浙江大学、南开大学	甾体及嘧啶化学、药物化学、天然有机化学、抗生素化学、过渡元素及金属有机化学、有机氟化学
杨石先谱系	1	6/9	1/29	8/49	西南联合大学、南开大学	农药化学、元素有机化学
黄鸣龙谱系	1	3/3	3/6	7/28	军事医学科学院、上海有机化学研究所、厦门大学	甾体化学、萜类化学、手性合成、黄鸣龙反应、天然产物有机化学、生物有机化学
曾昭抡谱系	1	2/3	1/3	4/18	武汉大学	元素有机化学、有机理论
高济宇谱系	1	3/3	0/17	4/23	南京大学	有机合成、成环反应、冠醚化学、杂环有机化学、生物有机化学等
王序谱系	1	2/3	0/11	3/21	北京大学医学部(原北京医科大学)	生物有机化学(核酸、多肽、糖等)、天然有机药物化学
嵇汝运谱系	1	1/4	0/4	2/9	上海药物所	药物化学、化学药理学
刘有成谱系	1	0/5	/	1/6	兰州大学	自由基化学

（续表）

谱系	第1代人数	第2代核心/总人数	第3代核心/总人数	谱系总核心/总人数	主要研究机构	主要研究领域
梁晓天谱系	1	1/10	0/5	2/23	华西医科大学、北京协和医学院	核磁共振(氢谱)解析天然有机物分子结构、药物化学
朱正华谱系	1	3/5	0/23	4/29	中科院化学所、华东理工大学、大连理工大学	感光化学、燃料化学、有机固体、C_{60}等

第一节　亚当斯中国留学生有机化学谱系

罗杰·亚当斯(Roger Adams)是20世纪前半叶美国化学界的领袖人物，他是亚当斯催化剂的发明者，在有机化学多个领域成就非凡，一生发表了400多篇论文。而伴随他在科学上的成功的是他在教育方面的功勋：亚当斯一生培养了获得博士学位的化学家达184位之多，其中包括荣获诺贝尔奖的斯坦利(W. M. Stanley)和最早发明尼龙的卡罗瑟斯(W. H. Carothers)等人。他指导的学生来自世界各地，其中曾有7位中国学生在他的指导下获得了博士学位，他们是袁翰青、陈光旭、李景晟、钱思亮、蒋明谦、张锦和邢其毅。他们后来都成为著名的专家学者，归国以后为我国的科学技术事业做出了不朽的贡献；而现在，他们自己培养的学生仍在书写这一神话，延续着亚当斯在中国的学术谱系。

亚当斯的中国留学生谱系第1代七人中，袁翰青的主要科研成就在有机立体化学领域，他在回国以后，曾在1934—1939年(中央大学)、1945—1950年(北京大学)两个较短的时期内从事具体科研和教学工作，有过一些学生，如周洵钧和赵学庄等，但其主要工作在管理。陈光旭在有机合成化学方面，特别是在曼尼期反应的研究中曾做出贡献，并首先在国内制成液体感光树脂版；教育方面，他在20世纪40年代末至“文革”前在北京大学和北京师范大学培养过一批学生，1978年恢复学位制度以后，陈光旭成为第一批博士生导师，但其主要学术传人是在“文革”以前成长起来的。李景晟长期从事杂环有机化合物和元素有机聚合物的研究工作，在有机锡聚合物、有机硅聚合物和磷腈聚合物研究方面做出了贡献。他自 20 世纪 30 年代后期回国以后,先后在安徽大学和南京大学工作,培养了胡宏纹、余学海等一批优秀学生。李景晟于 1976 年病逝,学术谱系借其学生继续发展。钱思亮在大陆时期的学生不多,去台湾以后的工作多数在科学管理方面,学术传人寥寥。张锦自 1934 年回国以后,先后在重庆大学、厦门大学执教,新中国成立以后在辅仁大学、北京石油学院和北京大学化学系执教,其培养学生殚精竭虑,真诚备至,可惜英年早逝,其学术谱系未能有长远发展。相比而言,蒋明谦和邢其毅学术谱系是七人当中规模最大的两支。蒋明谦自 20 世纪 50 年代以来先后在北京大学和中科院化学所工作,在"文革"前后培养了许多优秀学生,著名化学家曹怡等是其中的代表,现有副教授以上级别谱系成员近 20 人。邢其毅早年在美国完成了联苯立体化学博士论文,后在德国完成了芦竹碱合成与结构测定方面的工作,该化合物后在有机合成上得到广泛应用。回国后,曾从事不饱和脂肪酸测定方法、防己生物碱、迈克尔反应、普林斯反应等研究。提出了合成氯霉素的新方法,获 1978 年全国科学大会奖。还参加领导了牛胰岛素全合成工作,此成果与其他有关单位共获 1982 年国家自然科学一等奖。多年从事多肽合成及人参肽、花果头香等天然产物和立体化学的研究。邢其毅自 20 世纪中叶起在北京大学长期执教,培养了许多优秀的有机化学人才,现有副教授以上级别的谱系成员逾 30 人。

一、第 0 代

罗杰·亚当斯(1889—1971),于 1905 年(时年 16 岁)就读哈佛大学。他对于化学的兴趣可能受到查尔斯·杰克逊(Charles Loring Jackson, 1847—1935)的影响,他曾讲授亚当斯大学一年级的课程"日常生活中的化学",在本科最后一年里,他选修了更高级的课程并开始跟随亨利·托利(Henry Augustus Torrey, 1871—1910)进行有机化学的研究。大学毕业时,他以四门功课全优的成绩荣获约翰·哈佛奖学金。1909 年大学毕业以后,他在拉德克里夫学院(Radcliffe College)一边做助教,一边攻读博士学位。最初跟随托利,然而托利在 1910 年意外早逝,亚当斯在杰克逊、福布斯(George Shannon Forbes, 1889—1971)、克拉克(Latham Clarke)等人的指导下完成了学位论文。后来,为了完善这一工作,他在理查德斯(Theodore William Richards, 1868—1928)指导下进行分析化学的研究。1912 年,亚当斯博士毕业并被评为优秀博士毕业生,获得 1912—1913 年帕克旅行奖学金。他利用这笔钱前往欧洲游学一年,先后在柏林的费歇尔(Hermann Emil Louis Fischer，1852—1919)实验室跟随奥拓·蒂尔斯(Otto Paul Hermann Diels，1876—1954)以及在位于柏林近郊达伦的实验室跟随有机化学泰斗威尔士泰特(Richard Martin Willsttter，1872—1942)进行博士后研究。在这段时间里，亚当斯还前往芬兰、俄罗斯及瑞典等地的研究机构进行了广泛参观。这一年的游学经历对他以后的事业产生了深远影响。

1913 年，亚当斯返回哈佛大学，成为杰克逊的研究助理，承担化学教员职务，他教授基础有机化学及其他课程，并创办了哈佛大学第一个基础有机化学实验室。他不仅承担着繁重的授课任务，也开始了自己的化学研究。1916 年，时任伊利诺伊大学化学系主任的威廉·诺伊斯(William Albert Noyes，1857—1941)邀请他到该校任教。亚当斯爽快地接受了这一邀请，并从此扎根厄巴纳。

1917 年，受到第一次世界大战的影响，亚当斯同其他化学家一起应招在华盛顿美国大学(American University)为军队研究毒气。第二年，研究项目结束，亚当斯回归厄巴纳，由此开始了一段极为紧张充实的科研和教学高潮。从 1918 年到 1926 年，他一共发表了 73 篇科学论文，培养了 45 名博士，其中包括欧内斯特·乌尔维勒(Ernest Henry Volwiler)、约翰·约翰森(John Raven Johnson)、阿瑟·英格索尔(Arthur William Ingersoll)、萨缪尔·麦克埃文(Samuel Marion McElvain)、华莱士·卡罗瑟斯(Wallace Hume Carothers)、华莱士·布洛德(Wallace Reed Brode)、卡尔·诺勒(Carl Robert Noller)、拉尔夫·施理纳(Ralph Lloyd Shriner)、克利福德·拉斯韦勒(Clifford F. Rassweiler)等一批著名化学家——这还不算他在 1924 年得的一场大病，从这场疾病中恢复过来耗费了他近乎一年时间。

他在这段时期的重要成就包括加氢反应的铂氧化物催化剂的发明(亚当斯催化剂)，局部麻醉药研究，天然蒽醌类化合物的合成，大枫子油酸(这一药品在当时被用于治疗麻风病)及棉子酚的结构测定及合成，重氢化合物及空间旋转受限的有机物的立体化学，从大麻中分解出的新物质，野百合属及千里光属的生物碱及奎宁碱化合物。在仪器革命兴起及物理有机化学成为化学研究的主要战场之前，亚当斯在结构有机化学尤其是天然产物结构有机化学领域的研究代表了当时有机化学研究的最高水准。

1926 年，诺伊斯退休，亚当斯被一致推举为新一届系主任。此时，伊利诺伊大学化学系已是美国有机化学界公认的顶尖研究机构之一。亚当斯有关建成一个大批量培养研究生的化学系的构想也日渐清晰并开始将教育方面的抱负付诸实践。亚当斯制定出了一套高度成功的指导研究生进行科学研究的计划和方案。

通过让学生在最开始就投身于一个明显能够取得成果的题目并尽快地发表其成果,他帮助学生树立了承担更多更难研究题目的信心,譬如,联苯的受阻旋转之类的题目一般被指派给新生,这样可以很好地锻炼他们在有机合成及测试等方面的基础科研技能,这些在他们日后的研究中是不可或缺的,而对于天然产物一类复杂困难的研究题目则会分配给经验丰富的研究生或博士后。此外,他组建的研究和教师队伍结构严谨,知识全面,互动活跃①;实验室的参考资料及仪器设备先进齐全等优点不一而足。如此,到20世纪30年代末,亚当斯领导建成了一个在几乎所有重要的化学领域都人才辈出的、代表世界顶级水平的研究生培养基地,引领了美国国立教育机构改革的潮流。尽管阿瑟·诺伊斯(Arthur Amos Noyes, 1866—1936)在麻省理工学院(后来又在加州理工学院)及吉尔伯特·李维斯(Gilbert Newton Lewis, 1875—1946)在伯克利联合若干杰出的人物分别建立了物理化学系,但伊利诺伊大学化学系比之更大,并且提供给学生的研究机会更广阔②。

伊利诺伊大学在科研及人才培养方面的成功集中体现在对 *J. Am. Chem. Soc.* 上所发表的有机化学论文的调查文章当中。据统计,在1914—1939年的25年中,伊利诺伊大学只有四次在年度有机论文的总数上被人超越,此间,伊利诺伊大学的年度论文数量从1914年的4篇发展到1939年的66篇,这一数目占到发表于该刊物的全美所有实验室的有机化学论文总数的11%,并且伊利诺伊大学的论文向来以高质量著称。尽管无法通过已有数据来给出博士生培养方面的类似调查,但一个简单的数字就足以说明问题:1920—1939年,伊利诺伊大学共培养了346位化学博士,占当时全美总数的6%;其中亚当斯指导了近1/3的学生,亦即全美总数的2%。而在20世纪20年代,亚当斯个人所培养的学生更占到美国化学所有领域的博士生总数的3%。如下表所示。

表 3.2 美国化学领域被授予博士学位的人数,1920—1939 年

年份	伊利诺伊大学[1]	美国总数
1920—1924	64(30)	746
1925—1929	73(26)	1 178

① 亚当斯相信只有聘请在化学研究各个领域都展露才华的年轻人到实验室,科学研究才能够取得突破和进展。

② 亚当斯在1918—1939年培养的105名博士中,有59人的整个或大部分职业生涯在化工研究领域,26人任教,9人在政府实验室任职,其余的人中包括一部分海外留学生。

（续表）

年份	伊利诺伊大学[1]	美国总数
1930—1934	103(25)	1 751
1935—1939	106(22)	2 212

注：1. 括号中的数字为亚当斯自己所带的博士生的数目。

二、第1代

以伊利诺伊大学为起点和据点，亚当斯培养了一批又一批美国乃至世界级的化学精英，并由他们将亚当斯所打造的学术传统薪火相传，培养出更多更新的精英队伍；经他指导的袁翰青等七位中国学生在学成回国后，将亚当斯学术传统的火种在中国引燃，他们及其他们所指导的学生业已成为中国有机化学界一股强劲的力量，持续不断地为我国有机化学事业大厦添砖加瓦。

袁翰青（1905—1994），有机化学家、化学史家和化学教育家。长期从事有机化学研究、中国化学史研究以及科技情报研究的领导和组织工作。曾发现联苯衍生物的变旋作用；在立体化学和异构现象的研究、中国化学史的研究、普及科学知识及繁荣科技情报事业等工作中做出了贡献。

袁翰青1925年以优秀的成绩被清华大学化学系录取。1929年大学毕业时，被公派到美国深造，就读于伊利诺伊大学，师从亚当斯。在学习期间，袁翰青通过研究发现了联苯衍生物的变旋作用，对立体化学和异构现象的研究做出了重要贡献。1932年被授予伊利诺伊大学哲学博士学位，毕业后留校任助教。

1934年回国后曾两度担任大学教职，一段是回国伊始，1934—1939年任南京中央大学化学系教授。此后直到1950年，他主要的工作是中国化学会的组织管理及任《化学通讯》经理编辑，此外曾于1939—1945年任甘肃科学教育馆馆长。另一段是1945—1950年，任北京大学化学系教授和化工系主任。此后先后担任中华人民共和国文化部科学普及局局长（1950—1952年）、商务印书馆总编辑（1952—1955年）、中国科学院西北分院秘书长（1955—1956年）等职务。1955年当选为中国科学院学部委员。1956年以后历任中国科技情报研究所研究员、代理所长、顾问。

陈光旭（1905—1987），有机化学家、化学教育家。在有机合成化学方面，特别是在曼尼期反应的研究中曾做出贡献，并首先在国内制成液体感光树脂版。

1928年考入清华大学化学系，受到高崇熙等名师的指导和栽培，1933年毕业获学士学位后留校任助教至1941年。1942年到美国伊利诺伊大学研究院深造，师从亚当斯。在此期间，袁翰青、蒋明谦、邢其毅等人也在亚当斯的实验室学习或工作。以后，他们都成为我国著名的化学家。1943年，陈光旭获理学硕士学位。1945年以论文《四氢大麻醇类似物的制备》获理学博士学位。同年在美国礼来(Eli Lilly)公司任研究员，从事药物化学的研究工作。

1946年回国后，在当时的北平研究院化学研究所任研究员。同时在北京大学化学系、北京大学医学院药学系等院校任兼职讲师。1950年化学研究所南迁上海，陈光旭留在北京，任北京师范大学化学系教授。

李景晟(1906—1976)，有机及高分子化学家、化学教育家。毕生致力于化学教育和科学研究，长期从事杂环有机化合物和元素有机聚合物的研究工作，在有机锡聚合物、有机硅聚合物和磷腈聚合物研究方面做出了贡献，与此同时培养了大批科学技术人才。

李景晟1924年考入金陵大学化学系。1925年五卅运动后，因不满教会学校崇洋媚外的教育，集体转学至东南大学(后改名为中央大学)。1928年获中央大学化学学士学位，同年赴美国留学。1929年获美国芝加哥大学化学硕士学位，由论文指导教授赖辛(Mary M. Rising)推荐为美国荣誉科学学会会员，并留校任教。1931年入伊利诺伊大学研究院深造，导师为罗杰·亚当斯，他的博士论文由于在杂环有机化合物的研究中取得突出成果，被评选为伊利诺伊大学优秀论文，1934年夏获博士学位。经亚当斯推荐，他被留校任教并从事研究工作。1936年，李景晟为实现其科学救国的远大抱负回到祖国。

李景晟回国后，因深感家乡安徽的教育落后，婉言谢绝了浙江大学的聘请，到安徽大学担任化学教授，并任系主任，从此开始了他长达40余年的教育生涯，此后历任安徽大学(1936—1938年)、四川江津国立女子师范学院(1938—1941年任四川江津国立女子师范学院教授、理化系主任)、中央大学和重庆大学(1941—1949年任中央大学教授、化学系主任，兼重庆大学化学系教授)，以及南京大学(1949—1976年任南京大学教授、有机化学教研室主任、高分子化学教研室主任、化学系副主任)教授。

钱思亮(1908—1983)，有机化学家、教育家。长期在大学执教并担任教学行政工作。对北京大学化学系的发展，尤其是后来对台湾地区高等教育制度产生过重要影响。担任台湾地区“中央研究院”院长多年，推动了许多新兴领域研究机构的建立和扩展，为科技人才的培养做出了贡献。

钱思亮1927—1931年就读于清华大学化学系，获理学士学位。1931—1934年就读于美国伊利诺伊大学化学系，1932年获理学硕士学位，1934年获哲学博士学位，导师为罗杰·亚当斯。

1934年回国后，先后任北京大学化学系教授，长沙临时大学工学院化工学系教授，西南联合大学化学系教授。1940—1945年任上海化学药物研究所研究员。1945—1946年任国民政府经济部化学工业处处长。1946—1949年任北京大学化学系教授兼化学系主任。1949年以后去台湾，初任台湾大学化学系教授兼教务长(1949年1月至1951年2月)，并一度代理过理学院院长。1951年3月至1970年5月任台湾大学校长。在此期间，曾任台湾地区"中国化学协会"会长、"中国科学振兴协会"理事长、"中央研究院"第三、第四届评议员及"国家长期科学发展委员会"(后改为"国家科学委员会")委员、执行委员。1964年当选为台湾地区"中央研究院"院士。1970—1983年任"中央研究院"院长兼任"中华教育文化基金会"董事会董事长。在此期间，1971—1980年任台湾地区"原子能委员会"主任委员，并于1983年获美国伊利诺伊大学荣誉科学博士学位。

蒋明谦(1910—1995)，有机化学家。毕生致力于理论有机化学方面的科学研究和人才培养。在研究结构性能定量关系方面进行了开拓性工作，提出诱导效应指数，提出同系因子，发现同系线性规律，随后又发现了共轭基团的结合规律，在理论有机方面做出了重要贡献。

1929年9月考入北京大学理科预科。1931年考入北京大学化学系，1935年毕业后留校任教。1940年，考取清华大学美国公费留学生，1941年底到美国马里兰大学药学院跟随年轻有为的药物化学家哈同(Walter Henry Hartung)学习药物化学。1943年，蒋明谦获硕士学位后又到伊利诺伊大学化学系攻读博士学位，在亚当斯指导下学习有机化学。1944年他取得博士学位，被选为美国荣誉化学学会会员，并被授予美国荣誉科学学会会员称号。后应美国礼来公司药物研究所的邀请任研究员，从事药物合成方法的研究。

1947年4月，蒋明谦回国，任北平研究院化学研究所研究员。中华人民共和国成立后，蒋明谦被聘为北京大学化学系、北京医学院药学系教授，讲授"理论有机化学"及"高等药物化学"。1950—1956年，他在北京大学化学系培育了五个班级本科学生及两批研究生，在北京医学院药学系培育了十个班级本科学生。1952—1956年兼任中国科学院有机化学研究所研究员。1956年起任中国科学院化学研究所研究室主任、研究员。1980年被选为中国科学院学部委员。

张锦(1910—1965)，有机化学家和化学教育家。她出身名门，为清末两广总督张鸣歧之次女；夫傅鹰，为著名物理化学家、胶体化学家、首届中国科学院学部委员(院士)，曾任北京大学副校长；侄张存浩自幼由张锦、傅鹰抚育成人，后当选中国科学院院士，曾任国家自然科学基金委员会主任。张锦主要从事有机化学的教学和科研工作，在雌激素全合成研究、多环氮芥、多环杂环及表面活性抗菌剂研究等方面做了大量工作。

1926 年，张锦由天津中西女中考入北京燕京大学化学系。次年考取清华首届女生官费，只身赴美留学。1927—1930 年，她克服各种困难，以优异成绩在密歇根大学取得化学学士学位。随后，又到伊里诺伊大学，师从罗杰・亚当斯教授，攻读博士学位。那时在亚当斯教授指导下读博的中国学生强手如云，有袁翰青、钱思亮、李景晟、邢其毅、蒋明谦、陈光旭等，他们后来都成为著名有机化学家。张锦是在亚当斯指导下第一位取得博士学位的中国女性①，时为 1933 年，她年仅 23 岁。她的学习成绩全优，学位论文也极其优秀。1933—1934 年，张锦继续在亚当斯指导下从事博士后研究一年。1935 年，张锦与傅鹰回国并在北京结婚，此后先后任教于重庆大学、福建沙县福建医学院及国立厦门大学等学校。

1945 年，张锦再度受邀赴美，这次邀请张锦赴美的是当时位于纽约东河岸畔的康奈尔大学医学院，这个学院的生化研究由著名的迪维尼奥(Vincent du Vigneaud, 1901—1978)教授领导。迪维尼奥也出自亚当斯教授门下，20 世纪 50 年代中期获得了诺贝尔化学奖。1946 年末，张锦回到密歇根大学安娜堡分校与傅鹰团聚。在这里，她和有机化学家巴赫曼(Werner Emmanuel Bachmann, 1901—1951)教授合作，从事当时相当前沿的科研项目——雌激素(estrogen)的全合成，直至 1950 年她返回祖国之前。在这里，她倾注了大量的心血，广泛实验了多种途径，得到了近百个中间体。限于多种因素，她这一段工作多数没有机会整理发表，后来也没有机会继续完成，这是张锦一生中很大的憾事。

1950 年 8 月，张锦回国后立即投入紧张的教学、科研工作，先后任教于辅仁大学、北京大学。1952 年院系调整时又被分配到北京石油学院执教 7 年。1959 年张锦奉调回北京大学，任化学系教授。从 1960—1965 年，张锦共招收 9 名研究生，主要从事多环氮芥、多环杂环及表面活性抗菌剂等方面的研究。

张锦热心高等教育事业，曾先后任教于重庆大学、厦门大学、北京大学、北京

---

① 张锦也是在我国化学领域内较早获得博士学位的女性之一。当年中国妇女取得博士学位的，在各个学科领域都寥寥无几。可以说，她以自己的实践为 20 世纪初叶中国妇女追求学术自由和思想解放做出了榜样。

石油学院等多所高等学府，对学生严慈相济，培养了大批有机化学专业人才。她培养的研究生褚季瑜[①]等现多在海外工作。

邢其毅(1911—2002)，著名有机化学家，教育家，1980年当选为中国科学院学部委员。他的研究工作涉及有机化学的各个领域，特别是在生物碱、多肽、抗生素合成以及中药有效成分和花果头香等天然产物化学方面取得了开创性研究成果。他是胰岛素合成项目的学术负责人之一；他所设计的氯霉素的新合成法，20世纪60年代就被国外用于工业生产。他特别注重基础教育，亲自讲授普通有机化学课程近20年，为我国有机化学教材建设和课程设置做出了突出贡献。他的《有机化学》一书是我国第一本自行编著的有机化学教科书，是许多高校沿用多年的主要教材。

1933年，邢其毅毕业于辅仁大学化学系，后去美国留学，就读于伊利诺伊大学研究院，在亚当斯教授指导下从事联苯立体化学研究，1936年获博士学位。为了扩展视野和博览众家之长，同年夏天他又去德国慕尼黑大学，师从当时著名有机化学家维兰德(Heinrich Otto Wieland, 1877—1957)进行蟾蜍毒素的研究。他在博士后研究工作中完成了芦竹碱的结构分析与合成，这项成果后来成为一个重要的吲哚甲基化方法。

抗日战争爆发以后，邢其毅回国，在上海中央研究院化学所任研究员，不久华北沦陷，上海也危在旦夕，中央研究院被迫南迁昆明，邢其毅负责转运书籍等贵重物品，绕道中国香港、越南，历时半年之久，才将全部资料物品运抵昆明。为了支援抗战，寻找抗疟药物，邢其毅在十分艰难的条件下，跑到云南边境河口地区收集金鸡纳树皮，开展有效成分的分析研究工作。1944—1946年，邢其毅曾在新四军华中军医大学任教。抗战胜利后，邢其毅受聘于北京大学，于1946年回到北京，在北京大学农化系和化学系任教授，同时兼任前北平研究院化学研究所研究员。1950—1952年在北京大学化学系任教授，并兼任北京辅仁大学化学系主任。1952年以后在北京大学化学系任教授，并任北京大学校务委员会委员等职。

三、第2代

(一) 袁翰青弟子

袁翰青在中央大学任教时期曾经指导过的学生包括有机化学家和化学教育

---

① 曾任华东化工学院教授。

家周洵钧、赵华明等，刘若庄等则是他在北京大学时期指导的研究生。

周洵钧(1917—1994)，有机化学家。专于有机化学，致力于金属有机化学的研究。撰有论文《碲氢化钠还原亚胺的方法》《对新薄荷烷基环戊二烯基二氢及二氯化钼的合成》等，著有《有机化合物波谱分析基础》。

周洵钧1935年考入中央大学化学系，在高济宇、张江树、袁翰青、赵廷炳、倪则埙等著名教授指导下勤奋学习，广采博收，课余时间积极参加科研实践。1939年大学毕业后，周洵钧曾先后任昆明同济大学物理化学助教和重庆中央大学有机化学助教。1948年，周洵钧赴美国俄克拉荷马州立大学留学，在有100多人参加的硕士研究生入学考试中，他以有机化学、无机化学和分析化学三门第一、物理化学第二的成绩名登榜首。此后2年中他所学的各门课程成绩都是A，1950年获得硕士学位。

1950年回国后，周洵钧担任浙江大学化学系副教授。1952年院系调整后，任浙江师范学院化学系副教授、系副主任。1958年浙江师范学院改为杭州大学，此后一直在杭州大学化学系执教并担任系副主任。1986年周洵钧被国务院学位委员会确认为博士生导师。

赵华明(1918—)，有机化学家及教育家。他的主要研究成果有：用分子轨道理论证明“对称守恒”原理与“芳香过渡态理论”的一致性；用自由能线性关系及场-中介-中介场理论方法证明Wittig及Wittig-Horner反应组分中，电子效应有定量加和性；研究出两种“具有国际水平”的雌甾邻羟化路线；在生物有机方面实现环糊精等的功能化，并从动力学方面证明其催化功能。

赵华明1939年考入中央大学化学系，在学期间深受高济宇及袁翰青等教授学术风范的熏陶。毕业后曾先后在成都高级工业学校及重庆工业试验所工作。后通过留学考试赴美国华盛顿大学深造，1949年回国。

1951年春，赵华明任重庆大学副教授，承担“有机化学”及“理论有机化学”等课程的教学。1953年因院系调整到四川大学化学系为本科生讲授“基础有机化学”。1956年起承担“有机结构理论”的教学。以后，根据教育改革的需要，相继开设了“有机合成”、“高等有机化学”、“甾体化学”等课程。1978年晋升为教授，同年为研究生主讲“量子有机化学”、“物理有机化学”。1986年被评聘为博士生导师，除规划制订博士点教学计划外，还讲授“生物有机化学”及“酶催化理论”。此外，还为进修生、高师教学研讨班讲授过“理论有机进展”。

刘若庄(1925—)，量子化学家，北京师范大学化学系教授、量子化学研究室主任。1947年自北京辅仁大学化学系毕业，获理学士学位。1947年9月至

1950年7月在北京大学化学系攻读研究生，先后在袁翰青、孙承谔教授指导下从事有机化学和物理化学研究，同时师从唐敖庆教授攻读统计力学、量子化学并选修了许多数学物理系的课程。不同领域中名师的严格指导加之刘若庄的努力，使他不仅学会了科学研究的方法，也由此进入了理论化学的科学殿堂，为后来做出具有特色的成果奠定了扎实的理论基础。刘若庄的科研兴趣及成就主要在物理化学领域，其培养的学生也多从事这方面研究，他的研究受到唐敖庆的强烈影响，故将其谱系置于物理化学部分唐敖庆谱系做介绍。

（二）陈光旭弟子

陈光旭长期从事教学工作，是我国著名的化学教育家。新中国成立初期，我国高等师范学校师资十分缺乏。为了满足这方面的需要，在陈光旭主持下，先后办起了三期高等师范学校有机化学研究班，在满足师资需求、提高师资水平方面都起了积极作用。当年研究班毕业的学员，其中不少人已成为全国各地高等师范院校的骨干力量。1978年恢复学位制度以后，陈光旭成为第一批博士生导师。他的博士生钟维雄等多在国外科研机构从事研究工作；其他学生如吴永仁、尹承烈等曾是北京师范大学教授，如今多已光荣退休。

尹承烈，北京师范大学化学系教授，博士生导师。

（三）李景晟弟子

李景晟的学生中在有机化学领域有所建树的有：胡宏纹（中央大学时期学生），林思聪、余学海和顾庆超（南京大学时期学生）等。

胡宏纹（1925—　），有机化学家，专长于有机合成化学和冠醚化学，中国科学院院士。1946年毕业于中央大学化学系，曾受高济宇[①]、李景晟等名师的指导培养，毕业后即留校任助教。1957年赴莫斯科大学进修，1959年获化学科学副博士学位回国，在南京大学任助教、讲师（1953年）、副教授（1963年）及教授（1978年）。他长期从事有机化学的教学及科研工作，根据各时期对教学的不同要求，四次主编有机化学教材，并均已出版。1961年分配他编写有机化学教材的紧急任务，当时条件差、时间紧、困难很大，他全力以赴，在李景晟教授的指导和其他同志的协助下，在不到一年的时间内，顺利完成了试用教材的编写任务。

---

① 高济宇，王德枌，胡宏纹. 1,6-二酮的成环反应：2-溴-1,6-二苯己二酮-[1,6]在碱性试剂存在下生成2-苯-3-苯甲酰-1,2-环氧环戊烷的反应[G]//南京大学学报汇编. 化学，1960，69.

胡宏纹谱系将在对他有重要影响的另一位老师高济宇的谱系中做进一步介绍。

林思聪、余学海(1956年学士)和顾庆超(1962年学士)等都是李景晟20世纪五六十年代在南京大学的学生,主要研究领域在功能高分子及复合材料等领域,他们的先后都成为南京大学化学系的骨干教师,他们中指导研究生较多的是余学海教授。

(四) 钱思亮弟子

钱思亮的科研和教学工作主要在1949年以前,他的学生中著名的有苏勉曾[①]等。

苏勉曾,无机化学家和教育家。长期从事化学大学教育和科学研究工作,曾做过有机合成、稀有金属氯化冶金、发光材料等方面的研究。他侧重于研究应用基础性课题,探讨新的功能材料合成方法、工艺、物性和结构,为研制和开发我国X射线照相用高速增感屏、存储图像板和计算X射线图像仪做出了贡献。

苏勉曾1943—1946年在昆明西南联合大学先修班和化学系学习,1946—1948年在北京大学化学系学习,获理学士学位。毕业后留任北京大学化学系助教,曾在钱思亮的指导下进行有机化学研究[②]。1963—1965年在苏联列宁格勒大学化学研究所进修,回国后转向无机及应用研究。已发表研究论文130篇,出版专著3部,译著2部,申报国家发明专利4项。

1984年以来,苏勉曾在北京大学化学系先后任助教、讲师、副教授、教授和博士生导师,培养了22位硕士、11位博士,指导过2位博士后研究人员。著名稀土专家廖春生是他指导的其中一名硕士生(1986—1989年)。

(五) 蒋明谦弟子

著名有机光化学家曹怡、物理化学家任新民在研究生涯之初都曾受过蒋明谦的指导,中科院化学研究所研究员虞仲衡、浙江工业大学教授胡惟孝等是他的博士生。此外,有机化学家李广年、李光亮及光化学家樊美公等也曾受到过蒋明谦的影响。

---

① 但苏勉曾的主要科研成果是在无机化学及应用化学领域。

② S. L. Chien(钱思亮), M. Z. Su(苏勉曾). The Effect of Substituents on the Germicidal Activity of Phenols. Ⅳ. Synthesis of 6-n-Hexyl, 6-n-Heptyl and 6-Octyl Derivatives of 2, 4-Dichlorophenol. National Peking University Semi-centennial Papers, Science College, 1948: 1-6.

曹怡，有机光化学家，中国科学院感光化学研究所第一任所长。主要从事有机光化学研究，取得了一系列开拓性进展。在组织中国光化学、感光科学研究和推动国际学术交流与合作方面发挥了主要作用，为发展我国光化学和感光科学事业做出了贡献。

1951年曹怡毕业于金陵女子大学化学系，分配到中国科学院工作，先后师从著名化学家王葆仁、林一、蒋明谦。1958—1960年留学苏联，师从苏联通讯院士弗立德林娜（Рахиль Хацкелевна Фрейдлина，1906—1986）教授。在有机化学、高分子化学、理论有机和元素有机等多个领域从事研究工作，打下了坚实的基础。仅留学苏联两年期间，在苏联学报上发表论文9篇，取得专利1项，并完成了副博士论文，受到导师的赞扬。1975年至今历任中国科学院感光化学所副研究员（1978—1985）、研究员（1985—　）、副所长、常务副所长（1978—1986）、所长（1986—1993）。她为我国光化学的开创与组织做出了贡献，在有机光化学学科领域做了不少系统的创新性工作。

任新民（1915—　），物理化学家。曾先后在抗生素化学、有机催化和感光科学领域积极开展工作，在基础研究和应用研究上都取得了丰硕的成果。在照相显影过程的动力学和机理、显影抑制剂的作用机理、彩色影像形成过程的动力学和机理以及多级放大成像体系、多相电子转移的表面环境效应，以及金属与半导体超微粒子的化学和光化学等方面，他都有深入的研究和创见，并著有《摄影过程的物理化学基础》和《影像微结构和影像评价》等教材。

1948年求学于北京大学化学系，1952年7月毕业，同年到中国科学院有机化学研究所任研究实习员，师从蒋明谦教授，从事抗生素化学的研究；1956年为中国科学院化学研究所助理研究员，任课题组组长，开展有机催化的研究；1965年为了适应当时国家对特种感光材料研制的需要，转入有关感光化学的课题研究，并于1977年晋升为副研究员，任研究室主任，1980—1983年任副所长，1986年被聘为研究员，1990年被聘为博士生导师。

虞忠衡，中科院化学研究所分子动态稳态国家重点实验室研究员。主要研究领域为物理有机化学，例如，分子构型、构象及反应区域和立体专一性的理论研究；在量子化学领域，建立了新的作用能分解法；在有机化学基本理论问题上，建立新的思维模式，提出新的概念，全面挑战经典有机结构和休克尔（Huckel）理论。1985年获中科院化学研究所物理有机化学博士学位，师从蒋明谦院士。1989年起历任中科院化学所副研究员、研究员，并指导了多名研究生。

胡惟孝，浙江工业大学教授，博士生导师，主要从事制药工程领域的研究。1964 年毕业于天津南开大学化学系，1981 年获硕士学位，1985 年获博士学位，1985—1987 年在美国宾夕法尼亚大学从事博士后研究。1995 年 10 月晋升为教授，现任浙江工业大学化工学院院长、化工研究院院长。他从事教学和研究工作近 40 年，先后开过 7 门课程，已培养多名研究生。

（六）邢其毅弟子

邢其毅从事教学和研究生指导工作多年，培养了一大批有机人才，如有机化学家叶秀林、周秀中、金声、贾忠建、戴乾圜、李崇熹、周长海等。

叶秀林（1927—　），有机化学家。长期从事有机化学和立体化学的教学和研究工作，曾提出季铵碱霍夫曼（Hofmann）消除反应的“构象规则”和有机反应的“构象最小改变原理”，并通过对反应机理的探讨改进了一些化合物的制备方法。

1950 年毕业于北京农业大学农业化学系①，后在清华大学化学系任助教②。1952 年调至北京大学化学系任教，此后一直在北京大学工作。起初在张青莲指导下，辅导学生基础无机化学课和实验课，大约一年后转至有机化学教研室，担任邢其毅主讲的基础有机化学课的助教工作，后又为张滂开设的有机合成实验课做准备和辅导工作。此后，叶秀林在工作中经常请教邢其毅先生和张滂先生，受到他们的关心和指导。1950 年大学毕业前后的十几年中，所接触到的师长（还有上面未提到的）都是我国最杰出的学者。他们学识渊博、有教无类，叶秀林深受教益，他为此感到十分幸运。现任北京大学化学系有机化学教授、博士生导师。

周秀中，有机化学家。专长于有机硅和金属有机化学：在 20 世纪 50 年代就开始对硅氢化反应进行系统研究，合成了一系列含Si－A－Si链节的环状化合物；后又把有机硅化学和金属有机化学结合起来，发现了一类颇有价值的新颖热重排反应，并对反应机理和适用范围进行了深入系统的研究；同时还进行了高效

---

① 当年的北京农业大学是由清华大学、北京大学和华北大学所属的三个农学院合并而成的，农业化学系由汤佩松先生和黄瑞纶先生领导。

② 在清华大学化学系工作的两年中，叶秀林在冯新德和严仁荫的指导下，主要是制备供教学使用的一些有机和无机试剂，积累了不少实际经验，对后来开展教学科研工作大有裨益。

均相烯烃聚合催化剂、茂金属催化剂的研究等。

1947 年考入湖南大学化学系学习。1951 年毕业后，由于成绩优异被保送至北京大学化学系做研究生，师从著名化学家邢其毅教授。1953 年秋到南开大学化学系任教，至今 40 余年。周秀中初到南开大学化学系任助教，1954 年筹建化学系有机合成实验室，次年在化学系开设有机合成实验课，同年秋为生物系讲授有机化学；自 1959 年起长期为化学系讲授有机化学；1986 年起任南开大学化学系博士生导师。

金声(1931—2000)，有机化学家。长期从事天然产物和有机合成的研究工作。在苯并七元二杂环体系的合成、结构和反应机理的研究方面做了较系统的研究工作。在花果头香分析、香料合成和含氟药物及麻醉药物合成方面取得了很多成果。在花粉和抗体酶的研究中取得重要的进展，先后共发表论文 150 多篇，获得过 5 次部委级奖励和 5 次校级科技进步奖。

1950 年从南通中学毕业，考入北京大学化学系，受教于曾昭抡、唐敖庆、邢其毅、唐有祺、徐光宪、黄子卿、傅鹰、高小霞等教授。1953 年大学毕业后，在著名有机化学家邢其毅教授指导下攻读研究生，1956 年以“腈乙基反应——二螺十六酮化合物的合成”为题目完成研究生论文。随后留校，之后在北京大学化学系从事教学和科研工作，担任过助教、讲师、副教授。1984—1991 年任北京大学化学系教授、博士生导师、有机教研室主任。1992—1999 年任北京大学生物有机开放实验室主任。1994—1997 年任南开大学国家重点实验室学术委员会主任。

贾忠建，有机化学家、化学教育家。针对我国西北天然资源，长期开展药用植物的化学成分研究，从中分离、鉴定出 300 余种新化合物，发现了 12 种新型的萜类骨架，发掘出 40 多种具有较强生物活性的物质。为丰富天然产物化学、药物学、植物分类学以及植物资源的综合利用做出了贡献，同时培养了大批有机化学人才。

1950 年，贾忠建考入南京大学化学系，1953 年以优异的成绩完成了大学本科的学习，被推荐到北京大学化学系读研究生，师从著名有机化学家邢其毅教授。

1958 年研究生毕业后曾在北京大学化学系任助教一年。1959 年起历任兰州大学讲师，有机化学教研室副主任、主任。1985 年 1 月至今历任兰州大学教授、博士生导师，兰州大学有机化学研究所所长兼天然有机研究室主任。贾忠建含辛茹苦几十年，培养了大批英才。已经走向社会的 34 名硕士、25 名博士和 2

名博士后中，有的已成为教授、博士研究生导师或系主任。

戴乾圜，环境化学家和有机化学家。1995 年当选欧洲科学院通讯院士，曾于 1978 年获国家科学大会奖。主要研究方向是：有机化学、化学致癌剂、抗癌药研制。

1952 年毕业于北京大学化学系，以优异成绩留校任教，在著名化学家邢其毅教授指导下从事有机化学的教学和科研工作。1952 年 7 月到 1960 年 7 月，历任北京大学助教、讲师和系秘书等职。1960 年起历任北京工业大学化工系以及化学与环境工程系讲师、副教授、有机化学教研室主任。1984 年任北京工业大学化学与环境工程系教授，1986 年以后兼任癌化学与生物工程中心主任。

李崇熙，有机化学家。在有机化学特别是在多肽化学及药物合成方面做出了突出的贡献。在 20 世纪 60 年代参加了邢其毅院士领导的人工合成牛胰岛素研究，该项成果于 1982 年荣获国家自然科学奖一等奖。1956 年毕业于北京大学化学系并留校任教，1961 年研究生毕业。曾任北京大学化学与分子工程学院教授，北京大学化学系副主任。

叶蕴华，1960 年学士，北京大学教授。主要研究方向为多肽化学、酶促反应和天然产物化学，例如：生物活性肽的合成及构效关系的研究；形成肽键的含磷缩合试剂的研究；环肽合成方法及环化规律的研究；氨基酸、肽-甾体缀合物的合成与生物活性研究；非水介质中，蛋白水解酶催化酰胺键形成的研究以及人参属植物水溶性化学成分的研究等。

花文廷，1960 年学士，历任北京大学化学系党总支书记、科技开发部主任、副教务长、研究生院常务副院长等，现任北京大学化学系教授、博士生导师。主要研究方向为杂环化学和药物合成，主要从事新型大环的合成、结构和光电性能研究，先后合成血管紧张素转化酶抑制剂、非甾体消炎镇痛药、增智健脑药等十余种二类新药。

四、第 3 代

（一）周洵钧弟子

周洵钧执教半个多世纪以来，为国家培养了一大批专业人才。

吕萍，1990 年博士，浙江大学化学系教授、博士生导师，化学系副主任。

黄志真,1989 年硕士,导师为周润钧;1994 年博士,导师为黄耀曾、黄宪(其父)。浙江大学理学院化学系有机化学研究所教授、博士生导师。

贾学顺,1994 年博士,张永敏、周润钧合作指导,上海大学理学院教授、博士生导师。主要研究领域:金属有机化学。

(二)赵华明弟子

从 1978 年至今,赵华明在四川大学(四川联大)已培养硕士和博士研究生近 40 人,其中有多人晋升为教授及研究员。

周成合,1996 年博士,西南大学化工学院化学系主任,有机化学教研室主任。主要研究方向:药物设计与合成、生物有机药物化学、超分子药物研究与开发。

罗美明,1996 年博士,四川大学化学学院教授。主要研究方向:N-杂环卡宾等新型配体及其金属配合物的设计合成及以此为基础的有机合成方法学研究,有机合成新试剂、新技术及其在功能有机物合成中的应用。

(三)尹承烈弟子

冯志强,1995 年博士,北京协和医学院药物研究所副研究员。主要从事药物分子设计与合成研究以及分子靶向药物的研究与开发。

段新方,1994 年博士,北京师范大学化学学院教授,博士生导师。主要研究领域:有机合成化学和金属有机化学。

张站斌,1999 年博士,北京师范大学化学学院副教授,硕士生导师。主要研究方向:精细有机合成、不对称催化。

(四)余学海弟子

谌东中,1998 年博士,南京大学化学化工学院教授。主要研究方向:液晶高分子的设计合成、相行为及光电性质研究;组装有序超分子体系构筑及其性能研究;合成功能聚合物模板剂控制仿生矿化及其形成机制研究;高性能高分子工程材料应用研究。

贾叙东,1996 年博士,南京大学化学化工学院教授。主要研究方向:多相高分子材料,超低介电常数材料,油田化学品,酶催化生物功能高分子。

（五）曹怡弟子

曹怡先后培养了12名研究生，其中4名获博士学位，8名获硕士学位。著名有机化学家佟振合院士曾受她的指导。

佟振合，中国著名有机化学家，国家重大基础研究发展规划“973”项目“分子聚集体化学”首席专家。主要从事有机光化学研究，涉及光化学反应中的微环境反应、疏水-亲脂作用对光化学和光物理过程的影响、光诱导电子转移和能量传递等方面。利用超分子体系作为微反应器，在高底物浓度条件下高选择性地合成了大环化合物，提出了在烯烃光敏氧化中得到单一类型的氧化产物的新方法；提出疏脂性的概念并证明其存在；研究了用硬链段连接的给体-受体分子内远程电子转移和三重态能量传递，用光化学和光物理相结合的方法为通过“化学键”进行电子转移和能量传递提供了成功的例证。2005年获国家自然科学奖二等奖。1963年毕业于中国科学技术大学高分子化学和物理系，1983年获美国哥伦比亚大学博士学位，1999年当选为中国科学院院士。佟振合曾任中国科学院感光化学研究所所长，现任中国科学院理化技术研究所研究员。

王雪松，1991年获中国科学技术大学材料科学与工程系理学学士学位，1996年获中国科学院感光化学研究所理学博士学位，2000年入选中科院“百人计划”，现任中科院理化技术研究所研究员，博士生导师。主要从事有机光化学、光物理领域的基础和应用开发研究，在光疗药物、光电转换和光化学转化、光化学合成等领域发表论文140余篇，参与的“光敏电子转移反应及太阳能利用”研究项目于1995年荣获中国科学院自然科学二等奖，项目“维生素 D_3 生产新工艺”于2007年荣获国家科技进步二等奖。

（六）任新民弟子

任新民热心于教学和培养人才，任中国科学技术大学、华东理工大学等多所大学的兼职教授和客座教授，利用一切机会搜集最新科技动态，编写教材，培养研究生，多年来，共培养硕士10名，博士2名。

林原，1994年博士，任新民、肖绪瑞共同指导，中国科学院化学研究所研究员。主要从事半导体光电化学的研究，包括纳米半导体材料的制备和性能研究，纳晶染料敏化太阳电池的制备、测试及性能研究等。

（七）叶秀林弟子

叶秀林培养的优秀研究生如硕士李季、裴坚、陈冰子、聂小平等，以及博士裴伟伟和林崇熙等。

裴坚，1995 年博士，北京大学化学与分子工程学院教授，主管本科生教学的副院长。主要研究方向：水溶共轭高分子的设计、合成、表征和应用；应用于有机光电二极管以及化学和生物传感器的有机发光材料；树枝状高分子材料的设计、合成和应用；多功能性有机分子材料的设计、合成和应用；有机发光材料自组装结构的研究及其性质。

邱明华，1996 年博士，邢其毅、叶秀林共同指导，昆明植物所研究员。主要从事黄杨科生物碱、葫芦科葫芦烷（部分达玛烷）三萜、灵芝属羊毛甾烷三萜、升麻属环阿廷烷三萜、楝科楝烷三萜和甾体的结构及其生物活性或功能的研究，还进行资源植物化学的开发利用及其产业化关键技术的研究。目前主要兴趣在食用植物的功能成分结构及其生物活性，在分离纯化的天然产物中发现了 400 多个新天然产物。

纪建国，1999 年博士，邢其毅、叶秀林共同指导，北京大学生命科学学院教授。主要研究领域：蛋白质科学。

（八）周秀中弟子

周秀中至今已培养了 30 余名博士和硕士研究生。

孙怀林，1989 年博士，南开大学化学系教授。主攻有机合成。

孔垂华，1993 年博士，2008 年人才引进到中国农业大学资源与环境学院任教，现为生态学系教授、博士生导师。主攻化学生态学。

杜大明，1995 年博士，周秀中、孟继本、王永梅共同指导，北京理工大学化工与环境学院教授。主要研究方向：不对称合成，有机合成化学。

王佰全，1996 年博士，南开大学教授、有机教研室主任。主要研究领域：金属有机化合物的合成、结构、反应性以及在高分子合成上的应用研究。

（九）金声弟子

金声长期从事有机化学教学工作，主讲过有机合成理论课，指导过数十名大学生的毕业论文，培养了 20 多名硕士和 12 名博士。他是恢复学位制度后 1984 年特批的博士生导师。

许家喜,1992 年博士,北京化工大学理学院教授,有机化学系主任。主要研究领域:药物合成。

陈清奇,1993 年博士,金声、马金石共同指导。美帝药库(MedKoo)医药科技公司创始人,兼任华南师范大学化学系药物化学和新药研发客座教授。主要研究领域:新药研发与药物合成化学。

(十)贾忠建弟子

苏保宁,1998 年博士,药明康德新药开发有限公司核心分析部执行主任。

(十一)戴乾圜弟子

戴乾圜不仅在科研上取得了重大成果,同时也是一位优秀的有机化学教授和博士研究生导师。他讲课不但生动活泼,而且极富启发性。

魏雄辉,1997 年博士,北京大学化学与分子工程学院副教授。主要研究方向:致癌抗癌理论的研究及天然抗癌药物的筛选;环境污染控制与"三废"治理的研究(即"DDS 催化剂催化下烟道气脱硫机理的研究")。

(十二)李崇熙弟子

邢国文,1999 年博士,李崇熙、叶蕴华共同指导,北京师范大学教授。主要研究方向:生物有机化学,有机合成。

(十三)花文廷弟子

谢伦嘉,1999 年博士,中国石油化工股份有限公司北京化工研究院科技部主任,教授级高级工程师。硕士生导师。主要研究领域:化学工艺和科技管理。

五、第 4 代

佟振合弟子

吴骊珠,1995 年博士,中国科学院理化技术研究所研究员、博士生导师。主持理化技术研究所超分子光化学研究室的工作,主要从事超分子体系中的光物理和光化学过程的研究。

表 3.3　亚当斯中国留学生有机化学谱系

<table>
<tr><th>第0代</th><th>第1代</th><th colspan="2">第2代</th><th colspan="2">第3代</th><th>第4代</th></tr>
<tr><th>第0代</th><th>第二代</th><th colspan="2">第三、第四、第五代</th><th>第四、第五代</th><th>第六代</th><th>第五、第六代</th></tr>
<tr><td rowspan="10">罗杰・亚当斯</td><td rowspan="6">袁翰青(1929 年学士,清华大学;1932 年博士,伊利诺伊大学)</td><td colspan="2" rowspan="3">周洵钧(1939 年学士,中央大学;1950 年博士,俄克拉荷马州立大学)
(第三代)</td><td>吕萍(1990 年博士,杭州大学)</td><td></td><td></td></tr>
<tr><td>黄志真(1989 年硕士,杭州大学)</td><td></td><td></td></tr>
<tr><td>贾学顺(1994 年博士,杭州大学)</td><td></td><td></td></tr>
<tr><td rowspan="2">高济宇</td><td rowspan="2">赵华明(1943 年学士,中央大学;1950 年研究生,华盛顿大学)(第三代)</td><td>周成合(1996 年博士,四川联大)</td><td></td><td></td></tr>
<tr><td>罗美明(1996 年博士,四川联大)</td><td></td><td></td></tr>
<tr><td>孙承谔、唐敖庆</td><td>刘若庄(1947 年学士,辅仁大学;1950 年研究生,北京大学)(第三代)</td><td></td><td></td><td></td></tr>
<tr><td rowspan="4">陈光旭(1933 年学士,清华大学,高崇熙;1945 年博士,伊利诺伊大学)</td><td colspan="2">吴永仁、徐秀娟、余尚先、陈子康、钟维雄</td><td></td><td></td><td></td></tr>
<tr><td colspan="2" rowspan="3">尹承烈</td><td>冯志强(1995 年博士,北京师范大学)</td><td></td><td></td></tr>
<tr><td>段新方(1994 年博士,北京师范大学)</td><td></td><td></td></tr>
<tr><td>张站斌(1999 年博士,北京师范大学)</td><td></td><td></td></tr>
</table>

（续表）

第0代	第1代	第2代		第3代		第4代
第0代	第二代	第三、第四、第五代		第四、第五代	第六代	第五、第六代
	李景晟（1928年学士，中央大学，师从赖辛）	高济宇	胡宏纹（1946年学士，中央大学；1959年副博士，莫斯科大学）（第三代）			
		林思聪				
		余学海（1956年学士，南京大学）（第四代）		贾叙东（1996年博士，南京大学）		
				谌东中（1998年博士，南京大学）		
				方江邻[1]（2000年博士，南京大学）		
					陈红[2]（2001年博士，南京大学）	
					张弢[3]（2001年博士，南京大学）	
					何辉[4]（2007年博士，南京大学）	
		顾庆超（1962年学士，南京大学）				

（续表）

<table>
<tr><th>第0代</th><th>第1代</th><th>第2代</th><th colspan="3">第3代</th><th>第4代</th></tr>
<tr><th>第0代</th><th>第二代</th><th>第三、第四、第五代</th><th colspan="2">第四、第五代</th><th>第六代</th><th>第五、第六代</th></tr>
<tr><td rowspan="8"></td><td>钱思亮（1931年学士，清华大学；1939年博士，伊利诺伊大学）</td><td>苏勉曾（助教）</td><td colspan="2">廖春生</td><td></td><td></td></tr>
<tr><td rowspan="7">蒋明谦（1935年学士，北京大学；1943年硕士，马里兰大学；1944年博士，伊利诺伊大学）</td><td rowspan="7">曹怡（1951年学士，金陵女子大学；1960年副博士，苏联科学院有机化合物研究所，师从德林娜）</td><td colspan="2" rowspan="6">佟振合（1963年学士，中国科学技术大学；1983年博士，哥伦比亚大学）（第四代）</td><td></td><td>吴骊珠（1995年博士，中科院理化技术研究所）</td></tr>
<tr><td></td><td>宋恺[5]（2001年博士，中科院理化技术研究所）</td></tr>
<tr><td></td><td>李久艳[6]（2001年博士，中科院理化技术研究所）</td></tr>
<tr><td></td><td>汤新景[7]（2002年博士，中科院理化技术研究所）</td></tr>
<tr><td></td><td>李红茹（2002年博士，中科院理化技术研究所）</td></tr>
<tr><td></td><td>佟庆笑[8]（2004年博士，中科院理化技术研究所）</td></tr>
<tr><td>曹怡、张宝文、吴世康</td><td>王华[9]（1995年博士，中科院理化技术研究所）</td><td></td><td></td></tr>
</table>

（续表）

第0代	第1代	第2代	第3代				第4代
第0代	第二代	第三、第四、第五代	第四、第五代		第六代		第五、第六代
			曹怡、张宝文、佟振合	王雪松（1996年博士，中科院理化技术研究所）			
					欧植泽[10]（2002年博士，中科院理化技术研究所）		
					张宝文、王雪松、曹怡	马昌期[11]（2003年博士，中科院理化技术研究所）	
		任新民（1952年学士，北京大学）（第四代）	任新民、肖绪瑞	林原（1994年博士，感光所）			
		虞忠衡（1985年博士，中科院化学研究所）（第五代）			张慧娟[12]（2003年博士，中科院化学研究所）		
		胡惟孝（1986年博士，中科院化学研究所）（第五代）			江银枝[13]（2003年博士，浙江工业大学）		
					单尚[14]（2005年博士，浙江工业大学）		

（续表）

第0代	第1代	第2代	第3代		第4代
第0代	第二代	第三、第四、第五代	第四、第五代	第六代	第五、第六代
	张锦（1933年博士，密歇根大学）	褚季瑜			
	邢其毅（1933年学士，辅仁大学；1936年博士，伊利诺伊大学，曾师从维兰德）	叶秀林（1950年学士，北京农业大学）（第四代）	裴坚（1995年博士，北京大学）		
			邱明华（1996年博士，北京大学）		
			纪建国（1999年博士，北京大学）		
		周秀中（1951年学士，1953年研究生，北京大学）（第四代）	孙怀林（1989年博士，南开大学）		
			孔垂华（1993年博士，南开大学）		
			杜大明（1995年博士，南开大学）		
			王佰全（1996年博士，南开大学）		朱柏林[15]（2004年博士，南开大学）
					庄岩[16]（2004年博士，南开大学）
					林进[17]（2005年博士，南开大学）
			孙秀丽[18]（2000年博士，南开大学）		

（续表）

<table>
<tr><th>第 0 代</th><th>第 1 代</th><th>第 2 代</th><th colspan="4">第 3 代</th><th>第 4 代</th></tr>
<tr><th>第 0 代</th><th>第二代</th><th>第三、第四、第五代</th><th colspan="2">第四、第五代</th><th colspan="2">第六代</th><th>第五、第六代</th></tr>
<tr><td rowspan="8"></td><td rowspan="8"></td><td rowspan="3">金声（1953 年学士，1956 年研究生，北京大学）（第四代）</td><td colspan="2"></td><td colspan="2">许家喜（1992 年博士，北京大学）</td><td></td></tr>
<tr><td>金声、马金石</td><td>陈清奇（1993 年博士，北京大学）</td><td colspan="2"></td><td></td></tr>
<tr><td colspan="2"></td><td>金声、陈家华</td><td>郭永恩[19]（2002 年博士，北京大学）</td><td></td></tr>
<tr><td rowspan="2">贾忠建（1953 年学士，南京大学；1958 年研究生，北京大学）（第四代）</td><td colspan="2">苏保宁（1998 年博士，兰州大学）</td><td colspan="2"></td><td></td></tr>
<tr><td colspan="2"></td><td colspan="2">杨超[20]（2002 年博士，兰州大学）</td><td></td></tr>
<tr><td rowspan="3">戴乾圜（1952 年学士，北京大学）（第四代）</td><td colspan="2">魏雄辉（1997 年博士，北京大学）</td><td colspan="2"></td><td></td></tr>
<tr><td colspan="2">居学海[21]（2000 年博士，北京大学）</td><td colspan="2"></td><td></td></tr>
<tr><td colspan="2"></td><td colspan="2">陈莎[22]（2001 年博士，北京大学）</td><td></td></tr>
</table>

（续表）

第0代	第1代	第2代	第3代				第4代
第0代	第二代	第三、第四、第五代	第四、第五代		第六代		第五、第六代
		李崇熙(1956年学士,北京大学)(第四代)	李崇熙、叶蕴华	邢国文(1999年博士,北京大学)			
					李崇熙、徐筱杰	谢建春[23](2002年博士,北京大学)	
		叶蕴华(1960年学士,北京大学)(第四代)					
		花文廷(1960年学士,北京大学)(第四代)	谢伦嘉(1999年博士,北京大学)				
			赵洪武[24](2000年博士,北京大学)				
		曹居东[25](北京大学)					
		陈家华[26](1988年博士,北京大学)(第五代)					

注：1. 南京大学化学化工学院副教授，硕士生导师。
2. 苏州大学教授，博士生导师，材料与化学化工学部主任，高分子科学与工程系主任，国家杰出青年科学基金获得者。主要研究领域：生物材料的表面改性与功能化；蛋白质、细胞与材料表面的相互作用；血液相容性材料；生物检测材料。
3. 河海大学副教授，硕士生导师。
4. 南京大学现代工程与应用科学学院副教授。

5. 中国科学院化学研究所副研究员。
6. 大连理工大学精细化工国家重点实验室副教授。
7. 北京大学药学院。
8. 汕头大学化学系教授,系主任。主要研究领域:有机光功能材料及其在有机光电子领域中的应用、有机及超分子光化学、精细化学品的合成、药物及功能材料中间体的工业化合成。
9. 河南大学教授。
10. 西北工业大学应用化学系副教授。
11. 中科院苏州纳米技术与纳米仿生研究所研究员。
12. 中国科学院化学研究所研究员。
13. 中国科学院化学研究所研究员。主要从事自由基生物化学,药物及分析化学研究。
14. 中国科学院化学研究所研究员。主要从事有机合成,有机化合物结构表征研究。
15. 天津师范大学化学学院副教授。
16. 上海华谊丙烯酸有限公司副总工程师。
17. 河北师范大学化学与材料学院教授。
18. 中国科学院上海有机化学研究所副研究员。
19. 曾任天津科技大学生物工程学院合成药物研究室主任。主要从事药物化学研究。
20. 哈尔滨工业大学化学系教授,博士生导师。目前主要从事天然产物化学及有机光化学方面的研究。
21. 南京理工大学教授。
22. 北京工业大学副教授。
23. 北京工商大学化学化工实验中心教授。主要从事香料化学领域研究工作,熟悉液相色谱、气相色谱、液-质联机、气-质联机等大型仪器设备。
24. 北京工业大学副研究员。
25. 曾任首都师范大学教授,北京师范大学兼职教授。
26. 北京大学化学与分子工程学院副教授。

第二节　吴宪有机化学谱系

吴宪，生物化学家、营养学家、医学教育家。在临床生物化学方面多有贡献：他与福林（Otto Folin，1867—1934）一同提出的血液分析系统方法是当时临床生物化学方面最重要的贡献；他首创用钨酸除去血液样品中所有的蛋白质；最先提出一个言之有理的蛋白质变性理论；提出符合中国实际情况的改变国民营养的膳食方案；使用标记的抗原研究免疫化学。在科学成就之外，吴宪还培养了中国第1代的生物化学家和营养学家如刘思职和张昌颖等。此外，著名物理化学家黄子卿以及有机化学家汪猷等也曾师从于他。汪猷在有机化学领域开创了一个人丁兴旺的学术谱系，现今有副教授以上级别的谱系成员20余位，陆熙炎和麻生明院士等是当中的杰出代表。

一、第1代

吴宪（1893—1959），6岁入塾读经，以旧学启蒙。由于聪颖勤奋，他中过秀才，并曾于1904年参加过全国的科举考试，1906年，他进入全闽高等学堂预科班（今福州第一中学的前身），受到新学教育。4年的学业结束后，他通过了清政府组织的庚款留美考试，1911年春，入留美预备班（清华大学的前身）。经过一学期的赴美培训，吴宪于当年8月作为该校第一班62名成员之一由上海乘船赴美留学，9月4日抵达美国旧金山，入麻省理工学院学习。吴宪在美国学习的专业最初是海军造船工程专业①，后改习化学，1916年获理学士学位，其后，他又在该校继续进修有机化学，并兼任实验助教。1917年被哈佛大学医学院生物化学系福林教授录取为研究生，在其指导下研究血液化学，1919年以“血液系统分析

---

① 他选学此专业的念头早在中学时代就形成了。吴宪的故乡福州是中国最早发展造船业的地区，早在1886年就创办了马尾造船厂，还设有船政学堂，当时那里造船和西学一度很盛行。中日甲午战争的失败在当地产生了极大的震动和影响，吴宪所在的学校有不少教师是从昔日船政学堂毕业的，吴宪受到他们的影响，立志学习造船，以帮助中国重建海军。到美国后，经过勤奋苦读，他很快就克服了学习上的种种困难。然而第一个暑期在新罕布什尔州某农场的大量阅读，使他的兴趣和志向发生了改变，特别是受到赫胥黎（Thomas Henry Huxley）《生命的物质基础》一文的影响，他开始对生物化学问题进行关注。1913年9月，他改专业为主修化学，辅修生物学。

法"论文获博士学位，这是奠定吴宪在生物化学界地位的一篇主要论著。文章以福林与吴宪共同署名发表后，立即引起了生化与临床化学界的重视，被认为"引发了一场血液化学方面的革命"。1919 年，吴宪获得博士学位后，又随福林进行了为期一年的博士后研究，此间进一步完成了一系列血液化学分析的研究，这些研究发表后成了血液化学的经典著作(他的名字以"福林-吴"的形式而广为生物化学界所知)。其中，他独自完成了血糖定量分析的改进方法，此方法用血量少，操作简便，数据准确，明显优于当时常规的本尼迪克特法。他知道他的导师和本尼迪克特(Stanley Rossiter Benedict, 1884—1936)教授既是好友但学术问题上又有矛盾的复杂关系，因而在研究时没有告诉福林。当他把写好的论文请老师过目时，福林兴奋地对他说，凭这个研究他应当得到第二个博士学位。以后学术界认为，如果没有吴宪改进的血糖测定法，后来的胰岛素发现会大受阻碍。

1920 年回国，任北京协和医学院生物化学系助教，1921 年，吴宪升任襄教(Associate，相当于讲师)，主持生理化学的教学工作，不久使生物化学从生理学科独立出来，正式成立生物化学科(Department of Biochemistry)。1924 年 7 月 1 日，他被越级晋升为襄教授(Associate Professor)并担任生物化学科主任，成为该校的第一位中国籍主任和最早的中国三教授之一(另两位是林可胜和刘瑞恒)，也是当时北京协和医学院最年轻的科主任。

1924 年 12 月 20 日，他与本科助教严彩韵(1902—1993)女士[1]结婚。婚后三天，吴宪便携新婚妻子休假，赴美国纽约。吴宪在那里的洛氏医学研究所(Rockefeller Institute for Medical Research)与范斯莱克(Donald D. Van Slyke, 1883—1971)共同做研究，严彩韵则在哥伦比亚大学化学系做研究。翌年夏，他们的工作结束，回国前吴氏夫妇随黑斯廷斯(Albert Baird Hastings)夫妇及幼子赴欧洲诸国参观有关实验室，拜访生化学家并观光游览，随后于 12 月回到北京协和医学院，继续工作。1928 年被聘为教授，直到 1942 年 1 月该校被日军占领解散。这段时期是他科学生涯中的鼎盛时期，他不仅完成了许多重要研究，而且还领导着一个高水平、高效率的生化学科，使之成为中国生物化学的重要基地，并且在国际学术界也颇有影响。在蛋白质变性方面，1924—1940 年间，他与同事严彩韵、邓葆乐(C. Tenbroeck, 1885—1966)、李振翩、林国镐、林树模、陈同度、黄子卿、刘思职、杨恩孚、周启源、徐嘉祥、王成发等陆续发表"关于

---

① 吴宪院士的夫人严彩韵是中国最早从事生物化学研究的女学者。

蛋白质变性的研究”专题系列论文 16 篇，相关论文 14 篇，并于 1929 年第 13 届国际生理学大会上首次提出了蛋白质变性理论；在免疫化学方面，他和李振翩、郑兰华、萨本铁、周田、李冠华、刘思职、王成发等在 15 年中进行了一系列颇有成效的研究，其中，他在国际上首创了标记手段。他用带色基团的血红蛋白，继而又用碘化清蛋白作为标记抗原，这种方法比用同位素作标记进行类似的研究要早许多年。利用这一方法，吴宪等人在其他蛋白质存在的同时进行了抗原、抗体沉淀物的定量分析，从而确定了抗原与抗体的定量关系，以后又进行了纯抗体的分离并证实了抗体的“一元论”。

1944 年 3 月他离开北平，在重庆西郊歌乐山南麓中央卫生实验院组建营养研究所。同年 7 月，他被派往美国，作为营养学专家、联合国善后救济总署(UNRRA)的中国代表，参加研究战后经济恢复与重建的会议，会后又在那儿为我国抗日战争胜利后的经济建设进行考察。1945 年抗战胜利后，吴宪回到重庆，他向政府当局汇报了美国之行，并起草了一份进一步扩大发展营养研究所的计划，然后回到北平与家人团聚。1946 年夏，他开始筹建中央卫生实验院北平分院，并任院长，同时继续兼任营养研究所所长。1947 年应联合国教科文组织的邀请，去英国出席第 17 届国际生理学会议。后被美国哥伦比亚大学聘为客座教授及研究员，1949 年应聘为阿拉巴马大学客座教授。1952 年秋患心脏病，于 1953 年 8 月辞职退休，定居于波士顿，1959 年 8 月 8 日凌晨在波士顿的麻省总医院逝世。

北京协和医学院是美国洛氏基金会出资兴办的当时亚洲一流的高水平学校，从院长到教授最初都是外国人。作为其中最早的一位中国籍主任，他是北京协和医学院教育委员会(Education Division)成员、教授会(Committee of Professors)和执行院长任务的三人领导小组[即执行委员会(Administrative Committee)，1935—1937 年间组成]成员。他重视实验室建设和学生实验课的设置，一到校就开设了实验课，编写实验讲义，并在多年实践基础上与周启源(1903—1986)合著了《生物化学实验》一书(吴宪用英文写成，由周启源译成中文)，于 1941 年由中华医学会编辑委员会出版，向全国医校推广使用，以促进其他医学院校生化实验的发展。他对生物化学的分支与教学也有创新，首次提出了“物理的生物化学”(physical biochemistry，现称生物物理化学)的概念，以物理化学的理论和技术方法应用于生物化学问题的解释和研究，从分子水平基础上考虑生物的化学问题。根据自己多年教学和国际生物化学的发展，他在 1934 年出版了用英文写的《物理生物化学原理》(此前国内外尚未见有这类著作)，作为北京协和医学院本科医前生一年级生物化学的课本,并亲自讲授,为学生打下了扎实的理论和实验基础。他严格选择师资,重视培养青年,除了医学院学生外,他还先后吸引了10余位刚回国的青年化学家到实验室工作,并接受培养进修生和研究生20余人,据他的学生估计,到20世纪50年代,“中国的生化教师和研究人员有70%以上曾在协和医学院受过训练”。他们后来或在教学单位或在研究单位担任领导任务,并献身于教学和研究工作第一线,大多为我国生物化学或其他化学学科方面的发展做出了重要贡献。在他的领导下,北京协和医学院生化科在20世纪20—40年代前期出人才、出成果,在国内外声誉卓著。

二、第2代

刘思职,中国杰出的生物化学家,免疫化学家,中国科学院院士,免疫化学的创始人之一。1929年获美国堪萨斯大学(University of Kansas)哲学博士学位。回国后,受聘于北京协和医学院,1928—1942年长期与吴宪进行生物化学领域的合作研究,协助吴宪提出蛋白质定性学说,是吴宪的得力助手之一。1942年以后在北京大学医学院及其后身北京医学院任教授。他的教学风格和重视教学、热爱教学的思想,对中国生物化学界和教育界产生了深远的影响。其学生在生物化学领域有着持续而强有力的影响力,如北京大学衰老研究中心主任、中科院院士童坦君①等就是他的著名学生。

张昌颖,生物化学家、营养学家、医学教育家。致力于生物化学和医学的研究和教育60多年,他结合中国实际,在营养、肿瘤、衰老和白内障多个领域都有贡献。1933年获美国威斯康星大学哲学博士学位。次年回国应聘为北京协和医学院生物化学科助教,在吴宪主任门下工作。1941年后在江西受聘为中正医学院工作,后至贵州大学、贵阳医学院任职,1946年后在北京大学医学院与当年的北京协和医学院同事刘思职共事,在此进行了长达半个世纪的科研和教学工作,培养了许多营养学和生物化学名家。

汪猷,有机化学家、生物有机化学家,中国抗生素研究的奠基人之一。系统研究了链霉素和金霉素的分离、提纯以及结构和合成化学,参加领导并直接参加了人工合成胰岛素的研究。在淀粉化学方面,创制了新型血浆代

---

① 1964年研究生师从刘思职。

用品。所建立的石油发酵研究组，当时在国际上居于前列，做出多项成果。参加并参与领导酵母丙氨酸转移核糖核酸全合成工作。参加和领导了天花粉蛋白化学结构和应用研究、模拟酶的研究和青蒿素的生物合成化学研究。

1927 年考入金陵大学工业化学系。1931 年毕业，获理学士学位。由于他历年学习成绩优秀，获得美国荣誉化学学会金钥匙奖的荣誉。毕业后由学校推荐到北平协和医学院做研究生后转做研究员。师从我国著名生物化学家吴宪，研究性激素的生物化学。他首先使用了问世不久的瓦堡微量呼吸器测定男性激素对正常鼠和阉鼠的各部器官的影响。在名师指点下，汪猷的研究才华脱颖而出，发表了 4 篇论文，深得吴宪的器重。1935 年 8 月，汪猷作为中国生理学会代表团成员与吴宪等参加了在莫斯科举行的第十五届国际生理学大会。这是汪猷第一次去国外参加大型国际学术会议。他见到了不少仰慕已久的国际生理、生化界大师，如巴甫洛夫（Иван Петрович Павлов）和胰岛素发现者班丁（Frederick Grant Banting）等。这使他下决心奋发图强，希望日后跻身国际著名学者之列。大会结束后，汪猷赴德国慕尼黑大学化学研究所，在著名化学家、诺贝尔奖获得者维兰德指导下攻读研究生。在维兰德及其助手唐纳（Elisabeth Dane）指导下，汪猷从事不饱和胆酸和甾醇的合成研究，找到了甾环内引进共轭双烯的改进方法，合成了胆甾双烯酮和胆甾双烯醇。1937 年冬，汪猷获慕尼黑大学最优科学博士学位。1938 年秋，他又去海德堡威廉皇家科学院医学研究院化学研究所任客籍研究员。在著名化学家、诺贝尔奖金获得者库恩（Richard Kuhn，1900—1967）指导下进行藏红素化学的研究，合成了十四乙酰藏红素。这是当时分子量最大的有机化合物。1939 年春，汪猷离开德国转赴英国。在伦敦密特瑟克斯医学院（Middlesex Hospital Medical School）考陶尔德生化研究所（Courtauld Institute of Biochemistry）陶慈爵士（Sir Edward Charles Dodds，1899—1973）的研究室任客籍研究员，从事雌性激素类似物的化学合成研究。在国内外名师和著名学术机构的优良学风的熏陶和严格训练下，汪猷养成了严肃、严谨的学风和勇于创新的精神，这对他以后的事业产生了深远的影响。

1939 年 8 月，汪猷回国，在北京协和医学院先后任讲师、助教授等职。除讲课外，他的大部分时间继续在吴宪指导下从事甾族性激素的化学研究，包括孕妇尿中甾三醇葡萄糖苷排泄量的测定和中药当归有效成分及药理作用研究等。1942 年 4 月，汪猷进入上海丙康药厂，担任厂长和研究室主任，期间从事桔霉素研究，陆续发表了“抗生素桔霉素”、“双氢桔霉素”、“桔霉素及其衍生物的结构和抗菌活力”等6篇论文。中国科学院成立后，汪猷被聘为中国科学院生理生化研究所研究员。1952年底调入有机化学研究所任研究员并担任副所长。此后大力倡导和组织链霉素及金霉素的分离、提纯以及结构和合成化学。20世纪60年代开始，汪猷先后开展了生命基础物质——蛋白质、核酸、多糖的研究以及有机催化、生物催化、石油发酵和单细胞蛋白生产，模拟酶化学，生物合成等研究。他的研究活动几乎包括了这一时期我国生物有机化学的全部内容。

三、第3代

吴宪有机化学谱系第3代及以后的成员较多，第3代仅选取汪猷诸弟子作为代表进行介绍。

汪猷十分重视人才的培养，1955年起招收研究生，至1965年汪猷共培养研究生7名，还培养了一批在职科技人员。汪猷注重培养学生的独立工作能力、扎实的基础知识和认真、严谨的研究风尚。1978年后，汪猷是国务院和中国科学院学位委员会委员，并亲自负责指导研究所的研究生培养工作。在他的指导和培养下，有机化学研究所成长出了一大批优秀科学家。

盛怀禹，有机化学家。主要研究领域为有机合成化学，涉及抗生素化学、冠醚化学、辐射化学及同位素化学。曾进行雌性激素合成研究及金霉素全合成，并参加人工合成胰岛素等课题研究。在我国较早地开展辐射化学及同位素化学的研究，研制了核堆有机慢化剂，进行了核燃料后处理萃取体系辐射稳定性及乳化成因研究。研究锂同位素分离的新萃取体系取得成果，并于1983年扩试获得成功。

1941年春，盛怀禹以第一名的考绩考入云南大学医学院，学习至二年级上学期，受唐敖庆先生启发，转学西南联合大学物理系，次年转入化学系，1946年随校迁回北京，次年毕业于北京大学化学系。1947年，盛怀禹大学毕业后在上海虹光染料化工厂（后改名为化亨化工厂）任工程师，研究当时市场短缺的偶氮染料的制备工艺及投产。1949年夏入浙江大学化学系攻读研究生，任王季梁教授分析化学助教，并跟随药物化学家张其楷教授研制新局部麻醉剂。论文完成时适逢全国高校院系调整，张其楷教授调至军事医学科学院。经他介绍，1951年3月，盛怀禹受聘为中国科学院有机化学研究所助理研究员，时任所长庄长恭安排给他的研究课题为雌性激素的全合成。当时，庄长恭在甾族化学领域的研究成就已为世人所瞩目。盛怀禹从该激素立体结构出发，制备了当归酸及顺芷酸这两个关键化合物，并进行合成前三环试制工作。1951 年 10 月起，由于一系列政治运动开展，他的这一研究中断。1953 年开始在汪猷指导下从事链霉素和金霉素的分离纯化以及结构和合成化学的研究。后又参加黄耀曾领导的金霉素组工作，到 1954 年底完成了金霉素结构研究，采用降解反应及化学合成两个途径，证明了金霉素及地霉素具有相似结构，都是同一类型的氢化并四苯衍化物。1951 年至今，在中国科学院有机化学研究所任助理研究员、副研究员、研究员及博士生导师。林守渊等是他指导的博士。

陆熙炎，有机化学家，1991 年中科院院士。曾参与铀萃取剂的研究，实现了中国第一个萃取剂 P－204 的工业化生产，为中国原子能工业做出了贡献。他最突出的成就是在金属有机化学领域所取得的多项出色研究成果：他从金属有机化学的基元反应发展新的有机合成反应，发现了许多有学术意义和应用前景的反应，如氢转移反应，低价过渡金属和烯丙基碳-氧-杂原子键的反应，烯丙基碳-磷键的化学钯催化下双官能团的成环反应，贫电子炔烃的化学，叔膦催化的贫电子炔烃的[3＋2]环加成反应等。他在中科院上海有机化学研究所长期指导和培养研究生，带出了一批优秀人才，其中中科院院士麻生明就是他指导的博士。

1951 年，陆熙炎自浙江大学化学系毕业，进入有机化学研究所，在汪猷教授的领导下，从事抗生素和糖类等天然产物的合成研究。在国内，是他首次从低浓度的发酵液中分离出盐酸链霉素氯化钙复盐结晶，为中国抗生素工业做出了贡献；同时，他还是中国较早从事碳水化合物研究的工作者之一。20 世纪 50 年代末，由于原子能工业的需要，他参与铀萃取剂的研究，实现了中国第一个萃取剂 P－204 的工业化生产，并亲临一线，为中国原子能工业的发展做出了贡献。60 年代初，他参加了牛胰岛素 A 链全合成的早期工作。从 70 年代开始，国际上崛起了一门新兴交叉学科——旨在有机合成的金属有机化学(OMCOS)。陆熙炎敏锐地观察到这将是一个大有发展前途的学科，遂毅然转入这一领域，成为中国较早从事金属有机化学研究的科学工作者之一。由于他有糖化学和有机磷化学的知识基础，他果断地决定，将利用金属有机化学反应来发展有机合成的方法学作为自己的研究方向。

胡振元，有机分析化学家。主要研究领域是有机元素微量分析，气相色谱和液相色谱在有机分析(天然有机产物和环境有机污染物)方面的应用以及相关的基础技术，其中特别是对有机化合物的微量和痕量分析的发展做出了贡献。1943年秋进北京大学化学系学习，1952年毕业后分配到中国科学院上海有机化学研究所，师从汪猷教授，从事链霉素提炼和链霉素化学研究，1959年秋转入有机分析岗位，1986年聘为研究员。

黄其辰，1986年博士，唐有祺、汪猷共同指导，北京大学物理化学教授。主要研究蛋白质晶体学。1968年毕业于上海复旦大学化学系，1982年在中国科学院上海有机化学研究所获理学硕士学位，1986年获理学博士学位。

王亚里，1987年博士，江苏豪森药业有限公司首席专家。

四、第4代

吴宪有机化学谱系第4代成员以陆熙炎诸弟子为例进行介绍。

陆熙炎在上海有机化学研究所的长期科研生涯中，十分注重提携年轻人。20世纪80年代以来，亲自指导研究生，迄今已培养博士24名(其中1人获全国百篇优秀博士论文奖、3人获中国科学院院长奖学金特等奖、6人获中国科学院院长奖学金优秀奖)，硕士23名。

朱景仰，1987年博士，凯瑞生化有限公司工艺研发副总裁。

马大为，中国科学院上海有机化学研究所研究员，兼任复旦大学教授、生命有机化学国家重点实验室主任。1984年毕业于山东大学化学系；1989年于中科院上海有机化学研究所获博士学位，师从陆熙炎院士。主要研究方向：化学生物学导向的有机合成和药物化学。已在国际重要杂志上发表论文100余篇。所发表的论文已经被他人引用800余次。其中作为责任作者已发表论文70余篇，这些论文已经被他人引用400余次，其中2002、2003年每年都被引用上百次。获得的资助、奖励和荣誉有：国家自然科学基金会优秀中青年人才专项基金、中国科学院首批“百人计划”、1997年国家杰出青年科学基金、国家自然科学二等奖、中国科学院自然科学一等奖、求是科技基金会杰出青年学者奖、中国青年科技奖、中国化学会青年化学家奖、施维雅青年药物化学家奖、明治乳业生命科学杰出奖、中科院十大杰出青年、上海市十大杰出青年、全国优秀留学回国人员和上海市优秀学科带头人等。

麻生明，华东师范大学化学系教授，浙江大学长江特聘教授，中国科学院上海有机化学研究所研究员，金属有机国家重点实验室主任，中国科学院院士。1986 年毕业于浙江大学(原杭州大学)化学系,同年进中科院上海有机化学研究所学习,师从陆熙炎院士,1990 年获该所博士学位。他主要从事以下方面研究:金属参与的联烯化学,包括缺电子联烯的氢卤化反应和官能团化联烯的多组分偶联关环反应;联烯亲电加成反应的立体化学及区域选择性调控;亚烷基环丙烷及环丙烯的选择性碳-碳键断裂。

麻生明在上海有机化学研究所和浙江大学承担研究生课程"金属有机化学"的教学任务,著有《金属参与的现代有机合成反应》一书。获 2004 年度中科院优秀研究生导师奖,共培养博士 12 名,硕士 4 名,其中 1 名研究生获中科院院长奖学金特别奖,2 名获院长奖学金优秀奖,2 名获中科院刘永龄奖学金。

郭成,1992 年博士,南京工业大学理学院教授。主要从事微波合成方法的研究、杂环化合物的合成和药物合成研究。

江焕峰,1993 年博士,华南理工大学教授、博士生导师、化学与化工学院副院长、院学委分会主任、化学与药物化学学科带头人。主要研究领域:有机合成、绿色化学、精细有机化工。

马春林,1993 年博士,陆熙炎、马永祥共同指导,聊城大学党委副书记、校长。

张兆国,1997 年博士,中国科学院上海有机化学研究所研究员。主要研究领域:有机合成、绿色化学、精细有机化工。

五、第 5 代

吴宪有机化学谱系第 5 代成员以马大为弟子为例进行介绍。

田红旗,1998 年博士,南开大学药学院教授,博士生导师。主要从事药物化学研究:通过结构-活性关系(SAR)的研究对先导化合物进行最佳优化来开发新药;对受体蛋白激酶领域的靶标受体有一定程度的了解,并据此提出开发治疗癌症新药的项目;具有开发新有机反应方法学研究的特长;具有对有机化合物进行工业化工艺研究的特长;熟悉通过各种分析仪器(如核磁共振、液-质联用仪、液相色谱、气相色谱、红外和质谱仪等)对有机化合物进行结构确定及其他各种所需要的特征化测量。

表 3.4 吴宪有机化学谱系表

第 1 代	第 2 代	第 3 代	第 4 代		第 5 代
第一代	第二代	第三、第四、第五代	第五代	第六代	第五、第六代
吴宪(1919 年博士,哈佛大学,师从福林;妻子严彩韵)	刘思职(1929 年博士,堪萨斯大学)				
	张昌颖[1933 年博士,威斯康星大学,师从舒特(H. A. Schuette)]				
	黄子卿[1924 年学士,威斯康星大学;1925 年硕士,康奈尔大学;1935 年博士,麻省理工学院,师从麦克英纳(A. D. MacInnes)、比泰(J. A. Beattie)、鲍林(L. C. Pauling)]				
	汪猷(1931 年学士,金陵大学;1935 年研究生,北平协和医学院;1937 年博士,慕尼黑大学,师从 H. 维兰德;E. 唐纳;R. 库恩)	盛怀禹(1947 年学士,北京大学,先后师从王季梁、张其楷、庄长恭、黄耀曾)(第三代)			
		陆熙炎(1951 年学士,浙江大学)(第四代)	朱景仰(1987 年博士,上海有机化学研究所)		

（续表）

第1代	第2代	第3代	第4代		第5代
第一代	第二代	第三、第四、第五代	第五代	第六代	第五、第六代
			马大为（1989年博士，上海有机化学研究所）		田红旗（1998年博士，上海有机化学研究所）（第五代）
					夏成峰[1]（2002年博士，复旦大学）（第六代）
					蒋咏文[2]（2002年博士，复旦大学）
					潘仙华[3]（2004年博士，复旦大学）
			麻生明（1990年博士，上海有机化学研究所）		施章杰[4]（2001年博士，上海有机化学研究所）
					俞瞻前[5]（2005年博士，上海有机化学研究所）
			郭成（1992年博士，上海有机化学研究所）		
			江焕峰（1993年博士，上海有机化学研究所）		李金恒[6]（2001年博士，上海有机化学研究所）
			马春林（1993年博士，上海有机化学研究所）		
			朱国新[7]（1995年博士上海有机化学研究所）		
			张兆国（1997年博士，上海有机化学研究所）		

（续表）

第1代	第2代	第3代	第4代		第5代
第一代	第二代	第三、第四、第五代	第五代	第六代	第五、第六代
			雷爱文[8]（2000年博士，上海有机化学研究所）		
				刘国生[9]（2002年博士，上海有机化学研究所）	
				赵立刚（2003年博士，上海有机化学研究所）	
		胡振元（1952年学士，北京大学）（第四代）			
		唐有祺、汪猷 黄其辰（1986年博士，上海有机化学研究所）（第五代）			
		王亚里（1987年博士，上海有机化学研究所）（第五代）			

注：1. 中国科学院昆明植物研究所研究员、博士生导师。
2. 华中师范大学副教授。
3. 上海应用技术学院副教授。
4. 北京大学化学与分子工程学院教授，主要研究有机化学和化学的生物学的前沿交叉区域。
5. 中山大学化学与化学工程学院教授，主要研究先进电化学能源材料的设计、电化学可控合成及其性能。
6. 湖南大学教授，博士生导师。
7. 美国礼来研究院药物研发资深总监。
8. 武汉大学化学与分子科学学院教授、博士生导师。
9. 中国科学院上海有机化学研究所金属有机国家重点实验室研究员，主要从事过渡金属催化的高选择性反应研究。

第三节　庄长恭有机化学谱系

庄长恭，著名有机化学家，中国有机化学研究的先驱者，有机微量分析的奠基人。由于对有机合成特别是有关甾体化合物的合成与天然有机化合物结构的研究，做出了卓越贡献，从而引起国际有机化学界的重视，在国内外化学界享有盛誉。庄长恭一生从事科学研究和高等教育工作，从 20 世纪 20 年代后期开始，先后在东北大学、国立中央大学、中央研究院化学研究所等机构培养了多批次优秀有机人才，有机化学家田遇霖、黄耀曾、高怡生等是其中的代表。庄长恭谱系现有副教授以上级别成员 30 余位，广泛分布于上海有机化学研究所、浙江大学、南开大学等多个重要科研和教学机构，在有机合成、元素有机化学和高分子化学等众多领域开展研究。

一、第 1 代

庄长恭(1894—1962)，1916 年毕业于泉州中学(今泉州五中)，因学业优异，以地方奖学金保送入北京大学化学系学习，后转入美国芝加哥大学。1921 年本科毕业于美国芝加哥大学，1922 年硕士研究生毕业，留校深造；1925 年获得化学博士学位。同年回国，在 1924—1931 年期间历任东北大学化学系教授、化学系主任。1931 年，赴德国哥廷根大学(Georg-August-University of Gttingen)和慕尼黑大学任客座教授，从事麦角甾醇结构的研究。他以精湛的技巧，从麦角甾烷(ergostane)的铬酸氧化产物中分离出失碳异胆酸($C_{23}H_{38}O_2$)，并且从已知结构的异胆酸降解得到失碳异胆酸，两者进行比较，从而证明了麦角甾烷的结构①，有力地推动了多环化合物化学的发展。在德期间，两位诺贝尔奖得主文道斯(Adolf Otto Reinhold Windaus，1876—1959)和维兰德对庄长恭产生了很大影响。此外，他在德国研究时还曾到维也纳大学去自学有机微量分析技术，这在当时是刚刚发展的新技术，对研究微量成分非常重要，回国后即与其学生首次在中国建立了这门分析技术，对以后国内研究工作的开展产生了深远的影响。

---

① 麦角甾醇结构的重要性，表现在它和维生素 D 的结构关联，是国际间富有挑战性的课题。因此在 20 世纪 40 年代出版的国际间通用的教科书——卡勒(Paul Karrer)的名著《有机化学》第二版中所列举的 166 项文献中，唯一一篇中国人的著作就是庄长恭的关于麦角甾烷的文章。

1934年回国，历任中央大学(南京大学)理学院院长、中央研究院化学研究所所长。抗日战争期间，曾在上海药物研究所从事研究工作，后辗转到云南昆明，继续从事科研活动。艰苦的条件并没有彻底中断庄长恭的科学研究事业，仅在1937—1941年期间，他就发表了重要论文18篇。

抗战胜利后，庄长恭再度赴美国与有机化学界科学家进行学术交流。1948年任台湾大学校长，中华人民共和国成立后，他毅然决然回到大陆，被任命为中国科学院有机化学研究所所长。1955年当选为中国科学院学部委员，并任数理化学部副主任。1962年2月25日病逝于上海。

二、第2代

庄长恭先生的育人生涯主要分为两个阶段：第一个阶段是在1924—1931年他任东北大学化学系教授、化学系主任期间，著名有机化学家田遇霖就是他此时的学生；第二个阶段是他出国深造回来在中央大学、中央研究院化学所以及上海药物研究所期间，此时既是他科研的高峰期，也是他培养化学人才的丰产期，著名有机化学家、中科院院士黄耀曾和高怡生等都是他这一时期的学生，他们构成了庄长恭先生的化学事业继承人队伍的第2代骨干。

田遇霖，有机化学家。早年从事甾体化学和嘧啶化合物的研究，后从事甲基丙烯酸酯类的合成及聚合的研究，解决了有关航空玻璃生产及测试等的技术问题。1931年毕业于东北大学化学系，庄长恭是其授课老师之一。新中国成立后，历任中国科学院上海有机化学研究所副研究员、研究员。田遇霖的工作主要在科研与实业方面，在教书育人方面着力不多。

黄耀曾(1912—2002)，著名有机化学家，中科院院士。1930年考入中央大学化学系，当时的中央大学化学系名师云集，老师中给他印象最深的有张江树、刘树杞、袁翰青和高济宇。张江树教他物理化学，逻辑性很强，条理清晰。袁翰青和高济宇都刚从国外归来，带来新的教学内容，使他眼界大开。指导他做有机化学实验的是王葆仁老师，王老师对学生的实验操作要求严格，一丝不苟。影响黄耀曾一生的是庄长恭。庄长恭留学美国，又去德国做客座教授一年，他在甾体化学上的造就，在国际上受人瞩目。庄长恭回国后，出任中央大学理学院院长，教授高等有机化学，他以简练的言词，讲授了许多当代有机化学中的前沿领域知识。黄耀曾是庄长恭的得意学生，他的毕业论文的题目是“环己烷2-甲基-2-羧基-1-乙酸的合成”。这是庄长恭研究甾体全合成的第一步。因为当时文道斯和维兰德已将胆甾醇和胆酸的结构搞清楚了，下一步便是如何设计全合成。这是一个富有挑战性的课题，因为甾体的结构复杂，不对称碳原子多，全世界只有少数人敢于问津。当黄耀曾的毕业论文做出部分结果，拿到关键中间体时，正值庄长恭被委任为中央研究院化学研究所所长，因为黄耀曾成绩优异，得到庄长恭的青睐，庄长恭让黄耀曾毕业后跟他一起到中央研究院化学所去。1934年，黄耀曾从国立中央大学化学系毕业，随庄长恭进入中央研究院化学研究所，黄耀曾的科研生涯就此揭开了第一页。20世纪30年代，有机微量分析是国际上有机化学研究中的先进技术，但在中国尚未建立。有机微量分析仪器是庄长恭从奥地利订购来的，黄耀曾精心钻研，掌握了这一新技术，与他的同事田遇霖（庄长恭在东北大学时的学生）在国内首次建立了有机微量分析的新技术。

1946—1949年，任中央研究院化学研究所副研究员。1950年起，任中国科学院上海有机化学研究所研究员，其中1960—1984年任副所长。20世纪50年代初，抗菌素的研究与生产迅速发展，黄耀曾领导的研究组致力于金霉素的研究，改进了金霉素的提取工艺，弄清了金霉素的结构骨架，选择了脱水金霉素全合成的项目，半年内即在上海第三制药厂投入批量生产，此项工作获得中国科学院科学奖。他领导研究有机汞种子杀菌剂——西力生，并在沈阳农药厂投产。20世纪60年代，他从理论上推断出胂叶立德应比相应的膦叶立德反应活性高，并在实验中得到证实，实现了第一例催化的胂型维蒂希反应。他对砷、锑、碲元素金属有机化合物的反应及其在有机合成中的应用研究，居国际前列，是中国金属有机化学的开拓者。与此同时，他也是中国有机氟化学的奠基人之一，曾进行过氟塑料、氟表面活性剂等研制工作，并参与研制完成核武器制造中急需的高爆速塑料黏结炸药并实际应用在中国原子弹的引爆装置中①。曾获国家级奖励5次和第三世界科学院化学奖，何梁何利基金科学与进步奖。1980年当选为中国科学院学部委员。

高怡生（1910—1992），药物化学家、天然有机化学家、中科院院士。他从事科研工作50余年，对中国天然产物化学的发展起了积极的推动作用，特别是在肿瘤化疗药物研究（植物生长激素类似物）和天然产物全合成方面取得了重要的成就。

---

① 当时，我国开始自行研发原子能技术，急需一批特殊的有机氟材料，由此开始了有机氟化学在中国的研究。当时氟材料的研制工作主要在中国科学院上海有机化学研究所进行。为了满足未来国防建设的需要，科学院组织了一批优秀的化学家如黄耀曾、黄维垣、蒋锡夔、田遇霖等从其他专业转向有机氟化学领域。

1934 年毕业于中央大学(今南京大学)化学系。1934 年,在庄长恭指导下完成毕业论文“甾体化合物的定性分析研究”,受到庄长恭的重视,并被推荐到中央研究院化学研究所任助理研究员,从事汉防己新生物碱防己诺林的结构研究,论文发表在《德国化学会志》,从此开始了他的有机化学和药物化学的研究生涯。

1940 年,他随庄长恭进入北平研究院药物研究所,继续从事天然产物化学研究。1940—1945 年,他曾在上海信谊药厂担任技师,在南京钟英中学和南京中央大学讲授化学课程。抗日战争胜利后,他回到北平研究院药物研究所任副研究员,继续从事中草药化学成分研究。1948 年,得到英国文化委员会资助,入英国牛津大学深造,师从诺贝尔奖金获得者、著名有机化学家罗宾逊(Robert Robinson, 1886—1975)教授,进行精细有机合成研究。1950 年完成论文,获得英国牛津大学博士学位。1950 年,他回国任研究员,不久即参加组建中国科学院药物研究所的工作,并担任副所长,领导全所药物化学和天然有机化学两个领域的研究工作。

高怡生在 1950 年回国之初,结合中国医药工业的实际需要,曾开展氯霉素合成新法及其类似物的研究,以及从柠檬酸合成异烟肼的工作,在药物研究所内开辟了设计与合成新药的药物化学领域。高怡生从 1952 年担任中国科学院上海药物研究所副所长开始,辅助所长赵承嘏先生筹划天然产物全合成[①]。从 20 世纪 50 年代后期开始,在他的领导下,先后完成了莲子心降低血压有效成分莲心碱、驱虫中药“使君子”有效成分使君子氨酸和甘草有效成分甘草查耳酮等几个化合物从分离结晶、推导结构到全合成的系统工作。在 70—80 年代,他还指导完成了平喘有效成分蔊菜素、抗疟有效成分仙鹤草素、抗癌天然药物喜树碱和羟基喜树碱等的全合成工作。他指导完成的“十二种中草药活性成分研究”在 1982 年获得国家自然科学奖二等奖。其后,他又开始了合成难度更高的美登木

---

① 在此之前,药物研究所侧重点在植物化学,以中草药成分的分离提取和结构鉴定为主。他和赵承嘏认识到中草药成分的提取必须得到药理试验的有效配合,而且提取和合成不可偏废。他们敏锐地看到中国在一段时期内,药厂本身难以承担创新药物的研制任务,必须取得专业研究机构的支持。因此,药物研究所理应在这方面做出应有贡献。在这些想法的指导下,他们大力延揽人才,延伸学科,在较短时期内陆续设置了药理、合成、分析、抗生素等研究室。尤其在 1978—1984 年担任所长期间,高怡生在改革开放形势下,大量派遣中青年科研骨干去欧美进修;鼓励支持资深研究人员参加国际会议,了解信息,扩大影响;大力开展国际合作,添置仪器设备,使所内学术空气浓厚,骨干迅速成长。数十年中,药物研究所持续发展,目前已成为化学和生物两大学科密切结合的新药研究机构,在国内外享有一定声誉,并在肿瘤、心血管、神经、寄生虫病等方面研制了一批有效新药,例如常咯啉、乙双吗啉、丁氧哌烷、延胡索乙素、石杉碱甲、蒿甲醚等,对中国新药发展做出了有益贡献。

抗癌有效成分美登素的全合成工作。在1986年完成的这一工作中，他在合成路线的设计上既吸收了前人经验，又揉入了自己的新设想，例如，在关键一步闭环反应中，他将试剂1-甲基-2-溴吡啶碘化物应用到大环内酰胺的合成，取得了理想的结果。这项工作在1988年获得中国科学院自然科学二等奖和1989年国家自然科学奖三等奖。1958年后，转入危害人类生命最严重的疾病——肿瘤的化学治疗药物研究，并倾注了大量心血。

三、第3代

（一）黄耀曾弟子

庄长恭谱系的第2代传人中，数黄耀曾的学门最为人丁兴旺：有机化学家戴立信在研究生涯之初跟随他从事有机合成研究；中科院院士、南开大学化学学院院长周其林是他在上海有机化学研究所亲手培养的博士；已故著名有机化学家、中科院院士黄宪曾在他指导下从事过胂叶立德化学研究；他与其他教授或研究人员合作培养的学生中有的成为著名学府的教授，如黄志真（浙江大学理学院教授）；有的成为企业领军人物，如康鹏化学有限公司首席执行官杨建华、美国惠普公司（Hewlett-Packard Development Company, L. P.）的首席科学家周樟林。

戴立信，有机化学家。早期从事金霉素和有机硼化学研究；之后较长一段时期从事科研管理工作；20世纪80年代以后的研究兴趣集中在有机合成、金属有机化学，特别是金属有机化学促进的不对称合成；最近的工作集中在合成具有立体选择性的官能团化的环氧化合物和氮杂环丙烷化合物方面。戴立信关注有机化学的研究热点和发展趋势，在科研选题上力求高起点和创新性，在金属有机化学促进的不对称合成方面做了许多很有意义的工作。此外，他在上海有机化学研究所培养了一批优秀有机化学人才。

戴立信1942年高中毕业，考取了沪江大学化学系。1943年春他从沪江大学辍学，与表姊及亲友多人结伴奔赴内地求学。途经浙江、福建、江西、湖南、广西、贵州诸省而至重庆，开始了借读于浙江大学的生活。浙江大学当时位于贵州，新生部、工学院以及理学院和农学院又分处于永兴、遵义和湄潭三个县城。当时生活极为艰苦，上课、住宿多在庙宇之内，夜晚自修借助于几根灯草的油灯，但浙江大学校长由竺可桢担任，竺校长广延人才，各系的教授都极负盛名，重视研究，学术气氛浓厚，因而曾被国外学者誉为“东方的剑桥”。化学系主任王琎

(王季梁)先生是著名的分析化学家,教授有机化学的则是王葆仁先生。戴立信对王葆仁先生总是敬重、缅怀备至。他认为是王葆仁先生的讲课,使有机化学的重要性、系统性以及有机合成的创造性将他引入了有机化学无穷乐趣的殿堂。他曾多次谈起在贵州就读时的有机化学实验课,在没有自来水、没有电又没有煤气的情况下,居然还千方百计地安排了许多有机化学实验(不比现在的实验内容少)。

1947年,戴立信大学毕业后留在上海,开始在中华职业学校做短暂的教学工作,1948年经同学介绍进入位于浦东的第三钢铁厂化验室工作。中华人民共和国成立后又先后在上海钢铁公司、华东矿冶局工作。1953年在国家的技术归队的部署下,戴立信由行政岗位被调至中国科学院上海有机化学研究所工作至今。当时有机化学研究所开展了高分子工作,庄长恭所长急需了解这些工作的科学背景和国际动向,戴立信曾协助庄长恭做了一些文献工作。以后他参加了黄耀曾先生领导的金霉素化学的研究,包括提取、分离性能研究以及金霉素的全合成研究。这时戴立信考虑到金霉素的绝对构型尚未确定,他提出了用不对称合成方法来确定绝对构型的方案。这段时间前后,构象分析刚刚问世,他和同事们一起翻译了两本构象分析文集和纽曼(Melvin Spencer Newman)著名的《有机化学中的立体效应》一书。这些工作也是他后期工作的有利基础。1958年后当时国家发展"二弹一箭"的工作中向有机化学提出了很多新要求,有机化学研究所结合国防任务开展了有机氟化学和有机硼化学的工作,这时他担当了繁重的科技组织工作。直到1962年以后他才有机会重返科研第一线,独立开展了当时问世不久的硼氢化反应的拓展工作和碳硼烷的化学研究。不过,这一段科研工作不久也停顿了。

"文革"以后的拨乱反正时期,在百废待兴之际,1978年在汪猷所长的安排下,戴立信再次从事科研管理工作,直到1984年,相隔18年后,他才又一次重返科技第一线。他曾戏称自己是"60岁学吹打"。戴立信带着因多年科研管理和实践的工作积累而日趋明晰的对化学学科的宏观理解,以及对自始至终熟悉的国际化学发展的远瞻,于1984年选择了"不对称合成"这个课题进行开拓。到20世纪80年代末,以不对称合成为基础的手性技术成为世界上一个竞争激烈的重要研究热点。他怀着争分夺秒的激情,忘我而高效地工作,在有机化学领域取得了令人瞩目的成果,例如:环氧醇的开环反应研究及氯霉素的不对称合成;三脱氧氨基己糖全部家族成员的不对称合成;铑催化的芳基乙烯的不对称硼氢化反应;具有 C_2 对称性的氮配体,手性双齿配体的合成;钯催化的手性吗啉衍生物的合成;杂原子导向的、钯催化的、新选择性的温和羟氯化反应;高碘化合物的多相新合成方法学研究；立体选择性的合成官能团化的环氧化合物和氮杂环丙烷化合物等研究。陆续发表论文 80 多篇，并多次应邀在国际学术会议上做大会报告和主题报告。1993 年当选为中国科学院院士。1997 年起他和黄量院士共同组织领导"手性药的化学和生物学研究"国家重大项目的研究工作。现担任中国科学院上海有机化学研究所学术委员会和学位委员会副主任，生命有机化学国家实验室学术委员会委员，元素有机化学国家实验室学术委员会主任等职务。

黄宪，有机化学家，2003 年当选为中科院院士。黄宪 30 多年来在有机合成化学的前沿进行探索和研究。他以有机合成方法学为理论依据，设计和开发了多种类型的新反应和新方法，特别是对元素及金属有机化合物在高选择性反应中的应用、固相合成及组合化学等均做了系统研究，取得了多方面重要的创新性研究成果，在国内外学术刊物发表论文 240 余篇，具有重要理论意义和广阔的应用前景，在国内外产生了较大影响。多年来从事有机硒碲化合物在合成多取代烯烃中的应用和聚合物负载的固相合成的研究，发现了有机碲盐在不加碱的情况下与羰基化合物反应形成烯烃，并提出亲卤反应机理。利用 α-高碘取代叶立德与亲核试剂反应，使叶立德的 α-碳极性逆转。发现炔基砜及亚砜进行锆氢化反应时生成反式加成产物，并提出邻基参与反应的机理，在相关研究中提出了合成取代联烯的新方法和联烯及亚烃基环丙烷衍生物高选择性的反应。此外，还开发了多种杂环化合物的固相合成方法等。

黄宪自幼与化学结缘，叔父黄鸣驹是中国早期的药物化学、分析化学专家，黄鸣龙则是中国药物化学、有机化学专家，两位叔父在海外的出色学识是黄宪中学时期选择理科的主要原因。在老师的指点及叔父的影响下，他对化学产生了浓厚兴趣。他 1958 年毕业于南京大学化学系，其后一直任教于杭州大学（现浙江大学）化学系。

周其林，有机化学家，中科院院士。他的主要研究领域为金属有机化合物在有机合成中的应用、不对称合成、生物活性的天然和非天然化合物的合成以及有机合成方法学研究。承担和完成国家自然科学基金、国家自然科学重点基金、国家杰出青年基金、国家重大基础研究计划（"973"）子项目等科研项目多项。迄今已发表研究论文 120 余篇，参编著作 3 部，论文已被他人引用 2 300 余次，另外还申请中国发明专利 4 项。

周其林 1978 年考入兰州大学化学系[①]，1982—1987 就读于中科院上海有机

---

① 涂永强院士是他的同窗好友。

化学研究所，在黄耀曾院士的指导下获理学博士学位。1988—1996年，周其林先后赴德国马克思·普朗克研究所、瑞士巴塞尔大学(Universitt Basel)、美国三一大学(Trinity University)从事博士后研究。8年的博士后是其开始科学研究的准备期，也是一个重要的积累阶段。1999年他受聘教育部“长江特聘教授”并到南开大学任教，从此扎根南开大学，如今他已经成为南开大学化学学院的掌舵人。

杨建华，1988年博士，黄耀曾、施莉兰共同指导，康鹏化学有限公司首席执行官。

李贵生，1990年博士，黄耀曾、钱延龙共同指导，上海师范大学教授。主要研究方向：光催化材料的晶体生长机理等基础理论和应用研究；新型功能纳米催化材料合成技术；新型能源与环境材料的理论设计、合成及其在光催化水分解制氢、光催化降解、大气中氮氧化物消除以及 CO_2 光催化还原等方面的应用与表征。

周樟林，美国惠普公司首席科学家。主要研究领域：有机合成、高分子合成、染料合成及应用。

黄志真，浙江大学理学院教授。主要研究领域：有机小分子和过渡金属催化的不对称反应；绿色不对称合成；生物活性分子的合成；国家级新药的设计和合成。

（二）高怡生弟子

从20世纪50年代开始，高怡生为国家培养的一批大学生或研究生都已成长为领导骨干和学术带头人，并通过他们培养了第3代青年科学家。他的严谨作风也代代相传，成为药物研究所的传统作风。苏州莱克施德公司总裁俞菊荣、美国布朗大学潘百川教授等都是他的学生。

四、第4代

（一）戴立信弟子

戴立信在上海有机化学研究所从事科研与人才培养工作多年，陆续培养了近30名硕士和博士研究生，其中已有多人开始自立门户，产出科研成果及指导研究生。

施小新，华东理工大学药学院教授。主要从事不对称合成和合成药物化学研究。

唐勇，1999年博士，黄耀曾、戴立信共同指导，上海有机所研究员。主要研究方向：后过渡烯烃催化剂的设计、合成及可控性聚合；主族元素化合物的化学;不对称催化。

周永贵,1999年博士,戴立信、侯雪龙共同指导,大连化学物理研究所研究员、博士生导师。主要从事不对称催化与合成研究。

邓卫平,2000年博士,华东理工大学药学院教授,药物科学系主任。主要研究方向:基于手性技术的碳碳键及碳杂原子键的形成方法学研究,主要致力于新型手性配体和催化剂的设计合成及其在有机合成化学和药物化学中的应用研究;基于新技术、新方法和新反应的新型杂环化合物的设计合成和具有杂环结构的有生理活性的天然产物及其类似物的合成,包括合成方法学的研究;基于蛋白激酶为靶蛋白,并结合计算机辅助药物设计技术,设计并合成具有高度靶蛋白选择性和亲和力的靶向小分子抗肿瘤药物。

游书力,2001年博士,中国科学院上海有机化学研究所博士生导师,2007年"百人计划"学者。主要研究领域:金属有机化学、不对称合成。

(二)黄宪弟子

黄宪执教和培养研究生多年,输送了大批优秀化学化工人才。单是他指导的博士中就有数十位成为大学教授或化学院系、实验室的学术带头人。[①]

蔡明中,1997年博士,黄宪、宋才生共同指导,江西师范大学化学化工学院院长。专攻有机合成、高分子合成。

王军华,1999年博士,上海海事大学海洋材料科学与工程研究院教授。主要研究方向:绿色化学及环境友好的化学工艺;高效的化学方法学;海洋化学。

郑卫新,杭州师范大学教授,主要从事元素及有机金属导向的合成方法学研究。

盛寿日,2002年博士,江西师范大学化学化工学院教授,副院长。主要从事有机化学和高分子化学的教学和科研工作,研究方向为有机合成方法学(组合化学、绿色化学)和耐高温高分子材料的合成。

此外,黄宪也是著名青年有机化学家、中科院院士麻生明大学时期的老师[②]。

---

① 黄宪教授数十年坚持在教学第一线,教书育人,严谨治学,为培养我国有机化学人才做出杰出贡献。他提高博士生教学质量的经验获国家级教学成果二等奖。他著的《有机合成化学》取材新颖、内容丰富,新近又重编出版《新编有机合成化学》,并撰写我国第一部有机合成统编教材《有机合成》,获国家教委优秀教材二等奖。由于黄宪教授在教学、科研、人才培养和学科建设等方面做出突出贡献,被授予"全国优秀教师"和"全国先进工作者"荣誉称号,2003年当选为中国科学院院士。

② 麻生明教授就是在黄宪院士的动员下回国,并在其邀请下兼任浙江大学长江计划特聘教授。

表 3.5 庄长恭有机化学谱系表

第1代	第2代		第3代		第4代	
第一代	第二代		第三、第四代	第五代	第五代	第六代
庄长恭(1919年学士,北京农业专科学校;1924年博士,哥伦比亚大学)	纪育沣	田遇霖(1931年学士,东北大学)				
	黄耀曾(1934年学士,中央大学,曾师从张江树、刘树杞、纪育沣、袁翰青、高济宇和王葆仁)		戴立信(1947年学士,浙江大学)(第三代)		刘佑全[1](1988年博士,上海有机化学研究所)	
					施小新(1991年博士,上海有机化学研究所)	
					唐勇(1996年博士,上海有机化学研究所)	
					周永贵(1999年博士,上海有机化学研究所)	
					邓卫平(2000年博士,上海有机化学研究所)	
						游书力(2001年博士,上海有机化学研究所)
						涂涛[2](2003年博士,上海有机化学研究所)
						叶松[3](2004年博士,上海有机化学研究所)

（续表）

<table>
<tr><th>第1代</th><th>第2代</th><th colspan="3">第3代</th><th colspan="2">第4代</th></tr>
<tr><th>第一代</th><th>第二代</th><th>第三、第四代</th><th colspan="2">第五代</th><th>第五代</th><th>第六代</th></tr>
<tr><td rowspan="13"></td><td rowspan="13"></td><td rowspan="10">黄宪（1958年学士，南京大学）（第四代）</td><td rowspan="10" colspan="2"></td><td>蔡明中（1997年博士，浙江大学）</td><td></td></tr>
<tr><td>吴金龙[4]（1997年博士，浙江大学）</td><td></td></tr>
<tr><td>邓桂胜（1999年博士，浙江大学）</td><td></td></tr>
<tr><td>王军华（1999年博士，浙江大学）</td><td></td></tr>
<tr><td>钟平[5]（2000年博士，浙江大学）</td><td></td></tr>
<tr><td></td><td>郑卫新（2002年博士，浙江大学）</td></tr>
<tr><td></td><td>谢美华[6]（2002年博士，浙江大学）</td></tr>
<tr><td></td><td>刘占祥[7]（2002年博士，浙江大学）</td></tr>
<tr><td></td><td>盛寿日（2002年博士，浙江大学）</td></tr>
<tr><td></td><td>陈江敏[8]（2004年博士，浙江大学）</td></tr>
<tr><td rowspan="2"></td><td rowspan="2" colspan="2">周其林（1987年博士，上海有机化学研究所）</td><td></td><td>朱义州[9]（2002年博士，南开大学）</td></tr>
<tr><td></td><td>谢建华[10]（2003年博士，南开大学）</td></tr>
<tr><td></td><td>黄耀曾、施莉兰</td><td>杨建华（1988年博士，上海有机化学研究所）</td><td></td><td></td></tr>
</table>

（续表）

第1代	第2代		第3代			第4代	
第一代	第二代		第三、第四代	第五代		第五代	第六代
				黄耀曾、钱延龙	李贵生（1990年博士，上海有机化学研究所）		
				黄耀曾、施莉兰	周樟林（1992年博士，上海有机化学研究所）		
				黄耀曾、黄宪	黄志真（1994年博士，上海有机化学研究所）		
	赵承嘏、纪育沣	高怡生（1934年学士，中央大学；1950年博士，牛津大学，师从罗宾逊）		俞菊荣（1989年博士，上海药物研究所）			

注：1. 曾任河南开普集团有限公司副总经理、夏邑县科技副县长。
2. 复旦大学化学系副研究员。
3. 全国百篇优秀博士论文作者。
4. 浙江大学化学系副教授。
5. 温州大学教授。
6. 安徽师范大学教授。
7. 浙江大学副教授。
8. 嘉兴学院副教授。
9. 元素有机化学研究所副研究员。
10. 南开大学元素有机化学研究所副教授。

第四节　杨石先有机化学谱系

杨石先，有机化学家、教育家，中国农药化学和元素有机化学的奠基人与开拓者，化学科学研究的卓越组织者。他组织开展了有机氟、硅、硼和金属有机化学等领域的研究，试制成功多种除草剂、杀菌剂和杀虫剂，在农药化学方面做出了重要贡献。他在南开大学致力于高等教育和科学研究60余年，长期从事化学教育，创建了南开大学元素有机化学研究所，培育了数代中国科技人才。该谱系现有副教授以上级别成员近40人，申泮文、何炳林、陈茹玉等是其中的杰出代表。

一、第1代

杨石先(1897—1985)，1907年入天津民立第二小学，并首次接触化学，每次化学演示实验，都引起他很大的兴趣；后又接触到各种物理实验，使他进一步开拓了眼界。1910年杨石先入清华留美预备学校，接受了三年中学及四年大学的教育。他一贯成绩优秀，名列前茅。1918年，他远涉重洋去美国，在康奈尔大学攻读农科，一年后转入应用化学科学习。1922年获应用化学学士学位。学习期满留在该校研究院做研究生，从事有机反应机理的研究工作。1923年，获得硕士学位，导师为奥恩多夫(William Ridgely Orndorff)。同年回国，应邀到南开大学任教。1929年，再次赴美国，在耶鲁大学研究院当研究员，从事杂环化合物的合成研究工作，获得博士学位，导师为约翰森(Treat Baldwin Johnson)，并被推选为美国荣誉科学学会会员。

杨石先于1931年回国，继续在南开大学任教，讲授药物化学、植物激素、农药化学等课程。1937年秋，日本侵略军炸毁了南开大学。南开大学、北京大学和清华大学在长沙联合成立临时大学。半年后临时大学迁到昆明，改为西南联合大学。西南联大是人才荟萃之地，人才济济。由于杨石先学识渊博，治学严谨，为人正直，大公无私，被推选为该校理学院化学系主任，并兼师范学院理化系主任，后又被推选为教务长。1945年抗日战争胜利后，杨石先第三次赴美国，在印第安纳州立大学任访问教授兼研究员，从事药物化学研究工作，写出了论文

《中国抗疟植物鉴定》,由于研究工作出色,被美国化学会推选为美国荣誉化学学会会员。

1945年抗战胜利前夕,西南联合大学的清华大学、北京大学和南开大学都在做复校的准备。邱宗岳与杨石先商议,如何把南开大学化学系办出特色,他们决定化学系的发展方向是先以有机化学为重点,然后逐渐全面地发展起来。于是杨石先到美国去考察和访问,为南开化学系邀请了物理有机化学家高振衡、金属有机化学家王积涛、有机化学家陈天池、高分子化学家何炳林和农药化学家陈茹玉等教授前来执教,使该系有机化学的师资力量雄厚,并且以注重学生的基础理论教育和实验训练而闻名于全国,成为我国的主要化学教育基地之一,为国家培养出大批科技人才。

1948年2月杨石先回到南开大学任教,先后担任教务长和代理校长。新中国成立后,杨石先继续在南开大学任教,先后任南开大学校务委员会主席、副校长、校长、名誉校长,南开大学元素有机化学研究所第一任所长。

早在20世纪40年代,杨石先就对植物生长调节剂(植物激素)进行了大量的文献普查,并写出了《植物生长激素》书稿,为50年代开展植物生长调节剂的研究奠定了基础,起了农药研究的带头作用。50年代初,他和助手们首先合成出我国独特的植物生长调节剂,又进行了有机磷化学的研究,是我国农药化学的奠基人。

1957年11月,杨石先以专家顾问的身份参加了中国科学技术访苏代表团。在访问中,他发现元素有机化学是一门新兴的学科①,是有机化学的最新分支,虽然发展时间不长,却显示了强大的生命力。它将在国民经济和国防建设上发挥巨大作用,还将有助于解决化学上的一些理论问题,如分子中的原子相互作用、反应机理、键的构造和分子性质、双重反应性能、互变异构平衡、单键共轭概念,等等。杨石先提出我国应尽快开发这一世界主流的科研研究。在他倡议和直接领导下,1959年我国和苏联元素有机化合物研究所签订了合作协议,并在南开大学成立了元素有机化学研究所。杨石先同陈天池、陈茹玉、王积涛、高振衡、周秀中等教授一起指导磷、氟、硅、硼有机化学研究课题,进行了数以百计的实验,在吸收外国经验的基础上,开辟了我国自己发展农药的道路。继有机磷化学研究后,又开展了有机氟、有机硅、有机硼、金属有机化学等新领域的研究工作,填补了我国化学学科中一个又一个的空白。先后研制出杀虫剂(久效

---

① 20世纪50年代,国际上元素有机化学的研究是一个热点,苏联走在前列,我国基本上还是空白。

磷、螟铃畏),除草剂(除草剂一号、燕麦敌、除草剂十六号),杀菌剂(灭锈一号、叶枯净、克菌壮),植物生长调节剂(7104、矮健素)等多种新农药。1966年,他们研制的三种有机磷农药获得国家一等奖。后来杨石先又密切地观察了化学农药中新的生长点,先后组织了拟除虫菊酯类、非抗胆碱酶型杀虫剂、内吸性杀虫剂、大豆生长激素、骆驼蓬草碱、异噻唑杂环化学等新课题的研究工作。此外,通过组织全国进修班,为国内各高校和研究单位培养和输送了许多元素有机化学人才,其中许多人现已成为学科带头人,为我国有机化学的发展做出了贡献。

二、第2代

杨石先于1923年开始执教于南开大学化学系,他不仅讲授无机化学、有机化学、高等有机化学、药物化学,并且亲自指导学生实验,还到南开中学兼化学课。他课堂上板书整洁,语言生动简练,由浅入深,重点突出,内容丰富。在从教60多年中,杨石先呕心沥血,辛勤浇灌着祖国的科学幼苗,为我国培育了一大批优秀人才。由他培养选送出国的就有200多人,其中有著名的物理学家、诺贝尔奖金获得者杨振宁和李政道等人。在中国科学院的学部委员中就有13人曾沐其教泽、得益于他的教诲,成为中外驰名的科学家。新中国成立后,他为国家培育的人才更是不可胜数。前面提到的杨石先在南开大学复校以后从国外聘请到的教授大多是他早年的学生,例如:何炳林和陈茹玉院士夫妇,有机化学家王积涛、陈天池、申泮文等。

胡秉方(1916—2000),有机化学家和教育家,中国有机磷、硫化学及有机磷农药的早期研究者之一。后期还深入研究有机磷、硫的手性化合物及包合物等,为我国农药生产的发展和人才的培养做出了贡献。

1936年考入清华大学化学系重读一年级,翌年,“七七”事变爆发,全面抗战开始,他随校迁昆明,于1940年毕业于西南联合大学。因为成绩较佳,经系主任杨石先推荐,任重庆中央大学化学系助教,此间曾在张青莲指导下完成了《硫酸铜-吡啶络合物合成》一文。1944年,他参加了公费留学生考试,以优秀成绩被录取,赴英学习,入利兹大学(University of Leeds)化学系,在查伦吉(Frederick Challenger, 1887—1983)教授和伯顿(Harold Burton)教授的指导下攻读博士学位,论文题目为“芳香族砜类化合物的合成”,1948年底获得博士学位。他随即回国,受聘于清华大学农药化学系,任副教授,讲授有机化学课。新中国成立后，经过院系调整，成立了北京农业大学，他仍任副教授，1955 年起升教授，并从事有机化学教学。1981 年被批准为博士生导师，1989 年被批准设博士后研究生站。我国著名农药化学家陈万义是他指导的研究生。

申泮文(1916—　)，无机化学家和化学教育家。长期从事无机合成和金属氢化物化学研究，为创建南开大学新能源材料化学研究所、南开大学化学系应用化学研究所奠定了基础。1935 年从天津南开中学毕业后考入了南开大学化工系，因战事影响，于 1940 年夏毕业于昆明西南联合大学化学系，大学期间师从杨石先等老一辈化学家。1947 年回到天津，开始了在南开大学的教学生涯。他曾于 1959—1978 年任山西大学化学系副教授、教授、系主任。1978 年回到南开大学，任元素有机化学研究所副所长，1979 年起任教授。1980 年 11 月当选为中国科学院化学学部委员。

王积涛(1918—　)，有机化学家、化学教育家。学术上比较突出的成就是开辟了我国金属有机化学的基础研究工作，并在过渡金属有机化合物和含杂原子的多核金属有机化合物方面做出了成果。他为我国培养了大批化学工作者，且重视教材建设，在他的倡导和组织下，我国编辑出版了比较齐全的有机化学教科书。

他在中央大学农科学习一年后，“七七”事变爆发，不久上海沦陷，于是转入东吴大学攻读化学。后见报载昆明西南联合大学招收插班生，他申请转学被录取，于 1939 年春经香港等地到达昆明。在西南联大诸位著名教授的熏陶下，他对有机化学产生特别兴趣。1941 年毕业留校任教，随杨石先教授研究中草药“常山”有效成分的提取及生理活性。1945 年他考取清华留美公费生，进入密歇根大学研究院。1947 年获硕士学位，经杨石先推荐转入普渡大学，两年后获博士学位，并做了一段博士后研究工作。

王积涛于 1950 年毅然谢绝礼来药厂的聘用①，乘船返回祖国，直奔天津，受聘于南开大学。当时条件很差，实验仪器、化学药品奇缺，人力单薄，但他克服困难，亲自筹建实验室。他在医治血吸虫病的有机喹啉类杂环药物及消毒剂“呋喃星”的合成方面做了很多工作。他研究组合成的有机锗化合物经解放军医学科学院筛选，具有抗白血病药性能，受到 1978 年全国科学大会表彰。20

---

① 他在陈克恢博士的研究室继续药物合成与药理研究，先后对墨西哥草药的有效成分、慢性牙蚀原因、同位素探测药物在体内的变化以及白鼠肾上腺素抗坏血酸含量与服用脑垂体激素 ACTH 的关系等进行研究。

世纪60年代初他又开辟了金属有机化学研究，做了许多基础性工作。近10年来，他的研究组在研究钛氢化及锆氢化反应的特异还原性方面，手性有机钛化合物作为不对称合成诱导试剂等方面发表了20余篇论文。他还和王序昆、宋礼成等合作，取得了许多重要成果，某些研究课题处于前沿。其中铁硫原子簇化学获教委1988年度科技进步二等奖。为了把我国金属有机化学研究推向世界水平，他和黄耀曾主持国家自然科学基金委员会的重大基金项目——高选择有机反应及新金属有机化合物的研究。王积涛负责的子课题是研究含杂原子的多核金属配合物的合成、结构及性能。在他的组织和指导下研究了含Fe-Sn-Fe、Ti-Mo、Ti-W等有机物的合成、结构及性能，其结果发表在国内外重要刊物上。在国际学术交流中，他的研究成果受到重视，并和许多外国学者如联邦德国的罗依斯基(Herbert W. Roesky)等建立合作。从20世纪80年代开始，他和黄耀曾组织中日美金属有机化学国际学术会议，至今已召开过四届，大大促进了我国在这一学术领域的发展，加强了国际交流与协作。

陈天池(1918—1968)，有机化学家和教育家。他曾从事有机磷化学领域的科研工作，研制出有机磷杀虫剂、杀菌剂和除草剂等农药，并出色地组建了南开大学物理二系与元素有机化学研究所，在农药化学研究方面做出了贡献。

陈天池1936年考入北京燕京大学化学系，“七七”事变后返回家乡任小学教师。1938年1月，他再次离开家乡，绕道长沙、桂林、贵阳等地辗转到达昆明，于当年9月考入昆明西南联合大学化学系二年级。在西南联合大学三年学习期间，他刻苦读书，成绩优异，1941年毕业后被留校任助教。1946年，陈天池考取了留美公费生，先在路易斯安那州立大学研究院学习，只用了两年半的时间，就取得了硕士和博士学位。1949年，陈天池到科罗拉多大学(University of Colorado)研究院任研究员。

1950年9月陈天池应老师杨石先教授的邀请回到祖国，前往南开大学任教。陈天池专长于有机化学，但他以革命工作需要为重，不强调个人专业，不计较个人得失。当他到南开化学系工作时，正值新中国成立初期，国家急需矿物分析人才，他毅然改变了个人的专业研究方向，带领青年教师奔赴西北矿山现场调查，回校后筹建了化学矿物分析专业，开设了定性和定量分析等课程。嗣后，又筹建了应用化学专业，他亲自给学生讲课，又带领教师、干部日夜奋战，群策群力，出色地完成了组建南开大学物理二系的任务，被任命为该系的党政领导，为国家培养和输送了急需的人才。

1962年10月，杨石先首先在南开大学成功地建立起高等院校的第一个化学专业研究机构，即元素有机化学研究所（简称元素所），陈天池起了重要作用；在科学组织工作方面，他同样是杨石先的得力助手，当时，杨石先因忙于校务工作，元素所的具体工作都由陈天池主持。

“文化大革命”给陈天池带来了无穷灾难，于1968年12月20日被迫害致死，时年仅50岁，但他曾经的事业仍在前进，他指导的学生和年轻后辈仍在成长，例如，分析化学家及化学教育家沈含熙就曾受到他的栽培。

张滂（1917—2011），有机化学家、化学教育家。长期从事有机化学和有机合成的教学与研究工作，他在科研工作方面着重于基础理论的研究，研究领域包括以天然产物为中心的合成，新型化合物和试剂的设计及合成，合成方法的研究等。曾发现了若干新的反应，取得了独创性的成果，并培养了大批有机化学人才，为提高有机化学教学水平和促进教学改革做出了贡献。

张滂之父张子高毕业于美国麻省理工学院化学系，1916年回国，多年从事化学教育和研究工作，兼及化学史研究，是中国近代著名化学家之一。张滂在父亲的熏陶下，酷爱化学。张滂于1934年在北京崇实中学初中毕业后，考入天津南开中学。三年的高中学习，使他在中文、英语和数理化方面都打下了扎实的基础。1937年“七七”事变爆发，当时北平等地的高等院校陆续内迁，在大后方集结开学。张滂因一时仓促未能成行，临时考入燕京大学。一年后，他离开沦陷了的北平，经中国香港、越南海防，辗转到达昆明，进入由北京大学、清华大学和南开大学组成的西南联合大学化学系。1942年，张滂毕业，经系主任杨石先教授推荐，进入中央研究院化学研究所，做吴学周教授的助理，从此开始了他的研究生涯。吴学周多年从事紫外光谱研究，在他的指导下，张滂完成了《丙酮醛的紫外光谱》和《丙酮醛的化学分析》两篇论文。

1944年，英国政府为中国提供了一批研究生名额，张滂通过考试被录取，于1945年11月到达英国，这时产生了选择研究领域的问题：张滂可以继续以物理化学中的一个领域如动力学作为研究方向，但他考虑到物理化学需要较多的数学作为工具，而他的兴趣则在于化学转化。经过反复考虑，他最后选定了有机合成和天然产物化学作为今后的研究领域。今天看来，这一转向既符合他的要求，又进一步激发了他热爱化学的兴趣。为了弥补在战时实验训练不足的缺陷，张滂首先在利兹大学以半年多的时间完成了有机合成和有机分析实验课的学习，1946年9月转入剑桥大学化学系。当时英国著名有机化学家托德(Alexander R. Todd，1907—1997)被选任剑桥大学有机化学教授，正在开展核酸的有机合成研究。张滂被安排在李思固(Basil Lythgoe)博士指导下进行博士论文工作，三年中一直受到他们的亲切关怀。1949年7月张滂答辩了博士论文，其中包括4个小课题。值得提出的一个课题是“从葡萄糖合成核糖”，合成包含13步反应，经过高真空蒸馏得到结晶的核糖四乙酸酯。最后三步反应包括对1,2-二苄基保护的中间化合物进行催化氢解、四乙酸铅氧化和乙酰化。这是一个中等长度的合成，让张滂第一次领略了什么是有机合成和天然产物，使他接触了一些当时被认为是比较新的有机反应及其操作，更重要的是使他对有机合成设计中所要注意的事项有了一些初步了解。

新中国成立前夕，张滂回到北平，受聘于燕京大学。1952年全国高等院校调整后，他被留在北京大学工作，并承担了中国人民解放军防化兵部队的两年教学任务。1953年以前，他讲授有机化学，此后，他从事了多年有机合成的教学与科研工作。他的教学深入浅出，富有启发性，深受学生欢迎。1959年他翻译了有机化学教材名著——L. F. 费舍(Louis Frederick Fieser，1899—1977)和M. P. 费舍(Mary Peters Fieser)夫妇合著的《有机化学》，译文流畅中肯，备受同行和学生的欢迎，对提高全国高等院校有机化学的教学水平，起了很好的作用。从1953年开始，张滂先后与33位同志合作从事有机合成的研究工作。其中包括7位教师和他所培养的9位研究生、6位博士与11位硕士。他们与张滂一起以巨大的热忱和不懈的努力，做出了不少创造性的成果，共同发表了约50篇学术论文。

何炳林(1918—2007)，高分子化学家和化学教育家。长期从事教育工作，为国家培养了大批高分子化学科技人才，并在功能高分子的研究方面做出了贡献。其中最重要的是开创并发展了我国的离子交换树脂工业，发明了大孔离子交换树脂，并对其结构与性能进行了系统研究。1938年考入西南联合大学化学系，1942年毕业后又在杨石先教授的指导下读研究生。1947年，入读美国印第安纳大学研究生院，于1952年获得博士学位，应聘美国纳尔科化学公司(NALCO)任高级研究员。1956年回国，到南开大学任教(详见高分子部分)。

陈茹玉(1919—2012),有机合成化学家和合成农药化学家,中国科学院院士。为中国的农药事业及有机化学尤其是在有机磷化学领域做出了卓越的功绩,其中对除草剂化学结构与生物活性定量关系的研究,以及有机磷化合物的研究,获得了1988年国家教委科技进步一等奖。她在国内外科学刊物上发表了近300篇的科学论文,同时为中国培养了一大批的优秀科研人才。

1942年毕业于西南联大化学系,获理学士学位。毕业后在重庆北碚中央工业试验所工作,后到大溪口钢铁厂化学分析室任技术员。1944年,到云南大学矿冶系任教。1946年,回天津在南开大学化学系任教。1948年春,她和丈夫何炳林双双考取美国南加州大学研究生,赴美留学。同年秋,她转入印第安纳大学化学系攻读有机化学,1950年获硕士学位,1952年获博士学位,并得到美国荣誉科学学会颁发的金钥匙荣誉。

1956年回中国,在南开大学化学系任教授兼有机化学教研室副主任,先后讲授半微量有机化学分析、有机磷化学、有机农药化学等课程,并从事有机磷杀虫剂的研究。1958年她同时承担了南开大学化学系农药和有机磷两个研究室的组织和筹建工作,并任农药室主任,从事农药化学研究工作,这是中国正规设立农药研究的开端。1959年,她带领助手合成了对人畜危害不大、防治害虫效果极好的有机磷杀虫剂“敌百虫”和防治锈病的“灭锈1号”,这项研究成果填补了中国在农药上的一项空白。1962—1966年,她从事化学除草剂和植物生长调节剂的研制。1965年陈茹玉采用先进方法研制成功了中国第一个除草剂“除草剂Ⅰ号”,获国家科委颁发的二等奖。1979年,陈茹玉任南开大学元素有机化学研究所副所长,1981年任所长。1979年后,陈茹玉又研究出合成除草剂“磺草灵”的新方法,获全国科学大会奖及研究优秀论文奖。1981年,陈茹玉和她的科研集体研制成功的植物生长调节剂,可使大豆、花生等作物增产10%~30%。

李正名(1931—),有机化学与农药化学家。长期从事有机磷化学、无化害农药、新农药创制与品种开发及有机立体化学的教学和研究工作。

1953年,李正名在美国南卡罗来纳大学艾肯分校(University of South Carolina Aiken)化学系取得学士学位后回国。来到南开大学以后,李正名开始做杨石先校长的助手,而后又成为他的第一名研究生(1953—1956)。他在杨石先教授身边工作30多年的时间,也是他在有机化学和农药化学艰难求索的30

年。这为李正名日后农药化学研究领域取得系列成就打下了坚实的基础。1956年起在南开大学化学系任教，历任讲师，元素有机化学研究所专题组长、室主任、副教授，元素有机化学研究所副所长、所长、教授，元素有机化学国家重点实验室主任。1962年，南开大学成立了元素有机化学研究所，这是我国高校第一个化学研究专门机构。初建的元素有机化学研究所，按照国家科委规划要求从事元素有机化学研究。1964年李正名参加研制的杀虫剂磷32和磷47获得了国家科委新产品二等奖。1983年，国家自然科学基金开始资助“农药基础研究”。1985年，南开大学建立元素有机化学研究所和元素有机化学国家重点实验室，将“农药基础研究”作为其主要科研方向之一。在这一时期，李正名主持工作的南开大学元素有机化学研究所和元素有机化学国家重点实验室先后获得国家教委、国家科委所授予的“全国高校科技工作先进集体”，国家计委授予的“优秀国家重点实验室”称号。1990年至今任博士生导师，先后培养博士生18名，硕士生24名，其中已有多人成为学术能手。1994年起任南开大学化学院副院长。1995年当选为中国工程院院士。1996年至今任农药国家工程研究中心（天津）主任。

三、第3代

（一）胡秉方弟子

陈万义，1953年从北京农业大学土壤农业化学系农药学专业毕业后，继续留在农业大学攻读农药学专业研究生，师从胡秉方教授。1956年研究生毕业后，留校工作，历任农药学专业研究助理、讲师、副教授、教授。曾任农药及有机合成教研室主任、农药学专业主任。陈万义长期从事农药合成、农药化学和有机磷化学研究，取得了丰硕的研究成果。

陈万义在任北京农业大学农药学专业主任期间，为促进农药学专业的发展和提高学生的综合素质，精心设置了以化学为基础，兼顾农学、植物保护等课程的教学体系。在近50年的教学生涯中，讲授过有机化学、有机磷化合物化学、农药学文献等课程，1990年评为博士生导师，先后培养硕、博士研究生20余人。1995年被评为北京市优秀教师。

李增民，曾任中国农业大学教授，原应用化学系第一任系主任，是中国农业大学农药学学科独立培养的第一位博士，师从胡秉方。1994年赴美，现为哥伦比亚大学教授、哥伦比亚基因工程中心科学家、化学工程系主任。

（二）申泮文弟子

申泮文执教无机化学基础课逾40年，编写和翻译化学专著多种，培养了大批无机化学人才。申泮文的科研与教学主要在无机化学领域。

梁宏，1991年博士，广西师范大学党委副书记、校长。主要从事血清白蛋白的生物无机化学研究，钼和过渡金属配合物的合成、结构以及性能研究，以及天然物药物无机化学研究等工作。

高学平，1995年博士，申泮文、宋德瑛共同指导，南开大学化学科学院教授，自2004年任化学学院材料化学系主任，兼新能源材料化学研究所所长。多年从事新能源材料与化学电源的基础研究工作，主要研究方向包括高比能二次电池材料和染料敏化太阳能电池材料等。

李连之，1998年博士，聊城大学教授。

（三）王积涛弟子

王积涛从1955年开始招收研究生，他亲自授课和指导论文，至今共培养了30名硕士研究生、12名博士研究生和博士后研究人员。其中有1名博士生来自扎伊尔，开了我国为其他第三世界国家培养高级人才的先例。他还非常重视对进修教师的培养，除安排他们听课外还指导他们进行科学研究，先后为兄弟院校培养了近30名进修教师和国内访问学者。王积涛的前期研究生和进修教师中许多已成为各校的教学和科研骨干。

李靖，1988年博士，现任南开大学研究生院副院长；曾任南开大学元素有机化学国家重点实验室主任、化学学院副院长、元素有机化学研究所所长。专长于金属有机化学。

李月明，1991年博士，南开大学药学院教授，博士生导师。主攻有机合成。

袁耀锋，1993年博士，福州大学从国外引进的博士、教授、博士生导师，有机化学学科带头人。主要研究方向：光电功能有机分子的设计与合成；抗癌活性、抗病毒活性分子的设计与合成；绿色合成化学；手性催化剂的设计、合成及在有机合成中的应用；功能有机高分子分子的设计与合成。

张志德，1995年博士，山东师范大学化学系教授。专长于金属有机化学，有机合成。

唐良富，1998 年博士，天津大学理学院化学系有机化学教授、博士生导师。

张明杰，1998 年博士，天津大学理学院化学系教授、博士生导师。

李金亮，1999 年博士，王积涛、孟继本共同指导，上海迪赛诺化学制药有限公司董事长。

（四）陈天池弟子

沈含熙，分析化学家、化学教育家。长期从事分析化学的科学研究与教学工作，为我国分析化学的发展和人才培养做出了贡献。在科学研究方面，发现某些有机显色剂与多个金属元素（特别是稀土元素）之间存在着共显色现象，提出了"稀土元素共显色效应"的新概念。20 世纪 80 年代初期，在以三羟基荧光酮为显色剂的胶束增敏分光光度法的研究中，建立了测定锗、钼、钛、钨、锡、锆、铌、钽及锑等高价金属元素的高灵敏分析法，使该研究领域成为当时我国分析化学中令人瞩目的研究方向之一。

1950 年沈含熙从中学毕业，考入同济大学化学系。在大学读书期间，他特别喜欢分析化学和有机化学，原因是这两门课特别注重实验。1952 年夏，院系调整，同济大学化学系并入复旦大学化学系。合并后的复旦大学化学系，师资阵容强大，著名化学家吴征铠、顾翼东、吴浩青、严志弦等教授均在化学系执教。沈含熙特别珍惜这难得的优越机会而努力学习。出于国家建设需要，他提前于 1953 年毕业并分配到天津南开大学工作。刚到南开大学，就见到了我国著名的化学家杨石先教授和系主任丘宗岳教授，并被安排在分析化学教研室工作，担任分析化学课助教。初为人师的沈含熙，一方面自然感到很光荣，但更感到压力和责任的重大，因为那时候他很年轻，才刚满 20 岁。当时的分析化学教研室主任是刚从美国回来不久的陈天池教授。陈天池听说他是提前毕业的学生，就帮助他制定补课的计划。暑假到来，安排他到生产部门实习。1957 年的初冬，沈含熙赴苏留学，在莫斯科大学化学系学习，投师于著名分析化学家阿里马林（Ива́н Па́влович Алима́рин，1903—1989）院士门下，用三年半的时间完成了他的学位论文并获得了副博士学位。他于 1961 年春回国，回到南开大学继续执教并从事稀有元素分析化学研究。改革开放以来的 20 余年，他共培养了 40 余名研究生，其中近一半为博士研究生。

（五）张滂弟子

焦玉国，1997 年博士，中央民族大学生命与环境科学学院化学教研室主任，生命与环境科学学院教授，学院学术委员会委员，硕士生导师。

（六）陈茹玉弟子

陈茹玉不仅为元素有机化学研究所培养了一批技术强、水平高、素质好的科研队伍，也为国家输送了一大批农药方面的人才。她已培养出硕士研究生 30 名、博士研究生 14 名，博士后 2 名。

张跃华，1991 年博士，任职于美国密歇根大学医学院内科系、密歇根医学生物科学纳米技术研究所，南京工业大学兼职教授。致力于有机药物与生物大分子的研究，发明和开发了一批新型抗癌药。

何良年，1996 年博士，南开大学元素有机化学研究所研究员，课题组组长。自 1988 年开始，从事有机磷化学及农药化学研究，现在主要从事的研究领域为：二氧化碳分子的催化活化与可再生资源二氧化碳的化学转化利用；超临界流体中的化学合成与分子催化反应；环境友好介质中的化学转化反应；绿色化工产品碳酸酯系列的应用研究；超临界流体萃取技术。迄今已发表研究论文 60 余篇，编写著作 1 部。先后师从于张景龄教授、陈茹玉院士(1996 年博士)、卓仁禧院士。

（七）李正名弟子

王天生，1988 年博士，高振衡，李正名共同指导，燕山大学材料科学与工程学院教授，博士生导师。主要研究高性能金属结构材料。

贺峥杰，1994 年博士，南开大学教授。主要从事有机磷化学、药物化学研究。

王忠文，1996 年博士，南开大学化学院教授，博士生导师。主要研究方向为固相有机合成与多样性导向合成。

四、第 4 代

陈万义弟子

蒋明亮，1995 年博士，中国林业科学研究院木材工业研究所研究员，博士生导师。主要从事木材防腐技术研究。

表 3.6 杨石先有机化学谱系表

第1代	第2代	第3代			第4代
第二代	第二、第三、第四代	第四代	第五代	第六代	第五、第六代
杨石先(1922年硕士，康奈尔大学；1931年博士，耶鲁大学)	蒋明谦(1935年学士，北京大学；1943年硕士，马里兰大学；1944年博士，伊利诺伊大学；见亚当斯谱系)(第二代)				
	胡秉方(1940年学士，西南联大；1948年博士，利兹大学)(第三代)	陈万义(1953年学士，北京农业大学)			蒋明亮(1995年博士，中国农业大学)(第五代)
					张晓梅[1](2003年博士，中国农业大学)(第六代)
		李增民(1966年学士，中国农业大学)			
	申泮文(1940年学士，西南联大)(第三代)		梁宏(1991年博士，南开大学)		
			高学平(1995年博士，南开大学)		
			李连之[2](1998年博士，南开大学)		
				孙英姬[3](2001年博士，南开大学)	
				徐靖源[4](2003年博士，南开大学)	

（续表）

第1代	第2代	第3代			第4代
第二代	第二、第三、第四代	第四代	第五代	第六代	第五、第六代
	王积涛（1939年学士，西南联大；1947年硕士，密歇根大学；1949年博士，普渡大学）（第三代）		李靖（1988年博士，南开大学）		
			李月明（1991年博士，南开大学）		
			袁耀锋（1993年博士，南开大学）		
			张志德（1995年博士，南开大学）		
			唐良富（1998年博士，南开大学）		
			张明杰[5]（1998年博士，南开大学）		
			李金亮（1999年博士，南开大学）		
			庞美丽[6]（2000年博士，南开大学）		
				胡爱国[7]（2001年博士，南开大学）	
				傅南雁[8]（2002年博士，南开大学）	

（续表）

第1代	第2代	第3代				第4代
第二代	第二、第三、第四代	第四代	第五代		第六代	第五、第六代
	陈天池（1941年学士，西南联大；1948年博士，路易斯安那大学）（第三代）		吴征铠、顾翼东、吴浩青、严志弦、阿里马林	沈含熙		
	张滂（1942年学士，西南联大；1949年博士，剑桥大学，其父为张子高）（第三代）		焦玉国（1997年博士，北京大学）			
			傅滨[9]（2000年博士，北京大学）			
	何炳林（1942年学士，西南联大；1952年博士，印第安纳大学；见高分子部分）（第三代）					
	陈茹玉（1942年学士，西南联大；1952年博士，印第安纳大学）（第三代）		张跃华（1991年博士，南开大学）			
			张景龄、卓仁禧	何良年（1996年博士，南开大学）		
			石德清[10]（2000年博士，南开大学）			

（续表）

第1代	第2代	第3代			第4代
第二代	第二、第三、第四代	第四代	第五代	第六代	第五、第六代
	李正名（1956年研究生，南开大学）（第四代）		王天生（1988年博士，南开大学）		
			贺峥杰（1994年博士，南开大学）		
			王忠文（1996年博士，南开大学）		
			王有名[11]（1999年博士，南开大学）		
			廖联安[12]（2000年博士，南开大学）		
				赵卫光[13]（2001年博士，南开大学）	
				臧洪俊[14]（2004年博士，南开大学）	
				王宝雷[15]（2004年博士，南开大学）	

注：1. 安徽理工大学化学工程学院教授、硕士生导师。主要从事有机合成及高分子材料制备与应用研究工作。
2. 聊城大学教授。
3. 大连理工大学副教授。
4. 南开大学副教授。
5. 天津大学理学院化学系教授、博士生导师。
6. 南开大学化学系副教授。
7. 华东理工大学特聘教授、博士生导师。
8. 福州大学化学化工学院研究员。
9. 中国农业大学有机化学教授、博士生导师。
10. 华中师范大学化学学院教授。主要从事高效、低毒绿色农药的生物合理设计，合成与构效关系研究。
11. 元素有机化学研究所副教授。
12. 厦门大学副教授。
13. 南开大学元素有机化学研究所研究员。主要从事农药分子设计与有机合成研究。
14. 天津工业大学副教授。
15. 南开大学元素有机化学研究所副研究员。

第五节　黄鸣龙有机化学谱系

黄鸣龙，享誉世界的中国有机化学家，中国科学院学部委员。毕生致力于有机化学的研究，特别是甾体化合物的合成研究；为中国有机化学的发展和甾体药物工业的建立以及科技人才的培养做出了突出贡献。黄鸣龙自20世纪20年代后期起曾在浙江省立医药专科学校任教数年，1940—1945年曾兼任西南联大教授，20世纪50年代以后，先后在军事医学科学院及上海有机化学研究所工作，在此期间，他培养了数批有机人才，其中，副教授以上级别谱系成员有20余位。著名有机化学家周维善是他在军事医学科学院工作期间的研究生，也是黄鸣龙谱系中的代表人物，周维善的学生中则有林国强院士等优秀人才。黄鸣龙谱系的主体力量在上海有机化学研究所。此外，在厦门大学和杭州大学(1998年并入浙大)等机构也有分布。①

一、第1代

黄鸣龙(1898—1979)，1916—1920年在浙江医药专科学校(现名浙江医科大学)学习。1920—1922年留学瑞士苏黎世大学。后转学德国柏林大学，1924年获哲学博士学位。1924年回国历任浙江省卫生试验所化验室主任、卫生署技正与化学科主任、浙江省立医药专科学校药科教授兼主任等职。1935年再度前往德国维尔茨堡大学化学研究所进修，任访问教授，在著名生物碱化学专家布鲁豪森(Friedrich von Bruchhausen，1886—1966)教授指导下，研究中药延胡索、细辛的有效化学成分。1938—1940年先在德国先灵(Schering)药厂研究甾体化学合成，后又在英国密得塞斯医院的医学院生物化学研究所研究女性激素，任访问教授。在改造胆甾醇结构合成女性激素时，他们首先发现了甾体化合物中双烯酮-酚的移位反应。

1940年回国后被聘为中央研究院化学研究所(昆明)研究员兼西南联合大学教授。在当时科研条件极差、实验设备与化学试剂奇缺的情况下，他仍能想方设法就地取材。他从药房买回驱蛔虫药山道年，用仅有的盐酸、氢氧化钠、酒精等试剂，在频繁的空袭警报的干扰下，进行了山道年及其变体的立体化学研究，

① 值得一提的是，黄鸣龙也是著名有机化学家、中科院院士黄宪的叔父，他对黄宪的研究生涯影响不容小觑；此外，黄宪之子黄志真也已成为浙江大学理学院化学系有机所教授、博士生导师。

发现了变质山道年的四个立体异构体可在酸碱作用下成圈地转变，并由此推断出山道年和四个变质山道年的相对构型。这一发现，为以后解决山道年及其一类物的绝对构型和全合成相关问题提供了理论依据。

1945 年，黄鸣龙应美国著名的甾体化学家 L. F. 费舍教授的邀请去哈佛大学化学系做研究工作。一次在做凯什纳-沃尔夫(Kishner-Wolff)还原反应时出现了意外情况，但黄鸣龙并未弃之不顾，而是继续做下去，结果得到了出乎意外的好产率。于是，他仔细分析原因，又通过一系列反应条件中的实验，终于对羰基还原为次甲基的方法作出了创造性的改进。现此法简称黄鸣龙还原法，在国际上已广泛采用，并被写入各国有机化学教科书中。此方法的发现虽有其偶然性，但与黄鸣龙一贯严格的科学态度和严谨的治学精神是分不开的。1949—1952 年黄鸣龙曾在美国默克药厂(Merck & Co Inc.)任研究员。

1952 年回国后，黄鸣龙任军事医学科学院化学系主任、研究员，把发展有疗效的甾体化合物的工业生产作为甾体激素药物的工作目标，他与有关研究生产单位协作，首先在植物性甾体化合物方面调研甾体皂素，以期获得较好的甾体药物的半合成原料。在化学方面则偏重于甾体激素的合成，目的是寻找更经济的合成方法及疗效更高的化合物。1956 年，他领导的研究室转到中国科学院上海有机化学研究所，他担任该所研究员、所学术委员会主任、名誉主任。他于 1958 年以薯蓣皂甙元为原料，用微生物氧化加入 11α-羟基以及氧化钙-碘-醋酸钾加入 C_{21}-OAc 的方法，七步合成了可的松。这不仅填补了中国甾体工业的空白，而且使中国可的松的合成方法跨进了世界先进行列。有了合成可的松的工业基础，许多重要的甾体激素，如黄体酮、睾丸素、可的唑、强的松、强的唑龙和地塞米松等，都在 20 世纪 60 年代初期先后生产出来。不久他又合成了若干种疗效更好的甾体激素，如 6α-甲基可的唑、6α-甲基-17α-乙酰氧基黄体酮等。

黄鸣龙治学有术，育人有方，言传身教，平易近人，诲人不倦。对青年科技人员既严格要求，又具体指导。他特别重视基本实验技术、外语的学习及研究态度的引导。他常对青年助手们说："所有各门实验科学，欲求深入必先做研究工作。欲做研究工作，必须在基本操作上有充分经验，否则因操作上无准确性，便得不到正确的结果，头脑中对各种基本操作方法不熟悉，遇到特殊变化和困难情况，便不能随机应变、利用不同的方法解决不同的问题。"许多与他一起做过研究的人都做过他所规定的几十个有机化学基本实验。他还亲自讲授德语的化学课程。他说："科学不能割断历史，科学工作者非参考前人文献不可，因此，非学好外文不可。"黄鸣龙数十年如一日，忘我战斗在科研第一线，为中国社会主义建设事业做出了重大贡献。

二、第2代

黄鸣龙在回国后的20多年里，为培养我国科研工作接班人花费了大量心血，培养了大批科研骨干。著名有机化学家、中科院院士周维善，上海有机化学研究所前所长王志勤等是最为人所知的黄门高徒。

周维善(1923—2012)，有机化学家，1991年当选为中国科学院院士。长期从事甾体化学、萜类化学和有机合成化学的研究，为中国甾体激素工业的创建和发展做出了贡献。他主持和参与合成了光学活性高效口服避孕药18-甲基炔诺酮并投入工业生产；发展了植物生长调节剂油菜甾醇内酯及类似物的合成方法并成功应用；主持测定了抗疟新药青蒿素的结构并完成其全合成；参与完成另一具有抗疟活性的鹰爪甲素的全合成。他是中国最早从事昆虫性信息素化学研究的有机化学家之一，测定了多种昆虫性信息素结构并进行了不对称合成；改良了沙普利斯(Sharpless)烯丙醇不对称环氧化反应的试剂并成功地将其扩展到烯丙胺-α-糠胺的动力学拆分，为合成含氮的天然产物提供了有效的方法。曾获多项奖励。

周维善1944—1946年就读于东吴大学化学系。1949年毕业于上海医学院药学系。1952—1956年在军事医学科学院化学系师从黄鸣龙教授从事倍半萜山道年及其类似物的立体化学和甾体激素药物的合成研究。当时，甾体激素药物工业在中国还是一个空白，他在协助黄鸣龙建立中国甾体激素药物工业中做出了重要贡献。1956年随黄鸣龙教授调到中国科学院上海有机化学研究所从事科研工作。1958年前后，他参与了由黄鸣龙领导的七步合成可的松和甾体口服避孕药甲地孕酮(即已广为应用的二号甾体口服避孕药)的研究项目。此后，他继续长期从事甾族化学、萜类化学和有机合成化学的研究。1960年至今，周维善历任中科院上海有机化学研究所副研究员，研究员(1979年)。在进行科学研究的同时，周维善也带出了一支队伍，培养了一批优秀学生，林国强、周宏灏等是其中的代表。

王志勤(1931—　)，有机化学家。长期从事天然有机化学及合成有机化学研究，协助黄鸣龙首次从国产薯蓣属植物川萆薢中提炼出薯蓣皂素，为中国建立甾体药物工业解决了基本原料来源，并以薯蓣皂素为原料合成出了黄体酮、睾丸素及可的松等重要激素类药物，打破了西方对中国的封锁。根据国家需要，他承担了分离铀同位素必需的氟油研制工作，并提前完成任务，为中国第一颗原子弹爆炸做出了贡献。曾任中国科学院上海有机化学研究所所长及上海分院院长等职。

王志勤 1947—1950 年在上海光华大学化学系学习(1948—1949 年休学)。1952 年毕业于同济大学化学系,分配在华东电业管理局任技术员。1954 年调到军事医学科学院任研究实习员,在黄鸣龙教授领导下工作,发现了中药川萆薢中能提炼出薯蓣皂素,且有较高的含量。1956 年随黄鸣龙调到中国科学院上海有机化学研究所继续研究甾体化学。1958 年黄鸣龙开始七步法合成可的松的研究(这一药物国家原定于第三个五年计划期间开始进行研究)。在这项研究中,王志勤解决了最后引入 C_{21} 羟基这步关键反应,从而完成了以中国的植物资源薯蓣皂素为原料合成可的松的七步路线,接着他去工厂帮助上海的医药工业部门正式投入生产。在此之前他还完成了以薯蓣皂素为原料合成黄体酮和睾丸素的研究。在完成上述工作后,他短期参加过牛胰岛素 A 链人工全合成的部分研究工作。

1960 年王志勤被中国科学院越级提拔为副研究员。1960 年王志勤承担了第二机械工业部下达的紧急任务,研制扩散法分离铀同位素必需的特种润滑油。他毅然改变熟悉的天然有机化学专业,开始研究元素氟及高价金属氟化物的氟化反应,不久即向使用部门供应产品,为中国提前一年进行核试验创造了重要条件。1965 年王志勤被调到第三研究室(固体推进剂研究室),组织过二氟胺基化合物研究、聚醚分子量及官能团分布等研究工作。“文化大革命”开始后,他被调离有机化学研究所,直到 1978 年才重返有机所工作。1980 年被派遣去美国进修两年。1982 年回国后主持起草上海市科技长远发展规划(1980—2000 年)中新型有机材料研究开发的论证报告。1984 年被任命为上海有机化学研究所副所长,开始科研行政管理工作。1988 年被任命为所长,同年调任中国科学院上海分院院长。1996 年离任,回有机化学研究所继续从事有机合成及新型高效低毒农药依维菌素衍生物的研制和开发工作,为解决工业部门生产中的问题做出了贡献。他先后完成 Cis-shisool, Zearalanol, (+)-Koninginin D, B, E 的全合成研究及 Zearalenone 的立体选择性电还原反应。发表论文 30 余篇。

三、第 3 代

(一) 周维善弟子

林国强,有机化学家,2001 年当选为中国科学院院士,现任国家自然科学基金委员会化学部主任(2006 年起)。在昆虫激素和昆虫信息素、不对称合成、氧化还原酶与羟腈化酶生物催化等有机化学研究领域里取得了令人瞩目的研究成果。迄今共发表论文 150 余篇,申请专利 30 项,授权专利 13 项。

林国强 1964 年毕业于上海科学技术大学化学系(现上海大学),1964—1968

年在中国科学院上海有机化学研究所读研究生，导师是周维善教授，毕业后留所工作至今。1981 年赴瑞典皇家理工学院做访问学者，1986—1987 年在美国匹兹堡大学和美国史克(Smith Kline)药业研究开发部做访问科学家。1989 年被聘为中科院上海有机化学研究所研究员，1990—1999 年，历任中国科学院上海有机化学研究所副所长、常务副所长和所长。

林国强在科学研究之外热衷于教书育人，1991 年起任上海科技大学、复旦大学、南开大学、苏州大学等多所高校的兼职教授。1996 年被评为中科院优秀研究生导师。他指导的许多博士都已成长为颇具影响力的科研专家。

周宏灏，遗传药理学、临床药理学专家，2005 年 12 月当选为中国工程院院士。现任中南大学临床药理研究所所长、中南大学药理学国家重点学科首席教授，是我国遗传药理学的开拓者和学术带头人。

戴伟民，香港科技大学教授，浙江大学长江学者、特聘教授。近几年取得的重大学术成就包括：开创了用烯丙基重排合成烯二炔抗癌剂的独特方法；成功地合成了两个系列的新型轴手性磷氧双配位配体和手性胂配体，并应用于钯催化的不对称烯丙基烷基化反应、不对称 Suzuki 反应、不对称 Heck 反应；首创手性胂叶立德的不对称 Wittig 反应；建立了合成吲哚、苯并呋喃和苯并咪唑的新方法；首创微波辅助固相有机合成与标记组合化学合成相结合的方法，为多样性导向合成有机小分子化合物库和用于化学生物学的研究打下了基础。

戴伟民 1982 年 7 月毕业于杭州大学化学系；1984 年 12 月获中国科学院上海有机化学研究所理学硕士，导师为周维善院士；1990 年 3 月获京都大学药学博士，导师为长尾善光；1990 年 5 月至 1992 年 8 月在美国斯克利普斯研究所(Scripps Research Institute)做博士后研究，两年零三个月里在 *Science*、*J. Am. Chem. Soc.*、*Angewandte Chemie* 等刊物上发表论文 11 篇，成功申请美国专利 3 项。其中有关“烯二炔抗癌抗生素的化学和生物学”及“紫杉醇的化学和生物学”两篇综述，至今已被引用 1 000 多次。

自 1992 年 9 月以来，戴伟民已培养博士生 9 人、硕士生 3 人、博士后 10 多名。独立主持和参加科研项目共完成近 20 项，已在国际主流学术刊物发表论文 70 多篇。

黄培强，厦门大学化学化工学院院长。多年从事化学教学与研究，主要研究领域为生物活性物质的不对称合成研究。在国内外重要学术刊物上发表论文 37 篇，专利被受理 2 项。论文被引用 141 次，其中有 4 篇论文被载入大型工具书《有机合成大全》。获第三届国家杰出青年科学基金。

黄培强 1982 年毕业于厦门大学化学系，1983 年留学法国，1987 年获南巴黎大学博士学位。1988—1990年在中科院上海有机化学研究所周维善院士实验室从事博士后工作，获副研究员任职资格。1990年起任教于厦门大学化学系，1993年晋升为研究员，1998年获博士生导师资格，迄今已培养多名博士，数人成为高校教授。历任厦门大学化学系有机教研室主任、系副主任（1996年起）。

（二）王志勤弟子

王志勤在科研及科研行政管理工作之余，与他人合作指导过多名优秀学生，例如：

李加尧，1992年博士，王志勤、丁渝共同指导，浙江普康化工有限公司法人。

黄卫生，1995年博士，袁承业、王志勤共同指导，现任美国阿里阿德（ARIAD）公司药物化学部副总监。

四、第4代

林国强弟子

徐卫初，1995年博士，美国GL合成公司（GL Synthesis Inc.）资深科学家，课题组长。主要从事药物研发和绿色化学研究。

徐明华，1999年博士，现任中国科学院上海药物研究所研究员、博士生导师、课题组长。主要从事有机不对称合成及有重要生理活性化合物的合成研究。系统研究和发展了二碘化钐促进的不对称反应，合成了一系列高光学纯度的γ-丁内酯、手性对称和非对称邻二胺、手性β-氨基醇，以及手性苯酞等有机合成和药物合成中的重要化合物。一些方法有望在不对称合成、天然产物合成以及手性药物合成中获得较大的应用，其中手性非对称邻二胺的合成工作被美国化学会评为“Heart Cut”论文；手性β-氨基醇的合成研究被德国化学评论期刊*SYNFACTS*作为有机合成亮点工作进行评述，认为“可用于制备一些重要天然化合物如新型蛋白酶抑制剂结构片断抑胃酶氨酸（statine），在药理学研究中非常有前景”。近期研究的高立体选择性构建手性高烯丙胺的合成工作发表后也受到关注，再次被美国化学会评为“Heart Cut”论文。2005年获得“中国化学会青年化学奖”。已在*J. Am. Chem. Soc.*、*Org. Lett.*、*J. Org. Chem.*等国际国内核心学术期刊上发表研究论文20多篇，申请专利多项。目前担任国际知名学术期刊*Org. Lett.*、*J. Org. Chem.*、*Tetrahedron*、*Tetrahedron Lett.*等的审稿人。

韩世清，1999年博士，南京工业大学研究员。

表 3.7　黄鸣龙有机化学谱系表

第 1 代	第 2 代	第 3 代		第 4 代	
第一代	第三代	第四代	第五代	第五代	第六代
黄鸣龙（1920 年学士，浙江医学专科学校；1924 年博士，苏黎世-柏林大学，师从布鲁豪森、费舍）	黄宪（1958 年学士，南京大学）				
	周维善（1949 年学士，东吴大学；1956 年研究生，军事医学科学院）	林国强（1964 年学士，上海大学；1968 年研究生，上海有机化学研究所）		徐卫初（1995 年博士，上海有机化学研究所）	
				徐明华（1999 年博士，上海有机化学研究所）	
				韩世清[1]（1999 年博士，上海有机化学研究所）	
				陈沛然[2]（2000 年博士，上海有机化学研究所）	
					洪然[3]（2001 年博士，上海有机化学研究所）
					张爱民[4]（2001 年博士，上海有机化学研究所）
					王竝[5]（2002 年博士，上海有机化学研究所）
					钟羽武[6]（2004 年博士，上海有机化学研究所）
		周宏灏（1968 年研究生，上海有机化学研究所）			

（续表）

<table>
<tr><th>第1代</th><th>第2代</th><th colspan="3">第3代</th><th colspan="2">第4代</th></tr>
<tr><th>第一代</th><th>第三代</th><th>第四代</th><th colspan="2">第五代</th><th>第五代</th><th>第六代</th></tr>
<tr><td rowspan="6"></td><td rowspan="4"></td><td></td><td colspan="2">戴伟民（1984年硕士，上海有机化学研究所；1990年博士，京都大学，师从长尾善光）</td><td>吴金龙（1997年博士，杭州大学）</td><td></td></tr>
<tr><td></td><td colspan="2">黄培强（1987年博士，南巴黎大学）</td><td></td><td>刘良先[7]（2003年博士，厦门大学）</td></tr>
<tr><td rowspan="2"></td><td colspan="2" rowspan="2"></td><td></td><td>郑剑峰[8]（2004年博士，厦门大学）</td></tr>
<tr><td></td><td>魏邦国[9]（2004年博士，厦门大学）</td></tr>
<tr><td rowspan="2">王志勤（1952年学士，同济大学）</td><td></td><td>王志勤，丁渝</td><td>李加尧（1992年博士，上海有机化学研究所）</td><td></td><td></td></tr>
<tr><td></td><td>袁承业，王志勤</td><td>黄卫生（1995年博士，上海有机化学研究所）</td><td></td><td></td></tr>
</table>

注：1. 南京工业大学研究员。
2. 东华大学副教授。
3. 上海有机化学研究所“百人计划”项目研究员，课题组长。
4. 南京大学化学化工学院教授，博士生导师。
5. 复旦大学化学系副研究员。
6. 中国科学院化学研究所光化学重点实验室研究员、博士生导师，2009年10月入选中国科学院“百人计划”。
7. 赣南师范学院教授。
8. 厦门大学化学化工学院副教授。
9. 复旦大学副研究员。

第六节　曾昭抡有机化学谱系

曾昭抡是我国近代教育的改革者和化学研究的开拓者。早期从事无机化合物的制备、有机化合物的元素分析、有机理论方面的计算，以及分子结构和炸药化学等多个领域的教学和研究工作，晚年从事元素有机化学方面的研究。在几十年如一日的教学生涯中，他在北京大学和武汉大学等高校培养了广泛分布于各个研究领域的大批优秀化学人才。著名物理化学家唐敖庆是他在西南联大时期的学生，有机化学家刘道玉是他在武汉大学时期的学生。曾昭抡有机化学谱系共有副教授以上成员十余人。

一、第1代

曾昭抡(1899—1967)，1912年考入长沙雅礼中学，1915年考入学制为8年的清华留美预备学校，因成绩优异，插班入四年级。1920年，曾昭抡毕业赴美国留学，在麻省理工学院攻读化学工程，三年内修完了四年的课程。其后，又转攻化学，于1926年完成了博士论文《有选择性的衍生物在醇类、酚类、胺类及硫醇鉴定中的应用》，获科学博士学位。

1926年，曾昭抡回国后，先在广州兵工试验厂当技师，因决心献身于教育和科学事业，1927年转到南京中央大学化学系任教授，后又兼化工系主任。1931年后，曾昭抡任北京大学化学系教授兼系主任。1938—1946年任西南联合大学教授。1947年9—12月应英国文化委员会邀请，赴英国访问、讲学。1948年当选为中央研究院院士；任香港《文汇报》“科学与生活”专刊主编。1949—1951年任北京大学教务长兼化学系主任。1951—1957年任中华人民共和国教育部副部长和高等教育部副部长。1955年当选为中国科学院学部委员，被任命为中国科学院化学研究所所长。1958—1967年任武汉大学化学系教授兼元素有机化学教研室主任。1967年12月8日在武汉逝世。

曾昭抡的研究领域相当广泛。早在20世纪20年代，曾昭抡就开始做有机化学研究。尤其是他在北京大学做出了一批出色的研究成果，仅在1932—1937年间，就发表了50多篇论文，其中“对亚硝基苯酚”的研究成果，已载入《海氏有机化合物词典》，被国际化学界所采用。在有机理论方面，曾昭抡和孙承谔等提出了一个计算化合物沸点的公式，指出一个化合物的沸点与所含原子半径有一定关系，只需将原子半径代入公式，就可以算出化合物的沸点。同时他们还提出了计算二元酸和脂肪酸熔点的公式。在分子结构方面，曾昭抡等测得四氯乙烯的偶极矩为零，证明了该化合物有对称结构。他还测出了己二酸的偶极矩为 4.04D，并推断该酸有桶形结构。

曾昭抡在制备无机化合物和有机卤代物方面，发表了 10 多篇论文，在谷氨酸、醌、有机氟化物及有机金属化合物方面，进行了一系列研究；在制备胺类化合物、盐类化合物、酚类化合物以及合成甘油酯方面，也做了不少工作；对有机化合物的元素检出和测定方法，提出了不少改进意见。曾昭抡还做过炸药化学研究，并发表过论文，出版了专著《炸药制备实验法》。

在科学研究之外，他在化学名词、化学文献和化学史等方面也做过不少研究。

曾昭抡先生既是著名的化学家，也是伟大的教育家。他在中央大学，特别是到北京大学以后，进行了一系列教育改革。首先，加强实验室建设。他认为，实验室是教学和科研必备的条件。在他主持下，北京大学化学系扩建了 4 个实验室，进行了设备改装和增补，购置了许多新的实验仪器和化学药品，使实验室成为师生从事教学和科研的重要基地。其次，他重视图书资料工作，为北京大学化学系图书室订购了美国、英国、德国等国的许多图书、期刊，亲自选定书刊目录，千方百计补齐缺刊，保证师生能接触到学术领域的各个方面及其最新发展。他重新编写教材，亲自编写讲义，把一些最新动态和成果加进去、介绍给学生。他曾讲授过普通化学、有机化学、物理化学、有机合成、有机分析、炸药化学和化学工程等多门课程，由于他备课认真，又博学多闻，所以他的讲课很受学生欢迎。曾昭抡还为改革教学方法做了许多工作。有时他在课堂上一边讲课，一边做示范实验；或者讲完了所学的内容后，集中一段时间让学生去做实验。例如有机合成课要求学生用一定数量的原料，在规定时间内完成 20 个合成实验；又如有机分析课要求学生对 10 个未知化合物和 5 个未知混合物进行分离、鉴定并写出报告。他这样重视实验的教学方法，在当时的中国尚属罕见。曾昭抡对学生训练十分严格，他要求每个学生在毕业前必须接受科学研究的训练，一定要做毕业论文。1934 年，北京大学化学系的学生开始做毕业论文，从此，我国各大学也相继实行毕业论文制度。

二、第2代

曾昭抡先生一生桃李满天下，其中在学界最著名的要数他在西南联大时期所栽培的学生、后来成为著名理论化学家与中科院院士的唐敖庆先生，以及他在武汉大学时期培养的学生——著名有机化学教授徐汉生和著名教育家、化学家、社会活动家、武汉大学前任校长刘道玉。

唐敖庆(1915—2008)，1936年夏考入北京大学化学系学习。“七七”事变爆发后，随校南迁，先在长沙临时大学学习，1938年随校到昆明，在西南联合大学化学系继续学习，1940年毕业留校任教。抗日战争胜利后，唐敖庆和王瑞駪、李政道、朱光亚、孙本旺等，以助手身份随同我国知名化学家曾昭抡、数学家华罗庚、物理学家吴大猷于1946年赴美考察原子能技术。尔后，唐敖庆被推荐留在哥伦比亚大学化学系攻读博士学位。唐敖庆先生的科学研究主要集中在量子化学及高分子等领域，这些内容将在物理化学部分及高分子部分作详细介绍。

徐汉生(1930—　)，长期从事有机化学(有机合成、元素有机化学)与精细化工(农药合成)的教学和科研工作，学术思想活跃，学术兴趣广泛，学术造诣深厚，富有创新精神，是我国知名的有机化学家。1953年毕业于武汉大学化学系，留校任教。1958—1959年曾在北京大学进修，先后担任讲师、副教授、教授。他于1959年协助曾云鹗教授在武汉大学筹建国防化学方面的专业，后来转到曾昭抡先生创办的元素有机化学专业，研究方向是有机磷化学。他先后担任有机化学教研室副主任和主任，1991年以他为学科带头人申请有机化学博士点获得成功，同时被聘任为博士生导师。他先后讲授“有机合成”、“科技英语”、“化学文献”等课程。与他人合作编著了《有机合成》(上下册)，获国家教委第三届普通高等学校优秀教材二等奖。他在科学研究上成绩卓著，尤其是在相转移催化剂和冠醚菁染料两方面的研究成果分别获得国家发明三等奖和国家教委科技进步(甲类)三等奖。他培养了不少优秀的研究生，先后被评为湖北省教委优秀科技工作者、武汉大学先进工作者、武汉大学研究生优秀指导教师等，享受国务院政府特殊津贴。退休以后，他继续关心学科建设，编著出版了《绿色化学导论》一书。

徐汉生在武汉大学长期执教，后期曾参与指导研究生，其中有的已成为大学教授。

刘道玉(1933—　)，1953年考取武汉大学化学系。1962年被派到苏联留学，成为当时苏联科学院院士、国际有机氟化学权威克努杨茨（Иван Людвигович Кнунянц，1906—1990）门下唯一的中国学生，攻读有机氟专业。“文革”期间，刘道玉历经波澜。1977年，出任国家教育部党组成员兼高教司司长，对高教战线上的拨乱反正和恢复统一高考起到了很大的作用。1981—1988年担任武汉大学校长，是当时中国高等院校中最年轻的一位校长。[①] 他倡导自由民主的校园文化，从教学内容到管理体制，率先推行了一系列改革措施，如学分制、主辅修制、转学制、插班生制、导师制、贷学金制、学术假制等，拉开了中国高等教育改革的序幕，其改革举措在国内外产生了重大影响。刘先生的成就主要在教育而非研究。

三、第3代

刘道玉在武汉大学长期执教，培养了不少学生，他们中有的成为著名学府的骨干教授，如武汉大学教授杨楚罗、陈兴国，华东理工大学教授花建丽等；有的已身居领导岗位，成为一支科研队伍乃至一个科研机构的掌舵者，如华中师范大学化学学院副院长张爱东，以及武汉大学化学与分子科学学院研究员、有机硅化合物及材料教育部工程研究中心副主任唐红定等。

秦金贵，1969年从武汉大学化学系毕业后留校，1981年获武汉大学有机化学专业硕士学位。1984年赴英国牛津大学留学，师从国际著名金属有机化学家M. L. H. 格林（Malcolm L. H. Green）教授，从事金属有机固体化学研究。1987年获博士学位后回到武汉大学，从事分子光电功能材料化学的教学与研究。1993年被评聘为教授和博士生导师。曾任武汉大学化学学院院长、化学与环境科学学院院长，先后在日本理化学研究所、日本分子科学研究所和美国加州理工学院进行过合作研究。

---

① 1963年7月，他又作为著名的“反修战士”紧急回国并受到周恩来总理、陈毅外长的两次接见。周总理建议他去中国军事科学院工作，被他婉拒，而执意要回武大“报效母校”。“文革”发动后，他的“身份”不断发生变化。先是被“文革”小组副组长王任重提名为北大“文革”联络组组长，受到重用。后来受审查批斗，历经磨难。“四人帮”被粉碎后，他被“借用”到教育部，担任部党组成员兼高教司司长，主抓高等教育的拨乱反正，恢复中断多年的高考招生制度。高考的恢复，是全国改革的先声。就是在这种春潮涌动的关口，以身体不适为由辞去教育部一切职务的刘道玉，回到了武汉大学，旋即被任命为武汉大学党委副书记。1981年8月21日被任命为武汉大学校长。当年，他48岁。第二天的《人民日报》头版报道了国务院对他的任命，并说刘道玉“是新中国成立后我国自己培养的大学生中第一个担任大学校长的人，也是全国重点大学中最年轻的校长”。

表 3.8　曾昭抡有机化学谱系表

<table>
<tr><td>第 1 代</td><td colspan="2">第 2 代</td><td colspan="2">第 3 代</td><td colspan="2">第 4 代</td></tr>
<tr><td>第一代</td><td colspan="2">第三、第四代</td><td>第五代</td><td>第六代</td><td>第五代</td><td>第六代</td></tr>
<tr><td rowspan="11">曾昭抡(1926 年博士，麻省理工学院)</td><td colspan="2">唐敖庆［1940 年学士，西南联大；1949 年博士，哥伦比亚大学，师从哈尔福德(R. Halford)(见物理化学和高分子部分)］</td><td></td><td></td><td></td><td></td></tr>
<tr><td rowspan="2">曾昭抡、曾云鹗</td><td rowspan="2">徐汉生(1953 年学士，武汉大学)</td><td></td><td>胡利明[1](2001 年博士，武汉大学)</td><td></td><td></td></tr>
<tr><td></td><td>黄齐茂[2](2003 年博士，武汉大学)</td><td></td><td></td></tr>
<tr><td colspan="2" rowspan="8">刘道玉(1958 年学士，武汉大学；1963 年肄业，苏联科学院元素有机化学所，师从克努杨茨)</td><td>秦金贵(1981 年硕士，武汉大学；1987 年博士，牛津大学，师从 M. L. H. 格林)</td><td></td><td></td><td></td></tr>
<tr><td rowspan="7"></td><td rowspan="7"></td><td>杨楚罗(1997 年博士，武汉大学)</td><td></td></tr>
<tr><td>张爱东(1999 年博士，武汉大学)</td><td></td></tr>
<tr><td>陈兴国(2000 年博士，武汉大学)</td><td></td></tr>
<tr><td></td><td>唐红定(2001 年博士，武汉大学)</td></tr>
<tr><td></td><td>花建丽(2002 年博士，武汉大学)</td></tr>
<tr><td></td><td>李振[3](2002 年博士，武汉大学)</td></tr>
<tr><td></td><td>任鹏(2003 年博士，武汉大学)</td></tr>
</table>

注：1. 北京工业大学教授，博士生导师，主攻有机合成。
2. 武汉大学教授，主攻有机合成。
3. 武汉大学化学与分子科学学院副教授。

第七节　高济宇有机化学谱系

高济宇，有机化学家和教育家。长期致力于有机合成及反应的研究工作，有许多重要发现。早期研究有机化合物的成环反应，并发现了二酮的环链互变异构现象。研究银、钯、钛等金属对有机反应的影响，发现银能引起卤代酮多种形式的二聚反应，钛能引起四个氰基脱去两个氮而生成吡嗪环。在科研之外，他从事教学和教育行政工作长达50余年，编写了全国统编教材《有机化学》，曾任南京大学教授、教务长、副校长等职，桃李满天下，为中国化学教育事业做出了卓越贡献，著名有机化学家、中科院院士胡宏纹就是他的学生。高济宇谱系现有副教授及以上成员20多人。

一、第1代

高济宇(1902—2000)，1916年就读于河南开封第一中学，次年转入开封河南留学欧美预备学校。毕业后考入交通部唐山大学(即唐山交通大学，今西南交通大学)土木工程系，在校期间，他目睹当时中国军阀混战、帝国主义的压迫、政治腐败、民不聊生、教育和科学落后的状况，于是抱着教育救国、科学救国的志向，于1923年春考取河南省官费留学美国。同年秋入美国华盛顿州立大学电机系学习。由于国内军阀混战，留学生学费不能按时发给，入学后生活极端困难，一个多月后，不得不退学做工。1924年春复学后转入化学系，此后3年每年暑假都到阿拉斯加鱼产加工厂做工，以所得工资补贴学费。1927年入伊利诺伊大学研究生院攻读有机化学，导师为R. C. 福森(Reynold Clayton Fuson, 1895—1979)，获得博士学位后，于1930—1931年任伊利诺伊大学化学系研究助理。

1931年8月高济宇回国在中央大学(今南京大学)先后任副教授、教授，化学系主任(1934—1945)，教务长(1947年)等职。1949年中央大学改名为南京大学，先后任理学院长、教务长和副校长(1950—1984)。

高济宇除担任学校领导工作，还始终坚持教学，1958—1978年间兼任有机化学教研室主任，1983年又开始招收博士研究生，为南京大学有机化学教研室的发展和成长，倾注了毕生精力。在50多年的教学生涯中，高济宇桃李满天下，为中国化学教育做出了卓越贡献。他长期讲授有机化学课程，数十年如一日，坚持认真备课，精益求精，及时更新和充实教学内容。在日益增多的学科内容中精选最重要、最基本的知识，有步骤地教给学生。充分调动学生学习的主动性，并能发挥他们深入思考和钻研的能力。他在多年的教学实践中摸索出系统性更强并更能反映有机物内在联系的"官能团编排体系"，该体系使有机化学内容紧凑，便于教学，易与实验配合，因此愈来愈为师生接受。在此基础上，高济宇编写了全国统编教材《有机化学》，此教材经多次修订，一直在高校中使用。他讲课语言精炼，启发性和感染力强，关心同学的接受能力。他还十分重视实验教学，不断完善实验条件，经常到实验室看同学做实验，对实验结果认真检查。他更重视对学生品德的培养和生活上的关怀。高济宇严于律己，宽以待人，言传身教，堪称一代师表。

二、第2代

胡宏纹(1925—)，有机化学家，中国科学院院士，专长于有机合成及冠醚化学。在有机合成新反应、新方法和新试剂的研究中，发现芳醛肟脱氢二聚体与苯乙烯反应生成1∶1加成产物，证明这是一种新的自由基反应，即亚胺氧自由基与烯烃的加成反应；发展了一种新的盖布瑞尔(Gabriel)试剂——二甲酰氨基钠，并利用它合成了伯胺、α-氨基酮、芳基取代丙酮酸酯和α-氨基酸；发展了一种氧化剂 $Py_4CO(HCrO_4)_2$，并已用于苄醇、苄氯、苄胺、醛、肟等化合物的氧化和中氮茚衍生物的合成。在有机金属化合物的合成、性质及其有机合成应用的研究中，改良了由芳基重氮盐和氯化汞合成有机汞化合物的涅斯米扬诺夫反应；改良了由二酰基过氧合成有机汞化合物的方法；首先研究了α-汞化的羰基化合物与自由基的反应；首先报道了由二芳基碘盐合成芳基膦酸的方法；制备了用有机高分子和无机高分子负载的钯(O)催化剂，并用于卤代烃的乙烯基化(Heck)反应中，其中一种催化剂的转化数已超过16 700次。在冠醚的合成及性质研究中，合成了多种类型的冠醚，研究了它们的配位性能和应用，其成果"冠醚的合成及应用"获1988年国家教委科技进步二等奖。合成了一系列双冠醚，研究了它们的配位性能，首先用X射线晶体分析法证明在双冠醚金属配合物中两个冠醚单位协同作用，把离子包结在中间；提出了由糖精合成二氮杂冠醚的低成本方法；合成了一系列双臂套索冠醚，首先得到它们的双核铜配合物，其成果"双冠醚的合成、性质及应用"获1992年江苏省科技进步二等奖。

胡宏纹1946年毕业于中央大学(1949年更名为南京大学)化学系，任中央大学化学系助教，其间受到高济宇等名师的悉心指导。1950年9月至1952年8月在哈尔滨工业大学攻读研究生。1953—1963年先后在大连工学院（现大连理工大学）及南京大学化学系任讲师。1957年赴莫斯科大学进修，导师为列乌托夫（Олег Александрович Реутов，1920—1998），两年后获副博士学位回国。1963年起历任南京大学化学系副教授，教授，有机化学教研室主任（至1984年）。

胡跃飞，清华大学化学系教授，博士生导师。在生物有机化学、杂环化学、不对称合成手性化合物、药物化学等相关有机合成领域成绩卓著。胡跃飞1977—1987年在南京大学化学系学习，获博士学位，师从高济宇和胡宏纹教授。1988—1990年在美国南佛罗里达大学（University of South Florida）分子设计和识别中心G. R. 纽康姆（George Richard Newkome）教授课题组从事博士后研究。之后又于1991—1996年在美国华盛顿大学圣路易斯分校（Washington University in St. Louis）医学院分子生物学和分子药理学系D. F. 卡威（Douglas F. Covey）教授课题组工作。1996—2002年任南京大学化学系教授，博士生导师。2002年起任清华大学化学系教授，博士生导师。

潘毅，1978年进入南京大学学习，1982年毕业于南京大学化学系，1986年获硕士学位，1992年获博士学位，师从高济宇、胡宏纹。1989—1992年在英国伦敦大学帝国学院从事博士后研究工作。现任南京大学化学化工学院教授（博士生导师），南京大学副校长，国家"863"计划新材料高纯金属有机化合物（MO源）研究开发中心负责人，中国化学会理事。主要研究方向：MO源的研究和开发工作；主族金属有机化合物的合成、结构及其在光电和有机合成方面的应用研究；钯催化的有机反应研究；超声技术在有机合成中的应用。

三、第3代

胡宏纹弟子

胡宏纹教授长期致力于有机化学教学工作，先后四次主编有机化学教材，总印数近40万册。培养硕士研究生、博士研究生和访问学者30多人。1990年被江苏省教委评为优秀研究生导师。

孙小强，1988年博士，胡宏纹、王德粉共同指导，常州大学党委副书记、纪委书记、教授、博士生导师。主要研究领域：有机化学，精细化工。

韩应琳，1990年博士，康龙化成新药技术有限公司研究骨干，从事新药研发。

周健，1998年博士，华南理工大学教授，博士生导师。主要研究方向：智能材料分子设计。

王乐勇，1999年博士，胡宏纹、孙小强共同指导，南京大学化学化工学院教授。主要研究领域：超分子化学、有机分子器件、有机催化和金属有机化学。

表3.9 高济宇有机化学谱系表

<table>
<tr><th>第1代</th><th colspan="3">第2代</th><th colspan="2">第3代</th></tr>
<tr><th>第二代</th><th>第三代</th><th colspan="2">第五代</th><th>第五代</th><th>第六代</th></tr>
<tr><td rowspan="14">高济宇（1930年博士，伊利诺伊大学，师从福森）</td><td rowspan="9">胡宏纹（1946年学士，中央大学；1959年副博士，苏联莫斯科大学，师从列乌托夫）</td><td rowspan="9" colspan="2"></td><td>孙小强（1988年博士，南京大学）</td><td></td></tr>
<tr><td>韩应琳（1990年博士，南京大学）</td><td></td></tr>
<tr><td>周健（1998年博士，南京大学）</td><td></td></tr>
<tr><td>王乐勇（1999年博士，南京大学）</td><td></td></tr>
<tr><td>王炳祥[1]（2000年博士，南京大学）</td><td></td></tr>
<tr><td>胡家欣[2]（2000年博士，南京大学）</td><td></td></tr>
<tr><td></td><td>吉民[3]（2001年博士，南京大学）</td></tr>
<tr><td></td><td>刘玮炜[4]（2003年博士，南京大学）</td></tr>
<tr><td></td><td>史达清[5]（2004年博士，南京大学）</td></tr>
<tr><td rowspan="5"></td><td rowspan="5">高济宇、胡宏纹、纽康姆</td><td rowspan="5">胡跃飞（1988年博士，南京大学）</td><td rowspan="5"></td><td>王杰[6]（2001年博士，南京大学）</td></tr>
<tr><td>王少仲[7]（2003年博士，南京大学）</td></tr>
<tr><td>王存德[8]（2003年博士，南京大学）</td></tr>
<tr><td>史海健[9]（2004年博士，南京大学）</td></tr>
<tr><td>程传杰（2007年博士，南京大学）</td></tr>
</table>

（续表）

<table>
<tr><th>第1代</th><th colspan="3">第2代</th><th colspan="2">第3代</th></tr>
<tr><th>第二代</th><th>第三代</th><th colspan="2">第五代</th><th>第五代</th><th>第六代</th></tr>
<tr><td rowspan="3"></td><td rowspan="3"></td><td rowspan="3">高济宇、胡宏纹</td><td rowspan="3">潘毅(1988年博士，南京大学)</td><td rowspan="3"></td><td>沈应中[10]（2000年博士，南京大学）</td></tr>
<tr><td>胡益民[11]（2003年博士，南京大学）</td></tr>
<tr><td>顾玮瑾[12]（2005年博士，南京大学）</td></tr>
</table>

注：1. 南京师范大学有机化学教授。
2. 美国得克萨斯大学达拉斯分校西南医学中心生物化学系教授。
3. 东南大学化学化工学院教授、博士生导师，东南大学制药工程研究所所长，东南大学制药工程博士点学科带头人，苏州市生物医用材料应用与技术重点实验室副主任。主要从事创新药研究。
4. 淮海工学院化学工程学院副院长，制药工程专业负责人。主要从事有机合成研究。
5. 徐州师范大学教授，博士生导师。
6. 南京大学化学系有机教研室、南京大学药物化学研究所教授。
7. 南京大学副教授。
8. 扬州大学化学化工学院教授。
9. 南京工业大学教授。
10. 南京航空航天大学教授，博士生导师。
11. 安徽师范大学教授。
12. 南京师范大学副教授。

第八节　王序有机化学谱系

王序，生物有机化学家，中国科学院院士。在学术上最突出的贡献，是对生命科学有关的核酸的碱基以及核苷、环核苷酸类化合物的研究，并在发掘中草药宝库方面做出了贡献。他毕生致力于药学教育事业和药物研究工作，培养了大批药学科学技术人员。1940年回国以来，历任浙江大学、北平研究院化学研究所、北京大学医学部①

① 今北京大学医学部的前身是国立北京医学专门学校。该学校由中华民国教育部创建于1912年，是中国政府依靠自己的力量开办的第一所专门传授西方医学的国立医学校，汤尔和为首任校长，校址在和平门外后孙公园。1923年，国立北京医学专门学校改建为国立北京医科大学校。1927年，北京国立高等学校合并成立国立京师大学校，北京医科大学校成为国立京师大学校医科。1928年，国立京师大学校改组为国立北平大学，医科改为医学院。1937年抗日战争爆发后，国立北平大学西迁，部分医学院师生一同西迁。1946年7月，北京大学在北平复校，而北平大学未得复校，医学院遂并入北京大学，成为北京大学医学院。1952年，全国高等学校院系调整，北京大学医学院脱离北京大学，独立建院并更名为北京医学院，校址迁至今日的北京市海淀区学院路38号。1985年，学校更名为北京医科大学。2000年4月3日，北京医科大学与北京大学正式合并，北京医科大学旋正式更名为北京大学医学部。

药学系教授。药物化学家蔡孟深、马灵台等在工作之初曾跟随王序开展科学研究，受其栽培，张礼和院士是王序的研究生。迄今为止，王序谱系共有副教授以上成员10多人。

一、第1代

王序(1912—)，1932年于无锡辅仁中学毕业后考入上海沪江大学化学系，1935年毕业。翌年4月赴奥地利维也纳大学深造，在当时颇有声望的斯巴特(Ernst Späth, 1886—1946)教授门下读研究生，进行植物成分有机结构分析方面的研究，具体指导他工作的是韦斯利(Friedrich Wessely, 1897—1967)教授。他在奥地利攻读4年，以优异的成绩获博士学位。

1940年回国后任浙江大学化学系教授(当时已迁贵州遵义)。翌年任北平研究院化学研究所(当时迁至离昆明10里的黑龙潭)研究员，致力于中药天然成分的分析和合成研究。抗日战争时期，研究条件极端困难，王序靠着熟练、精细的有机化学实验技巧和坚实的有机化学理论基础，利用经典的有机化学方法成功地研究了土大黄、丹参、射干等中药的成分，并确定了它们的化学结构。这些研究论文，先后发表在《中国化学会志》和 *J. Chem. Soc.* 上。当时王序的大量工作是做天然物的结构分析，但在物质条件十分困难的情况下，也开展了天然成分的合成研究。在那时王序曾完成了香豆素类化合物的合成并发展了一个合成稠环角甲基的方法。

1950年，王序调任北京大学医学院药学系有机化学教授、教研室主任。曾主持对益母草、鸦胆子、玉米须、锡生藤、猪尿豆、吊群草等中药的研究。他提出并应用酶和受体系统作为寻找中药活性成分的工具，对已整理出的200味常用中药，用15个酶和受体系统进行筛选，找到了一些对PAF和安定受体有活性的新结构类型，加快和提高了研究的进程和质量。1955年，他提出要建立系统研究碱基、核苷和核苷酸合成方法的科学体系，结合抗肿瘤药物的研究寻找新药。1961年建立核酸化学研究室，系统研究硫代糖、去氧糖以及嘧啶、嘌呤类核苷和碳苷的合成。其中一些三嗪类化合物和它们的核苷，经证明是有效的抗癌剂。在此期间与同事合作，利用羟基含氮杂环的不正常对甲苯硫酰化反应，为合成具有不同取代基的杂环化合物开辟了一条新的途径。这项新成果获1964年国家科学发明奖。

1970年，他根据中医“扶正怯邪”的理论，创造性地提出增强免疫系统的活力和增强体内的激素调节能力，调节酶系统作为“扶正”的两种途径。他从研究C-AMP(即环状脉呤核苷酸)的调节能力着手，紧紧抓住近代发展起来的环核苷酸系统，首先解决合成方法及生产路线，进而合成一系列的核苷亚磷酸及核苷环亚磷酸，为进一步研究 C－AMP 的作用、机制及寻找新的、更有效的抗肿瘤药物开辟一条新路。1977 年，他在查阅大量文献的基础上，对 β－内酰胺抗菌素、四环素类、前列腺素类、长春花碱等的半合成以及 Ansa 大环类化合物化学的研究作了详细分析，写成《复杂的天然产物全合成中的问题》一文。这些科研成果，分别于 1978、1980 年获国家科委和卫生部的发明奖和成果奖。他先后发表论文 35 篇，与人合著《有机化学》、《有机化学命名原则》两本书。

“文化大革命”时，王序受到冲击；“文革”结束后，他不计前怨，欣然继续担任药学系的领导工作。1978 年为系主任，1984 年为名誉系主任直到逝世。1980 年，当选为中国科学院化学部学部委员。

二、第 2 代

王序作为教师起始于 1940 年，但其真正培养学生开始于他受聘北京医学院，这里也是王序谱系的大本营所在。他先后领导北京医学院药学系工作 20 年，在药学系原有的药物化学、药学两个专业外，新建立了化学专业。从本科生到研究生的培养方案，都经过他的精心设计。对教师的培养，他也有完整的计划，如药剂学教员先在物理化学教研组打基础，药物化学教师先在有机化学教研组打基础。几十年来，他亲自讲授过有机化学、有机分析、有机合成、单元作业、理论有机等课程，培养和指导了大批药学人才，为药学教育、科研事业做出很多贡献。

蔡孟深(1927—　)，有机化学家、药物化学家。多年从事天然产物及其类似物的合成研究及人才培养，在杂环化学、糖化学、多肽化学及植物化学等研究领域有较深的造诣。在糖化学研究中，首创并发展了三种糖 C－1 位离去基，用于高立体选择性、高收率合成 C，O，S，N－苷类化合物及寡糖；在血吸虫病合成多肽疫苗研究中，设计、合成并筛选出的活性肽段，经多种动物活性实验，减虫、减卵率等均超过基因工程疫苗，对中国多肽化学及肽类药物的发展做出了贡献。

1946—1950 年在清华大学化学系学习，获理学士学位。去天津市工业局工作几个月后，调入北京大学医学院工作，从此便与有机化学、药物化学的研究与教学结缘。1951 年起历任北京医学院药理学及有机化学助教、讲师、副教授、教授(1985 年)，曾任药学系有机化学教研室副主任、主任。

蔡孟深一贯重视教学工作。几十年来他始终坚持工作在教学第一线。多年来，蔡孟深先后开设了研究生的“理论有机化学”、“高等有机合成”等课程，本科生的“有机化学”、“有机合成”、“化学文献”等课程。他还十分重视教材建设,主编及参加编写了《有机化学》、《药物合成反应》等四部教材,均已出版。他十分看重研究生教育,认为研究生教育是为国家培养高层次科研人才的一条重要途径。多年来无论经费如何紧张,他都尽量地多招研究生,为国家多培养人才。他于1978年任硕士生导师,1986年开始招收博士生。1987年有机化学教研室成为全国第一批的药物化学专业博士后流动站。10多年来,他已培养了14名硕士,22名博士和10余名博士后。可以说,他是北京医科大学培养研究生最多的导师之一。

蔡孟深指导研究生的特点是发挥学生的主观能动性,从不把课题规定得很死,只在选题和思路上把关,具体的路线设计则由学生查阅文献,共同讨论完成。他十分鼓励学生要多采用新方法,多用新的合成反应,他认为只有通过这种训练,才能达到让研究生在科研选题及动手能力两方面都得到提高的目的。凡是受过蔡孟深指导的学生都有一个共同的感受,即他是一个十分开明和民主的导师。从有机化学教研室毕业的研究生,已遍布天南海北、世界各地,他们中的许多人已成为科研骨干,有的还担任了领导工作,留校的也成为教学和科研的中坚力量。由于科研工作成绩突出,蔡孟深的许多学生获得了多项荣誉,如2人获中国化学会颁发的“青年化学奖”,3人获德国著名的“洪堡基金”的资助。这一切都包含了蔡孟深的心血和汗水。他还特别关心青年教师的成长,大胆放手,充分信任,热情指导,在经费、人员和设备上予以充分支持,为青年教师骨干的成长创造了宽松、良好的条件。

张礼和(1937—),有机药物化学家,中国科学院院士。长期从事核酸化学及抗肿瘤抗病毒药物研究。自1990年以来系统研究了细胞内的信使分子cAMP和cADPR的结构和生物活性的关系,在此基础上发展了作用于信号传导系统、能诱导分化肿瘤细胞的新抗癌剂,发展了结构稳定、模拟cADPR活性并能穿透细胞膜的小分子,使之成为研究细胞内钙释放机制的有用工具。系统研究了人工修饰的寡核苷酸的合成、性质和对核酸的识别,提出了酶性核酸断裂RNA的新机理;发现异核苷掺入的寡核苷酸能与正常DNA或RNA序列识别同时对各种酶有很好的稳定性,寡聚异鸟嘌呤核苷酸有与正常核酸类似形成平行的四链结构的性质;发现信号肽与反义寡核苷酸缀合后可以引导反义寡核苷酸进入细胞并保持反义寡核苷酸的切断靶mRNA的活性;研究了异核苷掺入siRNA双链中对基因沉默的影响,为发展基因药物提供了一个新途径。共发表论文200多篇;获得中国专利3项。1995年当选为中国科学院院士。

张礼和1958年毕业于北京医学院药学系;1967年,北京医学院药学系研究生毕业。此后在北京医学院任助教、讲师、副研究员、教授(1985年)。1995年当选为中国科学院院士。1999 年至今在北京大学药学院任教授。现为北京大学药学院教授、药学院院长，天然药物及仿生药物国家重点实验室主任。

三、第 3 代

（一）蔡孟深弟子

邱东旭，1987 年博士，ChinaBio 中国咨询部总经理。

李中军，1992 年博士，北京大学药学院教授、博士生导师，北京大学药学院化学生物学系主任，北京大学天然药物及仿生药物国家重点实验室聘任教授。主要研究领域：糖化学及化学糖生物学；天然产物及其类似物的合成；寡糖合成新方法、新策略；生物活性糖类化合物（寡糖、糖肽、缀合物等）设计、合成及与生物大分子的相互作用；糖类药物及其 SAR 研究血吸虫病合成多肽疫苗的研究；新药研究与开发。

沈传勇，1993 年博士，蔡孟深、鲁纯素共同指导，国家药品认证中心副主任。

赵明，1995 年博士，蔡孟深、彭师奇共同指导，北京市药检所常务副所长，主任药师。

（二）张礼和弟子

张礼和长期耕耘于教学一线，开设“有机合成”、“高等有机化学”及“核酸化学”等课程。1990 年被聘为博士生导师，迄今已培养硕士、博士及博士后各数十人，当中有多人已成绩斐然。

周德敏，北京大学药学院和天然药物及仿生药物国家重点实验室教授，医学部特聘教授。主要从事化学和生物学交叉领域研究。

杨振军，张礼和、闵吉梅共同指导，北京大学药学院药物化学系教授、博士生导师，北京大学天然药物及仿生药物国家重点实验室、药学院药物化学系副主任。主要研究领域：化学修饰的反义寡核苷酸和 siRNA 药物研究；环核苷酸类信使分子化学生物学研究；核苷类抗病毒药物研究；基于核酸适配体的疾病检测新技术。

周英，贵州大学生命科学学院副院长。主攻药物化学。

梁鸿，北京大学医学部（原北京医科大学）药学院教授、博士生导师，北京大学药学院天然药物学系副主任，北京大学药学院药学实验教学中心副主任，北京大学药学专业教学委员会委员。主要从事天然产物结构及生物活性等领域的研究。

张三奇,1995 年博士,西安交通大学医学院药学系药物化学专业教授。主要从事激酶抑制剂的设计、合成和构效关系研究,进行心血管药物、抗肿瘤药物的开发研究。

表 3.10 王序有机化学谱系表

<table>
<tr><th>第 1 代</th><th>第 2 代</th><th colspan="2">第 3 代</th></tr>
<tr><th>第二代</th><th>第四代</th><th colspan="2">第五代</th></tr>
<tr><td rowspan="12">王序(1935 年学士,沪江大学;1940 年博士,维也纳大学,师从斯巴特和韦斯利)</td><td rowspan="4">蔡孟深(1950 年学士,清华大学)</td><td colspan="2">邱东旭(1987 年博士,北京医科大学)</td></tr>
<tr><td colspan="2">李中军(1992 年博士,北京医科大学)</td></tr>
<tr><td>蔡孟深、鲁纯素</td><td>沈传勇(1993 年博士,北京医科大学)</td></tr>
<tr><td>蔡孟深、彭师奇</td><td>赵明[1](1995 年博士,北京医科大学)</td></tr>
<tr><td>马灵台(1956 年学士,沈阳医学院)</td><td colspan="2"></td></tr>
<tr><td rowspan="7">张礼和(1958 年学士;1967 年研究生,北京医学院)</td><td colspan="2">周德敏(1996 年博士,北京医科大学)</td></tr>
<tr><td>张礼和、闵吉梅</td><td>杨振军(1998 年博士,北京医科大学)</td></tr>
<tr><td colspan="2">周英(1998 年博士,北京医科大学)</td></tr>
<tr><td>张礼和、赵玉英</td><td>梁鸿(1999 年博士,北京医科大学)</td></tr>
<tr><td>张礼和、凌仰之</td><td>茹呈杰[2](2000 年博士,北京大学医学部)</td></tr>
<tr><td colspan="2">张三奇[3](1995 年博士,北京医科大学)</td></tr>
<tr><td colspan="2">李庆[4](1999 年博士,北京医科大学)</td></tr>
</table>

注:1. 北京市药检所常务副所长,主任药师。
2. 郑州烟草研究院香精香料研究室副研究员。
3. 西安交通大学医学院药学系药物化学专业教授。主要从事激酶抑制剂的设计、合成和构效关系研究,进行心血管药物、抗肿瘤药物的开发研究。
4. 北京大学药学院化学生物学系副教授。

第九节 嵇汝运有机化学谱系

嵇汝运,我国著名的药物化学家,毕生致力于新药研究,在抗血吸虫病新药、金属解毒药物、抗疟疾新药、抗心律失常药物和抗感染新药等方面成果卓著。他倡导药物化学与药理学相结合,注重药物的构效关系研究,为我国“化学药理学”

的创立做出了开拓性的贡献；一生发表了200多篇学术论文，出版了20多部学术著作。嵇汝运自1953年归国起，长期在中科院上海药物所协同赵承嘏、高怡生等开展科学研究，20世纪80年代以后开始带博士研究生，培养了一批卓越的药学人才，上海药物所所长、上海中医药大学校长陈凯先是其中的优秀代表。

一、第1代

嵇汝运(1918—2010)，1934年在江苏省松江中学初中毕业后，进入江苏松江高级应用化学科职业学校，自此便对化学产生了浓厚的兴趣。1937年，考入中央大学化学系。1941年大学毕业后；在成都电信器材修造厂从事电化学方面的科研和生产工作，后在中央工业试验所从事油脂化学试验工作，担任技士。1947年，他考取留美公费实习生，先在美国诺谱科化学公司(NOPCO)的实验室实习，学习从油脂制取维生素及分析工作，半年后，通过中英庚款基金会留英的全国统考，获得继续深造的机会，转入英国伯明翰大学化学系主修生物化学。节假日他经常独自在实验室专心致志地从事课题研究。1950年夏，他的《氨基葡萄糖化学的研究》和《Mannich反应》论文出色地通过了论文答辩，他获理学博士学位，随后被校方聘任为药理系研究员，开始了在神经系统药物研究领域的探索研究和教学实践。在此期间，他寻找到一种局麻作用比普鲁卡因强10余倍的新化合物，论文在杂志上发表后，引起了国外同行学者的刮目相看。1953年，正当中国跨进第一个五年计划时，嵇汝运放弃了在英国名牌大学任职的优厚待遇，毅然回国参加祖国社会主义建设。

嵇汝运回国后，在上海药物研究所所长赵承嘏的带领下，积极地同高怡生等一起根据国家的需要从事药物研究工作，开创了新药合成研究的新领域，使中国药物研究水平跃上新的台阶。起初，针对当时血吸虫病防治工作的迫切需要，嵇汝运领导课题组开展了血吸虫病药物研究的工作，合成了百余种抗血吸虫病和寄生虫病实验药物。1958年，上海药物研究所规模进一步扩大，根据研究工作需要，嵇汝运又开展了神经系统药物研究课题，合成了近百种实验药物，为上海药物研究所神经药理研究的开创和发展，起到了关键性的作用。1961年，嵇汝运领导高血压药物的合成研究工作，合成了数十种实验药物，并进行了各种药理试验。这项研究直至1966年末因“文化大革命”而被迫停止。1978年，嵇汝运担任了上海药物研究所副所长。他以极大的政治热情和出色的工作效率协助高怡生所长领导全所的科研工作，治理“文化大革命”所造成的科研创伤。他身体力行，带领一批学术骨干，对专业设置、人员配备、设备添置、课题整顿、实验方案等进行了深入细致的研究。在此期间，嵇汝运亲自担任合成室药物化学研究组组长，领导了心血管药物、抗疟药物、神经系统药物和量子化学四个课题研究组，在新药研究和理论探索两大方面取得了前所未有的丰硕成果。1984 年，因年龄关系退出所领导岗位后，仍担任“量子化学在药物研究中的应用”课题组组长的职务，该课题组在短短十年间，研究了从量子化学的角度解释青蒿素类似化合物的取代基与抗疟作用间的关系，研究了顺铂类药物的量子药理学作用，以及四氢巴马汀类药物从量子化学计算探讨其药效构象等课题，并取得了令人瞩目的成果。

嵇汝运从在上海药物研究所早期工作起，就注意并倡导化学与药理学相互靠拢，主张化学家和药理学家就开发新药研究经常交流思想，相互切磋。20 世纪 60 年代中期，国外分子生物学获得巨大进展，从此化学与药理学的结合随着生物学从整体水平和细胞水平向亚细胞水平、分子水平乃至电子水平的深入发展而更加紧密起来。1973 年，嵇汝运与药物研究所其他同志共同翻译了《分子药理学概论》，介绍了当时较新的受体学说、受体的图像、药物的立体化学以及药物-受体相互作用等从分子水平上研究药理学的知识，深受读者好评。进入 80 年代，嵇汝运愈感要使药物化学工作者对药理学产生兴趣，进而用化学的方法(包括传统的和近代的)去研究药理学，这不仅对于每个药物研究工作者来说是必需的，而且更应着眼于未来，从在校的大学生抓起。于是他不辞劳苦，从广泛收集到的资料中精心选编材料，经反复修改后，撰写成《化学药理学》新教材，并于 1980 年首次在华东化工学院制药专业学生中开课。不少教师及外单位科技人员也闻讯赶来听课。现在“化学药理学”已成为华东化工学院(现为华东理工大学)制药专业的必修课之一。同时，由于嵇汝运在中国药科大学以及其他院校的介绍，该门新兴学科已在国内引起相当大的反响。

二、第 2 代

嵇汝运在长期的科研过程中，注重青年人才的指导和培养，在他的身边涌现了一大批优秀的药物化学研究人员。仅从“文革”结束，学位制恢复以来，就培养了数十位硕博士研究生，多名已成为学术骨干，在高校及研究所任教授。

陈凯先，药物化学家，1999 年当选为中国科学院院士。主要从事计算机辅助药物分子设计研究。进行有机小分子和生物大分子的结构和生物活性之间关系的研究，以及有活性的有机小分子的结构预测和设计。提出了计算机药物和受体疏水作用力场三维分布的数学模型和药物构象研究的方法，发展了药效基团的搜寻方法，建立了利用计算机构建具有结构多样性的分子库和模拟筛选的方法，并应用于多种抗肿瘤药物与核酸相互作用的研究。开发了基于药物与受体三维结构的药物设计研究，其中一些受体三维结构模型和新药的分子设计得到了实验的验证。1967 年毕业于复旦大学，1978 年 9 月考取中国科学院上海药物研究所研究生，1982 年和 1985 年在中国科学院上海药物研究所先后获得硕士和博士学位，导师为嵇汝运院士。1985—1988 年在巴黎生物物理化学研究所进行博士后研究。1990 年 5 月晋升为中国科学院上海药物研究所研究员、博士生导师、所长。曾任上海中医药大学校长，现任上海市科协主席。1999 年当选为中国科学院院士。他曾协助导师嵇汝运院士指导培养了一批优秀化学家。

沈建华，1990 年博士，周炳南、嵇汝运共同指导，中国科学院上海药物研究所研究员、博士生导师、课题组长、学术委员会委员。长期从事新药设计研究工作，目前主要从事糖尿病与心血管新药药学研究。

刘超美，1994 年博士，第二军医大学药学系有机化学教研室主任。主要从事抗真菌药物、抗血栓药物及抗肿瘤药物研究。

朱维良，1998 年博士，嵇汝运、曹阳共同指导，中国科学院上海药物研究所研究员、博士生导师、课题组长。主要研究方向：计算生物物理化学、药物设计及计算化学。

三、第 3 代

陈凯先弟子

蒋华良，1995 年博士，现任中科院上海药物研究所研究员、副所长，2004 年 9 月，曾任华东理工大学药学院首任院长。主要从事药学基础研究和新药研发，在药物设计和计算生物学方法发展、药物作用机制、药物先导化合物和新靶标发现等研究中，取得了系统性、创新性的成果。

杨玉社，1996 年博士，现任中国科学院上海药物研究所研究员、博士生导师、药物化学研究室主任、课题组长。主要从事药物化学领域的研究工作，重点研究领域为抗感染药物，包括噁唑烷酮类、喹诺酮类、碳青霉烯类抗菌药物，抗乙肝病毒药物，抗真菌药物；抗糖尿病药物；抗精神分裂症药物；药物合成新工艺与新方法。领导课题组采用结构优化策略，在创新药物研究与开发方面取得了一系列重要发现。

胡增建，1998年博士，美国马里兰大学医学院研究员。致力于从中草药中筛选抗癌药物、抗糖尿病药物、抗肥胖药物。

刘东祥，1998年博士，上海药物研究所研究员、课题组长。主要研究领域：采用生物化学和结构生物学方法，研究与癌症、神经退行性疾病相关蛋白质的结构和功能；以这些蛋白质为靶标，设计全新化学结构的抑制剂或激动剂，为药物研发提供新的先导化合物；发展蛋白质结构功能研究、药物分子设计的新方法和新技术。

表 3.11　嵇汝运有机化学谱系表

第1代	第2代	第3代
第三代	第五代	第五代
嵇汝运（1941年学士，中央大学）	陈凯先（1985年博士，上海药物研究所）	蒋华良（1995年博士，上海药物研究所）
		杨玉社（1996年博士，上海药物研究所）
		胡增建（1998年博士，上海药物研究所）
		刘东祥（1998年博士，上海药物研究所）
	沈建华（1990年博士，上海药物研究所）	
	刘超美（1994年博士，上海药物研究所）	
	朱维良（1998年博士，上海药物研究所）	

第十节　刘有成有机化学谱系

刘有成，有机化学家和化学教育家，1980年当选中科院院士，是我国有机自由基化学奠基人之一。研究领域为自由基化学、单电子转移反应、辅酶 NADH 模型形式上负氢转移反应机理等。20世纪90年代以来，刘有成在兰州大学等高校培养了不少化学人才，如中科院“百人计划”入选者王官武、陈传峰，教育部长江学者王为等。不过总体来看，该谱系发展较为迟缓。

一、第1代

刘有成(1920—),1942年毕业于中央大学。1945年,刘有成获得英国文化委员会奖学金,得以赴英国利兹大学化学院有机化学系读研究生,三年后,又前往美国西北大学做博士后研究。后转入美国芝加哥大学化学系任博士后研究员,师从著名化学家、自由基化学奠基人卡拉施(Morris Selig Kharasch, 1895—1957)教授,开始自由基化学研究的生涯。

刘有成于1954年12月回国。1955年,年仅36岁的刘有成被教育部授予教授学衔,担任兰州大学化学系教授,成为当时兰州大学最年轻的教授。1957年又挑起了化学系系主任的重担,此后20多年中,刘有成带领大家艰苦创业,使兰州大学化学系跻身于国内外知名化学系的行列。1987—1993年被国家教委聘任为兰州大学应用有机化学国家重点实验室主任兼学术委员会主任。多年来,他培养出60多名博士、硕士,先后获得"全国教育系统劳动模范"、"人民教师奖章"、"全国高等学校先进科技工作者称号"等殊荣。共在国内外重要学术期刊上发表了190余篇学术论文,获得国家自然科学三等奖、国家教委科技进步一等奖多项奖励。1980年,刘有成当选为中国科学院院士。1994年起任中国科学技术大学教授。

二、第2代

王官武,1993年博士,中国科学技术大学化学系教授、博士生导师,中国科学院"百人计划"入选者,国家杰出青年科学基金获得者。主要研究方向:富勒烯化学、绿色化学、计算化学、分子化学。

陈传峰,1995年博士,刘有成、徐建华共同指导,中国科学院化学研究所研究员,2000年入选中科院"百人计划"。主要研究方向:三蝶烯衍生新型受体分子合成及其在主客体化学与超分子化学中的应用;多氢键超分子组装体与螺旋折叠体研究——从结构模拟到功能材料;特殊手性化合物(固有手性杯芳烃、螺烯)的合成、拆分及其在超分子催化中的应用;有机凝胶与可调控软物质材料研究。

朱晓晴,1996年博士,南开大学化学学院教授、博士生导师。主要研究方向:有机负氢化学、烟酰胺辅酶化学和一氧化氮物理有机化学等。

王为,1998 年博士,教育部“长江学者”特聘教授,兰州大学博士生导师。主要研究方向:在功能化(有机、手性)多孔催化剂的设计合成、表征、(不对称)催化、催化反应机理。

表 3.12 刘有成有机化学谱系表

<table>
<tr><td>第 1 代</td><td>第 2 代</td></tr>
<tr><td>第三代</td><td>第五代</td></tr>
<tr><td rowspan="5">刘有成(1942 年学士,中央大学;芝加哥大学博士后,师从卡拉施)</td><td>王官武(1993 年博士,兰州大学)</td></tr>
<tr><td>李兆陇(1995 年博士,兰州大学)</td></tr>
<tr><td>陈传峰(1995 年博士,南京大学)</td></tr>
<tr><td>朱晓晴(1996 年博士,兰州大学)</td></tr>
<tr><td>王为(1998 年博士,兰州大学)</td></tr>
</table>

第十一节 梁晓天有机化学谱系

梁晓天,有机化学家、药物化学家,中科院院士。他在核磁共振(氢谱)的解析方面造诣颇深,特别是简化了 ABC 和 AA′BB′系统的解析方法,并编著了《核磁共振高分辨氢谱的解析和应用》,为推广和应用该技术做出了重要贡献。他率先应用各种谱学技术测定天然有机化合物的分子结构,是中国应用现代方法测定天然有机化合物分子结构的先驱者。他长期在北京协和医学院[①]执教,尤其是自 20 世纪 80 年代以后,他亲自或与别人合作培养了一批优秀药物化学专业

① 今北京协和医学院由中国教育部和卫生部双重领导,与中国医学科学院实行院校合一的管理体制。北京协和医学院前身,由美国洛克菲勒基金会于 1917 年创办,校址为北京市东城区东单三条 9 号,首任校长为富兰克林 · C. 麦克莱恩(Franklin C. McLean)。1929 年被国民政府教育部改名为私立北平协和医学院。太平洋战争爆发后,美日处于战争状态,协和医学院被日军占领(1942 年初)而被迫关闭。1945 年日本投降后,中华医学基金会与协和医学院校董事会派代表从日军手中收回全部校产,重建协和医学院,并于 1947 年 10 月第一次复校。1949 年 9 月复称北京协和医学院。新中国成立后,学校由中央人民政府接管。1950 年学校停止招生。1951 年更名为中国协和医学院。1954 年,开始研究生教育。1956 年,中国医学科学院成立,次年,北京协和医学院并入中国医学科学院。1959 年,经国务院批准,在原协和医学院的基础上成立了 8 年制的中国协和医科大学。“文化大革命”期间,学校停办。1979 年 8 月复校,校名改为中国首都医科大学。1985 年改为中国协和医科大学。2007 年复更名为“北京协和医学院”。

博士，如华西医科大学药学院院长王锋鹏等。

一、第1代

梁晓天(1923—2009)，1942年考入重庆中央大学化学工程系，1946年毕业后曾在家乡开元中学任教。次年2月赴美国西雅图华盛顿大学化学系研究生院学习，1952年毕业，获博士学位，后在哈佛大学化学系任博士后研究员。他毕业时，朝鲜战争正在激烈进行。梁晓天回国计划搁浅，后经过多方努力，终于于1954年9月回国。

1955年1月，任中央卫生研究院药物学系(1958年8月改称中国医学科学院药物研究所)副研究员，后任研究员。梁晓天长期致力于药物化学和有机化学方面的研究，他在研究工作中，善于应用谱学技术测定天然有机化合物分子结构，尤其在核磁共振技术方面，成绩卓著。他引进了核磁共振新技术，简化了ABC和AA′BB′系统的计算方法，使我国在这一领域的研究达到国际先进水平。1964年，他编译出版了我国第一部核磁共振谱的中文著述《核磁共振解析简论》。1976年，他将自己在核磁共振氢谱方面的研究成果进行了总结，编著了《核磁共振高分辨氢谱的解释和应用》。他对于在我国推广和应用该技术起了重要作用，曾获1978年全国科学大会著作奖。

二、第2代

梁晓天在中国协和医科大学(现北京协和医学院)长期从事教育，20世纪80年代以来亲自指导了大批优秀药物化学人才，他们中已有许多取得科研成果并成为学术带头人。

王锋鹏，1987年博士，现任四川大学华西药学院教授、博士生导师，1987—2000年曾历任华西医科大学药学院副教授、教授(1992年)、博士生导师、副院长、院长。主要从事抗癌药物及其多药耐药的化学和机理研究。

李同双，1989年博士，梁晓天、李裕林共同指导，美国复创医药公司(Fochon Pharma Inc.)药物化学部主任。主要从事生物标志化合物的合成研究。

张君增，1994年博士，梁晓天、方起程共同指导，加拿大国家研究院生命科学部营养科学与健康研究所研究员。

王智民，1994年博士，中国中医研究院中药研究所研究员、博士生导师。主要研究领域：中药化学和植物化学，新药开发，药物化学，新剂型研究，中药炮制。

肖虎，1995 年博士，梁晓天、陈淑凤共同指导，北京诺瑞医药技术有限公司总经理。

程潜，1995 年博士，梁晓天、谢晶曦共同指导，美国斯克利普斯研究所研究员。

赵立敏，1997 年博士，梁晓天，黎莲娘共同指导，北京协和药厂、北京协和制药二厂厂长。

方唯硕，1997 年博士，中国医学科学院药物研究所研究员，博士生导师。主要研究领域：活性天然产物的药物化学与化学生物学。

尹大力，1998 年博士，梁晓天，郭积玉共同指导，北京协和医学院药物研究所研究员、博士生导师。主要从事抗肿瘤药和精神神经药物的研究。

三、第 3 代

王锋鹏弟子

杨劲松，1998 年博士，四川大学华西药学院天然药物学系教授，硕士生导师。主要从事生物活性寡糖及其苷类的合成及药理活性研究。

范举正，1998 年博士，四川大学药学院教授。主要研究方向：天然产物分离和结构修饰，药物合成工艺研究。

表 3.13　梁晓天有机化学谱系表

第 1 代	第 2 代	第 3 代	
第三代	第五代	第五代	第六代
梁晓天(1946 年学士，中央大学；1952 年博士，华盛顿大学)	王锋鹏(1987 年博士，中国医学科学院药物研究所)	杨劲松(1998 年博士，华西医科大学)	
		范举正(1998 年博士，华西医科大学)	
			陈巧鸿[1](2001 年博士，华西医科大学)
			周先礼[2](2003 年博士，华西医科大学)
			徐亮[3](2003 年博士，华西医科大学)

（续表）

第1代	第2代		第3代	
第三代	第五代		第五代	第六代
	梁晓天、李裕林	李同双（1989年博士，兰州大学）		
	梁晓天、方起程	张君增（1994年博士，中国协和医科大学）		
	王智民（1994年博士，中国协和医科大学）			
	梁晓天、陈淑凤	肖虎（1995年博士，中国协和医科大学）		
	梁晓天、谢晶曦	程潜（1996年博士，中国协和医科大学）		
	梁晓天、郭积玉	张建伟[4]（1996年博士，中国协和医科大学）		
	梁晓天、黎莲娘	赵立敏（1997年博士，中国协和医科大学）		
	方唯硕（1997年博士，中国协和医科大学）			
	梁晓天、郭积玉	尹大力（1998年博士，中国协和医科大学）		

注：1. 四川大学华西药学院天然药物化学教授。
2. 西南交通大学生命科学与工程学院副院长，教授，硕士生导师。
3. 四川大学华西药学院副教授。
4. 首都医科大学化学生物学与药学院副研究员。

第十二节　朱正华有机化学谱系

朱正华，精细化工专家，中国感光化学及感光工业的先驱和奠基人，原华东化工学院（现华东理工大学）院长。长期从事有机合成及染料化学研究，在红外增感染料及彩色胶片增感剂的合成与应用方面取得重要成果，编有《照相染料》、《染料化学》等著作。他培养了一批有机合成及燃料化工人才，如著名有机化学家、中科院院士朱道本及中国工程院院士钱旭红等，两人分别在中科院化学研究所和华东理工大学培养了大批优秀学生。朱正华有机化学谱系现有副教授及以上职称的成员近 30 人。

一、第 1 代

朱正华(1924—1999),14 岁外出逃难,途经遵义时考进浙江大学先修班。由于品学兼优,被竺可桢校长推荐提前进入本科学习。1944 年毕业于浙江大学化工系,其间受到李寿恒等老一辈著名化工专家的精心栽培。

新中国成立后,历任交通大学讲师,华东化工学院副教授、教授、有机化工系主任、副院长、院长。朱正华长期在华东化工学院(现华东理工大学)从教,并曾担任该校校长。他积极引进国外先进仪器设备,创建现代化的分析测试中心和物理实验室,推动学校从单科性学院走向多科性大学。

二、第 2 代

朱正华亲自培养的近 20 名博士生和博士后研究人员中,有 4 人成为“洪堡学者”,2 人成为“马克思・普朗克学者”。著名有机化学家朱道本是他指导的研究生,中科院院士田禾及中国工程院院士钱旭红是他的博士。

朱道本,有机化学家、物理化学家。1965 年毕业于华东化工学院(现华东理工大学)有机工业系有机染料及中间体专业,后继续攻读菁染料专业研究生,并于 1968 年毕业。曾任中国科学院化学研究所副所长、所长,现任中国科学院化学研究所博士生导师,中国科学院有机固体开放实验室主任。1997 年 10 月当选为中国科学院院士。长期从事有机固体领域的研究,在有机晶体电磁性质、C60、有机薄膜和器件等方面的研究中做出了有影响的工作,曾获得国家自然科学二等奖 1 项和中国科学院自然科学二等奖 2 项,共发表论文 300 余篇,获得专利 2 项,合译专著 1 册,合著专著 2 册,为推进我国有机固体研究做出了重要贡献。

姚荣国,教授级高级工程师。历任化学工业部第一胶片厂研究所所长、副厂长、常务副厂长、厂长,上海隆达化工公司副总经理,现任中国乐凯胶片公司副总经理。

田禾,华东理工大学教授。1989 年 1 月在华东理工大学获精细化工博士学位,师从朱正华、王素娥及黄颂羽教授。1996 年获得国家杰出青年基金,1999 年被聘为教育部长江学者特聘教授,2011 年当选中科院院士。长期从事精细化工研究，主要从事有机功能材料的合成及其光物理、光化学研究。他从产品工程的基础研究入手，针对染料分子内弱相互作用可控转换与其多尺度功能调控的关键科学问题，提出染料分子设计新概念，发展了多尺度体系的精细荧光表征方法，探索多功能应用新体系，解决了产品清洁高效合成工艺的关键难题，取得系列研究成果，至2011年在国外学术刊物发表SCI论文288篇，申请中国发明专利49项，获34项授权，SCI论文被引7 100多次。

钱旭红，中国工程院院士，曾任华东理工大学校长，"973"首席科学家，在仿生农药和生物染料等研究领域做出了开创性的贡献。1982年7月获华东化工学院(现华东理工大学)石油化工系学士学位；1985年4月获华东化工学院精细化工系硕士学位，导师是长于精细化工应用性研究的任绳武教授；1988年7月获华东理工大学工学博士学位，导师是以精细化工理论研究见长的朱正华教师，研究方向为光电性能功能染料。1989—1992年受美国韦尔奇基金会(Welch Foundation)资助，赴拉玛尔大学(Lamar University)从事博士后研究，从事昆虫生长调节剂的研究工作。接着又获得德国洪堡博士后基金的资助，赴德国维尔兹堡大学从事DNA嵌入剂、切断荆的研究。1996年3月任华东理工大学副校长；2000年9月，任大连理工大学教育部长江学者奖励计划特聘教授。2004年出任华东理工大学校长。2011年当选中国工程院院士。

三、第3代

(一) 朱道本弟子

朱道本在中科院化学研究所培养了大批优秀研究生，其中有许多人成长为高校教授及骨干研究员。

孙树清，1997年博士，朱道本、吴培基共同指导，中科院理化技术研究所研究员、博士生导师。主要研究方向：近场光学扫描刻蚀技术、纳米分析和生物分子检测、电子器件、光记录介质、分子导体等。

胡文平，1999年博士，朱道本、刘云圻共同指导，中国科学院化学研究所研究员、博士生导师。主要从事有机高分子光电功能材料的研究，在新型有机高分子光电功能材料的设计合成、凝聚态结构与性能的关系，光电器件的应用等方面开展了系统研究。

（二）田禾弟子

田禾教授至今已培养博士 49 名(其中 2 名学生的论文入选“全国百篇优秀博士论文”),硕士 43 名,多人获得上海市优秀毕业生称号。

朱为宏,华东理工大学教授,博士生导师。主要研究方向：染料及功能色素,树枝化功能材料及其自组装,有机中间体合成。

（三）钱旭红弟子

李忠,华东理工大学教授,博士生导师,药物化工研究所所长。主要从事昆虫生长调节剂、昆虫飞行调控剂、新烟碱杀虫剂等绿色农药的创制及芳香含氟化合物的合成方法研究。

表 3.14　朱正华有机化学谱系表

第 1 代	第 2 代		第 3 代	
第三代	第四代	第五代	第五代	第六代
朱正华(1944 年学士,浙江大学)	朱道本(1965 年学士,1968 年研究生,华东化工学院)		孙树清(1997 年博士,中科院化学研究所)	
			胡文平(1999 年博士,中科院化学研究所)	
				谭轶巍[1](2002 年博士,中科院化学研究所)
				王帅[2](2003 年博士,中科院化学研究所)
				贾春阳[3](2003 年博士,中科院化学研究所)
				李洪祥[4](2000 年博士,中科院化学研究所)
				黄学斌[5](2003 年博士,中科院化学研究所)
				刘璐琪[6](2003 年博士,中科院化学研究所)

（续表）

第1代	第2代		第3代	
第三代	第四代	第五代	第五代	第六代
				郭雪峰[7]（2004年博士，中科院化学研究所）
				王贤保[8]（2004年博士，中科院化学研究所）
				邵向锋[9]（2004年博士，中科院化学研究所）
				肖生强[10]（2004年博士，中科院化学研究所）
				武伟[11]（2004年博士，中科院化学研究所）
				肖恺[12]（2007年博士，中科院化学研究所）
				狄重安[13]（2010年博士，中科院化学研究所）
		姚荣国		
		田禾（1988年博士，华东化工学院）	朱为宏（1999年博士，华东理工大学）	
			涂海洋[14]（2000年博士，华东理工大学）	
		钱旭红（1988年博士，华东化工学院）	李忠（1996年博士，华东理工大学）	
				肖义[15]（2002年博士，大连理工大学）
				刘够生[16]（2002年博士，大连理工大学）
				徐晓勇[17]（2003年博士，华东理工大学）

（续表）

第1代	第2代		第3代	
第三代	第四代	第五代	第五代	第六代
				贾丽华[18]（2003年博士，大连理工大学）
				郭祥峰[19]（2004年博士，大连理工大学）
		张晓东[20]（1992年博士，华东化工学院）		

注：1. 南京工业大学教授。
2. 华中科技大学教授、博士生导师。
3. 电子科技大学微电子与固体电子学院副教授。
4. 中国科学院上海有机化学研究所研究员、博士生导师。
5. 北京理工大学化学学院副教授。
6. 国家纳米科学中心副研究员。
7. 北京大学化学学院物理化学研究所研究员。
8. 湖北大学校内特聘教授，现任材料科学与工程学院院长。
9. 兰州大学功能有机分子化学国家重点实验室教授。
10. 武汉理工大学材料复合新技术国家重点实验室研究员。
11. 南京大学化学化工学院教授。
12. 2007年全国百篇优秀博士学位论文。
13. 2010年全国百篇优秀博士论文。
14. 华中师范大学教授、硕士生导师。
15. 大连理工大学精细化工国家重点实验室教授。
16. 华东理工大学教授。
17. 华东理工大学教授。
18. 齐齐哈尔大学化学与化学工程学院教授，工业催化学科带头人，化学工程与工艺系主任。
19. 黑龙江省“龙江学者”特聘教授，工业助剂黑龙江省重点实验室主任，精细化工黑龙江省高校重点实验室主任，齐齐哈尔大学化学化工学院院长、化学工程与技术齐齐哈尔市重点学科带头人。
20. 青岛大学教授、博士生导师。

第四章　物理化学部分

1877 年《物理化学杂志》创立，标志着物理化学作为一门学科正式形成。从热力学第一和第二定律被广泛应用于各种化学系统，尤其是溶液系统以来，至 20 世纪 20 年代，经典化学热力学已经完善；19 世纪末 20 世纪初，随着阿累尼乌斯(Arrhenius)提出化学反应活化能以及此后的链反应机理，化学动力学也迅速崛起。在结构化学领域，20 世纪初，劳厄(Laue)和布拉格(Bragg)对 X 射线晶体结构的研究奠定了近代晶体化学的基础。量子化学的兴起又促进了对分子微观结构的认识。化学键理论的蓬勃发展强力推动着结构理论的研究。随着计算机技术的发展，量子化学应运而生。20 世纪中叶，前线轨道理论和分子轨道对称守恒原理以及后来的半经验和从头算法为量子化学的广泛应用奠定了基础，使之成为研究分子和材料性质的重要方法之一。总体来说，物理化学在我国的初创时期正值国际物理化学研究蓬勃发展的一个重要时期，我国的物理化学事业与同时期国际水平相比尽管存在相当差距，但是相比于化学其他分支学科仍具有相对优势地位。

我国的物理化学研究始于 20 世纪三四十年代，一批留学归国的化学家以中央研究院、北平研究院以及北京大学和中央大学等著名学府为中心，在很薄弱的物质基础上，组织从事物理化学的研究工作，他们不仅在传统领域如化学热力学、电化学和胶体化学，也在一些新领域如分子光谱、X 射线晶体学、量子化学等方面，做出了成绩，发表了大约 300 篇论文。1949 年 10 月以后，中国采取了一系列重大举措加强物理化学的研究。在大量培养专业人才的同时，增设各种专门性的研究机构。除了中科院各综合性化学研究所设立物理化学方面的研究室外，还成立了以催化动力学为主的大连和兰州化学物理研究所，以结构化学研究为主的福建物质结构研究所。与此同时，北京大学、吉林大学和厦门大学也增设了结构化学和催化动力学方面的研究室。经过 10 多年的努力，到 20 世纪 60 年代初，中国已形成了一支以优秀老科学家为学术带头人、大批中青年科技人员为主体的初具规模的专业队伍，相继开展了电化学、催化和表面化学、量子化学、分析光谱和波谱、热化学、光化学、分子反应动力学等一系列研究工作并取得成果。

中国当代物理化学事业从源头上来讲乃起源于西方，从主流上讲是借由一个优秀的物理化学家学术谱系群落构筑和发展的。相比于化学其他各领域，科学家学术谱系形式、结构、功能和意义在物理化学领域表现得最为充分。自 20 世纪 20 年代后半期以来，一批优秀的物理化学前辈纷纷从欧美诸国学成归来，开拓了物理化学一块又一块本土上的学术土壤，栽培了一门又一门学科、一代又一代传人，并取得了一个又一个成果，这几乎成为整个当代化学家谱系发展史中的一个样板模式。譬如，黄子卿是我国物理化学的奠基人之一，我国早期的溶液理论中有很大一部分工作都是由他及学生在 20 世纪 30 年代完成的；复旦大学顾翼东及南开大学陈荣悌等人在络合物的稳定常数测定方面做出了系统性的研究，培养了自己的学术传人；唐有祺是结构化学中晶体结构方面的开山鼻祖，他自 20 世纪 50 年代初回国开始，为晶体化学做了大量奠基性的工作，有不少优秀学生；卢嘉锡对我国结构化学贡献极大，与唐有祺同为诺贝尔化学奖得主鲍林的传人；他曾创办和领导福建物质结构研究所，开拓了我国的原子簇化学，发展了新技术晶体材料科学；孙承谔是我国化学反应动力学的研究先驱；吴浩青是电化学的奠基人，他于 1957 年在复旦大学筹建了我国第一个电化学实验室，使之成为我国电化学研究和培养人才的重要基地；傅鹰为我国胶体和表面化学基础理论和培养人才做出了奠基性的贡献，他于 1954 年在北京大学创建了我国胶体化学第一个教研室，并培养了第一批研究生。量子化学的开拓性工作主要由理论化学家唐敖庆完成：他曾与蔡镏生等老一辈化学家创建吉林大学化学系并建立物质结构研究室，后发展为理论化学计算国家重点实验室，是我国享有盛誉的理论化学研究中心；20 世纪 60 年代，他带领物质结构学术讨论班的骨干成员在两年多的时间内发展和完善了配位场理论及其研究方法，丰富和发展了配位场理论；70 年代后期，他又取得了分子轨道图形理论的研究成果，并将之应用于高分子体系研究，获得了成功。

本章共涉及我国物理化学研究领域的 12 个学术谱系，包括 80 余名院士及物理化学著名专家，相关教授/研究员近 400 人。较早与较晚谱系时间跨度逾 30 年。研究领域涵盖热化学、热力学及溶液理论、胶体化学和表面化学、催化及化学反应动力学、电化学、晶体及结构化学、分子电子光谱及核磁共振谱、量子化学等。所涉及的研究机构主要有：北京大学、吉林大学、北京师范大学、南京大学、厦门大学、福州大学、浙江大学、山东大学、武汉大学、四川大学，以及中国科学院北京化学研究所和理化技术研究所、大连化学物理研究所、福建物质结构研究所等，相关信息见表4.1。

表4.1　物理化学谱系总表

谱　系	第1代人数	第2代核心/总人数	第3代核心/总人数	谱系总核心/总人数	主要研究机构	主要研究领域
张江树谱系	1	2/5	2/6	5/20	华东化工学院、大连化学物理所、吉林大学、中科院化学研究所	催化(表面吸附)、化学能转化、分子反应动力学
黄子卿谱系	1	4/7	1/5	6/16	北京大学、大连理工大学、山东大学、辽宁大学	水的三相点测定、溶液理论、化学动力学、光化学
李方训谱系	1	1/3	3/5	5/18	南京大学	电解质溶液、催化
吴学周-柳大纲谱系	2	1/6	0/7	3/21	国立中央大学、中科院感光所(现理化技术研究所)	分子光谱、胶体和界面化学
傅鹰谱系	1	6/9	3/26(第4代5/7)	15/92	厦大、北京大学、山东大学、中国科学技术大学、大连化学物理所、浙江大学	胶体化学、表面化学、量子化学、催化、电化学、反应动力学、化学激光等
张大煜谱系	1	1/4	1/5	3/16	清华大学、大连化学物理所	催化、石油煤炭化学、分子反应动力学
孙承谔谱系	1	1/2	3/5	5/17	北京师范大学	化学动力学、计算化学、酶催化
吴浩青谱系	1	1/4	1/11	3/27	复旦大学、大连化学物理所	电化学、催化
卢嘉锡谱系	1	8/12	5/51	24/94	厦门大学、福建物构所、中科院物理所、福州大学	固氮酶、簇化学、晶体结构化学、配位场理论、计算化学、电化学
唐敖庆谱系	1	6/30	0/42	7/95	吉林大学、四川大学、南京大学、北京理工大学、北京师范大学、南开大学等	配位场理论、分子轨道图形理论、分子间相互作用、分子光谱等
徐光宪谱系	1	3/3	1/10	5/22	北京大学、南开大学、中国矿大	量子化学、化学键理论、配位化学、萃取化学、固体表面化学、化学动力学
唐有祺谱系	1	3/6	1/9	5/19	北京大学、中科院化学研究所	结构化学、光催化、扫描隧道显微镜、纳米化学

第一节　张江树物理化学谱系

张江树，物理化学家和教育家，中国物理化学和胶体化学奠基人。毕生致力于物理化学领域的教学与研究工作，是我国早期物理化学学科主要学术带头人之一，与黄子卿齐名，因而素有“南张北黄”之称，为我国化学科学的发展做出了贡献，培育了中国几代科学技术人才。尤其是在新中国成立后，他为发展我国的高等教育事业倾注了毕生精力。他的学生中著名的如中国工程院院士袁渭康、中国科学院院士郭燮贤和朱起鹤等。张江树物理化学谱系现有副教授及以上职称的成员近 20 人，主要分布在吉林大学、大连化学物理研究所、中科院北京化学研究所及华东理工大学等科研和教育机构。

一、第 1 代

张江树（1898—1989），1918 年毕业于南京高等师范学校（中央大学前身），后留校任助教。1921—1922 年受聘到厦门集美师范学校、松江第三中学担任化学教员。1923 年考取庚子赔款公费赴美留学，先在加州大学插班读四年级化学，第二年转入哈佛大学攻读研究生，1926 年获硕士学位后回国。先后任浙江宁波第四中学教师，上海光华大学教授，南京中央大学教授、教务长兼理学院院长（1927—1957）、南京工学院（现东南大学）筹备委员会主任（1952 年），华东化工学院[①]院长（1952—1981）和名誉院长（1981—1989）等职。1932 年发起、参与成立中国化学会，是“建会元勋之一”。

二、第 2 代

张江树教书育人 70 年，在物理化学及工科物理化学教材的编写等方面功勋卓著，并依托华东化工学院为我国培养了成千上万的化学化工人才，张存浩、闵恩泽、朱显谟、陈家镛、稽茹运等近 20 位中科院院士均是他的学生。著名物理化

① 1952 年调任华东化工学院院长，为这所被誉为“培养中国化学工程师摇篮”的大学的创建和发展倾注了毕生精力。

学家郭燮贤、朱起鹤是张江树在重庆时期的学生，袁渭康、王基铭、舒兴田等是他在华东化工学院时期培养的学生。

郭燮贤(1925—1998)，物理化学家、催化学家。研制成功合成油碳七馏分脱氢环化制甲苯等多种工业催化剂，提出了烃类异构化和加氢裂化的三元环机理，以及高分散金属与担体的强相互作用机制。在一氧化碳活化吸附方面，首次提出吸附-脱附的协同及其在气-固相交换速度和化学吸附前驱态理论中的重要意义。组建了催化基础国家重点实验室。他是中国早期开展催化研究的学科带头人之一，为国家培育了一批科研骨干。

1942年，郭燮贤考取了抗战期间内迁到重庆的中央大学和兵工大学。当时，他选中名教授云集的兵工大学就读。在校期间，学习成绩优异，颇得化学界老前辈、兵工大学特邀的中央大学教授张江树先生的赏识。大学毕业后，张江树推荐他到中央大学化学系任助教。这段经历给他留下了终生难忘的回忆。他说："在中央大学化学系的三年，是我充实和提高的重要阶段。我不仅充实了自己的实验能力，而且还旁听了近代物理、几何光学等课程。更重要的是，在大学当助教这三年之前，是'书攻我'，在此后则是'我攻书'。在一个有着众多良师益友的环境里当了三年助教，对我来说，其受益之多不亚于出国攻读一个学位。正因为此，许多知情人都说我是张江树老师的得意门生。"

1950年起，郭燮贤在中国科学院大连化学物理研究所催化研究室及中科院兰州化学物理研究所任研究员，兼任两室主任，1980年当选中科院学部委员。1987—1996年任中国科学院大连化学物理研究所催化基础国家重点实验室主任、学术委员会主任。1984—1998年相继任南京大学、东南大学、复旦大学、吉林大学、天津大学及太原工业大学兼职教授。

朱起鹤(1924—　)，物理化学家。长期从事化学和物理学的教学，为培养国防科技人才做出了贡献。曾参加核动力反应堆设计，研制激光应用仪器和超导磁体等工作。负责创建中科院化学研究所的分子反应动力学实验室，先后研制成6台利用激光和分子束的大型实验装置，开展了分子束激光裂解的平动能谱和时间分辨红外发射谱，分子多光子电离的飞行时间质谱和光电子能谱，原子团簇的形成、稳定性、结构、光解和反应，以及分子反应的超快过程等研究，并取得了一些创新性的研究成果。

1942年秋考入北京辅仁大学化学系，学习约半年。1943年初离开华北沦陷区到重庆后，曾在复旦大学化学系借读。同年，重新考入中央大学化工系，1947年毕业。大学学习阶段，张江树教授的物理化学和时钧教授的化工原理、化工计算等课程，使他在物理概念和思考方法等方面受益颇多。此后入北京大学化学系，读研究生一年。1948年夏留学美国，在加州大学伯克利分校化学系师从1949年诺贝尔化学奖获得者吉欧克(William Francis Giauque，1895—1982)教授，学习化学热力学和低温量热技术，1951年2月获哲学博士学位后回国。

1951年4月任燕京大学化学系讲师，讲授物理化学。1952年院系调整后，任北京大学化学系副教授，讲授无机化学。1952年12月调往哈尔滨军事工程学院，任物理教研室副教授，负责普通物理等课程的教学。1962年春被评为教授，并调任二系副主任。1964年初调回物理教研室任主任。1966年任基础课部副主任。1970年哈尔滨军事工程学院分解并且大部分南迁，朱起鹤暂留哈尔滨军事工程学院留守处，与哈尔滨工业大学激光研究室协作，进行激光技术研究。1976年春任长沙工学院教授，进行激光应用研究。1978年初调中国科学院高能物理研究所，任新技术新原理研究室主任，负责超导磁体、超导微波腔和激光加速粒子等研究。1981年底调中国科学院化学研究所，负责创建分子反应动力学实验室，研制大型分子束实验装置，并开展分子反应动力学方面的研究工作。1987年朱起鹤被邀请在美国加州大学伯克利分校李远哲实验室工作半年。他经过认真周密的分析，选择实验参数，成功地得到碘甲烷在248 nm光解后甲基伞形振动能级清晰可辨的高精度平动能谱，并发现C－H键伸缩振动的激发。这一重要的研究结果，受到国际同行的好评。1995年当选中国科学院院士。

三、第3代

郭燮贤弟子

郭燮贤曾亲自培养了50余名硕士、博士、博士后。他们在郭燮贤这位严师的教导下茁壮成长，大部分人已经成为研究员、教授、博士生导师和学术带头人。

衣宝廉，1962年考取中科院大连化学物理研究所研究生，师从郭燮贤。现任大连化学物理研究所燃料电池工程中心总工程师，大连新源动力股份有限公司董事长兼总工程师，科技部“863”电动汽车重大专项总体专家组成员，燃料电池发动机责任专家，国家中长期科学和技术发展规划“能源、资源与海洋发展科技”专题组成员，中国科学院“中国未来20年技术预见研究”项目能源技术组专家组成员，中国工程院院士。主要从事化学能与电能相互转化及相关领域应用基础研究及工程开发。获得国家和省部级奖 7 项，申报专利 49 项，授权 22 项，在国内外学术刊物发表论文 124 篇。撰写出版了燃料电池专著《燃料电池——原理、技术与应用》。培养了博士后、博士和硕士 30 余名。

肖丰收，1979 年进入吉林大学化学系学习，1983 年大学毕业后在吉林大学徐如人教授的指导下从事分子筛的合成与性质研究，于 1986 年以优异的成绩获得理学硕士学位，此后又在郭燮贤教授和徐如人教授指导下从事博士生学习，1988 年 8 月以培养博士生形式去日本北海道大学学习，1990 年 9 月从日本返回吉林大学并以优异的成绩获得博士学位。1992 年获中国化学会青年化学奖。1996 年起任吉林大学教授，2009 年至今任浙江大学教授。目前的主要研究领域有：分子筛催化材料合成与性能；利用双氧水进行催化氧化研究；绿色催化材料与性能；复合催化材料；金属催化与原子簇催化研究；新型催化材料的设计与性能；等等。

吴凯，北京大学化学与分子工程学院院长、长江学者特聘教授、博士生导师，历任北京大学物理化学研究所所长、化学与分子工程学院院长。2001 年国家杰出青年基金获得者。1987—1991 年在中国科学院大连化学物理研究所跟随郭燮贤院士攻读研究生，获理学博士学位。1995 年获中科院自然科学三等奖。迄今在 *Science*、*Nature*、*J. Am. Chem. Soc.*、*Adv. Mater.* 等学术期刊发表论文近 70 篇；作为客座编辑之一为 *Adv. Mater.*、*Coord. Chem. Rev.*、*Chem. Asian J.* 及《物理化学学报》等刊物编辑专刊四期；在国内外学术会议和机构作特邀和邀请报告 50 余场次。主要研究方向为利用表面和界面的结构、反应性和周期性来控制分子/原子簇的组装和功能材料的表面生长，以及利用功能分子的自组装在表面上产生有序图案。

余林，1994 年博士毕业于中国科学院大连化学物理研究所，师从郭燮贤院士。现任广东工业大学轻工化工学院院长，广东省化工协会理事，广州市化工协会副理事长，广东省精细化工专业委员会主任，《催化学报》、《无机盐工业》和《精细化工》编委，广东省教育厅清洁化学技术重点实验室和广东工业大学化学工程博士后流动站、应用化学博士点学术带头人。主要从事催化及材料领域的研究工作，共计在国内外核心刊物上发表学术论文近 200 篇，会议论文 40 篇，其中 60 余篇被 SCI、EI、ISTP 收录，申请专利 30 余项，授权发明专利 10 项。承担科研项目 35 项，其中，中法合作项目 1 项，国家级 2 项，省部级近 30 项。

表 4.2 张江树物理化学谱系表

<table>
<tr><th>第1代</th><th colspan="2">第2代</th><th colspan="3">第3代</th><th>第4代</th></tr>
<tr><th>第一代</th><th>第三代</th><th>第四代</th><th>第四、五代</th><th colspan="2">第六代</th><th>第六代</th></tr>
<tr><td rowspan="9">张江树(1918年学士,南京高等师范学校;1926年硕士,哈佛大学)</td><td></td><td>袁渭康(1958年学士;1962年研究生,华东化工学院)</td><td></td><td colspan="2"></td><td></td></tr>
<tr><td rowspan="6">郭燮贤(1946年学士,重庆兵工学院)</td><td rowspan="6"></td><td rowspan="2">衣宝廉(1966年研究生,大连化学物理研究所)(第四代)</td><td colspan="2"></td><td>邵志刚(2000年博士,大连化学物理研究所)</td></tr>
<tr><td colspan="2"></td><td>阎景旺(2002年博士,大连化学物理研究所)</td></tr>
<tr><td rowspan="2">肖丰收(1990年博士,吉林大学,师从徐如人、郭燮贤)(第五代)</td><td colspan="2"></td><td>孙印勇(2004年博士,吉林大学)</td></tr>
<tr><td colspan="2"></td><td>韩宇(2005年博士,吉林大学)</td></tr>
<tr><td>吴凯(1994年博士,大连化学物理研究所)</td><td colspan="2"></td><td></td></tr>
<tr><td>余林(1994年博士,大连化学物理研究所)</td><td colspan="2"></td><td></td></tr>
<tr><td rowspan="2">朱起鹤(1947年学士,中央大学,师从张江树、时钧等;1951年博士,加州大学伯克利分校,师从吉欧克)</td><td rowspan="2"></td><td></td><td>朱起鹤、唐紫超</td><td>田志新(2003年博士,中科院化学研究所)</td><td></td></tr>
<tr><td></td><td colspan="2">黄健涵(2006年博士,中科院化学研究所)</td><td></td></tr>
</table>

（续表）

第1代	第2代		第3代		第4代
第一代	第三代	第四代	第四、五代	第六代	第六代
		王基铭（1964年学士，华东化工学院）			
		舒兴田（1964年学士，华东化工学院）			

第二节　黄子卿物理化学谱系

黄子卿，著名物理化学家和化学教育家，1955年当选中国科学院学部委员。从事过电化学、生物化学、热力学和溶液理论等多方面的研究，是中国物理化学的主要奠基人之一。曾精确测定了热力学温标的基准点——水的三相点，并在溶液理论方面颇有建树。他毕生从事化学教育事业，不遗余力地培育人才，指导了大批科技精英，如著名物理化学家李吕辉、陈尚贤等。黄子卿谱系现有副教授及以上职称成员10余人，主要分布在北京大学、大连理工大学等机构。

一、第1代

黄子卿（1900—1982），1919年中学毕业，考入清华留美预备班第7期，1921年6月结业。1922年9月入美国威斯康星大学，主修化学，1924年毕业，获理学学士学位。随即转入康奈尔大学，于1925年获理学硕士学位。同年9月入麻省理工学院化学系，师从麦克英纳（Duncan Arthur MacInnes，1885—1965），攻读博士学位。后因公费到期，1927年12月结业回国。黄子卿回国后首先在北京协和医学院生物化学系做助教，在吴宪教授指导下做蛋白质变性研究。

1927年离开东南大学（后改为中央大学），先后在金陵大学和浙江大学任教。1929年9月应聘清华大学化学系教授，同高崇熙、张子高、萨本铁、李运华、张大煜等教授一起创建了声誉卓著的清华大学化学系。

1934年6月黄子卿再度赴美，回到麻省理工学院，师从热力学名家比泰

(James Alexander Beattie，1895—1981)，做热力学温标的实验研究，精确测定了水的三相点。1935年获麻省理工学院哲学博士学位，同年回清华大学任教。他克服重重困难，建造了电化学研究的实验设备，开始从事溶液理论的探索研究。1937—1945年任西南联合大学化学系教授。1945—1952年任清华大学教授，其中1948—1949年赴美国加州理工学院任客座教授，在诺贝尔化学奖得主鲍林(Linus Carl Pauling，1901—1994)的实验室工作。1952—1982年任北京大学化学系教授。

二、第2代

黄子卿在国立清华大学、西南联大及新中国成立之后的清华和北大长期执教，培养了一批又一批优秀人才。韩德刚、陈尚贤、李吕辉、李芝芬、杨家振等著名学者都曾得益于他的栽培。此外，他也是分析化学和化学史家赵匡华、有机化学家金声、催化专家殷元骐、分析化学家方肇伦等著名学者的大学老师。

李吕辉，物理化学家、教育家。20世纪60年代初研究溶剂萃取的物理化学规律，应用正规溶液理论及静电作用理论得出萃取分配比与溶剂性质的定量关系。80年代后，在杂多酸特性及其催化作用、负载型硫酸镍对低级烯烃齐聚催化作用等研究中都取得了国内外同行关注的成果。

李吕辉1945年毕业于西南联合大学化学系，获理学学士学位，大学期间受到黄子卿等知名教授的悉心指导。毕业后留校任教，1946年转入北京大学任助教。1949年起，李吕辉调任大连大学工学院(大连工学院的前身，现为大连理工大学)任讲师，1956年升任副教授，1980年升任教授，曾担任分析化学和物理化学教研室主任以及化工系副主任和物理化学工程系主任、大连工学院副院长(1982—1984)。

大连大学是新中国成立前夕创办的大学。化工系的第一任主任为张大煜教授。在张大煜的领导和支持下，李吕辉率先承担起筹建分析化学实验室的任务，使分析化学实验室初具规模，开出了实验课程，满足了教学需要。此后，他负责准备物理化学课程，在苏联专家帮助下，拟定物理化学教学大纲，编写讲义，开出了物理化学课程。曾参与制定高校工科物理化学《教学大纲》及《教学基本要求》，主编的《物理化学》获国家教委优秀教材一等奖。20世纪60年代初到70年代末，担任物理化学教研室主任20余年，相继为本科生、研究生及青年教师讲授结构化学、统计热力学、高分子溶液理论等课程，其讲授严谨，概念准确，深入浅出，富有启发性，受到广大师生的好评。

韩德刚，物理化学家，化学教育家。他多年从事化学动力学研究，在高温气相反应和生物分子液相快反应动力学研究方面做出了贡献。1944 年考入北京辅仁大学化学系。1948 年毕业后，考入北京大学研究生院。1950 年任北京大学医预系助教，负责医预系无机和分析化学教学工作，同时参加唐敖庆教授指导的关于分子阻碍内旋转的研究工作。1951 年，参加针对朝鲜金日成大学赴中国学习学生的教学工作。1952 年院系调整后，他被分配至北京大学任教。1952 年，韩德刚任黄子卿教授所授物理化学课的助教，深受黄先生教学严谨和一丝不苟作风的教诲，自认获益匪浅。1953 年，经周培源教授介绍，借调至钢铁学院讲授物理化学并协助建立物理化学教学组。1954 年回到北京大学化学系，开始担任化学系物理化学基础课的教学工作，从此开始了他在北京大学长达 30 年的教学生涯，历任讲师、副教授、教授，曾任物理化学教研室主任(1982—1991)。

陈尚贤(1929—　)，物理化学家。曾在化学动力学、光化学及光物理过程、光导热塑全息材料、燃油渗水燃烧过程等领域开展研究工作，后期以研究激基复合物为主。他是一位在理论与实验方面都有建树的化学家，曾在中国科技大学兼任教授，研究成果多次获奖。1952 年毕业于天津大学化工系。1957 年到中国科学院化学研究所从事物理化学研究，并师从黄子卿教授做研究生。1961 年研究生毕业后被分配到中国科学院化学所历任助理研究员(至 1978 年)、副研究员、研究员。1982—1983 年间，他到日本分子科学研究所与井口洋夫等著名科学家合作研究，测出了固体 α-酞菁铜与固体 β-酞菁铜具有不同的电离能，这种差异无法用已有的点电荷的极化理论来解释，因此提出了环形电荷的极化理论模型，理论计算出来的结果与实验值十分接近，这一结果受到国际科学家的重视，并已多次被引用。

李芝芬，北京大学化学与分子工程学院教授，物理化学专业博士生导师。主要从事溶液化学的实验和理论研究，发表论文 50 余篇，报道溶解度数据的论文被国际权威手册收录。研究课题先后获 1988 年国家教委和 2004 年教育部科技进步二等奖。1962 年北京大学化学系本科毕业，继而攻读研究生，师从物理化学家黄子卿教授，1965 年毕业后留校任教。1979—1981 年作为访问学者，于美国密歇根州立大学工作两年。1992—1993 年，受聘于日本东京工业大学，作为访问教授工作半年。长期担任普通物理、物理化学、电解质溶液理论、核磁共振研究方法等课程的教学工作，曾指导过研究生。

杨家振(1940—　)，辽宁大学化学科学与工程学院教授，在溶液化学方面做了大量前沿性研究。1967 年毕业于北京大学技术物理系(六年制)，分配到本溪市化工研究所任技术员，从事化工技术研究。1978—1981 年在北京大学读研究生，师从黄子卿从事溶解度和溶剂化方面的研究，1981 年获理学硕士学位。后分配至辽宁大学,历任该校讲师、副教授、教授,其科研成果多次获国家教委及辽宁省教委奖项。

三、第3代

(一) 李吕辉弟子

李吕辉几十年来培养的学生数以千计,可谓桃李满天下。他培养的中青年教师,有的已成为教学骨干或学术带头人。

蔡天锡(1938—),大连理工大学化学教授,曾任化工学院院长(1993—1997)。从事杂多酸特性及其催化作用研究20余年,在巴豆醛氧化为呋喃低级烯烃与醋酸直接酯化等方面取得重要成果,开发成功了"四氢呋喃合成PTMG工艺",辛烯、壬烯、十二烯的合成工艺,完成"固载化三氯化铝催化剂的制备"。1962年毕业于大连工学院物理化学工程系。1979—1981年和1988年两次赴日本东京工业大学学习和研究催化化学,由东京工业大学授予工学博士学位。1994年在英国皇家研究院和伦敦大学学院访问研究。

魏国平,恢复高考后于1979年考入大连工学院(即现大连理工大学),时年15岁。在大连理工大学学习期间,师从李吕辉教授。1983年本科毕业,同年考取公派法国留学名额,1988年获得法国马赛石油化学及工业有机合成学院应用化学博士学位。1989年放弃法国的优厚条件毅然归国,投入祖国经济建设。1991年6月24日,创立沈阳奥吉娜化工有限公司,任公司总经理。

(二) 陈尚贤弟子

白凤莲,1960—1965年就读于山东大学化学系物理化学专业,1965年起在中国科学院化学研究所工作,早期曾受陈尚贤指导。主要研究领域:光化学;荧光光谱学;有机和聚合物体系的光物理和光化学;激基缔合物和激基复合物的形成机理;共轭聚合物发光材料和器件;有机光电导材料。

四、第4代

蔡天锡弟子

蔡天锡回国后任大连理工大学教授,迄今已培养多名硕士及博士研究生。

刘百军,1997年博士,中国石油大学(北京)化学工程学院研究员、博士生导师。主要研究方向:催化剂新材料、新型催化剂、能源转化与高效利用。

表 4.3 黄子卿物理化学谱系表

第1代	第2代		第3代		第4代	
第二代	第三代	第四、第五代	第四、第五代	第六代	第五代	第六代
黄子卿(1924年学士,威斯康星大学;1925年硕士,康奈尔大学;1935年博士,麻省理工学院,先后师从麦克英纳、比泰、鲍林)	李吕辉(1945年学士,西南联大)		蔡天锡(1962年学士,大连工学院)		刘百军(1997年博士,大连理工大学)	
						石雷[1](2002年博士,大连理工大学)
			魏国平(1983年博士,大连理工大学)(第五代)			
	韩德刚(1948年学士,辅仁大学;1950年研究生,北京大学)					
	李卓美(1947年学士,重庆大学;1950年研究生,岭南大学)					
		陈尚贤(1952年学士,天津大学;1961年研究生,北京大学)	白凤莲(1965年学士,山东大学)			
		殷元骐(1956年学士,北京大学)				

（续表）

第1代	第2代		第3代		第4代	
第二代	第三代	第四、第五代	第四、第五代	第六代	第五代	第六代
		李芝芬（1965年研究生，北京大学）		杜为红[2]（2000年博士，北京大学）		
		杨家振（1981年研究生，北京大学）（第五代）		吕兴梅[3]（2005年博士，青海盐湖所）		

注：1. 辽宁师范大学教授、硕士生导师，应用化学系主任。主要从事催化研究。
2. 中国人民大学化学系副教授。
3. 青海盐湖所研究员。

第三节 李方训物理化学谱系

李方训，我国著名物理化学家和教育家，1955 年当选中国科学院学部委员。长期从事电解质溶液性质及理论的研究，在葛林亚试剂的反应机理，离子在水溶液中的物理化学性质，如离子熵、离子的极化和半径以及混合电解质溶液中离子活度系数等方面，做出了贡献。他先后在金陵大学、南京大学任教 30 余年，为我国培养了大批人才。李方训的学生中最为人所熟知的当属游效曾院士，以及物理化学家和教育家傅献彩。游效曾的工作主要在无机化学领域；傅献彩主要从事物理化学研究，在电解质溶液热力学性质及氧化物催化剂性能等领域取得了成绩。傅献彩同样长期从事化学教学工作，他编译出版著作 10 余部，培养了大批人才，为中国化学教育事业做出了贡献。李方训谱系现有副教授及以上职称成员 10 余人，主要集中在南京大学。

一、第 1 代

李方训(1902—1962)，自幼勤奋好学，少时就读于江苏省立扬州第八中学，曾与朱自清、朱物华(曾任交通大学校长)、柳大纲等人同学。1921 年他考入金陵大学，并选择了化学专业，1925 年毕业后留校任教。1928 年赴美国西北大学学习，在导师埃文斯(Ward Vinton Evans, 1880—1957)指导下从事电解质溶液(葛林亚试剂)的性质研究，他与埃文斯等合作发表论文 5 篇，分别刊载在 1933—1935 年的 *J. Am. Chem. Soc.* 上。1929 年获硕士学位后，仅用了两年时间即 1931 年就获美国西北大学博士学位，随即回国。

1930 年，李方训回国执教于金陵大学，不久又担任理学院院长，当时年仅 28 岁。此后 30 多年中，他一直工作在科学研究和教育事业的岗位上。

1937 年“七七”事变后，华北沦陷，南京岌岌可危，金陵大学内迁成都。当时的科研乃至生活条件都极度艰难，李方训以其广博的理论知识为基础，以惊人的毅力使科研工作继续下来。通过系统地研究电解质溶液中离子的物理化学性质，得出了一批有独创性的成果。在这期间，他连续发表了有关离子的水合热、水化熵，离子的表观体积、等张比容，离子的极化和半径，离子的抗磁性和磁化率等十几篇论文。他的科研成果和克服困难的毅力受到国内外同行的赞誉①。

1949 年,李方训再次谢绝美国和澳大利亚等国科研和教学机构的邀请,坚决留在祖国。与此同时,他的夫人林福美也谢绝了导师的挽留,克服重重阻力,从美国回到祖国的怀抱。

1952 年南京大学与金陵大学合并,李方训被任命为南京大学副校长。他除了担任化学专业的教学和科研工作外,还承担了全校的教学和科研的规划工作,任务繁重。1955 年,他当选为中国科学院学部委员。

李方训一生执教 30 多年,曾先后开设多门理论化学课程,尤其在电化学领域成就卓著。他桃李满天下,脑垂体内分泌生物化学家李卓皓②、物理学家戴运轨等著名学者都出自他的门下。他治学严谨,诲人不倦,对教学工作认真负责,先后为大学生、研究生和青年教师讲授过多门课程,如物理化学、化学热力学、理论电化学、物质结构、量子化学、物化选读等。他讲课深入浅出,形象生动。20 世纪 50 年代初期,"物质结构"从"物理化学"中分出来单独设课,有些中青年教师对此信心不足。李方训亲自承担大班的讲课任务,亲自编写讲义,并在讲授前和教研室同事逐章进行讨论。一方面促使青年教师按计划阅读有关参考书籍,另一方面对所提出的疑难问题进行解答。对于如何掌握课程各部分的要点,如何进行启发式讲解,做到言传身教。通过他的教导,两年后这门课就顺利地由中青年教师独立承担了。

二、第 2 代

傅献彩(1920—2013),物理化学家和化学教育家。主要从事电解质溶液热力学性质以及氧化物催化剂性能的研究。1939 年夏考入中央大学。傅献彩大学最后一年的学年论文,是在高济宇教授和李景晟教授的指导下完成的,内容是用几种不同方法制备三甲基苯,以期根据当时所能获得的原料选择出一种最好

---

① 1947 年,李方训代表中国化学会出席英国化学会 100 周年庆祝会和国际纯粹与应用化学联合会(IUPAC)的学术会议,参加了各种学术活动,并和当时世界知名的学者如鲍林等建立了友谊。1948 年,美国西北大学特邀他赴美讲学,为了表彰他在电解质溶液理论方面的卓越贡献,同年授予他荣誉科学博士学位,并赠予金钥匙。世界知名的生物化学家、科学史家李约瑟(Joseph Terence Montgomery Needham)抗日战争期间曾来华考察,归国后于 1948 年出版了介绍抗战期间中英科学合作馆情况的《科学前哨》(*Science Outpost*)一书,书中盛赞:"物理化学博士李方训教授是杰出的科学家,他在离子熵、离子体积和离子水化方面的研究工作是中外驰名的。"

② 李方训,李卓皓,伊文思. 葛林亚试剂在乙醚中的分解电压测定[J]. 金陵大学学报,1934,4(1):13.

的方法，为高济宇教授提供后续研究的原料。他的毕业论文是在赵廷炳教授的指导下完成的，尝试将部分稀有元素纳入系统定性分析之中。1943年夏毕业后，经系主任高济宇教授推荐，傅献彩到重庆歌乐山药学专科学校(即现在南京药科大学前身)任助教。1952年院系调整，他留在南京大学，但校址则迁到金陵大学，在李方训教授指导下工作，并一度在华东药学专科学校和南京农学院讲授物理化学。傅献彩1962年升为副教授，1979年升为教授，之后又批准为博士生导师，在此期间他曾开设过多门课程，培养了硕士生11名，博士生8名。

三、第3代

傅献彩弟子

颜其洁，南京大学化学化工学院介观材料科学实验室教授，博士生导师。主要从事催化材料研究。

陈懿(1933—)，物理化学家和教育家，中国科学院院士。陈懿长期从事催化剂、介观化学和材料方面的研究：提出了金属氧化物催化剂的嵌入模型，对氧化物在其载体上的分散行为做出定量的描述，解决了多晶表面上空位以及阴离子所产生屏蔽效应的计算问题；阐明了溶液反应合成非晶态Ni-B粒子的机理，发现了制备Ni-P合金粒子液相反应的自催化本质，改进了溶液沸点附近回流加热的制备方法，提出了有效避开水解作用、获得类金属元素含量高的Fe-B非晶合金的固相化学反应方法。近年来，在纳米复合氧化物的制备及其晶格氧的活动性与粒子尺寸和催化选择性的关联、低维纳米金属氮化物的制备及其场发射性能等方面都取得了良好进展。出版专著《穆斯堡尔谱学基础和应用》等；发表论文250余篇，获中国发明专利授权11项，德国、欧洲以及世界专利各1项。2005年当选中国科学院院士。

1951年考入南京大学化学系胶体化学专业。郭影秋校长“立足全局、以身作则、严格要求”的精神，匡亚明校长“倡导优良校风、尊重知识、尊重人才、开拓进取”的精神对他产生了很深的影响。倪则埙、高济宇、李景晟、陶桐、戴安邦、李方训、傅献彩、时钧、程开甲等名师们，教学深入浅出、精彩纷呈、各具风格，治学态度精益求精，不仅把他引入浩瀚的知识海洋，极大地激发了他的学习热情，也成了他后来治学和修身的榜样。

1955年毕业后留校任教，1957年参加了李方训的教授主持的热力学经典名著的读书讨论和有关电解质溶液的研究工作，在傅献彩教授指导下学习了诺伊斯(Noyes)和谢里尔(Sherill)所著的《物理化学原理》一书。20 世纪 60 年代初期担任“物理化学”的主讲教师并兼任系主任助理，并分管教学工作。他精心组织教学的各个环节，并致力于配套教材建设。1960 年前后与傅献彩联合编著了《物理化学》一书，此书被选为中国第一部统编教材，并被广泛采用，此书及其以后诸版对中国高校的物理化学教学都产生过很大影响。随后，他又与傅献彩合编了《物理化学简明教程》，并组织翻译了《物理化学习题集》和组织实验教材的建设。当时陈懿年方 28 岁。他十分重视课堂教学，其教学效果在 60 年代初就享有盛誉。1979 年 8 月他作为访问学者被选派到美国威斯康星大学化工系深造，在两年多的时间里，他先后听取了固体物理、计算机、材料化学、理论化学、多相催化等课程，并合作发表了 7 篇论文，参加了两次国际学术会议，为他以后的工作打下了坚实的基础。[①] 1981—1987 年陈懿历任南京大学化学系副教授、教授、博士生导师、系主任。1988—1997 年任南京大学副校长、常务副校长、代校长。

戚海华，1989 年博士，美国奥特尔(Ortel)公司工程师。

侯文华，1993 年博士，南京大学教授、博士生导师。

杨为民，1995 年博士，傅献彩、颜其洁共同指导，上海石油化工研究院副院长兼总工程师。

四、第 4 代

陈懿在南京大学长期的教学和教学行政工作中培养了大批人才，为南京大学的发展做出了贡献。

丁维平，1993 年博士，陈懿、傅献彩共同指导，南京大学教授，博士生导师。主要研究方向为纳米催化。

董林，1995 年博士，陈懿、傅献彩共同指导，南京大学化学与化工学院副院长，教授，博士生导师。主要研究领域为纳米化学。

---

① 后又在 1985 年、1988 年、1991 年、1996 年、1997 年、1998 年 6 次应邀到威斯康星大学短期合作研究，他在美国的联系教授杜梅希克(James A. Dumesic)对其评价充满了赞赏，使他有机会在国外继续深造或工作，但年近半百的他感到应该发挥承前启后的作用，着力于为提高学校的办学水平和培养人才做贡献，遂按时回国。

表 4.4　李方训物理化学谱系表

<table>
<tr><th>第 1 代</th><th>第 2 代</th><th colspan="4">第 3 代</th><th colspan="4">第 4 代</th></tr>
<tr><th>第二代</th><th>第三、第四代</th><th colspan="2">第四代</th><th colspan="2">第五代</th><th colspan="2">第五代</th><th colspan="2">第六代</th></tr>
<tr><td rowspan="9">李方训(1925 年学士,金陵大学;1930 年博士,美国西北大学,师从埃文斯)</td><td>戴运轨(物理)</td><td colspan="4"></td><td colspan="4"></td></tr>
<tr><td rowspan="8">傅献彩(1943 年学士,重庆沙坪坝中央大学,先后师从张江树、李方训、高济宇、戴安邦等人)(第三代)</td><td colspan="2">颜其洁(1953 年学士,南京大学)</td><td colspan="2"></td><td>颜其洁、丁维平</td><td>郭学锋[1](2000 年博士,南京大学)</td><td colspan="2"></td></tr>
<tr><td rowspan="4">李方训、傅献彩</td><td rowspan="4">陈懿(1955 年学士,南京大学)</td><td colspan="2" rowspan="4"></td><td rowspan="2">陈懿、傅献彩</td><td>丁维平(1993 年博士,南京大学)</td><td colspan="2"></td></tr>
<tr><td>董林(1996 年博士,南京大学)</td><td colspan="2"></td></tr>
<tr><td>陈懿、沈俭一</td><td>韩毓旺[2](2000 年博士,南京大学)</td><td colspan="2"></td></tr>
<tr><td></td><td></td><td>陈懿、胡征教</td><td>王喜章[3](2001 年博士,南京大学)</td></tr>
<tr><td colspan="2"></td><td colspan="2">戚海华(1989 年博士,南京大学)</td><td colspan="2"></td><td colspan="2"></td></tr>
<tr><td colspan="2" rowspan="2"></td><td rowspan="2">傅献彩、颜其洁</td><td>侯文华(1994 年博士,南京大学)</td><td colspan="2"></td><td>颜其洁、侯文华</td><td>汪学广[4](2001 年博士,南京大学)</td></tr>
<tr><td>杨为民(1995 年博士,南京大学)</td><td colspan="2"></td><td colspan="2"></td></tr>
</table>

（续表）

第1代	第2代	第3代		第4代	
第二代	第三、第四代	第四代	第五代	第五代	第六代
	游效曾（1951年学士、1953年硕士，武汉大学） （第四代）				

注：1. 南京大学化学系副教授。
2. 南京工业大学副教授。
3. 南京大学化学化工学院教授。
4. 上海大学材料学院研究员。

第四节　吴学周-柳大纲物理化学谱系

吴学周是我国著名物理化学家，他为中国分子光谱研究和化学科学研究的发展贡献了毕生的精力，对多原子分子的电子光谱和分子结构进行了开拓性研究，是我国分子光谱研究的奠基人之一；此外，他在振动光谱的应用研究、反应动力学研究和电化学研究中也有建树。柳大纲是吴学周的密友，也是我国早期从事光谱研究的重要人物之一。他们合作密切，共同指导和培养了一批光化学和物理化学人才。相比而言，柳大纲学生更多，研究领域更广，胶体化学、盐湖化学等都是他的学术专长领域。江龙院士是柳大纲在胶体化学领域的得意门生之一。江龙学生很多，多集中在中科院理化技术研究所。吴学周-柳大纲物理化学谱系共有副教授及以上职称的成员10余人。

一、第1代

吴学周(1902—1983)，1920年考入南京高等师范学校，1924年毕业，经张子高教授推荐留在化学系任助教。1927年经吴有训教授介绍，在江西省立南昌中学高中部任教半年，然后回东南大学继续任化学系助教。又经吴有训教授推荐，参加江西省教育厅公费留学生考试，以全省总分第一名的成绩考取公费留美学习的资格。1928年赴美国加州理工学院攻读博士学位，专业为物理化学。这所大学当时的校长是1923年荣获诺贝尔物理学奖的R. A. 密立根(Robert Andrews Millikan, 1868—1953)教授，很多有造诣的科学家云集在该校开展前沿课题的研究工作。1931年吴学周获得博士学位，论文题目为“铱的点位测定”，以后继续留在该校做研究。1932—1933年在德国达姆斯塔特高等工业学校做访问学者，在这里他结识了因分子光谱研究而荣获诺贝尔奖的G. 赫兹堡(Gerhard Heinrich Friedrich Otto Julius Herzberg, 1904—1999)教授，与赫兹堡一起从事自由基光谱和分子振动光谱的研究。

1933年夏，应中央研究院化学研究所所长王琎的邀请，吴学周回国担任化学所的专任研究员。当时该所以庄长恭、汤元吉、黄耀曾等人从事的有机化学和药物化学的研究实力最强，理论化学研究尚属空白。吴学周带领柳大纲(柳大纲是吴学周的同学和好友，1925 年自东南大学化学系毕业后留校任物理系助教）、朱振钧等人，完成了“丁二炔的紫外吸收带”、“氰酸和某些异氰酸酯的吸收光谱和解离能”、“乙氰分子的基频”、“乙氰分子在近紫外区的新吸收带系”、“某些氰酸酯和异氰酯的吸收光谱和分解能”以及“乙炔的近紫外吸收带”等十多项研究工作。这些论文先后发表在美国著名的《物理评论》、《化学物理》以及德国的《物理化学》等杂志上，开创了我国多原子分子光谱研究的新局面①。

1942 年吴学周出任中央研究院化学研究所所长，其间还兼任交通大学、上海医学院教授。1948 年当选中央研究院院士，1949—1954 年任中科院上海物理化学研究所所长。1954—1966 年任中科院长春应用化学研究所所长，该研究所于 1954 年成立。1955 年当选中科院学部委员。1978—1983 年，历任中科院长春应用化学研究所所长、名誉所长，中科院环境化学研究所所长，吉林省人大常务委员会副主任，吉林省科协主席等职。

柳大纲，1946 年由中央研究院选派赴美进修，1948 年获美国罗彻斯特大学博士学位，论文题目为“环氧乙烷和六氟化硫在真空紫外区的吸收光谱——关于环丙烷、二甲基碳酸酯和乙酰丙酮的光谱研究”。1949 年初柳大纲携带大批图书资料回国。经历短期的科研工作后，工作重心转向科研规划与管理，研究领域也因国家需要转向无机材料及盐湖化学。柳大纲的学生中大部分从事盐湖化学研究，著名无机化学和环境化学家胡克源等是其中的代表；分子光谱方向的研究人员不多，有招禄基等；在胶体化学等方向，柳大纲曾指导过江龙等。

二、第 2 代

江龙（1933—　），物理化学家，中科院院士。早年跟随柳大纲及戴安邦从事硅酸聚合理论研究。20 世纪 60 年代初期起研究黏土体系的流变与絮凝特性，建立了较为完善的流变学研究方法。曾领导和参加了仿制 U－2 飞机所用胶片的任务，开展了卤化银乳剂及菁染料在卤化银上吸附的基本研究。20 世纪 80 年代开始从 LB 膜与界面化学入手，从事功能分子有序组合体和生物分子电子

① 20 世纪 30 年代，国内研究分子光谱的有严济慈、吴学周、吴大猷和陆学善等领衔的几个研究组。严济慈着重研究双原子分子气体的电子光谱，吴大猷也刚开始对多原子分子的振动光谱进行实验探索和理论解析，陆学善和其他少数学者则仅有个别工作涉及分子光谱。国外光谱研究的状况与国内相似，绝大部分工作是研究双原子分子。吴学周和柳大纲、朱振钧等人所从事的多原子分子的光谱研究正是当时这个领域的研究前沿。

学的研究。近10余年来，研究液/气界面性质与界面流变现象，以及纳米颗粒的界面效应和生物效应。江龙先后在中科院感光研究所及化学研究所从事人才培养多年，仅在中国科技大学研究生院讲授“胶体与界面化学”课程就有近7年，曾于1998年获中国科学院优秀导师奖。

三、第3代

江龙弟子

迄今为止，江龙已培养博士生、硕士生逾30位，其中已有多位成为科研及教学能手。

王新平，1997年博士，江龙、唐季安共同指导，大连理工大学教授，博士生导师。

杜玉扣，1997年博士，江龙、唐季安共同指导，苏州大学材料与化学化工学部教授，博士生导师。主要研究领域：界面物理化学。

刘奉岭，1997年博士，江龙、姜云生共同指导，山东师范大学化学系教授。主要研究领域：理论化学、新型笼状分子化学和表面化学。

马占芳，1997年博士，江龙、隋森芳共同指导，首都师范大学教授、博士生导师。主要研究领域：纳米材料科学与技术。

表4.5 吴学周-柳大纲物理化学谱系

<table>
<tr><th>第1代</th><th>第2代</th><th colspan="2">第3代</th><th colspan="2">第4代</th></tr>
<tr><th>第二代</th><th>第三代</th><th colspan="2">第五代</th><th colspan="2">第六代</th></tr>
<tr><td rowspan="5">吴学周(1924年学士，中央大学；1931年博士，加州理工，师从G.赫兹堡)
柳大纲(1925年学士，中央大学；1948年博士，曼彻斯特大学)</td><td>招禄基(分子光谱学)</td><td colspan="2"></td><td colspan="2"></td></tr>
<tr><td>胡克源(1948年学士，中央大学；1960年副博士，苏联科学院普通及无机化学所；无机与环境化学)</td><td colspan="2"></td><td colspan="2"></td></tr>
<tr><td rowspan="3">江龙(1953年学士，南京大学，戴安邦的助手，胶体化学)</td><td rowspan="3">江龙、唐季安</td><td>王新平(1997年博士，中科院感光化学所)</td><td colspan="2"></td></tr>
<tr><td>杜玉扣(1997年博士，中科院感光化学所)</td><td colspan="2"></td></tr>
<tr><td></td><td>江龙、唐季安</td><td>赵丰[1](2005年博士，中科院感光化学所)</td></tr>
</table>

（续表）

第1代	第2代	第3代		第4代	
第二代	第三代	第五代		第六代	
		江龙、姜云生	刘奉岭（1997年博士，中科院感光化学所）		
		江龙、隋森芳	马占芳（2000年博士，中科院感光化学所）		
				刘树峰[2]（2005年博士，中科院感光化学所）	
				江龙、穆劲	马士禹[3]（2009年博士，中科院感光化学所）
	徐晓白（1948年学士，交通大学，分析与环境化学）				
	高世扬（1953年学士，四川大学，盐湖化学）				
	朱振钧				

注：1. 江西科技师范学院有机功能分子研究所教授。
2. 青岛科技大学副教授。
3. 华东师范大学副教授。

第五节　傅鹰物理化学谱系

傅鹰，著名物理化学家和化学教育家，他在科学上的建树主要在胶体和表面化学等领域，是我国胶体化学的主要奠基人，首届中国科学院学部委员。他献身科学和教育事业长达半个多世纪，对发展表面化学基础理论和培养化学人才做出了贡献。曾任北京大学副校长，倡导在高等院校开展科学研究，创建了我国第一个胶体化学教研室，并培养了第一批研究生。中科院院士蔡启瑞是他的学生。傅鹰谱系现有副教授及以上职称的成员60余人，广泛分布于厦门大学、山东大学、中科院兰州化学物理研究所、中科院大连化学物理研究所及浙江大学等机构。

一、第1代

傅鹰(1902—1979),1919年考入燕京大学化学系,1922年公费赴美国密歇根大学化学系深造,在巴特尔(Floyd Earl Bartell, 1883—1961)教授刚建立的胶体和表面化学研究中心进行研究。他广泛考察了硅胶自溶液中的吸附现象,同时还开展了液体对固体的润湿热的研究,1928年获科学博士学位。

回国后历任东北大学(1929—1930)、北京协和医学院(1930—1931)、青岛大学(1931—1934)、重庆大学(1934—1939)教授、厦门大学(1939—1945)教授、教务长兼理学院院长。在协和医学院期间曾与吴宪合作研究卵清蛋白溶液的表面张力,这是蛋白质界面化学的先驱工作之一。

1945—1950年再度赴美,任密歇根大学研究员,协助巴特尔指导博士生汉森(Robert S. Hansen)通过对多种石墨和炭黑的液相吸附现象的研究第一次确切证明了溶液中的吸附层是多分子层的;指导多贝(Donald G. Dobay)研究了硅胶自气相的吸附;指导叶一帆研究气体对桐油聚合的影响;指导蔡君瑞进行萃取分析法的研究,以探讨混合吸附。

1950年秋离美归国,任北京大学、清华大学教授;1952—1954年任北京石油学院教授;1954年又回到北京大学任化学系教授、胶体化学教研室主任;1955年当选学部委员;1962年起任北大副校长。

二、第2代

傅鹰在长期的教学生涯中培养了多批优秀科学家,其中:著名物理化学家蔡启瑞、邓从豪、周绍民等是他在厦门大学执教期间培养的学生;张存浩是他的侄子,在学术上深受他的影响;廖世健、杨孔章、顾惕人等是他新中国成立后在北京大学执教期间的学生。

蔡启瑞(1914—),物理化学家,长期从事催化理论、酶催化和非酶催化固氮成氨、碳一化学、轻质烷烃化学和结构化学等方面的研究,是在分子水平上研究催化作用和中国催化反应机理的奠基人之一。他较早提出络合活化催化作用的理论概念,总结出络合催化可能产生的“四种效应”,提出固氮酶促反应中ATP

驱动的电子传递机理，N_2、CO的氢助活化和甲烷等轻质烷烃的氧助活化机理。

1937年毕业于厦门大学，大学期间受到傅鹰、蔡镏生等著名化学教授的指导，毕业后留校任教并协助开展研究(1937—1947)，在张怀朴教授指导下完成了《电位法研究硝酸锌》和《硝酸镉水解》两篇论文，发表于《厦大理工论丛》；在傅鹰教授指导下撰写了《有机酸混合物萃取分析法》一文，发表于美国《分析化学杂志》。蔡启瑞毕业留校正是接替卢嘉锡出国留学时的助教工作。1945年，卢嘉锡学成回国后担任厦大理学院院长兼化学系系主任，他十分赞赏蔡启瑞，全力推荐蔡启瑞赴美留学。1947年3月被选派赴美留学，在E. 马克(Edward Mack)、P. M. 哈里斯(Preston M. Harris)和M. S. 纽曼(Melvin S. Newman，1908—1993)教授指导下从事多亚甲基长链二醇及二羧酸的L-B膜行为的研究工作。1950年在俄亥俄州立大学获化学哲学博士学位。鉴于结构化学在化学科学中的重要性，他选择了结构化学方面的研究工作，因朝鲜战争在美国多羁留了6年。其间，在哈里斯教授指导下，进行铯氧化物(氧化物、亚氧化物、过氧和超氧化物)的结构研究，对离子晶体的极化现象、晶体结构和极化能的关系，以及含部分金属键的晶体，做了有益的探索。

1956年，蔡启瑞回国，一直任教于厦门大学至今。在校领导和时任厦门大学理学院院长、化学系系主任卢嘉锡的支持下，1958年秋天，蔡启瑞和他的助手们在厦门大学建立了中国高校第一个催化教研室，使之从此成为中国催化科学研究的基地之一。蔡启瑞回国初期的科研工作包括α-$TiCl_3$等层状晶体和钛酸钡铁电晶体的极化能和晶格能的理论计算，并提出计算式。20世纪60年代以来，他一直致力于络合催化的理论研究。化学模拟生物固氮研究，是具有重大理论意义和实践意义的课题。早在1964年，他在国际上较早地提出络合活化催化作用的理论概念，系统阐述了过渡金属化合物催化剂对不饱和有机物以及一氧化碳的络合活化催化作用，总结出络合催化可能产生的四种效应，即络合活化作用，对反应方向和产物结构的选择作用，实现电子传递和电子与能量偶联传递的作用，应用络合活化概念深入关联了许多类型的均相催化、多相催化和金属酶的催化作用。1972年，在中国科学院主持下，他与唐敖庆、卢嘉锡两教授联袂参加共襄化学模拟生物固氮的研究方略。通过长期的有关络合催化作用的理论和实践，形成了以蔡启瑞为代表的厦门大学催化研究的特色，在系统性和创新性方面均达到国际先进水平。在催化研究中，蔡启瑞充分运用分子轨道理论、价键理论和结构化学的知识，成为中国在分子水平上研究催化作用和催化反应机理的奠基人之一。其科研成果先后两次荣获国家自然科学奖三等奖：一是络合催化理论的研究(1982 年),另一是在固氮酶作用下和铁催化剂作用下固氮成氨的研究(1987 年)。

蔡启瑞在教育方面成绩同样卓著。1956 年他回国后就承担培养结构化学研究生的工作,1957 年开始招收催化研究生,1982 年起招收博士研究生,1986 年开始接受博士后科研流动站人员在其指导下开展科研工作。1956 年以来,他本人及其指导下的催化室共招收研究生 70 余名,已有 50 余名获硕士学位,10 余名获博士学位。此外,曾三次接受原高教部、教育部和国家教委的委托,先后举办催化讨论班、进修班和现代催化研究方法研讨班,为全国有关高校、科研单位培养催化科学中、高级人才,促进了催化研究和教育事业的发展。而今,蔡启瑞的学生遍布全国,其中许多人已成为有关单位的学术带头人。殷元骐和万惠霖是他早年在厦门大学指导的研究生,他们早已成为兰州化学物理研究所及厦门大学物理化学学科的带头人。廖代伟是他在“文革”以后指导的第一个博士,现任厦门大学物理化学研究所所长。

周绍民(1921—　),物理化学家。长期从事物理化学的教学和研究工作,曾从事有机物电合成和海水腐蚀研究,后主要研究金属、合金和化合物半导体的电沉积动力学和机理以及沉积层的结构与性能关系等,其“碱性电镀锌镍合金工艺”获全国发明和国际发明展金奖,并已投产。

周绍民 1941 年入读厦门大学化学系,1945 年毕业留校任教。1954—1957 年在苏联莫斯科门捷列耶夫化工学院学习,获副博士学位。1957 年回国历任厦门大学化学系副教授、教授(1978 年)。1960—1970 年曾兼任厦门化学二所副所长、催化电化研究室(中国科学院福建物构所二部前身)副主任。周绍民在教学及研究生的培养工作中,注重对学生的思想教育,且身体力行,奖掖后学,受到有关师生的崇敬与爱戴。

张存浩(1928—　)物理化学家,1980 年中科院院士,曾任大连化物所所长,中科院化学部主任。长期从事催化、化工、化学反应动力学直至火箭推进剂、化学激光、激发态化学等前沿科技领域的研究。20 世纪 50 年代与合作者研制出用于水煤气合成液体燃料的高效熔铁催化剂。60 年代致力于固体火箭推进剂和发动机燃烧研究,提出固体推进剂的多层火焰燃速理论,并建立了相应的理论模型。70 年代领导化学激光研究,发展出燃烧驱动连续波氟化氢、氟化氘激光器。80—90 年代研究短波长化学激光新体系及氧碘化学激光。自 80 年代开始研究激发态分子的光谱学和能量转移。他还担任国家自然科学基金委员会主任、中国科协副主席、中国科学院化学部主任等学术领导职务。

张存浩的姑父傅鹰是享誉中外的化学家，姑母张锦 23 岁时在美国获得化学博士学位，是我国化学领域较早的女博士之一，后任北京大学教授。早年从美国学成回国的傅鹰和张锦夫妇从 1937 年起将张存浩带到自己身边，极尽教育启蒙之责，他们献身祖国教育和科学事业的举动，以及强烈的民族自豪感和爱国主义精神，对张存浩影响甚深。他自幼好学，在家庭环境熏陶下，日渐养成严谨、独创的治学态度，以及重视理论与实践相结合的学风和素质。

1938 年，张存浩入重庆南开中学学习，1940 年转入福建长汀中学，1943 年考入厦门大学化学系，次年转入重庆中央大学化工系（1946 年学校迁回南京），1947 年毕业。1948 年赴美留学，先入艾奥瓦州大学化学系读研究生，后又进入密歇根大学化工系学习，1950 年获密歇根大学化学工程硕士学位。他放弃了继续攻读博士学位的机会和优越的工作生活条件，当年 10 月即启程返国。回国后，张存浩一直在中国科学院大连化学物理研究所从事科研工作。1953 年晋升为副研究员，1962 年晋升为研究员，1986—1990 年任该所所长。1991—1999 年任国家自然科学基金委员会主任。

廖世健（1929— ），物理化学家。1952 年沪江大学化学系毕业后，在中国科学院综合研究所（现长春应用化学研究所）钱保功、刘达夫研究员指导下，从事络合法分离提纯丁二烯和列别捷夫法催化合成丁二烯的研究，为 20 世纪 50 年代初我国开发出第一批丁苯橡胶（中试放大规模）起到了重要作用。与此同时，他参加了东北人民大学（现吉林大学）唐敖庆教授主持的物理化学研究生班学习一年半（1953—1954 年）。20 世纪 50 年代中国科学院招收的第一批副博士研究生学习期间（1956—1958 年），廖世健在北京大学傅鹰教授指导下，研究了吸附过程中能量变化的规律，在对吸附-脱附过程存在的滞后圈的解释中，纠正了当时文献中有关滞后圈公式推导的概念错误，提出了能够解释各种参数影响滞后圈大小的新公式。这一阶段的工作和学习经历为他以后的研究工作打下了扎实的基础。他回到长春应用化学研究所，从事燃烧与火焰的研究，并担任课题组长职务。为了适应当时生产的需要，又开始了天然气部分燃烧制乙炔和合成气的研究。除实验工作外，他还计算出火焰法制乙炔产率的理论极限，为当时层层加码对产率提出翻番的不适当要求指出了问题所在。与此同时，他还开展了火焰与燃烧的稳定性、火焰温度、火焰的传播速度等基础性研究，推导出与实验一致的气体初温对火焰传播速度的公式。1964 年，廖世健调入中国科学院大连化学物理研究所，他以极大的热情开始了火焰法合成 HCN 的研究，开创性地采用预混焰取得了高 HCN 产率、尾气可作合成气的新方法。1964—1999 年廖世健在中国科学院大连化学物理研究所先后任助理研究员、副研究员、研究员、博士生导师、课题组长、研究室主任。其间，经洪堡基金会等资助，作为访问学者和客座教授三次赴联邦德国马克思·普朗克学会煤炭研究所进行合作研究达 4 年。

廖世健研究领域比较广泛，先后从事过多相催化、表面化学、燃烧与火焰、齐格勒型催化剂和烯烃聚合、络合催化、均相催化剂的多相化、金属有机化学、纳米材料的合成和纳米化学以及有机高分子膜催化、络合催化中双金属协同效应等方面的工作。他不仅从事基础研究，同时也开展应用方面的工作，研制出许多有应用前景的高选择性、高活性的新催化体系，其中有些已转化成应用开发的成果，同时培养了一批研究生和科研骨干。

杨孔章，物理化学家、教育家。长期从事胶体与界面化学的教学和科研。对建立教育部胶体与界面化学开放研究实验室、山东大学胶体与界面化学研究所做出了贡献。

1950 年，杨孔章进入清华大学化学系学习，1952 年转入北京大学化学系，次年毕业后在北京大学化学系胶体化学教研室[①]读研究生，师从傅鹰及苏联专家诺沃德拉诺夫(Новодранов)，完成了研究生论文《聚电解质的增溶作用》。1957 年，杨孔章分配到山东大学化学系任教。这一时期先后到山东大学化学系任教的还有柳正辉、王果庭、陈宗淇等人。1958 年，山东大学化学系成立了胶体化学教研室，柳正辉任室主任。1962 年，柳正辉调离山东大学，室主任由杨孔章接任。自 1979 年起，杨孔章、王果庭、陈宗淇开始招收硕士研究生。杨孔章积极开展朗格缪尔-布洛杰特(Langmuir-Blodgett)膜、有序分子膜方面的研究，并培养了一批硕士、博士研究生。1988 年，杨孔章在担任山东大学副校长期间建设并组建了山东大学胶体与界面化学研究所；1995 年国家教委将胶体与界面化学开放研究实验室设在山东大学并任命杨孔章为该实验室学术委员会主任。该实验室现有的三个研究方向是界面化学、分散体系、表面活性剂与缔合胶体，杨孔章主持界面化学方向的工作。这三个方向均已招收博士学位研究生，成为中国重要的胶体与界面化学教学与科研基地。

顾惕人(1934—)，1954 年毕业于北京大学，留校任教，历任助教、讲师、副

---

① 在第一个五年计划开始之际，著名胶体与表面化学家傅鹰为了发展中国的科学事业，在学校和教育部的大力支持下，在北京大学建立了中国第一个胶体化学教研室并任室主任，共招收 13 名研究生，杨孔章是其中之一。

教授、教授和物理化学专业博士生导师。1993 年 9 月起到北京航空航天大学任化学教授。顾惕人的科研工作涉及萃取分析、高真空技术、气相吸附、液相吸附、润湿与接触角、表面膜、乳状液、胶体稳定性、高分子物理化学、表面活性剂物理化学和酶催化等领域，发表论文 150 余篇，获国家教委科技进步二等奖（吸附现象研究，1985 年）和一等奖（表面活性剂在固液界面上的吸附研究，1992 年）。合作提出的表面球形小胶团模型和理论成功地解释了表面活性剂在固液界面上的吸附规律，1995 年《科学》杂志报道了德国科学家用原子力显微镜直接证明了表面球形小胶团的存在。著作有《奇妙的表面世界》、《胶体化学基础》和《表面化学》等。

徐元植（1933— ），物理化学家。长期从事过渡金属配合物的结构与性能研究，尤其是在过渡金属配合物的电子顺磁共振波谱学研究方面，在国内外享有较高的知名度。

徐元植高中时代的化学老师缪天成先生（毕业于浙江大学化工系，曾任化工部高级工程师）和杨学德先生（毕业于燕京大学化工系，曾任温州化工厂总工程师）曾勉励他学习化工。1951 年高中毕业考入北京大学化学工程系。1952 年因院系调整转入清华大学石油工程系。1953 年成立北京石油学院（今石油大学），随之转入石油及天然气炼制工程系。大学时代的物理化学老师傅鹰对徐元植后来的学术生涯有很大影响。他是班上少数几位物化成绩优异而受到傅老钟爱的学生之一。1955 年毕业，应届分配到中国科学院石油研究所（1962 年改名为中国科学院大连化学物理研究所）工作。在该所工作期间，徐元植得到所长、物理化学家张大煜教授的谆谆教诲，受益匪浅。1980 年，徐元植被调入中国科学院福建物质结构研究所工作，在该所工作期间，卢嘉锡教授在学术思想、治学态度等各方面对他的影响，以及无微不至的关怀和帮助，使他很快又能重新适应科学院的基础研究工作。在论文的英文文稿发出之前，卢嘉锡总是不厌其烦地逐字逐句加以修改，使他荒废了十几年的英文水平得以很快提高。就是在卢嘉锡教授积极倡导开展原子簇化学研究的学术思想影响下，他投向多核桥联配合物的结构与性能研究，为他后来向低维、有序、高级结构分子聚集体的研究方向发展奠定了基础。4 年后，在当时的浙江大学校长杨士林教授关怀和帮助下，于 1984 年 8 月调入浙江大学化学系任教。他首先为浙大以及相关的兄弟院校的教师举办了两期“电子顺磁共振波谱学”讲习班，同时为研究生开出“催化化学”、“磁共振波谱学”、“仪器分析”、“高等结构化学”、“化学动力学”以及“超分子化学与分子工程学”等课程，为本科生讲授

"物理化学"、"量子化学"和"催化原理"等课程。与此同时，开展"低维桥联过渡金属配合物的结构和性能研究"，并两次获得国家教委科技进步奖。迄今为止，已为国家培养了19名硕士、11名博士。

三、第3代

（一）蔡启瑞弟子

邓从豪（1920—　），理论化学家和教育家，1993年中国科学院院士。长期从事量子化学和分子反应动力学的理论研究和教育工作，在配位场理论、分子轨道理论、分子反应动力学理论和电子相关理论等研究领域取得了一系列突出成就。他曾任山东大学校长，是山东大学威海分校的缔造者，多年身居教学一线，为我国培养了一批高级专门人才。

1941年7月，邓从豪同时考取南昌中正大学及厦门大学；9月，自临川步行至福建，入设在长汀的厦门大学化学系学习，1945年获学士学位。在厦门大学期间，受教于著名物理化学家傅鹰和蔡启瑞，他不仅以优异成绩读完了化学系的全部课程，而且选修了数理系的绝大部分课程。1945年夏，邓从豪自厦大毕业，先受聘于著名爱国华侨领袖陈嘉庚先生创办的集美中学，次年秋回到母校南昌一中，冬季再到南昌中正大学化学系任教。因参与学生的爱国运动，1947年被学校当局解聘，这促使了他北上山东大学任教的决心。1948年9月，邓从豪应聘来到青岛山东大学，在化学系任教。在齐鲁之邦，他奉献了毕生精力，为人民教育事业和科学研究奋斗了近五十度春秋。1949—1951年，邓从豪自修量子力学与量子化学，开始研究化学键问题。1952年7月，参加了教育部举办的由唐敖庆、卢嘉锡担任主讲的"青岛暑期物质结构进修班"；1963—1964年去唐敖庆任教的东北人民大学（今吉林大学）进修，在唐敖庆教授指导下，开始系统的量子化学基础理论研究。这两次学习为邓从豪进入理论化学的研究领域打下了雄厚的基础。1955年，他发表了第一篇量子化学研究论文《键函数》。

邓从豪教授是一位循循善诱、诲人不倦、教书育人的导师。50年来，他曾先后在山东大学化学系、物理系和光学系讲授无机化学、分析化学等20余门本科生和研究生课程，有些课程在全国首次开设。他在国内外学术刊物发表论文240余篇，出版学术专著及教材5部。从1983年招收了第一个博士研究生起，培养了博士研究生13名，硕士研究生30余名。

殷元骐(1932—)，物理化学家。长期从事涉及多相催化、均相催化、均相催化的多相化及均相催化与多相催化之间关系的催化科学研究。由于均相催化研究的需要，还开展对过渡金属配位物、金属原子簇合物的合成、结构的研究。既以CO为羰基金属配合物配位体，亦以CO为催化反应原料，与烯烃及氢源作用，经羰基化和费-托反应合成醛、醇、酸、酯和低碳烯烃，特别是光学活性四面体手性原子簇的合成，并用作没有膦、氮手性配体存在下的不对称反应催化剂，是对不对称催化反应具有独创性的成果。

1952年毕业于苏州市第一中学，后考入北京大学化学系，得益于黄子卿、傅鹰、张青莲、徐光宪、庞礼、韩德刚等著名化学家的授课和指导。1956年毕业，分配到中国科学院石油研究所，师从著名爱国华侨科学家肖光琰博士，研究硅铝催化裂化催化剂，开始从事催化工作，其间曾任我国催化界元老张大煜教授的学术秘书。1962年，为支援大西北，调往兰州中国科学院石油研究所兰州分所(后改名为中国科学院兰州化学物理研究所)继续做烷烃氧化脱氢的多相催化研究。1964—1966年在厦门大学化学系络合催化理论讨论班学习，师从蔡启瑞教授。

1966年回兰州化学物理所后，"文化大革命"已经开始，研究工作中断。1973年获准恢复工作。当时条件十分困难，有时甚至只能趴在地上做实验，他带领5名同事，立题进行络合催化的研究。在兰州化学物理所创建了均相络合催化和羰基合成化学的研究领域，组成近百人的队伍。

1980—1982年去美国做访问研究，为了弥补自身在络合催化研究中金属配位化学特别是配位物合成工作基础的不足，他没有做比较熟悉的催化工作，而是选择了不熟悉的金属卡宾、金属卡拜和过渡金属原子簇的研究方向。回国后，继续从事络合催化的工作，研究CO化学，既以CO为过渡金属络合物的配体，寻找新的合成方法、路线、骨骼构型和催化性能，又以CO为底物，与氢源(H_2、H_2O、ROH)及烯烃作用，通过羰基合成反应制取醛、醇、酸、酯，并通过费-托反应制取低碳烯烃(乙烯、异丁烯)，先后已有6种络合催化剂和络合催化过程推上了不同规模的中间放大试验和工业化生产过程。与此同时，他还开展了配位化学、原子簇化学的研究，并以羰基金属络合物的合成及其催化性能研究为内容，参加了卢嘉锡教授组织的国家自然科学基金委重大项目——原子簇化学的研究。在此基础上，他把羰基金属原子簇化学逐步过渡到四面体手性原子簇合物的合成、表征、结构和性能的研究，通过手性原子簇合物的经典拆分和有机功能团转换的非经典拆分,研究了簇合物对映体过量的诱导合成以及消旋体簇合物的酯酶水解分离。传统的催化剂是不能在没有手性膦或手性氨配体存在的情况下发生不对称催化反应的,而殷元骐的工作实现了在没有手性膦或手性氨配体存在的情况下,仅利用具有光学活性的簇核骨骼作为不对称反应催化剂,促使光学活性簇合物在手性增殖中发生作用,因此具有独创性。他参与筹建了由世界银行贷款支持的羰基合成国家重点实验室,取得了6项发明专利,发表了200篇学术论文,主编《羰基合成化学》、《不对称催化进展》等书籍。曾先后获科学大会奖,中国科学院重大科技成果奖,中国科学院科技进步一等奖、二等奖,中国科学院自然科学三等奖等多项奖励。

万惠霖(1938—),物理化学家,厦门大学化学化工学院教授,第五届“973”计划专家顾问组成员,固体表面物理化学国家重点实验室主任。1997年当选为中国科学院院士。1966年初厦门大学化学系催化理论方向研究生毕业,师从蔡启瑞,此后留校任教至今,长期从事物理化学催化方面的科研和教学工作。先后参加了络合催化理论、化学模拟生物固氮及催化作用的量子化学等基础研究工作,均取得成果。在轻烷临氧定向转化研究方面,创新研制出一系列性能优良的含氟稀土-碱土氧化物催化剂,阐明了氟化物助催作用的本质,并采用原位光谱方法,在几种催化剂上首次获得超氧物种具有甲烷氧化偶联活性的直接证据,探明了甲烷部分氧化反应机理差异的本质,发现并论证了氧存在下氧化镧等表面过氧物种的激光诱导生成,对甲烷、丙烷的临氧活化和转化机理进行了系统的理论模拟。1998年,获教育部科技进步奖一等奖。

廖代伟(1945—),厦门大学物理化学教授。多年从事化学教学与研究,其主要研究领域为物理化学和理论化学,研究方向为量子催化、多相催化和分子反应动态学。曾获国家教育部科技进步三等奖。1967年毕业于厦门大学化学系,后曾在福建省军区部队农场、福建建宁均口公社、建宁县“五七”干校、福建省三明化工总厂工作,1978年考取厦门大学物理化学专业研究生,1985年毕业,获理学博士学位。他是我国培养的第一位催化领域的博士,也是福建省高校授予的第一位博士。毕业后留校,后两度出国,现任厦门大学化学系教授,物理化学研究所所长。廖代伟近年来在推广聚氨酯路桥构件方面做出重大贡献,尤其在聚氨酯桥梁伸缩缝压缩控制弹簧、聚氨酯桥梁伸缩缝压缩弹簧、聚氨酯伸缩缝压紧支承、聚氨酯伸缩缝承压支承方面贡献突出,被誉为“中国聚氨酯桥梁构件市场拓展第一人”。

（二）周绍民弟子

王周成，1997年博士，厦门大学教授。主要研究方向：多元多层纳米复合结构涂层制备、微观结构、物理化学特性研究。

（三）张存浩弟子

张存浩在大连化物所指导的优秀学生有：

杨学明，1982年考入了中科院大连化学物理研究所，师从中国著名化学家张存浩和朱时清教授，并开始走上科学研究的道路，1985年获得理学硕士学位。1986年，进入美国加州大学圣巴巴拉分校化学系，1991年获哲学博士学位。1991—1993年，在美国普林斯顿大学化学系做博士后。1993—1995年在美国加州大学伯克利分校化学系及美国劳伦斯伯克利国家实验室做博士后。应诺贝尔化学奖获得者李远哲教授的邀请，杨学明在我国台湾地区“中央研究院”原子与分子科学研究所任副研究员，并成为终身研究员。2001年回到大陆，担任中国科学院大连化物所研究员，分子反应动力学国家重点实验室主任。在短短的6年时间内，杨学明带领他的科研团队步入国际先进行列。他和他的团队取得的科研成就“在量子水平上观察到化学反应共振态”和“发现波恩-奥本海默近似在氟加氘反应中完全失效”，研究成果突破解决了30多年来化学研究中悬而未决的国际公认难题，分别入选2006年度和2007年度“中国十大科技进展”。2011年12月，当选中科院院士。

解金春，1986年大连化物所硕士，导师张存浩。中国科学院大连化学物理所研究员，在世界上用离子凹陷光谱方法首次测量了NH:分子的快速预解离态A的转动结构和寿命，同时还研究了以快速预解离态为中间态的OODR-MPI及双共振跃迁中的偏振效应等。

陈永勤，1990年博士，中科院苏州生物医学工程技术研究所研究员、加州大学教授兼劳伦斯伯克利国家实验室教授级研究员、贝尔实验室资深研究员、斯隆研究员，亨利·德雷夫斯青年教授奖、美国总统青年奖、美国化学会诺贝尔签名奖获得者。多年从事生物及医疗检测设备的研发工作，对光电技术及其他物理和化学手段在生物医疗工程中的应用有独到的研究。曾主持创建了加州大学第一个飞秒化学实验室。

李海洋，1992年博士，张存浩、沙国河共同指导。大连化学物理研究所研究员，课题组长，博士生导师。主要研究方向：以飞行时间质谱和离子迁移谱为核心的在线测量爆炸物、毒品、化学毒剂和有毒有害化合物的技术。

（四）廖世健弟子

廖世健共指导培养硕士研究生 21 名，博士研究生 10 名。

陈万之，1991 年博士，浙江大学教授，博士生导师。主要从事气致变色有机金属化合物新材料的合成、结构和性质研究。

余正坤，1995 年博士，廖世健、徐筠共同指导。中国科学院大连化学物理研究所研究员，研究组组长，主要从事催化有机合成。

崔屾，1997 年博士，廖世健、徐筠共同指导。天津大学教授，博士生导师，研究方向为纳米材料。

万伯顺，1998 年博士，廖世健、徐筠共同指导。中国科学院大连化学物理研究所催化杂环合成组组长，研究员，博士生导师。主要研究方向：催化杂环合成、不对称催化、催化有机合成方法。

（五）杨孔章弟子

张成如，1995 年博士，山东星火科学技术研究院（集团）院长，济南联星石油化工有限公司董事长、总经理。

钱东金，1995 年博士，复旦大学教授，博士生导师。主要研究方向：金属配合物、紫精、卟啉衍生物的合成，分子聚集体和纳米材料的制备及其光电性质；蛋白质修饰电极和氢气生物传感器的制备、氢酶催化氢能转换；碳纳米管-蛋白质复合材料的制备和仿生制氢等。

陈晓，1996 年博士，山东大学胶体与界面化学教育部重点实验室教授。主要研究领域：水与离子液体溶剂中新型两亲有序分子（表面活性剂）组合体（溶致液晶、自组装与有序分子结构等）的构建与表征；以软物质有序结构为模板制备与组装纳米结构功能材料；界面电化学；软物质和纳米体系中的介观分子模拟。

钟国伦，1997 年博士，浙江大学教授。

（六）徐元植弟子

陈德余，1966 年研究生，浙江大学宁波理工学院教授，普通化学课程首席主讲教授，博士生导师。曾任浙江大学无机化学教研室主任，主要从事配合物结构和性能研究。

成义祥,1997年博士,南京大学化学化工学院教授。主要研究领域:有机合成、金属有机与元素有机化学,包括Pd催化下赫克(Heck)、铃木(Suzuki)、施蒂勒(Stille)、薗头(Sonogashira)和乌尔曼(Ullmann)等C-C成键耦合反应;可调控多功能手性高分子不对称催化选择性能研究;手性共轭高分子与手性高分子配合物光电性能等。

楼辉,1999年博士,浙江大学化学系副主任、催化研究所所长、浙江省应用化学重点实验室主任,中国化学会理事、催化专业委员会委员、浙江省化学会副理事长兼秘书长。主要研究方向:碳一化学(甲烷、二氧化碳的催化转化、工业煤基合成气制二甲醚等)、生物质能的催化转化与利用、低碳烷烃的催化转化、纳米复合氧化物的合成结构与性能、稀土材料的合成与性能等。

四、第4代

(一)邓从豪弟子

邓从豪教授治学精神和授课风格影响了一代人,他指导的研究生和他的助手也都承袭了这种传统。

丁世良,山东大学化学学院教授,博士生导师,山东省专业技术拔尖人才,理论化学与计算国家重点实验室学术委员会委员,吉林大学理论化学研究所兼职教授。1960年毕业于山东大学物理系,1982年2月—1984年6月在美国得克萨斯大学怀亚特(R. E. Wyatt)教授研究组做博士后工作,研究分子散射及分子的多光子过程;1984年回国任教于山东大学。丁世良及其学生的研究主要在物理学领域。

蔡政亭,研究方向为量子化学与分子反应动力学。系统研究了非晶硅材料的电子结构与性能的关系、某些无机配合物的化学键特性与反应性能及酶催化反应动力学;研究了量子反应散射、准经典轨迹及过渡态理论,在表面反应几率的隧道模型、化学反应中的非绝热效应研究中提出新的见解和研究方法,所导出的公式和研究结果被同行学者引用。1983年曲阜师范大学化学系毕业,并留校任教。1985—1988年在吉林大学理化所攻读量子化学方向的硕士学位。毕业后到曲阜师范大学工作,先后晋升为讲师(1992年)、副教授(1994年)、教授

(1995年)。1995年起在邓从豪院士指导下进行电荷转移动力学理论研究的博士论文工作,1998年获博士学位。1999年8月作为引进人才调入山东大学,现为山东大学教授和曲阜师范大学教授,山东大学理论化学研究所副所长。

刘成卜,山东大学教授,博士生导师。1986年7月获理学博士学位,导师为中科院院士邓从豪教授。现为山东大学物理化学省级重点学科负责人。研究领域:量子化学理论方法研究;分子反应动力学理论方法研究;微观与介观体系的分子模拟方法研究;生命、药学及材料科学中的理论化学问题。

冯大诚,1981年研究生,山东大学理论化学研究所研究员。主要从事量子化学基础理论、应用量子化学和计算化学以及分子反应动力学基础理论和应用研究。

吴以成,1986年博士,中国科学院理化技术研究所研究员。主要从事光电功能晶体研究。

冯圣玉,1991年博士,山东大学教授、博士、研究员、博士生导师。主要从事有机硅化合物与聚合物研究。

张瑞勤,1992年博士,香港城市大学教授。

(二)殷元骐弟子

殷元骐在长期研究中,培养了一批科研人员、硕士和博士研究生,他们中不少已成为研究员、教授。

徐峰,陕西师范大学教授,化学与材料科学学院副院长。主要研究领域为金属有机化学、有机合成、复合材料。

胡雨来,西北师范大学教授,博士生导师。主要研究方向为有机化学的不对称合成,有机氟化学。

(三)万惠霖弟子

陈明树,厦门大学化学化工学院化学系和固体表面物理化学国家重点实验室教授。主要从事多相催化、表面化学、材料科学等研究,特别是应用表面科学手段的模型催化研究。

吴廷华,浙江师范大学生化学院教授,2000年创办了浙江师范大学物理化学研究所,任副所长(万惠霖院士任所长)。长期从事低碳烷烃的催化转化、离子液体中精细化学品的合成等方面的研究工作。借助红外、脉冲质谱-色谱在线分析,准原位 XPS、1HNMR 等手段对 POM 反应机理的探讨取得了一些成果,提出了 POM 的热解-氧化机理模型和离子液体催化下铵/胺盐一步法合成季铵盐的催化机理。

五、第 5 代

(一)丁世良弟子

戴瑛,1998 年博士,山东大学物理与微电子学院教授。

(二)蔡政亭弟子

赵显,1998 年博士,邓从豪、蔡政亭共同指导,山东大学晶体材料研究所教授,山东大学晶体材料国家重点实验室副主任。主要从事功能材料的结构设计、计算模拟及制备方面的应用等研究。

(三)刘成卜弟子

王沂轩,1994 年博士,邓从豪、刘成卜共同指导,美国纽约州立大学奥尔巴尼分校化学终身教授。

边文生,1995 年博士,邓从豪、刘成卜共同指导,中国科学院化学研究所研究员,博士生导师。主要研究量子化学。

邱化玉,1996 年博士,邓从豪、刘成卜共同指导,杭州师范大学有机硅化学及材料技术教育部重点实验室和浙江省有机硅材料技术重点实验室副主任,材料与化学化工学院副院长、教授、博士、博士生导师。主要从事有机硅化学和有机硅高分子、高分子合成研究。

吕文彩,1996 年博士,邓从豪、刘成卜共同指导,吉林大学理论化学研究所教授,博士生导师。主要研究方向:TB 方法及建立适用于计算大体系的准确可靠的 TB 势。

步宇翔,1998 年博士,邓从豪、刘成卜共同指导,山东大学教授和曲阜师范大学教授,山东大学博士生导师。主要研究领域:生物化学、分子生物学、生物大分子结构性质及其功能性分子模拟。

表 4.6 傅鹰物理化学谱系

<table>
<tr><th>第 1 代</th><th>第 2 代</th><th colspan="2">第 3 代</th><th colspan="2">第 4 代</th><th colspan="2">第 5 代</th></tr>
<tr><th>第二代</th><th>第二、第三、第四代</th><th>第三、第四代</th><th>第五、第六代</th><th colspan="2">第四、第五、第六代</th><th colspan="2">第五、第六代</th></tr>
<tr><td rowspan="11">傅鹰(1928 年博士,密歇根大学,师从巴特尔)</td><td rowspan="11">蔡启瑞(1937 年学士,厦大,师从傅鹰、蔡镏生、张怀朴等;1950 年博士,俄亥俄州立大学,师从马克、哈里斯、纽曼)(第二代)</td><td rowspan="11">邓从豪(1945 年学士,厦大,先后师从傅鹰、蔡启瑞、唐敖庆)(第三代)</td><td rowspan="11"></td><td colspan="2" rowspan="3">丁世良(1960 年学士,山大)(第四代)</td><td colspan="2">戴瑛[1](1998 年博士,山大)(第五代)</td></tr>
<tr><td colspan="2">孟庆田[2](2001 年博士,山大)(第六代)</td></tr>
<tr><td colspan="2">王美山[3](2002 年博士,山大)(第六代)</td></tr>
<tr><td colspan="2" rowspan="3">蔡政亭(1969 年学士,山大)(第四代)</td><td>邓从豪、蔡政亭</td><td>赵显(1998 年博士,山大)(第五代)</td></tr>
<tr><td colspan="2">康从民[4](2001 年博士,山大)(第六代)</td></tr>
<tr><td>江元生、蔡政亭</td><td>苑世领[5](2003 年博士,山大)(第六代)</td></tr>
<tr><td rowspan="5">邓从豪、孙家钟</td><td rowspan="5">刘成卜(1986 年博士,山大)(第五代)</td><td rowspan="5">邓从豪、刘成卜</td><td>王沂轩(1994 年博士,山大)(第五代)</td></tr>
<tr><td>边文生(1995 年博士,山大)(第五代)</td></tr>
<tr><td>邱化玉(1996 年博士,山大)(第五代)</td></tr>
<tr><td>吕文彩(1996 年博士,山大)(第五代)</td></tr>
<tr><td>步宇翔(1998 年博士,山大)(第五代)</td></tr>
</table>

（续表）

第1代	第2代	第3代		第4代	第5代	
第二代	第二、第三、第四代	第三、第四代	第五、第六代	第四、第五、第六代	第五、第六代	
						胡海泉[6]（2001年博士，山大）（第六代）
						张冬菊[7]（2002年博士，山大）（第六代）
						毕思玮[8]（2002年博士，山大）（第六代）
				冯大诚（1981年研究生，山大）		
				吴以成（1986年博士，中国科学技术大学）	吴以成、陈仙辉	桂宙[9]（2001年博士，中国科学技术大学）（第六代）
				吴以成（1986年博士，中国科学技术大学）		万松明[10]（2002年博士，中国科学技术大学）（第六代）
				吴以成（1986年博士，中国科学技术大学）		徐子颉[11]（2002年博士，中国科学技术大学）（第六代）
				吴以成（1986年博士，中国科学技术大学）	吴以成、傅佩珍	潘世烈[12]（2002年博士，中国科学技术大学）（第六代）
				冯圣玉（1991年博士，山大）		赵士贵[13]（2003年博士，山大）（第六代）
				张瑞勤（1992年博士，山大）		

（续表）

第1代	第2代	第3代		第4代		第5代
第二代	第二、第三、第四代	第三、第四代	第五、第六代	第四、第五、第六代		第五、第六代
		殷元骐（1956年学士，北京大学，先后师从黄子卿、傅鹰、张青莲、徐光宪、庞礼、韩德刚、肖光琰、张大煜等）（第四代）		殷元骐、杨世琰	徐峰（1996年博士，兰州化学物理所）	
				殷元骐、杨世琰、王进贤	胡雨来（1998年博士，兰州化学物理所）	
				张伟强[14]（2003年博士，兰州化学物理所）		
		叶永烈（1963年学士，北京大学）（第四代）				
		万惠霖（1966年研究生，厦大）（第四代）		陈明树（1997年博士，厦大）		
				吴廷华（1999年博士，厦大）		
				夏海平[15]（2002年博士，厦大）（第六代）		
			廖代伟（1985年博士，厦大）			

（续表）

第1代	第2代	第3代	第3代		第4代	第5代
第二代	第二、第三、第四代	第三、第四代	第五、第六代		第四、第五、第六代	第五、第六代
	陈国珍（1938年学士，厦大；1951年博士，伦敦大学，师从韦尔奇，分析化学）（第三代）					
	周绍民（1945年学士，厦大，1957年副博士，苏联莫斯科门捷列耶夫化工学院）（第三代）		周绍民、许书楷、姚士冰	葛福云（1991年博士，厦大）		
			王周成（1997年博士，厦大）			
			周绍民、许书楷		黄令（1997年博士，厦大）	
	黄保欣（1945年学士，厦大）（第三代）					
	张存浩（1947年学士，中央大学；1950年硕士，密歇根大学）（第三代）		杨学明（1985年硕士，大连化学物理所，师从张存浩、朱清时；1991年博士，加州大学）			
			解金春（1986年硕士，大连化学物理所；1992年博士，斯坦福大学）			
			陈永勤（1990年博士，麻省理工学院）			
			张存浩、沙国河	李海洋（1992年博士，大连化学物理所）		

（续表）

第1代	第2代	第3代			第4代	第5代
第二代	第二、第三、第四代	第三、第四代	第五、第六代		第四、第五、第六代	第五、第六代
	廖世健(1952年学士，沪江大学；1954年研究生，长春应化所)(第四代)		陈万之(1991年博士，大连化学物理所)			
			廖世健、徐筠	余正坤(1995年博士，大连化学物理所)		
			廖世健、徐筠	崔岫(1997年博士，大连化学物理所)		
			廖世健、徐筠	万伯顺(1998年博士，大连化学物理所)		
			廖世健、陈惠麟	郑卓[16](2001年博士，大连化学物理所)		
	杨孔章(1953年学士；1957年研究生，北京大学，师从傅鹰-诺沃德拉诺夫)(第四代)		张成如(1995年博士，山大)			
			钱东金(1995年博士，山大)			
			陈晓(1996年博士，山大)			
			钟国伦(1997年博士，山大)			
			夏强[17](1999年博士，山大)			
	顾惕人(1954年学士，北京大学)(第四代)					

（续表）

第1代	第2代	第3代		第4代	第5代
第二代	第二、第三、第四代	第三、第四代	第五、第六代	第四、第五、第六代	第五、第六代
	徐元植（1955年学士，北京石油学院）（第四代）	陈德余（1966年研究生，清华大学）			
			成义祥（1997年博士，浙江大学）		
			楼辉（1999年博士，浙江大学）		
			胡自强[18]（2002年博士，浙江大学）		

注：1. 山东大学物理与微电子学院教授。
2. 山东师范大学物理与电子科学学院教授、硕士生导师、博士生导师。
3. 鲁东大学教授，山东师范大学合作博士生导师，鲁东大学物理学院副院长。
4. 青岛科技大学化工学院制药工程系教师，硕士生导师。
5. 山东大学化学与化工学院教授。
6. 聊城大学教授。
7. 山东大学化学与化工学院教授、博士生导师。
8. 曲阜师范大学教授。
9. 中国科学技术大学高级工程师。
10. 中科院安徽光机所晶体材料实验室副研究员。
11. 同济大学化学系物理化学教研室主任。
12. 中国科学院新疆理化技术研究所研究员，中国科学院“引进国外杰出人才”（“百人计划”）获得者。
13. 山东大学材料科学与工程学院教授。
14. 陕西师范大学副教授。
15. 厦门大学材料系教授，国家杰出青年基金获得者。
16. 大连化学物理所研究员、博士生导师。
17. 东南大学副教授。
18. 杭州师范大学材料与化学化工学院教授、硕士生导师。

第六节 张大煜物理化学谱系

张大煜，物理化学家，中科院院士，中国催化科学的奠基人之一。早年从事胶体和表面化学以及人造燃油的研究；在大庆油田开发以后，组织了石油炼制、石油化工、高能燃料、色谱、激光和化工过程的研究；组建了我国第一个石油、煤炭化学的研究基地，并为我国培育了几代研究人才，如卢佩章、汪德熙、楼南泉等都是他的杰出弟子，沙国河院士是张大煜谱系第三代人物中的杰出代表。张大煜谱系现有副教授及以上职称成员10余人。

一、第1代

张大煜(1906—1989)，1929年毕业于清华大学，师从高崇熙，同年考取公费留学德国和美国，后赴德国德累斯顿工业大学学习胶体与表面化学，1933年获工学博士学位。回国以后在清华大学任教，历任讲师、教授。

抗日战争爆发后，张大煜从北平到长沙，又从长沙辗转到昆明，在西南联大任教并兼任中央研究院化学所研究员。从基础研究转向石油、煤炭方面的技术科学研究，当时曾尝试过从植物油制造重要国防物资并开展了将煤炼制成汽油的相关研究，以期为抗战贡献力量。他利用云南丰产的褐煤，在昆明附近宜良滇越线上建立了一个从褐煤低温干馏提炼汽油的小型实验工厂(利滇化工厂)，边实验边生产，历尽千辛万苦炼出了油，但在人力、物力、设备和经费等方面困难重重，终于被迫停办。张大煜的尝试虽遭遇挫折，但为他后来创建我国第一个石油煤炭化学研究基地提供了最初的宝贵经验。

抗日战争胜利后，张大煜从昆明到上海，任交通大学教授兼北京清华大学化工系主任，讲授工业化学和胶体化学，在极端困难的条件下，还开展了一些研究工作。1949年大连大学创办初期，他任化工系教授、系主任，同时担任大连大学科学研究所(后改名为东北科学研究所大连分所)研究员、副所长。1952年该所划归中国科学院领导，并先后更名为工业化学研究所、石油研究所、大连化学物理研究所，他一直担任所长。20世纪50年代初期，张大煜紧密围绕国民经济恢复和建设需要的重大课题开展工作，在我国天然石油资源尚未开发的情况下，组织和发展了我国水煤气合成液体燃料、页岩油加氢、汽油馏分环化制甲苯等研究，取得杰出成绩，有些成果达到当时世界先进水平。在完成国民经济重大研究课题的同时，张大煜也很重视基础研究。50年代初期开始，他就致力于工业上广泛使用的催化剂担体研究，结合水煤气合成石油的钴催化剂和合成氨催化剂的催化性能研究，逐步建立了物理吸附、化学吸附等一系列研究方法，并且提出了表面键理论的设想，并以此为指导，研制成功了合成氨新流程3个催化剂，超过了国内外同类催化剂的水平。通过实践，培养和建立起一支学科配套、有解决综合问题能力的催化科学队伍。随着国家建设对科学事业发展的需要，张大煜在研究所的布局和发展上及时提出建议。经中国科学院批准，先后于1958年和1960年从石油研究所抽调科技力量，建立了兰州石油研究所和太原煤炭化学研究所，他兼任这两个所的所长，为促进内地科学事业的发展做出了贡献。1962年，中国科学院石油研究所改名为大连化学物理研究所。张大煜在担任大连化学物理研究所所长期间，跟踪国外同学科的发展趋向，及时提供最新信息。1977年，张大煜调任中国科学院感光化学所任顾问兼第一届学术委员会主任，同时兼任大连化学物理研究所顾问。他树立了严谨的优良学风，并为创建界面与光催化研究室，开拓强化采油界面现象研究等新学科领域做出了贡献。

二、第2代

张大煜在长期的科研和教学实践中培养了多批次优秀化学化工人才，卢佩章、汪德熙、鲍汉琛和楼南泉等是其中的优秀代表。

卢佩章(1925—)，分析化学家，中国从事色谱科学研究的开拓者之一。他在发展我国的色谱理论、色谱技术、色谱方法、色谱仪器及智能色谱专家系统方面均取得了成就，并将色谱科学服务于国防、科研、教育和国民经济建设等领域，还为国家培养了一批色谱专业人才。1948年毕业于同济大学理学院化学系，同年在该系任教；1949年9月调到大连化学物理研究所工作至今。1958年在大连化学物理研究所张大煜等导师指导下获得副博士学位(详见分析化学部分)。

汪德熙(1913—2006)，高分子化学家和核化工专家。1929年以第一名的成绩进入北京师大附中。1931年，放弃保送机会，考取清华大学化学系，后又考取本系研究生，师从张大煜。研究生期间发表《关于农业纤维素原料用两步法制高韧性纸浆》和《有机物电解还原》等论文。因“七七”事变爆发中断学业，旋即进入由爱国师生组成的中国大学担任化学系讲师。1938年7月，经叶企孙介绍，进入八路军冀中军区供给部任职，成功研制出安全的氯酸钾炸药。1938年底，他的导师张大煜教授就任西南联合大学化工系主任，汪德熙应邀前往昆明担任张大煜的助教。1941年，考取赴美公费留学生，前往美国麻省理工学院化工系学习，从事用连续电解法将葡萄糖还原为甘油代用品辛六醇的研究。1946年，获科学博士学位。回国后曾先后在南开大学和天津大学任教授，培育了大量化工专业科技人才，并在高分子化学研究方面取得了优秀成果。

1960年，奉命调任中国原子能研究所副所长，放弃高分子化学研究，转攻核化工，参与领导并组织了核武器研制过程中的放射化学研究工作，在核化工领域做出了卓越贡献，是我国独立完成的核燃料后处理萃取法流程和轻同位素分离流程研究的主要组织领导者之一。1980年，当选中国科学院学部委员。

鲍汉琛(1922—)，能源科学家，曾任中国科学院山西煤炭化学研究所所长。辅助张大煜创建中国科学院煤炭研究室，组织我国煤炭资源的分类和炼焦配煤的研究。首先倡导并组织了碳化学与煤炭能源转化应用与开发研究，在中国科学院山西煤炭化学研究所领导、组织煤的气化、间接液化开发工作，以及精细化工、新型炭材料的技术及产品开发，并以催化、化工和煤化学的应用基础研究支持开发工作。

1940—1942年在西南联大化学系学习。1942—1945年在中国远征军新编第六军工作。1946—1949年以优异成绩毕业于北京大学化学系。1954年10月15日，中国科学院煤炭研究室应运而生，鲍汉琛担任该室学术秘书，辅助著名科学家张大煜组织领导科研工作。开展了煤的物理化学性质、煤岩学、煤结构和煤气化及低温干馏新方法研究，以及炼焦化学产品和煤低温干馏焦油及页岩油加工技术的研究，为发展我国煤化工事业奠定初步基础。1957—1987年，历任中国科学院山西煤炭化学研究所副研究员、研究员，副所长、所长。

楼南泉(1922—2008)，物理化学家。长期从事分子反应动力学研究。组建和领导了中国第一个分子反应动力学实验室，推动了我国分子反应动力学学科的发展。新中国成立初期，为解决国家急需，主持和承担水煤气合成液体燃料、固液体火箭推进剂配方及燃料的重大研究项目。在催化剂、反应工艺和理论的研究方面也有研究成果。1992—1997年曾任国家科委攀登计划"态-态反应动力学和原子分子激发态"项目首席科学家。

1942—1946年在重庆国立中央大学化学工程系求学。毕业后曾在南京永利化学工业公司合成氨厂化学研究部任研究技术员。1949年起在中国科学院大连化学物理研究所历任助研、副研究员、研究员及研究室副主任、主任等职；

1978—1986年，任副所长，所长；1981年起任博士生导师及博士后指导教师；1982—1992年任所学术委员会主任。1986年后历任南京大学、复旦大学、中国科技大学、清华大学、山东大学、东南大学等校化学系或物理系兼职教授。

三、第3代

（一）楼南泉弟子

楼南泉非常重视人才的培养。在“文化大革命”以前，他就开始培养研究生。“文化大革命”以后他培养了大连化学物理所第一位物理化学学科的博士。他大力推荐一批中年骨干到国外进修，使他们成为新一代学术带头人，已经培养出硕士20余名，博士10余名。

沙国河，物理化学家。参与我国燃烧驱动的氟化氢化学激光器的研制工作，把双共振多光子电离方法发展成一种强有力的研究激发态分子光谱和动力学的方法；分子碰撞传能过程的实验研究颇有特色，曾首次观察到分子碰撞传能中的量子干涉效应。

1952年夏，被部队保送进入陕西咸阳西北工学院石油系学习；1955年高等院校调整，合并到北京石油学院，1956年底毕业。沙国河有志于搞科研和发明创造，学校按照他的志愿分配他到中国科学院大连石油研究所(现大连化学物理研究所)，开始时在张存浩、楼南泉的指导下，用吸附波法研究催化剂的特性。1957年至今一直在中国科学院大连化学物理研究所工作，历任研究实习员、助理研究员、副研究员、研究员(1991年)。1997年当选为中国科学院院士。

从80年代起，沙国河在培养博士、硕士研究生及博士后方面倾注了许多心血。他的学生中，1名获首届吴健雄物理奖、首届中国青年科学奖和香港求是基金青年奖；1名获中国科学院院长奖学金特别奖；1名获中国科学院自然科学一等奖(排名第五)；1名获中国化学会青年化学家奖；还有多名学生得到大连化物所研究生部的奖励。1995年沙国河被评为中科院优秀研究生导师。

张融，1985年硕士，楼南泉、何国钟共同指导，上海蓝瑚能源公司总裁。

王春儒，1992年博士，楼南泉、何国钟共同指导，中国科学院化学所研究员、博士生导师，国家杰出青年基金获得者，科技部“973”首席科学家，中国科学院分子纳米结构与纳米技术院重点实验室副主任。主要从事富勒烯和金属富勒烯的基础和应用研究。

表 4.7 张大煜物理化学谱系

<table>
<tr><th>第1代</th><th>第2代</th><th colspan="5">第3代</th><th>第4代</th></tr>
<tr><th>第二代</th><th>第三代</th><th colspan="2">第四代</th><th colspan="2">第五代</th><th>第六代</th><th>第六代</th></tr>
<tr><td rowspan="6">张大煜（1929年学士，清华，师从高崇熙；1933年博士，德累斯顿工业大学）</td><td>卢佩章（1944年学士，同济大学；1948年副博士）（见分析化学部分）</td><td colspan="2"></td><td colspan="2"></td><td></td><td></td></tr>
<tr><td>汪德熙（1941年学士，西南联大；1937年研究生，清华；1946年博士，麻省理工学院）</td><td colspan="2"></td><td colspan="2"></td><td></td><td></td></tr>
<tr><td>鲍汉琛（1949年学士，北京大学）</td><td colspan="2"></td><td colspan="2"></td><td></td><td></td></tr>
<tr><td rowspan="3">楼南泉（1946年学士，中央大学）</td><td rowspan="2">张存浩、楼南泉</td><td rowspan="2">沙国河（1956年学士，北京石油学院）</td><td colspan="2" rowspan="2"></td><td rowspan="2"></td><td>孙萌涛[1]（2002年博士，大连化学物理所）</td></tr>
<tr><td>尹淑慧[2]（2003年博士，大连化学物理所）</td></tr>
<tr><td colspan="2"></td><td>楼南泉、何国钟</td><td>张融（1985年硕士，大连化学物理所；1990年博士，斯坦福大学）</td><td></td><td></td></tr>
</table>

（续表）

第1代	第2代	第3代					第4代
第二代	第三代	第四代	第五代		第六代		第六代
					楼南泉、何国钟	陈茂笃[3]（2002年博士，大连化学物理所）	
			楼南泉、韩克利	王春儒（1992年博士，大连化学物理所）			
					楼南泉、韩克利	刘建勇[4]（2003年博士，大连化学物理所）	

注：1. 中国科学院物理研究所副研究员。
2. 大连海事大学副教授。
3. 大连理工大学物理与光电工程学院研究员。
4. 中国科学院大连化学物理研究所分子反应动力学国家重点实验室副研究员。

第七节　孙承谔物理化学谱系

孙承谔，著名物理化学家和化学教育家。主要从事化学动力学研究，是中国早期从事化学动力学研究的先驱之一。1935年他与艾林（Henry Eyring，1901—1981）等共同发表研究成果"$H_2+H \rightarrow H+H_2$反应的势能面"，因此而享有盛名。曾任西南联大、北京大学等校教授，长期担任北京大学化学系主任，培养了大批优秀的物理化学人才，刘若庄和赵学庄等都是他的学生。孙承谔谱系有副教授以上职称成员10余人。

一、第1代

孙承谔（1911—1991），1923年考入清华学校，1929年毕业后赴美留学，入美国威斯康星大学化学系学习，由于刻苦勤奋，仅用四年就完成了大学本科和研究生阶段的学业，并于1933年获哲学博士学位，时年仅22岁。他在威斯康星大学结识了正在那里从事博士后研究的A.谢尔曼（Albert Sherman，1907—1938），后者将孙承谔引荐给自己的导师、普林斯顿大学的著名物理化学家艾林。1934年，孙承谔被聘为普林斯顿大学的研究助理，到艾林身边从事化学反应过渡态理论的研究工作，并在1935年与艾林共同发表了有关$H_2+H \rightarrow H+H_2$反应的第一张经精确计算得出的势能面图。这是近代化学动力学的重要成就之一，至今仍为化学动力学的教材或专著所引用。

1935年，孙承谔回国，任北京大学化学系教授，成为当时国内最年轻的教授之一。"七七"事变爆发后，孙承谔随校南迁昆明，在西南联合大学任教授。在当时的艰苦岁月中，他除承担普通化学、物理化学等课程的教学任务外，还进行了物质结构和物性间关系等方面的研究工作，发表了一系列有关的研究论文。抗战胜利后，1946年他随北京大学迁回北平，继续在化学系执教，任化学系代理系主任。1947—1948年，孙承谔再度赴美，任明尼苏达大学研究员，从事光谱理论方面的研究工作。1948年底，孙承谔由美国返回中国，途经上海时，他拒绝了亲友要他同赴台湾的劝说，毅然北上，于北平解放前20天赶回北京大学。新中国成立以后，孙承谔于1951年任北京大学理学院代理院长。院系调整后，从1952

年起一直担任北京大学化学系系主任，直至“文化大革命”，为化学系的建设和发展做出了卓著贡献。

二、第2代

半个多世纪以来，孙承谔在教育战线上辛勤耕耘，培养了众多的科学家和各种专门人才，为我国的科学教育事业做出了重大贡献，著名物理化学家刘若庄、赵学庄等都是他的学生。

刘若庄(1925—)，物理化学家和教育家，1991 年当选中国科学院院士。毕生致力于物理化学尤其是量子化学的科学研究和教育工作。他的主要贡献是创造性地将量子化学理论和计算方法应用于研究实际化学问题并取得优秀成果，在应用量子化学和培养化学专业人才方面做出了贡献。

1947 年，刘若庄毕业于北京辅仁大学化学系，同年考取北京大学物理化学专业研究生，先后在袁翰青、孙承谔教授指导下从事有机化学和物理化学研究，同时师从唐敖庆教授攻读统计力学、量子化学，并选修了诸多数学物理系的课程。不同领域中名师的严格指导加之刘若庄的努力，使他不仅学会了科学研究的方法，也由此进入了理论化学的科学殿堂，为后来作出具有特色的成果奠定了扎实的理论基础。刘若庄是 1963 年 9 月—1965 年 7 月教育部委托吉林大学举办的物质结构学术讨论班成员。历任辅仁大学、北京大学、北京师范大学化学系助教、讲师和副教授，1959 年任北京师范大学化学系物理化学教研室主任，1979 年任北京师范大学化学系教授、校学位委员会副主任。1978 年任国家科委化学学科组成员。1981 年被国务院批准为第一届博士研究生导师。

迄今为止，刘若庄已培养了博士和硕士逾 30 人，均在工作岗位上做出了自己的贡献，其中多人已成为所在单位的学术带头人。为提高高等师范院校的学术水平，1980 年，刘若庄与东北师大在长春举办了暑期师资讲习班；1984 年又受教育部委托举办了“物质结构”助教进修班，为培养高等师范院校理论化学教学人才做出了贡献。为了促进应用量子化学在我国的发展，刘若庄及其研究室于 1984 和 1987 年两次举办量子化学计算方法短训班，推广和应用国际上先进的计算量子化学理论和方法，培养了一批优秀学员。

赵学庄，物理化学家与化学教育家。长期从事化学动力学的科研和教学工作。曾编写化学反应动力学教材，在场论中对称性原理的化学应用、非线性化学反应动力学和富勒烯化学等方面取得若干有意义的研究成果。

1951 年高中毕业，考入清华大学化学系；1952 年院系调整后转入北京大学化学系继续学习。当时清华大学和北京大学化学系有一批化学界著名专家任教，赵学庄在这样的环境下较好地完成了大学本科学习，并开始步入化学研究领域。1956 年在《化学学报》上发表了在徐光宪教授指导下完成的第一篇学术论文《Slater 型原子轨函和电离能近似计算法的改进》。该文提出一套改进的描述原子中电子的屏蔽效应的参数，直到 20 世纪 80 年代仍然被国内学者所引用。1955 年大学毕业后留校读研究生，导师是孙承谔教授，1956 年转学到吉林大学继续读研究生，师从蔡镏生教授。在蔡镏生和唐敖庆教授的培养下，他在基础理论和实验技能方面受到严格训练。1959 年，研究生毕业后留在吉林大学化学系工作，从事大量教学工作，主讲过化学动力学、量子化学与统计力学等课程。1963 年，赵学庄被调到南开大学化学系，致力于物理化学的教学和科研工作，讲授的课程有化学动力学和催化作用等。1986 年，赵学庄晋升为教授，20 世纪 90 年代初开始招收博士研究生。

三、第 3 代

刘若庄弟子

于建国，1988 年获北京师范大学理学博士学位，导师为刘若庄院士。1988 年任北京师范大学副教授并于第二年赴美国从事博士后研究。1993 年起进入美国数家著名公司从事量子化学计算方法和程序的开发研究(任资深科学家和首席科学家)，是数家国际著名计算化学和分子模拟软件的作者之一。2005 年 9 月，受聘北京师范大学，任教授、博士生导师和“985”首席专家。2005 年来发表 SCI 文章 30 余篇，合著教科书《量子化学》，完成大型计算化学软件 Simu_Pac，已通过教育部科技成果鉴定。曾获数项国家自然科学奖与国家教委自然科学奖。主要研究研究领域：发展计算化学新的计算方法和软件；酶催化反应机理和生物体系的性质与结构的理论研究；分子的光谱性质的理论研究。

黄元河，现任北京师范大学化学学院教授，博士生导师，全国政协委员及民族和宗教专委会成员。科研工作主要探讨低维晶体的电子结构及稳定性、结构特征、相互作用本质，金属-绝缘体相变、导电机理和超导可能性等。主持国家自然科学基金、教育部高等学校骨干教师资助计划和教育部博士点基金项目共 9 项，在国际知名刊物发表 SCI 论文近 70 篇。黄元河是北京师范大学与日本京都大学联合培养的博士研究生，师从我国著名量子化学家刘若庄院士和京都大学山边时雄教授，曾受诺贝尔化学奖得主福井谦一教授邀请从事博士后研究。

方维海，现任北京师范大学化学系教授，北京师范大学化学学院院长。主要从事量子化学研究，曾巧妙地改编和应用 GVB 方法程序，进行限制性的开壳层 Hartree-Fock 计算。曾将有效单电子旋轨偶合算符和分子中原子近似方法相结合，在从头算 MR－CI 水平上，研究自旋禁阻的热解和光解反应。在绝热和非绝热反应速率理论方面做了大量的研究。近年来主要研究分子光解离反应机理，尤其在势能面交叉点的优化方法及其在具体光化学反应的应用中，取得了新的研究成果。

1990 年 9 月—1993 年 6 月，在北京师范大学化学系攻读博士学位，开展光化学反应理论研究。1993 年 9 月—1995 年 9 月，在南京大学做博士后工作。1996 年 5 月—1998 年 8 月，在德国波恩大学理论化学所做洪堡学者。1998 年 8 月至今，在北京师范大学工作，现为博士生导师。2003 年被教育部评为全国高等学校优秀骨干教师。2003 年作为第一完成人获得教育部科学技术一等奖。

汪志祥，中国科学院大学化学与化工学院教授、博士生导师，“百人计划”学者，主要从事计算量子化学研究。1996 年师从刘若庄获博士学位。

表 4.8　孙承谔物理化学谱系

<table>
<tr><th>第 1 代</th><th colspan="2">第 2 代</th><th>第 3 代</th><th colspan="2">第 4 代</th></tr>
<tr><th>第二代</th><th>第三代</th><th>第四代</th><th>第五代</th><th colspan="2">第六代</th></tr>
<tr><td rowspan="7">孙承谔（1933 年博士，威斯康星大学。先后师从谢尔曼、艾林）</td><td rowspan="7">刘若庄（1947 年学士，辅仁大学；1950 年研究生，北京大学，先后师从袁翰青、孙承谔、唐敖庆等）</td><td rowspan="7"></td><td>陈光巨</td><td>刘若庄、陈光巨</td><td>谭宏伟[1]（2004 年博士，北京师范大学）</td></tr>
<tr><td>于建国（1987 年博士，北京师范大学）</td><td colspan="2"></td></tr>
<tr><td rowspan="3">黄元河（1988 年博士，北京师范大学，师从刘若庄、山边时雄）</td><td>刘若庄、黄元河</td><td>陈媛梅[2]（2001 年博士，北京师范大学）</td></tr>
<tr><td colspan="2">杜世萱[3]（2002 年博士，北京师范大学）</td></tr>
<tr><td colspan="2">李玉学[4]（2002 年博士，北京师范大学）</td></tr>
<tr><td>方维海（1992 年博士，北京师范大学）</td><td>刘若庄、方维海</td><td>丁万见[5]（2003 年博士，北京师范大学）</td></tr>
<tr><td>汪志祥（1996 年博士，北京师范大学）</td><td colspan="2"></td></tr>
</table>

（续表）

第1代	第2代		第3代	第4代
第二代	第三代	第四代	第五代	第六代
		赵学庄（1955年学士，北京大学，见徐光宪谱系）		

注：1. 任职于北京师范大学理论与物理化学研究所。
2. 北京林业大学副教授、硕士研究生导师，主要从事生物大分子的物理化学性质及物质结构研究。
3. 中科院物理所研究员、博士生导师。
4. 中国科学院上海有机化学研究所金属有机化学国家重点实验室研究员。
5. 北京师范大学副教授。

第八节 吴浩青物理化学谱系

吴浩青，物理化学家、化学教育家。他是中国电化学研究的开拓者之一，曾对电池内阻测量方法做过重要改进，被誉为“锂电子电池之父”。20世纪50年代和60年代初，系统研究了锑的电化学性质，确定了锑的零电荷电势为0.19±0.02伏，得到世界公认。60年代后期和70年代，完成了多项国家急需的科研项目，研究成果已在工业生产和国防建设中得到应用。80年代，对锂固体电解质、高能电源锂电池及其放电机理作了深入研究。吴浩青从事大学化学教学和电化学基础及应用研究已50余年，为我国培育了大批人才。著名物理化学家邓景发就是他的学生，包信和院士则是吴浩青谱系第三代中的杰出代表。吴浩青谱系现有副教授及以上职称成员20余人，主要集中在复旦大学和大连化物所。

一、第1代

吴浩青(1914—2010)，1935年毕业于浙江大学化学系，后留校任教，读书期间曾受到周厚复等名师的指点和帮助。1944年在*J. Am. Chem. Soc.*发表论文《芳香氨基醛及酮的合成》，初次展露了他在科研方面的才华。1946—1952年任上海沪江大学副教授；1952年全国院系调整后到复旦大学化学系执教，历任化学系副主任、主任(1961年)。1957年筹建了我国高等院校第一个电化学实验室，研究双电层结构、电极表面性质，建立了测量双电层电容、表面吸附、交流阻抗的方法和试验系统，成为我国电化学研究和培养人才的重要基地。

二、第2代

吴浩青已从事教育工作60余年，为我国培养了大批优秀教学、科研人才，培养了近50名硕士、博士和博士后，不少人现已成为教授、总工程师、研究所所长、系主任等，有3位当选中科院院士，为我国教学、科研事业做出了贡献。

邓景发(1933—2001)，物理化学家、化学教育家，中国科学院院士。长期从事物理化学的教学工作以及催化和表面化学的科研工作。在国内率先研制成电解银催化剂并用于甲醛的工业生产。首次阐明了在电解银上甲醇转化为甲醛的分子反应机理，提出并以实验证实了IB族金属吸附氧的反馈键模型和催化剂表面存在的诱导酸性，并研制出新型银催化剂。首次把非晶态合金以高分散形式负载在大比表面的载体上，解决了比表面小的问题；提出了非晶态合金的高催化活性是由几何效应引起的观点，研制成几种新的非晶态合金；研究出环戊二烯催化合成戊二醛的新方法。

1951年邓景发考入同济大学化学系，1952年高等学校院系调整后转入复旦大学化学系学习。1955年毕业后师从吴浩青教授读研究生，从事电化学研究。1959年毕业后留校任助教。1984年，邓景发任化学系教授、博士生导师。

李永舫(1948—)，高分子化学、物理化学专家。中国科学院化学研究所有机固体重点实验室研究员、博士生导师。1977年就读华东化工学院(现华东理工大学)化学系抗菌素专业。1982年在华东化工学院化学系获硕士学位，1986年在复旦大学化学系获博士学位，师从吴浩青院士。迄今，在聚合物太阳能电池光伏材料、无机半导体纳米晶制备和共轭聚合物、无机半导体纳米晶杂化光电子器件、导电聚合物电化学和聚合物发光电化学池等方面发表研究论文400多篇，其中在影响因子5以上杂志上发表论文100多篇。

余爱水，复旦大学教授、博士生导师，中国电池协会常务理事。主要探索制备新型储能材料，用物理及化学方法研究其物性、结构以及电化学性能之间的关系，进而拓展电化学能源(锂离子电池、超级电容器、直接甲醇甲酸燃料电池、太阳能电池、全固态薄膜锂电池、锂空气电池等)的发展和应用。1987年、1990年分别获复旦大学理学学士及硕士学位。1993年获复旦大学理学博士学位，师从吴浩青，毕业后留校担任讲师。1995—1997年、1997—1999年分别在日本岩手大学工学部和新加坡材料工程研究所担任研究员。1999—2000 年在俄克拉荷马州立大学化学系从事博士后研究。2000—2006 年任职于美国伊克赛拉特隆公司。2006 年以来任复旦大学化学系研究员、博士生导师。

三、第 3 代

邓景发弟子

目前,邓景发已培养博士生 14 名、硕士生 22 名,包信和院士是其中的杰出代表。

包信和,物理化学家,2009 年当选中国科学院院士。1995 年应聘回国,先后任中科院大连化物所催化基础国家重点实验室研究员、博士生导师,所长助理、副所长,2000 年 8 月担任大连化物所所长。现任中国科学院大连化物所研究员,中科院沈阳分院院长,兼任中国科学技术大学化学物理系主任。主要从事表面化学与催化基础和应用研究。发现次表层氧对金属银催化选择氧化的增强效应,揭示了次表层结构对表面催化的调变规律,制备出具有独特低温活性和选择性的纳米催化剂,解决了重整氢气中微量 CO 造成燃料电池电极中毒失活的难题。发现了纳米催化体系的协同限域效应,研制成碳管限域的纳米金属铁催化剂和纳米 Rh - Mn 催化剂,使催化合成气转化的效率成倍提高。在甲烷活化方面,以分子氧为氧化剂,实现了甲烷在 80℃条件下直接高效氧化为甲醇的反应;创制了 Mo/MCM - 22 催化剂,使甲烷直接芳构化制苯的单程收率大幅度提高。曾获 2005 年国家自然科学二等奖,1996 年香港"求是杰出青年学者奖"等。1982 年毕业于复旦大学化学系,1987 年获该校博士学位,师从邓景发院士。曾在德国马克思·普朗克学会弗里茨·哈伯研究所任访问学者。

包信和高度重视人才队伍建设,在任职大连化物所所长期间,引进了一批高质量的青年研究人员;此外,他本人已培养研究生数十名,遍及世界各地,他们中的许多人已成为所在单位的骨干人才。他的博士研究生马丁在读期间发表了多篇高水平的论文,获得中国科学院院长奖学金优秀奖。

陆靖,1987 年硕士,曾任华东师范大学副校长,教授、博士生导师。主要研究领域:分子反应动力学理论、超快反应及其光谱理论、生物体系电荷转移理论等。

王文宁,1995 年博士,邓景发、范康年共同指导,复旦大学化学系教授。主要研究方向:应用液体多维核磁共振和分子动力学模拟研究蛋白的结构、功能和动力学；分子间弱相互作用的理论研究；表面和催化反应的分子模拟和理论计算。

孙琦，1996 年博士，北京低碳清洁能源研究所高级研究员，催化和新材料研发中心主任。主要研究方向：石油化工、煤炭化工、炼油和环境治理。

戴维林，1997 年博士，复旦大学教授，博士生导师。主要研究方向：多相催化。

李和兴，1997 年博士，复旦大学稀土功能材料上海市重点实验室主任、资源化学省部共建教育部重点实验室主任。

沈百荣，1997 年博士，邓景发、范康年共同指导，苏州大学系统生物学研究中心主任，教授。主要研究方向：疾病相关基因的生物信息学与系统生物学研究。

刘炳泗，1998 年博士，天津大学化学系教授、博士生导师。

表 4.9　吴浩青物理化学谱系

<table>
<tr><th>第 1 代</th><th colspan="2">第 2 代</th><th colspan="2">第 3 代</th><th colspan="2">第 4 代</th></tr>
<tr><th>第二代</th><th>第四代</th><th>第五代</th><th colspan="2">第五代</th><th colspan="2">第六代</th></tr>
<tr><td rowspan="8">吴浩青(1935 年学士，浙江大学)</td><td rowspan="8">邓景发(1959 年研究生，复旦大学)</td><td rowspan="8"></td><td colspan="2" rowspan="6">包信和(1987 年博士，复旦大学</td><td>包信和、韩秀文</td><td>张维萍[1](2000 年博士，大连化学物理所)</td></tr>
<tr><td colspan="2">黄伟新[2](2001 年博士，大连化学物理所)</td></tr>
<tr><td>包信和、徐奕德</td><td>马丁[3](2001 年博士，大连化学物理所)</td></tr>
<tr><td colspan="2">曲振平[4](2003 年博士，大连化学物理所)</td></tr>
<tr><td colspan="2">孙军明[5](2009 年博士，大连化学物理所)</td></tr>
<tr><td colspan="2">陈为[6](2010 年博士，大连化学物理所)</td></tr>
<tr><td colspan="2">陆靖(1987 年硕士，复旦大学)</td><td colspan="2"></td></tr>
<tr><td>邓景发、范康年</td><td>王文宁(1995 年博士，复旦大学)</td><td colspan="2"></td></tr>
</table>

（续表）

第1代	第2代			第3代		第4代
第二代	第四代	第五代		第五代		第六代
					孙琦(1996年博士，复旦大学)	
					戴维林(1997年博士，复旦大学)	
					王卫江[7](1997年博士，复旦大学)	
					李和兴(1997年博士，复旦大学)	
				邓景发、范康年	沈百荣(1997年博士，复旦大学)	
					刘炳泗(1998年博士，复旦大学)	
					乔明华[8](2000年博士，复旦大学)	
				邓景发、许国勤	曹勇[9](2000年博士，复旦大学)	
			李永舫(1986年博士，复旦大学)			
			余爱水(1993年博士，复旦大学)			
		吴浩青、李全芝	牛国兴(1995年博士，复旦大学)			

注：1. 中科院大连物化所研究员。
2. 中国科学技术大学化学物理系教授，合肥微尺度物质科学国家实验室责任研究员。
3. 北京大学化学与分子工程学院研究员。
4. 大连理工大学环境与生命学院副教授。
5. 2009年全国百篇优秀博士论文。
6. 2010年全国百篇优秀博士论文。
7. 复旦大学副教授。
8. 复旦大学化学系教授、博士生导师。
9. 复旦大学教授、博士生导师。

第九节 卢嘉锡物理化学谱系

卢嘉锡，著名物理化学家、化学教育家和科技组织领导者。他的工作涉及物理化学、结构化学、核化学和材料科学等多种学科领域。在结构化学研究中有杰出贡献，曾提出固氮酶活性中心的结构模型，从事结构与性能的关系研究等，对中国原子簇化学的发展起了重要推动作用，他所指导的新技术晶体材料科学研究，也取得了重大成绩。在科研之外，他培养了一批如田昭武、张乾二、梁敬魁、黄金陵、黄锦顺、吴新涛等院士级别的高水平学术带头人，现有副教授及以上职称的谱系成员近 80 人，主要分布在厦门大学、福州大学、中科院物理所和福建物质结构所等机构。

一、第 1 代

卢嘉锡(1915—2001)，1934 年毕业于厦门大学化学系，毕业后留校任助教。1937 年考取中英庚款公费留学，赴伦敦大学学习，在萨格登(Samuel Sugden，1892—1950)教授指导下从事放射性研究，两年后通过答辩，论文题目为"放射性卤素的化学浓集法"，1939 年获博士学位。在英期间，他还受教于英国物理化学家根海姆(Edward Armand Guggenheim，1901—1970)，听过他的热力学和统计热力学，与他合作进行过研究，获益匪浅。同年秋，到美国加州理工学院，在两度独得诺贝尔奖[①]的鲍林指导下从事结构化学研究。1944 年任美国国防研究委员会马里兰州研究室化学研究员，1945 年任美国加州大学和加州理工学院研究员。

1946 年起，卢嘉锡历任厦门大学化学系教授、系主任、理学院院长、副教务长、研究部部长、校长助理和副校长(1946—1960)，福州大学教授、副校长，中科院福建物质结构所研究员、所长(1960—1980)，中科院院长(1981—1987)等职[②]。1955 年当选学部委员。他在科学研究上涉猎领域广泛，涉及物理化学、结

① 1954 年化学奖和 1963 年和平奖获得者。

② 1958 年，他根据组织的决定，到福州参加筹建福州大学和原中国科学院福建分院，后经多次调整建成中国科学院福建物质结构研究所。1960 年任福州大学副校长和福建物质结构研究所所长，从系科布局、课程设置、图书订阅、科研设备购置、师资聘任到组织管理，卢嘉锡都付出了大量心血。

构化学、核化学和材料科学等多种学科领域，其中：作出突出成就的主要在核化学——他是我国最早涉足核化学的化学家；结构化学——测定过过氧化氢的分子结构、硫氮和砷硫化合物结构，发明"卢氏图表"；金属原子簇化学——提出化学固氮酶活性中心的福州模型，对中国原子簇化学的发展起了重要推动作用。

二、第2代

新中国成立以来，卢嘉锡已培养了15届共计50多名博士生、硕士生以及诸多青年学者，如田昭武、张乾二、梁敬魁、黄金陵、黄锦顺、吴新涛、潘克桢、陈创天等。蛋白质结晶学家、美国加州理工学院研究员朱沅女士（已病逝）的成长也曾受到卢嘉锡的指导和关怀。

张乾二（1928—　），量子化学家。在配位场理论方法研究中，研究新的耦合系数的性质和计算方法，使计算方法标准化，并将弱场和强场理论的计算相互沟通，改进和简化计算方法使其具有更强的普适性。发展了分子轨道图形方法。在原子簇化学键理论研究中推导出旋转群-点群变换系数的闭合表达式，为簇骼多面体分子轨道的构造和计算的统一处理提供了可能。在探索簇合物电子结构的基础上，提出"多面体分子轨道理论方法"，既可对簇合物的电子结构进行定量计算，又可对所给结构的合理性做出定性的判断和解释。在多电子体系的量子化学研究中，解决了酉群内外积耦合系数的一般计算方法，并提出一种与经典结构式相对应的新型多电子体系波函数（键表），建立了价键理论的对不变式方法与直观的化学反应规则，为多电子体系的研究提供了一种键表酉群方法。他带领的小组培养出磷酸二氢铵等晶体，成为我国在水溶液中培养晶体的开创者之一。1963年他参与解决了配位场中群链分解问题以及有关耦合系数的计算问题。1979年《配位场理论方法》一书出版，在国际化学界引起震动，使中国化学家在配位场方面的研究领先于国际水平10余年。1982年该成果获国家自然科学一等奖。他在分子轨道图形方法、原子簇化学键理论、多电子体系酉群理论等方面取得了一些具有创造性的系统研究成果，并于1989年获国家自然科学二等奖。在国内外十几家权威杂志上发表论文100多篇，出版专著4部，译著1部。

张乾二1947年就读于厦门大学化学系，1951年被录取为研究生，1954年从厦门大学化学系毕业。曾任厦门大学化学系主任、中国科学院福建物质结构研究所所长、厦门大学化学化工学院院长、固体表面物理化学国家重点实验室副主任；现任固体表面物理化学国家重点实验室学术委员会主任、结构化学国家重点实验室学术委员会主任、厦门大学教授、中国科学院福建物质结构研究所研究员。1991 年当选中国科学院院士。著名化学家、后来曾担任山东大学校长的邓从豪是张乾二中学时代的代数学启蒙老师。

田昭武(1927—),电分析化学家,中国科学院院士。他十分重视电化学研究方法的创新及相关仪器的研制,首创用于测定瞬间交流阻抗的选相调辉和选相检波测定法,用于测定超低腐蚀速率的控制电位脉冲技术,用于测定早期局部腐蚀的扫描微电极技术;建立复制超微复杂三维图形新技术——约束刻蚀剂层技术。研制并批量生产的仪器有电化学综合测试仪、电镀参数测试仪、新一代离子色谱抑制器。在理论方面,提出气体扩散多孔电极的"不平整液膜"模型及电化学自催化理论等,是中国电化学学科带头人之一。1949 年毕业于厦门大学化学系,1978 年任厦门大学化学系教授,1982—1989 年任厦门大学校长,1990 年任固体表面物理化学国家重点实验室主任,1996 年任名誉主任。

梁敬魁(1931—),物理化学家。主要应用 X-射线衍射和热学分析等方法对无机体系功能材料的合成、相关系和晶体结构进行了大量系统的研究。主持完成属首创的"核试验瞬时过程测温装置"的研制。提出从第一条衍射线给出的面间距值确定高 Tc 超导体结构类型和原子粗略位置的简便方法,发现分别属两种类型的铊系 8 种超导相,并测定其结构。在 Cu-Au 二元系中观察到一系列新的超结构现象。开展了相图在单晶生长中的应用研究,在多元硼酸盐体系中确定了具有倍频效应的物质是偏硼酸钡低温相(BBO),解决了 BBO 单晶生长的原理和实践问题。系统研究了稀土-富过渡族元素金属间化合物的成相规律、晶体结构和磁性能。

1955 年毕业于厦门大学化学系物理化学专业,被录取为由我国高教部(现教育部)派遣留学苏联的研究生。1956 年秋作为中国科学院派往苏联科学院学习的研究生,在莫斯科苏联科学院巴依科夫冶金研究所学习金属合金热化学和晶体化学。1960 年 1 月毕业,获苏联科学院技术科学副博士学位。回国后,被分配到中国科学院物理研究所工作。曾担任晶体学研究室学术秘书、副主任、主任,相图与相变研究室主任。1983 年被批准为凝聚态物理专业博士生导师,1984—1987 年任中国科学院福建物质结构研究所所长,1986 年被批准为物理化学专业博士生导师。1987 年秋又调回北京中国科学院物理研究所工作。1993 年被选为中科院化学部学部委员。1985 年后历任福州结构化学国家重点实验室学术委员会副主任,国际晶体学联合会仪器委员会委员(1987—1993),北京动态与稳态分子结构国家重点实验室学术委员会副主任(1987—),中科院福建物质结构研究所兼职研究员(1987—),北京科技大学(1987—1995)兼职教授,国家自然科学基金委材料与工程科学部评审组成员(1988—1993,1995,1997,1998—)、化学部评审组成员(1994),中国科技大学(1994—1998)、中科院研究生院(1994)、北京师范大学(1994—1998)、青岛化工学院(1995—)等高等院校兼职教授。

梁敬魁在大学学习阶段师从著名化学家卢嘉锡、田昭武等,打下了扎实的物理化学和物质结构的知识基础。留学苏联期间,在阿基耶夫院士指导下从事金属合金热化学和晶体化学的研究,受到了严格的科研工作的基本训练,为从事固体材料研究打下了扎实的热力学和晶体学的基础。回国后,在中国科学院物理研究所担任著名晶体学家陆学善的助手,进一步提高了X-射线多晶衍射的理论知识水平和实验技术,为他长期在晶体结构化学、材料科学和固体物理三个学科的交叉领域从事前沿课题的基础及应用研究打下了基础。他在无机功能材料,包括高Tc氧化物超导材料、硼酸盐和碘酸盐非线性光学材料、稀土磁性与贮氢材料等的合成、相关系和晶体结构等方面做出了重要的贡献。在国内外重要学术杂志,例如 *Phys. Rev. B*、*Appl. Phys. Lett.*、*J. Phys.: Condens. Matter*、*J. Solid State Chemistry*、《中国科学》、《物理学报》等发表论文、综述270余篇,出版著作2部,至1998年被引用770余次。主持并出色地完成了属首创的国防任务“核试验瞬时过程测温装置”的研制,在1969年我国第一次地下核试验测温工作中获得成功,作为核爆测温的一种主要方法被列为国防重要成果,获1978年中科院重大成果奖。已招收博士生30名(含5名合作培养)、硕士生17名和博士后3名。获多项国家和中国科学院自然科学和科学进步奖励。曾被评为中科院优秀中共党员、先进工作者、优秀研究生导师。

黄金陵,结构化学家与教育家,从事过渡金属配合物与原子簇的结构化学以及材料化学研究。通过对三核钼原子簇化合物的系统研究,揭示若干结构规律和价键特征,以及分子结构与某些化学反应的相关性。在高温固相合成原子簇方面,着重研究了一系列含Nb/Ta以及硫属元素的三组化合物,发现其低维结构特征和特殊的物理化学性质;借助结构化学知识探索新型抗癌光敏剂,发现一种酞菁锌配合物的抗癌活性显著优于当前医用的血卟啉。曾任福州大学校长、首任集美大学校长、中科院福建物构所副所长。

1951年,考进福州大学化学系,1953年因院系调整转入厦门大学化学系,1955年毕业后留校任教,被指定为卢嘉锡教授的科研助手,协助筹建X射线衍射实验室,同时担任物理化学、物质结构、化学热力学等课程助教。1960—1962

年留学苏联莫斯科大学化学系，师从苏联科学院通讯院士巴拉伊柯斯基（Виктор Евгеньевич Васьковский，1935— ）教授，从事二价铜硫氰酸根配合物的晶体结构研究。由于成绩优异，指导教师建议他延期3个月参加副博士学位论文答辩，因当时国内工作需要，他毅然如期回国。

1963年起在福州大学化学化工系任教，帮助卢嘉锡教授培养研究生，讲授X射线晶体结构分析课程，同时兼任中国科学院福建物质结构研究所学术委员和结构研究室副主任，为奠定这两个单位结构化学研究的基础做出了贡献。20世纪70年代，黄金陵先后担任福州大学化学化工系系主任、福州大学副校长等职务，并继续协助卢嘉锡指导研究生。1981年卢嘉锡任中国科学院院长初期，仍然兼任福建物质结构研究所所长，黄金陵被调任该所副所长，主持该所的业务领导工作。这几年是其学术工作最宝贵的时期，行政工作与科研紧密结合。1984—1992年任福州大学校长期间，一方面继续其在福建物质结构所的科学研究，同时在福州大学建设物理化学博士点。1985年福州大学物理化学专业被国务院学位委员会批准为博士点，黄金陵是当时该点唯一的博士生导师。黄金陵是我国晶体学会发起人之一，成立后被选为首届理事会副理事长。1994—1997年，在全国高校教育体制改革形势的推动下，国家教委批准原集美学村的几所学院联合办成集美大学。黄金陵接受福建省政府的任命，兼任该校首任校长，同时继续在福州大学指导博士生，筹建福州大学功能材料研究所。现任福建省“211”重点学科物理化学学科带头人，博士生导师，福州大学功能材料研究所所长。

潘克桢，结构化学家。早年从事硫氮化合物的合成和结构化学研究，后开始主攻单链核糖体失活蛋白结构与功能研究。他主持完成了天花粉蛋白两种晶型的中、高分辨率的三维结构测定、精修和比较的研究，并提出天花粉蛋白发挥其生物功能的活性中心模型。建立了国际上第一个核糖体失活蛋白的分子模型。此外，还测定了巴豆毒蛋白的三维结构，通过比较，对单链核糖体失活蛋白的两种不同的分子作用机制进行了探讨。

他于1955年和1958年先后从厦门大学化学系本科和物质结构专业研究生毕业。在卢嘉锡、蔡启瑞的指导下得到严格的训练。毕业后，在厦门大学和福州大学任教3年，讲授晶体化学课程。1961年被调到刚刚创建的中国科学院福建物质结构研究所工作。在卢嘉锡教授提出的无机非金属原子簇化合物设想的指导下，开展了一系列硫氮化合物的合成和结构化学研究。1961年始历任中国科学院福建物质结构研究所助理研究员、副研究员、研究员、博士生导师。

罗遵度，福建物质结构研究所研究员，新技术晶体材料重点研究室副主任，长期任课题组负责人，主要从事固体光谱物理和激光晶体新材料研究。近年又在激光晶体的起振阈值与基质晶体化学组成和各向异性晶体光谱参数计算方法等方面做出贡献。1960 年毕业于厦门大学物理系，被卢嘉锡招入正在组建的福建物质结构研究所。由于卢嘉锡当时同时担任福州大学副校长，1961 年罗遵度也在福州大学进行了一年的量子力学教学工作。1962 年，凭着坚实的理论物理基础，他为物构所的核磁共振波谱理论研究的奠基做出了自己的贡献，随后又被派往吉林大学进修，学习配位场理论。1979 年，罗遵度顺利通过了全国性的科技人员英语测试，1980 年成为福建物构所第一批公派出国进修的学者，前往英国牛津大学和谢菲尔德大学学习晶体光谱的能级理论和无辐射跃迁的实验及理论研究。两年里，他的研究论文先后在国际核心期刊 *J. Phys.*、*Chem. Phys. Lett.* 上发表，尤其是发表在后者的《固体中稀土离子无辐射弛豫中的电子矩阵元》，引起国际上同行专家们的重视。

吴新涛(1939—　)，物理化学家，中国科学院院士。主要从事结构化学和簇化学研究。在过渡金属硫化学及簇化学领域总结出硫原子配位构型与元件组装的关系表，阐明了硫原子的孤对电子数与配位数对合成的重要作用，为设计合成新原子簇化合物提供了理论依据。设计合成了一系列作为首例的新构型原子簇化合物。基于对簇化学的贡献，被美国发行的 *J. Cluster Sci.* 称为该领域的“国际带头学者”。开拓出自组装合成无机一维高聚链化合物的新体系，探索了阳离子的价态和大小对阴离子元件组装的影响，成功地合成了一系列新构型的无机一维高聚链化合物。著有 *Inorganic Assembly Chemistry*。曾获国家自然科学奖二等奖等。

1960 年毕业于厦门大学化学系。1966 年福州大学物理化学专业研究生毕业，导师卢嘉锡。1983—1985 年作为访问学者先后到美国弗吉尼亚大学化学系和纽约州立大学石溪分校进修学习。曾任中科院福建物质结构研究所研究员、学术委员会主任、副所长。1999 年当选为中国科学院院士。现任中科院福建物质结构研究所研究员、博士生导师，结构化学国家重点实验室学术委员会副主任，中国化学会理事会理事。

陈创天(1937—　)，材料科学专家。主要从事新型非线性光学晶体的研究和发展，1976 年提出晶体非线性光学效应的阴离子基团理论。合作发现了 $\beta-BaB_2O_4$(BBO)、LiB_3O_5(LBO)、$KBe_2BO_3F_2$(KBBF)和 $K_2Al_2B_2O_7$(KABO)等非线性光学晶体。与他人合作，在国际上首次实现 Nd：YVO_4 激光 6 倍频谐波光和 Ti:Sapphire 激光 5 倍频谐波光输出。1962 年毕业于北京大学物理系，被该系推荐给卢嘉锡院士，前往福建物质结构研究所。在卢嘉锡的指导下，陈创天又开始了 3 年化学方面的学习，自学了结构化学、量子化学、群表示理论等，在理论化学方面打下了坚实的基础，并选择非线性光学材料结构和性能之间的关系作为研究方向。1998 年始，担任中国科学院理化技术研究所研究员、北京人工晶体研究发展中心主任。1990 年当选第三世界科学院院士。2003 年当选中国科学院院士。

魏可镁(1939—2014)，近 30 年来他致力于化肥催化剂的组成、制造工艺、结构、性能之间关系规律性的研究，通过催化剂的应用基础研究，解决催化剂工业生产和使用过程中的实际问题，研发成功了两个系列 8 种催化剂，并实现工业化生产和推广使用，取得了明显的经济和社会效益，获得了多项国家奖励。1965 年毕业于福州大学，1988—1999 年任福州大学副校长，1997 年当选中国工程院院士，1999—2002 年任福州大学校长，1996 年出任化肥催化剂国家工程研究中心主任。

李如康，1988 年博士，现任中国科学院理化技术研究所研究员。

李隽，1992 年博士，美国西北大学康复研究所副研究员。

三、第 3 代

(一) 张乾二弟子

张乾二在厦门大学长期指导研究生，其中有数十位已成为大学教授和科研骨干：

林梦海，1978 年博士，厦门大学教授。主要从事原子簇化学键、固体表面吸附、非晶态合金微观结构等理论研究。

吴玮，1989 年博士，厦门大学教授，博士生导师，兼任厦门大学理论化学研究中心主任。致力于量子化学理论、方法、程序的研究工作，特别是在价键理论方法与应用研究。

董振超，1990 年博士，张乾二、黄锦顺共同指导，中国科学技术大学教授、博士生导师，并入选教育部“新世纪优秀人才支持计划”。主要从事纳米科技和单分子光电子学研究，特别是固体裸簇化学、纳米结构表征和单分子电致发光等前沿领域的探索。

徐昕,1991 年博士,厦门大学研究员。主要研究方向:表面量子化学及其在多相催化与谱学电化学中的应用,提出了金属态簇模型方法及氧化物 SPC 模型。

莫亦荣,1992 年博士,美国西密歇根大学化学系教授。主要研究方向:量子力学计算方法、计算生物化学及有机理论化学。

夏文生,1993 年博士,厦门大学教授。主要探讨在多相催化体系中如何设计催化剂使氧化反应高选择性地朝着指定的方向进行和生成指定的产物。

曹泽星,1993 年博士,张乾二、鄢国森共同指导,厦门大学化学系研究员、博士生导师。主要研究方向:分子激发态与光化学、过渡金属体系与金属酶体系的理论模拟。

廖新丽,1996 年博士,厦门大学教授。主要研究方向:生物核磁共振技术及其在结构生物学研究中的应用、量子化学和分子动力学模拟。

吕鑫,1996 年博士,张乾二、王南钦共同指导,厦门大学化学系教授、博士生导师,固体表面物理化学国家重点实验室研究员。主要研究方向:固体表面及相关纳米结构体系的理论化学。

郑发鲲,1996 年博士,张乾二、黄锦顺共同指导,福建物构所研究员、博士生导师、科技处处长、所学术委员会秘书。主要从事金属簇合物、配位聚合物和超分子化合物的合成、结构规律和性能的研究,探索化合物的有效合成途径以及结构与发光、磁性等性能之间的关系。

陈学元,1998 年博士,张乾二、罗遵度共同指导,中国科学院海西研究院固态光谱学和光物理国际研究中心主任。主要研究方向:光化学。

(二)田昭武弟子

田昭武培养的科研骨干中,有多位被评为有突出贡献的中青年科学家、国家重点实验室先进工作者、做出突出贡献的中国博士。其中有 5 位已成为博士生导师,3 位获得国家杰出青年基金。

林祖赓,电化学家。长期从事物理化学、电化学教学和研究工作,致力于电化学研究方法、化学电源电极材料和电极过程、光电化学等领域的研究。曾任厦门大学校长,积极推行办学体制、校内管理体制等各项改革,为厦门大学发展做出了贡献。

1952 年 8 月,考入厦门大学化学系,1954 年下半学期,当时讲授物理化学课的田昭武负责筹建厦门大学电化学专业。由于许多实验设备需自己设计组装，当时仍为三年级学生的林祖赓，常利用课余、假日时间协助田昭武组装、筹建电化学专门化实验室的工作。1955 年 9 月，他既是电化学专业方向的一名学生，同时已开始协助田昭武指导专门化实验工作，并从此开始了他的电化学研究历程。1956 年 7 月大学毕业后留校迄今，一直从事物理化学教学和电化学方向的研究工作，已在国内外发表学术论文 100 多篇，先后培养了博士后、博士及硕士近 30 人。

林祖赓有很强的事业心，在担任繁重的教学科研任务的同时，还兼任厦门大学副校长（1986 年 5 月—1990 年 7 月）、校长（1990 年 7 月—1999 年 4 月）。

田中群，物理化学家、厦门大学教授。主要从事表面增强拉曼散射和谱学电化学研究，获得了多种纯过渡金属体系的表面增强拉曼散射（SERS）光谱谱图，证实了ⅧB 族过渡金属具有弱 SERS 效应，并应用于燃料电池的电催化研究和不锈钢的防腐蚀；应用不受谱仪检测器分辨率限制的时间分辨拉曼光谱技术，建立了电位平均拉曼光谱新方法；还发展了在微芯片上用电化学构造电极纳米间隔的技术；设计合成了特殊形状的纳米粒子，并表征其等离子体共振吸收在内的多种特性。1982 年毕业于厦门大学化学系，1987 年获英国南安普敦大学化学系博士学位。曾任固体表面物理化学国家重点实验室主任，2005 年当选为中国科学院院士。

林昌健，厦门大学物理化学研究所副所长，厦门大学材料科学与工程系首任主任，厦门大学化学化工学院副院长，厦门大学科研处处长。研究方向：现代电化学研究方法；金属钝性及表面技术；复杂体系的材料腐蚀与防护；生物材料及生物表面及纳米电化学等。1985 年厦门大学博士，导师田昭武院士。

钟传建，1985 年博士，美国纽约州立大学宾厄姆顿分校终身教授。主要从事分析化学、材料科学、催化、电化学以及纳米技术新兴领域结合的交叉学科研究。

谢兆雄，1995 年博士，厦门大学化学系教授、博士生导师、固体表面物理化学国家重点实验室主任，国家杰出青年获得者。2013 年 1 月入选科技部首批“万人计划”——科技创新领军人才。主要从事 X-射线晶体学、电化学扫描隧道显微镜的研制、“约束刻饰层”纳米加工、富勒烯的形成机理、STM 针尖诱导电极表面纳米区域反应、固液界面分子自组装及其原子分辨结构、硅表面的吸附与反应、低维纳米材料的制备等研究。

陈东英，1996 年博士，中科院上海药物所研究员、博士生导师。主要从事药物质量标准研究，其中包括新药研发中分析方法学的研究、质量标准的制定和相关注册申报资料的撰写等工作，涵盖药物色谱方法学研究、复杂样品前处理优化研究、微量痕量有毒有害化学成分检测技术研究、中药指纹图谱及谱效相关性研究。

（三）梁敬魁弟子

饶光辉，1988 年博士，中国科学院物理研究所研究员。一直从事无机功能材料及合金体系的相关系、相变、热力学计算、晶体结构测定、新材料探索及材料结构——性能关系的研究。在畸变 $NaZn_{13}$ 型稀土过渡金属间化合物的原子占位有序化及磁性研究、钙钛矿型锰氧化物庞磁电阻（CMR）及晶格效应的研究及键价模型的发展和完善等方面做出了具有原创性意义的工作。

董成，1988 年博士，现任中国科学院物理研究所研究员，博士生导师。主要从事高温超导体探索和粉末法晶体结构分析方法研究。

李超荣，1990 年博士，浙江理工大学教授、日本东北大学客员教授，“新世纪百千万人才工程”国家级人选，钱江学者。主要从事先进功能材料及人工有序结构的研究。在材料制备、仪器研制、X 射线衍射和散射、扫描电镜和透射电镜、晶体生长等方面做了大量的研究工作，系统地研究了核、壳结构应力有序结构的影响规律、结构和缺陷特征等。

陈小龙，1991 年博士，中科院物理所研究员、博士生导师，中国晶体学会副理事长，国际衍射数据中心中国区主席，北京科技大学、北京航空航天大学、中国地质大学（北京）兼职教授。主要研究方向：新光电功能材料探索及晶体生长。

唐为华，1994 年博士，浙江理工大学教授，理学院副院长，光电材料与器件中心主任。主要研究方向：无机功能材料结构与物性关系研究，薄膜及纳米材料生长、物理与应用研究。

闵金荣，1995 年博士，加拿大多伦多大学联盟结构基因组学协会染色质结构生物学负责人。主要研究如何采用 X 射线晶体学的方法，同其他生物化学或生物物理学的技术手段相结合来描绘染色质蛋白的生物学特征，主要研究方向为染色质的修饰酶类与染色质修饰活动的调控与补充。

郭永权，1996 年博士，华北电力大学能源动力与机械工程学院微纳米表面技术与新材料研究所教授。主要研究方向：新型稀土磁、电功能材料的结构和性能；新型高温永磁材料的结构和磁性；磁电子材料的结构和输运；电力能源材料的结构和性能；陶瓷材料的结构和相变机理。

赵彦明，1996 年博士，华南理工大学教授、博士生导师。主要研究及成果：纳米材料和锂离子电池材料正极材料，在国际上首次利用自催化作用制备出了 LaB_6，CeB_6，PrB_6，NdB_6，SmB_6，EuB_6 和 CaB_6 纳米线及 LaB_6，EuB_6，CaB_6 和 EuB_6 纳米管；采用新的方法获得了高性能的磷酸铁锂正极材料；采用新工艺制备的磷酸钒锂体比容量达到 190 mAh/g(其理论容量为 197 mAh/g)。

杨晋玲，1997 年博士，中国科学院半导体研究所研究员、博士生导师。主要从事微纳器件研制和表征：大规模制备了具有优良机械性能的超薄单晶硅力传感器，澄清了其机械能量损失机制，使 AFM 的扫描速度和力分辨率分别提高至少 10 倍和 5 倍；在国际上首次将吹曲测试(Bulge Test)扩展到了薄膜的断裂性能表征，适用于任何薄膜的残余应力、杨氏模量和断裂应力分析。

刘泉林，1998 年博士，北京科技大学教授。主要研究方向：光功能材料；半导体照明用荧光材料及封装技术；太阳能电池材料；特殊金属构件的寿命预测与控制。基本方法是以化学构造-物理机制-材料应用为研究层次，应用 X 射线衍射、电子显微技术、光谱分析技术和物理性能分析等方法和技术，研究材料的组分-结构-功能的关系，目的是改进材料和新材料探索。

黄丰，1999 年博士，现为中国科学院福建物质结构研究所研究员、博士生导师，中科院光电材料化学与物理重点实验室主任。主要研究方向：纳米材料热力学、相变和生长动力学；宽禁带半导体材料与器件；冶金法提纯太阳能级硅材料；纳米结构与物性关联问题；催化与光催化机理。

(四) 黄金陵弟子

陈耐生，福州大学教授，福州大学功能材料研究所所长，中国化学会应用化学学科委员会副主任。主要研究功能配合物化学与物理无机化学。应用开发主要涉及医用、电子信息和环境治理等功能材料。曾主持和承担国家攻关课题、国家自然科学基金课题、省重大课题等多项任务，曾获省科技进步二等奖、省自然科学二等奖等多项奖励。获国务院颁发政府特殊津贴。已取得 10 多项省级鉴定成果、两项国家发明专利。在学术刊物上发表论文近百篇。曾是黄金陵的研究助手。

刘世雄，福州大学教授，长期从事结构化学、晶体学、合成化学和材料化学研究。目前主要从事有特殊性能的多核配合物的研究、过渡金属氧簇配合物的研究等。1964 年毕业于福州大学化学化工系化学专业，1990 年 6 月—1991 年 6 月英国布里斯托大学合作研究（英国皇家学会访问学者），1997 年 11 月—1998 年 9 月英国杜伦大学访问教授。

邓水全，1994 年博士，黄金陵、庄鸿辉共同指导，德国马克思·普朗克固体研究所高级研究员。长期从事超导的理论计算，提出并建立了超导的平带、陡带理论。

霍丽华，1997 年博士，黄金陵、陈耐生共同指导，黑龙江大学科学研究院院长。主要研究方向：功能薄膜与超分子组装、化学能源材料与器件。

杨晓娟，1998 年博士，黄金陵、陈耐生共同指导，中科院兰州化学物理研究所研究员。主要研究方向为金属有机化学：新型金属-金属（多重）键构筑；低价态金属有机化合物；小分子活化；DFT 量化计算。

黄剑东，1998 年博士，黄金陵、陈耐生共同指导，福州大学功能材料研究所副所长。主要研究方向：具有光动力抗癌活性的化合物及其制剂的合成、表征和构效关系。

吴谊群，1999 年博士，黄金陵、陈耐生共同指导，现任中科院上海光学机械所高密度光存实验室主任，研究员、博士生导师。主要从事高密度光存储材料和光电子学功能材料的分子结构设计、制备、物理化学特性，薄膜的光学性质，激光作用下的微结构变化及其对光存储性能的影响及规律的研究。

吴季怀，1999 年博士，黄金陵、陈耐生共同指导，华侨大学副校长。长期从事新型材料和化学领域研究，在新型太阳能电池、光催化纳米插层材料、超吸水复合材料、纳米功能材料、高分子基矿物复合材料、色心晶体材料和激光等领域取得突出的研究成果。

庄惠生，2000 年博士，黄金陵、陈耐生共同指导，教授、博士生导师，在福州大学工作期间（1988 年 7 月—2002 年 1 月）历任福州大学教务处副处长、科研处副处长，创办福州大学环境保护研究所并先后任副所长、所长。先后调任东华大学环境科学与工程学院副院长（2002 年 2 月—2008 年 5 月）、上海交通大学教授（2008 年 6 月—　）。现任国家自然科学基金项目评审专家，中国化学会有机分析专业委员会委员。研究方向：环境监测评价与规划管理、环境化学、环境生物技术等。

（五）罗遵度弟子

黄艺东，1993年硕士，福建物质结构研究所研究员。

（六）陈创天弟子

吴克琛，1993年博士，中国科学院福建物质结构研究所理论与计算化学研究室主任，研究员、博士生导师，研究生处处长。主要从事理论计算化学、新型光电功能材料的设计与模拟、过渡金属原子簇化学等研究工作。

四、第4代

（一）田中群弟子

任斌，1998年博士，田中群、田昭武共同指导，厦门大学教授，固体表面物理化学国家重点实验室副主任。主要研究领域：针尖增强拉曼光谱；表面等离子体光子学，纳米光学；拉曼和电化学技术在生物体系中的应用；表面增强拉曼光谱、应用和理论；界面电化学和光谱电化学。

陈艳霞，1998年博士，中国科技大学化学物理系、合肥微尺度物质科学国家实验室教授、博士生导师。主要研究领域：表面电化学、光谱电化学和电催化，着重于电化学界面结构、燃料电池以及生物电化学相关的电催化反应机理和动力学的基础研究，以及相关研究技术的开发。

（二）林昌健弟子

张建民，1998年博士，林昌健、田昭武共同指导，郑州大学化学系教授。主要研究领域：材料电化学和材料物理化学。

（三）刘世雄弟子

黄长沧，1994年博士，黄金陵、刘世雄共同指导，福州大学研究员。主要研究领域：结构化学、材料化学。

林碧洲，1999年博士，华侨大学材料科学与工程学院副院长。主要从事光催化材料研究。

冯云龙，1999年博士，浙江师范大学化学与生命科学学院党委书记。主要研究方向：MOFs修饰的镍氢电池正极材料的制备和电化学性能研究；Ag(Ⅰ)配合物的生物活性研究。

表 4.10 卢嘉锡物理化学谱系

第1代	第2代			第3代		第4代	
第二代	第三代	第四代	第五代	第五代	第六代	第五代	第六代
卢嘉锡(1934年学士,厦大,师从张资珙、刘椽等;1939年博士,伦敦大学,先后师从萨格登、根海姆、鲍林)	张乾二(1947年学士;1954年研究生,厦大)			林梦海(1978年学士,厦大)			
				吴玮(1989年博士,厦大)			
				张乾二、黄锦顺 董振超(1990年博士,福建物构所)			
				徐昕(1991年博士,厦大)			
				莫亦荣(1992年博士,厦大)			
				夏文生(1993年博士,厦大)			
				曹泽星(1993年博士,厦大)			曹泽星、张乾二 张聪杰[1](2002年博士,厦大)
				廖新丽(1996年博士,厦大)			
				吕鑫(1996年博士,厦大)			
				张乾二、黄锦顺 郑发鲲(1996年博士,福建物构所)			
				张乾二、罗遵度 陈学元(1998年博士,福建物构所)			
		田昭武(1949年学士,厦大)		林祖赓			
				田中群(1982年学士,厦大;1987年博士,南安普顿大学)		任斌(1998年博士,厦大)	
						陈艳霞(1998年博士,厦大)	

(续表)

第1代	第2代			第3代		第4代			
第二代	第三代	第四代	第五代	第五代	第六代	第五代		第六代	
								田中群、顾仁敖	姚建林[2](2001年博士,厦大)
				林昌健(1985年博士,厦大)		林昌健、田昭武	张建民(1998年博士,厦大)		
								林昌健、黄朝明	陈丽江[3](2002年博士,厦大)
				钟传建(1985年博士,厦大)					
				谢兆雄(1995年博士,厦大)					
				陈东英(1996年博士,厦大)					
				周勇亮[4](1998年博士,厦大)					
		梁敬魁(1955年学士,福州大学、厦大,师从卢嘉锡、田昭武等;1960年副博士,莫斯科苏联科学院巴依科夫冶金所,师从阿基耶夫)		饶光辉(1988年博士,中科院物理所)					
				董成(1988年博士,中科院物理所)					
				李超荣(1990年博士,中科院物理所)					
				陈小龙(1991年博士,中科院物理所)				梁敬魁、陈小龙	韩苍穹[5](2001年博士,中科院物理所)
								贺蒙[6](2002年博士,中科院物理所)	
								马本堃、陈小龙	涂清云[7](2002年博士,北京师范大学)
								李贺军、陈小龙	李镇江[8](2003年博士,西安工业大学)

（续表）

第1代	第2代			第3代		第4代	
第二代	第三代	第四代	第五代	第五代	第六代	第五代	第六代
				唐为华（1994年博士，中科院物理所）			
				闵金荣（1995年博士，中科院物理所）			
				郭永权（1996年博士，中科院物理所）			
				赵彦明（1996年博士，中科院物理所）			
				杨晋玲（1997年博士，中科院物理所）			
				刘泉林（1998年博士，中科院物理所）			
				黄丰（1999年博士，中科院物理所）			
		黄金陵（1955年学士，厦大；1960—1962年进修，莫斯科大学，师从巴拉伊柯斯基）		陈耐生（亲密合作者）			薛金萍[9]（2005年博士，福大）
				刘世雄（1964年学士，福大）		黄金陵、刘世雄：黄长沧（1994年博士，福大）	
						林碧洲（1999年博士，福大）	
						冯云龙（1999年博士，福大）	
				黄金陵、庄鸿辉：邓水全（1992年博士，福大）			
				张斌[10]（1993年博士，福大）			

（续表）

第1代	第2代			第3代			第4代	
第二代	第三代	第四代	第五代	第五代		第六代	第五代	第六代
				黄金陵、陈耐生	霍丽华(1997 年博士，福大)			
					杨晓娟(1998 年博士，福大)			
					黄剑东(1998 年博士，福大)			
					吴谊群(1999 年博士，福大)			
					吴季怀(1999 年博士，福大)			
				黄金陵、陈国南	庄惠生(2000 年博士，福大)			
					王俊东[11](2002 年博士，福大)			
		潘克桢(1955 年学士，1958 年研究生，厦大，师从卢嘉锡、蔡启瑞)						
		罗遵度(1960 年学士，厦大)		黄艺东(1993 年硕士，福建物构所)				
				邹宇琦(1999 年博士，福建物构所)				
						黄妙良[12](2002 年博士，福建物构所)		
						龙西法[13](2003 年博士，福建物构所)		

（续表）

第1代	第2代			第3代		第4代	
第二代	第三代	第四代	第五代	第五代	第六代	第五代	第六代
		吴新涛(1960年学士,厦大;1966年研究生,福大)			崔传鹏[14](2001年博士,福建物构所)		
					戴劲草[15](2002年博士,福建物构所)		
					傅志勇[16](2002年博士,福建物构所)		
					夏盛清[17](2003年博士,福建物构所)		
		陈创天(1962年学士,北京大学)		吴克琛(1993年博士,福建物构所)			
					林哲帅[18](2001年博士,福建物构所)		
		黄锦顺					
		魏可镁(1965年学士,福大)			魏可镁、付贤智　苏文悦[19](2001年博士,福大)		
			李如康[20](1988年博士,福建物构所)				

（续表）

第1代	第2代			第3代		第4代	
第二代	第三代	第四代	第五代	第五代	第六代	第五代	第六代
			卢嘉锡、刘春万	李隽[21]（1992年博士，福建物构所）			

注：1. 陕西师范大学化学与材料科学学院教授。
2. 苏州大学教授。
3. 浙江理工大学理学院化学系副教授。
4. 厦门大学固体表面物理化学国家重点实验室副教授。
5. 国家科技部基础研究司任职。
6. 国家纳米科学中心副研究员、高级工程师。
7. 北京师范大学物理学系任教授，曾任物理学系副系主任、科学技术处副处长、教务处副处长兼招生办公室主任，现任教务处处长兼招生办公室主任。
8. 青岛科技大学机电学院副院长。
9. 福州大学教授，福建省龙华药业有限责任公司副总工程师，主要从事功能性配合物及药物研发。
10. 中国科学院化学研究所有机固体室副研究员。
11. 福州大学化学化工学院副教授。
12. 华侨大学材料物理化学研究所、材料科学与工程学院研究员。
13. 福建物构所副研究员。
14. 萍乡市人民政府副市长。
15. 华侨大学教授，主攻粘土化学。
16. 华南理工大学化学与化工学院教授。
17. 山东大学晶体材料国家重点实验室教授。
18. 中科院理化技术研究所人工晶体研究发展中心副研究员，从事非线性光学晶体结构与性能的理论研究。
19. 福州大学光催化研究所副所长，主要从事光催化研究。
20. 中国科学院理化技术研究所研究员。
21. 美国西北大学康复研究所副研究员。

第十节 唐敖庆物理化学谱系

唐敖庆，著名理论化学家、教育家和科技组织领导者。他是中国理论化学研究的开拓者，在配位场理论、分子轨道图形理论、高分子反应统计理论等领域取得了一系列杰出的研究成果，对中国理论化学学科的奠基和发展做出了贡献。此外，他在组建理论化学队伍和研究机构中做出了业绩，亲手栽培了一大批高水平的理论化学人才，著名科学家邓从豪、孙家钟、张乾二、刘若庄、汤心颐、鄢国森、沈家骢、徐如人、江元生、赵学庄、游效曾、姜炳政、颜德岳等都曾蒙他教益。根据已有资料，唐敖庆谱系共有副教授及以上职称成员70余人，主要分布在吉林大学、四川大学、南京大学及北京理工大学等。

一、第1代

唐敖庆(1915—2008)，1936年夏考入北京大学化学系学习。“七七”事变爆发后，随校南迁，先在长沙临时大学学习，1938年随校迁到昆明，在西南联合大学化学系继续学习，1940年毕业留校任教。

抗日战争胜利后，唐敖庆和王瑞駪、李政道、朱光亚、孙本旺等以助手身份随同我国知名化学家曾昭抡、数学家华罗庚、物理学家吴大猷于1946年赴美考察原子能技术。尔后，唐敖庆被推荐留在哥伦比亚大学化学系攻读博士学位。入学后，他同时选修了化学系与数学系的主要课程，为他后来从事理论化学研究打下了坚实而深厚的基础。入学一年后，唐敖庆以优异成绩通过了博士资格考试，并获得荣誉奖学金。

1949年11月唐敖庆获得博士学位后，谢绝了导师哈尔福德(Ralph S. Halford, 1914—1978)的挽留，冲破重重阻力，终于在1950年初回到了祖国。1950年2月，唐敖庆被聘为北京大学化学系副教授，半年后提升为教授。1952年调长春东北人民大学(吉林大学前身)，与物理化学家蔡镏生、无机化学家关实之、有机化学家陶慰孙通力合作，率领来自燕京大学、北京大学、清华大学、交通大学、浙江大学、中山大学、复旦大学、金陵大学和东北师范大学等校的7名中年教师和11名应届毕业生，开创了东北人民大学化学系，经过30多年的艰苦工作，已使吉林大学化学系跻身国内先进行列，并于1978年在该系物质结构研究室的基础上，创建了吉林大学理论化学研究所，此所已成为享有盛誉的理论化学研究中心。唐敖庆在吉林大学先后主讲无机化学、物理化学、物质结构、量子化学、统计力学等10多门课程，经常同时讲授两门甚至三门课程，以具有严格科学体系的课程内容和独特的授课风格，对基础课教学进行了开拓性的工作，培养出一批基础理论扎实、治学严谨的主讲教师。

随着化学系基础课教师业务水平的逐渐成长，唐敖庆的教学工作又转向了一个新层次，将培养青年学者的工作从校内扩大到全国。通过指导研究生、办进修班、学术讨论班等形式，培养更高一级的专业基础理论人才。受教育部委托，他和卢嘉锡、吴征铠、徐光宪等教授一起，先后于1953年在青岛、1954年在北京举办了两期物质结构暑期进修班，培养了我国第一批物质结构师资；1958—1960年、1963—1965年在长春先后主办了以学术前沿重大课题为研究方向的高分子物理化学学术讨论班与物质结构学术讨论班。在这两个讨论班上，唐敖庆在国内首先开出了高分子物理化学和群论及其在物质结构中应用方面的系列课程。1978—1980年，以吉林大学为主，联合山东大学、北京师范大学、厦门大学、四川大学、云南大学和东北师范大学等在长春共同举办了量子化学研究班和进修班，学员来自全国高校和科研单位，共有中青年教学科研人员259人。此后还举办了多次短期讲习班：1985年4月、1987年7月，在复旦大学和南京大学举办了微观反应动力学讲习班；1986年暑期，与徐光宪等在长春举办了量子化学教学研究班；1988年、1989年的暑期，又在长春举办了长春地区和全国的高分子标度理论讲习班等。从1953—1966年，唐敖庆先后指导过物质结构、高分子物理化学专业方面的20多名研究生；1978年恢复研究生制度以来，他共招收了14名博士生、26名硕士生。

二、第2代

通过高分子物理化学学术讨论班和物质结构学术讨论班的培养和科研工作，涌现出一批具有高水平的学术领导人，如孙家钟、江元生、邓从豪、刘若庄、张乾二、鄢国森、戴树珊、汤心颐等。唐敖庆以自己的教学和科研实践，为一些基础学科高级专门人才的培养，提供了基本上可以立足于国内的重要经验。

邓从豪(1920—1998)，著名量子化学家，中国科学院院士，山东大学校长，山东大学威海分校的缔造者。1963—1964年为唐敖庆主持的物质结构学术讨论班成员(参见傅鹰谱系)。

孙家钟(1929—2013)，著名理论化学家，中科院资深院士，理论化学家和教育家，曾任吉林大学教授、吉林大学理论化学计算国家重点实验室主任。长期从事理论化学研究工作，取得许多重要成果，尤其是在配位场理论、分子间相互作用、多重散射 X 方面。自洽场理论、二阶约化密度矩阵理论等方面的成就，在国际学术界有较大影响。1952 年毕业于燕京大学化学系，同年到东北人民大学化学系任助教，在蔡镏生、唐敖庆等老一辈化学家的率领下，参与了化学系的创建工作。

张乾二(1928—　)，理论化学家，曾任厦门大学化学系主任、中国科学院福建物质结构研究所所长、厦门大学化学化工学院院长、固体表面物理化学国家重点实验室副主任、固体表面物理化学国家重点实验室学术委员会主任、结构化学国家重点实验室学术委员会主任。厦门大学教授，中国科学院福建物质结构研究所研究员。1991 年当选中国科学院院士。1963—1965 年为唐敖庆主持的物质结构学术讨论班成员(参见卢嘉锡谱系)。

刘若庄，物理化学家和教育家。1947 年毕业于北京辅仁大学化学系，同年考取北京大学物理化学专业研究生，先后在袁翰青、孙承谔教授指导下从事有机化学和物理化学研究，同时师从唐敖庆教授攻读统计力学、量子化学并选修了诸多数学物理系的课程。不同领域中名师的严格指导加之刘若庄的努力，使他不仅学会了科学研究的方法，也由此进入了理论化学的科学殿堂，为后来作出具有特色的成果奠定了扎实的理论基础。1963 年 9 月—1965 年 7 月，参加了教育部委托吉林大学举办的物质结构学术讨论班(参见孙承谔谱系)。

鄢国森(1930—　)，物理化学家。长期从事物理化学、量子化学和分子光谱学的教学和科研工作，在复杂分子红外光谱的剖析和分子振转高激发态的理论方法等方面有创新成果。

1947 年考入重庆大学化学系，1951 年毕业留校任教。1953 年因院系调整到四川大学工作至今。1984 年 4 月—1989 年 3 月，任四川大学校长。

1957—1959 年，苏联专家卡拉别捷扬茨(Михаил Христофорович Карапетьянц，1914—1977)来华讲学，在四川大学举办了化学热力学讲习班，鄢国森参加了该班学习。在专家的指导下做液体黏度的比较计算研究，证明了同系物的黏度存在线性规律。1963—1965 年，鄢国森参加了高教部委托吉林大学唐敖庆教授主办的物质结构学术讨论班。他系统地学习了群论和量子化学的专门课程并从事唐敖庆领导下的集体科研项目——配位场理论研究。鄢国森在该项研究中与张乾二一道完成了基础性工作：旋转群-点群耦合系数的推算和该系数的对称性与正交性的论证。

鄢国森也热心于教学及人才培养，先后讲授过无机化学、物理化学、化学热力学与统计热力学、物质结构与量子化学以及分子光谱学等 10 余门课程。迄今已培养了 21 名硕士和 10 名博士，其中在国内工作的有 5 名已成教授、3 名为博士生导师。经过 20 年的努力，鄢国森带领中青年在四川大学建立的理论化学研究组在国内外学术交流中享有盛誉。

廖世健，物理化学家。曾参加东北人民大学唐敖庆教授主持的物理化学研究生班学习一年半(1953—1954年)(参见傅鹰谱系)。

徐如人，无机化学家，中科院院士，现任吉林大学化学学院教授、吉林大学无机合成与制备化学(国家)重点实验室学术委员会副主任、中科院长春应化所稀土化学与物理重点开放实验室学术委员会主任(参见无机化学部分)。

江元生(1931—2014)，物理化学家，1991年当选中科院院士。20世纪60年代发表交联高分子的凝胶量公式。对配位场理论中的点群偶合系数未解决的问题作了彻底处理，使之完整、系统；提出了点群下旋轨偶合能的计算方案。70年代以来，将图论应用于量子化学，发表三条定理、图形收缩、同谱分子及芳香性理论等系列论文；同时也开展簇合物及固体研究。90年代，进行价键理论研究，将Hellter-London计算扩大应用于含28个π电子的共轭分子。

1948年秋考入广州中山大学，两年以后，他又考入武汉大学化学系。1953年大学毕业，被分配到东北人民大学读研究生，导师是唐敖庆先生。这是他人生道路的转折点。1956年研究生毕业，并留校任教。

20世纪60年代中期，一种特殊的研究模式在我国试行。吉林大学物质结构讨论班是由唐敖庆牵头、8名部属高校教师参加的为期两年的研读班。经过讨论，选择了当时在量子化学领域比较活跃且可能广泛应用的配位场理论作为学员的集体研究课题。在这种背景下，江元生努力承担研讨班的各种服务工作，并致力于多出成果，终于对配位场理论计算中所必需的点群V系数和W系数问题作了彻底处理，解决了直积分解中不可约表示重复出现的V系数和W系数，以及C类(共轭)表示出现的V系数和W系数问题，使之系统化。它还提出了一种以点群为基础的旋轨作用能的计算方案。这两项成果与其他成果一起，构成专著《配位场理论方法》第三章和第七章的原始内容。1982年，配位场理论方法以集体名义获国家自然科学一等奖。江元生先后在吉林大学及南京大学(1992年至今)从教40多年，除了讲课，他亲自指导过12名博士生、20多位硕士生，发表论文130篇。

姜炳政(1933—)，高分子物理学家。1954年考入东北人民大学化学系，以几乎全优的成绩修完全部课程。先后听过著名化学家唐敖庆、江元生、孙家钟等教授的授课，深受影响。1958年4月分配到中国科学院长春应用化学研究所作大学毕业论文，题目为"聚乙烯紫外光光敏交联"，师从钱保功教授(参见高分子部分)。

颜德岳，高分子化学家，中科院院士。1961年毕业于南开大学化学系，1965年吉林大学化学系研究生毕业，导师为著名理论化学家唐敖庆院士(参见高分子部分)。

李前树，1987年博士，华南师范大学教授，吉林大学、中南大学、东北师范大学等8所高等学校兼职教授、博士生导师，专长理论有机化学。

李泽生，1987年博士，北京理工大学理学院化学系教授。主要从事量子化学基础理论及其应用、高分子统计理论及其应用、生物大分子的结构与功能等领域的研究工作。

谢代前，1988年博士，南京大学理论与计算化学研究所教授、博士生导师。主要从事分子光谱和反应动力学的理论研究，包括分子的高精度势能面构建、动力学演化理论方法、范德华体系振转光谱、表面动力学以及酶催化机理等。

陈光巨，1992年博士，北京师范大学副校长、北京师范大学珠海分校校长、珠海研究院院长。主要研究方向：化学反应机理，分子结构与性能，分子间相互作用，分子振转理论、结构分子生物学。

顾凤龙，1995年博士，华南师范大学环境理论化学省部共建教育部重点实验室主任，院长助理。主要研究方向：化学反应机理，分子结构与性能，分子间相互作用，分子振转理论、结构分子生物学。

黄富强，1996年博士，北京大学化学与分子工程学院教授，博士生导师。主要研究领域：太阳能电池。

郎美东，1996年博士，唐敖庆、陈欣方共同指导，华东理工大学教授、博士生导师，兼材料科学与工程学院副院长。主要研究领域：高分子化学与物理，组织工程材料，药物控释材料，水凝胶，不对称有机化学，有机合成，药物剂型。

郝策，1996年博士，大连理工大学教授，博士生导师。主要研究领域：量子化学。

黎安勇，1999年博士，西南大学化学化工学院教授，博士生导师。主要研究领域：理论化学。

夏树伟，1999年博士，中国海洋大学教授、博士生导师，化学化工学院化学系主任。主要研究方向：应用化学、海洋功能材料与防护技术。

陈中方，1999年博士，唐敖庆、赵学庄共同指导，美国波多黎各大学化学系副教授。主要从事纳米材料（包括富勒烯、碳纳米管和石墨烯等）理论研究。

三、第3代

（一）孙家钟弟子

曾宗浩，1985年博士，中国科学院生物物理研究所研究员，博士生导师。主要从事生物大分子运动和结构规律研究。

李志儒，1988年博士，吉林大学教授，博士生导师。主要研究方向：分子间相互作用，超原子化学，额外电子化学，含额外电子体系（包括碱金属化物、电子化物)的非线性光学性质,特殊拓扑结构分子的结构与性质。

刘韩星,1990 年博士,武汉工业大学材料科学与工程学院院长,材料复合新技术国家重点实验室主任。主要从事能量储存与转换材料研究。

黄旭日,1991 年博士,孙家钟、李伯符共同指导,吉林大学理论化学研究所党总支书记。主要研究领域:稀土永磁材料的磁特性,星际化学和燃烧化学中若干典型化学反应,药物设计理论化学的计算机模拟。

徐文国,1992 年博士,北京理工大学科技处副处长、北京理工大学学术委员会专职秘书兼北京理工大学科协秘书长。主要研究领域:量子化学,化学信息学,污水的治理与控制,环境有毒污染物的 QSAR 研究,分子工程学。

韩秀峰,1993 年博士,孙家钟、金汉民共同指导,中国科学院物理所研究员、博士生导师。主要从事自旋电子学的材料、物理及器件原理研究。

滕启文,1994 年博士,孙家钟、封继康共同指导,浙江大学理论化学教授、博士生导师。

刘靖尧,1997 年博士,吉林大学理论化学研究所教授、博士生导师。

丁益宏,1998 年博士,吉林大学教授、博士生导师。

崔勐,1999 年博士,孙家钟、封继康共同指导,中国科学院长春应化所研究员、博士生导师。

于晓强,1999 年博士,孙家钟、汤心颐、王静媛共同指导,吉林大学电子科学学院集成光电子国家重点实验室兼职教授、博士生导师。

王素凡,2000 年博士,孙家钟、封继康共同指导,安徽师范大学化学与材料科学院教授。主要从事有机分子的微观反应机理研究。

于海涛,2002 年博士,孙家钟、黄旭日共同指导,黑龙江大学教授,物理化学重点实验室主任。

(二)鄢国森弟子

陶长元,1992 年博士,鄢国森、罗久里共同指导,重庆市人民政府第三届科技顾问团成员、重庆市科技特派员、重庆市万盛区人民政府科技顾问、重庆市物理化学学科学术带头人。主要研究方向:膜物理化学、微波环境化学、复合材料化学。

曹泽星,1993 年博士,厦门大学化学系研究员、博士生导师。主要研究方向:分子激发态与光化学、过渡金属体系与金属酶体系的理论模拟。

梁国明,1993 年博士,重庆师范大学化学学院院长、教授、硕士生导师。主要研究方向:储氢材料,量子化学。

张华北，1993年博士，北京师范大学教授、博士生导师。主要从事计算机药物分子设计与药物合成研究。

李象远，1995年博士，四川大学教授，物理化学、应用化学专业博士生导师。主要研究方向：溶剂化理论、电子转移动力学和计算机辅助药物分子设计。

杨明晖，1996年博士，武汉物理与数学研究所研究员。主要研究方向：分子光谱、化学反应动力学、量子化学和分子模拟。

薛英，1997年博士，四川大学化学系教授，博士生导师。主要从事：有机化学反应过程的机理和溶剂效应的理论模拟，计算机辅助药物分子设计和生物活性分子的结构，以及红外和拉曼光谱的理论研究。

（三）江元生弟子

张红星，吉林大学理论化学计算国家重点实验室主任，教授、博士生导师。主要从事分子体系的弱相互作用、激发态量子化学与新型发光材料设计、生物体系的计算机模拟等领域的科研工作。

闵新民，武汉理工大学教授、博士生导师。主要从事无机材料研发。

黎书华，南京大学化学化工学院教授、博士生导师。主要研究领域：理论化学。

刘春根，南京大学教授、博士生导师。主要研究领域：理论化学。

武剑，山东大学教授，博士生导师。主要研究领域：理论与计算化学。

邵义汉，美国国家卫生研究院研究员，创办扬州伯克生物医药有限公司，理论化学软件和生物软件开发领域专家。

朱卫华，江苏大学化学化工学院副院长，副教授、硕士生导师。主要从事卟啉类化合物研究。

（四）李泽生弟子

巴信武，1991年博士，唐敖庆、李泽生共同指导，河北大学化学与环境科学学院教授(二级)、博士生导师，研究生学院院长。主要研究领域：高分子聚集态物理与化学。

王海军，1998年博士，河北大学教授、博士后、博士生导师。主要从事软物质凝聚态结构的统计理论和量子光学方面的研究。

吕中元，1999年博士，吉林大学理论化学研究所教授、博士生导师。主要研究方向：分子模拟方法的发展及其在功能材料中的应用。

表 4.11　唐敖庆物理化学谱系

第1代	第2代			第3代		
第三代	第三代	第四代	第五、第六代	第五代		第六代
唐敖庆(1940年学士，西南联大，师从曾昭抡等;1949年博士，哥伦比亚大学，师从哈尔福德)	邓从豪(1945年学士，厦大)(见傅鹰谱系)					
		孙家钟(1952年学士，燕大)		曾宗浩(1985年博士，吉林大学)		
				李志儒(1988年博士，吉林大学)		
				刘韩星(1990年博士，吉林大学)		
				孙家钟、李伯符	黄旭日(1991年博士，吉林大学)	
				徐文国(1992年博士，吉林大学)		
				孙家钟、金汉民	韩秀峰(1993年博士，吉林大学)	
				刘靖尧(1997年博士，吉林大学)		
				丁益宏(1998年博士，吉林大学)		
				孙家钟、封继康	滕启文(1994年博士，吉林大学)	
					崔勐(1999年博士，吉林大学)	
					王素凡(2000年博士，吉林大学)	

（续表）

第1代	第2代			第3代			
第三代	第三代	第四代	第五、第六代	第五代		第六代	
				孙家钟、汤心颐、王静媛	于晓强（1999年博士，吉林大学）		
						孙延波[1]（2002年博士，吉林大学）	
						孙家钟、黄旭日	于海涛（2002年博士，吉林大学）
						孙家钟、李泽生	吴佳妍[2]（2005年博士，吉林大学）
	张乾二（1947年学士，厦大）（见卢嘉锡谱系）						
	刘若庄（1947年学士，辅仁大学，曾师从袁翰青、孙承谔、唐敖庆等）（见孙承谔谱系）						
		汤心颐（1950年学士，燕大）（见高分子部分）					

（续表）

第1代	第2代			第3代	
第三代	第三代	第四代	第五、第六代	第五代	第六代
		鄢国森（1951年学士，重庆大学，曾师从卡拉别捷扬茨）		鄢国森、罗久里　陶长元（1992年博士，川大）	
				曹泽星（1993年博士，川大）	
				梁国明（1993年博士，川大）	
				张华北（1993年博士，川大）	
				鄢国森、何福城　李象远（1995年博士，川大）	
				杨明晖（1996年博士，川大）	
				薛英（1997年博士，川大）	
		廖世健（1952年学士，沪江大学）（见傅鹰谱系）			
		沈家骢（1952年学士，浙江大学）（见高分子部分）			
		徐如人（1952年学士，复旦大学）			

（续表）

第1代	第2代			第3代		
第三代	第三代	第四代	第五、第六代	第五代	第六代	
		江元生（1953年学士，武汉大学）		张红星（1987年博士，南京大学）		
				闵新民（1988年博士，南京大学）		
				黎书华（1995年博士，南京大学		
				邵义汉[3]（博士，加州伯克利分校）		
				刘春根（1996年博士，南京大学）		
				马晶[4]（1998年博士，南京大学）		
				武剑（1999年博士，南京大学）		
				朱卫华（2000年博士，南京大学）		
					江元生、蔡政亭	苑世领[4]（2003年博士，南京大学）
						乔青安[6]（2004年博士，南京大学）
		赵学庄（1955年学士，北京大学）（见孙承谔谱系）				
		游效曾（1955年学士，武汉大学）				

（续表）

第1代	第2代			第3代	
第三代	第三代	第四代	第五、第六代	第五代	第六代
		姜炳政（1958年学士，东北人民大学，师从钱保功）（见高分子部分）			
		颜德岳（1961年学士，南开大学；1965年研究生，吉林大学）（见高分子部分）			
			李前树（1987年博士，吉林大学）	邵彬[7]（2000年博士，北理工）	
					李欢军[8]（2001年博士，北理工）
					苏文勇[9]（2002年博士，北理工）
					朱锐（2005年博士，北理工）
			唐敖庆、孙家钟 李泽生（1987年博士，吉林大学）	唐敖庆、李泽生 巴信武（1991年博士，吉林大学）	
				王海军（1998年博士，吉林大学）	
				吕中元（1999年博士，吉林大学）	
					于坤千[10]（2002年博士，吉林大学）
					肖景发[11]（2003年博士，吉林大学）

（续表）

<table>
<tr><th>第1代</th><th colspan="4">第2代</th><th colspan="2">第3代</th></tr>
<tr><th>第三代</th><th>第三代</th><th>第四代</th><th colspan="2">第五、第六代</th><th>第五代</th><th>第六代</th></tr>
<tr><td rowspan="12"></td><td rowspan="2"></td><td rowspan="2"></td><td colspan="2" rowspan="2">谢代前（1988年博士，吉林大学）</td><td></td><td>徐定国[12]（2003年博士，川大）</td></tr>
<tr><td></td><td>李辉[13]（2005年博士，南京大学）</td></tr>
<tr><td></td><td></td><td colspan="2">陈光巨（1992年博士，北京师范大学）</td><td></td><td></td></tr>
<tr><td></td><td>顾凤龙（1995年博士，吉林大学）</td><td colspan="2"></td><td></td><td></td></tr>
<tr><td></td><td></td><td colspan="2">黄富强（1996年博士，北京师范大学）</td><td></td><td></td></tr>
<tr><td rowspan="2"></td><td rowspan="2"></td><td rowspan="2">唐敖庆、陈欣方</td><td>郎美东（1996年博士，吉林大学）</td><td></td><td></td></tr>
<tr><td>冯莺[14]（2001年博士，吉林大学）</td><td></td><td></td></tr>
<tr><td></td><td></td><td colspan="2">郝策（1996年博士，南开）</td><td></td><td></td></tr>
<tr><td></td><td></td><td colspan="2">黎安勇（1999年博士，吉林大学）</td><td></td><td></td></tr>
<tr><td></td><td></td><td colspan="2">夏树伟（1999年博士，南开）</td><td></td><td></td></tr>
<tr><td></td><td></td><td>唐敖庆、赵学庄</td><td>陈中方（1999年博士，南开）</td><td></td><td></td></tr>
</table>

（续表）

第1代	第2代				第3代	
第三代	第三代	第四代	第五、第六代		第五代	第六代
			唐敖庆、杨忠志	丛尧[15]（2000年博士，吉林大学）		
			唐敖庆、杨柏	汤钧[16]（2001年博士，吉林大学）		
			唐敖庆、孙家钟	孙扬[17]（2003年博士，吉林大学）		
			唐敖庆、黄旭日	于广涛[18] 2006年博士，吉林大学）		

注：1. 吉林大学理论化学研究所副所长，副教授。
2. 中科院北京基因组研究所副研究员。
3. 美国国家卫生研究院研究员，创办扬州伯克生物医药有限公司。
4. 南京大学化学化工学院副教授。
5. 山东大学化学化工学院副教授。
6. 鲁东大学副教授，化学与材料科学学院物理化学教研室主任。
7. 北京理工大学物理系主任并兼任物理实验中心主任。
8. 北京理工大学化工与环境学院副教授。
9. 北京理工大学物理学院副教授。
10. 中国科学院上海药物研究所副研究员。
11. 中国科学院北京基因组研究所研究员。
12. 四川大学化学学院教授。
13. 吉林大学教授、博士生导师。
14. 青岛科技大学高分子学院高分子材料系主任，教授、硕士生导师。
15. 中国科学院上海生命科学研究院生物化学与细胞生物学研究所研究员。
16. 吉林大学化学学院教授。
17. 哈尔滨工程大学材料科学与化学工程学院副教授。
18. 吉林大学理论化学研究所副教授。

第十一节 徐光宪物理化学谱系

徐光宪，著名物理化学家、无机化学家、教育家。在科学研究方面，他注意结合国家建设发展的需要，坚持理论与实践结合的方向，基础研究与应用研究并重，在量子化学、化学键理论、配位化学、萃取化学、原子能化学和稀土科学等领域都做出了贡献。他在数十年的教育生涯中为国家培养了一批物质结构、配位化学、原子能化学和稀土科学方面的优秀人才，如在物理化学领域卓有建树的物理化学家谢有畅，物理化学家、化学教育家赵学庄，物理化学、无机化学家吴瑾光，量子化学、物理无机化学家黎乐民、李标国等。徐光宪谱系有副教授及以上职称的成员近 20 人。

一、第 1 代

徐光宪（参见无机化学部分）

二、第 2 代

谢有畅（1934—　），物理化学家。长期从事物理化学、结构化学和固体表面化学的教学与研究工作，专长于固体表面结构与功能关系的基础研究和应用开发研究。在催化剂结构机理、石油化工和环境保护催化剂、高效 CO 吸附剂、空分制氧吸附剂和纳米氧化物陶瓷等方面的研究和开发工作中取得了一系列成果。

1950 年考入中山大学化学系，1953 年以优异成绩毕业，分配到北京大学化学系做研究生，在徐光宪教授指导下从事物理化学研究。1957 年春研究生毕业后，留校在化学系物理化学教研室任教。开始时讲授地质系“物理化学”课并指导实验及本系学生的毕业论文。1958 年“大跃进”期间调到无机化学教研室，在校办工厂从事与原子能工业有关的稀有元素锆和铪的分离工作，曾成功地用多级分级结晶法和离子交换法分离出光谱纯的锆和铪化合物。1960 年春下放到北京远郊劳动锻炼。1961 年返校后调回物理化学教研室，任唐有祺教授的助教，负责“物质结构”和“结晶化学”两门课程的教学辅导工作。从此一直在唐教授指导下从事教学和研究。1963 年开始主讲“物质结构”课。1973 年在唐有祺指导下到北京化工研究院合作研究开发聚乙烯高效催化剂，得出聚乙烯高效催化剂高效的根源在于活性组分在载体表面成单层分散，论文《聚乙烯高效催化剂的结构和机理研究》于1979年发表于《中国科学》。此项基础研究在我国工业化过程中起过重要的指导作用。20世纪70年代初，我国引进大量先进的石油化工装置，急需研制出适用于这些引进装置的催化剂。在唐有祺教授指导下，1974年谢有畅等和一批"工农兵学员"到北京化工研究院，合作研制适用引进的大型流化床装置的乙烯氧氯化催化剂。90年代国际上兴起纳米材料研究热潮，谢有畅提出用价格较低且易挥发的$SiCl_4$，$TiCl_4$，$ZrCl_4$，$SnCl_4$，$AlCl_3$，$FeCl_3$等金属氧化物为原料，经气相水解制纳米氧化物粒子。该技术应用前景广阔，已申报专利。

谢有畅从事教学和研究工作40多年，先后讲授过"物理化学"、"结构化学"两门基础课和"表面结构化学"研究生课。并和邵美成合作编写基础课教材《结构化学》，于1979年出版，供恢复高考入学的大学生使用，深受读者欢迎。

赵学庄（参见本章第七节孙承谔物理化学谱系"第2代"）

黎乐民（1935— ），北京大学教授。早年从事核燃料配位化学和萃取化学研究，用正规溶液理论解释了萃取过程中惰性稀释剂的溶剂效应；把两相滴定法推广应用到生成复杂萃合物的情况。1977年以后主要从事量子化学和物理无机化学研究。在同系线性规律、双层点电荷配位场模型、分子中的原子与原子轨道、某些麻醉镇痛剂的构效关系等的研究中取得有特色的成果；系统研究镧系化合物的电子结构和成键特征以及相对论效应产生的影响，阐明了这类化合物稳定性变化规律的微观机制；发展了四分量、两分量和标量相对论以及非相对论的高精度密度泛函计算方法和程序；提出新的大体系分区计算和局部高精度计算或相对论计算的方法以及接合相对论-非相对论密度泛函计算方法等。

黎乐民1955年考入北京大学化学系，1958年转入北京大学技术物理系，1959年毕业后留校，任技术物理系助教直到1976年，其间就读本系研究生，师从徐光宪，1965年毕业。1977年起调回化学系工作，历任助教、讲师、副教授、教授。1991年当选为中国科学院化学部委员。曾任北京大学化学与分子工程学院教授、博士生导师、院学术委员会主任，北京大学稀土化学研究中心主任。

三、第3代

（一）谢有畅弟子

黎维彬，1993年博士，清华大学教授。主要从事纳米材料的制备、表征和电分析化学研究。

（二）赵学庄弟子

高庆宇，中国矿业大学教授、博士生导师和应用化学博士点首席教授，2005年教育部"新世纪人才培养计划"入选者，中国矿业大学江苏省省级化学基础实验中心主任。1993—1996年在南开大学攻读物理化学专业博士学位，师从赵学庄。1996—1997年到美国斯坦福大学从事博士后研究工作。1998年回国到中国矿业大学，2002年起先后担任中国矿业大学矿物加工工程、化学工艺和应用化学专业博士生导师及物理化学专业硕士生导师。

王贵昌，1996年博士，南开大学化学院教授，博士生导师。主要研究方向：催化机理。

（三）黎乐民弟子

在北大从教的几十年间，黎乐民院士培养了一大批学术传人，他们中已有多人成为高校教授。他指导的晚期学生多是从事量子化学及物理无机化学研究。

陈飞武，1995年博士，北京科技大学化学与工程学院副主任，教授、博士生导师。主要研究方向：理论计算化学。

刘文剑，1995年博士，北京大学化学与分子工程学院教授。主要研究方向：量子化学、相对论量子化学。

表 4.12　徐光宪物理化学谱系

第1代	第2代	第3代		第4代
第三代	第四代	第五代	第六代	第六代
徐光宪（1944年学士，交通大学；1951年博士，哥伦比亚大学，师从贝克曼）	谢有畅（1953年学士，中山大学；1957年研究生，北京大学）	黎维彬（1993年博士，北京大学）		
	赵学庄（1955年学士，北京大学，师从徐光宪；1959年研究生，吉林大学，师从孙承谔、蔡镏生、唐敖庆等）	高庆宇（1996年博士，南开大学）		王舜[1]（2007年博士，中国矿大）
				蒋荣立[2]（2007年博士，中国矿大）
				王群（2007年博士，中国矿大）
				张鲁（2007年博士，中国矿大）

（续表）

第1代	第2代	第3代		第4代
第三代	第四代	第五代	第六代	第六代
		王贵昌（1996年博士，南开大学）		
			杨作银[3]（2001年博士，南开大学）	
			李艳妮[4]（2002年博士，南开大学）	
			许秀芳[5]（2003年博士，南开大学）	
			梁云霄[6]（2004年博士，南开大学）	
	黎乐民（1959年学士；1965年研究生，北京大学）		陈飞武（1995年博士，北京大学）	
			刘文剑（1995年博士，北京大学）	
			王繁[7]（2001年博士，北京大学）	

注：1. 温州大学化学与材料学院教授
2. 中国矿业大学化工学院教授、博士生导师。
3. 北京化工大学副教授。
4. 天津大学化工学院制药工程系副研究员。
5. 南开大学副教授。
6. 宁波大学教授。
7. 四川大学教授，四川省社会科学院党委书记。

第十二节　唐有祺物理化学谱系

唐有祺，物理化学家、化学教育家，1980年当选中科院学部委员。早年在国外曾发表关于合金中生成超结构物相、六次甲基四胺与金属离子络合作用的本质以及某些血红蛋白晶体对X射线衍射等方面的论文。回国后长期致力于物理化学教学工作，并不遗余力地为中国结构化学研究培养人才和建设基地。近年来着重研究金属有机物和生物大分子的结构问题，并研制某些功能体系来带动分子工程学的学科建设工作。唐有祺在北京大学及中科院化学所指导和培养了多名优秀学生，如中国单晶结构研究的开拓者和学术带头人之一傅亨及著名化学家、现任中科院院长白春礼都是唐有祺谱系中的杰出代表。唐有祺谱系有副教授及以上职称的成员近 20 人。

一、第 1 代

唐有祺(1920—)，1937—1942 年就读于同济大学化学系，毕业后先后在昆明制磷厂，重庆钢铁厂、实验厂，上海原德国医学院工作。1946 年秋唐有祺赴美入加州理工学院，主修化学，辅修物理，师从 L. 鲍林，主攻 X 射线晶体学和化学键本质，旁及量子力学和统计力学。1950 年夏作为乔治·夏尔博士后研究员(George Ellery Hale Fellow)留校工作。当时鲍林正在提出 α-螺旋等球蛋白中二级结构的模型，国际上也正在通过蛋白质和核酸等生物大分子结构的阐明来促使生物学进入分子水平。他留下来正可以涉足蛋白质晶体学和正在进入分子水平的生物学，但他毅然回到了祖国。

1951 年 8 月回归祖国后，唐有祺先应聘在清华大学化学系任教，为化工系 1948 级和 1949 级的学生讲授物理化学课，并在化学系开设了分子结构和化学键理论课程。其间，他与留学美英回国不久的张丽珠结为百年之好。1952 年院系调整，清华和燕京两校与北京大学的化学系汇合成新北大化学系。唐有祺从 1952 年秋起一直在北京大学化学系任教迄今。1987 年负责筹建分子动态和稳态结构国家重点实验室，并聘为主任。物理化学家傅亨、邵美成、白春礼、桂琳琳等是唐有祺优秀学术传人中的代表。

二、第 2 代

傅亨(1929—1997)，物理化学家。长期从事晶体结构化学方面的科研工作，我国单晶结构研究的开拓者和学术带头人之一。率先在中国用直接法测定有机分子及天然药物分子的晶体结构。在开展直接法研究的同时，还用分子力学和量子化学的方法对有机化合物的结构和构象以及分子堆积与能量的关系进行研究，从晶体结构数据中提取动态分子结构的信息，进行反应途径的探索，取得了一系列有意义的成果。

1953 年从北京大学化学系毕业，分配到中国科学院石油化学研究所(即今大连化学物理研究所),从事催化剂剖析和表征工作。1956年调入中国科学院化学研究所,从此长期从事结构化学研究,历任研究实习员、助理研究员、副研究员、研究员。傅亨到化学研究所后的第一项工作是创建实验室。他在唐有祺教授的指导下,不但从无到有建立了X光实验室,安装、调试X光机及相关设备,而且努力将全部仪器尽快投入使用。在此期间,从事多晶粉末的物相分析与单晶的晶体结构分析等工作。

傅亨在潜心于研究工作的同时,还协助唐有祺教授培养了一批科研骨干,指导硕士、博士研究生。例如,已当选为院士的中国科学院院长白春礼,就是他曾指导过的优秀研究生之一。他还在中国科学院研究生院讲授X射线晶体结构化学课程。

邵美成(1931—),物理化学家、化学教育家。长期讲授结构化学、物理化学、X射线晶体学与生命化学等课程。研究工作以X射线单晶衍射法研究过渡元素化合物的结构化学为主,成果涉及EDAT螯合物,钒钼多核簇,钌、铁等金属有机物,磁性多核锰的结构化学与晶体化学键价法,极小函数法的应用等。近年对若干蛋白物与药物的研究亦有所关注。

1950年他在统考中以清华大学化学系首名成绩被录取,两年后因院系调整转入北大,1955年起他师从唐有祺教授攻读四年制研究生,进行单质硫、硒变体、P_4S_3的晶体结构、Sommelet反应中间物等体系的探索,后又主攻EDTA螯合物的结构研究,选题前沿性甚好,但当时条件艰辛亦屡受干扰,他坚毅地将此项研究持续至60年代。

邵美成研究生毕业后在北大执教近半个世纪。1962年起历任讲师、副教授、教授(1985年)、博士生导师(1986年),讲授晶体化学、物理化学、结构化学、生命化学、X射线晶体学与无机结构化学等课程,编撰《结构化学》等著作三部。多年以来,邵美成累计参与培养的各类学员如张德纯、宋时英等数千人,指导张永健、来鲁华等硕士和黄桂清等博士各10余名。

桂琳琳,物理化学家。长期从事结构化学的教学和研究工作。20世纪70年代以来着重运用电子能谱等近代表面技术研究负载型催化剂和某些材料的表面结构问题以及这些材料的制备-结构-功能之间的关系。

桂琳琳1950年考入燕京大学化学系,1952年院系调整,转入北京大学化学系,1953年由于第一个五年计划需要,提前毕业,留北京大学任教。50年代桂琳琳主要从事结晶化学的教学和研究工作。她是唐有祺教授首次开设结晶学课程时的学生之一。留校任教后主要担任结晶学与结晶化学的辅导工作。1954

年暑期高等教育部开设结晶学与结晶化学师资培训班，请余瑞璜、卢嘉锡、唐有祺三位教授担任主讲，刚毕业一年的桂琳琳担任辅导和实习课教师。这次师资培训班为在各综合性大学普遍开设结晶学与结晶化学课程打下了基础。1956年，在唐有祺教授指导下发表了《论无水亚硫酸钠的晶体结构》论文，这是我国早期发表的结晶化学论文之一。1963年受国家科委的委托，作为筹备组成员之一负责筹建北京大学物质结构研究基地。1966年基地已初具规模，已有可能接受国家重要课题进行研究。1966年春国家科委下达"胰岛素晶体结构测定"课题，委托北京大学物质结构研究基地负责研究实施。她作为主要负责人之一组织全国这方面的专家进行研究。但好景不长，"十年动乱"开始，课题虽然没有停止，但有些人由于莫须有的罪名受到歧视，不得不被排斥在课题之外，桂琳琳是其中之一。有幸的是，"十年动乱"结束后很快迎来了科学的春天。在唐有祺教授领导下成立了北京大学结构化学开放实验室，桂琳琳任实验室副主任。而后，在北京大学结构化学开放实验室的基础上与中国科学院化学研究所动态结构化学实验室联合筹建优势互补的联合实验室。1985年在北京大学任教授，1986年开始指导博士研究生。

徐筱杰，北京大学化学与分子工程学院教授、博士生导师，北京大学中药现代研究中心主任，中国化学会计算化学委员会副主任。主要研究领域：药物设计方法及应用，中医药信息系统，超分子及介观体系的计算机模拟和基于中药资源的新药研制。已发表论文200余篇，他人引用1 000余次，出版多本专著，申请多项专利，曾获国家自然科学基金二等奖、三等奖各一项，国家教育部科技进步一等奖、二等奖各一项。目前承担"973"及国家自然科学基金重大项目。1960年毕业于北京大学化学系，曾在美国纽约州立大学石溪分校、加州大学戴维斯分校、乔治城大学医学中心从事研究工作。

白春礼(1952—　)，现任中国科学院院长、党组书记，学部主席团执行主席，新一届发展中国家科学院院长。主要从事纳米科技的重要领域扫描隧道显微学的研究，工作集中在扫描探针显微技术，以及分子纳米结构和纳米技术研究。白春礼作为中国扫描隧道显微学的开拓者之一，也是国际STM方面有一定影响和活跃的科学家之一。白春礼1978年毕业于北京大学化学系，在长春应用化学所短期任实习员，后在中科院化学所攻读研究生，分别于1981年和1985年获得硕士及博士学位，师从傅亨研究员及唐有祺院士。1985年9月—1987年11月，在美国加州理工学院作博士后和访问学者，在喷气推进实验室从事真空扫描隧道显微镜(STM)研究。

王任小，2005年至今任中国科学院上海有机化学研究所“百人计划”研究员，课题组长。主要从事计算化学生物学研究。1994年9月师从北京大学唐有祺教授，于1999年7月获博士学位。

三、第3代

（一）桂琳琳弟子

付贤智，1991年博士，中国光催化领域的知名学者，中国太阳能学会光化学专业委员会理事，创建了我国目前在光催化高新技术领域唯一的研究所——福州大学光催化研究所。现任福州大学校长、党委副书记，中国工程院院士。

郭沁林，1994年博士，现任中国科学院物理研究所研究员、博士生导师。用各种真空表面分析技术，包括电子谱仪（AES，EELS，HREELS，LEED），光电子能谱仪（XPS，UPS，and Synchrotron Beam），离子谱仪（ISS and SIMS），扫描隧道显微镜（STM），程序升温脱附谱（TPD）等，对各种固体材料进行表面物理和表面化学的研究工作。研究内容涉及表面分散，表面组成和结构，材料的电子结构，表面吸附及脱附，催化过程和催化机理，原子、分子与固体表面的相互作用，纳米薄膜制备等。近年来，重点开展各种有序氧化物薄膜的研制和对小分子（如CO、H_2O）的吸附研究工作。1978年毕业于北京大学化学系，1981年获北京大学物理化学硕士学位，1994年获北京大学物理化学博士学位。1981—1999年在北京大学物理化学研究所任职，1999年调入物理所。曾在丹麦、德国和美国从事表面科学研究。

（二）白春礼弟子

裘晓辉，国家纳米科学中心研究员，入选中科院“百人计划”。1992年毕业于吉林大学化学系物理化学专业，1997年、2000年在中国科学院化学研究所分别获得理学硕士、博士学位，师从白春礼。研究生期间利用扫描隧道显微镜系统地研究了固体表面有机分子吸附自组装结构的热力学及动力学行为。2000年8月—2006年3月先后在美国加州大学欧文分校、美国IBM公司研究中心、俄亥俄州立大学进行博士后研究，研究领域涉及低温超高真空扫描隧道显微技术及其在单分子振动和分子光谱研究中的应用，碳纳米管场效应器件的光电导及光电效应等。2005年10月入选中科院“百人计划”。2006年3月进入国家纳米科学中心工作，被聘为研究员、博士生导师。2007 年 6 月获“百人计划”择优支持。近年来在国际有影响力的学术期刊上发表论文多篇，其中包括 *Science*、*Phys. Rev. Lett.*、*J. Am. Chem. Soc.* 等。

胡劲松，中科院化学所研究员、博士生导师。2005 年博士毕业于中科院化学研究所，师从白春礼院士和万立骏院士，获中科院院长优秀奖和“中科院优秀博士论文奖”。之后在中科院化学所先后任助理研究员和副研究员，2006 年度获中国化学会青年化学奖。2008 年起在美国哈佛大学查尔斯·利伯(Charles M. Lieber)教授研究组从事博士后研究工作，主要包括：开发纳米平台在单细胞水平上研究微生物燃料电池中电子传递机理及细胞生物行为与其电子输出性能间的关系、三维微电极探针阵列用于活体单细胞内的电子提取与体内检测等。迄今已在 *PNAS*、*J. AM. CHEM. SOC.*、*Angew Chem.*、*Adv. Mater.*、*Adv. Funct. Mater.*、*Nano Lett.* 等国际期刊上发表论文 40 多篇，已被他人引用 1 800 余次。2011 年初入选化学所“引进杰出青年人才计划”，加入中科院分子纳米结构与纳米技术院重点实验室。

郭玉国，现任中科院化学研究所研究员、博士生导师，中国硅酸盐学会固态离子学分会理事。师从白春礼院士和万立骏院士，于 2004 年获物理化学专业博士学位。2004—2006 年在德国马克思·普朗克固体研究所约阿希姆·迈尔(Joachim Maier)教授实验室从事博士后研究工作。2006—2007 年加入德国马克思·普朗克学会纳米能源化学重大项目任项目研究员，从事纳米能源材料与纳米固态离子学方面的研究工作。2006 年 12 月入选化学所“引进杰出青年人才计划”，加入中科院分子纳米结构与纳米技术院重点实验室。

表 4.13　唐有祺物理化学谱系

第1代	第2代			第3代	
第三代	第四代	第五代	第六代	第五代	第六代
唐有祺(1942 年学士，同济大学；1950 年博士，加州理工大学)	傅亨(1953 年学士，北京大学)				
	邵美成(1959 年研究生，北京大学)			张永健(硕士)黄桂清(博士)	
				来鲁华(1987 年硕士，北京大学)	

（续表）

第1代	第2代				第3代		
第三代	第四代	第五代		第六代	第五代	第六代	
	桂琳琳（1953年学士，北京大学）				付贤智（1991年博士，北京大学）	侯乙东[1]（2009年博士，福州大学）	
					徐东升[2]（1998年博士，北京大学）		
					郭沁林（1994年博士，北京大学）		
	徐筱杰（1960年学士，北京大学）						
		傅亨、唐有祺	白春礼（1985年博士，中科院化学所）		裘晓辉（2002年博士，中科院化学所）		
						白春礼、万立骏	胡劲松（2005年博士，中科院化学所）
							郭玉国（2006年博士，中科院化学所）
				王任小（2001年博士，北京大学）			

注：1. 全国百篇优秀论文作者。
　　2. 北京大学化学学院副教授。

第五章　分析化学部分

中国分析化学始于20世纪30年代，当时首批留学归国的科学家在几乎空白的科学环境中为中国早期分析化学奠定基础并寻求发展。他们紧跟当时世界分析化学的步伐，较好地掌握了经典分析化学的要领，在国内培养了第一批分析化学人才。韩祖康等是这个时期较为活跃的分析化学家之一。20世纪30年代初，中央研究院和北平研究院各有一个化学研究所，均有分析化学研究项目。中研院化学所第一任所长王琎是分析化学界的前辈之一。20世纪40年代，国际分析化学已经转向仪器分析，我国在抗日战争爆发以前虽有致力于引进国外先进分析仪器的努力，但由于战争等各种复杂情况，直到新中国成立后，才加快了这一步伐。

1953年以后，经济迅速发展要求分析方法快速、灵敏，随之仪器分析迅速发展起来，与化学分析相互配合、相互补充。我国在色层分离法、光学仪器分析、光谱分析、电学仪器分析、极谱分析等方面均有所发展，中科院光学机械仪器研究所、冶金工业部钢铁研究院等科研单位研制出诸多仪器，如光谱仪、光度计、荧光剂、极谱仪、电导仪等。当时的分析化学定位为服务应用型学科，在石油工业、稀土研究、矿石、钢铁及有色金属等方面应用广泛，在发酵工业、农业化学、纤维染料、药物和生物化学等方面也有应用，十分突出的如稀土分析和盐湖化学分析。这个时期的化学分析研究成果不多，梁树权是当时化学分析界的代表人物。而在仪器分析方面，研究成果则在很大程度上依赖于仪器的制造和改进，受制于物理化学家和物理学家乃至仪器制造专家。在光学仪器分析方面，吴征铠的红外和拉曼光谱研究对于中国分子光谱学和激光化学的成长和发展起到了推动作用；在他转入原子能方面的工作后，对同位素铀分离技术的研究起到了不可小觑的作用。在极谱分析工作中，汪尔康和高小霞等在电极过程机理及极谱催化波等领域开展了多项重要研究，为极谱分析的研究应用做出了重要贡献。

中国分析化学事业在奠基阶段凝结了老一辈分析化学家的心血。除著名化学家王琎外，应该提到的还有梁树权、陈国珍、高鸿、高小霞、卢佩章、沈天慧、汪尔康等。而其他老一辈的化学家大多在各自的学术专长以外，身兼分析化学家的角色，如：张子高虽为化学教育家，但协助诺伊斯对定性和定量分析做出过显著贡献；无机化学家高崇熙同时又是卓越的分析化学家；萨本铁、曾昭抡和黄瑞伦等都对有机化合物的定性和定量分析做出过贡献。

改革开放以来，我国在仪器分析尤其是仪器引进方面不遗余力，陆续在中科院各研究所及高校配备了一批先进仪器，综合光电磁声热等各种分析手段，并广泛应用了计算机。现今，一般生产所用的分析仪器早已能大量制造，但在高端仪器制造方面仍然明显落后于国际先进水平，对于高要求的实验室研究和一些复杂样品的研究仍然需要依赖国外进口仪器。

我国现已形成多个实力较强的分析化学研究阵地，譬如中科院长春应用化学所电分析化学、湖南大学的化学计量学、厦门大学的生命与材料科学中的分析化学、中科院化学所的生命科学与分析化学、中科院大连化物所的毛细管电泳与色谱和分离分析化学、中科院生态环境研究中心的环境分析化学与生态毒理学、华东师大的生物电化学及厦门大学的分子发光光谱分析等。在这些阵地和战线上高歌猛进的是一批优秀的分析化学家学术谱系。

本章共涉及我国分析化学领域的 9 个学术谱系，包括 20 余名院士及分析化学领域的著名专家，此外有教授/研究员级科研人员近两百人，较早与较晚谱系时间跨度逾 30 余年。研究涵盖色谱（气相、液相、凝胶色谱、离子交换色谱、毛细管电泳、单细胞分析）、电化学分析（极谱催化波、电化学滴定）、原子光谱及荧光分析、溶剂萃取等领域。所涉及的研究机构主要有：北京大学、南京大学、武汉大学、上海交大、厦门大学、浙江大学、东北大学、西北大学、武汉大学、湖南大学、石油化学科学研究院、中国科技大学，以及中国科学院化学研究所、长春应化所、大连化物所及生态环境研究中心等。相关信息见表 5.1。

表 5.1 分析化学谱系总表

谱　系	第 1 代人数	第 2 代核心/总人数	第 3 代核心/总人数	谱系总核心/总人数	主要研究机构	主要研究领域
严仁荫谱系	1	1/2	0/4	2/8	北京大学	沉淀分析、离子交换、溶剂萃取、毛细管色谱等

（续表）

谱系	第1代人数	第2代核心/总人数	第3代核心/总人数	谱系总核心/总人数	主要研究机构	主要研究领域
梁树权谱系	1	5/9	1/42	7/79	上海交大、中科院化学研究所、东北大学、生态环境研究中心、北京大学、湖南大学、中国科学技术大学	化学法测定铁原子量、光谱分析、极谱分析、流动注射分析、环境化学、化学传感器
陈国珍谱系	1	2/6	0/6	3/16	厦大	核化学、荧光分析
高鸿谱系	1	4/9	0/20	5/34	南京大学、西北大学	电化学仪器分析、极谱学、电滴定
陆婉珍谱系	1	0/3	/	1/5	石化科学研究院	石化分析（气相色谱及毛细管色谱）、红外光谱仪、胶体化学
卢佩章谱系	1	1/9	0/8	2/23	大连化学物理所	色谱、毛细管电泳、微流控芯片
程介克谱系	1	0/9	/	1/10	武汉大学	食盐分析、稀土分析、高效液相色谱、毛细管电泳、单细胞分析等
姚守拙谱系	1	1/8	1/6	3/17	湖南大学	姚-周公式、化学与生物传感器（压电）、
汪尔康谱系	2	0/17	/	2/20	长春应化所	电分析化学、生物电化学

第一节 严仁荫分析化学谱系

严仁荫，著名分析化学家，对共沉淀和均匀沉淀法进行了深入研究。曾任贵阳医学院、西南联合大学、清华大学、北京大学教授、化学系副主任，培养了数代优秀分析化学人才，如曾任北大化学系主任的孙亦梁就是他的得意门生之一。严仁荫谱系能查到线索的后辈成员不多，有副教授及以上职称者7人。

一、第1代

严仁荫(1908—1977),1927年自天津南开中学毕业考入清华大学化学系。其间,曾积极投身抗日救亡的科学活动,1933年从事过烟幕弹和防毒面具活性炭的研制,不幸因爆炸伤及双目,严重影响了他此后的学习和科学研究。但他极为顽强,1934年毕业时仍以成绩优异被留校任助教,在导师、著名化学家高崇熙先生指导下从事研究,曾发表《从中国蓖麻油中制取辛醇和甲基己基酮》、《酰胺的脱水成腈》等论文。1934年7月考取河北省公费赴美深造,入美国威斯康星大学化学系研究院学习,先后获得理科硕士(1935年)和哲学博士学位(1937年),博士论文题目为"离心分析"。1938年初回国。

1938—1939年经杨石先先生介绍,任贵阳医学院化学副教授。1939—1941年在陆军部陆军军医学校药科基本化学系任主任教官,讲授化学。1941—1943年又经杨石先聘请任西南联合大学化学系教授。1943—1945年经孙承谔先生推荐筹办四川乐山木材干馏厂,并任厂长。抗日战争后,曾一度任天津化学工业公司协理。1947年8月,经高崇熙邀请回母校清华大学任教,曾讲授普通化学、定性分析、定量分析。

1952年院系调整后,严仁荫任北京大学化学系教授,并主持、创建分析化学教研室,担任教研室主任直至1960年。在他任教的20多年中,领导、主译了阿列克谢耶夫斯基的《定量分析化学教程》(1953年出版),长期讲授分析化学基础课和专业课。在科研上则顽强地克服目视困难,坚持不懈地指导学生和研究生,较系统地研究了在经典化学分析法中均匀沉淀作用的利用,在钍、铌、钽的定量测定中取得了较理想的结果,引起当时分析化学界的广泛兴趣、重视和较高评价;此外还研究了在铼、铌、钽、锆测定中有机试剂的应用,也取得一定成果。1960—1966年,严仁荫曾兼任副系主任,与系内各级领导合作,努力克服1958年以来"科研大跃进"、"教育革命"所造成的偏差和某些混乱,逐步使系内教学工作稳定、正常起来。但"文革"使他被迫完全停止了教学和研究,严仁荫于1977年3月17日病故。

二、第2代

孙亦梁,分析化学家,教育家。长期在北京大学化学系和技术物理系从事教学和研究工作，曾任化学系主任，为改革开放后的北京大学化学系的恢复和发展做出了贡献。他的研究方向涉及离子交换、溶剂萃取、色谱、毛细管电泳等分离分析方法的应用和基础研究，均取得了丰硕的成果。

1949 年毕业于北京大学理学院化学系，获理学士学位，曾任严仁荫及高崇熙等教授的兼职助教。这时正值院系调整，北大、清华、燕京三校的部分院系合并，他担任北大化学系系秘书半年，协助孙承谔主任工作，后又调到学校教务处工作，后被安排到分析教研室工作，此后 40 年里他一直没有离开过分离分析研究，包括用于分析的分离方法本身和需要分离的分析方法两个方面的研究。他先后研究和使用过的分离方法涉及离子交换、溶剂萃取、多种色谱和毛细管电泳等手段；对象涵盖放射性同位素、有机化合物和生物化学物质；应用领域有放射化学分析，环境、香料、药物、石油、食品分析等。他的研究领域时有变化，多与客观上的原因有关，“文化大革命”中他再次被调离技术物理系①。1978 年起历任北京大学化学系副主任、主任，副教授、教授。1986 年被国务院学位委员会批准为分析化学专业博士生导师。孙亦梁先后培养了硕士研究生 25 名、博士研究生 9 名，连同他指导过的本科专题生、进修教师和合作过的博士后及同组教师，加起来有 70～80 人，其中有不少已成长为科研或教学能手。

三、第 3 代

孙亦梁弟子

黄爱今，北京氟乐邦表面活性剂技术研究所毛细管色谱柱研发生产中心创立者。主要研究方向：毛细管色谱柱。

朱涛，1993 年博士，北京大学化学与分子工程学院教授。主要研究方向：纳米材料化学，表面增强拉曼光谱。

方晓红，1996 年博士，中国科学院化学研究所分子纳米结构与纳米技术重点实验室研究员、博士生导师。主要研究方向：生物单分子荧光成像及单分子行为研究；蛋白质高灵敏度的实时检测；纳米生物传感器；DNA/蛋白质相互作用的研究。

---

① 孙亦梁曾分别于 1958—1959 年、1962—1966 年两度担任北京大学技术物理系放射分析化学教研室主任。

表 5.2　严仁荫分析化学谱系

<table>
<tr><th>第1代</th><th colspan="2">第2代</th><th>第3代</th></tr>
<tr><th>第二代</th><th>第三代</th><th>第四代</th><th>第五代</th></tr>
<tr><td rowspan="5">严仁荫(1931年学士，清华大学，师从高崇熙；1937年博士，威斯康星大学)</td><td rowspan="4">孙亦梁(1949年学士，北京大学)</td><td rowspan="4"></td><td>黄爱今</td></tr>
<tr><td>朱涛(1993年博士，北京大学)</td></tr>
<tr><td>方晓红(1996年博士，北京大学)</td></tr>
<tr><td>任雪芹(1999年博士，北京大学)</td></tr>
<tr><td></td><td>赵匡华(1955年学士，北京大学)</td><td></td></tr>
</table>

第二节　梁树权分析化学谱系

梁树权，分析化学家和教育家。20世纪30年代以化学法测定铁原子量，所测得的数值沿用多年。自1938年起从事科研与教育工作，曾系统研究稀土与稀有元素的分析化学，为包头钢铁厂提供了分析数据。1938—1945年任华西协和大学、重庆大学教授，1947年为中研院化学所研究员。1956年后任中科院化学所研究员。1955年梁树权首批当选中国科学院数理化学部委员，并曾先后任北京大学(20世纪50年代)、中国科学技术大学(1958—1965年)、中国科学院研究生院(20世纪70年代)、上海工业大学、长沙国防科技大学(20世纪80年代)以及西北大学(1991年至今)等校兼职教授，在此期间培养了众多优秀分析化学人才，如著名分析化学家、院士高小霞、徐晓白、沈天慧、俞汝勤等都出自他的门下。梁树权谱系人丁兴旺，先后有副教授以上职称的成员50多人，主要分布在中科院生态环境研究中心、湖南大学及中国科学技术大学等科研院所。

一、第1代

梁树权(1912—2006)，1927年读完高中一年级后，考入北京燕京大学预科，两年后升入该校本科理学院化学系，1933年毕业，获理学学士学位。他的毕业论文在北平地质调查所《地质专报》上以中、英文同时发表。这篇论文奠定了他一生从事分析化学的基础。1933 年梁树权入北平农商部地质调查所任助理员，从事矿物、岩石的化学分析。次年去德国慕尼黑大学化学系深造。他用了两学期的时间取得报考主试资格并通过考试，后随 O. 何尼斯密(Otto Hönigschmid，1878—1945)教授从事原子量测定。完成毕业论文后，于 1937 年 12 月经该校化学系主任、1927 年诺贝尔化学奖获奖者 H. 维兰德教授主考口试及格，获自然哲学博士。1938 年，他感到国难深重，在奥地利维也纳大学分析化学系做博士后一学期即返回祖国。

回国后，他先后担任华西协和大学理学院化学系副教授(1938—1939)、重庆大学理学院化学系教授(1939—1947)，并在后 6 年兼任系主任。1945 年中央研究院聘任梁树权为该院化学研究所研究员。当时化学所在昆明，因交通困难未能前往，迟至该所迁回上海后，于 1947 年秋到职。1949 年 5 月上海解放，11 月成立了中国科学院，该所改为物理化学研究所，1952 年迁至长春综合研究所，次年梁树权被调至沈阳金属研究所，协助解决该所选矿任务中所遇到的分析问题，又到上海冶金研究所，协助解决该所冶炼任务中所遇到的分析问题。1954 年调往北京，在上海有机化学研究所北京工作站工作，直至 1956 年化学研究所成立后工作迄今，曾于 1957—1965 年兼任中国科学技术大学教授。

二、第 2 代

梁树权在 60 年的化学研究与教学生涯中，培育了大批人才，其中有的已当选为学部委员，多人已成为教授、学科带头人或科研教学骨干。分析化学家倪哲明、高小霞、沈天慧、徐晓白、俞汝勤等都是他早年指导和培养过的年轻后辈。近年来，他又培养出研究生多人。

倪哲明(1925—　)，分析化学家。长期从事分析化学的基础与应用研究。主要工作有有机溶剂萃取法、分光光度法、原子光谱法用于痕量元素分析；色谱-原子吸收联用分析痕量金属有机化合物；原子吸收中的基体改进效应、原子形成机理研究；计算机在分析化学中的应用和环境标样的研制。所发表的论文至 1998 年被科学引用索引(SCI)引用 994 次。

1943 年考入上海圣约翰大学化学系，1947 年毕业后短期留校任助教。1949 年 12 月—1957 年 9 月在上海化工公司、上海商品检验局、商品检验总局任技术员。1957年倪哲明调入中国科学院化学研究所，在梁树权领导下，参加了对国民经济发展有重大意义的攻关项目，如包头白云矿稀土分析。1959年赴苏联科学院地球及分析化学研究所 Б. Н. 库兹涅佐夫（Борис Николаевич Кузнецов，1936— ）实验室进修一年，课题是“有机试剂在分析化学中的应用”。由于库兹涅佐夫教授是一位颇有成就的分析化学家，思路很宽，具有扎实的理论基础，使她学到了研究工作的基本方法。1960年回国后在化学研究所协助梁树权开展为原子能工业急需的稀有金属的分析方法研究。1961—1966年结合原子能分析任务开展铀中痕量钨、钛、铌等元素的溶剂萃取和反相层析分离等研究。在强酸溶液中从铀中萃取这些元素可以使之与大量铀分离，以除去铀的干扰。所用的三元络合物体系在当时（1963年）尚未见报道。其萃取机理不同于一般缔合型，属于混合络合物类型，可应用于从高酸度溶液中萃取分离一些金属元素。铌和钛的N-苯甲酰-N-苯基胲及硫氰酸铵形成的三元络合物在氯仿层中可直接用于比色测定，灵敏度显著提高。这为解决铀中杂质的分析提供了简便、灵敏的分析方法，解决了二机部下达的建立铀中痕量杂质分析方法的任务并通过了验收。1965年中国科学院为此课题颁发了优秀成果奖。有关研究成果先后在《中国科学》和《化学学报》等发表。哈拉（Hala）在1967年第1期 *Journal of Inorganic Nuclear Chemistry* 中发表论文阐明重复了锆的萃取工作，并在此基础上作了锆的萃取和萃取机理研究。*The Analysis of Zirconium and Hafnium* 一书也将锆的分析方法收入其中。有关原子能材料分析的工作，后来获全国科学大会重大科技成果奖。倪哲明自1975年起历任中国科学院环境化学所、中国科学院生态环境研究中心助理研究员、副研究员、研究员，曾任无机分析室主任。

倪哲明热心教育，重视研究生培养。1986年以来已有8名硕士生毕业，有的已成为大学副校长和研究室主任。1986年开始招收博士生，已有11名毕业，其中6名获中国科学院院长奖学金优秀论文奖，另有2名分别获宝钢奖和地奥奖。1996年倪哲明从生态环境研究中心退休后仍继续指导博士生的论文，并受聘担任北京大学化学与分子工程学院兼职教授。

高小霞（1919—1998），分析化学家和化学教育家。长期从事分析化学的教学与科研工作。专长电分析化学，曾创建了一种简捷灵敏的极谱催化波的分析方法，开拓了铂族元素的催化波和稀土元素的络合吸附波等研究工作，形成了中国极谱分析的特色，解决了地质、冶金、半导体、环境监测等方面的分析问题。

高小霞1944年毕业于交通大学化学系。1946年秋，进入刚由昆明搬来上海的中央研究院化学研究所，当分析化学家梁树权先生和物理化学家吴征铠先生的助理员。这是她走上科学道路的一个重要转折点。她和徐光宪通过国家留学生考试，在亲友资助下，徐光宪先于1947年去美国留学，而高小霞迟至1949年初才赴美国，进纽约大学研究生院学习仪器分析。两年后徐光宪先行获得博士学位毕业，受到导师贝克曼的器重，贝克曼极力挽留他继续留在美国进行科学研究，并推荐他去芝加哥大学莫利肯教授处做博士后，然而徐光宪对祖国的命运忧虑重重[①]，遂千方百计谋求回国。在这种情况下，高小霞也毅然决定放弃再过一年即可获得的博士学位和他一起回国。他们假借华侨归国探亲的名义，于1951年4月乘船一同回到祖国。

1951年5月，在北京大学化学系任教。1951年当徐光宪、高小霞来到在沙滩的北京大学化学系后，高小霞教二年级分析化学。1952年院系调整，他们留在北京大学化学系并迁至海淀原燕京大学校址，高小霞历任北京大学化学系讲师、副教授、教授，其间三次任分析化学教研室主任。1980年，高小霞当选为第一、第二届国务院学位委员会理科评议组成员，并被批准为第一批博士研究生导师。同年，当选为中科院学部委员。

沈天慧(1928—2011)，分析化学家，中国科学院院士。从事分析化学的基础和应用研究、半导体材料研究、集成电路的研制和磁记录及微机电系统的研究。她服从国家建设需要，长期投身航天事业，为半导体材料研究和集成电路的研制做出了贡献。

1945年就读上海大同大学化工系，1949年毕业后成为中央研究院化学研究所助理员(后改为研究实习员)，被分配在我国著名分析化学家梁树权教授门下从事分析化学研究工作。梁教授治学严谨，热心培养人才，成为她科研工作的启蒙老师。在导师的严格要求和悉心教导下，她受到了严格的训练，学到了做科研工作的方法，锻炼了实验基本功，养成严谨治学、一丝不苟的作风。她工作勤奋努力，3年中完成了3篇论文，颇得导师赞赏，1952年提升为助理研究员。这一年，化学所吴学周所长响应国家号召，走科研与生产实践相结合的道路，毅然将物理化学研究所迁往吉林省长春市(后改名为长春应用化学研究所)。1957—1959年曾在苏联科学院冶金研究所进修。回国后任长春应用化学研究所副研究员(1960—1965)、中国科学院“156”工程处副研究员(1966—1969)。1970—1986年任航天工业部骊山微电子公司(771研究所)研究员，室主任、副所长、科

---

① 当时正是抗美援朝前夕，联合国军已侵入朝鲜。

学技术委员会副主任。1987 年以后任上海交通大学学术委员会委员、薄膜和微细技术国家教委部门开放实验室第一届学术委员会主任委员、材料与化工研究院顾问。沈天慧院士的工作集中在科研方面,未参与教学或研究生培养。

徐晓白(1927—),环境化学家、无机化学家,中国科学院院士。早期在荧光材料、稀土二元化合物以及在原子能方面配合核燃料后处理工艺方面做出了贡献。近 20 余年来在发展环境有机毒物的痕量分析、环境行为与生态毒理方面做了大量的开拓性工作。

徐晓白 1948 年毕业于交通大学化学系,获学士学位。毕业后即受聘到中央研究院化学所师从梁树权教授工作。1950 年中国科学院建立后,她先后在物理化学所、长春应用化学所和化学所跟随柳大纲教授从事无机化学研究,直至 1968 年。“文化大革命”结束后在中国科学院环境化学所(后更名为生态环境研究中心)从事环境化学研究。其间于 1980—1982 年被选派去美国加州大学伯克利分校合作进修,此后又于 1986 年、1991 年、1994 年三次去美国加州大学旧金山分校作短期访问研究。

杨裕生(1932—),分析化学与放射化学家,1995 年中国工程院院士。在从事 11 年分析化学工作后,开创了我国的蘑菇云取样和核武器化学诊断研究。首次核试验中任取样队长,立二等功,领导建立无人穿云取样技术。提出裂变燃耗、中子剂量、锂燃耗、铀同位素、铀钚分威力的放化测试原理并指导研究成功。领导完成 20 多次试验取样分析任务,为验证和改进这些武器设计提供了重要依据;主持制定多次地下核试验的总体方案,指导镅锔和镧系化学研究。

杨裕生 1952 年毕业于浙江大学化工系,留校任教至 1957 年,后投考中国科学院化学研究所分析化学专业研究生,师从梁树权学部委员。一年后被派送留学苏联,在地球化学与分析化学研究所阿里马林院士等指导下进修放射化学两年,1960 年底归国。回到中科院化学所任助理研究员的两年中,他带领 3 名更年轻的研究人员根据原子能工业的需要分别在四氟化铀与二氧化铀成分分析、放射性同位素的反相分配色层、稀有元素的离子交换等方面进行研究,还提出了一种新的分离放射性物质的纸上沉淀带载留色层法,共发表论文 7 篇。

1963—1986 年,杨裕生在国防科委核试验基地研究所历任室副主任、主任,副研究员,副所长、所长。1987—1990 年任核试验基地科技委主任、研究员。1988 年 9 月被授予少将军衔。在戈壁滩上奔波 27 年半之后,1990 年组织上照顾年满 58 岁的杨裕生调回北京,在解放军防化研究院一所任研究员,同时在西安西北核技术研究所兼职，主持国家自然科学基金资助项目，培养研究生。

俞汝勤(1935—)，分析化学家，1991年中科院院士。从事化学传感器、有机分析试剂及化学计量学等方面研究及分析化学教学工作。研制出多种新型电化学及光化学传感器，为实现晶体膜氟电极与气敏氨电极的国产化做出了贡献。合成多种新的分析及增敏试剂与离子载体，建立了为有关部门采用的稀有金属分析方法。创立了几种新型稳健化学计量学多元校正及化学模式识别分类方法，倡导化学计量学教学并提出作为化学量测基础理论与方法学的独特教学体系。出版了《现代分析化学的信息理论基础》等著作。

俞汝勤少年时就读于雅礼中学，受到良好的基础教育。1952年中学毕业被直接选派出国留学。曾先后就读于北京外国语学院留苏预备部、苏联列宁格勒矿业学院各一年，后转入列宁格勒大学化学系，在该校学习5年，毕业后回国，在中国科学院化学研究所工作。他参加了建立我国丰产稀有元素铌、钽的标准分析矿样及其分析方法的工作。在梁树权教授指导下，参与中国科学技术大学近代化学系分析化学专业实验室及课程的建设(1959—1962年)。1962年转调湖南大学任教，参与新开设的分析化学专业的建设。1980年任教授。1993—1999年任湖南大学校长。

苏庆德(1947—)，中国科学技术大学烟草与健康研究中心主任。1988年湖南大学博士，导师为梁树权、赵贵文。主要研究方向：分析化学、烟草化学、稀土化学。

三、第3代

(一) 倪哲明弟子

江桂斌(1957—)，分析化学、环境化学家，中国科学院院士。主要从事环境分析化学方法、环境污染现状与过程机制和生态毒理学研究，目前为国家"973"项目"持久性有机污染物环境安全、演变趋势与控制原理"首席科学家，中国科学院创新群体"持久性有毒化学污染物研究青年科学家小组"学术带头人。在SCI正式收录杂志上发表论文150篇，申请和获得国家专利20项。1982年毕业于山东大学化学系，1987年、1991年先后获中国科学院生态环境研究中心硕士、博士学位。中国科学院生态环境研究中心研究员，环境化学与生态毒理学国家重点实验室主任。截至目前，江桂斌已培养出40余名研究生，先后获中科院院长特别奖和中科院首届优秀博士论文等20余项奖励。值得一提的是，他的两名博士分别获得了2004年和2005年的全国百篇优秀论文。

严秀平，南开大学教授，国家杰出青年基金获得者，长江学者特聘教授，1993年中国科学院生态环境研究中心博士。研究方向：生物分析，先进材料分析。

（二）高小霞弟子

高小霞的教书育人工作分为“文革”前后两个阶段。著名分析化学家方肇伦、分析化学家及化学史家赵匡华等是她早期指导过的优秀弟子中的代表[①]。

方肇伦（1934— ），分析化学家，中国科学院院士，是我国流动注射分析研究领域的主要开创人，他为溶液分析的自动化做出了贡献。他以非平衡溶液处理学术思想为指导，发展了流动注射分离与预浓集的理论与实验技术，极大地提高了复杂生物与环境试样无机痕量分析的试样处理效率及自动化程度，大幅度降低了试样及试剂消耗并提高了测定方法的灵敏度与选择性。他在流动注射与原子吸收光谱联用方面的基础与应用研究中显著地改善了后者的分析性能，将分析范围扩展到5～6数量级，并显著提高了抗干扰能力。

方肇伦1953年考入北京大学化学系，先后受教于张青莲、严仁荫、黄子卿、傅鹰、唐有祺、徐光宪等著名教授，特别是在高小霞先生的指导和影响下，在毕业前选择了仪器分析作为一生的努力方向。1957年大学毕业后，方肇伦被分配到中国科学院林业土壤研究所工作，在该所缺少化学专业指导的困难条件下，他虚心向所外专家及同行请教，特别是兄弟所的何贻贞先生对他早期研究工作的指导使他受益终生。在著名土壤学家宋达泉教授的指导下很快在土壤、植物的微量元素发射光谱分析方面取得了很大进展，建立了具有我国特色的分析方法，并利用所获得的数据制成了我国第一张东北及内蒙东部的微量元素地球化学分布图。

1986—1994年在中国科学院应用生态研究所任研究员，室主任。1995年后在东北大学理学院任教授，室主任。自20世纪80年代中后期以来在一系列国家自然科学基金及国际合作经费的支持下，他建立了一支稳定的流动注射分析研究队伍，在所内成立了独立的研究中心，在较短时间内取得多项成果，1990—1995年3次获科学院与国家自然科学奖。中心成立后，他利用有利条件加速人

---

① 除此之外，她也是有机化学家金声等一大批化学其他领域知名专家的大学老师。

才的培养，但因分析化学在应用生态研究所中属非主攻学科，难以申请到博士点，只能转向邻近的沈阳药科大学药物分析博士点，获评博士生导师资格，开始培养博士生。由于学科方向的关系，他在中科院应用生态所期间培养的硕士研究生仅 5 名，而直到 1998 年完全自己独立招收、培养的博士生才取得学位。迄今，方肇伦培养的学生中已有多人成长为教授、专家。

赵匡华(1932—　)，分析化学和化学史家。早期研究分光光度分析，20 世纪 80 年代以来，致力于世界化学史和中国古代化学史研究，特别是中国炼丹术的化学研究，方法别致、论述严谨，有众多重要发现，对弘扬我国古代科技文明做出了显著贡献。

1945 年，赵匡华考入北平辅仁大学附属中学。在那里他最喜欢的课程是国文和历史，对中国传统文化兴趣广泛。1948 年转入北平师范大学附中高中部学习。这所学校是我国著名的培养理工科学子的摇篮。三年的教育使他萌生了在科学上创新的强烈意愿，希望有朝一日能跻身科技行列，为振兴祖国建功立业，尤其是著名化学教师符绶玺老师的鼓励和启发，使他在毕业时选择了攻读化学的方向。

1951 年赵匡华考入清华大学化学系。次年院系调整，他转入北京大学化学系学习。在大学的四年里，所学各门基础课程都由当时我国第一流化学家如张子高、黄子卿、邢其毅、傅鹰、唐有祺、徐光宪、严仁荫、高小霞等教授讲授，加之他个人勤奋努力，使他在化学的各个分支学科上都打下了良好的基础，这对他以后研究化学史极为有利。1955 年他在严仁荫教授的指导下完成了《亚硒酸钍均匀沉淀——钍的容量测定》的毕业论文，于 1958 年在《化学学报》上发表，1959 年又刊载在英文版《中国科学》上。这项工作使他在化学实验方面受到了严格的训练。

1955 年北大毕业后，赵匡华一直任教于北大。在 1956—1964 年他曾讲授分析化学、光度分析；1971—1974 年曾讲授基础化学和稀有元素化学与工艺等课程，并编写有关教材 4 部，在科研上从事光度分析法的研究，率先开展了催化法和胶束增溶法的试验。1975 年，北京大学化学系与中国科学院自然科学史研究所议定合作编写《化学发展简史》，北大负责世界化学史近、现代部分。赵匡华被安排为写作组的主要成员，并担任全书统稿人(该书于 1980 年由科学出版社出版)。这个机会使他能安静下来系统地研读了前人的化学史专著，统观化学发展的全貌，寻找新的研究方向；他时常能向编写组中的黄子卿、张青莲两位老师求教，并在学风上得到他们的感染。从那时，他在研究 ICP 光谱分析之余逐步开始了化学史研究，经常与老同学郭正谊一起切磋化学史研究中的问题，探讨新课题。到1982年，他终于给自己制订了开展化学史研究的规划。鉴于此研究课题的广泛性和艰巨性，他只得先做“票友”而后“下海”，最后毅然把主要精力转移到化学史，特别是中国古代化学的研究上。从1983年开始，他在北大化学系为大学生、研究生开设化学史课程，同年又开始招收化学史硕士研究生。在众多老教师的支持下，1986年他终于争取到在北京大学化学系建立自然科学史——化学史硕士研究生学位授予点。在全国，迄今仍然是首例。从此，他更快、更有成效地开展了中国化学史研究，并得到国家自然科学基金的资助。特别是他开拓了中国炼丹术化学研究的新领域，考证严谨，论述博恰，成就斐然，已发表学术论文50余篇，出版专著5部，成为我国当前化学史界造诣颇深的学者。在此期间，他积极参加了中国科学技术史学会的活动，广交科学史界的学友。自1984—1986年，他连任该学会的三届常务理事兼化学史专业委员会主任，并在1985年主编、出版了《中国古代化学史研究》，汇集了1978年以后我国相关的研究成果，从而推动了全国的化学史研究。

倪亚明，同济大学副校长，同济大学测试中心主任、微量元素研究所所长；曾任同济大学化学系教研主任、副系主任，同济大学校长助理。主要研究方向：环境分析化学、电化学分析。

李国刚，中国环境监测总站总工程师，总站副站长。

乔庆东，辽宁石油化工大学石油化工学院党委书记。曾先后担任应用化学系分析中心副主任、精细化工教研室主任，应用化学系副主任和学术委员会主任，石油化工学院副院长、第一副院长、院党委书记等职务。主要研究方向：精细化工和应用电化学。

焦奎，1983年博士，青岛科技大学教授。

张曼平，1983年博士，中国海洋大学教授、博士生导师。

（三）徐晓白弟子

徐晓白对培养科技人才尽心竭力，她对身边工作同志和研究生要求严格，善于引导他们开拓前沿性研究，并关心他们的生活。20世纪80年代以来培养的研究生中有多人成为知名专家教授。

王西奎，1990年博士，山东轻工业学院副院长，教授、博士生导师。主要研究方向：环境污染物化学，包括有机污染物在生态环境中的迁移转化，以及利用光、声、微波等物理手段降解水中有机污染物的原理;超声化学,主要包括空化效应及其在水污染控制和纳米材料制备中的应用,环境材料的制备评价,主要涉及环境催化净化材料、环境纳米材料的制备与应用等。

刘国光,1990年博士,广东工业大学教授。

杨克武,1991年博士,中科院生态环境研究中心环境水质学国家重点实验室综合办公室主任。

余刚,1992年博士,清华大学环境学院院长。主要研究方向:持久性有机污染物的环境行为、控制技术与履约政策,水的物理化学处理技术,水环境修复技术。

蒋湘宁,1992年博士,北京林业大学教授、博士生导师,生物学院副院长。主要从事植物抗逆及其分子改良、树木生长与木材品质基因工程改良和植物生长计算机模拟及生物信息学研究,有机污染物致癌的分子机理及其生态毒理效应研究。

储少岗,1993年博士,中科院生态环境研究中心研究员。

曹学丽,1995年博士,北京工商大学化学与环境工程学院副院长兼北京市植物资源研究开发重点实验室主任。主要从事高速逆流色谱技术为核心的新型高效分离纯化技术研究及其在天然生物活性成分分离。

郑明辉,1996年博士,中国科学院生态环境研究中心环境化学与生态毒理学国家重点实验室副主任。长期从事二噁英类持久性有机污染物环境化学行为与环境归宿、区域污染特征与源解析方法学研究,对典型工业生产过程POPs生成机制与控制原理也有研究成果,还开发了一些持久性有机污染物污染控制新技术。

高士祥,1985年中国科学院生态环境研究中心硕士,1999年南京大学博士,南京大学环境科学研究所副所长,教授、博士生导师。

耿安朝,1988年硕士,上海海事大学教授,环境与安全工程系主任、水文学及水资源学科负责人、海水资源开发与保护工程研究中心主任。

沈建伟,1989年硕士,中科院广州地质化学所研究员。

(四) 俞汝勤弟子

俞汝勤培养了20余名博士、30余名硕士,在研究生教育方面的成果获湖南省普通高校优秀教学成果一等奖(1990)。他于1993—1999年任湖南大学校长,为高等教育事业做出了贡献。

李梦龙，1990 年博士，四川大学教授。

李志良，1990 年博士，重庆大学教授。

苏自奋，1988 年博士，四川大学原子核科学与技术研究所研究员。

马会民，1990 年博士，中国科学院化学所研究员，博士生导师。

黄杉生，1992 年博士，上海师范大学生命与科学学院教授，化学生物传感与计量学国家重点实验室副主任。主要研究方向：生物纳米技术；化学生物传感器；环境分析化学。

孙立贤，1994 年博士，大连化学物理研究所航天催化与新材料研究室材料热化学课题组组长，研究员、博士生导师，大连理工大学、暨南大学、湘南学院兼职教授，桂林电子科技大学“八桂学者”。主要研究方向：航天新材料（高能推进剂、高潜热相变储能材料、催化剂、无机热超导材料、纳米材料、功能材料）设计、制备与热化学研究；新能源开发（储氢材料、生物燃料电池、煤高效与洁净燃烧技术、重油乳化燃烧）；传感技术（生物传感器、石英微天平、平面波导光学传感器等）；化学生物学（生物微量热及电化学、光化学研究）；化学计量学（如构效关系、多元校正、人工神经元网络）及其在生物信息学中的应用。

晋卫军，1998 年博士，沈国励、俞汝勤、章宗穰共同指导，北京师范大学化学学院分析化学研究所教授、博士生导师。曾代理山西大学化学化工学院院长，分析化学学科和学术带头人。主要研究领域：卤键、量子点、室温磷光在手性药物识别方面的应用；室温离子液体的一般和特殊溶剂效应。

刘万卉，1998 年博士，烟台大学药学院副院长。主要研究方向：药代动力学与代谢研究；长效缓释微球制剂研究；新药质量标准研究。

杨海峰，上海师范大学教授，校务委员会委员、生命与环境科学学院党委副书记、分析化学学科硕士点负责人。主要研究方向：表面拉曼光谱分析；光谱电化学；化学成像；基于超分子技术的生物传感器；纳米探针制备和应用。

四、第 4 代

方肇伦弟子

陶冠红，苏州大学化学化工学院教授，博士生导师。1989 年毕业于南京大学环境科学系（学士），1994 年毕业于中科院生态环境研究中心（博士）。研究领域：环境污染物的分析监测（如微量有机物、痕量重金属的分析监测）；“三废”治理及资源化回收；分析仪器的研发等。

表 5.3 梁树权分析化学谱系

<table>
<tr><th>第1代</th><th colspan="3">第2代</th><th colspan="3">第3代</th><th colspan="3">第4代</th></tr>
<tr><th>第二代</th><th>第三代</th><th>第四代</th><th>第五代</th><th colspan="2">第五代</th><th>第六代</th><th>第五代</th><th colspan="2">第六代</th></tr>
<tr><td rowspan="8">梁树权（1933年学士，燕京大学；1937年博士，慕尼黑大学，师从何尼斯密）</td><td rowspan="3">倪哲明（师从库兹涅佐夫）</td><td rowspan="3"></td><td rowspan="3"></td><td colspan="2">江桂斌（1991年博士，中科院生态环境研究中心）</td><td></td><td></td><td colspan="2"></td></tr>
<tr><td colspan="2">严秀平（1993年博士，中科院生态环境研究中心）</td><td></td><td></td><td colspan="2"></td></tr>
<tr><td colspan="2">陶冠红（1994年博士，中科院生态环境研究中心）</td><td></td><td></td><td colspan="2"></td></tr>
<tr><td rowspan="5">高小霞（1944年学士，上海交大；1951年硕士，纽约大学）</td><td rowspan="5"></td><td rowspan="5"></td><td>黄子卿、张青莲</td><td>赵匡华</td><td></td><td></td><td colspan="2"></td></tr>
<tr><td rowspan="3">何贻贞</td><td rowspan="3">方肇伦（1957年学士，北京大学）（第四代）</td><td></td><td>陶冠红（1994年博士，中科院生态环境研究中心）</td><td colspan="2"></td></tr>
<tr><td></td><td></td><td colspan="2">徐章润[1]（2005年博士）</td></tr>
<tr><td></td><td></td><td>方肇伦、方群</td><td>杜文斌[2]（2007年博士，浙江大学）</td></tr>
<tr><td colspan="2">焦奎[3]（1983年博士，北京大学）</td><td></td><td></td><td colspan="2"></td></tr>
</table>

（续表）

<table>
<tr><th>第 1 代</th><th colspan="3">第 2 代</th><th colspan="3">第 3 代</th><th colspan="2">第 4 代</th></tr>
<tr><th>第二代</th><th>第三代</th><th>第四代</th><th>第五代</th><th colspan="2">第五代</th><th>第六代</th><th>第五代</th><th>第六代</th></tr>
<tr><td rowspan="10"></td><td rowspan="4"></td><td rowspan="4"></td><td rowspan="4"></td><td colspan="2">张曼平[4]（1983 年博士，北京大学）</td><td></td><td></td><td></td></tr>
<tr><td colspan="2">倪亚明（1987 年博士，北京大学）</td><td></td><td></td><td></td></tr>
<tr><td colspan="2">李国刚（1990 年博士，北京大学）</td><td></td><td></td><td></td></tr>
<tr><td colspan="2">乔庆东（1992 年博士，北京大学）</td><td></td><td></td><td></td></tr>
<tr><td rowspan="6">徐晓白（1948 年学士，交通大学）</td><td rowspan="6"></td><td rowspan="6"></td><td>杨文襄、徐晓白</td><td>高士祥[5]（1985 年硕士，中科院生态环境研究中心；1999 年博士，南京大学）</td><td></td><td></td><td></td></tr>
<tr><td>徐晓白、金祖亮</td><td>李钧[6]（1988 年硕士，中科院生态环境研究中心）</td><td></td><td></td><td></td></tr>
<tr><td>程祖良、徐晓白</td><td>耿安朝[7]（1988 年硕士，中科院生态环境研究中心）</td><td></td><td></td><td></td></tr>
<tr><td>徐晓白、竺乃恺、金祖亮</td><td>沈建伟[8]（1989 年硕士，中科院生态环境研究中心）</td><td></td><td></td><td></td></tr>
<tr><td>徐晓白、金祖亮</td><td>刘国光[9]（1990 年博士，中科院生态环境研究中心）</td><td></td><td></td><td></td></tr>
<tr><td>戴广茂、徐晓白、莫汉宏</td><td>杨克武[10]（1991 年博士，中科院生态环境研究中心）</td><td></td><td></td><td></td></tr>
</table>

（续表）

第1代	第2代			第3代				第4代	
第二代	第三代	第四代	第五代	第五代		第六代		第五代	第六代
				徐晓白、姚渭溪	余刚（1992年博士，中科院生态环境研究中心）				
				蒋湘宁（1992年博士，中科院生态环境研究中心）					
				徐晓白、姚渭溪	储少岗[11]（1993年博士，中科院生态环境研究中心）				
				徐晓白、姚渭溪、张大仁	曹学丽（1995年博士，中科院生态环境研究中心）				
				徐晓白、包志成	郑明辉（1996年博士，中科院生态环境研究中心）				
				徐晓白、江桂斌	何滨[13]（2000年博士，中科院生态环境研究中心）				
				徐晓白、储少岗	毕新慧[13]（2000年博士，中科院生态环境研究中心）				
				徐晓白、储少岗	杜克久[14]（2000年博士，中科院生态环境研究中心）				
						徐晓白、秦涛	陈会明[15]（2002年博士，中科院生态环境研究中心）		

（续表）

第1代	第2代			第3代			第4代	
第二代	第三代	第四代	第五代	第五代	第六代		第五代	第六代
					徐晓白、储少岗	秦占芬[16]（2002年博士，中科院生态环境研究中心）		
					徐晓白、沈迪新、陈宏德	周克斌[17]（2003年博士，中科院生态环境研究中心）		
					王学彤[18]（2003年博士，中科院生态环境研究中心）			
					周景明[19]（2004年博士，中科院生态环境研究中心）			
	沈天慧（1949年学士，大同大学）							
		杨裕生（1952年学士，浙江大学；1958年研究生，化学所；苏联地质化学所，师从阿里马林）						

（续表）

第1代	第2代			第3代		第4代	
第二代	第三代	第四代	第五代	第五代	第六代	第五代	第六代
		俞汝勤（1954年学士，苏联列宁格勒大学）		李梦龙[20]（1990年博士，湖南大学）			
				李志良[21]（1990年博士，湖南大学）			
				黄杉生（1992年博士，湖南大学）			
				孙立贤（1994年博士，湖南大学）			
				沈国励、俞汝勤、章宗穰 晋卫军（1998年博士，湖南大学）			
				刘万卉（1998年博士，湖南大学）			
					张晓兵（2004年博士，湖南大学）		
					申琦[22]（2004年博士，湖南大学）		
					杨海峰（2005年博士，湖南大学）		
					林伟琦（2009年博士，湖南大学）		

（续表）

第1代	第2代			第3代		第4代	
第二代	第三代	第四代	第五代	第五代	第六代	第五代	第六代
			苏自奋[23]（1988年博士，中科院化学研究所）				
			梁树权、赵贵文（苏庆德1988年博士，中科院化学研究所）		蔡继宝[24]（2002年博士，中国科学技术大学）		
					罗梅[25]（2002年博士，中国科学技术大学）		
					于锡娟[26]（2003年博士，中国科学技术大学）		
			马会民[27]（1990年博士，中科院化学所）				

注：1. 东北大学教授。
2. 中国人民大学化学系特聘研究员。
3. 青岛科技大学教授。
4. 中国海洋大学教授、博士生导师。
5. 南京大学环境科学研究所副所长、教授，博士生导师。
6. 福建莆田市人民政府市长科技助理。
7. 上海海事大学教授，环境与安全工程系主任、水文学及水资源学科负责人、海水资源开发与保护工程研究中心主任。
8. 中科院广州地化所研究员。
9. 广东工业大学教授。
10. 中科院生态环境研究中心环境水质学国家重点实验室综合办公室主任。
11. 中科院生态环境研究中心研究员。
12. 中国科学院生态环境研究中心副研究员。
13. 广州地质化学所研究员。

14. 河北农业大学植物生理学教授、博士生导师。
15. 国家认监委检验检疫标准化政策研究工作组组长，全国危标委化学品毒性检测分技术委员会秘书长，中国毒理学会环境与生态毒理学专业委员会副主任委员、中华预防医学会卫生毒理分会委员、全国化学标准化技术委员会委员。
16. 中国科学院生态中心副研究员。
17. 郑州大学生物工程系细胞生物学教研室副教授。
18. 上海大学环境与化学工程学院环境污染与健康研究所副研究员。
19. 郑州大学生物工程系细胞生物学教研室副教授。
20. 四川大学教授。
21. 重庆大学教授。
22. 郑州大学化学与分子工程学院教授。
23. 四川大学原子核科学与技术研究所研究员。
24. 中国科学技术大学化学系副教授。
25. 合肥工业大学副教授。
26. 青岛科技大学副教授。
27. 中国科学院化学所研究员、博士生导师。

第三节 陈国珍分析化学谱系

陈国珍,分析化学家和化学教育家,毕生致力于分析化学的教学和科学研究工作,培养了众多的分析化学人才。他是研制中国原子弹、氢弹和核潜艇等尖端技术的参与者,为中国的核科学事业做出了贡献。陈国珍多年执教于厦门大学,曾任化学系主任,培养了多位优秀分析化学人才。陈国珍谱系有副教授及以上职称成员10多人,主要集中在厦门大学。

一、第1代

陈国珍(1916—2000),1934年入读厦门大学化学系,卢嘉锡是该班普通化学课的助教,既是师生,也是知心朋友。他在系主任刘椽教授指导下进行科学研究工作,完成了论文《土茯苓根的初步研究》。1947年初,经时任系主任卢嘉锡的推荐,申请英国文化委员会的奖金获得批准,于1948年夏到英国伦敦大学攻读博士学位。他师从韦尔奇(Archibald John Edmund Welch)教授,研究用X射线分析法测定反应产物的组成,以研究各种固态金属化合物与碳酸盐在有或无催化剂存在下的烧结反应,以及某些矿物与碳酸盐的固态反应。1951年1月,陈国珍通过了博士论文答辩,获得了哲学博士学位。陈国珍回国后不久,卢嘉锡就推荐他接任厦门大学化学系系主任[①]。在担任系主任的8年中,他在卢嘉锡等前任系主任艰苦创业的基础上,为化学系的发展壮大做出了很大的努力。

二、第2代

陈国珍在厦门大学化学系执教近20年,为国家培养了众多的分析化学人才。他的学生遍布祖国各地,其中不少人已经成为学术带头人和单位负责人,成为我国分析化学队伍中的骨干力量。

黄贤智,1955年毕业于厦门大学化学系,后留校任教,1963—1964年在中

① 后曾担任第二机械工业部生产局总工程师、副局长,国家海洋局副局长。

科院原子能研究所进修，现为厦门大学化学系教授。长期从事荧光分析研究，出版合著《荧光分析法》《荧光分析进展》等8部著作。在国内外刊物上发表论文80多篇。研制出荧光分析仪器多种。主持过第一次全国分子发光分析讨论班。曾获国家科技进步3等奖，国家教委科技进步2等奖，厦门大学南强奖等。

刘文远，1955年毕业于厦门大学化学系，后分配到北京大学化学系任教，1964年调回厦门大学工作，1986年晋升为教授。主要研究方向：现代分离分析。编著出版《矿物原材料分析》《海调查规范》《海水微量元素分析》等著作。

许金钩，1958年毕业于厦门大学化学系，留校任教至今。厦门大学化学系教授、博士生导师。长期从事分析化学方面的教学和科研工作，主要从事分子荧光光谱学和荧光分析新技术、免疫分析、核酸荧光探针和室温敏化磷光等方面的研究工作。

郑朱梓，1959年厦门大学化学系研究生毕业。历任厦门大学化学系教授，化学系副主任、研究生院常务副院长等。主要从事分子吸收和分子发光光谱分析研究。

江云宝，1990年博士，厦门大学化学化工学院副院长，分析科学教育部重点实验室副主任，学术委员会委员。在荧光探针法和光诱导质子/电子转移荧光传感与分子识别方面开展了独立而又系统的研究工作。

郭祥群，1993年博士，厦门大学化学系教授、博士生导师。主要研究方向：光化学荧光探针。

三、第3代

（一）黄贤智弟子

李耀群，1994年博士，陈国珍、黄贤智、许金钩共同指导，厦门大学化学化工学院化学系教授。主要研究方向：分子荧光光谱法、环境及生物分析、多组分分析、表面分析，特别是各种同步荧光法、导数、偏振技术、反射荧光、共焦荧光显微等荧光分析新方法及应用。

杜新贞，1994年博士，陈国珍、黄贤智共同指导，西北师范大学教授。主要从事分析化学、稀土元素配位化学和超分子化学教学和研究。

（二）许金钧弟子

李庆阁，1994年博士，陈国珍、许金钧、黄贤智共同指导，厦门大学生命科学学院教授、博士生导师，厦门大学分子诊断课题组负责人，分子诊断教育部工程研究中心负责人。

谢剑炜，1995年博士，陈国珍、许金钧、黄贤智共同指导，军事医学科学院研究员。主要研究方向：药物毒物分析、适配体分子技术等。

鄢远，1995年博士，陈国珍、许金钧、黄贤智共同指导，南昌大学化学系教授，应用化学研究所副所长、化学系副主任。主要在生命科学领域开展研究工作，采用光谱分析新技术（三维荧光及光纤等）开展生命科学中DNA、蛋白质等生物大分子定性、定量和构象分析研究，研究一些常见酶、糖蛋白等的结构和功能关系。

表5.4　陈国珍分析化学谱系

<table>
<tr><th>第1代</th><th colspan="2">第2代</th><th>第3代</th></tr>
<tr><th>第三代</th><th>第四代</th><th>第五代</th><th>第五代</th></tr>
<tr><td rowspan="10">陈国珍（1938年学士，厦大，师从刘椽、卢嘉锡；1951年博士，伦敦大学，师从韦尔奇）</td><td rowspan="3">黄贤智（1955年学士，厦大）</td><td rowspan="3"></td><td>李耀群（1991年博士，厦大）</td></tr>
<tr><td>杜新贞（1997年博士，厦大）</td></tr>
<tr><td>林丽榕[1]（1998年博士，厦大）</td></tr>
<tr><td>刘文远（1955年学士，厦大）</td><td></td><td></td></tr>
<tr><td rowspan="3">许金钧（1958年学士，厦大）</td><td rowspan="3"></td><td>李庆阁（1994年博士，厦大）</td></tr>
<tr><td>谢剑炜（1995年博士，厦大）</td></tr>
<tr><td>鄢远（1995年博士，厦大）</td></tr>
<tr><td>郑朱梓（1959年研究生，厦大）</td><td></td><td></td></tr>
<tr><td></td><td>江云宝（1990年博士，厦大）</td><td></td></tr>
<tr><td></td><td>郭祥群（1993年博士，厦大）</td><td></td></tr>
</table>

注：1. 厦门大学化学系副教授。

第四节　高鸿分析化学谱系

高鸿，分析化学家，中科院院士，对我国近代仪器分析学科与技术的发展起过重要作用。他在电分析化学的基础理论研究方面颇有建树，完成了球形电极扩散电流公式的验证这一极谱学中长期悬而未决的问题；提出和验正了球形汞齐电极的扩散电流公式，并在此基础上提出了一种新的测定金属在汞内扩散系数方法；所创立的示波滴定法，促使了电滴定分析法的形成与应用；并通过教育工作和参与制订科学发展规划等活动，对分析化学人才的培养做出了重大贡献。高鸿长期在南京大学执教及培养研究生，有很多优秀的学术传人，中科院院士陈洪渊等就是他的弟子。高鸿谱系有副教授及以上职称成员约 30 人，主要就职于南京大学和西北大学等。

一、第 1 代

高鸿(1918—2013)，1938 年考取中央大学航空系，后转入化学系。当时中央大学化学系名师荟萃，如张子高、王琎、曾昭抡、高济宇等曾先后在此任教，高济宇对他有直接的指导，恽子强、吴学周、王葆仁、柳大纲、李景晟、高怡生、黄耀曾、稽汝运、刘有成、黄葆同、张存浩等一长串鼎鼎大名者都是高鸿的师兄弟。1943 年毕业后曾短期留校任助教。1944 年 11 月赴美留学，在伊利诺伊大学化学系学习分析化学。他大学时在高济宇教授指导下做毕业论文，出国留学时，他本想继续攻读有机化学，但高老师根据国家的需要却把他推荐给伊利诺伊大学分析化学教授 G. L. 克拉克(George Lindenberg Clark，1892—1969)，并劝他改学分析化学。此举决定了他一生的道路。他在伊利诺伊大学期间曾跟随 H. A. 莱廷南(Herbert August Laitinen)教授学习极谱分析。1947 年获博士学位，并留校继续做研究工作。

1948 年 2 月，高鸿回国应中央大学聘请回到母校任教。时至今日，历任南京大学化学系副教授、教授，分析化学教研室主任，环境科学研究所所长等职。高鸿从 1943 年大学毕业担任分析化学助教到现在，在南京大学及其前身中央大学辛勤工作了半个多世纪里，长期从事教学和研究工作，为祖国培养了大量的学生,包括30多名硕士研究生、8名博士生和大量进修教师。此外,他曾编写多部影响深远的教材,有力支援了人才培养。如20世纪50年代中期,我国开始第一个五年计划,国家急需分析化学人才,新成立的大批地质勘探和冶金化验室也急需新的分析方法。为此,他编写了《仪器分析》一书,在我国分析界有很大的影响,现已出版第三版。

二、第2代

高鸿的弟子中,有大批早已成长为高校教授并指导学生,其中:陈洪渊当选为中科院院士;早期指导的研究生张长庚被评为1993年全国教育系统劳动模范并任贵州大学化学系主任;1997年获得博士学位的郑建斌现已成为西北大学分析化学学科的领头人;由他协助高鸿指导的博士生董社英也已成为西安建筑科技大学副教授。

张祖训(1930—),南京大学分析化学专业教授,博士生导师。一直从事分析化学和电分析化学的研究和教学工作,对极谱法和伏安法进行了系统研究,尤以电分析化学理论研究著称。已发表的专著及学术论文百余篇,其中《近代极谱分析基础理论研究》获国家自然科学三等奖和全国科学大会奖,《痕量电分析方法和理论研究》获国家教委科技进步二等奖,专著《极谱电流理论》获全国优秀科技图书一等奖。近10年从事水环境中重金属离子的化学状态、溶出电流滴定法、极谱配位吸附波理论和方法等课题的研究。1953年复旦大学化学系毕业,大学期间曾受高鸿指导,大学毕业后留校任教至今。

陈洪渊(1937—),分析化学家,2001年当选为中国科学院院士。在涉及生命和材料科学的电分析化学基础与应用的多个前沿领域的研究中做出了重要贡献:提出了超微电极及其阵列的几种理论模型,解决了一系列耦联化学反应多级电极过程复杂体系稳态电流的求解问题;阐明了超微电极扩散层重叠对阵列总电流的影响及计算公式,有关成果已被写入由国际纯粹与应用联合会化学(IUPAC)电分析化学委员会通过的IUPAC正式技术报告中;提出了各种电极表面功能化和形成各种类型催化膜的新方法,发现促进蛋白质电子传递的新材料、构建了一系列三维有序仿生催化界面,据此建立了几十种有关核酸、蛋白质(酶)、辅酶和生物活性小分子等的高灵敏、高选择的检测方法,及相关的稳定、长寿的生物传感器件,在生物物质检测和医疗诊断上有广阔的用途;提出了一系列有关微流控芯片和毛细管电泳电化学检测新方法,抗干扰能力强、灵敏度高,拓宽了电化学方法在芯片实验室中的应用范围，所建立的各种分析方法和传感器件被国内外同行广泛引用和推介。

1956 年，陈洪渊就读南京大学放射化学专业。学生时代的陈洪渊兴趣广泛、视野开阔，除了学习本专业的知识外，对力学、数学、无线电学等其他学科也有涉猎，并培养了较强的动手能力和科学素养，再加上高鸿等名师的悉心指导，为他以后的科学研究工作打下了比较厚实的知识基础。大学四年级，陈洪渊以预备教师的身份进入分析化学教研室，1961 年毕业后留校任教。1981—1984 年在德国美因茨大学做访问学者。1988 年起任南京大学化学化工学院教授、博士生导师。曾任南京大学分析科学研究所和化学生物学研究所教授、所长，生命分析化学教育部重点实验室主任。他热衷教书育人，曾任北京大学、清华大学、中国科技大学、青岛科技大学、华东理工大学、西北大学兼职或名誉教授，南开大学杨石先讲座教授。

方惠群，南京大学教授。1964 年毕业于南京大学化学系，师从高鸿。长期在南京大学从事分析化学的科研和教学(仪器分析)工作，研究成果颇丰，在国外核心期刊上发表论文近 100 篇，并获省部级科技奖 6 项，从事的应用研究申请专利 3 项。

毕树平，南京大学教授，中青年学术及教学骨干，博士生导师。在“天然水中铝形态的分析和生态毒理效应研究”这一当今环境化学的前沿发展方向做出显著成绩，先后主持、承担国家自然科学基金、国家教委霍英东青年教师基金、国家教委留学回国人员基金、江苏省自然科学基金和国家重点实验室开放基金等科研项目 20 多项，已在国内外核心杂志发表学术论文 180 多篇，其中 SCI 论文 100 多篇。

1989 年毕业于南京大学，获博士学位，师从高鸿院士。现已成为南京大学分析化学学科的骨干，迄今已培养博士 8 人、硕士 12 人、博士后出站 1 人。曾获 1991 年度国家自然科学三等奖(示波滴定)。“天然水中铝形态和浓度的分析与测量”被评为国家教委霍英东教育基金会成立十周年(1996 年)优秀成果。2001 年获第二届教育部高等学校优秀青年教师教学科研奖励计划“高校青年教师奖”。

赵元慧，1993 年博士，高鸿、王连生共同指导，东北师范大学城市与环境科学院教授、博士生导师。主要研究方向：有机污染化学。

朱俊杰，1993 年博士，南京大学教授、博士生导师，化学化工学院副院长。主要研究方向：纳米材料的制备、表征和电分析化学。

郑建斌，1997年博士，西北大学分析科学研究所所长、合成与天然功能分子化学教育部重点实验室副主任。兼任陕西省电分析化学重点实验室学术委员会副主任。主要研究方向：电化学分析。

薛伟明，1999年博士，高鸿、亢茂德共同指导，西北大学化工学院教授，制药工程系主任。主要研究方向：化学与生物分子控制释放。

三、第3代

（一）张祖训弟子

张剑荣，1990年博士，南京大学国家级化学实验教学示范中心主任、教授、博士生导师。主要研究方向：电分析化学。

于俊生，1992年博士，南京大学分析化学教授、博士生导师。主要研究方向：电分析化学。

尹斌，1995年博士，中国科学院南京土壤研究所研究员。主要研究方向：土壤氮素与环境分析化学。

金葆康，1996年博士，安徽大学化学化工学院教授、博士生导师。主要研究方向：电化学分析。

刁国旺，1997年博士，扬州大学化学化工学院院长、博士生导师、电化学方向学术带头人。

（二）陈洪渊弟子

陈洪渊在南京大学分析化学专业执教逾40载，教学成果极为卓著。尤其是从1985年他接替自己的前辈和老师高鸿院士担任南大分析化学学术带头人后，南京大学分析化学专业博士点在全国排名始终位列前三位，并在1987年被评为国家重点学科。在陈洪渊执掌南大分析化学专业期间，该学科点产生了3位国家杰出青年基金获得者和1位教育部第二届优秀青年教师奖励计划基金获得者。陈洪渊认为，导师主要职责是在思维方法上指导学生，学生应当是一个有主见的思维主体，做事情要有主动性，必须让学生充分发挥自己的能力，而不能事事越俎代庖。在实际教学和科研过程中，陈洪渊鼓励学生们独立思考，动手实践，而自己只是给予及时指导。而对于那些底子较好的学生，他就会放手让他们自由发展，而不会有过多的干预。在40年的教学生涯中，他一直秉承着这个理念和方法，指导出了一大批优秀的学生。2001 年，江苏省评选的 6 名“江苏省青年科学家”之中，就有两名是陈洪渊的学生，而他自己则在 1998 年被评为江苏省优秀研究生导师。以下是他指导的部分优秀博士：

鞠熀先，1992 年博士，陈洪渊、高鸿共同指导，南京大学教授、博士生导师。主要研究方向：分子诊断与生物分析化学。

李根喜，1992 年博士，陈洪渊、高鸿共同指导，上海大学生命科学学院院长、教授、博士生导师。主要研究方向：电化学生物分析。

王雪梅，1992 年博士，陈洪渊、方惠群共同指导，东南大学教授。主要研究方向：分子有序结构的组装与表征、分子/纳米器件的研究、生物纳米材料及其应用、生物电活性器件、生物传感器和微阵列芯片。

周东美 1997 年博士，中国科学院南京土壤研究所知识创新研究员、博士生导师。主要研究方向：土壤环境化学过程与污染控制。

表 5.5　高鸿分析化学谱系

<table>
<tr><th>第 1 代</th><th colspan="2">第 2 代</th><th colspan="3">第 3 代</th></tr>
<tr><th>第三代</th><th>第四代</th><th>第五代</th><th colspan="2">第五代</th><th>第六代</th></tr>
<tr><td rowspan="8">高鸿（1943 年学士，中央大学；1947 年博士，伊利诺伊大学，师从高济宇、克拉克）</td><td rowspan="5">张祖训（1953 年学士，复旦大学，曾是高鸿的助研）</td><td rowspan="5"></td><td colspan="2">张剑荣（1990 年博士，南京大学）</td><td></td></tr>
<tr><td colspan="2">于俊生（1992 年博士，南京大学）</td><td></td></tr>
<tr><td colspan="2">尹斌（1995 年博士，南京大学）</td><td></td></tr>
<tr><td colspan="2">金葆康（1996 年博士，南京大学）</td><td></td></tr>
<tr><td colspan="2">刁国旺（1997 年博士，南京大学）</td><td></td></tr>
<tr><td rowspan="3">陈洪渊（1961 年学士，南京大学）</td><td rowspan="3"></td><td>陈洪渊、高鸿</td><td>鞠熀先（1992 年博士，南京大学）</td><td></td></tr>
<tr><td>陈洪渊，方惠群</td><td>李根喜（1994 年博士、南京大学）</td><td></td></tr>
<tr><td colspan="2">王雪梅（1995 年博士，南京大学）</td><td></td></tr>
</table>

（续表）

第1代	第2代			第3代	
第三代	第四代	第五代		第五代	第六代
				周东美(1997年博士,南京大学)	
				胡效亚[1](2000年博士,南京大学)	
					顾海鹰[2](2002年博士,南京大学)
					徐晖[3](2005年博士,南京大学)
					张胜义[4](2006年博士)
					罗细亮[5](2007年博士,南京大学)
	方惠群(1964年学士,南京大学)				
		毕树平(1989年博士,南京大学)			章福平[6](2001年博士,南京大学)
					杨小弟[7](2003年博士,南京大学)
					狄俊伟[8](2003年博士,南京大学)
					练鸿振[9](2003年博士,南京大学)
					干宁[10](2003年博士,南京大学)
		高鸿、王连生	赵元慧(1993年博士,南京大学)		
	朱俊杰(1993年博士,南京大学)				

（续表）

第1代	第2代			第3代		
第三代	第四代	第五代		第五代	第六代	
	郑建斌（1997年博士，西北大学）				高鸿、郑建斌	董社英[11]（2003年博士，西北大学）
		高鸿、亢茂德	薛伟明(1999年博士，西北大学)			
		高鸿、李华	张四纯[12]（2000年博士，西北大学）			

注：1. 扬州大学教授、博士生导师，分析化学博士点学科带头人，分析化学国家精品课程负责人，扬州大学副校长。
2. 南通大学人事处处长。
3. 华中师范大学副教授。
4. 安徽大学教授、博士生导师，安徽大学江淮学院党委书记、院长。
5. 青岛科技大学教授。
6. 南京大学副教授。
7. 南京师范大学教授、博士生导师。
8. 苏州大学分析化学研究所教授、博士生导师。
9. 南京大学生命分析化学教育部重点实验室副主任、南京大学现代分析中心副主任。
10. 宁波大学副教授。
11. 西安建筑科技大学副教授、硕士生导师。
12. 清华大学化学系副教授。

第五节 陆婉珍分析化学谱系

陆婉珍，分析化学家与石油化学家，中国科学院院士。她创建石油化工研究院的分析中心，建立了从天然气到渣油的整套分析方法，为科研生产提供了大量数据，并多次参与解决生产中出现的问题，如大庆喷气燃料引起飞机火焰筒的烧蚀、重整过程催化剂中毒等问题。系统评价我国及进口原油性质，为原油加工提供了科学依据。20 世纪 50 年代起即采用气相色谱法分析石油及气体的组成，为我国色谱法的开拓者之一。首先开发成功弹性石英毛细管色谱柱，研究成功填充毛细管色谱法快速分析炼厂气及新型多孔层毛细管色谱法分析汽油的组成。近期致力于组织近红外光谱仪的研制，已开发出国产 CCD 近红外光谱仪，其中包括数据计算软件和近红外光谱法在石油产品分析中的模型，颇受炼油厂欢迎。近年来，结合原油加工的需要，还开展了胶体化学在原油破乳、柴油脱酸中的应用研究。曾领导冷却水处理剂的研制、评定及基础研究工作。在石油化工研究院的长期科研经历中，她也指导了若干优秀的石化分析人才，如高级工程师、著名企业家杨海鹰等，但总体来讲学生不多，谱系发展乏力。

一、第 1 代

陆婉珍(1924—2015)，1946 年毕业于重庆中央大学化工系，1949 年于美国伊利诺伊大学获硕士学位，1951 年于美国俄亥俄州立大学获化学博士学位，并于 1952—1953 年在美国西北大学从事博士后工作。她积极响应祖国的号召，于 1956 年回国工作，在石油工业部炼制研究所(即现在的石油化工研究院)历任分析室主任、副总工程师、总工程师，现为该院高级顾问。

二、第 2 代

自 1985 年起陆婉珍被批准为博士生导师，并先后被聘为华东化工学院石油加工研究所、江苏石油学院等兼职教授。她曾先后培养了 30 多名研究生，所从事的课题大都属于石油分析，他指导的杨海鹰博士在科研与实业各领域都取得了傲人的成就，并有多名学生成为大学教授和博士生导师：

杨海鹰，曾任中国石油化工股份有限公司石油化工科学研究院第一研究室主任工程师、分析化学教授级高级工程师、博士生导师，现为北京百合天达科技发展有限公司董事长、北京安信方达知识产权代理有限公司名誉董事长、北京缘润圆文化传播有限公司董事、海南天鉴防伪科技有限公司董事长、广西同有三和投资有限公司董事长。

赵天波，北京理工大学理学院教授、博士生导师。主要从事催化化学与催化新材料研究，具体包括：磷化物加氢精制催化剂、纳米分子筛、两相共生分子筛、大孔催化剂载体等。

袁洪福，北京化工大学教授。研究方向：现代波谱过程分析技术(MSPAT, Modern Spectra Process Analytical Technology)的研究、开发和应用。

表 5.6　陆婉珍分析化学谱系

第1代	第2代
第三代	第五代
陆婉珍(1946年学士,中央大学;1949年硕士,伊利诺伊大学,1951年博士,俄亥俄州立大学;闵恩泽是其丈夫)	杨海鹰(1987年博士,石化科学研究院)
	赵天波(1991年博士,石化科学研究院)
	袁洪福(1996年博士,石化科学研究院)

第六节　卢佩章分析化学谱系

卢佩章,分析化学家,中国从事色谱科学研究的开拓者之一。他在发展我国色谱理论、色谱技术、色谱方法、色谱仪器及智能色谱专家系统方面均取得了成就,并利用色谱科学为国防、科研、教育和国民经济建设服务做出了贡献,同时还为国家培养了一批色谱专业人才。卢佩章院士指导的研究生中已有多名被聘为研究员、博士生导师,如张玉奎于2003年当选为中科院院士。卢佩章弟子并不是特别多,但几乎每一个都成为国际色谱界的著名专家。卢佩章谱系有副教授及以上职称的成员近20人,集中在大连化物所。

一、第1代

卢佩章(1925—　),1942年在重庆清华中学学习,后考入同济大学化学系,得到了汤腾汉教授、黄衡禄教授、李国镇教授的亲切教导,卢佩章认为他们奠定了他对化学学科的兴趣和热爱。大学四年级开始担任助教,1948年毕业继续留校工作。

1949年9月,卢佩章赴大连加入当时新组建的中国科学院大连化学物理研究所的前身——大连大学科学研究所,并将自己的毕生精力致力于色谱研究。色谱,是一种快速、高效、灵敏的分析、分离技术,是分析化学的重要组成部分,在工农业生产、进出口贸易、国防、科研、医学、生物制药、基因分析学科等方面有着广泛且十分重要的应用。新中国成立初期,我国的色谱研究基本上还是空白,很多人连"色谱"这个名字都没听说过。卢佩章和他的研究小组经几百次试验和探索，于1953年第一个五年计划开始时，设计出我国第一台体积色谱仪，使分析石油样品的速度由原来的30多个小时缩短不到1小时，而且所用样品量仅是原来的1‰。这项技术迅速在全国石油化工企业普及应用，促进了石油工业的发展。1956年，刚满30岁的卢佩章在中国科学院学部委员会成立大会上，作了中国第一篇气相色谱研究的学术报告。1958年，卢佩章在中国科学院大连化学物理研究所张大煜等导师指导下获得副博士学位。1959年赴莫斯科在罗金斯基(Си́мон За́лманович Роги́нский, 1900—1970)通讯院士和朱可维斯基(Александр Абрамович Жуховицкий, 1908—1990)教授领导下工作半年，回国后担任大连化物所分析化学研究室主任。

"两弹一星"是中国人的骄傲，卢佩章和他领导的小组负责浓缩铀及扩散分离过程中的气体分析这一核心技术①。作为题目组的负责人和研究小组的主心骨，他在计划开始以后十多年的时间里，几乎一天也没休息过，就是在"文革"时期，工作也没有停止，研制了三代机器，为国家节省了上亿元资金。"文革"后出任大连化学物理研究所副所长(1978—1983年)，1980年起任研究员，同年当选中科院学部委员。20世纪80年代以来，卢佩章领导开展了具有国际水平的色谱专家系统理论、技术及软件开发等方面的研究。

二、第2代

卢佩章在进行科学研究的同时，十分重视后备力量的培养，自1978年以来，先后培养研究生30余名，其中多名被聘任为研究员/教授及博士生导师。

张玉奎(1942—　)，分析化学家，中国科学院院士。长期从事色谱基本理论和新技术、新方法的研究。采用微渗析-液相色谱、亲和色谱、毛细管电泳及电色谱研究了药物与蛋白质的相互作用，建立了同时测定结合常数与结合分子数的系统方法。提出了多维立体分离的思想，构建以超滤膜为接口的多维毛细管电泳分离蛋白质技术平台，并用于蛋白质的精细结构研究。用毛细管电泳方法研究肽类分离规律，从理论上说明了样品分子量与迁移时间的关系，进而为复杂蛋白样品的分离及痕量检测提供了新技术。在深入理论研究的基础上，注重完成国家任务与实现成果的产业化。多次获得国家自然科学基金资助，并承担国家

---

① 简单地说，就是在把同位素235即浓缩铀从同位素238中分离提取过程中，监控气体氟化铀的纯度，连百万分之一的杂质都不能有，否则就会爆炸。

科技攻关、“863”、“973”等项目首席科学家。

1960年进入南开大学化学系，1965年大学毕业后分配到大连化物所工作，在这里遇到了自己色谱研究生涯中最重要的一个人——卢佩章。由于大学里所学的是化学物理专业，张玉奎被卢佩章安排从事色谱研究。由于他工作认真负责、能力突出，被作为重点对象进行培养，先后担任卢佩章的助手和学术秘书，后来又和卢佩章一起共同培养研究生。1968年，大连化物所接受国防科工委下达的“09-Ⅱ核潜艇中大气组分分析仪”的科研任务，但主要负责人卢佩章在“文革”中被下放，当年只有25岁的张玉奎被推到课题负责人的岗位上，他殚精竭虑，一直到1974年终于全部完成工作任务，并在1978年获中国科学院科技成果奖。这些经历为他日后成为学科带头人打下了坚实的基础。张玉奎曾任大连化物所副所长、国家色谱研究分析中心主任，现为北京理工大学生命科学与技术学院和大连化物所教授、博士生导师。

林炳承，1986年博士，大连化物所研究员。主要从事毛细管电泳和微流控芯片的研究。

关亚风，1986年博士，大连化物所仪器分析化学研究室主任，兼微型色谱研究组组长，所学术委员会、学位委员会委员。主要研究方向：微型色谱及仪器、液相色谱-气相色谱联用、色谱检测器、微型流动分析系统、色谱柱和工业在线分析方法和仪器。

林彬生，1986年博士，大展跨国事业部的领头人。

邹汉法，1989年博士，大连化物所研究员、博士生导师，国家色谱研究分析中心主任，中科院分离分析重点实验室主任，生物技术部副主任，主要从事色谱分析。

许国旺，1991年博士，大连化物所研究员，生物技术部和国家色谱中心生物分子高分辨分离分析题目组组长。主要研究方向：高分辨分离分析方法及技术，包括各种色谱、毛细管电泳与质谱、电化学等的联用及其信息学。

梁鑫淼，1992年博士，大连化物所副所长，二级研究员，华东理工大学特聘教授，制药工程与过程化学研究中心主任，厦门大学“材料与生命过程分析科学”国家教委开放实验室学术委员会委员，中国仪器仪表学会分析仪器学会理事，国家杰出青年基金获得者。主要从事中药的化学物质基础研究，中药系统分离纯化与化学表征技术研究。

张祥民，1993年博士，复旦大学教授、博士生导师。主要研究方向：现代色谱、电泳新方法、新技术、新仪器；多维分离、生物质谱鉴定新方法、新技术；现场测试色谱仪与新技术;微芯片与阵列分离新技术;激光诱导荧光检测技术;生物标志物发现与化学信号物质;蛋白质组学及中药与天然药物等。

肖红斌,1997 年博士,大连化物所药物化学研究组组长。主要研究方向:中药分离分析新技术、新方法。

三、第 3 代

张玉奎弟子

张玉奎在科学研究的同时,高度重视人才培养,已培养博士 20 余名,在我国分析科学领域基础研究、应用开发以及仪器产业化等方面发挥重要作用。

李彤,国内最大的液相色谱仪生产企业——大连伊力特分析仪器有限公司总经理。

汪海林,1997 年博士,中科院生态环境研究中心研究员,“百人计划”入选者,DNA 损伤与分子毒理课题组组长。主要研究方向:高灵敏生物分析、生物分子相互作用分析与环境污染物的 DNA 损伤与修复。

刘震,1998 年博士,南京大学化学化工学院教授、博士生导师。主要研究方向:蛋白质组学分析,生物分子的相互作用及生命过程中的手性问题。

张维冰,1999 年博士,华东理工大学特聘教授,大连化物所兼职研究员,南昌大学、齐齐哈尔大学兼职教授。主要研究方向:色谱、毛细管电泳的理论与实践。

表 5.7 卢佩章分析化学谱系

第 1 代	第 2 代		第 3 代		
第三代	第四代	第五代	第五代		第六代
卢佩章(1944 年学士,同济大学;1948 年副博士,师从张大煜)	张玉奎 1965 年学士,南开		李彤		
			张玉奎、邹汉法	汪海林(1997 年博士,大连化学物理所)	
			张玉奎、邹汉法	刘震(1998 年博士,大连化学物理所)	
			张玉奎、许国旺	张维冰(1999 年博士,大连化学物理所)	

（续表）

第1代	第2代			第3代			
第三代	第四代	第五代		第五代		第六代	
				张玉奎，安东尼乌斯·克特鲁普(Antonius Kettrup)	张丽华[1](2000年博士，大连化学物理所)		
						张玉奎、赵瑞环	单亦初[2](2002年博士，大连化学物理所)
						尤慧艳[3](2003年博士，大连化学物理所)	
						梁振[4](2004年博士，大连化学物理所)	
		林炳承(1986年博士，大连化学物理所)					
		卢佩章、唐学渊	关亚风(1986年博士，大连化学物理所)				
		卢佩章、李浩春	林彬生(1986年博士，大连化学物理所)				
		卢佩章、张玉奎	邹汉法(1989年博士，大连化学物理所)				
		许国旺(1991年博士，大连化学物理所)					
		梁鑫淼(1992年博士，大连化学物理所)					
		张祥民(1993年博士，大连化学物理所)					
		肖红斌(1997年博士，大连化学物理所)					

注：1. 大连化物所研究员，获2008年度中国化学会青年化学奖。
2. 大连化物所副研究员。
3. 大连大学环境与化学工程学院教授、硕士生导师。
4. 大连化物所副研究员。

第七节　程介克分析化学谱系

程介克,分析化学家,武汉大学化学系教授、博士生导师。长期从事分析科学研究工作,对我国稀土元素分析化学的发展做出了贡献;发展金属配合物高效液相色谱新体系;在中国率先开展毛细管电泳在线检测系统研究。他在"文革"以后长期执教于武汉大学化学系,培养了一批优秀分析化学人才。程介克谱系中现有副教授及以上职称的成员10余人。

一、第1代

程介克(1930—　),1950—1955年在武汉大学化学系分析化学专业学习,毕业后在武汉大学长期执教,1958年出任化学系分析化学教研室主任。当时化学系教师认真教学,开展科学研究的甚少。他力主教师必须同时开展科研,提高学术水平,以利提高教学质量,并身先力行投入科研活动中。湖北省一直食用海盐,新中国成立后在湖北应城石膏矿中发现盐矿层,能否食用需作分析。他组织教研室教师承担了此次分析任务,对盐矿中常见元素和稀有元素,如锂、铷、铯等作系统分析,结果表明,应城盐矿的盐可以食用,从而结束了湖北省长期食用海盐的历史。在开展矿盐分析中,他还将分析方法扩大应用到海、湖、井盐中的稀有元素分析。1960年在武汉大学召开了"全国海湖井矿盐中稀有元素分析学术报告会",受到轻工业部领导和与会专家的好评。由于分析化学教研室在教学和研究中取得显著成绩,1960年该教研室被评为全国教育战线先进单位之一。改革开放以后,程介克得以尽情施展拳脚,先后在稀土元素分析化学、金属配合物高效液相色谱及痕量元素测定、毛细管电泳、单细胞分析等领域做出了一系列杰出贡献。1990年任武汉大学化学系教授、博士生导师。他高度重视人才培养,在他的身边成长已起来一批优秀的科研骨干。

二、第2代

张新祥,1995年博士,曾云鹗、程介克共同指导,北京大学化学与分子工程学院教授、博士生导师。主要研究方向：分析化学，高效分离与生化分析。

任吉存，1994年博士，程介克、邓延倬共同指导，上海交通大学化学化工学院教授。主要研究方向：单分子光谱与单分子成像新方法研究；纳米光学探针合成、功能化及其生物应用；微流控芯片制备与应用。

李斌成，1995年博士，程介克、邓延倬共同指导，中科院光电技术研究所研究员。在激光光学元件特性测试技术领域发展了自混合光腔衰荡高反射率测试技术、激光量热与光热联合吸收损耗测试技术，部分技术指标达到国际先进水平；在深紫外薄膜技术领域在国内率先开展了全固态深紫外激光薄膜技术研究，为全固态深紫外激光技术发展提供了技术基础；在半导体材料特性测试技术领域发展了基于光载流子的光学检测技术，具有良好的产业化前景。

胡涌刚，1997年博士，华中农业大学教授。主要从事环境微生物学研究，尝试将新型分析方法用于微生物学。

刘笔锋，1999年博士，华中科技大学生物医学光子学教育部重点实验室教授、博士生导师，系统生物学系主任。主要研究微流控芯片与系统生物学。瞄准国家在蛋白质科学与生物医学仪器与装备等重大需求，以NEMS/MEMS为工具、以微流控生物芯片为平台、以分子成像为手段，结合分子生物学与细胞生物学，探索生物分子、细胞、组织和个体行为测量的新技术、新方法。

赵元弟，1999年博士，武汉光电国家实验室(筹)生物医学光子学研究部教授、博士生导师。主要从事纳米生物光子学与生物传感技术的研究，包括纳米荧光标记技术、基于纳米荧光的传感技术和生物电化学传感器等。

表5.8　程介克分析化学谱系

第1代	第2代	
第四代	第五代	第六代
程介克（1955年学士，武汉大学）	张新祥（1991年博士，武汉大学）	
	任吉存（1994年博士，武汉大学）	
	李斌成（1995年博士，武汉大学）	
	熊少祥[1]（1996年博士，武汉大学）	
	胡涌刚（1997年博士，武汉大学）	
	刘笔锋（1999年博士，武汉大学）	

（续表）

第1代	第2代	
第四代	第五代	第六代
	赵元弟（1999年博士，武汉大学）	
		刘彦明[2]（2002年博士，武汉大学）
		黄卫华[3]（2002年博士，武汉大学）

注：1. 中科院化学所分析测试中心研究员。
2. 信阳师范学院副院长。
3. 武汉大学教授。

第八节　姚守拙分析化学谱系

姚守拙，分析化学家，中国科学院院士。主要从事化学与生物传感器研究，提出了完整的压电晶体液相振荡性能定量关系式；建立了用于液相微量组分测定的压电传感器分析方法，将表面声波液相传感技术应用于化学与生命科学领域；研制了适用于液相的新型瑞利表面声波传感器；建立了与液相物理化学特性相关的网络分析传感理论和若干新测定方法。他还提出非质量效应压电/体声波传感方法，发展了多种微量、痕量与生物传感技术；提出了变价态药物电极理论和能斯特倍增效应理论及相应的电极体系，极大地提高了灵敏度与精密度。姚守拙在湖南大学执教多年，培养了多名优秀硕、博士研究生。姚守拙谱系现有副教授及以上谱系成员10余人，集中在湖南大学、湖南师范大学。

一、第1代

姚守拙（1936—　），1952年入南开大学，1959年毕业于苏联列宁格勒大学，同年12月回国，任教于清华大学。20世纪60年代后到湖南大学工作。历任清华大学化工系助教，湖南大学化工系助教、讲师、副教授、教授，湖南师范大学教授，农工民主党湖南省委主委、全国政协委员、湖南省政协副主席、农工民主党湖南省委主委。1999年当选中科院院士。先后主持完成国家自然科学基金等省部级以上项目20多项，是“八五”国家自然科学基金重大项目、“九五”重点项目的课题负责人。在国内外重要学术刊物上发表论文400余篇，出版专著4部。

曾获国家自然科学奖、国家教委科技进步一等奖、机械工业部科技进步一等奖等奖励，以及全国教育系统劳动模范、全国优秀科技工作者等荣誉称号。

二、第2代

周铁安，1991年博士，湖南农业大学“神农学者”特聘教授，师从姚守拙院士，为国内最早、国际上为数不多的，成功实现石英晶体微天平(QCM)液相振荡的开拓者之一。也是著名的“姚(守拙)-周(铁安)公式”提出者之一。研究领域涉及分析化学、物理化学、生物物理、生物材料和组织工程、细胞力学、细胞生物学，以及生物传感器、细胞动态力学行为、细胞结构与功能。

魏万之，1992年博士，导师姚守拙，湖南大学化学化工学院副院长，化学计量学与化学生物传感技术教育部重点实验室副主任，教授、博士生导师。主要研究方向：生命科学及环境科学中新分析技术的理论及应用、计算机化学应用、化学与生物传感技术的理论与应用等。

谢青季，1993年博士，教授、湖南师范大学博士生导师，湖南师范大学化学研究所副所长，武汉大学分析化学专业校外博士生导师。主要研究方向：电化学分析、化学生物学。

申大忠，1998年博士，山东大学化学院分析化学教授。研究领域：电分析化学、化学及生物传感器、生物芯片技术、化学计量学、离子色谱。

陈波，1999年博士，湖南师范大学化学化工学院分析测试中心教授、主任，省部共建教育部“化学生物学及中药分析”重点实验室副主任。在药物代谢、药物残留、天然植物中功效成分的分离分析、纯化和食品安全等领域取得了创新性的研究成果。

三、第3代

魏万之弟子

司士辉，1995年博士，姚守拙、魏万之共同指导，中南大学化学化工学院，教授、博士生导师。主要从事分析化学、应用化学。

徐远金，1996年博士，姚守拙、魏万之共同指导，广西大学糖业研究中心分析化学教授。

蔡青云，1996年博士，姚守拙、魏万之共同指导，湖南大学化学系教授，化学生物传感与计量学国家重点实验室博士生导师。主要研究方向：纳米生物传感技术。

余炳生，1997年博士，姚守拙、魏万之共同指导，湛江师范学院化学系分析化学教授。

陈金华，1997年博士，姚守拙、魏万之共同指导，湖南大学化学化工学院教授、博士生导师。主要研究方向：电化学传感器。

表5.9　姚守拙分析化学谱系

<table>
<tr><th>第1代</th><th colspan="2">第2代</th><th colspan="2">第3代</th><th colspan="2">第4代</th></tr>
<tr><th>第四代</th><th>第五代</th><th>第六代</th><th colspan="2">第五代</th><th colspan="2">第六代</th></tr>
<tr><td rowspan="10">姚守拙(1959年学士，苏联列宁格勒大学)</td><td>周铁安(1990年博士，湖南大学)</td><td></td><td colspan="2"></td><td colspan="2"></td></tr>
<tr><td rowspan="6">魏万之(1992年博士，湖南大学)</td><td rowspan="6"></td><td rowspan="6">姚守拙
魏万之</td><td>司士辉(1995年博士，湖南大学)</td><td colspan="2"></td></tr>
<tr><td>徐远金(1996年博士，湖南大学)</td><td colspan="2"></td></tr>
<tr><td>蔡青云(1996年博士，湖南大学)</td><td colspan="2"></td></tr>
<tr><td>余炳生(1997年博士，湖南大学)</td><td colspan="2"></td></tr>
<tr><td>陈金华(1997年博士，湖南大学)</td><td>姚守拙、陈金华</td><td>龙玉梅[1](2004年博士，湖南大学)</td></tr>
<tr><td>陈波(1999年博士，湖南大学)</td><td colspan="2"></td></tr>
<tr><td>谢青季(1993年博士，湖南大学)</td><td></td><td colspan="2"></td><td colspan="2"></td></tr>
<tr><td>申大忠(1998年博士，湖南大学)</td><td></td><td colspan="2"></td><td colspan="2"></td></tr>
<tr><td>周安宏[2](2000年博士，湖南大学)</td><td></td><td colspan="2"></td><td colspan="2"></td></tr>
</table>

（续表）

第1代	第2代		第3代	第4代
第四代	第五代	第六代	第五代	第六代
	何德良[3]（2000年博士，湖南大学）			
		尹凡[4]（2002年博士，湖南大学）		
		刘倩（2012年博士，湖南大学）		

注：1. 苏州大学材料与化学化工学部副教授。
2. 美国犹他州立大学（Utah State University）教授。
3. 湖南大学化学化工学院教授。
4. 江苏大学应用化学专业和苏州大学药学院药物分析专业教授、兼职硕士生导师。

第九节　汪尔康分析化学谱系

汪尔康，电分析化学家，中国科学院院士。在中国最先用极谱法研究络合物的电极过程和均相动力学；发现了铂元素的催化动力波和钌的吸附波，并研究了产生波的机理；领导研制了我国第一台脉冲极谱仪和新极谱仪。在极谱理论、应用和痕量分析方面都取得了一些创造性的成果。20世纪80年代初率先在我国开展了油/水界面电化学、液上色谱电化学研究，首次提出循环电流扫描法研究油/水界面电化学。汪尔康从事分析化学、电分析化学研究达50年，他的妻子董绍俊同样是电分析化学领域的知名学者，两人珠联璧合，除了科研上的丰功伟绩之外，也培养了大批优秀的中青年科技人才，成为今天长春应化所和其他许多单位电分析化学的骨干力量。汪尔康-董绍俊谱系有副教授及以上职称的成员近20人，主要就职于长春应化所等机构。

一、第1代

汪尔康（1933—　），1952年毕业于上海市沪江大学化学系。毕业后分配到长春应用化学研究所工作。1955年被选派到捷克斯洛伐克科学院学习，师从极谱创始人海洛夫斯基，1959年获副博士学位。回国后仍在长春应化所供职，1982年为研究员、博士生导师，1992—1996年任所长，并曾兼任国家电化学和光谱分析研究中心主任等职务。1991年当选中科院院士。1993年当选第三世界科学院院士。

董绍俊(1931—)，分析化学家。长期从事电分析化学研究，率先在我国开展化学修饰电极研究，开拓了多种体系的电极表面修饰和自组装；首先在国内发展光透光谱电化学的现场方法研究，并建立分析光谱电化学法的理论和技术；在生物电化学中深入探讨生物大分子的电子直接转移机制，研制成功以修饰电极为基础的生物传感器，实现在纯有机相中的生物检测；对修饰电极的电催化理论和方法，涉及非稳态体系和超微修饰电极，做出了贡献。2000年被选为第三世界科学院院士。

1949年进入北京辅仁大学化学系，1952年因国家急需提前一年毕业，在中国科学院长春应用化学研究所历任实习员、助理研究员、副研究员。1986年起任中国科学院长春应用化学研究所研究员、博士生导师，电分析化学室主任(至1992年)。1995年起兼任南京大学、青岛化工学院、河南大学兼职教授。

二、第2代

(一) 汪尔康弟子

1978年以来，汪尔康先后培养了硕士生35名、博士生26名，招收博士后5名。这些学生是一支思想开阔、敢于创新、充满活力的科研生力军。

杨秀荣，分析化学家。1968年毕业于中国科学技术大学近代化学系，1991年在瑞典隆德大学化学系获博士学位。曾先后在美国新奥尔良大学、夏威夷大学、法国佩皮尼昂大学、香港科技大学、日本学术振兴会担任博士后研究员和访问教授。1997年进入长春应化所，在汪尔康院士麾下工作。现任长春应化所电分析化学国家重点实验室研究员、博士生导师。2013年当选中科院院士。主要从事电分析化学、生物分子识别及微流控分析方面的研究。曾任国家“863”项目的首席科学家。获国家自然科学二等奖1项(排名第三)、吉林省科技进步一等奖4项(2项排名第一、2项排名第三)。

周伟红，1996年博士，吉林大学化学学院教授，博士生导师，公共化学教学与研究中心副主任。研究方向：电分析化学与微分离。1982年毕业于复旦大学，1992 年考取中国科学院长春应用化学研究所，师从汪尔康院士攻读博士学位。1995 年在美国路易斯维尔大学化学系接受联合培养，1996 年 7 月获博士学位。同年 10 月赴德国明斯特大学化学和生物化学传感器研究所从事博士后研究工作。1998 回国工作。

由天艳，1999 年博士，中科院长春应用化学研究所研究员。主要从事电分析化学。

（二）董绍俊弟子

多年来，董绍俊直接培养博士生 36 名、硕士生 25 名，指导博士后 7 名。其中，获得中科院院长奖学金特别奖 3 人、优秀奖 5 人，亿立达奖 4 人，中国化学会青年化学奖 2 人。她本人也连续 4 届被中科院评为院优秀导师。

徐国宝，1999 年博士，师从董绍俊，长春应用化学研究所电分析化学国家重点实验室研究员，副主任。研究领域：微流控芯片；纳米材料与电分析化学；高效毛细管电泳；电化学发光生物分析；功能磁微球制备等。

李景虹，1991 年获中国科学技术大学学士学位，1996 年获中科院长春应用化学研究所博士学位。1997—2001 年在美国伊利偌伊大学、加州大学、克莱姆森大学和异能科技公司做博士后研究。2001 年任长春应用化学研究所研究员。2004 年以清华大学“百人身份”任清华化学系教授，现任系学术委员会副主任、分析中心副主任。入选中科院“百人计划”，曾获中国百篇优秀博士论文奖、国家杰出青年基金、美国李氏基金会杰出成就奖、中国青年电化学奖、茅以升科学技术奖和中国化学会巴斯夫青年创新奖等。研究方向：电分析化学与生物传感，生物分析化学和纳米分析技术，材料电化学和能源电化学。

表 5.10　汪尔康分析化学谱系

第 1 代	第 2 代	
第四代	第五代	第六代
汪尔康（1952年学士，沪江大学；1955 年副博士，捷克斯洛伐克科学院极谱研究所，师从 J. 海洛夫斯基）	杨秀荣（助手）	
	周伟红（1996 年博士，长春应化所）	
	由天艳（1999 年博士，长春应化所）	
		韩晓军[1]（2003 年博士，长春应化所）

（续表）

第1代	第2代		
第四代	第五代	第六代	
		汪尔康、李壮	吴爱国[2]（2003年博士，长春应化所）
		汪莉[3]（2003年博士，长春应化所）	
		孙旭平[4]（2005年博士，长春应化所）	
		包海峰[5]（2006年博士，长春应化所）	
		陈学前[6]（2006年博士，长春应化所）	
		程文龙（2008年博士，长春应化所）	
妻子董绍俊（1952年学士，辅仁大学）	徐国宝（1999年博士，长春应化所）		
	李景虹（1996年博士，长春应化所）		
		王炳全[7]（2003年博士，长春应化所）	
		金永东[8]（2003年博士，长春应化所）	
		张哲泠[9]（硕士，长春应化所）	
		王鸣魁[10]（2004年博士，长春应化所）	
		杨国程[11]（2006年博士，长春应化所）	

注：1. 哈尔滨工业大学化工学院生物分子与化学工程系主任。
2. 中国科学院宁波材料技术与工程研究所研究员。
3. 江西师范大学教授。
4. 中国科学院长春应用化学研究所研究员、博士生导师。
5. 杭州师范大学校特聘教授、硕士研究生导师。
6. 杭州师范大学校特聘教授。
7. 全国百篇优秀博士论文。
8. 美国西雅图华盛顿大学生物工程系。
9. 美国康塔仪器公司应用专家和 Autosorb-iQ 产品经理。
10. 华中科技大学特聘教授、博士生导师，武汉光电国家实验室（筹）研究员。
11. 长春工业大学化学与生命科学学院副教授。

第六章　高分子部分

高分子科学是一门非常年轻的化学分支学科，其实现建制化及工业应用是在大规模引进我国之后，使我国高分子科学得以紧跟国际研究前沿。高分子科学是一门基础研究与应用相结合的学科，高分子材料工业的需求对新型功能高分子材料的研究与设计提出了新的要求，高分子科学与生命科学的交叉产生了生物医用高分子新领域，高分子材料与环境科学的交叉产生了生态环境高分子材料、绿色塑料，以异构聚酰亚胺为基体的先进复合材料满足了航空航天领域的需求。因此，高分子科学长期受到国家高度重视和大力支持，高分子学科发展优势十分明显。

新中国成立前，我国的高分子加工企业寥若晨星，高分子的合成工业、科研和教育视野完全空白。新中国成立以后，逐渐开展高分子试制的科研工作。为建立高分子工业，进行了一些大品种的合成试制工作，如：中国科学院上海有机化学研究所研制有机玻璃和锦纶(该项目的研究人员后来成为中科院化学所的一部分)；中科院长春应化所研制丁苯橡胶；化工部北京化工研究院研制聚氯乙烯。此后，由于新兴工业和尖端技术的需要，研究人员合成了许多高性能的高分子，如耐热高分子、高强高模高弹高分子等，在此过程中培养了大批生产与研究人员。最初，中国科研人员的高分子方面的知识非常贫乏，他们边学习边研究，不断积累高分子资料，培养科研人员。此后不久，各研究部门和一些大专院校逐渐开始了高分子的研究工作。为统一规划高分子的研究工作，中科院在 1954 年成立了高分子化合物委员会，制定了高分子科研发展规划和年度计划。1956 年，这项工作转由国家科委化学组高分子分组进行。国家对高分子科研非常重视，在第一、第二、第三个五年计划期间，均列为国家重点科研课题。此外，全国高分子学术会议和国际会议，以及相关学术期刊的陆续举办也大大推动了科研工作的进展和研究水平的提高。“十年浩劫”期间，高分子科研受到严重摧残。1979 年拨乱反正以后，在高分子化学方面，研究了高分子的反应机理和有中国特色的高分子品种(如稀土催化丁二烯橡胶、衣着用的高分子纤维等)以及功能高分子的合成与应用。

高分子研究领域是我国化学领域中自主创新整体程度较高的分支学科，涌现出许多一流的研究人才及科研成果，呈现明显的学术谱系现象。

本章共涉及我国高分子研究领域的 14 个学术谱系，记载 60 名高分子领域的院士及著名专家、教授/研究员 300 余人，较早谱系与较晚谱系之间时间跨度逾 20 余年。研究涵盖的领域包括：高分子合成(橡胶、纤维、塑料、有机玻璃、离子交换树脂、含氟高分子、有机硅高分子、生物医用、光电及导电功能高分子)、高分子分子量测定及溶液性质理论、高分子聚集态结构及性能、高分子微粒、薄膜和液晶等。所涉及的科研及教育机构有：北京大学、吉林大学、南京大学、武汉大学、上海交通大学、四川大学、浙江大学、中山大学、华南理工大学、南开大学、复旦大学，以及中国科学院化学研究所、长春应化所、成都有机所等。相关信息见表 6.1。

表 6.1　高分子化学谱系总表

谱　系	第 1 代人数	第 2 代核心/总人数	第 3 代核心/总人数	谱系总核心/总人数	主要研究机构	主要研究领域
王葆仁谱系	1	1/4	1/1 第 4 代 3/20	4/41	中科院化学研究所、四川大学、成都有机化学研究所	有机玻璃、锦纶、有机硅高分子、环氧树脂、酚醛树脂、芳杂环高分子等
冯新德谱系	1	6/6	0/20	7/32	北京大学、吉林大学	高分子化学基础理论、功能高分子(高分子生物材料)、汤心颐公式、特种工程塑料、光化学、自由基聚合、液晶高分子
徐僖谱系	1	1/8	0/3	2/13	四川大学、浙江大学	五倍子塑料、高分子成形理论、高分子力化学、高分子共混材料、流变方法
林一谱系	1	1/1	1/7	3/11	中山大学	有机硅高分子、超高分子量聚乙烯
唐敖庆谱系	1	2/4	2/25	5/39	吉林大学	高分子反应统计理论、高分子微粒、超薄功能膜、聚合物组装、聚合反应非稳态动力学理论
钱保功谱系	1	2/4	0/18	3/27	吉林大学、长春应化所	合成橡胶、辐射高分子、高聚物固体反应理论、高分子膜
钱人元谱系	1	6/7	0/20	7/30	北京大学、南京大学、感光所、中科院化学研究所、上交、华南理工	高分子物理、有机固体电导和光导、高分子分子量测定、凝胶色谱、高分子光化学、高分子凝聚态结构

（续表）

谱系	第1代人数	第2代核心/总人数	第3代核心/总人数	谱系总核心/总人数	主要研究机构	主要研究领域
于同隐谱系	1	5/11	0/16	6/29	复旦大学	高分子合成反应理论、高分子光化学、高分子黏弹性、高分子结晶、高分子合金等
何炳林谱系	2	0/9	/	2/11	南开大学	高分子离子交换树脂
杨士林谱系	1	4/9	0/11	5/21	浙江大学	阳离子聚合、配位聚合、医用高分子、有机高分子光电导材料、高分子膜材料、
黄葆同谱系	1	1/8	0/1	2/13	长春应化所	生漆、聚合物纳米材料、高分子物理
沈之荃谱系	1	3/17	0/16	4/38	浙江大学、长春应化所	过渡金属和稀土络合催化聚合、三元镍系顺丁橡胶、光电功能高分子
卓仁禧谱系	1	1/13	0/1	1/21	武汉大学	有机硅化学和生物医学高分子材料
王佛松谱系	1	1/9	0/2	2/13	长春应化所	合成橡胶、聚乙炔及聚苯胺、光电活性功能高分子

第一节　王葆仁高分子谱系

王葆仁，我国著名化学家、卓越的科技组织和领导人，专长于有机合成和高分子合成。1928年起，王葆仁从事有机化学的教学和研究工作。1953年转为从事高分子方面的研究工作，是中国最早从事高分子科学研究的化学家之一。20世纪50年代开始指导并研究成功有机玻璃、聚己内酰胺（锦纶）及几种有机硅高分子，并在国内首创尼龙-9等。在理论上解决了聚酰胺化学反应动力学中国际上长期争论的反应级数问题；对有机硅高分子特别是硅碳-硅-氧链高分子的合成做了深入研究；对耐高温杂环高分子的合成及性能进行了较广泛研究，并在应用方面做了许多开拓工作。70年代提出加强高分子大品种如聚丙烯等的研究，在烃类化学方面也做过诸多研究。著有《有机合成反应》上下册。长期以来，王葆仁在高分子化学的科研、生产、教育、推广、普及等方面做出了重要贡献，指导和培养了数位著名高分子化学家，例如：著名高分子化学家、有机化学家黄志镗就是他的高足；著名有机化学家、中科院成都有机所所长蒋耀忠是黄志镗的著名弟子，也是王葆仁谱系第三代的代表人物，但其主要工作在有机化学领域。蒋耀忠也有许多著名学生，如著名有机化学家冯小明等。王葆仁高分子谱系有副教授及以上职称的成员 30 余人。

一、第 1 代

王葆仁(1907—1986)，1922 年考入国立东南大学化学系，在十分艰辛的条件下完成了大学学业，1926 年毕业时，还不满 20 岁，留校任助教。1933 年王葆仁以名列榜首的成绩，考取首届中英庚款官费留学，前往伦敦大学帝国学院攻读博士学位。当他把在国内完成的 5 篇论文送交导师索罗普(Jocelyn F. Thorpe，1872—1940)时，颇受赞赏，遂免去一切考试和预修课程，直接做博士论文。王葆仁用两年时间完成并通过了论文答辩，成为化学方面获得英国博士学位的第一个中国留学生。1935 年秋，他应德国慕尼黑高等工业大学教授、诺贝尔奖获得者 H. 费歇尔的邀请，赴该校任客籍研究员。

1936 年王葆仁回国，任同济大学教授，并筹建理学院，兼任理学院院长与化学系主任，成为当时同济大学首次担任高级职务的中国教授。1937 年抗日战争爆发，王葆仁全家随同济大学内迁，辗转绕道越南至昆明，后又迁往四川宜宾。1941 年，王葆仁应浙江大学竺可桢校长聘请，前往贵州湄潭浙江大学任教授兼化学系主任。抗战胜利后，随浙江大学返回杭州，1947 年兼任该校教务长。

中国科学院成立后，王葆仁被聘为专门委员，并应中国科学院有机化学研究所庄长恭所长邀请，于 1951 年调至上海，任上海有机化学所研究员兼副所长。1953 年，国家进入第一个五年计划，中国科学院成立全国性的高分子化合物委员会，由曾昭抡和王葆仁担任正、副主任，负责规划、协调全国高分子的科研与生产工作。王葆仁从他原来从事的有机化学毅然转入高分子，在我国开拓了高分子化学研究工作，并为之奋斗了 30 余年。1956 年，中国科学院在北京建立化学研究所，王葆仁率领有机化学所高分子组全体人员迁到北京，任该所研究员，研究室主任、副所长、学术委员会主任，一直负责高分子方面的领导与组织工作。

1956 年国务院制定《十二年科学技术发展规划》，王葆仁负责“高分子与重有机合成”重点项目及高分子科学的学科规划。1956 年开始任国家科委化学组组员、化工组组员和高分子分组组长。1957 年他作为国家科技代表团顾问赴莫斯科参加中苏科技协作项目中高分子方面的谈判。1962 年他再次参加全国科技发展十年规划的制定工作。

1957年王葆仁创办《高分子通讯》,1983年又创办该刊的英文版,后将《高分子通讯》改名为《高分子学报》、将英文版改名为 *Chinese Journal of Polymer Science*。1958年,中国科学技术大学成立,王葆仁负责创办该校高分子化学与物理系,兼任首届系主任,为国家培养大批高分子专业人才。

二、第2代

王葆仁将毕生精力奉献给祖国的教育事业与科研工作,为我国科技人才的培养和高分子化学的发展做出了卓越的贡献。著名有机化学家黄耀曾、唐有祺、戴立信等都是他的学生,著名有机化学家及高分子化学家黄志镗在科研工作之初曾受到他的悉心指导。

黄志镗(1928—),有机化学、高分子化学家,中国科学院院士。主要从事有机硅化合物和有机硅高分子、环氧化合物和环氧树脂、酚醛树脂、芳杂环高分子等方面的工作,为中国航天事业中的防热材料研究做出了贡献,还在杂环化合物与杯芳烃等方面取得工作成果。

1951年自同济大学化学系毕业后,黄志镗被分配到中国科学院有机化学研究所工作,在高分子组师从王葆仁先生。当时,高分子的研究在中国处于萌芽状态,不久黄志镗有机会参与高分子组中的一个新的研究方向——有机硅高分子的研究工作。有机硅化学在20世纪初即有过一段辉煌的历程,特别是在英国;但有机硅高分子却是一门新兴学科,在国际上也是20世纪40年代后才兴起的。他参与有机硅单体水解缩聚反应制备有机硅高分子材料,如硅油、硅橡胶、硅树脂的研制,此外也从事硅氧硅碳型高分子的试探,但更使他感兴趣的是有机硅化学。硅与碳同属四价的主族元素,以硅来代替碳同样可合成众多的含硅有机化合物,但两者由于原子半径、电负性等不同,以硅来代替碳后,必然会对反应性能产生影响,即所谓的"硅效应"。循着这种想法,他在研究有机硅高分子的同时,也在进行小分子有机硅化学的工作。

20世纪50年代中期,中国科学院在北京筹建化学研究所,1956年上海有机所高分子部分全部迁到北京,黄志镗就在化学所工作至今,先后任助理研究员、副研究员、研究员、博士生导师,化学所第六、第七、第八届学术委员会主任。黄志镗致力于有机化学和高分子化学两个领域的研究工作,共发表论文约130篇,不少成果已在实际中获得应用。他曾获全国科学大会奖、国家自然科学三等奖、国家发明三等奖两次,并获中国科学院自然科学一等奖、成果奖及科技进步奖等。

表 6.2　王葆仁高分子谱系

<table>
<tr><th>第1代</th><th colspan="2">第2代</th><th>第3代</th><th colspan="3">第4代</th><th>第5代</th></tr>
<tr><th>第二代</th><th>第二代</th><th>第三、第四代</th><th>第四代</th><th colspan="2">第五代</th><th>第六代</th><th>第六代</th></tr>
<tr><td rowspan="8">王葆仁(1926年学士，南京高等师范学校；1935年博士，伦敦大学帝国学院，师从索罗普)</td><td>黄耀曾(1934年学士，中央大学)</td><td></td><td></td><td colspan="2"></td><td></td><td></td></tr>
<tr><td></td><td>唐有祺(1942年学士，同济大学；1950年博士，加州理工大学，师从鲍林)</td><td></td><td colspan="2"></td><td></td><td></td></tr>
<tr><td></td><td>戴立信(1947年学士，浙江大学)</td><td></td><td colspan="2"></td><td></td><td></td></tr>
<tr><td rowspan="5"></td><td rowspan="5">黄志镗(1951年学士，同济大学)(第四代)</td><td rowspan="5">蒋耀忠(1957年学士，北京大学)</td><td colspan="2">杨镜奎(1990年博士，中科院化学所)</td><td></td><td></td></tr>
<tr><td colspan="2">王梅祥(1992年博士，中科院化学所)</td><td></td><td></td></tr>
<tr><td colspan="2">杨联明(1993年博士，中科院化学所)</td><td></td><td></td></tr>
<tr><td rowspan="2">黄志镗、蒋耀忠</td><td>秦勇(1995年博士，中科院化学所)</td><td></td><td>杨俊[1](2010年博士，四川大学)</td></tr>
<tr><td>王朝阳(1996年博士，中科院化学所)</td><td></td><td></td></tr>
</table>

（续表）

第1代	第2代		第3代	第4代				第5代	
第二代	第二代	第三、第四代	第四代	第五代		第六代		第六代	
					冯小明（1996年博士，中科院化学所）			蒋耀忠、冯小明	彭云贵（2000年博士，成都有机化学研究所）
								蒋耀忠、冯小明	申永存（2002年博士，成都有机化学研究所）
								熊燕（2007年博士，四川大学）	
								汪君[2]（2011年博士，四川大学）	
					鄢明（1997年博士，中科院化学所）				
					孙德群（1999年博士，中科院化学所）				
				黄志镗、蒋大智	龚军芳[3]（1998年博士，中科院化学所）				
				蒋耀忠、宓爱巧、［美］蒲林	龚流柱（2000年博士，成都有机化学研究所）			唐卓	
								陈小华	
						蒋耀忠、邓金根	陈应春（2001年博士，成都有机化学研究所）		

（续表）

第1代	第2代		第3代	第4代				第5代
第二代	第二代	第三、第四代	第四代	第五代		第六代		第六代
						曾庆乐（2002年博士，成都有机化学研究所）		
				郑炎松（1996年博士，中科院化学所）				
				黄志镗、邓先模	李孝红（1999年博士，中科院化学所）			
				郑企雨（1999年博士，中科院化学所）				
				曾程初[4]（2000年博士，中科院化学所）				
						黄志镗、范青华	刘国华[5]（2002年博士，中科院化学所）	
						赵梅欣[6]（2002年博士，中科院化学所）		
						黄志镗、陈鸣才	冯嘉春（2002年博士，中科院化学所）	
						刘军民（2004年博士，中科院化学所）		
	余云照							

注：1. 全国百篇优秀博士论文作者。
2. 2011年全国百篇优秀博士论文。
3. 郑州大学化学与分子工程学院副教授。
4. 北京工业大学副研究员。
5. 上海师范大学副教授。
6. 华东理工大学化学与分子工程学院副教授。

第二节　冯新德高分子谱系

冯新德，高分子化学家和高分子化学教育家，中国高分子化学的开拓者之一。他长期从事高分子化学基础理论研究，涉及烯类自由基聚合与接枝共聚、非共轭烯的环化聚合、烯类光敏引发聚合、开环聚合、嵌段共聚合等；20 世纪 70 年代开始研究功能高分子，特别是高分子生物材料和生物老化中化学机理等，对发展我国高分子教育和科学研究做出了贡献。冯新德于 1949 年在国内率先开设高分子化学——聚合反应课程，此后几十年里培养了一批又一批高分子科研专家，为我国高分子人才培养事业做出了卓越贡献。著名高分子化学家汤心颐、宋心琦、李福绵、周其凤等都是他的门下弟子。冯新德谱系有副教授及以上职称的成员近 30 人。

一、第 1 代

冯新德（1915—2005）于 1933 年考入东吴大学，次年转入清华大学化学系，1937 年获理学学士学位。毕业后在清华园准备研究生的入学考试时，“七七”事变爆发，北方各大学南迁，他几经辗转，终于到达昆明。1938—1939 年执教于云南大学，1940 年转到重庆中央工业专科学校化工科任教，1941 年 12 月到遵义浙江大学化工系，先做该系系主任李寿恒教授的研究生，后当讲师教有机化学。1945 年考取公费留学生，1946 年入美国印第安纳州圣母大学研究院化学系，在著名高分子化学家 C. C. 普赖斯（Charles Coale Price Ⅲ，1913—2001）指导下，完成了《氯代乙烯基萘的合成、聚合与共聚合》博士论文，1948 年 8 月毕业，获哲学博士学位。在校学习期间，成绩优秀，连续三年获美国通用轮胎橡胶公司奖学金。

1948 年 9 月，冯新德接受清华大学聘请，北上出任清华大学化学系教授，兼辅仁大学化学系教授。1949 年，冯新德在清华大学首次讲授“高分子化学——聚合反应”课程。1952 年春院系调整后任北京大学化学系教授，在北京大学开设高分子化学课，指导研究生论文，并筹建高分子化学实验。1953 年招收高分子化学研究生，1955 年培养了首批高分子专业毕业生。1953 年春，中国科学院计划局安排他去上海调查塑料工业，三周后他写出《上海塑料工业调查》。1954年上海有机化学研究所委派黄耀曾研究员赴京筹建化学研究所，冯新德被聘为筹备委员会委员；1956 年中国科学院化学研究所成立，他被聘兼任研究员。1955 年起他还受任中国科学院高分子委员会委员，在王葆仁主任委员的主持下，参加了有关高分子化学的各项规划工作。与此同时，在他的积极倡导下，北京大学于 1958 年成立了全国第一个高分子化学教研室，从那时起他任教研室主任直至 1986 年。1978 年恢复研究生招生以来，他培养了硕士、博士研究生 40 多名。

他认为学校的教学和科研固然都很重要，但是最根本的是要出人才。为了培养出高水平的人才，在培养研究生方面，他博采国内外的先进方法与经验，结合国情实施了一套独特的教学方法，很好地处理了研究生培养中的几个关系，如基础理论与科学前沿、上课与自学、学习能力的培养与实际工作能力的训练以及“管”与“放”，等等。他亲自主持高分子进展讲座，为研究生讲授“20 世纪 80 年代高分子进展与展望”、“高分子进展——活性聚合”等，并邀请外国专家做学术报告，丰富了教学内容，使学生及时了解有关学科的进展及前沿，掌握最新信息，由此培养了一批治学严谨、学术思想活跃、具有良好学风的高级人才。有两位博士生先后获中国化学会青年化学奖。为了表彰他在培养人才方面取得的成绩，中国化学会于 1989 年授予他育才奖。

此外，为了交流经验，提高教学质量，冯新德还到兄弟院校、研究部门讲学，做学术报告，或兼任教授、顾问等职。他在全国高等学校高分子化学教学讨论会（广州，1982 年）、全国高校高分子化学与物理实验研究班（北京，1984 年）和全国高等学校高分子化学与物理学术讨论会（广州，1986 年）先后做了 20 世纪 80 年代高分子的特点和发展、高分子化学与物理实验的重要性及人才培养等方面的报告。1990 年先后到成都、武汉、青岛讲学，介绍聚合反应的最新进展与高分子生物材料的发展。

二、第 2 代

汤心颐（1926— ），高分子物理学家。在吉林大学工作的 40 余年中，曾在钱保功、陶慰孙教授指导下筹建了高分子化学专业，至今已培养了近千名学生。他的研究工作集中于高分子统计理论领域，近年来则转为应用研究和应用基础研究。他多次被评为吉林省和吉林大学优秀教师或先进工作者。

1950年毕业于燕京大学化学系，后在北京大学冯新德教授指导下攻读研究生。到吉林大学工作后，一直在唐敖庆所领导的研究集体中从事高分子统计理论的研究。1964年为该校培养出首批高分子化学研究生。后由于“文化大革命”，研究工作中断。1978年在我国首次召开的中美双边高分子学术讨论会上，他宣读了与唐敖庆合作的《A_a-B_b,C_c共缩聚型固化理论》论文，受到诺贝尔奖获得者弗洛里(Paul John Flory, 1910—1985)和高分子化学家斯托克梅尔(Walter H. Stockmayer, 1914—2004)教授的高度评价。尔后，结合固化理论的后续工作，他于1985年获得国家教委科学技术进步二等奖。固化理论虽属于基础研究，但汤心颐注重理论与实践的结合，曾多次访问七机部42所和化工部兰州涂料研究所，将唐敖庆所建立的固化理论应用于推进剂和涂料的配方设计。他所提出的配方设计公式在许多涂料专著中被誉为“汤心颐公式”。在同一时期，他与唐敖庆和沈家骢等合作，于1985年在科学出版社出版了专著《高分子反应统计理论》，其后又结合在此领域内的一系列工作，于1989年获国家自然科学二等奖。互穿网络聚合物是固化问题的一个分支，在此分支内他也做了大量工作。应克莱姆普纳(Daniel Klempner)教授和弗里希(Kurt Charles Frisch)教授邀请，汤心颐为他们主编的*Advances in Interpenetrating Polymer Networks*丛书先后写过3篇综述性文章。为此，在1992年获国家教委科学技术进步三等奖。近年来他的研究方向转为应用研究和应用基础研究，他与石殿普研究员合作研制的ABS基电磁波屏蔽复合材料符合美国军用标准，在“八五”期间被鉴定为国际先进水平，“九五”期间继续做扩大实验研究。他参与研制的密封仓室用固体二氧化碳吸附剂被鉴定为国际先进水平，并于1996年获国家教委科学技术进步三等奖。在应用基础研究方面，他与李铁津教授合作从事分子组装和纳米电子学的研究，他们有关纳米粒子的合成与LB有序组装的贡献获国家教委1995年科学技术进步三等奖。目前正在进行超高密度有机信息存储材料和单电子器件等高技术领域的研究。

焦书科(1929—　)，高分子化学家。1950年考入南开大学化学系，1953年毕业后考入北京大学读研究生，师从著名高分子化学家冯新德教授，成为首届高分子化学研究生，不仅接受了系统的学科教育，而且也学会了研究方法。毕业后留校任教。

1960年10月为支援新建院校，焦书科调入北京化工学院(后更名为北京化工大学)，一直在教学第一线从事教学和科研工作，历任有机工艺系高分子化学教研室主任、应用化学系主任，院学位委员会、学术委员会、职称评定委员会委员。从1978年起担任中国化学会高分子学科委员会秘书，1991年当选为中国化学会理事、高分子学科委员会副主任，参与组织了多次国际、国内学术活动，还兼任中国橡胶学会理事、北京市政府化工顾问、北京市塑料工程协会理事、日本东京理科大学交流教授（1983年10月—1984年4月）、英国布拉德福德大学IRC客座教授（1991年10—12月）；至今是山东大学、山东建材学院、青岛化工学院、沈阳化工学院的兼职教授，中国国际人才开发中心高科技专家委员会化学工程部副主任，中国合成橡胶协会理事，四川联合大学高分子材料国家重点实验室学委会委员，《高分子通报》、《合成橡胶工业》和《弹性体》杂志的副主编，《高分子学报》、《聚合物乳液通讯》的编委。

宋心琦（1928— ），化学教育家与光化学家，清华大学化学系教授、博士生导师。在激光诱导荧光、化学发光体系及机理、多道检测技术、酞菁光敏氧化反应、光致变色体系、有机电致发光体系、纳米TiO_2材料的制备及其光催化氧化等领域开展了卓有成效的研究工作；在分子识别概念基础上，提出了分子调控概念。

1946年，宋心琦考入清华大学化学系，1951年毕业后留校读研究生，导师冯新德教授。1952年院系调整时，服从国家需要留清华大学普通化学教研组任教，任教研组科学秘书及实验室主任。此后，他长期从事普通化学及无机化学教学工作。1956年任讲师，1978年任副教授，同年应德意志学术交流中心邀请赴德国图宾根大学理论化学及物理化学研究所短期进修，并参与部分光化学研究工作。1979年起担任清华大学化学与化学工程系物理化学教研组主任，主持恢复理科化学专业的多项工作。1983年宋心琦晋升为教授，任化学系与化学工程系副系主任，负责筹备化学系重建工作。

宋心琦从事化学教育工作40余年，坚持基础化学课程教学与教育研究，教学涉及普通化学、无机化学、物理化学、结构化学等多门学科。教学不拘一格，重视科研对教学的反馈作用。1979年起带领清华大学化学系招收硕士研究生，开设光化学原理课程，并从事激光诱导荧光技术在分析化学及生物体系中的应用研究。1991年被批准为清华大学化学系物理化学博士点的博士生导师，同年开始招收博士生。其研究工作以光化学为基础，选题则涉及生命、材料和环保等领域。1995年退休后仍担任博士生论文指导工作，直至1997年共培养硕士生近40人、博士生11人。

李福绵（1932— ），高分子化学家，现任北京大学化学与分子工程学院教授、高分子化学专业博士生导师。长期从事高分子化学的教学与科研工作，是较早在中国开设功能高分子化学课程者之一，讲课甚受学生好评。在生物医用水凝胶，含生色团烯类单体的合成、聚合及光化学性质，碳-60的高分子修饰等研究领域取得了成果。

李福绵1955年毕业于北京大学化学系并留校任教，此后一直跟随冯新德从事高分子科研及教学工作，历任助教、讲师、副教授、教授、博士生导师。1984—1986年兼任北京大学分校化学系主任。

丘坤元（1932— ），高分子化学家和化学教育家。长期从事高分子化学教学和高分子合成研究工作。在新的自由基聚合氧化还原引发体系、控制接枝聚合和活性与控制自由基聚合方面均取得丰硕成果。1982年起先后参加了由冯新德负责的中国科学院科学基金“自由基聚合与接枝、嵌段共聚合”、“自由基聚合与序列共聚合研究”和国家自然科学基金“七五”重大项目“烯类、双烯类聚合反应研究——机理、动力学及结构调节”，担任第一课题“自由基引发的基础研究和烯类聚合的功能化”的负责人，以及国家自然科学基金“八五”重点项目“烯类聚合反应与产物精化的研究”。由丘坤元负责完成的国家自然科学基金项目有：“金属离子引发体系及其引发机理的研究”、“带脲基与功能侧基聚合物的合成及其结构与性能的研究”、“溶胶-凝胶法有机聚合物-无机杂化材料”、“新型非表面活性剂模板法合成中孔材料及应用”和国家教委博士点基金“胺在聚合反应中不同效应基础研究”等项目。有些研究成果达到国际水平。

1951年高中毕业后，为了继续升学于7月乘船经香港，由珠江回到广州。在北京考取燕京大学化学系学习，1952年院系调整到北京大学，1955年大学毕业，继续在北京大学研究生院学习，师从冯新德教授进行自由基聚合反应的研究。1959年研究生毕业后留校执教至今。1985年受聘为教授，成为新中国培养的归国华侨第一代高级知识分子。

丘坤元在教学上曾先后给本科生讲授过“有机结构理论”、“高分子化学”课程，以及研究生的“烯类聚合”、“高分子合成化学”、“高分子聚合方法”、“有机结构与反应历程”等课程。还结合多年从事自由基聚合的研究心得，为全国高等学校高分子化学与物理教学讨论班（1982年12月广州中山大学）作自由基聚合的报告，在全国高分子化学与物理实验研讨班（1984年9月北京大学）作自由基聚合引发剂与聚合动力学的报告。1984年受教育部委托，由北京大学组织承办全国高分子化学与物理实验研讨班，他是主要负责人之一，积极组织了高校和中国科学院化学所10位专家做专题报告，并在北京大学化学系高分子教研室的组织下，开出了近30个高分子化学与高分子物理实验课。实验研讨班结束后组织撰写了《高分子实验与专论》一书，由北京大学出版社于1990年出版。此外，丘坤元高度重视研究生指导，已培养硕士生19名和博士生9名。

周其凤(1947—)，我国著名化学家、教育家，中国科学院院士，曾任吉林大学校长、北京大学校长。主要研究领域为高分子合成、液晶高分子、高分子的结构与性质等。在液晶高分子方面，周其凤创造性地提出了“Mesogen-Jacketed Liquid Polymer”(甲烷型液晶高分子)的科学概念，并从化学合成和物理性质等角度给出了明确的证明。此外，还对液晶高分子的取代基效应进行了系统而深入的研究，得到了有重要科学意义的成果；最先发现通过共聚合或提高分子量可使亚稳态液晶分子转变为热力学稳定液晶高分子两个原理；并发现了迄今认为是最早人工合成的热致液晶高分子等。

1965年考入北京大学化学系，1970年留校工作；1978年，考取北京大学化学系高分子化学专业研究生，1980年1月，由国家公派到美国马萨诸塞大学高分子科学与工程系学习，于次年9月获得硕士学位；1983年2月于美国马萨诸塞大学获得博士学位。1983年5月起在北京大学化学与分子工程学院任教，1990年聘为教授。1999年当选中国科学院化学部院士。2001年6月—2004年7月任国务院学位委员会办公室主任、教育部学位管理与研究生司司长。2004年7月由国务院任命为吉林大学校长(副部长级)，同时继续担任北京大学化学与分子工程学院教授、高分子科学与工程系主任、高分子科学研究所所长、教育部高分子化学与物理重点实验室主任等职务。2008—2013年就任北京大学校长。

三、第3代

(一) 汤心颐弟子

张万金，1986年博士，吉林大学化学学院教授，国家“863”计划长春特种工程塑料研究开发中心(独立研究中心)主任。主要研究方向：特种耐高温工程塑料，电活性有机纳米功能材料、光活性有机纳米功能材料、纳米复合材料、抗腐蚀材料。

马嵩，1988年博士，瑞士科莱恩(Clariant)公司英国有限公司英籍华人皮革化料专家。

郑玉斌，1990年博士，汤心颐、吴忠文共同指导，大连理工大学化工学院教授、博士生导师，大连理工大学常熟研究院副院长。主要研究方向：高分子材料合成、功能高分子、高分子改性。

姜振华，1990 年博士，吉林大学教授、博士生导师，特种工程塑料教育部工程中心，吉林大学先进技术研究院常务副院长。主要研究方向：多相高分子材料。

刘正平，1993 年博士，北京师范大学化学学院高分子化学教授、博士生导师。

田颜清，1995 年博士，汤心颐、赵英英共同指导，美国亚利桑那州立大学生物设计研究所助理研究教授。主要研究方向：功能有机和高分子材料。

（二）宋心琦弟子

尹应武，1994 年博士，清华紫光英力公司董事长、总经理，英力公司创始人，清华大学教授、博士生导师。在生命化学、生命有机磷化学、有机合成等领域做了大量开创性的工作。

朱永法，1995 年博士，清华大学化学系教授。主要从事固体薄膜材料的表面与界面扩散反应的研究。

麻远，1996 年博士，清华大学化学系教授。主要研究领域为有机化学，研究重点是生物有机化学和有机质谱。

郭志新，1996 年博士，中国科学院化学研究所"百人计划"入选者，研究员、博士生导师；中国人民大学化学系教授。主要研究领域：碳纳米管及富勒烯的有机功能化及相关性质，功能性有机及聚合物分子的合成及性质，精细有机合成反应与应用。

董润安，1996 年博士，北京理工大学生命科学与技术学院教授。主要从事光动态诱导肿瘤细胞凋亡的分子生物学研究，移植免疫学的基本问题研究。

时方晓，1997 年博士，沈阳建筑大学材料科学与工程学院材料化学教研室教授。

（三）李福绵弟子

顾忠伟，1981 年硕士，李福绵、冯新德共同指导，四川大学生物材料工程研究中心、国家生物医学材料工程技术研究中心主任兼党总支书记。连续两次担任国家"973"计划生物医用材料项目首席科学家（1999—2004、2005—2010），获生物材料科学与工程 Fellow 称号（国际生物材料科学与工程学会联合会授予世界杰出生物材料专家终身荣誉称号）。现任教育部"985"工程"四川大学生物医学工程与技术科技创新平台”首席科学家。主要从事生物医用高分子材料、药物/生物活性物质控释系统、纳米生物材料等领域的基础和应用基础研究。

李子臣，1994 年博士，北京大学教授。主要研究方向：可控/活性自由基聚合与高分子合成，两亲性高分子的自组装及有序分子聚集体的构筑，生物医用高分子材料设计、合成与性质，药物载体与控制释放体系。

表 6.3　冯新德高分子谱系

<table>
<tr><th>第 1 代</th><th>第 2 代</th><th colspan="2">第 3 代</th></tr>
<tr><th>第三代</th><th>第四代</th><th>第五代</th><th>第六代</th></tr>
<tr><td rowspan="13">冯新德(1941 年研究生，浙江大学，师从李寿恒；1948 年博士，美国印第安纳州圣母大学，师从普赖斯)</td><td rowspan="6">汤心颐(1954 年研究生，北京大学，先后师从钱保功、陶慰孙、冯新德、唐敖庆)</td><td>张万金(1986 年博士，吉林大学)</td><td></td></tr>
<tr><td>马嵩(1988 年博士，吉林大学)</td><td></td></tr>
<tr><td>郑玉斌(1990 年博士，吉林大学)</td><td></td></tr>
<tr><td>姜振华(1990 年博士，吉林大学)</td><td></td></tr>
<tr><td>刘正平(1993 年博士，吉林大学)</td><td></td></tr>
<tr><td>田颜清(1995 年博士，吉林大学)</td><td></td></tr>
<tr><td>焦书科(1956 年研究生)</td><td></td><td></td></tr>
<tr><td rowspan="6">宋心琦(1951 年学士，清华大学)</td><td>尹应武(1994 年博士，清华大学)</td><td></td></tr>
<tr><td>朱永法(1995 年博士，清华大学)</td><td></td></tr>
<tr><td>麻远(1996 年博士，清华大学)</td><td></td></tr>
<tr><td>郭志新(1996 年博士，清华大学)</td><td></td></tr>
<tr><td>董润安(1996 年博士，清华大学)</td><td></td></tr>
<tr><td>时方晓(1997 年博士，清华大学)</td><td></td></tr>
</table>

（续表）

第1代	第2代	第3代	
第三代	第四代	第五代	第六代
	李福绵（1955年学士，北京大学）	李福绵、冯新德 顾忠伟（1981年硕士，北京大学）	
		李子臣（1994年博士，北京大学）	
		郭兴林[1]（2000年博士，北京大学）	
			朱明强[2]（2001年博士，北京大学）
			魏柳荷[3]（2002年博士，北京大学）
	曹维孝[4]（1960年学士，北京大学）		曹廷炳[5]（2002年博士，北京大学）
	丘坤元（1959年研究生，北京大学）		陈小平[6]（2002年博士，北京大学）
	周其凤（1965年学士，北京大学；1983年博士，马萨诸塞大学）		张海良[7]（2002年博士，北京大学）

注：1. 中国科学院化学研究所副研究员。
2. 湖南大学生物医学工程中心教授。
3. 郑州大学化学系教授。
4. 北京大学教授。
5. 中国人民大学化学系主任，教授、博士生导师。
6. 教育部高教司办学条件处处长。
7. 湘潭大学副校级督导员，校长助理。

第三节　徐僖高分子谱系

徐僖，我国著名高分子化学家，四川大学教授，成都科技大学原副校长、高分子材料工程国家重点实验室原主任、高分子研究所所长，上海交大教授，解放军总后军需部特邀顾问专家。徐僖是我国高分子材料学科的开拓者和奠基人，在高分子降解、共聚、氢键复合、高分子共混材料的形态与性能等方面取得了突出的研究成果。他撰写了我国第一本高分子专业教科书《高分子化学原理》。作为著名的化学教育家,他在四川大学等学府的长期教育生涯中培养了几代高分子科学精英,如著名高分子化学家、现任贵州大学校长郑强是他的知名弟子之一。徐僖谱系有副教授及以上职称成员10余人。

一、第1代

徐僖(1921—2013),1938年夏考入重庆南开中学,毕业后入读当时内迁贵州的浙江大学化工系,1944年毕业,获工学士学位,同时考取本校研究生,在染料专家侯毓汾[①]的指导下研究五倍子染料。这项研究一直延续了多年并最终获得了成果[②]。

抗战胜利后,徐僖回到上海。1947年初,中华教育基金董事会招考留美学生5名,其中化学专业1名。徐僖一举考中,于1947年9月到美国宾夕法尼亚州理海大学化工系攻读硕士学位。他用从国内带去的五倍子在实验室首次试制成功五倍子塑料,1948年获得硕士学位。之后,他为丰富实践经验,放弃了继续攻读博士学位的机会,到美国柯达(Kodak)公司精细药品车间实习。新中国成立前夕,他与黄子卿、黄涉清等人于1949年5月同乘美国"威尔逊号"轮船回国。途经香港时,受到刁难和阻挠,幸得侯德榜和中华教育基金董事会董事长任鸿隽帮助,最后舍弃所有行李,随身只带一小箱笔记资料及一台小打字机飞赴重庆,投奔父兄。

1949年冬,徐僖受聘为重庆大学化工系副教授。1951年他在重庆大学任教

---

① 侯毓汾(1913—1999)是我国著名染料化学家,大连理工大学精细化工学科奠基人。

② 五倍子是漆树科盐肤木的虫瘿,是中国西南川黔山区的土特产,含有的大量五倍子单宁水解后可获得3,4,5-三羟基苯甲酸。徐僖设想将3,4,5-三羟基苯甲酸通过脱羧制取1,2,3-苯三酚,用作制取塑料的原料。当时,中国石油缺乏,石油化工一片空白,市场上的塑料制品皆是"洋货"。徐僖希望从利用五倍子这一丰富的土产资源入手,逐步创建中国的塑料工业。1947年赴美留学时,他将30多公斤五倍子夹在行李中带到美国,利用美国实验室设备继续开展研究。一年后,他以理论分析和实验结果证实了自己的设想,通过1,2,3-苯三酚与糠醛的缩聚反应制得可与苯酚-甲醛塑料媲美的五倍子塑料,出色地取得了硕士学位。徐僖念念不忘创建中国的塑料工业,为了深入生产实际,掌握有关技术,回国实现他的愿望,他到纽约州诺切斯特城柯达公司精细药品车间工作了一段时间。新中国成立初期,西南工业基础十分薄弱,塑料制品奇缺,甚至连衣服纽扣和一般家用电器的插头、插座都很难买到。1951年春,徐僖提出申请开发五倍子塑料,不到一个星期即得到西南财经委员会批准。在重庆市人民政府的支持下,徐僖在重庆大学化工系建立了一个规模较大的棓酸塑料研究小组,采用自己设计的设备和工艺流程,利用国产五倍子和一些农副产品为原料进行五倍子塑料中试研究,同时培养生产技术骨干。他和干部、工人一起劳动,拉板车、抬机器、安装设备,无所不干。1952年初,中试成功,徐僖受命主持建厂工作。1953年5月3日,重庆棓酸塑料厂正式投产。这是由中国工程技术人员在西南地区自己设计、完全采用国产设备和国产原料的第一个塑料工厂。经过9年的艰苦努力,徐僖终于实现了他的夙愿,在被封锁禁运的时代,为中华民族争了气。

的同时受命筹建重庆棓酸塑料厂(后更名为重庆合成化工厂)。该厂 1953 年投产,徐僖任副厂长兼总工程师,同年被评为重庆市甲等劳动模范。1953 年徐僖受命在四川化工学院(1953 年并入成都工学院,现名成都科技大学)筹建中国高等院校第一个塑料专业。

1957 年以后,徐僖在政治上多次遭受冲击,在工作中也遇到重重阻力,但他始终倡导和坚持实事求是的作风,将全部精力投入高分子材料学科的建设和教学工作中。1959 年徐僖开始招收研究生。1960 年,他在下放劳动期间,编著出版了中国高等学校第一本高分子教科书《高分子化学原理》。"文化大革命"中,徐僖被扣上"反动学术权威"的帽子,饱受折磨,右眼因此成疾,且因得不到妥善治疗而失明。

"文革"结束后,徐僖重拾斗志,积极从事教学工作以及进一步深入开展高分子成型理论、高分子力化学等方面的基础研究,在高分子降解和共聚、高分子氢键复合、高分子共混材料的形态和性能等领域做出了突出贡献。与此同时,徐僖十分重视理论联系实际,注意使教育工作与科研工作面向经济建设,主动为生产建设服务,开展了油田高分子材料的应用开发以及扎根石油化工企业的工作。1981 年,石油部在他负责的成都科技大学高分子研究所建立了油田高分子材料研究室。20 世纪 80 年代,徐僖和他的学生走遍了国内大部分油田,深入现场调查研究,与油田职工合作,取得了堵水、防垢、降凝、减阻等多项研究成果。1991 年,这个研究室获得了中国石油天然气总公司(原石油部)重奖,徐僖受聘为该公司"八五"攻关项目"三次采油新技术"课题的学术指导人。多年来,徐僖还先后走访了齐鲁、大庆、燕山、扬子、兰州等石油化工公司的生产现场和研究院,与石化企业建立了密切联系。中国石油化工总公司和齐鲁石油化工公司相继于 1985 年和 1987 年与徐僖签订合同,分别在成都科技大学高分子研究所建立了高分子复合材料研究室和高分子材料研究开发站,以促进科研成果转化为现实生产力,加速发展高分子材料工业。

二、第 2 代

徐僖自 1953 年春接受高教部任务,负责在四川化工学院筹建中国高等学校第一个塑料专业起,半个世纪里积极从事教育和人才培养事业。他在国内率先主讲了主修课程"高分子化学原理"。为了适应国家经济建设的需要,20 世纪 50 年代后期他又举办高分子材料进修班,同苏联塑料专家尼古拉耶夫(А. Ф. Николаев)等人合作培养了来自兄弟高等学校的骨干教师和研究单位及大、中型企业的工程技术人员数十人，推动了中国有机高分子材料和学科的发展。1959年，徐僖开始招收研究生，1960年撰写出版了高分子专业教科书《高分子化学原理》，成为当时国内各高校高分子专业普遍采用的教材，结束了该专业全部采用国外书籍、没有中文书籍可阅读的尴尬局面。1964年，他创办了中国高等学校第一个高分子研究所。1981年，他被评为中国首批博士生导师。1987年，他率领的高分子材料学科点被评为重点学科点。1989年经批准在该重点实验室建立高分子材料博士后流动站。徐僖为研究生开设了"聚合物的结构和性能"、"多组分高分子材料的结构表征"、"高分子化学流变学"等课程。他拟定的研究生学位论文题目大多数是当代高分子材料学科中的热点，完成的论文一般都参加了国际学术交流，刊登在国内外有关学科的重要期刊上。徐僖胸怀宽阔，毫无保留地对学生和中青年教师传授他的科学思想和学术见解，不知疲倦地指导和帮助他们选择课题、争取项目、解决难点，引导他们占领学术制高点。通过将近50年的辛勤耕耘，徐僖主持的学科点累计已培养研究生、本科生、进修生7 000余名，可谓桃李满天下。为表彰徐僖的突出贡献，1989年，国家教委授予他"高分子材料学科建设和高层次人才培养国家级优秀奖"。中国化学会授予他"高分子化学育才奖"。

郭少云，四川大学高分子研究所、高分子材料工程国家重点实验室教授、博士生导师，四川省学术和技术带头人，《复合材料学报》编委、《聚氯乙烯》编委会副主任委员，中国复合材料学会常务理事。主要研究领域：高分子力化学、聚合物加工流变学、聚合物功能复合材料的制备新技术、聚合物注射成型过程中形态结构演变、聚合物共混复合材料和聚合物加工新方法。1984年7月毕业于青岛化工学院（现青岛科技大学）高分子材料系，获工学学士学位。1987年6月毕业于成都科技大学（现四川大学）高分子研究所，获工学硕士学位；1992年6月毕业于该所获工学博士学位。1987年6月在成都科技大学高分子研究所从事科研和教学工作，1995年晋升教授，1999年评为材料学博士生导师，2005年评为四川省学术和技术带头人。迄今已培养硕士和博士毕业生30多位。

郑强，现任贵州大学校长、党委副书记。1994年获四川联合大学和日本京都大学联合培养工学博士学位，师从中国科学院院士徐僖教授和时任国际聚合物加工学会(PPS)主席、日本流变学会(SRJ)会长增田俊夫教授。1998年晋升浙江大学教授。曾任浙江大学高分子复合材料研究所所长、高分子合成与功能构造教育部重点实验室主任、浙江大学副教务长、浙江大学党委副书记。

郑强在科研上的主要贡献：将动态流变学方法引入两类最典型的排斥效应(repulsion effect)导致相容的共混体系，对其相分离和相行为进入深入研究，提出长时区域特征流变响应以及时温叠加失效与相分离的定性和定量特征温度概念，丰富了多组分复杂体系流变学理论；将流变方法引入粒子填充导电复合材料体系，探索了小应变、大应变及体积膨胀与导电结构网络的变化及导电机制的关联，发现了非浓度唯一的动态逾渗现象形成的转变的微观机制；建立动态流变光散射组合方法，为获得真实 Spinodal 温度开辟了新途径。迄今已主持国家重点基础研究发展规划(973)课题、国家高技术研究发展计划(863)、国家自然科学基金等国家级研究项目 16 项，在 *Macromolecules*、*Carbon*、*Polymer*、*J. Polym. Sci.: Polym. Phys.*、*Macro. Chem. Phys.*、*J. Mater. Res.* 等重要学术刊物上发表论文 260 余篇，其中 SCI、EI 收录论文 230 余篇，授权国家发明专利 15 项。

郑强教授在科学研究方面取得突出成绩的同时，在教书育人方面也取得了令人瞩目的成就。他曾荣获浙江大学"竺可桢基金优秀教师奖"(1998 年)、浙江省"跨世纪学术带头人"培养人选(1999 年)、"浙江大学学生心目中最喜爱的老师"称号(2001 年)，2004 年再次获得"浙江大学学生心中最喜爱的老师"称号。他主讲研究生课程 4 门，迄今已培养硕士、博士各 8 人。

雷景新，1996 年博士，四川大学教授，山东省环保高分子材料及助剂工程技术研究中心主任。长期从事高分子材料领域的教学与研究，在高分子材料合成与改性、材料表面与界面和光化学等方面开展了大量的理论和应用研究工作，尤其是在增塑剂领域有很深的造诣。

张爱民，1997 年博士，南京大学化学化工学院教授，博士生导师。主要研究方向：纳米催化材料与环境化学有机废水处理，分子筛催化，纳米碳管的合成和应用，环境催化，物理化学。

瞿金平，华南理工大学副校长兼聚合物新型成型装备国家工程研究中心主任，教授、博士生导师，中国工程院院士。从事塑料成型加工技术、装备及其理论的研究与教学近 30 年，开展了大量开拓性工作，取得了多项具有原创性、实用性的重大成果。在主持国家"九五"重点科技攻关项目"聚合物动态反应加工技术及设备开发"中，将电磁场产生的振动力场引入聚合物反应挤出全过程，提出用振动力场控制聚合物反应过程及反应生成物的凝聚态结构与性能的创新方法，通过技术攻关，取得突破性的技术成果，使我国在该领域处于技术领先地位，该成果取得 8 个国家和地区的发明专利权，获国家技术发明二等奖和中国发明专利金奖。瞿金平是恢复高考第一届(七七级)大学生，1981 年和 1987 年先后取得华南工学院(现华南理工大学)塑料机械学士学位和轻工机械硕士学位，1999 年取得四川大学材料学(高分子材料)博士学位，师从徐僖院士。1982 年起先后被聘任为华南理工大学副教授、教授，曾担任华南理工大学工业装备与控制工程系主任、两届华南理工大学副校长。

管蓉，1999 年博士，四川大学教授、博士生导师。主要从事高分子材料结构性能、高分子材料加工、聚合物电解质功能膜材料、乳液聚合和胶黏剂方面的科研工作。

表 6.4 侯毓汾高分子谱系

第 1 代	第 2 代	第 3 代		第 4 代
第二代	第三代	第五代	第六代	第六代
侯毓汾(1937 年研究生，金陵大学；1939 年硕士，密歇根大学)	徐僖(1944 年学士，浙江大学；1948 年硕士，理海大学)	郭少云(1992 年博士，成都科技大学)		
		郑强(1994 年博士，四川联合大学和日本京都大学)		宋义虎[1](2000 年博士，浙江大学)
				彭懋[2](2001 年博士，浙江大学)
				上官勇刚[3](2005 年博士，浙江大学)
		雷景新(1996 年博士，四川大学)		
		张爱民(1997 年博士，四川大学)		
		瞿金平(1999 年博士，四川大学)		
		管蓉(1999 年博士，四川大学)		
		吴石山[4](2000 年博士，四川大学)		
			卢灿辉[5](2002 年博士，四川大学)	

注：1. 浙江大学高分子科学与工程学系教授、博士生导师。近年来，系统研究了小麦蛋白质溶液与凝胶的流变行为，在国际上首次制备了醇溶蛋白的分子凝胶，揭示了蛋白质凝胶网络的分维特性与凝胶动力学；研究了小麦蛋白质塑料与复合材料热成型加工、结构与性能，在国际上首次采用纤维素衍生物与小麦蛋白质复合，制备了性能可调的生物降解复合材料；研究了高分子均聚物、共聚物、共混物膜材料的真应力-微观应变-分子取向关系；首次建立了数百微米尺度上真应力、微观应变、红外二向色性同步测定方法，开创了高分子微观变形同步研究的新领域；系统研究了高分子导电复合材料的动态流变、自发热与导电性能，建立了高分子复合材料流变与导电性能同步测试方法；首次通过实验手段揭示了温度、剪切、高分子结晶等对复合材料渗流网络结构演化的影响，对高分子导电复合材料的工程应用具有重要的指导意义。

2. 浙江大学高分子复合材料研究所副教授。
3. 浙江大学高分子科学与工程学系副教授。
4. 南京大学化学化工学院教授。
5. 四川大学教授、博士生导师。

第四节　林一高分子谱系

林一，高分子化学家兼教育家。抗战时期他发明了用伐木后的松树根提炼柴油和汽油的代用品，并创建了炼油厂，解决了当时福建水陆交通的迫切用油问题。这一成就得到了当时省政府嘉奖。20 世纪 50 年代后，他是我国有机硅高分子及其材料的研究与应用的开拓者之一。长期担任中国科学院化学所有机硅研究室主任，在他指导下有 40 多项成果得到推广应用，并获得多项院级和国家级重奖；与此同时，一批优秀青年人才围绕他成长起来，林尚安院士是其中的代表。林一谱系有副教授及以上职称成员 10 多人。

一、第 1 代

林一（1911—1990），1928 年考入福建协和大学化学系；1932 年毕业后考入北京燕京大学研究生，从事结晶化学和反应动力学的研究；1935 年研究生毕业后又回到母校福建协和大学任讲师；1940 年起曾在福建研究院工业研究所任副研究员兼主任，福建省炼油厂兼厂长；1944—1947 年在福建研究院工业研究所任研究员、所长。抗战期间，面对日寇的侵略和经济封锁，他除了担负教学任务外，还苦心钻研，终于从松树根提炼出柴油和汽油的代用品，解决了当时福建的用油问题。这一工作对支持抗战有重要意义，获得了当时省政府和民众的高度评价。

1947 年他以优秀的成绩被选派赴美国留学，1950 年获宾夕法尼亚大学博士学位。由于当时的环境他无法马上回国，在一些大学和公司中担任副教授和高分子研究组组长等职。于 1956 年回到祖国，历任中国科学院化学所研究员，第五研究室主任，开创了有机硅高分子的研究。他坚持理论联系实际，积极热情地承担国家任务，对我国经济和国防建设做出了贡献。他曾任中国科技大学教授和高分子化学教研室主任，为办好科技大学和提高青年教师的学术水平做出了重要贡献，为我国培养了一批高分子化学方面的人才，特别是有机硅高分子化学方面的研究人才。

二、第2代

林尚安(1924—),高分子化学家。长期从事高分子合成、结构性能与功能高分子等领域的研究,研制出新型多功能高效催化剂,用于合成出超高分子量聚乙烯和乙烯气相高效聚合及多种烯烃之间的共聚合。首创含稀土钛催化剂和多种新型茂金属催化体系,用于分子设计柔性聚合反应,合成出多种等规和间规聚苯乙烯及共聚物,并研究其配位聚合机理与动力学。此外,对聚烯烃改性、合成功能高分子分离膜等方面的研究,也取得了成果。他曾任广东省化学会理事长多年,该学会曾6次被评为先进学会。

林尚安1942—1946年在厦门大学化学系读本科,1946年毕业后入福建省研究院工业研究所读研究生,次年转学岭南大学化学系继续求学。1950年毕业,获硕士学位,随后留校任岭南大学助教,历任中山大学化学系讲师、副教授、教授,1978年后任化学系主任、高分子研究所所长。他任中山大学高分子研究所所长长达13年,为高分子研究所的建设和发展做出了重要贡献。1993年11月当选中国科学院院士。林尚安长期执教于中山大学,担任硕士和博士研究生导师,至今坚持在第一线指导研究生,已培养出博士研究生19名、硕士研究生34名。

三、第3代

林尚安弟子

黄乐览,1977届学士,现任中山大学化学与化学工程学院党委书记,研究员。主要从事绿色化学研究。

伍青,1989年博士,林尚安、[美]杨南乐共同指导,中山大学高分子研究所教授、博士生导师。主要研究方向:高分子优质材料与功能高分子,新型高分子材料合成与性能,烯烃催化聚合,过渡金属配合物设计及催化。

徐迎宾,1990年博士,广州科苑新型材料有限公司董事长、总经理。

周长忍,1993年博士,一直在暨南大学工作,曾先后担任生物医学工程研究所副所长,化学系党总支书记,生命科学技术学院副院长,现任理工学院党委书记、副院长,材料科学与工程系主任。主要研究方向:生物材料和组织工程支架材料的研究与开发。

张子勇，1994年博士，暨南大学材料系教授、博士生导师。主要研究方向：高分子材料。

祝方明，1996年博士，历任中山大学化学与化学工程学院高分子研究所讲师、副教授、教授。主要研究方向：烯烃催化聚合，高性能聚烯烃纳米复合材料，新型高分子合成及自组装反应。

四、第4代

伍青弟子

谢美然，1999年博士，林尚安、伍青共同指导，华东师范大学化学系教授、高分子化学与物理专业博士生导师。主要研究方向：高分子分子设计与催化聚合、纳米高分子材料等。

表6.5 林一高分子谱系

<table>
<tr><th>第1代</th><th>第2代</th><th colspan="2">第3代</th><th colspan="2">第4代</th></tr>
<tr><th>第二代</th><th>第三代</th><th colspan="2">第五代</th><th colspan="2">第五代</th></tr>
<tr><td rowspan="7">林一（1932年学士，福建协和大学；1935年研究生，燕京大学；1950年博士，宾夕法尼亚大学）</td><td rowspan="7">林尚安（1946年学士，厦门大学）</td><td>林尚安、[美]杨南乐</td><td>伍青（1989年博士，中山大学）</td><td>林尚安、伍青</td><td>谢美然（1999年博士，中山大学）</td></tr>
<tr><td colspan="2">徐迎宾（1990年博士，中山大学）</td><td colspan="2"></td></tr>
<tr><td colspan="2">周长忍（1993年博士，中山大学）</td><td colspan="2"></td></tr>
<tr><td colspan="2">张子勇（1994年博士，中山大学）</td><td colspan="2"></td></tr>
<tr><td colspan="2">祝方明（1996年博士，中山大学）</td><td colspan="2"></td></tr>
<tr><td colspan="2">方玉堂[1]（1999年博士，中山大学）</td><td colspan="2"></td></tr>
<tr><td colspan="2">黄启谷[2]（2000年博士，中山大学）</td><td colspan="2"></td></tr>
</table>

注：1. 华南理工大学传热强化与过程节能教育部重点实验室副研究员。
2. 北京化工大学材料科学与工程学院教授。

第五节 唐敖庆高分子谱系

唐敖庆曾在高分子反应统计理论领域取得过杰出的研究成果。1956年，在国家《十二年科学技术发展规划》的鼓舞下，唐敖庆为解决国家建设急需的高分子材料合成和改性问题，转而从事高分子反应与结构关系的研究，与他的高分子物理化学研究集体（包括学术讨论班的学员）一起，对高分子主要反应中的缩聚、交联与固化、加聚、共聚以及裂解等逐一进行深入研究。把凝胶化理论发展成为溶胶凝胶分配理论，引入易测定的溶胶反应程度概念，使研究范围从凝胶点以前扩展到全过程；利用临界反应程度与最大反应程度的概念，使理论预测范围从凝胶点扩展到凝胶区间和凝胶面；引入相应校正参数，删去等活性与内环化的假定，形成了完整的高分子固化理论，在国内涂料与固体推进剂工业中得到广泛应用。在加聚反应领域内提出了一种用概率论求解动力学方程的新方法，在Ricatt 方程求解上做出了贡献，归纳为图形分析的方法，发展成为反应机理与分子量分布关系的统一理论，并由此推导出共聚物链段分布与分子量分布函数。高分子反应五个方面的工作形成具有明显特色的体系。高分子反应统计理论的建立与发展，为高分子结构与反应参数间建立定量关系，为设计预定结构的产物确定反应条件与生产工艺及配方提供了理论依据。他和他的研究集体，30 年来在高分子反应统计理论领域辛勤耕耘，其主要研究成果“缩聚、加聚与交联反应统计理论”获 1989 年国家自然科学奖二等奖。随着研究的开展和成果的取得，唐敖庆也指导和锻炼了一批高素质的高分子专家，如我国著名高分子化学家汤心颐、沈家骢、姜炳政和颜德岳等。中科院院士张希等是唐敖庆高分子谱系第三代中的代表人物。唐敖庆谱系有副教授及以上级别成员近 40 人。

一、第 1 代

唐敖庆（1915—2008），1956 年，为解决国家建设急需的高分子材料合成和改性问题，转而从事高分子反应与结构关系的研究。1958—1960 年，在长春主办了以学术前沿重大课题为研究方向的高分子物理化学学术讨论班。在这个讨论班上，唐敖庆在国内首先开出了高分子物理化学方面的系列课程。1953—1966 年，唐敖庆先后指导过数十名高分子物理化学专业研究生，加上高分子物理化学学术讨论班，涌现出一批如沈家骢、颜德岳、汤心颐等具有高水平的学术领导人。此外，在 1988 年、1989 年的暑期，他又在长春举办了长春地区和全国的高分子标度理论讲习班等。1978 年恢复研究生制度以来，他又陆续培养了多名高分子方向的硕士和博士研究生。（另见第四章第十节唐敖庆物理化学谱系。）

二、第2代

沈家骢(1931—),著名高分子物理学家,中科院院士。长期从事聚合反应统计理论及微观动力学、透明聚合物树脂、超分子组装与功能、高分子信息材料和人工模拟酶等方面的研究。运用模型与概率函数建立了反应机理与分子量分布的定量关系;链段模型结构按分子模型处理建立了较完整的共聚反应统计理论;用顺磁共振研究了本体聚合中自由基的变化,提出了扩散模型,为聚合反应工程学提供了理论依据;后来,又在浙江大学高分子学科开展了生物界面与聚合物仿生材料研究,开发了JD系列光学塑料,研究了微凝胶为核的星型共聚物并制成纳米级高分子微粒和超薄功能膜,可作为分子器件的重要基材;用带电荷高分子载体调节酶的微环境,使两种性质各异的酶在同一反应器内反应。

沈家骢1949年入读浙江大学,1952年提前毕业。同年分配到长春东北人民大学,在唐敖庆、蔡镏生、关实之、陶慰荪等教授领导下,筹建化学系,历任室秘书、系秘书、系主任、副校长等职。他在承担繁重的行政、社团工作的同时,仍能认真进行教学与科研工作,在聚合反应动力学及增长自由基性质方面开展科研,开设过有机化学、有机分析、有机结构理论、高分子化学、高分子物理、高分子统计理论等本科生、研究生课程。

20世纪60年代后期,沈家骢在唐敖庆教授指导下开展了加聚反应统计理论研究,用概率论方法推导基元反应的概率函数。这些概率的乘积就是动力学方程的解——分子量分布函数。这个方法十分简便,有普遍意义;用容易实测的转化率作为隐函数,使上述表达式的参数由3个简化为1个,并用蒙特·卡罗方法求解多重积分,从而编出全部计算的软件。上述成果构成比较完整的加聚反应统计理论。他将共聚物中链段当作分子来处理,将加聚反应统计理论推广到共聚体系,从而一步写出共聚物多元组浓度的表达式,得到较完整共聚反应统计理论。80年代开始,他领导的集体开始研究物理状态对化学反应的影响,充分运用ESR分析本体聚合体系中增长自由基的结构及微环境,从而提出加聚反应扩散控制的物理图像。他十分重视实验验证,为建立分子量分布测定方法,在凝胶渗透色谱的标准样品合成与表征、高效色谱填料及填充柱上做了大量工作,填补了国内空白。上述成果获国家自然科学二等奖1项,国家发明三等奖1项,以及部委奖多项。80年代后期,沈家骢开展了功能高分子材料的研究,在聚合物超薄膜和高折射率光学塑料等两个领域做了系统的工作，从凝胶为核星型接枝共聚物为基础的两亲性高分子开发了“浮萍”与“倒浮萍”型聚合物超薄膜，以及正负离子相吸引为基础的分子交替沉积膜等两种薄膜，由此展开了自组装膜与超微粒、酶复合膜等体系的工作，开发新的酶固定化技术与选择性电极，可成为分子器件的重要基材。在这两方面已形成独有的特色。高折射率光学塑料的研究也取得较大进展。80 年代沈家骢在上述工作的基础上深入超分子化学领域，创建了超分子结构与谱学教育部开放实验室，并多次主持超分子体系国际研讨会及香山会议。他发表论文 200 余篇，合著专著 3 部，专利 4 项。

颜德岳(1937—)，高分子化学家，上海交通大学教授。他在前人工作的基础上，发展了聚合反应非稳态动力学理论，建立了从反应机理和反应条件计算聚合物分子参数的方法。获上海市科技进步(基础研究类)一等奖(1998 年)、国家自然科学四等奖(1999 年)，并作为“高分子缩聚、加聚和交联反应的统计理论”的共同得奖人获国家自然科学二等奖(1989 年)。此外，他还和合作者一起推导出链分子均方回转半径的普适公式，建立了高分子构型-构象统计理论。据不完全统计，颜德岳教授已在高分子科学的许多著名刊物上发表了 300 多篇学术论文，尤其是近两年来，他在 *Science* 等影响因子高于 6 的刊物上发表了 6 篇学术论文。其中，颜德岳教授及其博士生周永丰、侯健在 2004 年 1 月 2 日的 *Science* 杂志上发表了题为“Supramolecular Self-Assembly of Macroscopic Tubes”的学术论文，在国际上率先报道了宏观分子自组装现象，由一类新型的、不规则的超支化共聚物自组装得到了厘米长度、毫米直径的多壁螺旋管，将自发超分子自组装研究领域拓展到宏观尺度，使我国在该研究领域处于国际领先的地位，这些理论研究成果已被 SCI 刊物广为引用。他长期担任国际学术刊物 *Macromolecular Theory and Simulation* 的编委，近年来又带领学生开展多项研究工作，取得了突出成果。

1961 年毕业于南开大学化学系，1965 年吉林大学化学系研究生毕业，2002 年获比利时天主教鲁汶大学自然科学博士学位。2005 年当选中国科学院院士。2008 年受聘青岛科技大学特聘教授。颜德岳教授 20 世纪 60 年代初期在吉林大学化学系研究生班学习，是我国著名理论化学家唐敖庆院士的研究生。早期主要从事理论化学研究。他曾讲授统计热力学、聚合反应原理等课程，指导研究生 50 多名，被评为 2004 年“上海市优秀教育工作者”。

三、第3代

（一）沈家骢弟子

沈家骢1952年参加工作，在教育工作战线工作50余载，他教书育人，硕果累累。1978年以来，沈家骢已经培养了70余名博士和博士后，他始终鼓励年轻人不断进取，到国际科学前沿上去竞争，他的学生中已经有两人成为教育部长江学者奖励计划特聘教授、6人成为国家自然科学基金委杰出青年基金获得者、3人入选中科院"百年计划"、3人入选教育部跨世纪优秀人才培养计划、1人获得全国百篇优秀博士论文，50余人成为教授、副教授，真可谓桃李满天下。

周慧，1989年博士，吉林大学生命科学学院教授、博士生导师。主要研究领域为考古DNA和多种蛋白的研究。

马於光，1991年博士，吉林大学教授，博士生导师。主要从事功能高分子研究，光电功能高分子的合成与电致发光器件。

张希，1992年博士，高分子化学家，清华大学化学系教授，中科院院士，是清华大学高分子化学与物理领域的学术带头人。主要从事聚合物的各种组装技术研究。发展了基于分子间不同相互作用的界面分子组装方法，实现多种构筑基元的有序组装，并用以制备有机薄膜材料和功能表面。基于弱相互作用的协同效应，构筑了稳定的组装体系；通过微环境调节，制备了可逆功能超分子材料。基于单分子力谱技术，研究聚合物体系的分子内和分子间相互作用，为从单分子水平认识分子结构、超分子结构及组装驱动力提供了实验依据。获1998年香港求是"杰出青年学者奖"、2004年国家自然科学二等奖等多项奖励。

李峻柏，1992年博士，沈家骢、[德]赫尔穆特·莫瓦德(Helmut Möhwald)共同指导，中科院化学所研究员、博士生导师，中科院胶体、界面与化学热力学重点实验室主任。主要从事界面结构控制下有序膜组装和纳米材料的制备研究。

孔维，1994年博士，沈家骢、李惟教共同指导，吉林大学生命科学学院院长，吉林大学"艾滋病疫苗国家工程实验室"主任。

张瑞丰，1995年博士，宁波大学研究员。主要从事大孔型功能材料的研究以及高分子分离膜材料的产业化开发。

高芒来，1995年博士，中国石油大学教授，博士生导师。主要研究胶体与界面化学、材料化学。

高明远，1996年博士，中科院化学研究所研究员、博士生导师。主要研究方向：功能无机纳米晶体材料的合成，纳米晶体材料的生物应用，有机/无机杂化材料。

高长有，1996年博士，沈家骢、杨柏共同指导，浙江大学高分子系教授、博士生导师。主要从事生物医用高分子研发。

孙景志，1999年博士，浙江大学材料与化工学院高分子科学与工程学系教授。研究方向：基于三键单体的功能大分子的设计合成，生物电子学，有机半导体的光-电子过程。

（二）颜德岳弟子

周志平，1998年博士，江苏大学材料学院副院长。主要研究领域：高分子材料结构、高分子物理化学。

四、第4代

张希弟子

薄志山，1997年博士，沈家骢、张希共同指导，中国科学院化学研究所研究员、博士生导师。主要研究方向：功能树枝状分子共轭高分子的合成及光电性能，新型两亲性大分子的合成及其超分子组装。

李宏斌，1998年博士，沈家骢、张希共同指导，加拿大不列颠哥伦比亚大学教授。

表6.6 唐敖庆高分子谱系

第1代	第2代	第3代	第4代	
第三代	第四代	第五代	第六代	第六代
唐敖庆(1940年学士，西南联大，师从曾昭抡；1949年博士，哥伦比亚大学，师从哈尔福德)	汤心颐(1950年学士，燕大)(见冯新德谱系)			

（续表）

第1代	第2代	第3代	第4代	
第三代	第四代	第五代	第六代	第六代
	沈家骢（1952年学士，浙江大学）	周慧（1989年博士，吉林大学）		
		马於光（1991年博士，吉林大学）		张志明[1]（2000年博士，吉林大学）
				解增旗[2]（2009年博士，吉林大学）
		张希（1992年博士，吉林大学）		薄志山（1997年博士，吉林大学）
				李宏斌（1998年博士，吉林大学）
				熊辉明[3]（2000年博士，吉林大学）
				孙俊奇[4]（2001年博士，吉林大学）
				崔树勋[5]（2004年博士，吉林大学）
				石峰[6]（2009年博士，清华大学）
		李峻柏（1992年博士，吉林大学）		
		孔维（1994年博士，吉林大学）		
		张瑞丰（1995年博士，吉林大学）		
		高芒来（1995年博士，吉林大学）		
		高明远（1996年博士，吉林大学）		
		高长有（1996年博士，吉林大学）		
		孙景志（1999年博士，吉林大学）		

（续表）

第1代	第2代	第3代	第4代	
第三代	第四代	第五代	第六代	第六代
		林权[7]（2000年博士，吉林大学）		
		刘俊秋[8]（2000年博士，吉林大学）		
			张应玖[9]（2001年博士，吉林大学）	
			崔占臣[10]（2001年博士，吉林大学）	
			陆广[11]（2002年博士，吉林大学）	
			刘宇[12]（2004年博士，吉林大学）	
	姜炳政（1958年学士，东北人民大学）（见钱保功谱系）			
	颜德岳（1961年学士，南开大学；1965年研究生，吉林大学）	周志平（1998年博士，上海交大）		
			高超[13]（2001年博士，上海交大）	
			朱申敏[14]（2001年博士，上海交大）	
			朱新远[15]（2001年博士，上海交大）	
			李勇进[16]（2002年博士，上海交大）	
			李景烨[17]（2002年博士，上海交大）	
			黄卫[18]（2003年博士，上海交大）	

（续表）

第1代	第2代	第3代	第4代	
第三代	第四代	第五代	第六代	第六代
			周永丰[19]（2005年博士，上海交大）	
			孔浩[20]（2007年博士，上海交大）	

注：1. 中国海洋大学副教授。
2. 全国百篇优秀博士论文作者。
3. 上海交通大学化学化工学院研究员。
4. 吉林大学化学学院、超分子结构与材料教育部重点实验室教授、博士生导师。2010年受聘吉林大学“唐敖庆特聘教授”。
5. 成都西南交通大学材料先进技术教育部重点实验室教授、博士生导师。
6. 全国百篇优秀博士论文作者。
7. 吉林大学化学学院教授，高分子系副主任。
8. 吉林大学化学学院教授、博士生导师。
9. 吉林大学分子酶学工程教育部重点实验室教授、博士生导师。
10. 吉林大学教授、博士生导师。
11. 苏州大学功能纳米与软物质研究院教授、博士生导师。
12. 天津大学副教授。
13. 浙江大学高分子系教授、博士生导师，获2005年全国(百篇)优秀博士学位论文奖。
14. 上海交通大学教授、博士生导师。
15. 上海交通大学化学化工学院教授、博士生导师，上海交通大学分析测试中心副主任。
16. 日本产业技术综合研究所终身研究员，现任杭州师范大学材料与化学化工学院教授。
17. 浙江中科辐射高分子材料研发中心研究员，辐射化学与辐照技术研究室副主任。
18. 上海交通大学研究员。
19. 上海交通大学教授、特别研究员。
20. 2007年全国百篇优秀博士论文作者。

第六节　钱保功高分子谱系

钱保功，高分子化学和高分子物理学家，他为开创我国高分子科学研究新领域，开发中国自行研究的合成橡胶和辐射高分子材料，培养科技人才，付出了全部精力。他善于拓展具有发展前途的学科，提出高聚物固体反应的“点-链-片-体”模式，发表了一批具有影响的论著，培养了一批优秀科研人才，如著名高分子物理化学姜炳政。钱保功谱系有副教授及以上职称成员20余人。

一、第1代

钱保功(1916—1992)，1935—1940年先后在交通大学、武汉大学化学系学习，获理学学士学位。1940 年钱保功开始从事科学技术工作时，正值抗日战争的相持阶段，大后方缺乏石油资源，他从事以植物油为原料热裂解制备汽油、煤油、柴油等动力油料的试验，负责中共地下党经营的工厂土法炼油技术的改造，采用分馏法提高油品质量，在同行中居领先地位，分别任重庆动力油料厂研究生、助理工程师，重庆兴华油脂公司涪陵炼油厂工程师。1947 年在美国纽约布鲁克林综合理工学院高分子研究生院学习。当时高分子学科正属初创时期，他作为高分子学科的奠基人之一 H. 马克(Herman Francis Mark, 1895—1992)教授创建的第一个高分子研究所的中国研究生，在弹性高分子的动力学研究上有独到见解，获得导师的好评并以此作为研究方向，获化学硕士学位。

1949 年回国后，曾任上海化工厂、沈阳化工局研究室工程师。1950 年着手开始合成橡胶的研究，1951 年任中国科学院长春应用化学研究所研究员，先后担任合成橡胶研究室、高分子辐射化学研究室、高分子物理研究室主任，1961 年任该所副所长。1981 年后历任中国科学院武汉分院副院长、院长，波谱与原子分子物理国家重点实验室顾问，兼湖北省化学研究所所长、名誉所长，上海交通大学、武汉大学、吉林大学、深圳大学等兼职教授，国务院学位委员会首批批准的博士生导师。

1951 年，他带着丁苯橡胶实验室研究成果来到长春，参与并组织了中国科学院长春应用化学研究所合成橡胶的研究课题，研制成功丁苯橡胶，奠定了国内合成橡胶研究的基础。20 世纪 60 年代推出顺丁橡胶，开创了我国第一个自行研究、设计和生产的通用合成橡胶品种。这项成就不仅满足了国内大品种合成橡胶的急需，而且部分产品出口。长春应用化学研究所与其他单位合作开发的镍系顺丁橡胶聚合新技术，与兰州化学物理研究所丁烷脱氢制备丁二烯新技术相互配套，获得国家科技进步奖特等奖。1960 年，钱保功组织领导科技人员在长春应用化学研究所建成了我国第一个用于科学研究的大型钴源，开展甲醛、乙醛、烯烃等单体的辐射聚合，聚四氟乙烯、苯乙烯的辐射接枝，离子交换树脂等高分子的辐射效应，聚乙烯和含氟材料的辐射交联等研究，并在长春主办了全国第一届辐射化学学术会议，从而确立了我国高分子辐射化学科学研究在国际上的地位。

钱保功一贯重视基础科学的研究，并注意抓住有应用前景的基础性课题。20 世纪 50 年代，他领导了高聚物黏弹性能的研究，1957 年赴苏联参加高分子化学与物理报告会，作《天然橡胶的黏弹性》的专题报告；60 年代，他在高聚物黏弹性工作的基础上，总结国内外科研成果，编著《高聚物的转变和松弛》一书，这是国内这一方面的唯一专著。他以高分子固态转变和反应的独到的理论见解，论述了这类反应中的“点-链-片-体”模式的特点和规律，并进行动力学分析。运用这一理论，他领导和开创了由聚丙烯腈改性制备高强度、高量碳纤维的一系列工作，其成果已在工厂投产。由此，发展了高聚物结晶动力学理论，开辟了高分子阻尼材料这一重要科研方向，采用超导高分辨固体核磁新技术开展高聚物高分子运动方面的研究等，争取扩展现有高分子材料的用途，创制具有指定性能的新型高分子材料。

二、第2代

钱保功一贯重视人才培养，善于发现青年科技人才，满腔热忱培养他们成长。他所开创的各分支学科后继有人，青出于蓝而胜于蓝。早在20世纪50年代，他就兼任吉林大学高分子教研室主任，为新一代大学生讲课，编译教材及参考书。60年代以来，他培养了一批博士生、硕士生和科技人员，遍布全国各地。在“文化大革命”中他身遭迫害，仍然鼓励科技人员边学习边工作。钱保功对科学事业的追求几十年如一日，很多译著正是他身处逆境时译写而成的。粉碎“四人帮”之后，他活跃于国内外科技界，充分利用各种途径培养人才，并指导年轻同志开辟新的研究领域，他一生中培养了几代高分子科学人才。

梁映秋(1933—　)，吉林大学教授、博士生导师。主要研究成果：研究功能和生物相关的二维有序分子膜的组装、结构和性能，提出无刚性片断单链两亲分子的亲水头基，通过氢键、离子键、配位键的相互作用，诱导疏水尾链平行聚集形成双分子膜的新机制；通过成膜分子结构的巧妙设计，可将此机制从水相推广到有机相，形成双头基、金属配位、共轭聚合物、配位聚合单分子膜和有机凝胶(反双分子膜)，展现了分子组装可在任何介质中进行的前景；首先成功地应用表面增强拉曼散射(SERS)和原位界面红外反射吸收(IRRAS)技术，探讨气/水界面核脂单层亲水核碱头基与亚相互补碱基的专一性识别和长链-L-丙氨酸单分子膜的手性识别效应；给出了界面核酸碱基配对的微观相互作用及识别过程的键合方式(A═T, G≡C)和氨基酸同手性识别结构，并为DNA在室温条件下研究其光化学反应成为可能。发表论文200余篇，编著《分子振动和振动光谱》，获2004年度教育部提名国家科学技术奖自然科学一等奖。

姜炳政(1933—　)，高分子物理学家。在高聚物辐射化学领域，用散射方法研究高聚物和嵌段共聚物形态结构和高分子共混体系相分离与结晶过程；在用橡胶增韧塑料和有机/无机纳米杂化材料等方面做出了贡献。

1954年姜炳政考入东北人民大学化学系——其兄姜炳南(已故,中国科学院大连化学物理所研究员)对他的帮助和影响很大,支持和鼓励他继续进入大学学习。大学四年,他勤学好问,注意阅读参考书籍,积累了广博的知识。先后听过著名化学家唐敖庆、江元生、孙家钟等教授的授课,深受这些理论化学家严谨、创新精神的影响。出于对化学发展趋势的敏锐洞察力,姜炳政选择了当时兴起不久的高分子化学为专业课,高分子物理化学为专门化课,1958年4月被分配到中国科学院长春应用化学研究所作大学毕业论文,题目为"聚乙烯紫外光光敏交联",毕业后留在该所。他师从钱保功教授,钱先生的启发式教育,放手鼓励独立工作和学术民主的作风,给予姜炳政广泛学习、深入工作的良好环境,对其影响深远。他现在对研究生实行的、深受学生欢迎的指导方法就是钱保功优良作风的再现。由于姜炳政在聚乙烯光交联和聚丙烯腈改性处理物的磁电性能的研究方面的突出表现,1962年受到钱保功的推荐并通过了所领导考核,破格提拔为助理研究员。这在当时的应化所是很少见的。

1979年姜炳政被德国洪堡基金会录取为奖学金生。他选择了去德国美因茨大学物理化学研究所费歇尔(Erhard Wolfgang Fischer, 1929—2011)教授实验室学习,主要从事和进修用散射方法研究高分子形态和结构方面的工作。费歇尔教授当时论文虽不过百篇,但已是国际高分子物理界的著名学者,他学识渊博、学风严谨,实验和理论并重,思维敏捷、要求严格,对姜炳政回国以后的成长起了很大的作用。在该实验室,姜炳政一方面选择了当时最新发展起来的用中子散射方法研究聚碳酸酯的题目,同时又考虑到我国国情,另外用X射线小角散射方法研究其结晶和熔融。他还特别注意参加该所大量的学术活动,积极广泛吸取各方面的知识,在与教授和同行们的交流中开阔了眼界,拓宽了思路,对当时高分子物理的前沿问题有了进一步深入的了解。在德国工作和学习的这段经历对其回国后开展国内的研究工作的帮助很大。

姜炳政回国后,继续以更大的热情投身于科学研究工作,先后进行了一系列科研项目,并取得了丰硕的成果,得到了来自各方面的奖励。除了在改革开放以前参加的项目,如共聚甲醛的研究、碳纤维的研究,获得中国科学院重大成果奖外,还获得中国科学院自然科学一等奖(1998年)和中国科学院科技进步三等奖(1989年)。

因姜炳政在学术上的显著成果,1986年,当他还是副研究员时,即被国务院学位评定委员会破格批准为博士生导师。姜炳政鼓励研究生勇于探索实践,大胆创新,注重科学研究方法;主张学生在学习期间打好理论、实验、外语和计算机的基础;在阅读文献时,注意培养自己的判断能力,勇于提出研究问题的科学方法和解决问题的思路。他已指导了30多名硕士生、博士生和博士后,这些学生都没有辜负他的辛勤教育和培养,具备了独立科研的能力,并适合时代的发展需要。目前他们中绝大部分在国外工作,回国的也已成为科研战线的骨干。

陈用烈,1966年研究生,中山大学化学与化学工程学院教授,副院长、高分子研究所所长。主要研究方向:高分子辐射(光)化学,感光功能高分子。

刘家础,1968年研究生,美国双星(Gemini)公司的高级研究员。研究领域:金属有机化学、新型金属有机催化剂的合成与评价、聚合物工业开发等。

三、第3代

(一) 梁映秋弟子

张韫宏,1991年博士,北京理工大学理学院教授,学科特区化学物理研究所常务副所长。研究领域:结构化学,分子谱学,气溶胶物理化学,超分子化学,大气物理化学,胶体界面化学。

赵冰,1992年博士,吉林大学超分子结构与材料国家重点实验室超分子体系谱学研究部部长,吉林大学化学学院分析化学专业博士生导师。主要从事分子组装体的光谱学(拉曼、红外、紫外可见和荧光光谱)研究。

李正强,1994年博士,中国科学院遥感应用研究所环境遥感应用技术研究室主任,中国环境科学学会环境信息系统与遥感专业委员会秘书长,中国科学院"百人计划"入选者,中国环境科学学会青年科技奖获得者。主要从事大气气溶胶遥感及环境影响评估。

杜学忠,1998年博士,南京大学教授。主要研究胶体与界面化学、生物物理化学。这是化学、生物、材料等学科交叉的领域,处于生命科学与材料科学的交界,是将生物功能器件化的重要桥梁。以分子光谱学(红外、拉曼、紫外可见、荧光光谱等)和现代先进谱学(表面等离子共振、原子力显微镜、原位红外反射吸收光谱等)为主要手段模拟研究生物膜的自组织特征和识别性能,组装功能超分子聚集体。

(二) 姜炳政弟子

梁好均,1990年博士,中国科学技术大学高分子科学与工程系教授。主要从事高分子材料设计、制备、高分子凝聚态物理和生物物理中的理论与计算研究。

安立佳，1992 年博士，中国科学院长春应用化学研究所高分子物理与化学国家重点实验室研究员、博士生导师，所长。研究领域：高分子复杂体系多尺度模拟，高分子非晶态液-固相转变，高分子统计热力学。

甘志华，1993 年博士，北京分子科学国家实验室研究员。主要研究方向：生物高分子材料。

姜伟，1997 年博士，中国科学院长春应用化学研究所高分子物理与化学国家重点实验室研究员。主要研究方向：大分子自组装体的结构及其调控，高分子材料高性能化及结构与性能关系。

刘长海，1997 年博士，江苏宝立泰新材料科技有限公司总经理兼技术总监。

李杲，1997 年博士，长春应化所研究员、博士生导师。研究领域：聚合物电子晶体学，聚合物形态结构，有机共轭材料的形态结构及功能。

王志刚，1998 年博士，中科院化学所研究员、博士生导师。主要研究方向：高分子多组分体系相态结构，高分子材料的外应力下结晶行为，高分子共混物，复合物流变学。

董德文，1999 年博士，东北师范大学化学学院教授、博士生导师。主要研究方向：有机合成化学、有机功能材料。

表 6.7　钱保功高分子谱系

第 1 代	第 2 代		第 3 代	
第三代	第三代	第四代	第五代	第六代
钱保功（1940 年学士，武汉大学；1949 年硕士，纽约布鲁克林综合理工学院，师从 H. 马克）	程镕时（1949 年学士，金陵大学）			
		廖世健（1952 年学士，沪江大学；1954 年研究生，长春应化所）		
		梁映秋（1955 年学士，北京大学）	张韫宏（1991 年博士，吉林大学）	
			赵冰（1992 年博士，吉林大学）	
			李正强（1994 年博士，吉林大学）	

(续表)

第1代	第2代		第3代	
第三代	第三代	第四代	第五代	第六代
			杜学忠(1998年博士,吉林大学)	
			李春[1](1998年博士,吉林大学)	
			王雪芬[2](2000年博士,吉林大学)	
			庞树峰[3](2000年博士,吉林大学)	
				罗序中[4](2002年博士,吉林大学)
				吴仲岿[5](2002年博士,吉林大学)
		姜炳政(1958年学士,东北人民大学,师从E. W. 费歇尔)	梁好均(1990年博士,长春应化所)	
			安立佳(1992年博士,吉林大学)	
			甘志华(1993年博士,长春应化所)	
			姜伟(1997年博士,长春应化所)	
			刘长海(1997年博士,长春应化所)	
			李杲(1997年博士,长春应化所)	
			王志刚(1998年博士,长春应化所)	
			董德文(1999年博士,长春应化所)	
				陈延明[6](2002年博士,长春应化所)
		陈用烈(1966年研究生,长春应化所)		

（续表）

第1代	第2代		第3代	
第三代	第三代	第四代	第五代	第六代
		刘家础（1968年研究生，长春应化所）		

注：1. 清华大学化学系副研究员。
2. 东华大学材料学院高分子材料系纤维材料改性国家重点实验室研究员、博士生导师。
3. 北京理工大学教授。
4. 赣南师范学院化学与生命科学学院副院长，硕士研究生导师。
5. 武汉理工大学材料科学与工程学院高分子材料系教授。
6. 沈阳工业大学石油化工学院教授。

第七节 钱人元高分子谱系

钱人元，物理化学家、高分子物理学家，素以对新事物敏感、善于开拓边缘学科新领域著称。他开拓了中国的高分子物理与有机固体电导和光导的应用基础研究，并结合实际在丙纶纤维的开发等工作中做出了重要贡献。他在中科院上海有机所、中科院化学所及中国科技大学等单位长期指导青年研究人员及研究生，培养了一大批优秀科研人才，如高分子物理化学家施良和、高分子物理及物理化学家程镕时等。钱人元谱系拥有副教授及以上职称成员近30人。

一、第1代

钱人元(1917—2003)，1931年进入苏州中学化工科学习，该校有实验工厂供学生实习，由此，他体会到课本上学习到的知识与实验相结合的重要性。1935年从化工科毕业，进入浙江大学化学系。由于他爱好无线电，在业余时间自行装设了短波无线电电台（无线电报），曾先后与国内各地及日本、菲律宾、新西兰等地的业余无线电电台对话。为了进一步钻研无线电方面较深奥的问题，他选修了电磁学，不久又选修了近代物理和光学等课程。由于他在物理课程所取得的优异成绩，1939年在化学系毕业后，破例被留校任物理系助教，并在王淦昌教授指导下进行研究工作。当时，正值国际上发现铀核分裂，他写了一篇这方面的文章，发表在《科学》上。钱人元从无线电爱好者继而向物理学发展，王淦昌对他的影响很大。1940—1943 年任西南联合大学理化系助教及教员。这期间，他一直旁听物理课程，并曾在张文裕教授指导下做过一些实验。这时，正值抗日战争期间，学校经费困难，实验室十分缺乏仪器、设备。为此，他曾自制电磁继电器、恒温水浴、恒温细菌培养器等。1943 年钱人元赴美国留学。他先在加州理工学院化学系学习了一个学期，1944—1947 年至威斯康星大学化学系做研究生并任研究助教。其间，他在该校学了诸多物理课程和数学课程。其中，阿特勒(F. Adler)教授讲授的理论物理和兰格(Rudolf Ernest Langer, 1894—1968)教授的复变函数等课程对他以后学术上的影响很大。1947—1948 年他又到艾奥瓦州立大学化学系学习一年。在美国留学几年间，博采诸家之长，为后来从事边缘学科研究打下了坚实的基础。

1948 年新中国成立前夕，钱人元毅然回到祖国，满腔热情地投身到祖国科学事业的创建工作中。1948—1949 年在厦门大学化学系任教授级讲席，1949—1951 年回到母校浙江大学化学系任副教授，1951—1953 年任中国科学院物理化学研究所研究员，1953—1956 年任中国科学院上海有机化学研究所研究员。1953 年开始涉足高分子物理研究领域。当时，高分子物理学在国内还是一片空白，没有实验仪器、设备，钱人元自力更生进行研制，仅仅 4 年时间，就建立起当时国际上正在使用的各种仪器和方法，其测试结果达到当时的国际先进水平。1956 年，上海有机化学研究所的高分子部分迁往北京，他改任中国科学院化学研究所研究员，负责高分子物理方面的学术领导工作；1977—1981 年任副所长；1981—1985 年任所长。根据国家经济建设的需要，他不断开拓新领域，同时注重理论联系实际，解决生产中的难题，为丙纶纤维的开发做出了重大贡献。钱人元还为中国高分子物理和有机固体电子性质的研究培育了一大批人才。1956—1981 年任中国科学院化学研究所研究员、副所长。1980 年 11 月当选中国科学院化学部学部委员。1981—1985 年任中国科学院化学研究所所长。

钱人元在繁忙的科研工作外，积极从事教育及科普工作。1958 年中国科技大学成立，钱人元是该校高分子物理教研室的创建人，在国内率先奠定了高分子物理科技人才的培养基地。他所讲的课，由他的学生整理成《高聚物的结构与性能》教学参考书，1981 年由科学出版社出版，成为国内高分子科学工作者最重要的中文书籍之一。1957—1958 年在北京大学教授仪器电子学课，为化学系师生弥补了必要的电子学知识。1958 年，国内高分子工业和研究飞速发展，他及时组织全国性高聚物分子量测定学习班(共 3 次)，讲课资料写成专著《高聚物的分子量测定》，由科学出版社出版，是当时国内这方面唯一的专著。这本书在 1962

年和1963年被国外分别译成俄文和英文出版。

由于上述学习班取得了推广和普及科研成果的社会效益，其后，化学所又举办过高分子材料剖析短训班、凝胶色谱学习班、高分子流变学讲习班、裂解色谱短训班、高聚物结构性能测试技术短训班等，为大学、生产和科研单位培养了大批技术人才。钱人元还主办外国专家在国内的短期讲习班，例如，1959年Г. Л. 斯洛尼斯基(Слонимский)的高分子物理系统讲演，讲课资料整理后于1960年在《高分子通讯》4期刊出；1978年M. 波泊(Pope)作有机晶体中的电子过程系统讲演，讲课资料整理成《有机晶体中的电子过程》，于1987年由上海科学技术出版社出版。

二、第2代

程镕时(1927—)，高分子物理及物理化学家。1949年毕业于金陵大学化学系，1951年毕业于北京大学化学研究部。在20世纪50年代初，他就在钱人元先生领导下，参与组建了我国第一个高分子物理化学研究小组，配合长春应用化学研究所合成橡胶研究的需要，从事高分子分子量和分子量分布测定方法的研究，在很短的时间内创建了黏度、渗透压、分级等方法，其后对这些方法的基础理论、溶液性质以及高分子结构参量与物理性能之间的关系作了深入研究。他关于合成橡胶的分子量分布、支化结构、加工性能和物理性质之间关系的研究结果，为顺丁橡胶的工业化选型提供了科学依据。

程镕时对高分子溶液黏度问题进行了长期的研究。1960年提出的一点法计算特性黏数的公式，教科书称为"程镕时公式"，得到广泛应用。1983年到南京大学工作后，又提出了一个覆盖整个分子量范围的黏度方程。20世纪90年代后，对毛细管黏度计测量溶液黏度时的界面效应进行了深入的实验和理论研究，解决了极稀浓度区黏度异常行为的本质和数据处理问题，在此基础上又提出了高分子溶液黏度的团簇理论，此理论证实了钱人元提出的动态接触的存在，并进而证明聚电解质溶液黏度的特异性完全是测量黏度时的界面效应所造成的，纠正了前人对此问题的误解。

程镕时的另一项重要研究领域是凝胶色谱，他阐明了多孔填料的成孔机理，给出了控制孔度的理论关系。他提出的分离与扩展效应的统一理论，是当时该领域最简单的对加宽效应作改正的方法。论文提交1983年美国化学会年会时，该会将其作为当年的重要成果发布，得到国外同行的关注和重视。他还创立了凝胶色谱绝对定量化的基本原则，开创了一种研究分子水平上的吸附作用以及分子间配合作用的有效而直接的定量方法，拓展了凝胶色谱的应用范围。程镕时主持的“凝胶色谱的扩展和分离效应的统一理论”获1988年国家教委科技进步二等奖，参与指导的“系列窄分布聚苯乙烯样品的研制”获1993年国家教委科技进步三等奖。此外，程镕时在高分子的交联网络结构、高分子结晶、高分子的链构象理论、单链高分子的制备以及高分子的凝聚过程等研究领域也取得了独创性的重要成果。

吴世康，光化学及高分子化学家。长期致力于高分子光化学及有机光化学研究，曾对高分子的光稳定、光敏化及荧光染料、激光染料等发光化合物和超分子化合物的光物理与环境、结构及外来物种影响问题的研究做出贡献。

1949年毕业于浙江省立杭州高等工业学校应化科，1951年考入清华大学化学系，1952年因院系调整入北京大学化学系学习。1955年毕业，分配至中国科学院化学研究所任研究实习员。时值该所初创，吴世康在北京大学傅鹰先生及苏联专家列宁格勒大学化学系诺沃特拉诺夫教授指导下，从建设实验室开始，继而在胶体分散体系有关方面开展工作。傅先生是兼职教授，虽说来所时间不多，但其渊博的学识和他在研究、教学工作中的严谨求实精神以及科学的思维方法，给吴世康极其深刻的影响。在此期间吴世康曾参加有关黄河三门峡水库泥沙沉积的胶体化学问题研究，参加了水利部、中科院组织的有关水库泥沙异重流问题的讨论与调查。对官厅水库、新乡引黄济卫工程（人民胜利渠）以及对黄河花园口、陕县水文站等处的参观、考察，都使吴世康认识到科学研究必须为祖国、为人民服务，受到深刻的教育。1958年吴世康被选派去苏联科学院物理化学研究所进修。两年中他在苏联科学院列宾特尔（Пётр Алексáндрович Рéбиндер，1898—1972）院士领导的分散体系研究室，针对非离子型表面活性剂溶液的胶体化学行为、固体表面的润湿以及聚异丁烯的流变特性等方面问题进行了大量工作。这对他回国后能较快地胜任有关增强材料，包括如玻璃钢、固体推进剂、橡胶等的固化（硫化）机制、增强剂的表面改性以及黏合机理等的研究有着密切关系。

1961年回国后任中科院化学研究所助理研究员，在钱人元先生领导下从事有关高分子复合材料方面的研究。1965年起参加固体推进剂的研制工作，前后共10年。1976年调入中科院感光化学研究所，开始从事高分子光化学及有机光化学的研究工作，并持续地得到北京大学化学系冯新德教授长期的关心和指导。他曾对高分子的光氧化、光降解及光稳定问题，特别是通过质子转移的光诱导互变异构化做过系统的研究。1979年任副研究员并担任光化学研究室主任，1986年任研究员，1989年任博士生导师，并被任命为中科院感光化学研究所学术委员会副主任、主任等职。

1980年起吴世康开始培养研究生。作为研究生导师,他对青年学子关心爱护、循循善诱,在研究工作上则对他们严格要求、一丝不苟。吴世康寄大希望于他的学生,期望他们成为国家科学事业的栋梁之材,在研究生培养工作中倾注了大量心血。

徐端夫(1934—2006),高分子化学和高分子材料科学家。从事高分子的微细结构和结晶过程等高分子凝聚态结构研究。他用多种科学仪器表征高分子的结构,用高分子科学的原理研究高分子材料的制造方法,从基础研究入手研究开发高分子新材料,如聚酰胺纤维、纺织用聚丙烯纤维、产业用聚丙烯纤维、农用高分子材料、节水灌溉材料等。20世纪90年代致力于荒漠化防治和节水灌溉新材料和新技术研究。

1956年北京大学化学系毕业。1956年起就职于中国科学院化学研究所,在钱人元研究员指导下从事高分子凝聚态结构研究,历任研究实习员、助理研究员、副研究员、研究员,从事聚合物加工-结构-性质相互关系等方面的研究,在高分子结晶、聚合物熔融纺丝、高分子凝聚态结构等领域成就卓著。1995年当选中国工程院院士。2002年8月起任上海华源股份有限公司独立董事。

施良和(1924—),高分子物理化学家,中国早期从事聚合物分子量表征的研究者之一和凝胶色谱技术的发展者之一,并为这些技术在国内推广做出了贡献。他撰写的《凝胶色谱法》一书是中国沿用至今的主要参考书。近年来他的研究工作向有机硅梯形聚合物、聚合物间相容性、嵌段共聚物的物理化学、正电子湮灭寿命谱在高分子上的应用、强化采油用的高分子试剂等方面延伸,均有建树。他长期热心推进国际学术交流和科学期刊编委会的工作并做出重要贡献。

1941年施良和考入当时迁来上海的苏州桃坞中学——上海圣约翰大学的附属中学。1944年他以毕业班第一名的成绩毕业,升入上海圣约翰大学化学系。1953年进入中国科学院上海有机化学研究所后,参加刚成立不久的高分子物理化学组,从事国内尚属空白的聚合物分子量表征技术的研究。当时,在国内配套技术和支撑环境很差和国外禁运的极端艰难的条件下,一切自力更生,从头干起。施良和与吴人洁、沈寿彭、张德和一起在钱人元的指导下,研制光散射仪和示差折光仪等精密仪器。他研制成功一种耐溶剂、耐水和酸的胶黏剂,解决了正八角形散射池的黏合问题(《高分子通讯》,1958)。在示差折光仪的折射池的设计中,他发现基线不稳定是由溶剂和溶液间的蒸馏所引起的,为此设计了新折射池,解决了问题(《化学学报》,1957)。仪器研制成功后,他迅速结合国内在研制的10余种高分子品种开展了多项研究,并在1957年的《化学学报》、《科学通报》、*Z. Physik. Chem.* 和1958年的 *J. Polym. Sci.* 上发表多篇文章。1959年他将光散射仪改装成高温仪，测定了低压聚乙烯的重均分子量(《高分子通讯》，1959)。他还研制成功适用于教学的目视式散射光度计(《化学通报》，1962)，力图尽快普及光散射法。事实上，他在1955年已先后建立了端基滴定、黏度、分级、光散射等一系列方法，使我国这方面的研究迅速与国际并驾齐驱。1958年他积极参与由钱人元倡议举办的三期全国性分子量测定训练班，适时地推广普及了这些技术。在相应的理论研究方面，他关注实验准确度的提高和理论基础的深化。

20世纪60年代初国际上推出新的一代分子量和分子量分布测定方法——凝胶色谱法(GPC)。1966年施良和迅速行动，在组内主持研制成功具有分离性能的凝胶，并用一些土办法替代输液泵和浓度检测器，建立了简易型GPC，同时着手研制当时还禁运的凝胶色谱仪，但这项工作因“文化大革命”而中断。后来他与所内分析室合作研制分析微量水的气相色谱用凝胶固定相——高分子小球，由他负责研制高分子凝胶小球的配方和工艺，分析室检测其色谱性能，经过70个配方和工艺试验，首次制成了合格的固定相。根据领导安排由他将制备技术传授给分析室人员并由后者去工厂推广。施良和为这方面的研制迈出了成功的第一步。1972年他从工厂回所参与恢复高分子物理方面的研究工作，他立即与组内人员一起恢复国内第一台GPC仪和二类色谱柱用凝胶的研制，很快取得成功。GPC仪在1975年鉴定后由天津分析仪器厂生产(共200多台)，二类GPC柱用凝胶在天津试剂二厂投产。与此同时，他和组内人员一起撰写出版《凝胶色谱法》，为推广和普及这项新技术铺平道路和提供物质基础。1977年他主持举办全国性GPC训练班，进一步推动GPC的普及。1981年主持了在桂林召开的全国第一次凝胶色谱论文报告会，其中半数以上是用国产第一代GPC仪器和凝胶完成的。施良和在GPC的创建和普及工作中做出了突出贡献。除了完成许多应用性研究外，在GPC基础性研究方面他关注技术的深层次关键问题。在GPC色谱峰的浓度依赖性研究中，他发现了重要规律及其理论内涵。试样在色谱柱的机械裂解的研究中，确立降解规律(*J. Liquid Chromatography*，1982;《色谱》，1988)，还澄清了逆序GPC色谱峰位移的原因并提出解决办法(*J. Chromatography*，1990)。这些文章在国外发表后深受国际同行的关注并得到引用。他在这方面的研究获全国科学大会奖3项，中科院自然科学奖一等和三等奖各1项。

吴人洁，材料科学家，中国复合材料研究的开拓者之一。研制出中国第一颗人造卫星用先进复合材料和导弹头部用高密度碳/碳复合材料，为中国两弹一星的研制成功做出了贡献。在中国首先突破碳纤维连续化快速制造工艺。发明了新型碳/铜复合材料电刷，成功应用于汽轮发电机及鱼雷电机等装置：研制出应用于汽车、摩托车优异性能的铝基复合材料；成功研制出用于潜艇、鱼雷的功能复合材料，不断地为国防和民用材料研制做出贡献。他提出的复合材料界面设计裁剪理论，得到了中外学者的好评。

吴人洁 1951 年毕业于上海同济大学化学系，后进入上海有机所，在钱人元教授的领导下，紧密结合高分子材料专业特点，自行设计和研制出了 10 余种专用测试仪器，分别用于高聚物的分子量、介电性质、力学性能等方面的测试，填补了中国空白，为我国新兴起的高分子材料研究工作奠定了重要基础。在 1978 年获国家自然科学二等奖的“高聚物分子量测量”和获全国科学大会奖的“高聚物结构、性能表征研究”中他都做出了贡献。吴人洁早期从事高分子物理研究，他对复合材料的界面、树脂基复合材料成型工艺，以及连续碳纤维、碳纤维/四氟乙烯密封件、碳/碳复合材料等进行了系统研究，完成了多项新材料及构件的研制任务和一些重大国防、军工等方面的研究课题，并取得了一系列的重要科研成果。例如，他参与主研的聚合物基复合材料部件是荣获国家科委科技进步特等奖的东方红一号卫星和尖兵卫星的重要组成部分。20 世纪 80 年代初，吴人洁开始从事金属基复合材料的研究，是中国该研究领域的开拓者之一，在复合材料及界面等基础理论和功能复合材料方面有较深的造诣。

20 世纪 50 年代起，吴人洁历任中国科学院物理化学研究所、长春应用化学研究所、上海有机化学研究所和化学研究所助理研究员、副研究员、研究员，室主任、副所长等职。1984 年吴人洁调入上海交通大学，组建了复合材料研究所并担任所长。他带领全所研究人员对复合材料从基础理论到应用工艺，从树脂基到金属基，从结构材料到功能材料，从军用到民用开展了全方位的研究，形成了一个较完整的研究基地。1985 年他全面规划了学科发展方向和内容，及时提出了建立复合材料博士点的申请，获教委批准，从而建立了全国第一个复合材料博士点，并成为该博士点的第一位博士生导师。1988 年又获准建立金属基复合材料国家重点实验室，担任学术委员会主任。1991 年他又建成“复合材料中试基地”，从而形成从基础研究到应用研究直至批量中试生产研究的一条龙的科研体系，尽快将科研成果转化为生产力。该复合材料学科点为我国复合材料专业培养了科研人才，已培养硕士、博士学位的研究生 80 多名，先后有 6 名博士后来站进行研究工作。

曹镛，华南理工大学教授，高分子光电材料与器件研究所所长，中科院院士。1998 年前主要从事导电聚合物的结构与性能关系及发光材料与器件研究，曾提出“对阴离子诱导加工性”新概念，实现了使高导聚苯胺从非极性有机溶剂或通用高分子熔体中加工成高导电材料；首次在国际上实现可弯曲的大面积塑料发光二极管,通过对发光高分子材料与金属电极界面特性的研究,改进了器件的长期工作稳定性,提出在聚合物发光二极管中电荧光量子效率有可能突破25%的量子统计规则。1998年后在华南理工大学主要参与合成一系列新型(含硒、含硅)等窄带隙光电高分子材料及单链白光材料等,首次实现用银胶做阴极的全印刷聚合物发光器件,报道了一种能量转换效率可以达到5%的异质结聚合物太阳电池新型给体材料。在光电高分子材料及器件研究方面共发表论文350余篇,据ISI检索(至2008年9月)他人引用总计超过6 000余次,h-因子54;已获得授权美国专利21项,中国发明专利4项。1988获国家科委授予"有突出贡献的中青年科学家"称号,参与获得1988年国家自然科学二等奖。在应用研究发面,已获得18项美国专利、2项中国专利。研究成果"有机导体的研究"1988年获国家自然科学二等奖,在国内外学术期刊上发表论文200余篇,被他人引用3 000多次。据美国ISI公司统计,1991—2000年10年间全世界在导电聚合物领域发表论文和被引用情况,按被引用最多的论文排名,曹镛教授发表在*Nature*上的有关柔性LED的论文排名第2,发表在*Synth. Met.*上的有关对阴离子诱导掺杂制备可溶性导电聚苯胺的论文排名第6;按作者排名,他发表的论文总数排名第10,平均每篇论文被引用数排名第5。

曹镛1965年毕业于苏联列宁格勒大学化学系。1975年,在钱人元先生领导下开始从事有机固体及导电聚合物研究。20余年来,一直在该研究领域前沿从事研究工作,参与钱人元先生领导的有机导体的研究成果于1988年获国家自然科学二等奖。1987年获日本东京大学博士学位。1966—1988年在中国科学院化学所工作,1979—1981年在日本东京大学化学系进修。1986年晋升为研究员,1988年被国务院学位委员会批准为博士生导师。1988—1990年在美国加州大学圣巴巴拉分校做访问研究。1990—1998年任美国尤尼艾克斯公司(UNIAX)资深研究员。1999年回国到华南理工大学工作后,筹建高分子光电材料及器件研究所,至今已建成具有国内外先进水平的材料合成及器件制备表征实验室,包括高分子材料合成和器件物理两大部分,仪器设备以进口为主,达到国际水平。该实验室已被广东省认定为广东省重点高分子材料实验室的一部分。目前承担重要研究项目有:国家自然科学基金重大项目子课题1项、科技部"973"前期基础项目1项、广东省重大创新项目1项及面上基金2项、广州市纳米专项项目1项。此外,还承担国家"十五""863"重大专项"高清晰度平板显示"项目,作为首席科学家之一,主持"973""有机/高分子电致发光材料重大基础问题研究"项目,正在全力推进有机/高分子发光材料和器件的发展,努力缩小与国际间的距离。已经在高分子发光器件、高分子异质结光电池、导电聚合物场致发射阴极等方面取得重大进展。由曹镛带领的光电所能够培养各级研究生，已经出站博士后 4 名、博士研究生毕业 3 名、硕士研究生毕业多名。光电所在有机/高分子发光材料合成和光电器件物理、光学、凝聚态物理等方面大量招收对科学研究感兴趣的学生，对抱有出国深造愿望的同学给予特别支持和鼓励，并为他们积极创造研究条件。

李永舫，1986 年博士，中国科学院化学研究所有机固体重点实验室研究员、博士生导师。

三、第 3 代

（一）程镕时弟子

自 20 世纪 50 年代开始，程镕时先后在中国科学院上海物理化学研究所、长春应用化学研究所、南京大学等单位工作，1995 年起任华南理工大学高分子研究所所长、教授。他重视研究生培养，在他周围涌现了一批青年人才。

杨宇，1999 年博士，云南大学化学与材料工程学院副院长，材料科学与工程系系主任。主要科研成果有：用固相反应法结合冷压烧结工艺制备出当时国内最高临界电流密度的 Bi 系氧化物高温超块材（Jc～2 000 A/cm2 液氮温区）；国际上率先生长出不同结构的 SiGe/Si 量子阱发光材料，解决了硅基量子阱发光材料的关键生长工艺；首先在国内研制出 SiGe/Si 量子阱红外探测器；采用磁控溅射技术在非晶硅基底上制备出 Ge 晶体薄膜；在国际上首先探索到 Ge 晶体大规模产业化应用的路径。

（二）吴世康弟子

汪鹏飞，1993 年博士，中国科学院理化技术研究所研究员。主要研究领域：新型光化学探针的设计、制备及在生物环境等领域的应用；碳纳米材料的制备及在环境、疾病诊疗等领域的应用；有机电致发光材料的设计及 OLED 器件的制备。

王华，1995 年博士，中国科学院大连化学物理研究所研究员，党委副书记、副所长。主要从事催化科学研究。

（三）徐端夫弟子

姚瑞刚，1989 年博士，北京大学德力科化学公司总经理。主要研究方向：防伪技术和高分子物理。

刘燕克，1992 年博士，深圳质量技术监督评鉴事务所所长，资深检验师、保险公估师。

（四）施良和弟子

1983 年，施良和被批准为博士研究生导师，开始招收博士研究生。1983—1990 年任中国科学院科技大学研究生院兼职教授，负责高分子物理专业课并讲授部分课程，与此同时，研究领域逐步扩大到高分子物理的许多方面，研究对象涉及聚烯烃、有机硅梯形聚合物、嵌段共聚物、水溶性聚合物、强化采油用的高分子试剂等，研究工作均取得有意义的进展。他除了全国性分子量和 GPC 训练班外，还主办过几次全国性高分子物理测试技术的学习班，对普及高分子物理表征技术起了重要作用。他先后培养出 12 名博士、4 名硕士。

张心胜，1987 年博士，美国卡博特(Cabot)公司全球副总裁。

杨荣杰，1989 年博士，北京理工大学材料学院教授、博士生导师，阻燃材料国家专业实验室主任。主要从事高性能固体推进剂、阻燃材料和功能高分子材料等方向的研究。

郑文革，1993 年博士，漆宗能、施良和共同指导，宁波材料技术与工程研究所研究员、博士生导师。中科院“百人计划”入选者，获“中国科学院王宽诚国际会议”项目资助。主要从事聚合物-超临界流体发泡与加工技术研究。

（五）吴人洁弟子

孙康，1995 年博士，吴人洁、胡廷永共同指导，上海交通大学教授，金属基复合材料国家重点实验室副主任，复合材料研究所副主任。作为材料学院“生物材料”学术梯队的负责人，从事新型结构阻尼复合材料、生物医用复合材料的多学科交叉研究。

崔春翔，1995 年博士，河北工业大学材料科学与工程学院党委书记。从事纳米复合材料制备、界面微结构、纳米磁性材料及生物医学材料制备科学和微结构检测研究。

储双杰，1996 年博士，宝山钢铁股份有限公司副总经理。

张小农，1997 年博士，吴人洁、张荻共同指导，常熟致圆微管技术有限公司。

陈茂爱，1997 年博士，山东工业大学教授。

表 6.8 钱人元高分子谱系

第1代	第2代			第3代	
第三代	第三代	第四代	第五代	第五代	第六代
钱人元（1939年学士，浙江大学）	施良和(1947年学士，圣约翰大学)			张心胜(1987年博士，中科院化学所)	
				杨荣杰(1989年博士，中科院化学所)	
				郑文革(1993年博士，中科院化学所)	
	程镕时（1949年学士，金陵大学；1951年研究生，北京大学）			杨宇(1999年博士，南京大学)	
					杨琥[1]（2001年博士，南京大学）
					胡红旗[2]（2003年博士，南京大学）
		吴人洁(1951年学士，同济大学)		孙康(1995年博士，上海交大)	
				崔春翔(1995年博士，上海交大)	
				储双杰(1996年博士，上海交大)	
				张小农(1997年博士，上海交大)	
				陈茂爱[3]（1997年博士，上海交大）	
				李文晓[4]（2000年博士，上海交大）	
					邱桂学[5]（2001年博士，上海交大）

（续表）

第1代	第2代			第3代	
第三代	第三代	第四代	第五代	第五代	第六代
钱人元（1939年学士，浙江大学）		吴世康（1955年学士，北京大学，师从傅鹰；1960年进修，苏联科学院物理化学研究所，师从诺沃特拉诺夫、列宾特尔）		汪鹏飞（1993年博士，感光所）	
				王华（1995年博士，感光所）	
		徐端夫（1956年学士，北京大学）		姚瑞刚（1989年博士，中科院化学所）	
				刘燕克（1992年博士，中科院化学所）	
					蔡远利[6]（2001年博士，中科院化学所）
		曹镛（1965年学士，苏联列宁格勒大学；1987年博士，东京大学）			阳仁强[7]（2004年博士，华南理工大学）
					田仁玉[8]（2004年博士，华南理工大学）
			李永舫[9]（1986年博士，复旦大学）		

注：1. 南京大学化学化工学院高分子科学与工程系教授。
2. 青岛科技大学高分子科学与工程学院副研究员。
3. 山东工业大学教授。
4. 同济大学副教授。
5. 青岛科技大学高分子科学与工程学院副院长。
6. 湘潭大学化学学院教授，副院长。
7. 中科院“百人计划”。
8. 华南理工大学材料科学与工程学院副教授。
9. 中国科学院化学研究所有机固体重点实验室研究员、博士生导师。

第八节　于同隐高分子谱系

于同隐，高分子科学家和化学教育家，复旦大学高分子专业的创建人和学术带头人。50余年来，他除了教学外，长期从事高分子化学和物理等方面的研究，涉及高分子合成反应理论、高分子光化学、高分子黏弹性、高分子结晶、高分子合金等诸多领域，并获得了较好成果。学术上突出的成就是开发了对生产实践有重要指导意义的不等活性缩聚动力学，以及以高分子硬弹性的理论研究为基础，研制了取得重大社会效益的人工肺。他的学生中已有多人成长为科研骨干，如著名高分子化学家、中科院院士江明和杨玉良等。于同隐谱系拥有副教授及以上职称成员近30人。

一、第1代

于同隐(1917—　)，1934年考取浙江大学化学系。抗战爆发后，他随校内迁，1938年毕业，在兵工署材料研究所工作。1943年回到浙江大学任助教和讲师。1946年考取公费留美，1947—1950年在美国密歇根大学攻读博士学位。他的成绩在200名研究生中名列前茅，获得博士学位，并被推选加入荣誉化学会。

朝鲜战争爆发后，1951年，于同隐和爱人蔡淑莲冲破重重困难，从美国回国。回国后在浙江大学任教授。1952年院系调整，于同隐从杭州来到上海任复旦大学教授，在有机化学教研室工作。当时为配合全国各地的建设，国家决定从复旦大学抽调部分教师支援兰州大学等兄弟院校，有机化学教研室的大部分教授和一部分中年骨干教师被调走，致使有些课程被迫停开。这时，于同隐出任有机化学教研室主任，他一方面培养青年教师，一方面整顿和建设实验室，编写《有机化学》、《有机结构理论》等教材，翻译《有机化学教程习题》。经过一年多的时间，开出了有机化学教研室承担的全部课程，以后又带领中青年教师逐步开展科学研究工作。这一时期于同隐的主要研究工作是通过武慈反应合成芳基硅烷，并针对芳基-硅烷容易断裂等问题展开探讨。1958年根据国家迫切需要发展高分子工业的现实，于同隐受命筹建化学系高分子研究所和高分子教研室。一般人往往认为高分子和有机化学差不多，于同隐早就认识到高分子是一门综合性学科，作为一个教学和科研单位，仅仅接近于有机合成的高分子合成是不够的，必须还有高分子物理化学、高分子物理和高分子工艺才是完整的教学和科研体系。但在那时教研室内连高分子化学都是新鲜的名词，更缺乏高分子物理。于同隐虽然学的是有机化学，为了事业的发展，决心带头去搞高分子物理。经过几年的努力，制造和购置了部分仪器，结合实际选定了课题，在出产品的同时写出了论文，培养了青年教师和研究生，也充实了教学内容，自力更生地建成了比较完整的高分子教研室。这一时期，于同隐就聚合反应初期，动力学往往背离理论的现象，找出了聚合反应中初级自由基存在终止的影响。“文革”中，教学、科研、实验室均遭到严重破坏。“文革”结束后百废待兴，于同隐重新出任高分子教研室主任（兼有机化学教研室主任），以一个老科学家的宽大胸怀挑起了重建复旦大学高分子教学、科研的重担。

于同隐深谋远虑地认识到，从国家利益和今后长远、稳定的发展考虑，加速培养中青年一代是当务之急，因而把培养中青年教师和科研人员作为自己的重要职责，倾注了大量心血。为尽快赶上国际先进水平，于同隐利用他在国际学术界的联系，有计划地派员去美、英、欧洲各国的著名高分子研究单位，在高分子合成、高分子物理、膜科学、核磁表征、高分子结晶等方面进修、研究，并邀请各国著名高分子科学家来校讲学，从而建立起广泛的国际学术交流关系。

二、第 2 代

于同隐是高分子化学专业的博士生导师、博士后研究站站长，由他指导毕业的硕士生有 30 余名，取得博士学位的有 10 余名，在读博士生 8 名，博士后研究人员 2 名。

江明（1938—　），高分子化学家，2005 年当选中国科学院院士。主要从事高分子间的相互作用与多尺度相结构研究，在嵌段共聚物/相应均聚物相容性、特殊相互作用和相容性、离聚物及双亲性聚合物体系、大分子自组装等领域建树颇丰。提出和证实了氢键相互作用导致的不相容-相容-络合转变。在大分子组装方面，建立了一系列的聚合物胶束化的新途径，获得了核-壳间由非共价键连接的聚合物胶束和空心纳米球，形成了胶束化的“非嵌段共聚物路线”。现已发表论文 188 篇，并先后获得国家教委科技进步二等奖（1989 年）、一等奖（1996 年）和国家自然科学二等奖（2003 年）。

1955 年，江明进入复旦大学化学系，学习刻苦，成绩出色。随后不久，“大跃进”开始，为能早日赶超英美，中国的大学在短时间内纷纷兴建许多新专业，复旦大学高分子系是这一时期的产物。由于缺少相关领域的人才，1958 年本科还没毕业，江明就因成绩优异被急调高分子专业，20 岁便当起大学老师。与其他几位抽调来的老师边干边学，然而没过几年“文革”接踵而至，学习和研究陷入停滞。但江明坚信知识终归会有用武之地，因此抓住一切时机学习。“文革”结束，拨乱反正，教育部为选拔第一批留洋学员举行考试，测试科目只有英语一门。江明由于努力学习，以 80 多分的成绩顺利过关，被公派赴英国利物浦大学化学系深造。在英国的两年时间里，江明跟随伊斯特蒙德（Geoffrey Charles Eastmond）教授做多组分聚合的物理化学研究，如饥似渴地学习积累。1981 年回到复旦大学，江明选定高分子相容性[①]为研究方向。他的研究很快就取得进展。1987 年，江明荣获国内高分子基础研究领域的王葆仁奖，从此在学术界崭露头角。在高分子相容性研究取得一定成果后，江明又开始进军大分子自组装研究，其研究的一项主要应用就是药物缓释，即通过大分子自组装能够将药物外部包裹于自组装得到的高分子胶束内，达到“缓释”的目的。国际惯常的制作胶束的办法是通过嵌段共聚物自组装，其缺陷是嵌段共聚物合成难度较大，因而制约了应用。江明在国际上率先提出不用嵌段共聚物，转而尝试依靠高分子之间非化学键的作用力使不同的高分子互相连接进行自组装。这一思路的发展前途无可限量。

府寿宽（1940— ），1966 年研究生毕业于复旦大学。复旦大学高分子科学系教授、博士生导师，曾任高分子科学系主任（1995—1999）。长期从事高分子化学教学和科研工作。主要研究领域：缩聚反应动力学、乳液聚合、涂料、黏合剂等。“不等活性线型缩聚反应动力学研究”1988 年获国家教委科技进步二等奖，“单包装快速固化标记油墨”1988 年获上海市科技进步三等奖，“彩色显像管用有机膜溶液”获上海市科技振兴三等奖，个人 1989 年被评为上海市重大项目攻关先进工作者。

杨玉良，我国高分子领域的首席科学家，中国科学院院士。主要从事高分子物理方面的研究，将各项复杂的拓扑、共聚物结构高分子链构象统计与黏弹性的分子理论结合，建立了高分子链的静态和动态行为的图形理论；采用射频脉冲与

① 所谓高分子相容性研究，简单说就是当两种乃至多种高分子材料相互融合时，如果能够使分子间连接，既不会过于松散使得各自的弱点凸显，又不至于太过紧密，使各自优点不能发挥，比如在塑料材料的制造中，往往既要求硬度，又要求韧性。

转子同步技术相结合的方法，提出研究高分子固体结构、取向和分子运动的相关性的三项新的实验方法，获得了高分子固体材料内部的链结构、凝聚态结构及动力学的信息及其相关性，发展了模拟聚合反应产物的分子量分布及其动力学的蒙特·卡罗(Monte Carlo)方法，发明了合成可逆超支化与可逆交联的高分子材料的方法等。

1977 年毕业于复旦大学化学系高分子化学与物理专业并留校工作，是我国第一代高分子学博士。1984 年，在复旦大学材料科学系获博士学位，并荣获中国化学会首届青年化学奖。1986 年，留学联邦德国马克思·普朗克高分子研究所，成为国际著名学者施皮斯(Hans Wolfgang Spiess)教授核磁共振技术研究的博士后。1988 年回到复旦大学工作，1993 年晋升教授，1993 年历任复旦大学材料科学研究所副所长、高分子科学系首任系主任、聚合物分子工程教育部重点实验室主任、上海市高分子材料研究开发中心主任。1999 年成为“长江学者奖励计划”第一批特聘教授。1999 年任复旦大学副校长。2003 年选为中国科学院院士。连续两次任国家“973”计划首席专家。2006 年任国务院学位委员会办公室主任、教育部学位管理与研究生教育司司长。2008 年又被聘为国家“863”计划首席专家。2009 年任复旦大学校长。1998 年获“上海市优秀教育工作者”称号。他培养的博士生中有三位的论文获“全国优秀博士论文”。

黄骏廉，1984 年博士，复旦大学高分子科学系高分子化学与物理专业教授、博士生导师。长期从事高分子“活性”可控聚合机理研究、复杂结构聚合物的合成及性能研究、聚环氧乙烷(PEO)衍生物的研究。

方征平，1986 年博士，浙江大学宁波理工学院高分子材料与工程研究所所长。研究领域包括：多组分聚合物体系的结构-性能关系、高分子材料的共混与复合改性、高分子纳米复合材料、环保阻燃高分子材料等。截至 2011 年底，已发表论文 210 余篇(其中 SCI 收录 120 余篇，H 指数 18)，著作 5 部(章)，获授权发明专利 11 项。

郭鸣明，1987 年博士，美国阿克隆大学高分子科学研究所教授。

李光宪，1989 年博士，曾任四川大学塑料工程系主任，研究所所长，现任四川大学常务副校长。主要研究方向：多组分高分子的相行为及其控制规律；聚合物结晶研究及计算机模拟；长程有序的分子自组装；各类聚合物合金应用技术的研究；特种工程塑料合成、结构与性能研究。

刘剑洪，1989 年博士，深圳大学化学与化工学院院长，深圳大学学术委员会委员，中国地质大学兼职教授、博士生导师。研究方向：环保型天然非离子型表面剂——烷基糖苷的工业化；胶乳粒子表面带醛基的聚合物水乳液制备等。

邵正中，1991 年博士，复旦大学高分子科学系教授。主要研究方向：蚕丝的精细结构、力学性能及纺丝。

胡文兵，1994 年博士，南京大学化学化工学院教授。主要从事高分子结晶学及其相关的物理化学问题，以分子水平上的格子理论与蒙特·卡罗模拟研究为主，辅以温度调制式差热分析技术及其他物理表征手段。

万德成，1999 年博士，同济大学教授。

三、第 3 代

（一）江明弟子

徐世爱，1994 年博士，华东理工大学材料学院教授、博士生导师，高分子物理教研室主任、理工优秀生部常务副主任、工程教育学系副主任。主要研究方向：高分子合金、纳米/聚合物复合材料、功能高分子材料。

张广照，1998 年博士，中国科学技术大学化学物理系和合肥微尺度物质科学国家实验室教授。2002 年入选中国科学院“百人计划”，2007 年获国家杰出青年基金。长期从事高分子构象变化与相互作用的基础研究，近年来致力于海洋防污高分子材料和聚合物混凝土等界面材料的研究。

（二）府寿宽弟子

汪长春，1996 年博士，复旦大学高分子科学系主任，教育部先进涂料工程研究中心副主任，聚合物分子工程教育部重点实验室副主任。主要研究领域：乳液聚合及功能性微球的基础和应用；含 C_{60} 和碳纳米管聚合物光电导材料；活性自由基聚合，原子转移自由基聚合和氧阴离子聚合；具有生物功能的聚合物微球。在乳聚合研究的基础上，还进行水性涂料和胶黏剂的研究。现已发表 SCI 论文 50 余篇，获得国家发明专利 4 项。

（三）杨玉良弟子

丁建东，1994 年博士，复旦大学教授、博士生导师，生物医用高分子材料课题组长，复旦大学药学院兼职教授。

何军坡，1999 年博士，复旦大学高分子科学系教授、博士生导师。主要从事活性自由基聚合反应机理和复杂拓扑结构聚合物的合成。

（四）黄骏廉弟子

黄晓宇，1998年博士，于同隐、黄骏廉共同指导，中国科学院上海有机化学研究所研究员、博士生导师，高分子材料研究室副主任。主要研究方向：活性自由基聚合、自组装和含氟高分子。

鲁在君，1998年博士，于同隐、黄骏廉共同指导，山东大学化学院高分子化学与物理研究所教授、博士生导师。主要研究方向：分子工程、纳米材料、复合材料、药物缓释材料等。

表6.9 于同隐高分子谱系

<table>
<tr><th>第1代</th><th colspan="2">第2代</th><th colspan="3">第3代</th></tr>
<tr><th>第三代</th><th>第四代</th><th>第五代</th><th colspan="2">第五代</th><th>第六代</th></tr>
<tr><td rowspan="9">于同隐（1938年学士，浙江大学；1950年博士，密歇根大学）</td><td>府寿宽（1962年学士，1966年研究生，复旦大学）</td><td></td><td>于同隐、府寿宽</td><td>汪长春（1996年博士，复旦大学）</td><td></td></tr>
<tr><td rowspan="5"></td><td rowspan="5">江明（1979—1981年，利物浦大学进修，师从伊斯特蒙德）</td><td colspan="2">徐世爱（1994年博士，复旦大学）</td><td></td></tr>
<tr><td colspan="2">张广照（1998年博士，复旦大学）</td><td></td></tr>
<tr><td colspan="2">刘世勇[1]（2000年博士，复旦大学）</td><td></td></tr>
<tr><td colspan="2">张幼维[2]（2001年博士，复旦大学）</td><td></td></tr>
<tr><td colspan="2">郭明雨[3]（2009年博士，复旦大学）</td><td></td></tr>
<tr><td rowspan="3"></td><td rowspan="3">杨玉良（1977年学士，复旦大学；1984年博士，德国马克思·普朗克高分子研究所）</td><td colspan="2">丁建东（1994年博士，复旦大学）</td><td></td></tr>
<tr><td colspan="2">何军坡（1999年博士，复旦大学）</td><td></td></tr>
<tr><td colspan="2">邱枫[4]（2000年博士，复旦大学）</td><td></td></tr>
</table>

（续表）

第1代	第2代		第3代		
第三代	第四代	第五代	第五代		第六代
					罗开富[5]（2001年博士，复旦大学）
					张红东[6]（2001年博士，复旦大学）
					郭坤琨[7]（2005年博士，复旦大学）
		黄骏廉（1984年博士，复旦大学）	于同隐、黄骏廉	黄晓宇（1998年博士，复旦大学）	
				鲁在君（1998年博士，复旦大学）	
		方征平（1986年博士，复旦大学）			
		郭鸣明（1987年博士，复旦大学）			
		李光宪（1989年博士，复旦大学）			
		刘剑洪（1989年博士，复旦大学）			
		邵正中（1991年博士，复旦大学）	于同隐，邵正中	高勤卫[8]（2000年博士，复旦大学）	
				姚晋荣[9]（2003年博士，复旦大学）	
		胡文兵（1994年博士，复旦大学）			
		万德成[10]（1999年博士，复旦大学）			

注：1. 中国科学技术大学化学与材料科学学院高分子材料与工程系主任，合肥微尺度物质科学国家实验室(筹)研究员。
2. 东华大学材料科学与工程学院副研究员。
3. 苏州大学高分子科学与工程系副教授。
4. 复旦大学教授，高分子系副系主任。
5. 中国科学技术大学高分子科学与工程系教授
6. 复旦大学高分子系副教授。
7. 湖南大学副教授。
8. 南京林业大学化工学院材料与环境系主任，副教授。
9. 复旦大学高分子科学系讲师。
10. 同济大学教授。

第九节　何炳林高分子谱系

何炳林，著名高分子化学家和化学教育家，中国科学院院士。长期从事教育工作，为国家培养了大批高分子化学科技人才，并在功能高分子的研究方面做出了贡献。何炳林是中国离子交换树脂工业的开创者，发明了大孔离子交换树脂，并对其结构与性能进行了系统研究，被誉为“离子交换树脂之父”。何炳林自20世纪50年代后期回国后，长期执教于南开大学高分子研究所，并从80年代起开始指导研究生，培养了一批优秀高分子人才。何炳林高分子谱系拥有副教授及以上成员10余人。

一、第1代

何炳林(1918—2007)，1942年自西南联合大学毕业后，在杨石先教授的指导下当研究生并兼任助教。1947年赴美留学，进入印第安纳州立大学研究生院，一面工作一面刻苦学习。经过4年努力，于1952年获博士学位，受聘美国纳尔科化学公司任高级研究员，先研究农药及用于水处理的药物，后又改为研究离子交换树脂。

受到恩师杨石先先生的指点，何炳林于1956年回国，在南开大学任教。借助从美国带回的当时国内还不能生产的5千克二乙烯苯和10千克苯乙烯，开始了离子交换树脂的合成、性能测得和工业应用研究。在短短两年时间里，当时世界上已有的离子交换树脂品种便全部合成成功。1958年创建南开大学化学系高分子教研室和化工厂——所生产的苯乙烯型强碱性阴离子交换树脂首先提供给国家工业部门，用于提取国家急需的核燃料铀，为中国原子能事业的发展和第一颗原子弹的研制成功做出了宝贵的贡献。后来生产的多种型号的离子交换树脂被广泛应用在化工、轻工、冶金、医药、水处理等领域，成为国民经济中不可缺少的一类功能高分子材料。1980年担任南开大学化学系主任。1981年兼任筹建中的分子生物学研究所副所长。1984年原化学系高分子教研室分成两个教研室和两个研究所，何炳林任高分子化学研究所所长。1986年又将他1958年创建的南开大学化工厂并到高分子化学研究所，实行所办厂，促进了化工厂的生产和高分子化学研究所的教学、科研的发展，并于1989年获得了国家教育委员会“建立教学与科研、生产三结合的教学新体系”优秀教学成果奖。1985年，国家教委指定南开大学和天津大学支援新建的青岛大学，何炳林兼任第一任青岛大学校长。

何炳林毕生致力于高分子学科的教育工作。自创建南开大学化学系高分子教研室以来，一直亲临教学第一线，先后讲授5门课程，编写并不断地补充“高分子化学”课程讲义。他在教学中严肃认真。由于地震的影响，他亲自指导的4名学生安排在两公里之外的化工厂做毕业论文，花甲之年的他几乎每天步行到厂去指导他们的实验，审核实验数据。有一个研究生在毕业论文答辩时，有人对其中个别数据提出了怀疑。他安排两名副教授对该研究生的8本实验记录进行核查，在弄清确无弄虚作假的情况后才决定授予他硕士学位。1982年以后，何炳林专心致力于研究生的培养，截至1992年，已为国家培养了94名研究生，其中有18名博士研究生和2名博士后。何炳林在研究生的培养方向上特别注意相关学科的互相渗透和交叉，将研究生学习的课程及毕业论文的选题扩展到与高分子化学有关的生物医学工程和生物技术方面，为国家培养了一批能够承担一些边缘科学技术工作的人才。

二、第2代

张全兴，1961届学士，南京大学环境学院教授、博士生导师，江苏南京大学戈德环保科技有限公司董事长兼首席科学家。

袁直，1989年博士，南开大学化学学院副院长。主要研究方向：高分子化学与物理。

黄少铭，1991年博士，浙江温州大学教授，负责温州大学纳米材料与化学重点实验室、温州市新材料行业技术研究中心的建设。现任温州大学化学与材料工程学院院长。主要从事纳米材料和纳米技术的基础研究与应用基础研究，特别是在碳纳米管的基础研究及相关纳米技术的开发和应用研究方面取得了一批具有国际影响的成果。

刘利平，1994年博士，PLI公司首席科学家。主要研究方向：多肽化学。

徐满才，1994年博士，湖南师范大学教授。

张会旗，1996年博士，何炳林、黄文强、李晨曦共同指导，南开大学化学学院化学系高分子学科教授。主要研究方向：仿生智能高分子的研究，具体包括可控/“活性”自由基聚合、分子印迹聚合物以及光响应性液晶高分子领域的基础与应用研究。

王红军，1998年博士，何炳林、马建标共同指导，美国斯蒂文斯理工学院化学生物及生物医学工程系终身副教授。主要研究方向：生物材料设计，仿生组织工程，细胞与材料的相互作用及纳米药物。

王利民，邢台民生树脂科技有限公司总经理。

表6.10 何炳林高分子谱系

第1代	第2代	
第三代	第四代	第五代
何炳林[1]（1942年学士，西南联大，师从杨石先等；1952年博士，印第安纳州立大学）	张全兴（1961年学士，南开大学）	
		袁直（1989年博士，南开大学）
		黄少铭（1991年博士，南开大学）
		刘利平（1994年博士，南开大学）
		徐满才[2]（1994年博士，南开大学）
		张会旗（1994年博士，南开大学）
		王红军（1998年博士，南开大学）
		王利民（南开大学）
		张福强[3]（2000年博士，南开大学）

注：1. 其妻陈茹玉是著名有机化学和农药化学家，中科院院士。1956年随何炳林回国，在南开大学化学系任教授，从事有机及农药研究。
2. 湖南师范大学教授。
3. 河北工业大学教授。

第十节 杨士林高分子谱系

杨士林，有机化学家、高分子化学家和化学教育家。他在有机合成、阳离子聚合及配位聚合等方面有较高的造诣，并注重应用化学的研究，所研制的催化活化剂及原油输送减阻剂、降凝剂有重大的经济意义。在医用高分子、有机高分子光电导材料的研究中做出了新的贡献。杨士林是浙江大学高分子研究的奠基人之一。他从事化学教育和科研50余年，依托浙江大学高分子专业为中国培养了大批人才，如著名高分子化学家、曾任浙江大学高分子系主任的封麟先和现任浙江大学高分子系主任的徐志康等。杨士林高分子谱系拥有副教授及以上职称的成员 20 余人。

一、第 1 代

杨士林（1919— ），1936 年在苏州高中化工科毕业后，在南开大学应用化学研究所当练习生，对化学有了较深了解，自此与化学结缘。1937 年考取浙江大学公费生，不久抗日战争爆发，杨士林随浙江大学迁至天目山，再迁广西宜山，直至贵州遵义，在极其艰苦的情况下坚持学习。1948 年杨士林考取公费生派往丹麦哥本哈根多科性工业大学有机化学系学习，至 1950 年底。此时，新中国成立，杨士林毅然回国，于 1951 年任浙江大学副教授，后任教授。

20 世纪 50 年代初院系调整，杨士林历任浙江大学化工系副主任、化学系主任、科研处处长、教务长、副校长、校长、学校顾问、校学术委员会主任等职，为浙江大学的发展呕心沥血，辛勤耕耘。他坚持竺可桢校长提倡的"求是"优良校风，熏陶青年学生，为国家培育了一大批高级专门人才。

1961 年以前，杨士林教授主要讲授有机化学，编写了国内首批工科有机化学教材，其后转向高分子化学，开设高分子化学、立体化学、高分子化学选论（研究生课）等课程。杨士林授课艺术超群，在浙江大学主干课讲授中一直享有盛誉。

20 世纪 80 年代以来，功能高分子在高分子合成的基础上蓬勃发展起来，成了世界各国研究的热点，尤其是从分子设计的高度来指导功能高分子的合成，以获得所要的性能，成了化学和物理的前沿课题，也是化学和物理学交叉学科要解决的课题。杨士林一直密切关注这一发展趋势，抓住研究开发复印机、高速电子计算机和太阳能电池的关键材料——光电导材料这一具体对象，于 1986 年果断地组织了高分子化学、高分子物理、固体物理、电子学、光学等方面的人才，开展了有机高分子光电导材料研究。杨士林及其科研组在有机高分子光电导材料的研制和光电导机理两方面做了大量工作，取得了突破性的进展。

二、第 2 代

1960 年杨士林开始招收研究生，1984 年任博士生导师，注重培养他们的自学能力和独立工作能力，定期组织讨论会，由研究生报告工作进展和文献阅读收获,启发他们开阔视野。他培养的 18 名硕士生和 6 名博士生均已发挥骨干作用,有的已成长为学术带头人。

封麟先,1992—1999 年任高分子科学与工程学系系主任。该系组建于 1992 年,是我国第一个包含高分子化学、高分子材料、聚合反应工程专业的理工结合型系。他长期执教于浙江大学高分子系,培养了一批优秀高分子人才。

徐又一,1982 年硕士,“膜与水处理技术”教育部工程研究中心常务副主任,浙江省和杭州市膜材料与技术工程中心主任,厦门大学兼职教授,杭州洁弗膜技术有限公司副董事长、技术总监。主要从事高分子膜材料研究。

范志强,1987 年博士,浙江大学教授,高分子科学研究所所长。主要从事烯烃聚合催化剂、聚烯烃合成、聚烯烃功能化及聚合物结构表征的研究。

徐志康,1991 年博士,浙江大学高分子系系主任。主要研究方向:高分子膜分离材料的表面工程。

董宇平,1992 年博士,杨士林、封麟先、沈家骢共同指导,北京理工大学材料科学与工程学院教授、博士生导师。研究方向:高分子合成化学及功能高分子材料。

陈红征,1994 年博士,浙江大学教授,高分子复合材料研究所副所长,浙江大学高分子科学与工程学系副系主任。一直从事有机复合光电功能材料、有机高分子光电功能材料的基础研究,设计与合成了新型氟代有机电子传输材料,并研制成在空气中稳定的薄膜晶体管,其迁移率高达 0.068 $cm^2/(Vs)$;通过润湿填充法、模板法、液相直接沉淀法、化学还原法以及电化学法研制出各类形态可控的有机/无机复合一维纳米材料,并发现复合基元之间的光致电荷转移以及在近红外区存在光谱响应的现象;设计与制备了性能优化的功能分离型单层结构的有机纳米复合光导体;研制成功国内第一块低直流电压驱动的电泳显示原型器件。

郭圣荣,1995 年博士,朱康杰、杨士林、封麟先共同指导,上海交通大学药学院教授、博士生导师,药学院药物控制释放技术与医用高分子课题组负责人,药学院党总支副书记。主要研究方向:生物医药用高分子和药用辅料。

王立,1997 年博士,朱康杰、杨士林共同指导,浙江大学教授、博士生导师,浙江大学国际教育学院院长、浙江大学外事处副处长。主要从事功能高分子、纳米材料、自组装、树枝状分子合成、配位聚合等方面的研究。

三、第3代

封麟先弟子

徐君庭，1996年博士，浙江大学高分子科学与工程学系教授。2001年以前主要从事烯烃配位聚合和聚烯烃结构与性能研究，利用制备性升温淋洗分级装置在聚烯烃微结构表征方面进行了大量开拓性工作，如：聚烯烃的等规度分布、分子内和分子间的组成分布、聚烯烃合金的组成分布等；关联了聚烯烃的结构与各种性能，研究了聚烯烃微结构对其结晶行为和力学性能的影响。2001年后同时开展了嵌段共聚物自组装的工作，其研究思路是利用其他作用力如结晶、液晶等辅助嵌段共聚物的自组装，以更加精确地控制嵌段共聚物本体、薄膜及胶束的形态。

王延梅，1997年博士，中国科学技术大学高分子科学与工程系教授。主要研究方向：无皂乳液聚合机理的研究及其应用；聚合物无机金属杂化材料的制备及其物理性能；用于毛细管电泳分离DNA的介质的合成及其聚集行为。

计剑，1997年博士，浙江大学生物医用大分子研究所副所长，教授。主要从事生物医用高分子材料研究。

王齐，1997年博士，浙江大学高分子科学与工程学系副主任，教授。主要从事烯烃聚合催化剂、自由基活性聚合等研究。

马建中，1998年博士，封麟先、胡耿源、杨宗邃共同指导，现任陕西科技大学副校长。主要从事高分子助剂(皮革化学品)的合成理论与作用机理，无机-有机杂化纳米材料及其与动植物纤维作用机理的研究。

徐祖顺，1998年博士，封麟先、程时远共同指导，湖北大学材料科学与工程学院副院长、高分子材料研究所所长，武汉市人大代表。主要研究方向：乳液聚合及聚合物乳液、功能性聚合物、聚合物纳米微球、耐高温高分子材料、生物医用高分子材料、环境友好型胶黏剂及涂料。

张玉清，1999年博士，封麟先、范志强共同指导，河南科技大学化工与制药学院院长，河南科技大学“高分子科学与纳米技术实验室”主任，河南科技大学高分子化学与物理学科带头人。近年来，主要从事高分子纳米复合材料和高分子电解质研究。

表 6.11 杨士林高分子谱系

第1代	第2代		第3代	
第三代	第四代	第五代	第五代	第六代
杨士林(1941年学士,浙江大学)	封麟先(学士,浙江大学)		徐君庭(1996年博士,浙江大学)	
			王延梅(1997年博士,浙江大学)	
			计剑(1997年博士,浙江大学)	
			王齐(1997年博士,浙江大学)	
			马建中(1998年博士,浙江大学)	
			徐祖顺(1998年博士,浙江大学)	
			张玉清(1999年博士,浙江大学)	
			徐旭荣[1](2000年博士,浙江大学)	
		徐又一(1982年硕士,浙江大学)		王建黎[2](2001年博士,浙江大学)
		范志强(1987年博士,浙江大学)		王伟[3](2001年博士,浙江大学)
		徐志康(1991年博士,浙江大学)		刘振梅(2004年博士,浙江大学)
		董宇平(1992年博士,浙江大学)		
		陈红征(1994年博士,浙江大学)		
		郭圣荣(1995年博士,浙江大学)		
		王立(1997年博士,浙江大学)		
		蒋克健[4](1997年博士,浙江大学)		

注:1. 浙江大学化学系副教授。
2. 浙江大学教授,从事生物医用高分子膜材料基础研究。
3. 陕西师范大学副教授。
4. 中国科学院化学研究所副研究员。

第十一节　黄葆同高分子谱系

黄葆同，中国著名高分子化学家，中科院院士。从事过生漆结构和干燥机理、新高分子合成、乙丙橡胶新催化、活化体系等研究；共混型热塑弹性体和聚乙烯接枝 PDMS 增进耐磨性获得专利；利用共晶和极性/极性相互作用原理，设计增容剂，使聚烯烃/极性聚合物共混为新材料，并深入研究体系的界面和结晶行为；进行乙烯（丙烯）/α-烯烃共聚和丙烯序贯聚合规律及聚合物结构研究。其妻子冯之榴是高分子物理学家，20 世纪 50 年代初在美国首创可测定单纤维纤度的振动装置（Vibroscope），可给出单纤维纤度和强度一一相对应的数据，大大提高了测试的精度和正确性。回国后，她为中国较早开展高分子物理研究的长春应用化学研究所做出了贡献。她较早开展了多组分聚合物新领域的研究，得到诸多有意义的结果并提出了精辟的新见解，如在嵌段共聚物中与均聚物相应的嵌段的位置是影响嵌段共聚物/均聚物共混体系的相容性的重要因素，澄清了多种高聚物共混体系的相容机理和增韧机理等。黄葆同夫妇长期以来共同致力于高分子科学研究事业，并合作培养年轻科技人才，共同为我国高分子科技事业做出了卓越贡献。现任沈阳工业大学副校长的李三喜是黄葆同 20 世纪 80 年代的博士生。黄葆同谱系有副教授及以上职称成员 10 余人。

一、第 1 代

黄葆同（1921—2005），1940 年南洋中学毕业后进入上海沪江大学化学系。1942 年转入重庆中央大学化学系，1944 年毕业，获理学学士学位。1947 年 10 月赴美求学，在美国得克萨斯 A&M 大学攻读有机学，师从 R. T. 霍尔曼（Ralph Theodore Holman，1918—2012），获得有机化学硕士学位后转入纽约布鲁克林综合理工学院主修有机化学、辅修高分子化学，当时直接指导他学习的助理教授是后来担任美国化学会会长的高分子化学家奥弗贝格（Charles Gilbert Overberger，1920—1997）。1952 年获化学博士学位后进入美国普林斯顿大学塑料研究室工作，当时普林斯顿大学优越的科研环境，使黄葆同在有机化学和高分子化学研究中得以施展才华，接连发表多篇有影响的学术论文，受到当时化学界的重视，被吸收为美国化学学会和荣誉学会的会员。

1951 年 5 月，当黄葆同开始办理回中国手续时，美国当局竟以“居留证过期”为借口，不许他回中国，把他送到爱利斯岛拘留所监禁起来。然而，这一切更坚定了黄葆同回祖国的决心。4 个月后，黄葆同经保释，在管制条件下走出爱利斯岛，回到普林斯顿大学塑料研究室工作。这期间，他结识了在普林斯顿纺织研究所工作的中国姑娘冯之榴。

冯之榴(1921—　)，1944 年毕业于南通大学纺织学院。1944 年秋至 1946 年秋，她在上海章华毛绒纺织公司纺织厂任技术员、工程师助理，负责全厂工作支配及原料和成品检验等工作。1946 年，她获美国麻省罗威尔纺织学院的入学许可和奖学金，遂于同年 10 月赴美入该校继续深造，1948 年 6 月毕业，获理学硕士学位。1948 年秋至 1950 年 3 月在华盛顿做美国国家标准局访问学者，从事纤维和织物物理力学性能的研究。由于非美国公民不能在美国政府研究机构作为正式职工，在访问学者期满后，组长阿派尔(Appell)博士鉴于她工作出色，将她推荐给新泽西州普林斯顿全美闻名的纺织研究所。经所长狄伦(John Henry Dillon)博士接待和亲自面试，十分满意，即于 1950 年 4 月正式受雇于该所，任研究工程师、纤维物理组组长，结合纤维生产、纺织过程和织物应用进行羊毛和合成纤维的物理力学性能研究。她建立了测定单纤维纤度的振动装置，定名为 Vibroscope，从而可给出单纤维纤度和强度一一相对应的数据，大大提高了测试的精度和正确性。此法在美国首创，在物理学会年会上引起与会者的浓厚兴趣。

黄、冯两人有共同的志趣和追求，于 1953 年结婚。1954 年，中国在日内瓦会议上取得了外交突破，周恩来总理点名要黄葆同等一批中国科学家回国，使许多滞留在美国的爱国科学家解脱羁绊，得到回中国的签证。1955 年 4 月，黄先生和夫人冯之榴回到祖国。

回国后，黄葆同随即在中国科学院长春应用化学研究所开展了异丙苯自动氧化和生漆的研究，对各地生漆成分进行了鉴定，提出被认为具有优异性能的中国国宝生漆干燥机理为漆酶下的漆酚氧化和侧链双键自动氧化的结合，此后又组织领导了耐高温高分子、氟乙烯单体合成、自由基低温聚合、耐高温航空有机玻璃等研究。1964 年黄葆同任长春应化所第四研究室主任。为适应国家建设需要，黄葆同组织领导了耐高温高分子、氟乙烯单体合成、耐高温航空有机玻璃等研究。“文革”开始后，黄葆同虽受到“冲击”，整天忙着写检查，但仍和同志们一起开展了乙丙橡胶新催化剂的研究，并打破文献框框，采用廉价中国资源研究出具有中国特点的五九酸钒新催化剂体系。

冯之榴回国后，分配到长春应用化学研究所，专搞高分子物理研究。先后受命组建长春应用化学研究所高分子物理研究室、高分子结构研究室和中国科学院高分子物理联合开放实验室。她勇于开拓新专业，从研制高分子专用仪器设备(如密度梯度管、扭摆式动态力学性能测试仪和应力松弛仪等)入手，积极开展工作，为该所高分子物理研究打下了坚实基础。同时，她负责并参加编译出版了《高聚物的力学性能》一书，有力推动了中国高分子物理研究工作。

黄葆同夫妇在科学研究中有许多共同的科研经历，例如，他们同时首先在中国系统地开展了多相聚合物的基础研究工作，对产量最大的聚烯烃和多种常用极性聚合物共混的增容问题进行了集中研究；在国内首次应用大分子单体概念和聚合机理转换的新合成方法，提出了“一线穿”共聚物概念；首次合成含有聚二甲基硅氧烷段的嵌段和接枝共聚物，接枝共聚物与乙烯的共混物有良好耐磨性能(获国家专利)。

二、第2代

在人才培养方面，黄葆同夫妇经常合作指导研究生。多年来，他们培养了大批优秀人才，其中，黄葆同培养了19名硕士生、20名博士生(含博士后3名)；冯之榴培养硕士研究生14人、博士研究生7人、博士后3人。

李三喜，1989年博士，黄葆同、庞德仁共同指导，历任沈阳化工学院材料科学与工程学院副院长、院长，教授、院学科带头人，现任沈阳工业大学副校长。长期从事烯烃聚合高效载体Ziegler-Natta催化剂、茂金属催化剂及新型后过渡金属催化剂的研究。

唐涛，1991年博士，长春应化所高分子物理与化学国家重点实验室研究员。主要研究方向：聚合物纳米材料。

赵汉英，1997年博士，南开大学化学系教授、博士生导师。主要从事功能性聚合物分子刷的研究；带有聚合物分子刷的纳米粒子及聚合物胶体粒子的制备；蛋白质-聚合物杂化材料的制备及性能研究。

表 6.12　黄葆同高分子谱系

第1代	第2代		第3代	
第三代	第五代	第六代	第六代	
黄葆同（1944年学士，中央大学；1948年硕士，得克萨斯A&M大学；1952年博士，布鲁克林综合理工学院，师从霍尔曼、奥弗贝格） 冯之榴（1944年学士，南通大学；1948年硕士，美国麻省罗威尔纺织学院）	李三喜（1989年博士，长春应化所）			
	唐涛（1991年博士，长春应化所）		黄葆同，唐涛	刘承斌[1]（2003年博士，长春应化所）
	董为民[2]（1997年博士，长春应化所）			
	赵汉英（1997年博士，长春应化所）			
	朱宁[3]（2000年博士，长春应化所）			
		童昕[4]（2001年博士，长春应化所）		
		崔冬梅[5]（2001年博士，长春应化所）		
		魏良明[6]（2003年博士，长春应化所）		

注：1. 湖南大学教授。
2. 长春应化所副研究员。
3. 中科院化学所/博士后。
4. 沈阳理工大学教授。
5. 长春应化所高分子物理与化学国家重点实验室研究员。
6. 上海交大纳米电子材料与器件研究所副研究员。

第十二节　沈之荃高分子谱系

沈之荃，高分子化学家与化学教育家，中科院院士。长期从事高分子化学和材料方面的研究，主攻过渡金属和稀土络合催化聚合。研制出的三元镍系顺丁橡胶成为我国万吨级顺丁橡胶工厂聚合工艺的基础，并在创建稀土络合催化聚合和开拓稀土化合物作双烯烃定向聚合催化剂、炔烃聚合催化剂和开环聚合催化剂等方面做出了贡献。沈之荃长期任教浙大，“文革”前即开始指导研究生，苏州大学化学化工学院原院长沈琪是她20世纪60年代在长春应化所指导的学生,改革开放尤其是20世纪90年代以后,她开始大量指导博士研究生,培养了数代优秀人才。沈之荃谱系发展势头迅猛,拥有副教授及以上成员30余人,其中仅2000年以后博士毕业生中就有10余人晋升为教授或副教授。

一、第1代

沈之荃(1931—),1952年毕业于上海沪江大学化学系[①],此后曾在苏州大学执教10年。1962—1979年先后任长春应化所助理研究员、副研究员和室主任。20世纪60年代,人工合成橡胶在国外是二三十年前的事,而中国则刚刚起步。人工合成橡胶的关键是催化剂。国外用钛、钴做催化剂的顺丁橡胶存在易于变脆、老化等问题,因此迫切需要寻求新的催化剂。沈之荃和欧阳均先生等提出了用镍作催化剂的全新思路。她首先提出和研究了“三元镍系催化体系对丁二烯的定向聚合和镍顺丁橡胶的结构性能”,为此付出了巨大而艰辛的劳动。经过许多个日日夜夜的奋战,百多次的实验,成千个数据的分析和判断,在她和同事们近三年的共同努力下,用镍作催化剂的顺丁橡胶终于研制成功了。1965年通过中国科学院专家鉴定会鉴定并被推荐为进一步工业扩试的品种,获得了全国科学大会重大科技成果奖。在其后的一系列试验研究中,经过许多单位协同会战,中国建立起了锦州石油六厂橡胶厂、北京燕山石化橡胶厂、上海高桥橡胶厂等5个万吨级镍顺丁橡胶大厂。顺丁橡胶生产是中国在通用高分子材料生产领域中唯一成功地采用全系列国产技术进行经济规模生产的项目,它是中国人的骄傲,沈之荃和参加工作的同志一起获得了1985年国家科技进步特等奖。

中国稀土资源占世界储量的80%。为了充分利用这一宝贵资源,也为了研制生产出性能更为优良的合成橡胶,1962年沈之荃和欧阳均先生首次在国际上提出用稀土化合物做双烯烃定向聚合催化剂的组分,发展了Z-N催化聚合。20世纪60—70年代沈之荃参加并组织领导了“稀土络合催化双烯烃定向聚合及其橡胶研制”的科研工作,他们在世界上首先成功地研制出几种具有结构和性能特点的橡胶新品种——稀土顺丁橡胶和稀土异戊橡胶(可与天然橡胶媲美)等,获得了1982年国家自然科学二等奖。这些后来被苏联、意大利、美国、德国和日本

---

① 值得一提的是,沈之荃院士的丈夫姚克敏教授是她大学的同班同学,他们志趣相投,姚主攻无机化学,沈从事高分子化学研究。她进行的稀土聚合研究得到了姚克敏的不少启示。

等竞相采用和研究的“稀土系橡胶”，被公认为是当今性能最好的橡胶品种。80—90年代，沈之荃又将稀土络合催化聚合研究推进发展到炔烃、环氧烷烃、环硫烷烃、交脂内脂和极性单体等聚合以及固定二氧化碳制备聚碳酸酯等新领域，取得了不少创新成果，获1993年国家自然科学三等奖、1990年浙江省科技进步二等奖及1986年国家教委科技进步二等奖。

二、第2代

在科学研究之外，沈之荃一向重视教育和人才培养。早在20世纪50年代，便继承父业，将“传道，授业，解惑”作为自己的神圣职责，付出了大量心血。在苏州大学任教时，她看到苏联《工业化学》教材比英美教材系统和实际，有较多可借鉴之处。为此，一向学英语的她，业余废寝忘食地自学俄语，并翻译出有关苏联教材供教学使用。为了拥有中国自己的教材，她不辞辛苦亲赴中国化工基地大连、鞍山等地，向科技人员和工人师傅学习请教，据此写出了《工业化学》教材，在兄弟院校同行交流中获得好评。为了培养提高学生的实际工作和动手能力，她利用节假日带学生下厂实习，和同学们一起制作教学模型，是一位言传身教的好老师。

1980年沈之荃被调到浙江大学后，再度挑起了教书育人的重担。她兢兢业业，辛勤教学，讲授“配位聚合”、“高分子化学选论”、“专业外语”等本科和研究生课程。她讲课重点突出，条理清楚，内容新颖，深受学生欢迎。在传播知识的过程中，她还十分注意培养学生良好的科学世界观和道德观。她对学生的高标准和严要求是出了名的。一次一位博士研究生向沈之荃交了一篇论文，因不合要求，初稿被毫不客气地退回。学生认真做了修改，心想这次也许可以过关了，但没想到第二次又被退了回来。等到他拿到经导师阅改过的第三稿时，心头霎时一热，18页稿纸上几乎每页每行都有沈老师的精心批改，从论文的内容到英语语法、修辞都一一作了修改和补充。至今，她已培养毕业了16名硕士和20名博士，目前还在指导着10多名硕士和博士研究生。

沈琪(1940—　)，1957—1962年南开大学化学系学习。1962年，适逢全国第一届考研，并不满足于本科所学知识的沈琪又凭着骄人的实力成为长春应化所高分子化学专业的研究生，师从沈之荃，并于1966年毕业后留所工作。沈琪于1979年远赴联邦德国马克思·普朗克学会煤炭研究所进修，从事金属有机化学的研究。

当时金属有机化学的研究在国内才刚刚起步，中科院考虑到她在国外所学的内容和成绩，决定瞄准这一国内的新兴研究领域成立金属有机化学研究室，并让沈琪担任研究室主任。回国 10 年，以沈琪为骨干的该研究所进行的“稀土定向催化剂的研究”获得了国家自然科学基金二等奖，其研究成果“新型轻稀土有机化合物的合成、结构及反应性能”获得了中科院自然科学基金二等奖。她也凭着出色的业绩获得了“吉林省三八红旗手”、“中国科学院优秀研究生导师”称号，享受国务院政府特殊津贴等诸多荣誉。

1993 年，沈琪回到苏州，在苏州大学开始了她的第二次创业。学校为她成立了金属有机化学实验室。1997 年她作为负责人之一，承担了江苏省“九五”攻关项目“光纤用紫外光固化涂料”的研制任务，她与研究小组率先将近年来发展起来的树枝状高分子用于紫外光固化树脂的合成，首次提出了利用迈克尔反应一步简便地合成了官能度高、融熔黏度低的树枝状感光高分子，以此研制出感光速度快、加工工艺性能优异的光纤用紫外光固化涂料。经应用单位试验，证明其感光速度已超过著名的美国 DSM 公司产品水平，为发展我国通信事业做出了贡献。沈琪先后承担“攀登计划”，主持国家自然科学基金、江苏省自然科学基金、江苏省教委自然科学基金、江苏省科委“九五”攻关项目等多项重大科研项目，已完成鉴定成果 3 项，获国家发明专利 2 项，其中“稀土有机化合物的合成、结构及其催化聚合反应性能”研究成果于 1998 年被评为江苏省科技进步二等奖。1993 年以来，沈琪教授发表学术论文 280 多篇，近 5 年发表的研究论文已被 SCI 源期刊论文引用 200 多篇次。2002 年，沈琪教授应邀在国际知名的金属有机化学期刊 *J. Organomet. Chem.* 上撰写研究综述，至此以她为首席专家的课题组的工作得到了国际化学界的进一步认可。2006 年 8 月，沈琪申报的“稀土金属有机化合物的反应化学”课题又喜获国家自然科学基金重点项目的资助，资助金额达 150 万元，标志着她所带领的团队承担重点重大项目的能力又上了一个新的台级。

杨慕杰，浙江大学高分子科学与工程学系教授、博士生导师，国家级有突出贡献中青年专家，享受政府特殊津贴。曾任浙江大学高分子科学研究所常务副所长，并兼任中国化学会理事、国家高分子科学委员会委员、有机固体专业委员会委员和浙江省高分子专业委员会副主任。1963 年毕业于中山大学化学系。多年来，主讲名牌课程——高分子化学，组织开设硕士研究生功能高分子课程，指导博士研究生和硕士研究生。一向从事光电子功能高分子及配位聚合应用基础研究。近年来，又开展了湿敏材料及湿度传感器以及绿色涂料的应用研究。

首次提出了苯乙炔直接成膜聚合方法、成膜聚合机理及钕-铁协同催化效应；提出了 60Co - γ 射线及电子束辐射法诱发顺式聚苯乙炔高光敏性的新技术；首次应用稀土催化剂于长链 α -烯烃聚合，制得了有特色的聚合物；提出了过渡金属键合炔络合物催化剂催化自身键合单体聚合的新反应过程；阐述了影响金属-多炔聚合物三阶非线性光学性能的规律；研制的新型复合高分子电阻型薄膜湿敏元件及高性能绿色涂料，正推向实际应用。目前正继续开展有机聚合物发光及太阳能电池材料和聚合物锂离子电池材料的研究。已发表 SCI 级学术论文 100 余篇。

孙维林，中科院化学所有机固体院重点实验室研究员、博士生导师。以高分子设计和活性聚合进行纳米载体材料、二氧化碳分离材料等功能高分子材料的合成与应用研究，取得了多项创新性成果。1979 年 8 月杭州大学化学系毕业，1985 年 9 月—1988 年 7 月于杭州大学化学系攻读硕士学位，师从张孙玮教授，从事有机试剂的合成及其在分析化学中应用研究和医药中间体合成研究，曾获 1990 年浙江省科技进步奖三等奖。1991 年 9 月—1994 年 8 月于浙江大学攻读博士学位，师从沈之荃院士，从事稀土催化剂开环聚合及功能高分子研究。

吴健，1990 年博士，浙江大学城市学院院长。主要研究方向：卟啉化学及其分子识别和催化功能、功能高分子分子设计与合成化学、功能高分子纳米纤维膜制备与性能。

申有青，1995 年博士，浙江大学“求是学者”教授、博士生导师，浙江大学生物纳米工程和纳米药物中心主任。2008 年获国家杰出青年科学基金及浙江省杰出青年团队基金。主要研究方向：稀土催化。

汪联辉，1998 年博士，沈之荃、杨慕杰、章文贡共同指导，复旦大学先进材料实验室教授。主要研究方向：纳米生物传感材料、纳米生物技术、生物化学等。

陈建勇，1999 年博士，沈之荃、刘冠峰共同指导，浙江理工大学副校长，浙江省重点实验室“丝纤维材料及加工技术研究实验室”常务副主任，浙江省重点学科“纺织工程”负责人。主要研究方向：纤维制品加工（蚕丝科学与应用）、纤维加工的化学与生物技术、纤维材料结构与性能。

陈耀峰，1999 年博士，沈之荃、张一烽共同指导，中科院上海有机所金属有机国家重点实验室研究员、博士生导师。主要研究方向：金属有机化合物的合成及催化的有机和高分子合成。

三、第3代

（一）沈琪弟子

任劲松，中科院长春应化所稀土化学与物理重点实验室研究员、博士生导师。主要研究领域：我国急需加强的新型学科——化学生物学，在抗癌、抗艾滋病、抗病毒药物的筛选及作用机制。在蛋白质筛选及核酸、蛋白质化学等研究方面取得了重要研究结果。

刘太奇，北京石油化工学院教授，北京化工大学博士生导师。研究方向：环境材料，包括纳米环境修复材料、环境友好自调温材料、航天材料、茂金属基高分子材料。

姚英明，苏州大学教授，硕士生导师，有机化学研究所所长。主要研究方向：稀土金属有机化学和稀土材料化学。

袁福根，西北师范大学教授。主要从事高分子化学与物理中的功能高分子、多相催化、复合材料和荒漠化防治研究。

毛礼胜，苏州科技学院教授。主要研究方向：材料化学及其应用。

路建美，苏州大学副校长，教授、博士生导师，苏州大学应用化学研究所所长。主要研究方向：有机和高分子共轭分子结构，合成新型功能高分子材料。

（二）杨慕杰弟子

雷自强，1997年博士，杨慕杰、沈之荃、王云普共同指导，浙江大学高分子科学研究所教授。主要研究方向：高分子化学、芳杂环高分子合成、导电和磁性高分子材料制备、稀土配位催化聚合。

占肖卫，1998年博士，杨慕杰、沈之荃共同指导，浙江大学医学部副主任，浙江省生物电磁学重点研究实验室主任。主要研究方向：生物化学与分子生物学、劳动卫生与环境卫生学。

孙宏枚，1999年博士，杨慕杰、沈之荃共同指导，苏州大学化学化工学院教授。主要研究方向：后过渡（稀土）金属的氮-杂环卡宾配合物的设计合成及催化应用，含金属离子的咪唑盐类离子液体，交叉偶联反应，生物可降解聚酯。

表 6.13 沈之荃高分子谱系

第1代	第2代			第3代			
第四代	第四代	第五代	第六代	第五代		第六代	
沈之荃(1952年学士,浙江大学)	沈琪(1966年研究生,长春应化所)			任劲松(1995年博士,长春应化所)			
				刘太奇(1995年博士,长春应化所)			
				姚英明(1996年博士,长春应化所)			
				沈琪、沈之荃	袁福根(1997年博士,浙江大学)		
					毛礼胜(1997年博士,浙江大学)		
					王耀荣[1](1999年博士,浙江大学)		
						沈琪、沈之荃	齐民华[2](2002年博士,浙江大学)
				喻龙宝[3](2002年博士,浙江大学)			
				沈琪、朱秀林	路建美(1999年博士,浙江大学)		
						沈琪、邹建平	曾润生[4](2003年博士,苏州大学)
	杨慕杰(1963年学士,中山大学)			杨慕杰、沈之荃、王云普	雷自强(1997年博士,浙江大学)		
				杨慕杰、沈之荃	占肖卫(1998年博士,浙江大学)		
					孙宏枚(1999年博士,浙江大学)		
				杨慕杰、章文贡	凌启淡[5](2000年博士,浙江大学)		

（续表）

第1代	第2代			第3代	
第四代	第四代	第五代	第六代	第五代	第六代
		吴健（1990年博士，浙江大学）			
		孙维林（1994年博士，浙江大学）			翁建[6]（2001年博士，浙江大学）
					卢彦兵[7]（2003年博士，浙江大学）
		申有青（1995年博士，浙江大学）			
		许正平[8]（1997年博士，浙江大学）			
		汪联辉（1998年博士，浙江大学）			
		陈文兴[9]（1999年博士，浙江大学）			
		陈建勇（1999年博士，浙江大学）			
		陈耀峰（1999年博士，浙江大学）			
		倪旭峰[10]（1999年博士，浙江大学）			
			汤谷平[11]（2001年博士，浙江大学）		

（续表）

第1代	第2代			第3代	
第四代	第四代	第五代	第六代	第五代	第六代
			薛怀国[12]（2002年博士，浙江大学）		
			郑豪[13]（2003年博士，浙江大学）		
			凌君[14]（2004年博士，浙江大学）		
			朱蔚璞[15]（2005年博士，浙江大学）		
			熊玉兵[16]（2006年博士，浙江大学）		

注：1. 苏州大学副教授。
2. 浙江大学化学系教授，化工学院高分子材料系主任。
3. 江苏大学副教授。
4. 苏州大学材料化学部副教授。
5. 中共福建师范大学委员会委员、常委，福建师范大学副校长。
6. 厦门大学生物医学工程研究中心教授。
7. 湖南大学研究生院学位与学科建设办公室主任，副教授。
8. 上海有机化学研究所副研究员。
9. 浙江理工大学教授。
10. 浙江大学高分子科学与工程系高分子科学研究所副教授。
11. 广东石油化工学院副教授，化工学院高分子材料系主任。
12. 扬州大学教授，化学化工学院副院长，江苏省“青蓝工程”中青年学术带头人。
13. 浙江大学化学系副教授、硕士生导师，分析化学与应用化学研究所副所长。
14. 浙江大学高分子科学与工程学系/高分子科学研究所副教授。
15. 浙江大学副教授。
16. 西北师大化工学院生态环境相关高分子材料教育部重点实验室副教授。

第十三节　卓仁禧高分子谱系

卓仁禧，著名高分子化学家、中国科学院院士，武汉大学教育部生物医学高分子材料开放实验室主任。长期致力于有机硅化学和生物医学高分子材料研究：20世纪70年代，研制成功长链烷基硅烷，作为光学玻璃防雾剂，应用于多种光学玻璃器件的保护涂层；80年代以来，研究生物可降解聚磷酸酯、磷酸酯共聚物、聚碳酸酯、聚氨基酸、聚乳酸和聚酸酐等的分子设计、合成方法及表征；研究高分子材料作为基因转移载体和固定化酶、肝靶向性磁共振成像造影剂，成绩显著。卓仁禧在武汉大学长期任教，于80年代起开始指导硕博士研究生，培养了一大批优秀高分子科学人才，如：武汉理工大学材料学院高分子材料与工程系主任张超灿、美国约翰·霍普金斯大学(Johns Hopkins University)教授毛海泉、武汉大学化学院生物医用高分子材料教育部重点实验室主任张先正等。卓仁禧谱系拥有副教授及以上职称成员20余人。

一、第1代

卓仁禧(1931—　)，1953年7月复旦大学毕业后到武汉大学化学系任教。由于国家经济建设急需人才，1957年卓仁禧被选派到天津南开大学跟苏联专家学习元素有机化学，在专家的指导下进行有机硅化学的研究。两年后取得了优异的研究成果，且在我国著名期刊《化学学报》上发表了论文，在科学研究领域崭露头角。1960年回武汉大学后不久，他就在教学和科研上做出了一系列创新性成果，历任讲师、副教授、教授。其间，著名化学家曾昭抡先生因"反右"运动遭受排挤，于1958年4月来到武汉大学化学系，在他的领导下，武汉大学化学系很快建立了元素有机化学教研室，成为我国最早开展元素有机化学教学和研究的单位之一。曾先生主编了200多万字的讲义，亲自担任化学文献、元素有机化学等专业课程的教学，并先后建立了有机硅、有机氟、有机硼和元素有机高分子等科研组。卓仁禧曾有幸亲受曾先生的指导。1983—1984年，卓仁禧在美国耶鲁大学从事生物活性化合物研究，后任武汉大学教育部生物医学高分子材料开放实验室主任。

二、第2代

张超灿，1990年博士，卓仁禧、罗宣干共同指导，武汉理工大学材料学院高分子材料与工程系主任，教授、博士生导师。研究领域：梯度功能高分子材料方面的氟硅梯度功能聚合物、聚合物表面与界面、自组织与自结构；液晶及分离功能高分子材料方面的液晶高分子、选择性分离高分子、导电高分子；有机无机纳米杂化材料方面的纳米材料、杂化材料、纳米复合材料。

毛海泉，1993年博士，卓仁禧、范昌烈共同指导，武汉大学客座教授。1984年考入武汉大学，1993年获博士学位并留校任教。1995年前往美国约翰·霍普金斯大学生物医学工程系任研究助理，1999年在约翰·霍普金斯新加坡组织与治疗工程实验室任研究员。在生物医学高分子领域，发表论文30余篇，出版专著2部，获准美国专利10余项。1997年获国际控制释放协会杰出研究生奖，1998年和2001年获国际控制释放协会杰出研究奖，2002年获新加坡国立大学优秀青年研究员奖。

罗毅，1994年博士，卓仁禧、范昌烈共同指导，化学物理系执行主任，化学物理系和合肥微尺度科学国家实验室教授、博士生导师。主要研究方向：理论化学、分子电子学、分子光子学、同步辐射X射线光谱。

柏正武，1996年博士，武汉大学教授、博士生导师。主要研究方向：生物医药高分子。

胡斌，1997年博士，武汉大学分析科学研究中心副主任，教授。主要研究方向：等离子体光谱/质谱分析和联用技术，辉光放电光谱/材料成分及表面分析，样品预处理技术，生物和环境体系中元素形态分析，纳米材料分离分析。

王均，1998年博士，中国科学技术大学高分子科学与工程系教授、博士生导师。研究方向：生物医用高分子材料，蛋白质和核酸的高分子传递体系，基因治疗和组织工程。

表 6.14　卓仁禧高分子谱系

第 1 代	第 2 代			第 3 代
第四代	第五代	第六代		第六代
卓仁禧(1953 年学士,复旦大学,师从 B. Φ. 马丁诺夫)	刘高伟			
	张先亮			
		卓仁禧、罗宣干	张超灿(1990 年博士,武汉大学)	陈艳军[1](2005 年博士,武汉理工)
		刘芝兰[2](1991 年博士,武汉大学)		
		卓仁禧、范昌烈	毛海泉(1993 年博士,武汉大学)	
			罗毅(1994 年博士,武汉大学)	
		俞开潮[3](1996 年博士,武汉大学)		
		柏正武(1996 年博士,武汉大学)		
		贺枫[4](1997 年博士,武汉大学)		
		胡斌(1997 年博士,武汉大学)		
		王均(1998 年博士,武汉大学)		
		卓仁禧、张世炜	张先正[5](2000 年博士,武汉大学)	
			丁雄军[6](2001 年博士,武汉大学)	
		鄢国平[7](2002 年博士,武汉大学)		
		黄世文[8](2002 年博士,武汉大学)		

注：1. 武汉理工大学副教授。
2. 武汉大学副教授。
3. 华中科技大学副教授。
4. 武汉大学化学与分子科学学院副教授。
5. 武汉大学化学系教授、博士生导师,生物医用高分子材料教育部重点实验室主任。
6. 清镇市副市长。
7. 武汉大学教授、博士生导师。
8. 武汉大学化学与分子科学学院副教授。

第十四节　王佛松高分子谱系

王佛松,高分子化学家,中国科学院院士。长期致力于高分子合成的工作,在双烯定向聚合、稀土催化及导电高分子,特别是合成橡胶、聚乙炔及聚苯胺的研究工作中取得了丰硕成果,为中国合成橡胶的研究、开发和工业化以及导电高分子的开发应用、人才培养和经济建设做出了贡献。王佛松自20世纪80年代后期以来长期在中科院长春应化所指导研究生，培养了一批优秀高分子人才，如：长春应化所所长、功能高分子研究室主任王作祥，中国科学院生态环境高分子材料重点实验室主任王献红等。王佛松谱系有副教授及以上职称成员10余人。

一、第1代

王佛松(1933—)，1951年考入武汉大学化学系。在学习期间，刻苦努力、勤奋好学，深得老师尤其是系主任**叶峤**和著名化学家**张资珙**先生的赏识和厚爱。国家为了适应经济建设对人才的需求，决定除了派遣应届高中毕业生赴苏联及东欧社会主义国家留学之外，从1955年起，大批派遣应届大学毕业生和大学教师赴上述国家读研究生。1955年春，武汉大学确定化学系6个人参加留苏考试，录取了2人，王佛松就是其中之一。王佛松于1956年9月赴列宁格勒苏联科学院高分子化合物研究所读研究生，师从著名高分子化学家和合成橡胶专家波·亚·多尔哥普罗斯克院士。在3年多的学习中，他几乎每天都学习、工作十四五个小时。在一篇篇前人的论文里，在一次次的科学实验中，他不停地汲取着人类智慧的结晶，以刻苦钻研的精神和优异成绩赢得了导师的赞许——认为他对定向聚合研究已有较深的理解，在实验设计上有创造性。王佛松所读的专业方向是导师亲自为他选的。那几年里，他通过对“金属镁有机化合物与过渡金属盐类的反应及用镁有机化合物和其络合物引发聚合”的系统研究，得到了具有一定理论指导意义的结论。据此写出的科学论文也成为第一篇有关镁有机化合物直接作用定向聚合催化剂的文献，曾被美国《橡胶化学及工艺》由俄文转译成英文发表。王佛松的这一研究成果得到了导师的高度赞誉，推荐他到苏联和国际学术报告会上作报告，他是第一个中国留苏学生在苏联门捷列夫化学大会上作报告的人。由于他的努力，提前7个月完成学习任务，获得副博士学位。这一年，他年仅26岁。1960年初，王佛松回国到中国科学院长春应化所工作。

从1960年底开始，王佛松作为“顺丁橡胶合成、结构和性能研究”课题的主要负责人之一，在国内首先开辟了“丁二烯顺-1,4定向聚合催化剂”研究，弄清了钴体系顺丁橡胶中的凝胶是阳离子型交联反应造成的，并提出添加给电子试剂来抑制凝胶。他与有关同志一起确认分子量分布窄是当时顺丁橡胶加工性差的原因，决定采用钴镍混合催化剂来调节分子量分布宽度，从而形成有特色的国外未见报道的催化体系,得到的“顺丁-4”橡胶性能达到国外样品水平。在1965年中科院组织的鉴定中被推荐为首选推广体系,在锦州石油六厂进行扩大试验。之后,王佛松又参与并领导了“顺丁-5”(镍体系)的小试会战及带队在锦州石油六厂推广扩试。以上工作为我国后来顺丁橡胶的中试和工业化奠定了基础。

1966年,他作为课题组负责人组织和领导了异戊橡胶的铝钛催化剂基本配方,找到了有效的第三组分。该体系在吉林化工研究院完成模式和中试,找到了连续聚合中挂胶的原因与防止方法。1970年他与另一位同志发现合成高顺式异戊橡胶的稀土催化剂,证明了催化活性与稀土元素的种类及价态有关,与烷基铝及烷基卤化铝性质有关;提出了催化活性中心的“双金属络合物”结构及其形成机理,弄清了异戊胶分子量及其分布与加工性能的关系,首次指出了稀土催化双烯聚合具有“活性聚合”性质。这些基础工作与系统研究,开发了世界上继钛胶和锂胶之后的新胶种——稀土异戊胶,在吉林化工研究院完成年产30吨中间试验,通过了石化部组织的鉴定。20世纪80年代初,王佛松发现稀土催化剂可有效催化异戊二烯本性聚合,进而开发了相应的本体聚合技术,获得了专利,省去了溶剂及其回收,其降低能耗、产物性能可与美国IR-10媲美。

20世纪80年代初,王佛松与钱人元教授合作,在国内率先开展了导电高分子研究。他们采用稀土催化剂进行乙炔聚合,制成的聚乙炔膜的分子结构和晶体结构均不同于日本白川方法制得的膜,且在相同温度下制备时,顺式含量较高,首次观察到有单晶微区。他研究了聚乙炔顺反异构化动力学,提出了“曲柄旋转”热异构化机理,采用“催化剂高温陈化、低温聚合”方法,合成的自支撑膜电导率达105S/cm量级。在聚苯胺研究中,他们首次开展取代苯胺聚合工作,突破了可溶性聚苯胺及其膜的制备技术,发现了聚苯胺的溶液核磁共振谱和无散射干扰的红外光谱,证明了1,4偶联的链结构和碱式样品中的苯/醌比例,提出了掺杂态聚苯胺链结构的“四环BQ变体”模型。这些成果发表后在国际上颇有影响。著名导电高分子科学家爱泼斯坦(Epstein)书面评述说,“你们的广泛的研究活动已经取得了在该领域的领先地位”,“是富有成果的基础研究项目”。

20世纪90年代初,王佛松与漆宗能教授合作,开展聚合物无机纳米复合材料的研究工作,成功地应用插层聚合方法合成了聚酰胺、聚酯、聚苯乙烯及高抗冲聚苯乙烯层状硅酸盐纳米复合材料。用这一方法得到的插层聚合物无机纳米复合材料,具有高耐热性、高模量、高强度和良好的阻隔性,其综合性能大大优于传统的复合材料。其中,尼龙-6纳米复合材料的综合性能,可与尼龙-66的相媲美，这将大大扩大尼龙-6的应用范围。

王佛松先后在国内外学术刊物上发表学术论文(不含会议报告)200多篇，与其他学者合著、合译专著各1部；1978年以来已培养博士10多名、硕士近20名。作为项目主要负责人之一，获国家自然科学二等奖两项及三等奖1项，中科院自然科学一等奖1项、重大成果二等奖和科技进步二等奖各1项，航空航天部科技进步二等奖1项。他还是国家科技进步特等奖“顺丁橡胶工业生产新技术”项目实验室小试的主要研究者和负责人之一，还获香港理工大学1996年度杰出中国访问学人奖。

二、第2代

唐劲松，1988年博士，华峰集团副总裁兼上海华峰材料科技研究院院长。

王利祥，1989年博士，长春应化所所长、功能高分子研究室主任，中国科学院、中国石化总公司高分子联合开放实验室副主任，1997年当选吉林省人大代表，2003年当选全国人大代表。主要研究方向：光电活性功能高分子。

王跃川，1989年博士，王佛松、丁孟贤共同指导，四川大学高分子科学与工程学院副院长。主要从事精细及功能高分子的基础和应用研究。

王献红，1993年博士，王佛松、景遐斌共同指导，曾任科技部“十五”“863”特种功能材料主题专家、国防先进材料专家组副组长，现任中国科学院生态环境高分子材料重点实验室主任，长春应化所学术委员会副主任，吉林省人民政府决策咨询委员会成员，科技部“十一五”“863”军工配套材料重大专项专家。主要研究方向：二氧化碳的固定和利用、导电高分子尤其是聚苯胺的功能化和应用以及分子导线。

黄碧英，1995年博士，王佛松、陈立泉共同指导。创办因迪能源(苏州)有限公司。

耿延候，1996年博士，王佛松、景遐斌共同指导，长春应化所高分子物理与化学国家重点实验室研究员。主要研究方向：共轭高分子合成方法学，高迁移率有机/高分子半导体材料(太阳能电池和有机薄膜晶体管)，纳米尺度共轭齐聚物/聚合物的合成方法及其超分子化学，新型芳香单元及其共轭聚合物。

薛志坚，1997年博士，王佛松、杨士勇共同指导。上海巴斯夫亚洲技术中心区域经理。

表 6.15 王佛松高分子谱系

<table>
<tr><th>第1代</th><th colspan="2">第2代</th><th>第3代</th></tr>
<tr><th>第四代</th><th>第五代</th><th>第六代</th><th>第六代</th></tr>
<tr><td rowspan="11">王佛松(1955年学士,武汉大学;1960年副博士,苏联科学院列宁格勒高分子化合物研究所,师从多尔哥普罗斯克)</td><td>唐劲松(1988年博士,长春应化所)</td><td></td><td></td></tr>
<tr><td>王利祥(1989年博士,长春应化所)</td><td></td><td></td></tr>
<tr><td>王跃川(1989年博士,长春应化所)</td><td></td><td></td></tr>
<tr><td colspan="2" rowspan="2">王献红(1993年博士,长春应化所)</td><td>谢东[1](2003年博士,长春应化所)</td></tr>
<tr><td>全志龙[2](2004年博士,长春应化所)</td></tr>
<tr><td>黄碧英(1995年博士,长春应化所)</td><td></td><td></td></tr>
<tr><td>耿延候(1996年博士,长春应化所)</td><td></td><td></td></tr>
<tr><td>薛志坚(1997年博士,长春应化所)</td><td></td><td></td></tr>
<tr><td></td><td>刘宾元[3](2001年博士,长春应化所)</td><td></td></tr>
<tr><td></td><td>刘金刚[4](2002年博士,长春应化所)</td><td></td></tr>
</table>

注:1. 武汉理工大学副教授。
2. 华侨大学副教授。
3. 河北工业大学高分子化学与物理专业教授。
4. 中科院化学所副研究员。

第三部分

谱系研究

第七章　著名谱系案例和中外化学家谱系比较研究

第一节　亚当斯及其中国留学生学术谱系之比较

一、亚当斯学术谱系

罗杰·亚当斯是20世纪美国著名有机化学家和有机化学教育家。他出身于著名的亚当斯家族[①],1912年在哈佛大学获得化学博士学位,随后前往德国做博士后研究,曾先后受到奥托·蒂尔斯[②]和理查德·威尔士泰特[③]的指导。1913年,亚当斯从欧洲返回哈佛,成为查尔斯·杰克逊的研究助手。在随后的3年里,亚当斯开始在哈佛大学和拉德克里夫学院任教,并着手建立了哈佛第一个基础有机化学实验室并开展自己的研究项目。1916年,因为他在科研和教育上的好名声,亚当斯受时任伊利诺伊大学化学系主任诺伊斯之邀,来到伊利诺伊大学任教,自1926—1954年的近30年里继任诺伊斯担任伊利诺伊大学化学系主任。在此期间,亚当斯取得了令人难以置信的成就:在科研方面,他一共发表了超过400篇论文;发明了以其名字命名的“亚当斯催化剂”[④];完成了大量具有实用价值的有机物如药物丁卡因的合成;有机化学理论尤其是有机化学反应机理及立体化学等方面有突出发现。在教育方面,他一共指导和培养了逾250名博士和博士后,他们中有许多成为化学界的精英分子。因其对于美国有机化学及化工领域的卓越贡献,亚当斯获得了无数荣誉,其中包括富兰克林奖、普利斯特里奖、

---

① 有两位美国总统出自该家族。

② 1950年诺贝尔化学奖得主。

③ 1915年诺贝尔化学奖得主。

④ 这一发现大大改变了天然有机物质(如植物油和生物碱)合成工作的面貌。

国家科学奖等，而美国化学会为了纪念他还设立了以他的名字命名的亚当斯奖。

在亚当斯培养的众多学生中，有大批在日后的研究或其他工作岗位上做出了突出成绩，其中具有代表性的如欧内斯特·乌尔维勒(Ernest H. Volwiler)、萨缪尔·麦克埃文(Samuel M. McElvain)、华莱士·卡罗瑟斯(Wallace Carothers)、温德尔·梅雷迪斯·斯坦利(Wendell M. Stanley)，以及他的得力助手卡尔·马维尔(Carl S. Marvel)等。

乌尔维勒是美国药物化学家。他一直在雅培任职，从普通雇员一直做到CEO。他是麻醉剂药理学领域的先驱，先后在戊巴比妥和喷妥撒两类药物的研发中起到了关键作用。在科学研究之余，乌尔维勒帮助雅培实现了其医药产品在商业上的成功，包括青霉素和磺胺类药物在第二次世界大战期间的商业化。在他任职CEO期间，雅培公司的利润获得了大幅增长。

麦克埃文是威斯康星大学麦迪逊分校的著名教授。他的学生亚瑟·柯普和吉尔伯特·斯托克也都是著名化学家。前者曾任麻省理工学院化学系主任，后者曾任美国化学会有机化学支部主席，两人都当选为美国国家科学院院士。

卡罗瑟斯是尼龙的发明者，与马维尔同是杜邦公司的著名人物。

斯坦利是著名生物化学家和病毒学家，因其对于烟草花叶病毒的开创性研究，获1946年诺贝尔化学奖。

马维尔是亚当斯的前任化学系主任诺伊斯的学生，作为亚当斯的得力干将曾长期跟随他进行研究工作。他是著名的高分子化学家，1964年获美国化学会颁发的第一个高分子化学奖，此外他还获得普利斯特里奖等众多荣誉。马维尔的学生赫伯特·卡特(Herbert E. Carter)是著名生物化学家，接替亚当斯担任伊利诺伊大学化学系主任。而卡特的学生飞利浦·汉德勒(Philip Handler)，汉德勒自己的学生埃尔文·弗伦德维奇(Irwin Fridovich)，弗伦德维奇的学生乔·麦考德(Joe M. McCord)和哈拉·密斯拉(Hara Prasad Misra)，乃至于密斯拉的学生库木达·达斯(Kumuda C. Das)和马克·库库卡(Mark A. Kukucka)等都是著名的化学家。

这些著名的前辈和晚生科学家如一粒粒靓丽夺目的珍珠一般共同串起了亚当斯学术谱系光彩熠熠的链条。亚当斯学术谱系中主要成员的基本情况如图7.1[①]所示。

---

① 除了图7.1所列人物之外，还有更多杰出学生未予列出，如亚当斯培养过的硕士文森特·迪维尼奥(Vincent du Vigneaud)曾获1955年诺贝尔化学奖。

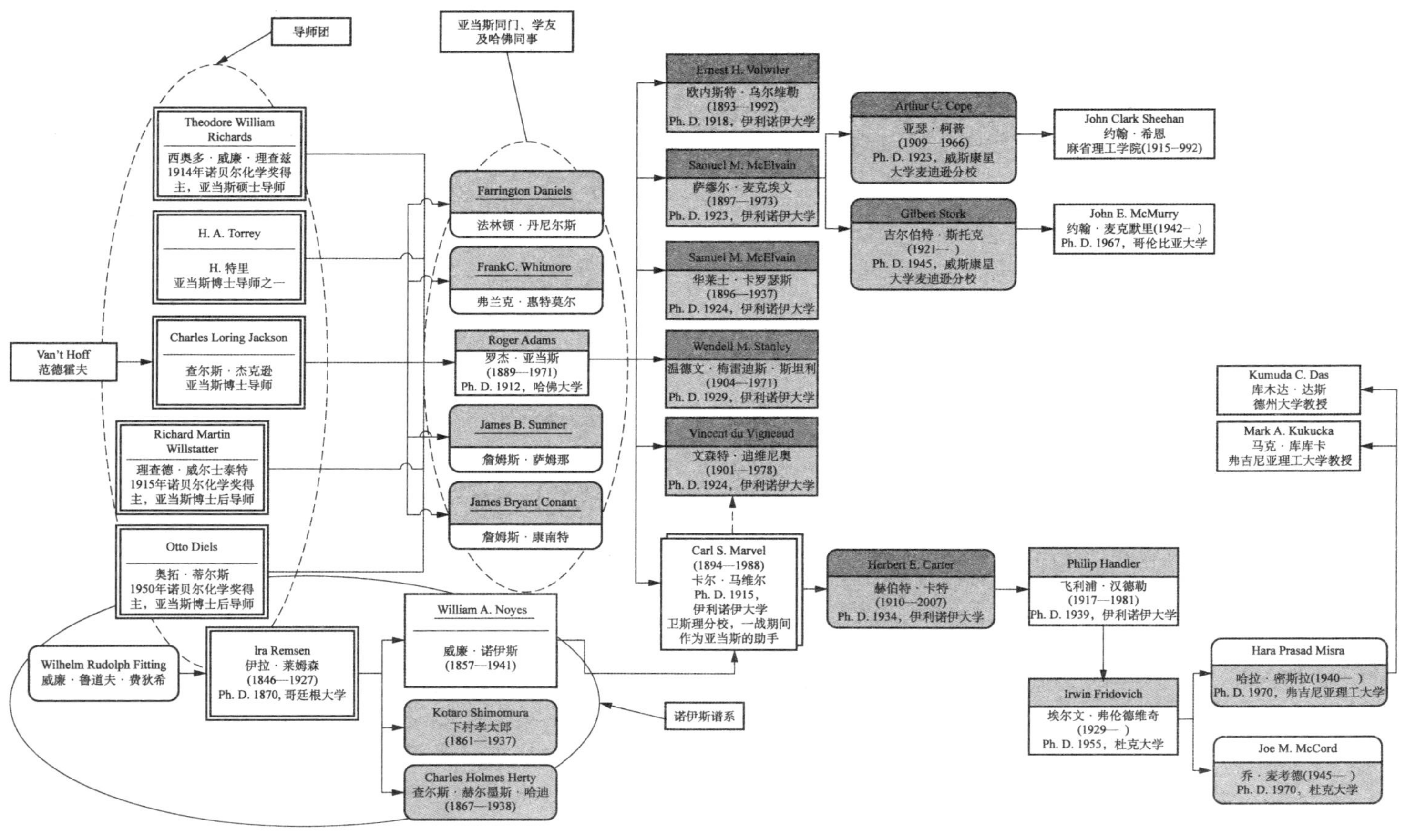

图 7.1　亚当斯学术谱系树

图 7.1 中标出了亚当斯的列位导师，亚当斯在哈佛读书与早期工作时的学友和同事，亚当斯的得力助手卡尔·马维尔所出身的费蒂希-莱姆森-诺伊斯谱系，以及亚当斯的几位重要学生及其后继者的情况。从谱系树可以看出，亚当斯谱系的第七代传人中早在 20 世纪 80 年代即已出现了教授；相邻代际的时间跨度平均在 15 年左右；亚当斯第二、第三代乃至以后的传人中除一两位继续留在伊利诺伊本埠以外，其余皆流动到其他高校就职；亚当斯谱系树存在大片空白，其中流失的部分包括投身化工实业的人、转行其他研究的人以及部分名不见经传的研究者等。

二、亚当斯学术谱系与美国有机化学的崛起

罗杰·亚当斯显然足以跻身于伊利诺伊大学化学系历史上最著名的人物之列，但他的影响力远非仅限于此。事实上，对于整整一代美国人来说，他一直是有机化学界的领袖。除了将伊利诺伊大学办成全美头号化学强校以外，他还领导了美国 20 世纪初的研究生化学教育乃至整个科学教育改革；他和他的学生一起将科学研究与工业发展紧密关联，取得了科研与应用的双丰收。在两次世界大战当中，亚当斯为国防和外务工作效力，为制定科技政策和在战后为恢复战败国科教出谋划策，因其对于国家和科学界所作出的杰出贡献，他获得了“世界政治科学家”的美誉。亚当斯及其谱系的工作对于美国化学在世界范围内的崛起功不可没。

（一）德国化学传统的移植及其在美国的本土化

德国自 19 世纪中叶(经典有机化学时期开始)起，就一直是有机化学研究和化工领域的头号重镇[①]。对德国之外的有机化学研究者来说，他们得到承认通常都是由于其在某一所德国大学里学习过；而未能在德国进行两年博士学位研究的年轻人，一般就满足于在某一德国毕业生手下在本国进行学习[②]。

而如果这种学习足够充分，运用又足够得当，那么正如李比希当年从法国化学受益使德国化学走红一样，现今留学德国高校的外国学生也开始努力将德国的优秀化学研究传统移植到本国并落土为安，继而成长出一代代具有创新能力的本土优秀化学家队伍，从而完成化学研究中心的传播和新的转移。这正是美

---

① 这显然与维勒及李比希等人的杰出贡献分不开。

② 郭宝章：二十世纪化学史[M].南昌：江西教育出版社，1998：346.

国化学崛起所遵循的基本路径和关键因素之一。从19世纪中期开始，就有美国学生留学德国学习化学，如亚当斯的博士生导师杰克逊。杰克逊在19世纪70年代曾在德国跟随冯·霍夫曼(August Wilhelm von Hofmann)进行有机化学研究，学到了很多先进研究技巧和理念。回到美国以后，他以哈佛大学为根据地开展有机化学研究，获得了高水平的研究成果，并培养了一代优秀化学家如埃尔默·博尔顿(Elmer Keiser Bolton, 1886—1968)[①]、法林顿·丹尼尔斯(Farrington Daniels)[②]、弗兰克·惠特莫尔(Frank C. Whitmore)[③]、詹姆斯·萨姆那(James B. Sumner)[④]、詹姆斯·康南特(James Bryant Conant, 1893—1978)[⑤]以及罗杰·亚当斯。他们后来对于美国化学界影响巨大，亚当斯更是成为未来美国有机化学界的领军人物。而在成为领军人物之前，亚当斯自己也有德国留学经历，他在1912年自哈佛大学博士毕业以后的一年时间里，去德国做博士后研究，曾先后在德国柏林奥托·蒂尔斯和理查德·威尔士泰特的实验室开展研究。这一段经历虽然短暂，并且也没有立即获得什么研究成果，但却为他后来的研究、教育工作和科研组织工作埋下了希望的种子并产生了深远的影响。比如，他在德国期间深刻意识到美国化学和德国化学在方方面面的差距，如即使在当时化学最强的哈佛大学图书馆也没有在德国的大学或实验室司空见惯的一批化学参考书。另外，他也清醒意识到德国实验室的组织缺陷，如过于集权制，缺乏自由民主的学术氛围。亚当斯对这一点深恶痛绝，他坚信自由学术气氛的重要性，因此后来在自己的科研团队中着力培养自由民主氛围，为研究的高质量开展创造了重要的前提条件。

（二）两次世界大战的助推作用

第一次世界大战全面爆发以后，协约国通往在化学工业界占支配地位的德国市场的通道被切断，合成染料、溶剂、各类化学药品特别是精细有机化学品以及其他许多必需物质的供应突然中断。他们不得以最快的速度建立起自己的化学工业，并且直到战后也没忘记这一教训。在美国，亚当斯及他的学生，最关键

---

① 曾任杜邦公司研发主任，任期内领导杜邦公司的科学家们做出了很多划时代的重要发明，如尼龙、氯丁橡胶。

② 1957年普利斯特里奖获得者，曼哈顿计划主导人物之一，太阳能研究先驱。

③ 碳正离子发现者。

④ 1946年诺贝尔化学奖得主，首次成功获得结晶态的酶，并揭示其为蛋白质。

⑤ 后担任哈佛大学校长，成为哈佛校史上最有建树的校长之一。

的人物包括乌尔维勒和马维尔，大大扩建了由德里克(C. G. Derick)筹办的有机化工工厂，成功生成了超过 6 000 种重要化学药品，不仅满足了自己研究所需，还同时供应美国其他化学研究所，并取得了丰厚的利润。这一尝试在战后被继续发扬，最终建立了在商业上获得巨大成功的企业。在化学药品生产获得自给自足的同时，本国自己的专门化学家也逐渐成长起来，依赖德国人的状况被打破了。第一次世界大战结束之时，德国的有机化学状况虽然尚未发生根本改变，但其他国家的情况则显然有了起色。有机化学的领导权明显地开始转移到瑞士、英国和美国。当时著名的有机化学家中除了德国人威尔士泰特、库恩、文道斯和布特南德外，已有瑞士人卡勒尔、鲁济卡和普莱洛格，英格兰人鲁宾逊、海尔布伦、英戈尔德和托德，苏格兰人霍沃思、珀迪和欧文，美国人柯南特、亚当斯、吉尔曼、菲塞尔和伍德沃德。到 20 世纪 30 年代，虽然年轻人仍盼望有去德国学习的机会，但他们已不再把它看得像以前那样重要了。第二次世界大战则又为这一进程添了一把火，当战争结束时，美国等国家对于化学的领导权已经牢牢把握。

（三）成功的教育改革与人才培养

亚当斯自 1926 年接替诺伊斯成为伊利诺伊大学化学系主任以后，着力推行该系科学教育的改革，他明显加强了实验室建设和研究工作，同时广招研究生，并指导其参与正式的处于前沿的科学研究，其结果使得伊利诺伊大学化学系像美国 20 世纪早期的数个其他大学一样，成功地从原来以本科教育为主的模式转变为强调研究和研究生培养的模式。把大学从教育中心转变为研究中心，大学对于新知识的贡献因此远远超出过去。这是美国大学发展历史上一个巨大而重要的转型。

（四）大学与工业为友

亚当斯在世界工业史上也非常有影响。他自身是世界上一些重要化学公司如杜邦公司的技术顾问，他曾利用自己对于化学和药物市场的深刻理解成为一个成功的投资人；与此同时，他也将他的学生推销到各个化学企业里去任职，比如卡罗瑟斯在杜邦公司发明尼龙和其他重要的化工产品、乌尔维勒后来成为医药巨擘雅培的掌门人。他和他的学生在大学与化工企业之间打造了一个坚实的桥梁，通过这一平台，大学里的科学研究成果能够以最快速度转变为商品获得应用；工业界也由此能够不断推出新产品，从市场获得利润；此外，实验室的研究经费也因此获得了充分的保障。亚当斯及其学生在这一点上的成功为 20 世纪美国整个科学界和工业界提供了一个光辉典范。他们的综合影响力对于美国的化学工业有着实质性的影响。而化工业的振兴也带动了它们的上游企业,包括通用电气和大西洋电话电报公司,柯达和杜邦等著名企业的发展也都由此获益非凡,其总体结果是加速了美国在20世纪早期的工业化进程。

(五)科学与政治联姻

在美国科学将要在世界范围内获得领导地位的特殊时期,亚当斯对20世纪科学做出了另一项重要贡献,他使得大学科学在国家乃至世界水平上和政治联姻,这一点在很大程度上得益于第二次世界大战所带来的机遇。在第二次世界大战期间,美国科学经历了一个深刻的转型,这一过程的一个突出特点表现为科学家与政府的关系急剧亲密化。首先,出于战事需要,科学家开始在国家安防部门扮演重要角色,从盘尼西林的批量化生产到雷达和原子弹的制造。而伴随着美国从第二次世界大战以后开始作为世界上的头号经济和军事力量出现,科学家开始承担外务政策咨询和以领袖身份对科学精英进行动员等角色。他们还被委任为战败国制定科教政策。而在这些活动中,处处都有亚当斯的身影。

1940年下半年,第二次世界大战愈演愈烈,为加强战争中的科研工作,各国都对原有的科研领导体制和科研体系进行调整。1940年6月,为"保证美国武装力量对轴心国享有技术优势",美国总统罗斯福授权成立了由国防部门、大学和私营工业代表组成的国防科研的最高管理机构——国防研究委员会。次年6月,又在政府中建立了一个实体性机构——科学研究与发展局,主抓科研立项和各方面科研项目申报的审批工作。该局的负责人是万尼瓦尔·布什(此人最初是麻省理工学院的工程师,后来成为美国战时科学动员的首席架构师)。国防研究委员会成立之初,许多人极力推举亚当斯作为领袖,布什发布任命,亚当斯就职,领导研发成功多种关键战略物资,如合成橡胶——此时,天然橡胶的亚洲渠道已经被切断。

除了领导国防科研工作,亚当斯还帮助制定科技政策和计划,他所提出的意见都是自己在伊利诺伊大学的长期科研实践中打磨出来的,因此深刻体现了亚当斯关于如何以最佳方式激发学术和工业研究热情的理解。亚当斯的故事因此对于那些想要在公共政策事物中发挥作用的大学里的科学家指明了方向。

毫无疑问,亚当斯等人的上述工作为美国通过科学界的帮助赢得战争胜利铺平了道路;而反过来,他们的努力也使得科学界自身从中大大受益,如:财政拨款充分保障了研究经费,恰当的科技政策也大大便利了科学研究——比如美国政府免除了1 000多名重要科学家与工程师的兵役义务。美国国家科学委员会在那个时期的一份研究报告称，在战争时期"美国科学家既心情愉快，又精神振奋"。

然而，科学与政治之间并非全然都是亲和力，而是同时保持者明显的张力。比如，国家安全部门权力不断扩张的现实与科学家可以成为公共知识分子和政治活动家，并帮助促使社会进步和民主的理想之间的冲突曾在20世纪40年代的美国愈演愈烈。亚当斯努力保持着国家安全目标、科学家的国际理想以及保持自己研究机构的优势地位等多个目标之间的平衡。

（六）实验室建设与领袖天分

罗杰·亚当斯自1926年担任伊利诺伊大学化学系主任以来，高度重视科研条件建设：他设法保障充足的研究资金，总是第一时间购买最新的仪器设备来装备实验室；他紧盯科学前沿课题，比如他有关化学反应机理的核心研究项目就出自于当时有机化学研究的最前沿；十分重视与美国化学会等外部科学家组织的交往与合作，曾不顾一个高级院长的反对让自己和他的实验室同事参加美国化学会的会议——1936年，当时正是美国经济大萧条时期，亚当斯则仍旧为一名手下职员作为代表参加第二十届国际化学会议的瑞士和欧洲其他国家之行筹备好了资金；他广揽青年才俊打造一流的人才队伍，他认为最好的推进研究的方式是聘请那些来自各个领域年轻而富有前途的人进实验室工作；他重视良好科研文化氛围的培养，雇用毕业研究生作为实验助理，并以同事之礼相待——他极其厌恶他在德国所见的那种缺乏民主的学霸式的研究室运作模式，不断加强实验室的民主制度结构和气氛①；他具有罕见的领袖风范：为人诚恳、充满激情，自信并自律，勤奋不懈——不管是半夜还是星期天都会出现在化学实验室或者在走廊踱步。经过亚当斯的努力，到20世纪30年代初，伊利诺伊大学化学系已经跻身美国化学研究机构之巅。事实上，整个伊利诺伊大学在他的手上成为美国五所著名国立大学之一。

（七）学科发展的内部机遇

20世纪上半叶，有机化学的科研条件和趋势发生了深刻变化，如：涌现了许多新的实验仪器和设备、新的技术手段和理论模型；学科交叉产生了许多新学科

---

① 他关于适合的研究氛围对于科研的关键作用的信念，日后也被用来帮助残破的德国和日本科研机构的重建。

和新的研究领域;另外也兴起了大规模新型化工业产业。这些变化预示着有机化学发展进程中的突破。

(1) 自 1925 年以来,仪器的改进,如坚固的硼硅玻璃器皿、磨口玻璃接头、加热罩、电磁搅拌器、高效便利的真空泵、分子蒸馏器、色层法及同位素示踪剂、红外光谱和核磁共振谱等发明,已使有机化学成为一项较为系统的研究工作,效率较以往大大提高;新技术及新试剂和新溶剂使得有可能进行从前曾是耗时长或不可行的反应,如高压氢化、臭氧化和选择催化就是其中的几个例子;在合成中用作原料的化合物也较容易获得了;基于电子学说的新的理论观点使得有可能更好地了解有机化合物的反应中心、反应机理、催化效应、活度差异及类似的问题。

(2) 有机化学与无机化学、生物化学、高分子和医药等研究学科和领域的关系日益密切,产生了许多新的交叉学科,逐步形成了金属与元素有机化学、物理有机化学等。这大大拓展了化学的研究领域,也为一大批新发现埋下了伏笔。

(3) 石化与医药化工兴起使得大批有硕士和博士学位的化学家被企业雇用,并显著增加了科学家的科研项目,从而促进有机化学研究。

亚当斯具有高度的战略智慧,他几乎完美利用了每一方面机遇:他总是用最先进的设备、技术和理论装备自己和研究队伍;他高度重视引进不同领域的科研人才,强调不同知识背景的研究者之间的对话,跟紧研究前沿课题,比如他的学生马维尔和卡罗瑟斯后来致力于高分子研究,斯坦利研究生物化学和病毒,乌尔维勒是医药卫生专家;他致力于推进科学研究与工业实践之间的紧密配合。这些努力对于亚当斯谱系的成功所起的作用不可忽视。

三、亚当斯中国留学生学术谱系

在亚当斯所培养的留学生中,有 7 名来自中国,他们是袁翰青、陈光旭、李景晟、钱思亮、蒋明谦、张锦和邢其毅。这 7 人后来都成为著名化学家,其中有 3 位是中国科学院学部委员、1 位是台湾地区“中央研究院”院士兼院长。他们在学成回到中国以后大多延续了自己的研究生涯,做出了不少杰出的研究;并且培养了自己的接班人,将伊利诺伊-亚当斯研究传统的火种移植到中国,并在中国破土发芽,成长出自己的硕果,为中国化学事业的发展做出了不可磨灭的贡献。亚当斯中国留学生谱系的人员组成状况见表 7.1。

表 7.1 亚当斯中国留学生谱系人员组成

罗杰·亚当斯(Roger Adams,1889—1971,1912 年博士,哈佛大学)	袁翰青(1905—1994,1932 年博士,1933 年归国)	
	张锦(1910—1965,1933 年博士,1934 年归国)	褚季瑜
	李景晟(1906—1976,1934 年博士,1936 年归国)	林思聪、余学海、顾庆超
	钱思亮(1907—1983,1934 年博士,同年归国)	郭宝章
	邢其毅(1911—2002,1936 年博士,1937 年归国)	戴乾圜(1952)、金声(1956)、叶蕴华(1960)、李崇熙(1961)、花文廷(1962)、邱明华(1996)、刘平(1981)、马庆一(1995)、陈家华(1988)、纪建国(1999)、曹居东
	蒋明谦(1910—1995,1944 年博士,1947 年归国)	虞忠衡、胡惟孝
	陈光旭(1905—1987,1945 年博士,同年归国)	吴永仁、徐秀娟、尹承烈、余尚先、陈子康

袁翰青(1905—1994),1932 年在亚当斯门下取得博士学位,翌年回国,先后任南京中央大学化学系教授、甘肃科学教育馆馆长、北京大学化学系教授及化工系主任。新中国成立后相继任科普局局长、商务印书馆总编辑、中科院西北分院秘书长、科技情报所代理所长等职。1955 年聘为中国科学院学部委员。袁翰青在归国以后基本转向行政工作,他虽然没有再继续做研究,但是却在其他领域做出了杰出贡献,如他是新中国科普事业的先驱、中国科技情报事业的奠基人。此外,他从事了大量的科学史研究工作,是我国科学史事业的先驱。

张锦(1910—1965),1933 年获伊利诺伊大学哲学博士学位。翌年回国,在北平协和医学院从事科学研究一年。1935 年与傅鹰教授结为伉俪,同去重庆大学化学系任教,直到 1940 年,此后历任福建医学院、国立厦门大学、国立重庆大学化学系教授。1944 年底、1945 年春,离重庆经印度乘船去美国。1945—1946 年在纽约康奈尔大学医学院迪维尼奥教授(1955 年获诺贝尔化学奖)实验室任研究员。1947—1950 年在密歇根大学化学系任研究员。1950 年 8 月离美归国,任辅仁大学、北京石油学院、北京大学化学等校教授。张锦教授潜心科研和教育,为科学和教育事业做出了卓越贡献。不幸于 1965 年 1 月 15 日因患癌症病逝于北京，年仅 55 岁。她所培养的学生有华东理工大学褚季瑜教授等。

李景晟(1906—1976)，1931 年入伊利诺伊大学研究院深造，1934 年夏获博士学位，被美国荣誉化学学会接受为会员。他的博士论文由于在杂环有机化合物的研究中取得突出成果，被评选为伊利诺伊大学优秀论文。经论文指导教授推荐，他被留校任教和从事研究工作。1936 年，李景晟为实现其科学救国的远大抱负回到祖国。先后任重庆国立编译馆编译员、江津国立大学先修班首席化学教员、国立女子师范学院理化系教授和系主任。1941 年任中央大学化学系教授和系主任，同时在重庆大学兼课。抗日战争胜利后，他随校东迁，回到南京，继续任教于中央大学，并利用休假期，与金善宝、吴大榕教授等一起应邀到无锡江南大学任教，曾兼任化工系主任。新中国成立以后，李景晟继续在南京大学(前身为中央大学)任教，先后担任过化学系有机化学教研室主任、高分子化学教研室主任和化学系副主任。李景晟的学生有南京大学化工学院林思聪、余学海和顾庆超教授等。

钱思亮(1907—1983)，1932 年和 1934 年分获伊利诺伊大学哲学博士学位。同年 8 月，钱思亮离美回国，应聘北京大学化学系任教授，讲授普通化学。1937 年抗战爆发后，北京大学、清华大学与南开大学三校被迫南迁，是年冬在长沙三校组成长沙临时大学，钱思亮任该校工学院化工学系教授。1938 年 2 月，长沙临时大学内迁昆明，正式更名为国立西南联合大学(简称西南联大)。钱思亮任西南联大化学系教授。1940 年其父在上海被敌伪刺死，钱思亮辗转取道，由昆明回到上海奔丧。事后因交通阻塞，只得滞留上海，在上海化学药物研究所任研究员。1945 年抗战胜利后，钱思亮曾被委任为经济部化学工业处处长。1946 年北京大学迁回北平正式复课后，钱思亮当即辞去经济部的职务，离沪北上，复任北京大学化学系教授，后任化学系主任。1949 年 1 月 8 日，钱思亮偕夫人张婉度携三子钱纯、钱煦和钱复离开北平飞往南京。旋应台湾大学校长傅斯年之聘赴台湾，任台湾大学化学系教授兼教务长，并曾一度代理过台湾大学理学院院长，成为傅斯年的主要助手。在此期间，钱思亮致力于新生招考制度及转学制度的改革，为后来台湾实行的大专院校联合招生制度奠定了基础。1951 年 3 月由胡适推荐，钱思亮继已故的傅斯年任台湾大学校长，同年任台湾地区“中国化学协会”会长和“中国科学振兴学会”理事长。1970 年 4 月王世杰辞去“中央研究院”院长职务后，经 5 月举行的“中央研究院”评议会选举，钱思亮被任命为“中央研究院”第五任院长，还兼任“中华教育文化基金董事会”董事长。1971 年 11 月任台湾当局“行政院原子能委员会”主任委员，任该职前后共 9 年半。于 1983 年

9 月 15 日病逝于台湾大学附属医院，享年 76 岁。他的学生有台大教授郭宝章等。

邢其毅(1911—2002)，1936 年获美国伊利诺伊大学博士学位，后赴德国慕尼黑，在化学家维兰德的实验室进行博士后的研究工作。1937 年回国后任中央研究院化学研究所研究员、华中军医大学教授、北京大学教授、辅仁大学教授。1952 年以来在北京大学化学系任教授。邢其毅培养的大批优秀学生如戴乾圜、金声、叶蕴华、李崇熙、花文廷、邱明华、刘平、马庆一、陈家华、纪建国、曹居东等。

蒋明谦(1910—1995)，1944 年获美国伊利诺伊大学化学系哲学博士学位。1944—1947 年美国礼来公司研究所研究员。1947 年 4 月蒋明谦回国，任北平研究院化学研究所研究员。1950—1956 年任北京大学化学系、北京医学院药学系教授，在此前后兼任中国科学院有机化学研究所研究员。1956 年以来任中国科学院化学研究所研究室主任、研究员。1980 年选为中国科学院学部委员。其所培养的学生有中国科学院化学研究所研究员虞忠衡和浙江工业大学制药工程研究所所长、化工学院原院长胡惟孝等。

陈光旭(1905—1987)，1942 年在美国伊利诺伊大学研究院学习，并于 1943 年在该校获理学硕士学位，1945 年获理学博士学位。1945 年在美国礼来公司研究部任研究员。1946 年任北平研究院化学研究所研究员。1947—1949 年在北京大学化学系、北京大学医学院药学系任兼职讲师。1950 年以来长期在北京师范大学化学系任教。培养的学生有北京师范大学化学系吴永仁、徐秀娟、尹承烈、陈子康、余尚先教授等。

四、亚当斯中国留学生与中国有机化学的发展

20 世纪二三十年代中国有机化学仍处于萌芽阶段，仅有少数高等学校开展一些研究工作，大都属于有机分析、有机化合物衍生物的制备等。稍后，当时的中央研究院和北平研究院开展了少量的天然有机和有机合成的研究。在天然有机方面，特别是中药有效成分的研究方面，有麻黄素的药理作用、钩吻和汉防己生物碱的分离及结构分析工作；在有机合成方面，有雌性甾族激素的全合成等。在当时的条件下能取得这样的成绩相当不易。而专门从事研究工作的科学家不过 20 余人，庄长恭、赵承嘏、黄鸣龙、纪育沣、曾昭抡、杨石先等就是中国第 1 代有机化学家。艰难的 20 世纪 30 年代后半期到 40 年代，有机化学工作者为了解救受帝国主义侵略、封锁而缺医少药病人的痛苦，为了维护民族染料工业，努力

开展和从事药物合成和染料工作。新中国成立后，科学研究工作得到了国家的关怀和支持，50—60 年代前半期，天然有机化学、高分子化学、染料化学、药物化学得到蓬勃发展。1958 年，元素有机化学研究在中国也开展起来。无论在科研单位还是在高等院校，科研工作者都做出了许多贡献。

由于中国的有机化学学科起步较晚，与欧美等科学先进国家科研历史相比，差了一个半世纪，而中间又受到国内外各种因素的干扰，发展极为缓慢。比如，在欧美国家，应用光谱分析、X 射线衍射分析方法测定有机化合物结构的工作开始于 20 纪世 30 年代初期，在中国应用紫外光谱、荧光分析则是在抗日战争胜利以后，红外光谱在 50 年代后期，核磁共振谱在 60 年代中期，质谱分析在 70 年代初期。标记同位素最初应用于有机化学研究，国外是在 20 世纪 30 年代末 40 年代初，而中国是在 50 年代末 60 年代初。

尽管如此，中国的有机化学事业还是挺过了种种难关，并取得了不凡的成就，迄今早已成为世界有机化学界一支不可或缺的力量。亚当斯的中国学生及其所建立的学术谱系在这一发展历史上书写下了浓墨重彩的一笔。

在科学研究领域，比如邢其毅曾作为学术领导队伍中的一员参与了举世瞩目的人工合成结晶牛胰岛素项目，这一成就获得国家科学一等奖，在国际上也享有盛誉；他还曾设计了氯霉素的新合成法，该项研究成果获得 1978 年全国科技大会奖；他还进行了如防己诺林碱和白兰花头香等大量天然产物的分析工作以及有机反应和药物的合成工作。蒋明谦在研究结构性能定量关系方面进行了开拓性工作，提出诱导效应指数、提出同系因子，发现同系线性规律，随后又发现了共轭基团的结合规律，在理论有机方面做出了重要贡献。李景晟长期从事杂环有机化合物和元素有机聚合物的研究工作，在有机锡聚合物、有机硅聚合物和磷腈聚合物研究方面做出了贡献。陈光旭在有机合成化学方面，特别是在曼尼期反应的研究中做出贡献，受到国内外有机化学界的重视和赞赏；此外，他首先在国内制成液体感光树脂版。

在教育和人才培养方面，他们更可谓是鞠躬尽瘁，从课堂教学到教材编写无不殚精竭虑。如陈光旭长期从事教学工作，是我国著名的化学教育家。新中国成立初期，我国高等师范学校师资十分缺乏。为了满足这方面的需要，在陈光旭主持下，先后办起三期高等师范学校有机化学研究班。当年研究班毕业的学员，其中不少人已成为全国各地高等师范院校的骨干力量。1978 年恢复学位制度以后，陈光旭成为第一批博士生导师。他们中多人的教学生涯长达半个世纪之久。

五、中美化学家谱系的发展比较

我们从 CA 调查了亚当斯自己和亚当斯所培养或指导的 5 名美国学生以及袁翰青等 7 名中国学生在各自研究生涯中逐年发表化学论文数目的情况，其结果如图 7.2 所示。

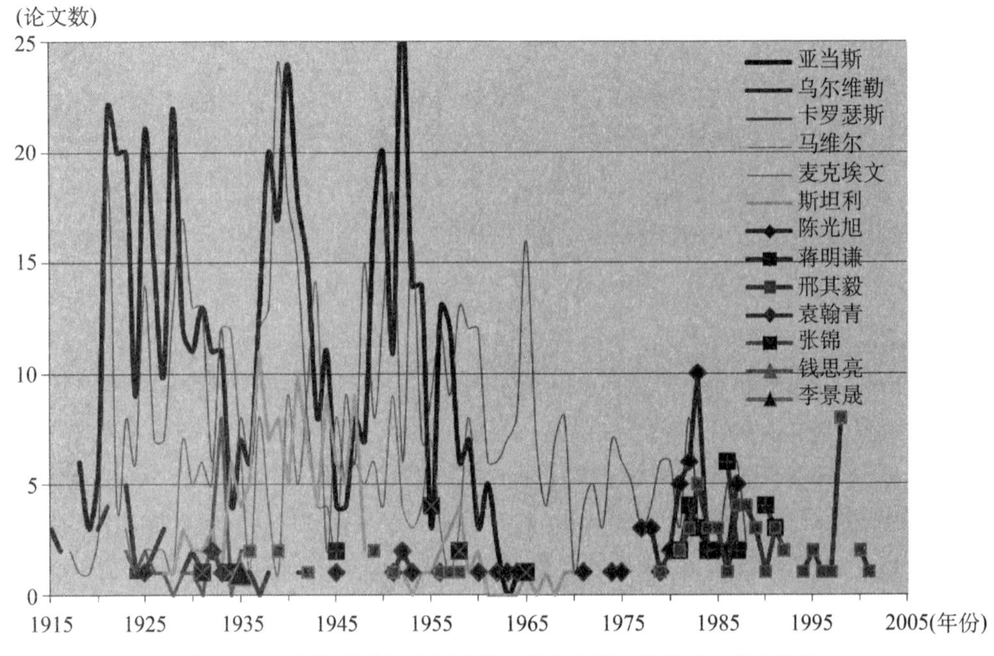

图 7.2　亚当斯谱系亚当斯及第 1 代中美学生发表论文数目统计

由图 7.2 可以发现，就亚当斯及其美国学生而言，其发表论文的情况总体上表现出以下特点：一是总数巨大，如亚当斯自己发表论文就超过 400 多篇，其学生马维尔等人的论文数目之多也令人印象深刻。这一现象一方面体现了亚当斯谱系的旺盛生命力和强大的科研能力；另一方面也暗示着当时整个有机化学研究的兴旺发达。二是他们所发表论文的数目随年份有着一致波动的情况，分别在 1920 年、1935 年、1945 年和 1965 年左右出现低谷，而在其间隔年份表现出文章发表高峰。这一特点充分反映了社会动荡等外部因素对于科学研究的影响和干预。几个起伏中，1920 年为研究事业的兴起阶段和一次世界大战，1935 年为美国经济大萧条阶段，1945 年为第二次世界大战，1965 年为其没落阶段（虽然此时马维尔的科学研究生涯仍在顽强继续并且持续到此后很久）。

就亚当斯的中国学生而言，其发表论文的情况有如下特点：一是总数较前者少得多。这足以说明当时国内的战乱、研究条件恶劣等不利因素对科学家研究工作的妨害。二是发表高峰出现在 1979 年。这反映了“文革”结束，改革开放以后科学研究的勃发。当时诸位化学家或垂垂老矣，或脱离研究工作多年，重拾研究竟然仍能够有如此建树，令人惊讶叹服。这可谓是他们的超强的研究能力和超高热情所演绎的奇迹。三是早期论文与后期发表高峰之间少有或者没有论文发表——这可归因于战乱、社会动荡等因素的不利影响。

就两组人员的论文发表情况，我们将以中国学生归国为时间节点，将其研究生涯分为留美期间和归国以后两个阶段分别作对比分析。

（一）亚当斯谱系的第 1 代中美学生留美期间对比

首先，我们把两部分学生在博士毕业前后所发表的论文做简单的数目统计和对比，发现中美学生的前期表现差异不大，可以说同样优秀。这本意味着他们的前途也足以匹敌（见表 7.2）。

另外，需要指出，在这里参与对比的美国学生均属于亚当斯的最得意的门生。

并且，如果我们注意到两组学员的求学时间所对应的研究高峰和低谷的情况则更能够进一步证实这一结论：事实上通过对比可以发现袁翰青、张锦、李景晟、钱思亮和邢其毅等人留学时期正好处于美国经济大萧条时期；而陈光旭和蒋明谦则赶上了第二次世界大战的研究低谷。而美国学员除了马维尔在研究初始即不免受到第一次世界大战的影响而没有发表学术论文外，其他人则正处在化

表 7.2　中美第 1 代学员博士毕业前后发表论文数量对比

	亚当斯本土学生与中国学生读博期间发表文章数目比较					
袁翰青(1932)	张锦(1933)	李景晟(1934)	钱思亮(1934)	邢其毅(1936)	陈光旭(1944)	蒋明谦(1945)
2(1932)	1(1931)	1(1935)	1(1934)	1(1936)	1(1945)	2(1945)
1(1933)	1(1934)					
乌尔维勒(1918)	麦克埃文(1923)	卡罗瑟斯(1924)	斯坦利(1929)	马维尔(1915)		
0	2(1923)	2(1925)	2(1930)	0		
		1(1924)	3(1929)			
		3(1923)	1(1928)			
			1(1927)			

学系研究事业的高峰。

此外,我们了解到,7 位中国学生在伊利诺伊大学完成学业之际,亚当斯及其他同学或同事对他们都有充分的认可。例如,李景晟 1931 年入伊利诺伊大学研究院深造,1934 年夏获博士学位,被美国荣誉化学学会接受为会员,他的博士论文由于在杂环有机化合物的研究中取得突出成果,被评选为伊利诺伊大学优秀论文,经论文指导教授推荐,他被留校任教和从事研究工作。这也说明了中美第 1 代学生在他们研究生涯的开始阶段同样优秀和富有希望。

(二)亚当斯谱系的第 1 代中美学生归国以后对比

但是当两部分学员毕业以后,情形则开始变得显著不同。美国学员毕业以后在自己的科学研究中突飞猛进,而中国学员在离开伊利诺伊回国以后——至少从表面上来看是这样——始终建树平平。两组学员的前途形成了鲜明的对比。事实上,关于这一现象,仅就两组学员在毕业以后所处的境遇做一最简单的考察就能明白其原因。

就美国学员来说,无一没有绝佳的研究条件作为事业成功的保障:乌尔维勒加盟医药巨擘雅培公司,这里的科研条件和氛围自不必说,从最开始的一般雇员一直做到 CEO。马维尔继续在伊利诺伊任职,还作为杜邦公司的顾问,时间长达 50 年,一线研究与化工方面的最新信息包围着他,我们甚至可以说,绝佳的机遇使他的职业成就显得有些顺理成章。卡罗瑟斯与马维尔情况类似,在伊利诺伊大学博士毕业两年以后的 1926 年入哈佛大学任教,1928 年成为杜邦公司有机化学研究负责人,开始进行聚合物的研究。1930 年 4 月,卡罗瑟斯的研究组合成了第一种合成橡胶——氯丁橡胶,随后合成了聚酯。1935 年卡罗瑟斯的研究组合成了尼龙。1936 年他成为第一位被选入美国科学院的工业化学家。1930 年,斯坦利在取得博士学位以后离开伊利诺伊大学前往慕尼黑的一个国际会议组织跟随海因里希·维兰德工作;直到 1931 年,斯坦利回到美国家乡的洛克菲勒研究所做博士后研究的工作;1948 年,斯坦利晋升为生物化学教授,并在加州大学伯克利分校主持一个病毒实验室;1948—1953 年,斯坦利担任生物化学系的系主任,在 1958 年,斯坦利成为滤过性微生物学教授并担任此系的系主任。鉴于他在病毒研究领域的出色成绩,1946 年,斯坦利和其他两位科学家被授予诺贝尔化学奖。麦克埃文在 1923 年博士毕业以后成为威斯康星大学麦迪逊分校的教授,直到 1961 年退休。

相比于美国学员所享受到的绝佳研究机遇和环境，或是安宁、自由、闲适的大学教授职务，或是处于化工前沿的工业实验室，中国学员在归国以后面对的则是荒漠一般的化学研究的基础平台：仪器设备的极度滞后、药品奇缺、化学教育落后、科学家共同体人数稀少。事实上，中国化学会于 1932 年 8 月 4 日已在南京成立，袁翰青等人在国外之时已积极参与筹建工作，他还曾担任总干事和秘书长等职。不幸的是，在他们回国没多久即发生“七七”事变，此后便是大规模的校舍转移，刚刚建立起来的化学研究基础顷刻灰飞烟灭。抗战开始以后，药品短缺等问题急剧严重起来，事实上不仅在研究上碰到了极大的困难，即使在生活上乃至生命都遭遇了严重的挑战。他们顶住各方面压力，始终坚持教育和有限的研究，甚至在那样艰苦的条件下依然有所成就①。经过漫长的战时，等到新中国成立以后，百废俱兴，各方面研究和教育工作快速发展，并取得了人工合成牛胰岛素那样举世瞩目的成就②。但是大范围的院系调整、冷战时期与欧美等国包括海峡两岸的学术交流的中断无不对科学研究带来了不利影响。而“反右”、“文革”等一列社会政治运动，科学家群体也难于幸免，研究工作或停滞或濒于荒废。截至 1976 年，这批当年的科研“潜力股”都垂垂老矣，其中张锦和李景晟都已辞世。虽然部分人之后仍旧以惊人的毅力重拾研究或教育工作，并取得了令人瞩目的成就。但是相比于其美国同行，难免落后太多。

回顾 7 位留学生的归国经历，他们的研究生涯显然遭受了严重的影响。有的脱离了科学研究，致力于教育或学会工作或其他行政工作。例如，袁翰青 1932 年获伊利诺伊大学哲学博士学位。新中国成立后相继任科普局局长、商务印书馆总编辑、中科院西北分院秘书长、科技情报所代理所长等职。钱思亮，在 1934 年回国以后进行了一段辗转流离中的研究和教育工作，1949 年 1 月去台湾，任台湾大学化学系教授兼教务长。1951 年 3 月由胡适推荐，钱思亮继已故的傅斯年任台湾大学校长，同年任“中国化学协会”会长和“中国科学振兴学会”理事长。1970 年 5 月钱思亮任命为台湾地区“中央研究院”第五任院长，还兼任“中华教育文化基金董事会”董事长。1971 年 11 月任台湾当局“行政院原子能委员会”主任委员。

其余皆将毕生经历用于教书育人：如李景晟，1936 年，他为实现科学救国的远大抱负回到祖国。1938 年，日军侵占江淮平原后，他西迁四川，先后任重庆国

---

① 如邢其毅曾与庄长恭合作，发现了防己诺林碱。

② 邢其毅等人参与了大量工作，做出了重大贡献。

立编译馆编译员、江津国立大学先修班首席化学教员、国立女子师范学院理化系教授和系主任、中央大学化学系教授和系主任。抗战胜利后，他随校东迁，回到南京，继续任教于中央大学，并利用休假期，与金善宝、吴大榕等教授一起应邀到无锡江南大学任教。新中国成立以后，李景晟继续在南京大学任教，先后担任过化学系有机化学教研室主任、高分子化学教研室主任和化学系副主任。陈光旭1946年任北平研究院化学研究所研究员。1947—1949年在北京大学化学系、北京大学医学院药学系任兼职讲师。1950年任北京师范大学化学系教授。蒋明谦1947年4月回国，任北平研究院化学研究所研究员。1950—1956年任北京大学化学系、北京医学院药学系教授，在此前后兼任中国科学院有机化学研究所研究员，1956年以来任中国科学院化学研究所研究室主任、研究员。刑其毅1937年回国，任中央研究院化学研究所任副研究员、研究员。1944—2002年先后在新四军华中军医大学、北京大学农化系和化学系、北平研究院化学研究所、北京辅仁大学化学系主任从事研究活动和任教。1952年以来在北京大学化学系任教授。

（三）谱系第2代以后发展比较

如果对谱系第2代以后的学生进行比较则反差尤大。在此仅就亚当斯美国谱系当中的后辈人物与中国谱系中的后辈人物的成就或获奖情况做一简单罗列对照，即可充分说明差别明显。

表7.3　亚当斯谱系美国第2代以后人物代表及其成就

<table>
<tr><td rowspan="2">萨缪尔·麦克埃文(Samuel M. McElvain, 1897—1973)
1923年，伊利诺伊大学博士</td><td>亚瑟·柯普(Arthur C. Cope, 1909—1966)
“柯普消去”和“科普重排”等反应的发现者；
第二次世界大战开始后曾作为美国国家科学研究委员会的技术指导和部门主管；
麻省理工学院担任化学系主任；
美国国家科学院院士(1947)</td><td>约翰·希恩(柯普的助手)(John Clark Sheehan, 1915—1992)
盘尼西林的全合成；
美国国家科学院院士(1957)</td></tr>
<tr><td>吉尔伯特·斯托克(Gilbert Stork, 1921—)
“烯胺合成”；
美国化学会有机化学支部主席；
美国国家科学院院士(1961)</td><td>约翰·麦克默里(John E. McMurry, 1942—)
“麦克默里反应”；
洪堡高级科学家奖和普朗克学会研究奖</td></tr>
</table>

（续表）

<table>
<tr>
<td rowspan="2">卡尔·马维尔(Carl S. Marvel, 1894—1988)</td>
<td rowspan="2">赫伯特·卡特(Herbert E. Carter, 1910—2007)
与威廉·罗斯合作测定了苏氨酸的结构；
1943 年因测定了鞘氨醇的结构并设计出合成路线获得礼来奖；
伊利诺伊大学化学与化学工程系主任；
亚利桑那州立大学生物化学系主任</td>
<td rowspan="2">飞利浦·汉德勒(Philip Handler, 1917—1981)
1969—1981 年在营养和代谢活动方面发表了超过 200 多篇论文；
两任美国国家科学院主席；
1981 国家科学奖获得者；
35 岁成为杜克大学生化系最年轻的主任</td>
<td rowspan="2">埃尔文·弗伦德维奇(Irwin Fridovich, 1929—)
发现了超氧化物歧化酶(SOD)；
其所发表论文被引用超过 51 000 次，有 7 篇论文被引用超过 1 000 次，影响因子 97；
生物化学学会主席(1982—1983)</td>
<td>乔·麦考德(Joe M. McCord, 1945—)
1970 年博士；
杜克大学教授；
SOD 发现者</td>
<td></td>
</tr>
<tr>
<td>哈拉·密斯拉(Hara Prasad Misra, 1940—)
在氧代谢方面知名；
弗吉尼亚理工大学荣誉退休教授；
弗吉尼亚骨科医学院院长</td>
<td>库木达·达斯(Kumuda C. Das)
德州大学生化系教授；
马克·库库卡(Mark A. Kukucka)
弗吉尼亚理工大学生化系教授</td>
</tr>
</table>

表 7.4　亚当斯谱系中国第 2 代以后人物代表及其成就①

<table>
<tr><td rowspan="9">邢其毅</td><td>吴永仁，北京师范大学教授，北京师范大学化学系主任(1983—1989)</td></tr>
<tr><td>曹居东，首都师大教授、北京师大兼职教授，中国化学会化学教育委员会副主任，中国化学会理事。</td></tr>
<tr><td>花文廷，北京大学化学与分子工程学院教授，曾任北京大学副教务长，研究生院常务副院长</td></tr>
<tr><td>金声，毕业留北京大学任教，先后担任过有机教研室主任和北京大学生物有机开放实验室主任。</td></tr>
<tr><td>李崇熙，北京大学化学系副主任，北京大学分校化学系主任</td></tr>
<tr><td>戴乾圜，北京工业大学癌化学与生物工程中心主任，兼任癌化学与生物工程中心主任</td></tr>
<tr><td>叶蕴华，北京大学化学系教授，获国务院政府特殊津贴，曾获国家自然科学一等奖，国家教委科技进步一、二等奖</td></tr>
<tr><td>纪建国，北京大学生命科学学院教授</td></tr>
<tr><td>陈家华，北京大学化学与分子工程学院教授</td></tr>
</table>

① 袁翰青、张锦与钱思亮三人从事教育的时间较短，其学生之信息未能获得。

（续表）

蒋明谦	虞忠衡，中国科学院化学研究所研究员
	胡惟孝，浙江工业大学制药工程研究所所长、化工学院原院长
陈光旭	吴永仁，北京师范大学教授，北京师范大学化学系主任(1983—1989)
	徐秀娟，北京师范大学教授
	尹承烈，北京师范大学教授
	余尚先，北京师范大学教授
	陈子康，北京师范大学教授
李景晟	林思聪，南京大学化工学院教授
	余学海，南京大学化工学院教授
	顾庆超，南京大学教授，曾获国家科技进步三等奖

以上对比足以看出亚当斯谱系第 2 代及以后学生所取得成就的差距。这也反映了亚当斯中国谱系较之本土谱系严重缺少生命力和科学创新的能力。

六、原因分析及改良建议

综合考察美国亚当斯谱系成功的原因及我国特殊的历史社会条件对于中国谱系传承和建设的影响，笔者认为，之所以中国谱系比之美国谱系表现出如此差距主要有以下原因，并给出相应建议。

第一，薄弱的研究基础、战争、社会动荡等客观不利因素严重影响了科学研究和谱系成长，造成其成长缓慢、停滞和断层；相比之下，美国虽然也经历了一定程度的战争影响和经济危机等外部社会不利因素，但与中国情形相较，仍不免要好出百倍。意识到这些，我们当更加感念今天社会和平境遇之难能可贵，不失时机，迎头赶上，成为新的化学强国。

第二，未能充分认识化学学科发展的本质特征和有效把握其中的历史机遇，不断错失跨越式发展的良机。虽然我国有机化学曾作出结晶牛胰岛素人工合成等世界级的伟大成就，但总体来说，化学研究仍旧表现出全面落伍的状态，经常从事着在国外学者看来业已“过时”的主题研究，未能充分跟进前沿，抢占先机。相比之下，包括亚当斯谱系在内的当时世界诸多高水平化学研究机构都牢牢把握这一点，由此获益良多。因此，在我国化学事业未来的发展中，需更加关注和做好这一点。

第三，未能有效处理好科学研究与工业、政治的关系。我国科学研究中一个凸显的问题就是科学成果转化率低，转化周期长。科学研究与工业发展相距太远，如此一来，工业难以更好地从科研中获益，而科学研究也成了独角戏，研究经费缺乏、培养出的学生就业难等一系列问题凸显，最终影响科学自身的发展。因此，化学研究界乃至整个科学界都应当更好地处理科研与工业之间的关系。事实上，亚当斯的案例就是很好的榜样。相比于美国，我国科学家参与社会活动和政治协商的效率和质量明显不够，其结果造成科学界在政治界没有声音，既不利于科学服务于国家，也不利于科学从国家政策中获得充分支持。我们应当更妥当地处理科学共同体与政治间的关系，提升科学界的自主地位，为其更好更快地发展创造条件。

最后，我国化学研究长期以来存在设备落后、人才短缺、资金匮乏、研究单一、交流不足、缺少民主和自由研究等问题，近年来虽然有很大改观，但是仍有一些问题依旧存在且不容忽视，比如：目前我国的顶尖化学研究机构多已齐备世界先进设备和器材，但是不少地方的高校和科研机构的实验条件则良莠不齐，已有的先进设备常常因为管理落后而未能充分发挥功用；科研资金总体来说比较充足，但是由于分配机制的种种弊端，尚难充分满足整个化学乃至科学家研究队伍的需要，特别是青年研究人员常常因经济拮据而影响研究工作的高质量开展；我国化学研究的课题以及研究人员的学科背景往往雷同、过于单一，对于学科交叉高度发展极为不利；我国化学研究领域中科学文化的建设也不容忽视，自由和民主的研究氛围尚待改进。上述这些问题在以后的工作中亟待解决或改进。

第二节　唐敖庆谱系与福井谦一谱系比较

一、唐敖庆谱系

20 世纪 30 年代，随着相对论和量子力学的发展，化学研究从积累实验事实对化学变化的现象做分类、描述即实验科学逐渐进入到对原子、分子结构的理论研究上，理论化学应运而生。20 世纪 30 年代后，随着量子力学的成熟，人们又努力将其基本原理具体运用于化学，通过严密的理论计算研究化学体系的性质和行为，从而诞生了量子化学。量子化学的诞生是现代化学发展中的一个重要里程碑，它使化学的研究方法从描述向推理迈进，成为理论化学最重要的研究领域。量子化学以数学物理方法研究原子和分子结构，鲍林的化学键理论、穆利肯

(Robert S. Mulliken)等人的分子轨道理论、霍夫曼(Roald Hoffman)等人的分子轨道守恒理论代表了当时世界一流的理论化学研究水准。

20世纪50年代以后,通过新中国成立后第1代归国留学学者的努力,世界一流理论化学传统被移植到中国,并在其后的不断发展过程中形成了以唐敖庆为核心的中国理论化学谱系。本节从思想领袖、国外源头、师承关系、谱系大本营、学术传统与研究纲领五个角度识别出唐敖庆谱系的第1代、第2代及第3代成员(见表7.5)。

表7.5 唐敖庆理论化学谱系

第1代	第2代	第3代
唐敖庆(1915—2008,1946年留美,师从哈尔福德,国际量子分子科学院院士)	邓从豪(1920—1998)	马万勇、刘文剑、张瑞勤、蔡政亭、刘成卜、王沂轩、冯大成、慕宇光、邓鲁、居冠之、冯圣玉、陶凤岗、任廷琦、邱化玉、吕文彩
	刘若庄(1925—)	陈光巨、郑世钧、陈润生、黄元河、方德彩、江德林、刘新厚、汪志祥、张绍文、周公度
	张乾二(1928—)	万惠霖、黄荣彬、张聪杰、吴玮、程文旦、陈明旦、吕鑫、郭国聪、王银桂、曹泽星、林梦海
	鄢国森(1930—)	谢尧明、杨明理、田安民、曹泽星、周立新、陶长元、罗久里、谢代前
	戴树珊(1928—)	毕先钧、谢小光、于作龙、洪品杰、王美行、涂学炎
	孙家钟(1929—)	封继康、李耀先、丁益宏、赵成大、徐文国、吕中元、刘成卜、曾宗浩、张红星、黄宗浩、魏家友、刘靖尧、周忠源、苏忠民、李铁津、葛茂发、张锁秦、韩秀峰、方维海
	江元生(1931—)	曹维良、闵新民、刘春根、莫凤奎、黎书华、孙岳明
	古正(1931—)	赵由才、付鹤鉴、刘维明

唐敖庆是中国第1代理论化学家,在美留学期间置身于研究前沿的量子化学领域并在世界一流的量子化学研究团队中接受学术训练。1946—1949年在哥伦比亚大学师从哈尔福德教授学习理论化学,1949年11月以《相互独立粒子统计理论》的论文获得博士学位,1950年初回国执教北京大学,1952年调任至东北人民大学(吉林大学前身)创建化学学科。1981年当选国际量子分子科学院院士并任该院主办的《国际量子化学杂志》(*International Journal of Quantum Chemistry*)的顾问编委。当时国际理论化学界在研究分子结构和化学键方面的前沿理论有价键理论、分子轨道理论和配位场理论,其内容分属分子结构与化学键函数、分子结构与性能、分子间作用力、原子结构与性能等方

面。唐敖庆在配位场理论、分子内旋转、杂化轨道理论方面的研究达到或接近世界一流水平。

1963年9月—1966年1月，唐敖庆在吉林大学主办物质结构学术讨论班。这是唐敖庆谱系得以形成的标志性事件，唐敖庆谱系的第2代成员均出自此讨论班。“1963年，为了进一步培养中国的高层次理论化学研究和教学人才，高等教育部委托唐敖庆在吉林大学举办了物质结构学术讨论班，由唐敖庆主讲量子化学方面的课程并开展量子化学方面的研究。学员从全国高等学校挑选，修业期间为1963年10月到1966年1月，共8人，他们是刘若庄、江元生、孙家钟、张乾二、邓从豪、鄢国森、戴树珊和古正，日后皆为国内知名教授和博士生导师，其中5名是中国科学院院士。”除正式学员外，黎乐民和游效曾(后成为院士)曾作为旁听人员参加了此次培训班。

在20世纪60年代从事理论化学研究工作的人数不多、学科建设不完善、涉及领域也不甚广泛的情况下，学术讨论班的人才培养模式培养了一批后继学者。物质结构学术讨论班充分展现了一份切实有效的研究纲领，这就是由唐敖庆提出的配位场理论方法。“学术讨论班的学员在唐敖庆教授的带领下很快进入了理论化学前沿研究领域，开展了配位场理论研究，仅用两年多时间取得突破性成果，创造性地发展和完善了配位场理论及研究方法，在统一配位场理论各种方案基础上提出了新方案。”相继发表了《配位势场理论的研究(Ⅰ)——正八面体场中d^n组态的理论分析》、《配位势场理论的研究(Ⅱ)——强场与弱场波函数的变换关系及其应用》、《配位势场理论的研究(Ⅲ)——d^4，d^6组态正八面体络合物能谱的全分析》、《配位势场理论的研究》、“Studies on the Ligand Field Theory (Ⅰ)—An Improved Weak Field Scheme”5篇论文。1979年，配位场理论的研究成果《配位场理论方法》以学术专著的形式由科学出版社以英汉两种文字出版。除了配位场理论研究，唐敖庆设计的学习计划中的参考文献、课程和讨论均涉及当时理论化学研究的前沿。此次讨论班后，中国理论化学界第2代研究人员逐渐成长起来，成为国内知名高校和科研院所的中坚力量。其中，邓从豪任山东大学教授，刘若庄任北京师范大学教授，张乾二任厦门大学教授，鄢国森任四川大学教授，戴树珊任云南大学教授，孙家钟任吉林大学教授，江元生、游效曾任南京大学教授，黎乐民任北京大学教授。

唐敖庆谱系中的第3代是在高校导师制体系下培养起来的研究生。与第2代相比，第3代的人数明显增多，年龄分布广泛，最年长的一批在20世纪60年代出生。其中的优秀者成为高校和科研院所的研究人员，广泛分布于全国各大高校的化学院系。谱系第 3 代成员的培养模式通常是在第 2 代理论化学家门下攻读学位,后留原校任教,成为中青年教师骨干成员。

二、福井谦一谱系

日本福井谦一谱系的创始人福井谦一 1938 年考入京都大学工业化学系,1941 年大学毕业,进入京都大学燃料化学系儿玉信次郎教授的实验室攻读硕士学位。儿玉信次郎早年留学德国,返回日本时带回了大量欧洲的书籍资料。当时欧洲量子理论正处于空前的发展之中,福井谦一通过这些珍贵的书籍,接触到理论化学研究前沿。1943 年任京都大学讲师,1948 年获博士学位。1952 年发表了前线轨道理论的第一篇论文《芳香碳氢化合物中反应性的分子轨道研究》,1981 年因提出直观化的前线轨道理论获诺贝尔化学奖。

表 7.6 日本福井谦一理论化学谱系

福井谦一(1918—1998,由于在 1951 年提出直观化的前线轨道理论而获得 1981 年诺贝尔化学奖,国际量子分子科学院院士)	米泽贞次郎(京都大学名誉教授)
	永田亲义(国立癌症中心生物物理部部长)
	诸熊奎治(1934— ,国际量子分子科学院院士)
	藤本博(京都大学名誉教授)
	平尾公彦(1945— ,国际量子分子科学院院士)
	加藤重树(1949—2010,国际量子分子科学院院士)
	吉泽一成(九州大学教授)
	伊藤俊明(三菱重工株式会社特别顾问)
	中辻博(1943— ,国际量子分子科学院院士)

福井谦一谱系的第 2 代中有 4 人入选国际量子分子科学院[①]院士,至今仍然活跃在国际理论化学界的前沿。诸熊奎治 1934 年生于日本鹿儿岛,1957 年毕业于京都大学工学部,1962—1966 年在京都大学工学部任福井谦一的助手,1963 年获得博士学位,现任日本京都大学福井基础化学研究所研究负责人。1978 年获国际量子分子科学院奖,1992 年获日本化学会奖。平尾公彦 1945 年生于日本新居滨,1974 年从京都大学获得博士学位,1974—1975 年在加拿大阿

---

① 国际量子分子科学院是理论化学领域最权威的国际性学术组织。其院士从世界各地科学家中挑选,条件是对量子分子科学这一广泛研究领域作出过杰出贡献、开拓或领导了某个重要学派。

尔伯塔大学做博士后研究，2004—2006 年任东京大学工学院院长，现任理化学研究所先进科学研究所特别顾问。中辻博 1943 年生于日本大阪，现任京都量子化学研究协会理事长，1991 年获日本化学会物理化学奖。加藤重树 1949 年生于日本大阪，生前为日本京都大学理论化学教授。

三、唐敖庆谱系成果产出

本书从科研产出的角度，选取 CA 收录的文章作为对象，研究唐敖庆谱系的兴衰和整体发展趋势。图 7.3 是唐敖庆谱系第 1 代和第 2 代成员被 CA 收录的文章数量及年份趋势对比，从中可以明显看到唐敖庆谱系初步形成于 20 世纪 60 年代左右，但直至 70 年代中叶，其成员才逐渐开始与国际理论化学界进行学术交流，在随后长达近 30 年的时间里，唐敖庆谱系处于蓬勃发展的状态，第 1 代和第 2 代成员被 CA 收录的文章数呈不断上升趋势。进入 21 世纪，唐敖庆谱系第 1 代和第 2 代成员普遍因年事已高(2000 年时，唐敖庆谱系第 1 代和第 2 代成员的年龄分布状况为：唐敖庆 85 岁，邓从豪已逝，刘若庄 75 岁，张乾二 72 岁，鄢国森 70 岁，戴树珊 72 岁，孙家钟 71 岁，江元生 69 岁，古正 69 岁。2008 年，唐敖庆逝世，谱系第二代成员也普遍进入 80 岁)，相继退出一线研究工作。

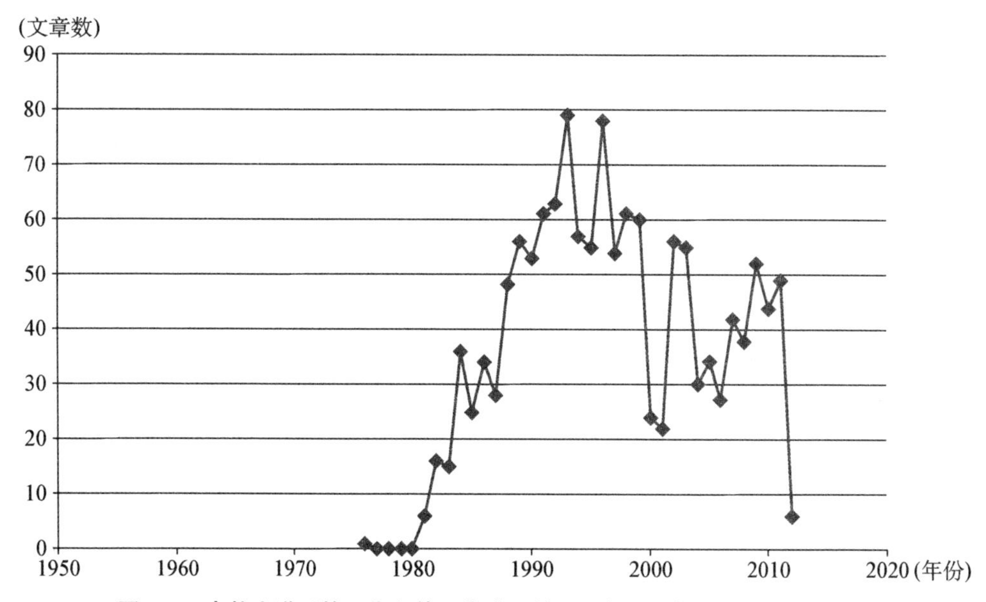

图 7.3　唐敖庆谱系第 1 代和第 2 代成员被 CA 收录文章数及年份趋势对比

四、唐敖庆谱系与福井谦一谱系大本营发展趋势对比

理论化学国家重点实验室主编的《纪念唐敖庆：中国现代理论化学开拓者和奠基人》一书，以吉林大学理论化学计算国家重点实验室和日本京都福井基础化学研究所为载体，统计近年来中日两国在理论化学领域的研究成果，如表 7.7 所示。

表 7.7 2004—2008 年吉林大学理论化学计算国家重点实验室(TCCLAB)、日本京都福井基础化学研究所(FUKUI-IFC)研究成果比较

	TCCLAB(中国)	FUKUI-IFC(日本)
国际论文数	397	253
JCP 和 JPC	116	67
IF≥7.0	8	14
IF≥3.0	178	97
他引次数	1 529	1 429

表 7.7 显示，近年来，中日两国的理论化学研究水平在短时段的计量分析中并无太大差距，甚至在国际论文数量、化学物理杂志(JCP)[①]和物理化学杂志(JPC)[②]的论文数量、影响因子大于 3 的期刊文章数量和他引次数方面，吉林大学的理论化学计算国家重点实验室都明显高于日本京都福井基础化学研究所。该书由此认为："理论化学国家重点实验室的研究工作整体处于国际先进水平，也充分体现了实验室在国际理论化学研究中的地位。"

但从长时段视角出发，从谱系的整个发展趋势来看，情况却远没有短时段的分析那么乐观。我国理论化学研究的整体水平和持续创造力与日本相比还有一定差距。

首先，表现在我国现阶段处于世界学术领先地位的理论化学家远远少于日本。表 7.8 显示的是中日两国在国际量子分子科学院院士和国际量子分子科学

① 美国物理联合会主办，理论化学领域大型专业杂志，偏重量子化学方法的理论性研究，要求研究化学物理研究方法和思想的创新。

② 美国化学学会主办，理论化学领域大型专业杂志，偏向量子化学的应用研究，要求提出研究系统性结论。

院奖人数上的对比。国际量子分子科学院对院士的挑选非常严格，新院士的产生只能通过院士提名和选举。该院院士皆是处于理论化学研究最前沿的国际著名理论化学家。

表 7.8　中日两国国际量子分子科学院院士和国际量子分子科学院奖人数对比

	中国	日本
国际量子分子科学院院士	唐敖庆 帅志刚（清华大学教授，2002 年 1 月回国）	**福井谦一**（京都大学） **平尾公彦**（东京大学理化学研究所） **诸熊奎治**（京都大学福井基础化学研究所） 长仓三郎（日本神奈川科学技术学院院长） 永濑茂（冈崎分子科学研究所） **中辻博**（京都量子化学研究协会理事长） **加藤重树**（京都大学） 小谷正夫（东京科技大学校长）
国际量子分子科学院奖	刘文剑（北京大学教授，2001 年回国，2006 年获奖）	**诸熊奎治**（1978 年获奖）

中国方面目前只有两人获得该院院士资格，除唐敖庆以外，帅志刚 1989 年获复旦大学物理系理论物理专业博士，导师孙鑫，1990 年赴比利时蒙斯-爱诺大学做研究，2002 年回国。获得科学院奖的刘文剑本科和硕士研究生阶段就读于山东大学，师从邓从豪，1995—2001 年留学德国。可以看到，目前中国处于国际理论化学研究最前沿的科学家只有刘文剑一人出自唐敖庆谱系，而国际量子分子科学院的 8 名日籍院士中有 5 名是福井谦一谱系的成员（黑体标出），唯一一名国际量子分子科学院奖的获得者也来自福井谦一谱系。

其次，唐敖庆和福井谦一作为中日两个理论化学谱系的思想领袖，都曾在其学术生命周期的鼎盛阶段活跃于世界一流理论化学研究的前沿，两者同为国际量子分子科学院院士。图 7.4 显示自 20 世纪 80 年代开始，两者的论文产出几乎不相上下，在唐敖庆学术生命高峰的 80 年代中期到 90 年代中期，其论文产出还要超出福井谦一。

但在对中日两个谱系第 2 代成员的横向对比中可以发现，唐敖庆谱系的第 2 代成员无论是个人被 CA 收录的文章数量（见图 7.5），还是第 2 代研究集体的

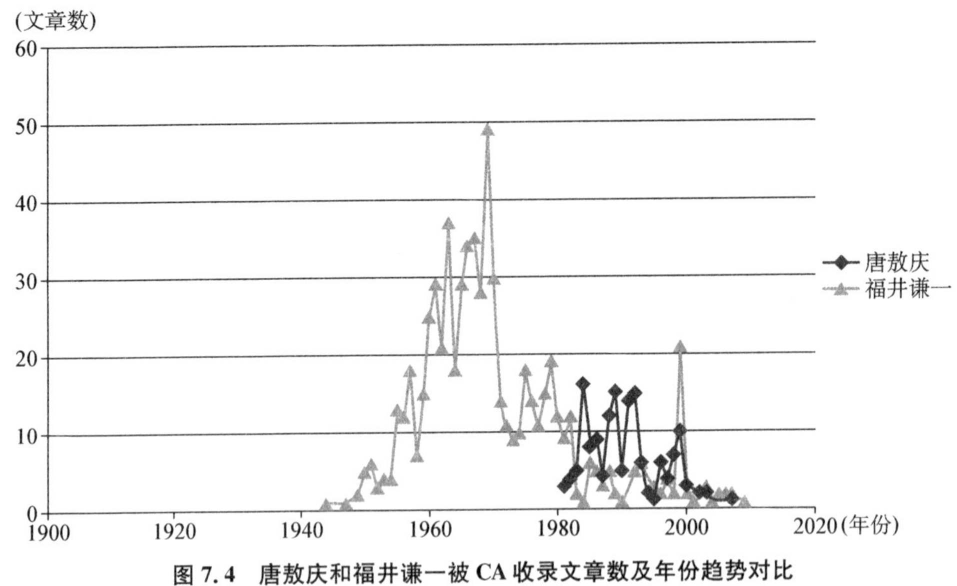

图 7.4 唐敖庆和福井谦一被 CA 收录文章数及年份趋势对比

整体产出状况(见图 7.6)和国际量子分子科学院院士的数量(见表 7.8)都与福井谦一谱系的第 2 代成员拉开了距离。

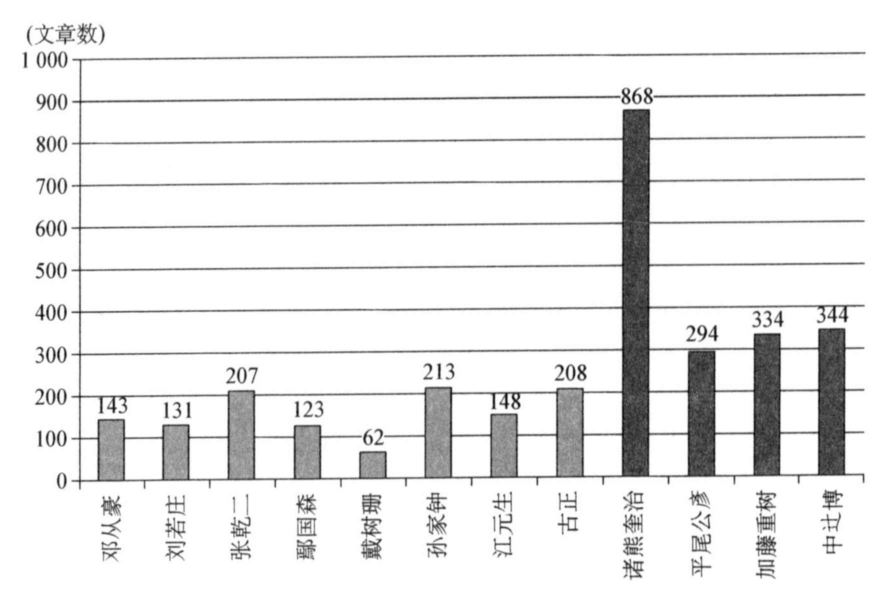

图 7.5 唐敖庆谱系和福井谦一谱系第 2 代成员被 CA 收录文章数对比

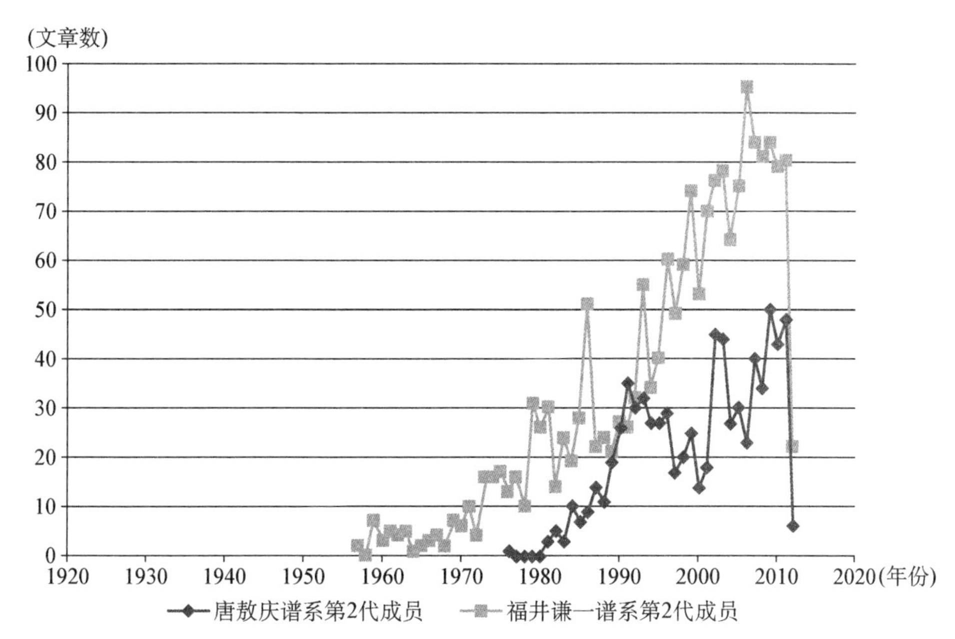

图 7.6 唐敖庆谱系和福井谦一谱系第 2 代成员被 CA 收录文章及年份趋势对比

将唐敖庆谱系和福井谦一谱系两代成员科研产出状况综合起来看，20 世纪 80 年代中期到 90 年代中期是两个谱系发展过程中距离最小的一个时期，这恰恰也是唐敖庆本人学术生命的高峰时期。90 年代之后，两者在总体的长程趋势上距离在逐渐扩大(见图 7.7)。

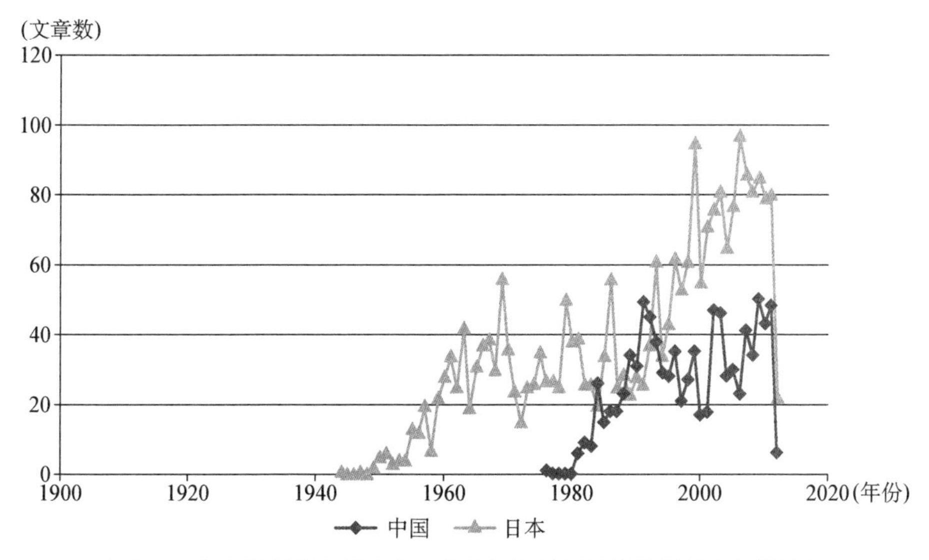

图 7.7 唐敖庆谱系和福井谦一谱系被 CA 收录文章数及年份趋势对比

五、结论

唐敖庆谱系兴起于20世纪60年代，配位场理论和方法的构建为唐敖庆谱系的产生和发展提供了内在契机，但“文革”到来使该谱系第1、第2代成员错失了发展的良机，以致该谱系产出高峰期被推迟了15年；至80年代，唐敖庆谱系在改革开放的东风下才表现出较强的创造活力。然而，随着配位场理论及扩展研究日趋完成，第2代及第3代成员未能适时做出同等水平的、新的、富于理论创造性的工作。

而中国第1代理论化学家均有留美背景，他们大多是在世界一流研究传统的熏陶下成长并取得博士学位，并且在归国后也能凭借自己的工作而跻身一流理论化学家之列，如唐敖庆于1981年当选国际量子分子研究院院士。但是，中国归国学者并没有在国内成规模地培养出可与他们自身比肩的第2代和第3代学者（尽管他们所在学术谱系从规模上看并不小于对比谱系），所谓钱学森问题并不是发生于个别优秀归国科学家身上的特殊现象，而是普遍现象。

在对两个谱系的研究方向进行考察时，我们还发现这样一个现象：唐敖庆谱系的研究方向曾在1956年发生过一次转变，虽然这次转变没有完全使唐敖庆放弃量子化学研究，但是客观上反映我国自1956年制定科学技术发展十二年规划以来奉行的“任务带学科”的做法的影响。有报道这样写道：“1956年，我国急需进行高分子合成材料的研究，这在国内当时是个空白。唐敖庆捐弃名利，果断地中断量子化学的研究，转向高分子物理化学反映统计理论的研究。在量子化学领域，他功底深厚，工作驾轻就熟，有望取得更大研究成果。然而，责任感、使命感使这个爱国的科学家转入一个陌生的研究领域。”与唐敖庆相似，徐光宪也在1956年召开的全国十二年（1957—1972）科学发展规划会议后，为落实全民办原子能的号召调任北京大学放射化学教研室主任，开始从事核燃料萃取化学的研究。

与此形成对比的是，福井谦一虽然身处京都大学工业化学系，却“被允许和理学院化学系的学生一起学习理学院的课程（物理化学、无机化学、有机化学、分析化学等）”，而且“前线轨道理论”研究也是在日本当时强大的工学需求的背景下做出的。同样地，在理论物理学领域，日本也呈现领先发展的格局。日本在科学上获得的第一个诺贝尔奖即出自此领域。对理论研究从不偏废，与日本自明治维新以来学术自治传统有关。“第二次世界大战前日本的教育制度在某种程度上是对德国大学模式的复制，因此无论在科研体制上还是学术理念上都深受德国大学'学术自治'模式以及德国以韦伯为代表提出的'为学术而学术'的学术理想的影响。"大正初期以后，强调确立学术自由的原则是改革日本高等教育的第一要义，并且把继承学术自由的传统、鼓励思想自由，开展科学研究以提高知识水平，崇尚真理、不断为社会发展提供"光源"作为"自由社会"大学的三大任务之首。

相比之下，福井谦一谱系自形成至今始终表现出源源不断的创造活力，尽管福井谦一与其主要合作者们未能实现获得第二次诺贝尔奖的目标，但他们的工作已赢得了更高的学术认同，比如：国际量子分子研究院有 5 名院士属于该谱系或与其有学术合作关系；福井谦一并无留学背景，但作为日本自己培养的世界级学者，他取得了更高的成就。这表明在他那个时代，日本在移植世界一流学术传统方面已取得相当程度的成功。

唐敖庆谱系的研究方向根据国家需要变化，但福井谦一所在的京都大学一向以学术自由著称，国家和其他科研资金提供部门对具体的研究方向并不干预，也就是说福井谦一学派所处的社会-文化环境更适合一个谱系创造活力的凝聚和发挥。中国与日本在科研制度设置上的差别导致中国科学自主性的匮乏。自 1956 年以来，我国长期奉行"任务带学科"的做法，然而，对"学科"而言，"任务"属外在使命，其内在使命却在于不断推进学科研究的前沿。从原则上讲，两者不可相互替代。而日本"学术传统的继承则为日本战后基础研究的发展提供了动力和体制上的保障。这其中，以学术自主为主要内容的学术自由传统构成了战后恢复期日本基础研究的主要特征"。

培育拥有一流学术传统的中国科学家谱系，需从提升科学自主性入手。要为归国的杰出科学家提供一种类似于他们在留学期间所处的科学研究氛围，使科学传统的移植不仅仅停留在研究传统移植的层面上，而要深入到价值和制度层面。

第八章　中国科学家谱系的特点

第一节　20世纪中国科学家的整体分析

一、中国化学人才培养的几个阶段

在对当代中国化学家谱系进行了全面梳理后，我们将谱系中涉及的所有化学家编成学术谱系成员数据库，根据其毕业时间进行逐年统计。在我国化学学科发展的早期，化学人才极度稀缺，在通常情况下，具有本科学历的化学人才已经视为难得的高级人才，往往能够在毕业后直接进入高校或研究机构，获得教职。而在新中国成立后到改革开放前的一段历史时期里，虽然效法苏联建立过研究生制度，但受整体政治环境影响旋即废除，于是新增化学家的主流学历也以本科为主。因此，对20世纪初到1965年之间成长起来的化学家，根据他们的本科学历获得时间进行统计。而改革开放后，随着学科体系的完善和人才队伍的充实，新一代的化学家基本上都是在取得硕士和博士学位以后才进入研究岗位的，因此对这些化学家根据他们获得最终学位（除早期几个人是硕士外，其余基本上是博士）的时间来进行统计（以1981年为起点）。在这两个时间段之间，出现了一段人才培养的空当期。仅就我们的数据库中收录的化学家而言，在"文革"期间毕业的只有8人，且集中于"文革"初的几年，并且几乎全部都是在"文革"开始后继续留校攻读研究生的。根据上述统计原则，逐年列出数据库中的科学家取得学位的人数，如图8.1所示。

从图8.1中可以看出中国化学家队伍的增长趋势，并且可以和现实中的历史事件完全对应。其中，20世纪50年代出现的两个人才毕业的小尖峰和夹在中间的低谷精确地对应着1954年的院系调整。由于院系调整，当时原本预定

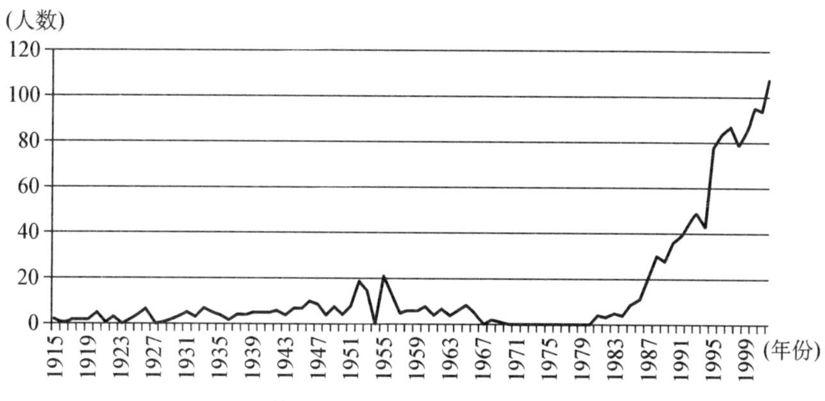

图 8.1 收入数据库的历年毕业生人数的变化

1954 年毕业的学生纷纷提前或延后毕业，从而导致了之前和之后两年毕业生的激增。而 1956 年以后毕业人数的急速滑落则刚好对应着“反右”的政治运动。至于“文革”期间的人才培养断档期，刚才已经提到了。当然，这里也存在统计标准变化的影响。事实上，在“文革”开始的几年和最后的几年，还是有一定数量的学生从高校毕业。但这些学生大多在 20 世纪 80 年代重新回到学校攻读研究生，从而被计入了 80 年代毕业的人数中。但即便如此，这一统计结果仍然有其社会学方面的意义，这至少反映了改革开放之初大批本应在“文革”期间完成高等教育的成年人集体返回校园的历史现象。

同时，从图 8.1 中也可以看出，在改革开放前，中国的化学家队伍一直在较低的水平上缓慢增长，只是到了改革开放以后才出现了爆发式的繁荣①。特别值得注意的是，20 世纪上半叶的两次影响中国命运的大型战争——抗日战争和解放战争，并没有如预想的对中国化学家的培养产生影响。这其中当然有民国政府在抗战时期采取的高校内迁措施的功劳。由此也可以看出，对于中国这样的大国，只要国家不是从内部出现大的政治动荡，即便在出现外部危机时，其内部的人才培养机能仍然可以维持运转。反过来也可以看到，通过改革开放，国家重新理顺人才培养体系后，中国的化学人才立即出现了前所未有的增长。

为了更清晰地看到不同时代对中国化学人才培养的影响，我们按照不同的历史时期对以上数据进行断代分析(见表 8.1 和图 8.2)。

---

① 2000 年以后的数据由于收录的样本较少，不代表真实的增长趋势。

表 8.1 中国当代化学人才培养的阶段

时段	1915—1920 年	1921—1937 年	1938—1945 年	1946—1949 年	1950—1965 年	1966—1976 年	1977—2000 年
历史时期	中国化学起步阶段	学科初建到抗战前	抗日战争时期	解放战争时期	新中国成立后到“文革”前	“文革”期间	改革开放到 90 年代末
入选人数	14	53	43	31	135	8	835
年均人数	2.33	3.12	5.38	7.75	8.44	0.73	34.79

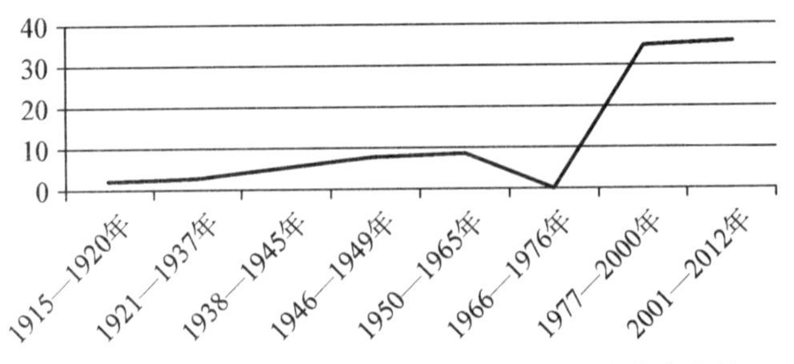

图 8.2 中国当代化学发展各阶段的年均人才产出人数

从图 8.2 中可以更清晰地看出，中国化学人才的培养呈现明显的三段式分布。

从 20 世纪早期到“文革”前为第一个阶段。这一时期人才的增长比较缓慢，但一直还保持着增长的趋势。第一阶段又可以分为三个子阶段：从 1915 年(此前中国本土尚无化学本科生培养能力)到 1937 年是中国化学学科的起步阶段，人才队伍的增长较慢；有趣的是，从 1938—1949 年，即抗日战争和解放战争时期，人才队伍增长的速度反而有所上升；到 1949 年以后，人才的增长速度再次有所下降。

“文革”期间为第二阶段，这一阶段的人才产出量急速下降。

改革开放以后直到现在为第三阶段，学科发展空前繁荣，人才队伍急剧扩张。

二、对学术谱系创始人的计量研究

在前文列出的 61 个学术谱系中，包括由同一导师在不同学科领域创立的谱系以及由两位以上导师共同创立的谱系在内，一共涉及 59 位导师。将他们按照第一章第四节的标准分为四代，如表 8.2 和图 8.3 所示。

表 8.2　学术谱系创始人的代际和学历构成

谱系宗师	第 1 代	第 2 代	第 3 代	第 4 代	总人数	百分比
人数	7	17	22	13	59	
留学人数	7	16	16	5	44	75%
博士人数	6	16	13	2	37	62.7%
硕士	1	0	3	0	4	6.8%
学士	0	1	6	11	18	30.5%

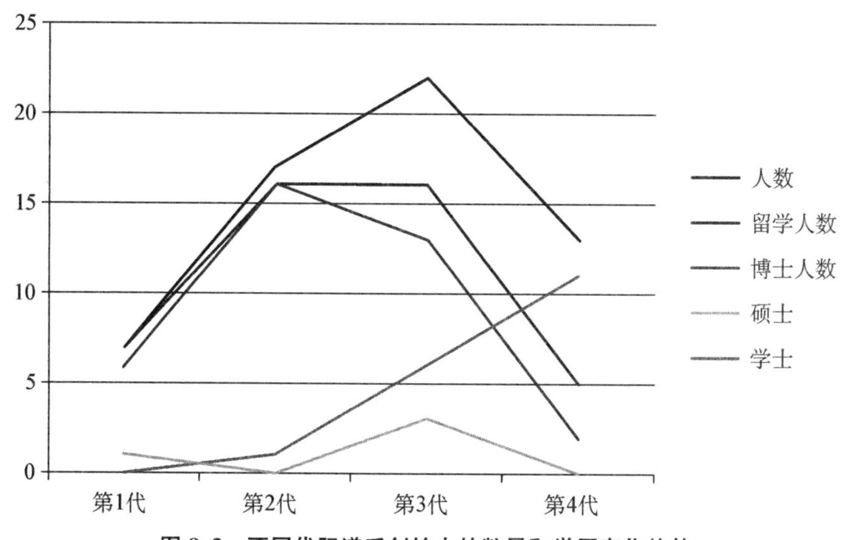

图 8.3　不同代际谱系创始人的数量和学历变化趋势

从图 8.3 中，可以清晰地看到，谱系创始人的数量随时间变化的规律。其变化趋势与上一节对谱系成员的总体统计基本吻合。唯一的区别是在第 1 代与第 2 代化学家之间明显出现过一个高速增长的时期，这实际上也意味着这个时期是一个新谱系的形成高峰。而从第 3 代开始，作为谱系开创者的化学家的数量仍然保持了增长趋势，但增长速度有所放缓，这也符合谱系发展的客观规律。一方面，之前已经形成的学术谱系已经形成了一定的人才培养能力，直接从国外移植谱系不再是所有中国化学家不得不面临的首要任务；另一方面，谱系开创者的数量在新中国成立初期仍然保持旺盛增长的事实也说明，当时的中国化学学科存在着过多的空白地带，仍然需要引入新的谱系来填补。不过，第 4 代化学家中谱系创始人数量的急剧下跌却不应视作中国化学学科对国外谱系的移植已经功德圆满的象征。必须注意到，在谱系创始人数量下降的同时，还伴随着整体人才培养数量和质量的下降。事实上，即使在开创了新谱系的第 4 代化学家中，有留学经历和取得过博士学位的人员无论在绝对人数方面还是比例构成方面，都前所未有地低。而第 4 代以后的中国化学家——尽管他们中大多数人的学术谱系还处于襁褓之中，尚无法观察到明确的轮廓，因此未被计入此项统计，但仅就他们目前已经取得的成就已经充分证明，中国化学学科中仍然保留着大量的空白地带，亟待新的学术谱系来填补。因此，图 8.3 中表现出的这种急速的下降绝不是由学科的内在发展所导致的，而是由于人才的断档。

从二级学科分布上看(见表 8.3)，第 1 代的 7 位谱系创始人全部集中在有机化学和物理化学两个学科中，而不是一般被认为更基础、历史更悠久的无机化学。这说明中国化学学科的建立并不是像西方化学学科的自然演进过程那样，沿着先有机，再无机，继而物理化学、高分子化学的路径发展，而是一开始就与国际前沿挂钩。第 1 代谱系创始人之所以集中在有机化学和物理化学的领域，正是因为这两个学科系 20 世纪最初几年化学领域发展势头最为迅猛的学科。同样，中国分析化学谱系和高分子化学谱系的大规模建立也与国际上的学科发展趋势有密切关联。

表 8.3　谱系创始人的二级学科分布

谱系宗师	第 1 代	第 2 代	第 3 代	第 4 代
无机化学	0	3	1	6
有机化学	5	2	5	1
物理化学	2	8	3	2
分析化学	0	2	5	2
高分子化学	0	3	8	2
总数	7	18	22	13

三、中国当代化学家个人学术档案数据库

为了对中国当代化学家群体的代际、学科分布、学术渊源、学术成就以及去向等情况进行总体把握，并分析这些因素在学术谱系形成和发展过程中的影响，笔者在谱系成员数据库的基础上进一步建立了中国当代化学家个人学术档案数据库。数据的来源包括公开出版的权威性传记资料，如《中国科学技术专家传略(化学卷)》；来自老科学家的同事、亲友、学生公开发表的回忆和纪念性文章；科

学家所属院校或研究机构官方网站上的个人学术履历(主要适用于较年轻的学者)等。绝大部分数据经过了至少3个以上不同信息来源的比对,以确保准确性。少部分数据虽然只有孤立的来源,但来源的可置信度较高,也足以保证其可靠性。

数据库中包括了20世纪40年代以前出生的绝大部分优秀的中国化学家,包括谱系成员数据库中已收录的所有早期化学家和没有收录(大多是因为其既未创立自己的谱系,也没有和既有谱系发生明显的学术传承关系)的很多重要化学家,以及20世纪40年代以后出生的中国化学家中的杰出的、有代表性的人物。[①] 此外,作为参考,数据库中还收录了一些与中国化学家学术谱系有密切互动关系的人物,包括一些重要的中国化学家的外国导师、合作者,以及与一些化学学术谱系有学术交流、传承关系的物理学家、生物学家。依据他们各自的经历和对中国化学事业的贡献,我们将数据库中的人物分为10类(见表8.4)。

引领学科发展的一流研究者的培养能力是判断一个学术谱系成功与否的关键因素。这里所说的一流研究者包括因科研上的杰出成就[②]而被评为中国科学院、中国工程院院士(学部委员)或新中国成立前的中央研究院院士的科学家,国内知名学科点和研究机构的负责人,以及获得过各种国家、国际科研奖的科学家。

在整个科研工作者队伍中,能够跻身一流研究者的毕竟只是少数,还有众多虽然没有取得特别惊人的成就但同样在科研岗位上默默奋斗的普通研究者,他们同样是推动中国化学事业前进的重要力量。同时,他们中的一些人在学术谱系的传承过程中也起着非常重要的作用。但是与一流研究者相比,普通研究人员虽然数量更多,但关于他们事迹材料却要稀少得多。有很多人,我们只有在论文的署名栏中才能找到他们的名字,至于他们的生平、事迹则完全无从查证。而

① 由于资料的可得性问题,还有一些无法找到确切资料,或虽然有单一来源的身份资料,但其可靠性无法保证的化学家,没能收录在本数据库中,尤其是20世纪40—60年代以后出生的一代化学家们。一方面,由于当时的文化风气和技术局限,他们大部分人没有留下公开的、容易查询的个人情况、学术履历等身份信息;另一方面,由于他们的时代距离现在较近,对于这一代科学家的传记资料的整理工作也尚不充分(即使有这方面的工作,目前也只是限于极少几位科学家)。对于60年代以后出生的化学家,尽管他们中的一些人已经取得了令人瞩目的成就,但总体上,这一代化学家仍然处在成长的过程中,还远未到可以盖棺定论的时候。同时,对于此项研究的目的,即揭示化学家学术谱系在中国的形成和发展过程而言,将注意力过多地集中在他们身上也并没有太多的意义。因此,这里只收录了一部分成就特别突出,且在其所属谱系中有重要地位的人物,如几位60年代出生的中国科学院或中国工程院院士,以及少数在特定方面具有特别的代表性意义的人物,比如有翔实的资料可以证实其已定居国外并在国外科研机构获得教职者,或放弃科研投身化工产业并取得了突出成绩者。

② 不包括在科研上无突出成就,主要因为在科学教育和科学事业的组织管理方面的成就而被选举为院士或学术机构负责人的学者。

由于各种原因,连名字现在都无从查询的研究者相信也不在少数。本数据库中,我们只录入了能够有确切事迹可寻的42位,作为他们的代表。

表8.4 人物的分类

类型	人数	说明
一流研究人员	424	院士;国内知名学科点、研究机构负责人;各种国家、国际大奖获得者
一般研究人员	42	没有明确的、特别突出成就的研究者
教育	22	主要致力于化学教育工作,没有特别突出的科研成就的大学教育工作者
产业	15	投身于化工产业的人员(包括在工业研发机构任职的人员)
管理	9	学术上建树一般,主要贡献集中在科学活动和科研机构的组织管理、社会活动方面
出国	21	进入国外研究机构并在国外完成自己主要职业生涯的(不包括成名后出国和在国外取得学位或教职后归国者)
改行	6	离开化学相关领域转入行政或其他学科领域
外国	116	与中国科学家有学术传承关系的外国学者
外学科	14	与化学领域有密切学术互动的其他领域科学家(如物理学家、生物学家)
其他	3	无法归类和事迹完全无法考证者
总计	672	

除了一线研究人员,还有一些学者虽然在科研上没有特别的成就,但是在培养化学人才方面却起到了不可或缺的作用,其中一些甚至是其所属学术谱系的直接缔造者。这一类学者主要集中在中国第一代化学家和新中国成立后成长起来的一代中。后者主要和当时我国教学研相分离、淡化高校科研功能的教育-科研体系有关。这种情况目前已经被彻底改变。而前者主要是因为作为中国化学学科的创业者,面临的各种学科建设和学科开创工作更加迫切,也过于繁重,使他们中很少有人能够有更多的精力去直接从事一线研究。另一方面,当时新生的中国化学学科尚无任何积累,也确实没有能力去参与国际性的科研对话。不过这一代化学家作为教育者的工作却可以说是中国化学学科不可或缺的基础。

自中国建立化学高等教育以来所培养的化学人才中,最终投身科研和教学事业的其实只是很少的一部分，更多的人则是进入了产业界，成为各种化工企业中的技术人员和管理者。尤其是在新中国成立前和新中国成立初中国化学工业的起步阶段，大批当时最优秀的化学人才毅然投身于中国化工产业的创业工作中。由于脱离了学术环境，他们大多没有留下学术意义上的传人，但他们对国家同样做出了巨大的贡献，同样代表着其所属学术谱系的成就与贡献。然而，与从事探索性研究的化学家们相比，这些工作在产业一线的技术和管理人员往往默默无闻，其中大多数都没有留下任何可供参考的事迹资料。在本数据库中，也只收录了我们能够找到的 15 位投身于产业界的杰出化学家，他们大多出身于非常著名的化学学术谱系。

除了投身于化工产业，还有一些化学人才由于国家需要而将主要精力投入到我国的化学化工事业乃至科学教育事业的组织管理上。这些化学家虽然没有留下特别值得称道的科研成果，但他们的工作对于化学学科在中国的建制化往往有着至关重要的意义。

除了以上几类人才，在中国本土培养的高级化学人才中，还有一些一毕业就远赴海外并最终定居海外，从而脱离了中国化学家的队伍。而这些人往往正是学生中的佼佼者，他们在海外科研机构中的成功同样反映了其所属学术谱系的人才培养能力。同时，他们中的一些人虽然定居国外，但仍然以自己的方式为中国化学学科的发展做出贡献。对于这些定居海外的化学家，即便我们能够找到其中一些人的资料，也很难把这些资料与他们的中文姓名以及在国内的学习经历对应起来。但经过努力，我们还是成功核实了其中一些人的身份，并收入数据库。此外，同样是脱离了中国化学家的队伍，一些人不是因为出国，而是因为彻底脱离了化学研究甚至科学研究领域，而转做他行，但他们在新的工作领域中同样有非常出色的表现。数据库中也收录了这方面的特别突出的代表，作为参考。

除了中国化学家，数据库中还列入了部分外国化学家和其他学科科学家的名字。这些学者都和数据库中的中国化学家有密切的学术交流和学术传承关系，比如中国化学家的国外导师，或者与数据库中的化学家有师生关系的其他领域专家（如很多放射化学家往往出自核物理大家门下）。将他们的名字列入数据库，主要是出于数据库结构的要求，为了能够在数据库中完整地反映某个研究对象的师承与学术交流关系，同时也可以作为一个参考。

最后，完全无法归类（如徐寿）和除姓名外完全没有可靠事迹可循的人物，单独归为一类，大多数情况下不参与统计。

另外，鉴于第一章第四节的对中国化学家的代际划分方法在时间段上并不完全均匀,标准也不尽统一(在不同时代同时存在本科毕业时间和博士毕业时间两种标准)。为了确保数据的一致性,在以下的统计中,我们重新根据研究对象的出生年份统一将其均匀地划分为五代①(见表 8.5):

表 8.5 研究对象的代际划分和各代人数

代际	第一代	第二代	第三代	第四代	第五代	总人数
划分标准	约 1900 年及以前出生	约 1901—1920 年出生	约 1921—1940 年出生	约 1941—1960 年出生	1960 年以后出生	除去外国化学家、外领域专家,以及无法归类或事迹完全无法考证者
人数	46	117	252	58	69	542

事实上,这样划分出的五代化学家与表 1.2 列出的前五代化学家间基本上能够形成大致的对应关系。为了叙述简便,以下在提到涉及代际划分的统计数据时,都以后一种划分方式为标准,不再一一说明。从表 8.5 中可以看到,数据库中前三代的化学家人数变化,基本如实反映了现代化学学科在新中国建立初期学术谱系发展和扩张的趋势②。

四、留学经历

正如第一章中提到的,中国的化学学科全面移植自西方。在这个过程中,留学生的派遣是最重要的一个渠道。不仅中国当代化学的所有学术谱系都有国外源头,而且在谱系的发展过程中,中国本土的化学家学术谱系也一直通过留学生的派遣与国外学术谱系保持着密切的互动。在我们的调查中,大约有 60%的中国化学家都曾有过在海外及港澳台地区留学或工作的经历(见表 8.6)。

考虑到这项统计主要是为了了解国外化学家学术谱系向中国的移植情况,统计中除了剔除外国化学家、外领域专家,以及无法归类或事迹完全无法考证者之外,还剔除了在国外工作和定居的人物和已经放弃化学转入其他领域的人物。最终的统计对象包括 515 人,其中完全没有海外留学经历的人物只有 205 人,绝大多数是 20 世纪 20 年代和 30 年代出生的第三代化学家。这一事实恰恰对应

---

① 此处以出生年份为标准进行的代际划分用汉字表示(如第一代、第二代……),以与谱系内部传承的代际划分(用数字表示)相区别。

② 第四代和第五代化学家在数据库中收录的本身比较少,这并不代表谱系本身的发展趋势。

着新中国成立初期(也即大部分第三代化学家按照正常的学术培养体系应当接受大学和研究生教育的时期)由于遭受西方国家孤立,与欧美国家之间的留学派遣渠道基本断绝的历史事实。而且即便在拥有海外留学经历的第三代化学家中,大多数也只参加过进修或访问学者等短期项目(很多是在改革开放以后才第一次参加),只有不到一半的人真正在留学目的地国家或地区取得了学位,这与第一代和第二代化学家留学时的高学位获取率形成了鲜明对比。

另外,第四代化学家中完全没有海外经历的人,从表面上看,无论从人数上还是从比例上都比第三代更少些。这一方面需要考虑纳入统计的第四代化学家的样本本身较少,另一方面还应看到,第四代化学家的留学经历绝大多数是以访问学者或进修的方式获得的,在国外获得学位的比第三代还少,可以说是名副其实的寥寥无几。这是因为第三代化学家中还包括新中国成立之初回国的最后一批欧美留学生和20世纪50年代派遣的赴苏联留学生;而第四代化学家求学的时期则恰逢中苏关系恶化,继赴西方留学的大门关闭以后,赴苏联和东欧国家留学的道路也被堵塞,等到再次获得赴海外留学的机会已经是"文革"之后,绝大多数第一代化学家已经错过了攻读学位的最佳年龄。不过由于毕竟比第三代化学家年轻一些,在改革开放的时代,第四代化学家获得的访问学者等短期留学机会还是要比第三代化学家要多些。

从留学目的地国家或地区看,主要可以分为两大阵营;一是包括欧美、日及港台等发达国家或地区的西方阵营;二是包括苏联和其他东欧社会主义国家(在本课题中主要涉及捷克和民主德国)的东方阵营。在两个阵营的比较中,西方阵营占据了压倒性的优势,不仅在接待留学、进修人员的人次数上远远超过了东方阵营,而且从持续性上说也远远强于后者(见表8.6)。

表8.6　海外留学目的地国家或地区情况

	总数		第一代		第二代		第三代		第四代		第五代	
总人数	515		45		113		244		56		57	
	有海外经历者	取得学位者	有海外经历者	取得学位者	有海外经历者	取得学位者	有海外经历者	取得学位者	有海外经历者	取得学位者	有海外经历者	取得学位者
爱尔兰	1	0	0	0	0	0	0	0	0	0	1	0
奥地利	3	1	0	0	2	1	0	0	0	0	1	0
澳大利亚	1	0	0	0	0	0	0	0	1	0	0	0
比利时	2	1	0	0	0	0	1	1	1	0	0	0

（续表）

	总数		第一代		第二代		第三代		第四代		第五代	
总人数	515		45		113		244		56		57	
	有海外经历者	取得学位者	有海外经历者	取得学位者	有海外经历者	取得学位者	有海外经历者	取得学位者	有海外经历者	取得学位者	有海外经历者	取得学位者
丹麦	3	1	0	0	1	1	1	0	1	0	0	0
联邦德国	38	13	4	1	13	10	8	0	6	0	7	2
法国	8	7	2	2	4	4	1	0	0	0	1	1
韩国	2	0	0	0	0	0	0	0	0	0	2	0
荷兰	1	0	0	0	0	0	1	0	0	0	0	0
加拿大	6	2	0	0	1	1	3	0	1	0	1	1
美国	191	110	30	28	61	57	62	21	15	2	23	2
日本	21	9	5	4	0	0	6	3	5	2	5	0
瑞典	3	1	0	0	2	0	0	0	2	0	1	1
瑞士	7	1	1	1	0	0	2	0	3	0	1	0
新加坡	2	0	0	0	0	0	0	0	0	0	2	0
意大利	1	0	0	0	0	0	0	0	1	0	0	0
英国	33	18	4	3	12	11	4	0	5	2	8	2
中国台湾	3	1	0	0	0	0	0	0	2	1	1	0
中国香港	8	0	0	0	0	0	1	0	3	0	4	0
苏联	43	32	0	0	2	1	41	31	0	0	0	0
捷克	3	1	0	0	0	0	3	1	0	0	0	0
民主德国	1	0	0	0	0	0	1	0	0	0	0	0
完全没有海外经历	205		7		27		126		26		19	

从表 8.6 可以看到，有过欧美游学经历的化学家在全部五代化学家的每一代中都非常普遍。与此相反，有留苏或留学捷克经历的化学家几乎全部集中在第三代化学家中。而在这些化学家中，又以留学苏联最普遍。从对中国学术谱

系的影响来说，西方阵营的优势更加明显。在我们所研究的所有化学学术谱系中，只有四个谱系的创始人来自留苏化学家，其他全都是欧美留学生。这一方面是因为中国赴欧美留学的学生更多，派遣也更早，在新中国成立时，已经形成了诸多源自欧美的化学学术谱系，新中国派出的赴苏留学生大多数本身已经是这些学术谱系的成员。另一方面，这一现象背后可能也确实有政治环境和其他因素的影响，特别是 20 世纪 60 年代中苏关系恶化导致中苏学术交流渠道的中断应该是一个重要因素。

在各个国家中，美国始终是最热门的留学目的地国。这有两个原因：一是美国在西方国家中首创庚子赔款留学生，向中国学生打开了大门，从而成为早期吸纳中国留学生最多的西方国家之一。二是 20 世纪 20—30 年代，正是美国科学飞速发展、追上并赶超欧洲科学强国的时代。特别是在第二次世界大战前后，美国一跃成为世界科学中心，从而进一步成为有志于科学事业的中国学生心中首选的留学目的地国。纵观五代中国化学家，几乎每一代的留美学生人数都要比赴其他国家的留学生人数加在一起还要多，即便是在前述的第三代化学家中，在美国获得学位的也仍然高达 20 多人。这些人主要是 20 世纪 20 年代早期出生，并在新中国成立前赴美的。他们也是改革开放前中国向西方派遣的最后一批留学生。

五、地区来源分析

在数据库中，剔除外国、外领域专家和籍贯信息不可得者之后，剩有 430 人。我们以这 430 人为样本对当代中国化学家的地区来源进行了分析(见表 8.7)。

从表 8.7 中可以看出，当代中国化学家的来源具有鲜明的地缘分布特征。在出产化学家最多的省份中，江苏省以 96 人稳居榜首，浙江和上海紧随其后。仅江浙沪三角地区出身的化学家总数就占去了全部样本的近一半。在江浙沪三省份之后，福建省以 44 人的数量构成了第三梯队，而北京、广东等省份又次之。

上述数据充分证明了重要学科点的布局对于谱系形成、发展的重要影响。鉴于数据库中的绝大部分样本来自前三代化学家，而这些代化学家的成长时期主要是在新中国成立前和新中国成立初期。在这一时期，长三角地区恰恰是中国高校最集中的地区。浙江大学、复旦大学、金陵大学、南京中央大学都组建了高水平的化学科研和教学团队，因此当时有如此之多的化学家来自长三角地区的事实也就不足为奇了。更明显的是福建的例子。如果我们进一步分析福建籍化学家们的具体资料就会发现,来自厦门大学或与刘椽-卢嘉锡学术谱系有千丝万缕联系的化学家在其中占了相当一部分。

表 8.7 当代中国化学家的地区分布

籍贯*	人数	第一代	第二代	第三代	第四代	第五代
	430(总人数)	42	109	216	34	29
江苏	96	9	40	33	1	3
浙江	57	5	10	34	4	1
上海	46	3	2	34	5	2
福建	44	12	11	18	2	1
北京	22	1	5	15	0	1
广东	22	0	5	17	0	0
安徽	20	5	4	4	0	7
山东	18	2	3	8	2	3
四川	15	1	6	7	1	0
天津	15	0	5	9	0	1
湖南	14	2	4	6	1	1
江西	12	0	3	5	1	3
辽宁	11	0	2	6	2	1
河北	9	0	1	7	1	0
河南	7	0	3	2	0	2
湖北	7	1	2	4	0	0
广西	5	1	1	2	1	0
吉林	2	0	0	0	1	1
台湾	2	0	0	1	1	0
香港	2	0	0	2	0	0
甘肃	1	0	0	1	0	0
贵州	1	0	1	0	0	0
内蒙古	1	0	0	0	1	0
陕西	1	0	2	0	0	0

* 对于祖籍、出生地、幼年成长地不一致的对象,以其幼年成长地为准。

第二节　学术谱系的类型与结构

一、谱系类型

学术谱系的类型可分为两类：一类为锥形，也可称为树形；另一类为台形（见图 8.4）。

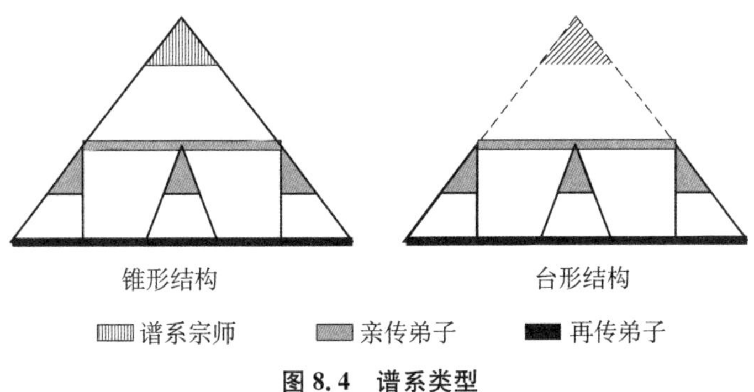

图 8.4　谱系类型

就本书所探讨学术谱系而言，大多呈现锥形（树形）。树形谱系通常从一位特别杰出的创始人开始，在一代一代的传承中不断壮大起来。而树形谱系又分为两种情况，一种是创始人的众多弟子各自开枝散叶，分别发展起茁壮的支谱系。不过这种情况并不如想象中那么普遍；另一种情况是创始人的众多弟子虽然各自发展了自己的支谱系，但相互之间发展并不平衡，其中某一个弟子的支谱系一支独大。有时，在一个学术谱系中，可能超过一半的成员都来自其中某一个支谱系。比如，在曾昭抡的弟子中，就出现了唐敖庆支谱系一支独大。曾昭抡的谱系之所以能够成为我们调查中见到的最庞大的谱系之一，唐敖庆支谱系的贡献占了绝大部分。

这种现象实际上反映了学术资源的供给对学术谱系发展的制约作用。在理想情况下，如果一位导师的若干弟子在才能上相差无几，那么他们每个人都理应能够发展出一个水平和规模相近的支谱系。但实际情况是，尽管中国化学家的队伍一直在不断壮大，中国化学学科的体量也在不断增长，但是在某一个特定的研究方向上，所能获得的资金和所能提供的研究、教学岗位永远也赶不上学生的培养速度。因此在毕业生中，除了少数人能够如愿在高校或科研机构谋得教职外，其他大多数人只能另谋前程(如前所述，除了少数出国或者改行的，大多数人会进入生产领域)。而在这种竞争中，马太效应会发挥重要作用。即使同一位导师门下的师兄弟，也会有人通过一些细微的甚至是偶然的优势，在资源分配中占据一个更有利的位置，从而有机会招收更多的学生，并有能力使自己的学生在教职的竞争中占据更有利的地位。

本书除涉及典型的树形谱系外，还涉及个别“夫妻店”形式的学术谱系，如徐如人-庞文琴无机化学学术谱系。徐、庞两人年龄相同，专业方向相同，同年进入吉林大学化学系，同属一个研究群体(室)，均为中国科学院院士，均为吉林大学无机化学重点学科主要学术带头人，但各自独立招生。学生在读期间实际上接受两位导师的共同指导。因之，我们将两人的学术谱系合并，并以徐如人、庞文琴名字共同命名。2011 年，吉林大学为徐如人教授和庞文琴教授举办了执教六十年暨八十华诞庆祝会。

实际上，就我们所调查的学术谱系而言，还可以进一步看到某些更复杂的情况。比如，某些学术谱系还具有共同的渊源。卢嘉锡谱系、蔡启瑞谱系、陈国珍谱系的三位宗师均出自厦门大学化学系，在本科毕业时间上也相差无几。他们均接受过刘椽教授的教导，卢嘉锡教授曾于 1996 年以“忆恩师刘椽教授”为题撰文纪念刘椽先生去世 25 周年①。

刘椽先生 1926 年毕业于清华大学化学系，1930 年于伊利诺伊大学获得化学博士学位。回国后任厦门大学化学系教授，教授有机化学，不久即任系主任达 18 年之久，他后担任山东大学教务长；1956 年主持创建郑州大学并出任首任校长助理兼化学系主任。显然，刘椽教授的主要精力放在了教学与管理方面，在有机化学研究上建树不多。因此，在严格意义上，本书没有考虑“刘椽学术谱系”。其实，与刘椽先生类似的化学教育大家还有张子高先生、王琎先生、俞同奎先生等。应该说，没有这些祖师级的化学教育大家，便不可能有中国的化学事业。

在此，让我们构建一个特殊的学术谱系，即厦门大学-福建物质结构研究所谱系，也可称为刘椽-卢嘉锡学术谱系，主要理由有二：其一，三人皆奉刘椽为师；其二，卢嘉锡先生出任福建物构所所长后，两地三系学者始终保持高强度学术互动(见表 8.8)。

---

① 卢嘉锡. 忆恩师刘椽教授(1996)[G]//王豪杰. 南强记忆：老厦大的故事. 厦门：厦门大学出版社，2009.

表 8.8　厦门大学-福建物质结构研究所谱系

第 1 代	第 2 代	第 3 代
刘椽 著名弟子 3 人； 区嘉炜、张怀朴同时在其麾下任教	卢嘉锡（1915—2001） 著名弟子 13 人； 大本营：厦门大学、福建物构所，曾任化学系主任、副校长，并推荐陈国珍继任系主任；后移师物构所、任所长	张乾二（1928—　）著名弟子 11 人
		田昭武（1927—　）著名弟子 6 人
		徐元植（1933—　）著名弟子 4 人
		梁敬魁（1931—　）著名弟子 11 人
		黄金陵（1932—　）著名弟子 11 人
		陈创天（1937—　）
		黄锦顺（1939—　）
		罗遵度
		吴新涛（1939—　）
		潘克桢（1933—　）
		魏可镁（1939—　）
		李如康
		李隽
	蔡启瑞（1914—　） 著名弟子 3 人； 大本营：厦门大学，曾任副校长	殷元骐（1932—　）
		万惠霖（1938—　）
		廖代伟（1945—　）
	陈国珍（1916—2000） 著名弟子 6 人； 大本营：厦门大学，曾任化学系主任，承认卢先生为“半个老师”	黄贤智（1931—　）
		刘文远
		许金钩
		郑朱梓
		江云宝（1963—　）
		郭祥群

由此得到的学术谱系的实际类型如图 8.4 中右例所示，呈现为特殊的台形，有时也可称为“虚君型”。在这种类型的谱系中，通常仍然存在一个形式上的导师，但是这位导师与他的弟子们之间却存在明显的徒强师弱的关系，即几位学生的科研能力和成就可能远远超过了导师。在此情形下，这位导师往往并不是科研型人才，而是以组织和教育见长。因此，他的角色更多的是作为谱系的精神领袖，担负着把谱系核心成员凝聚在一起以及为手下的年轻一代创造良好的发展

环境的任务。就厦门大学-福建物质结构研究所谱系而言，著名化学教育家和管理家刘椽先生与他的杰出弟子卢嘉锡、蔡启瑞、陈国珍等人相比，他本人在科研上并没有特别显著的成就，但正是通过刘椽的一手打造，确立了厦门大学化学系的学术传统。而卢嘉锡等人也正是以刘椽为精神领袖，以厦门大学和福建物质结构研究所为大本营，发展出了一个中国物理化学领域最强大的学术谱系。

还有一种情况是，一个台形谱系从一开始就是由几位密切互动的导师共同构成第1代宗师，他们以团队形式带学生，培养出的学生往往不分彼此；而这些学生中有相当一部分会留在这个团队中，作为助手参与培养新一代学生。如民国时期的地质调查所学术谱系的发展情形即是如此。1916年，丁文江和章鸿钊、翁文灏一起组建农商部地质调查所，自己出任所长，三人共同担任培训班老师，招收学员，形成一个标准的台形学术谱系，这一谱系分化发展，许多子系一直延续到今天①。

一般而言，台形谱系结构并不十分稳定，容易产生分离倾向。

二、谱系结构

通过引入共时分析，我们可以了解谱系的核心教研实体的结构，并进一步了解学术谱系作为一个无形学院的结构与功能。

以我们比较熟悉的卓仁禧高分子化学学术谱系为例（见图8.5），在长达20年（中时段）的教研生涯中，该谱系有刘高伟、张先亮等一批助手配合卓仁禧教授共同指导研究生。该谱系的核心学术方向有二：一是高分子抗癌药物研究，二是有机硅液晶研究，由刘高伟和张先亮两位教授（当时以讲师身份）分别负责具体研究工作的执行和研究生的日常指导。其中，高分子抗癌药物研究后来扩展为生物医学高分子研究；有机硅液晶研究扩展为有机硅高分子研究。多年以来，这两位教授对卓仁禧谱系的核心结构运转做出了不可忽视的贡献。在本书所考查的众多学术谱系中，类似的例子还有很多。这也是我们强调在绘制谱系树时不能将主要助手排斥在外的理由。

由此可见，学术谱系的核心结构是由导师、主要助手、学生构成的一个科研和教学合一的研究单元，对谱系核心结构的运行机制，如资源和荣誉分配、学生指导、实验室运行等，需要从中时段研究入手加以考察。

---

① 普勋.中国近代地质学学术谱系[D].北京：中国地质大学硕士论文，2011.

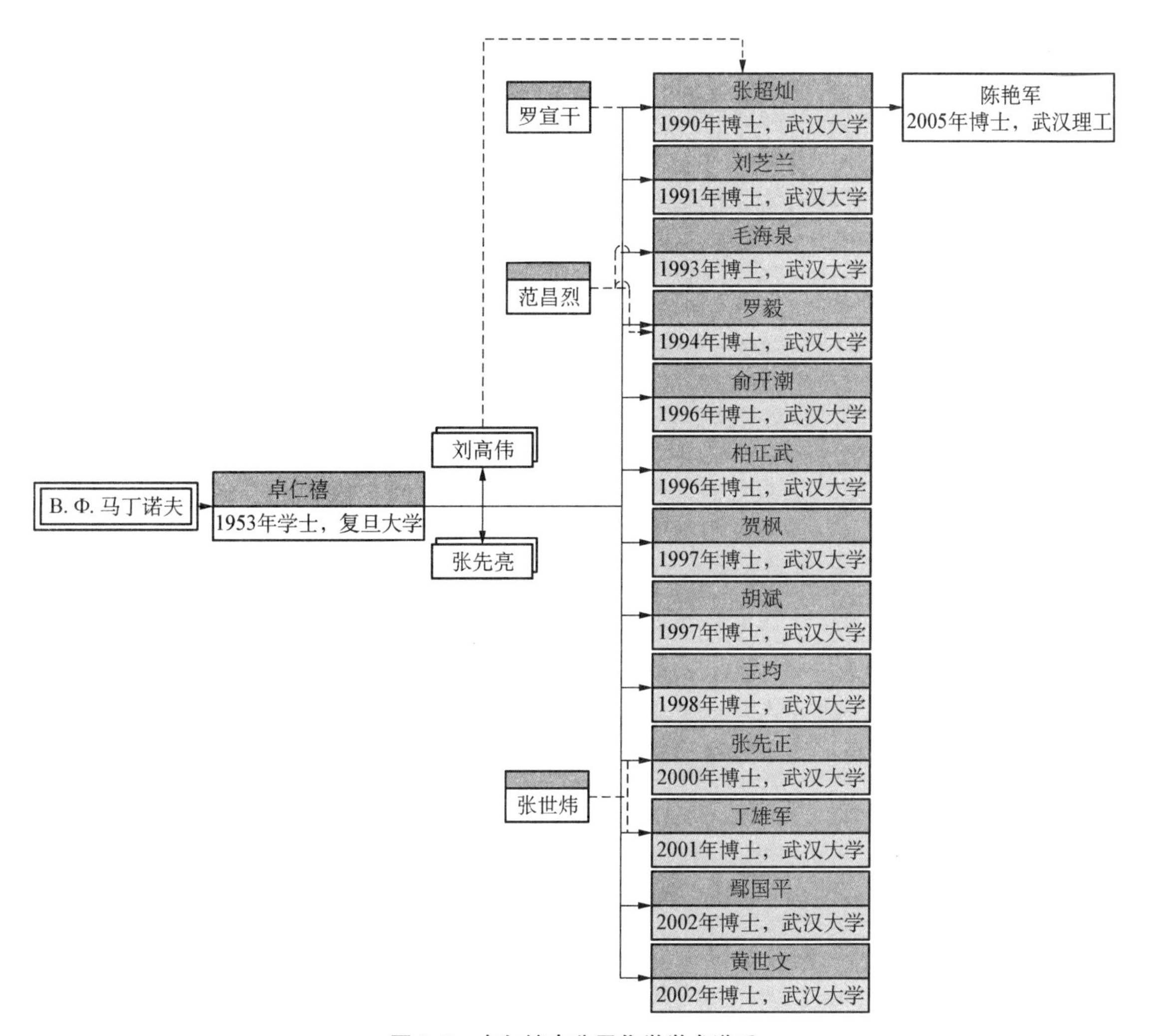

图 8.5 卓仁禧高分子化学学术谱系

第三节 影响学术谱系发展的因素

学术谱系的发展常常起起伏伏，除命运能够单独由其所承载的学术传统的品质来决定外，还有哪些因素决定着一个学术谱系的命运走向呢？换言之，如果想要搭建一个成功的学术谱系，应当在哪些环节着力呢？笔者认为，这些要素具有内部组合与外部竞争两个源头。

一、内部因素

一般来讲，学术研究作为研究者和研究对象所组成的一种二元关系，其成败和效果决定于这一关系的质量，即是否为最优组合——比如让一个高级学者从事低级研究将埋没人才，而令一个门外汉去作高级研究则将难以胜任，这两种情形都不是最优组合；相反，如果能将适当的人放在适当的位置上，使人尽其才，则能够产生最大的收益，为最优组合。同样，作为学术研究活动在时间上的延续所构成的学术谱系的成败和质量也决定于此关系在时间维度上的质量的高低。那么，这具体内涵是什么呢？通过若干具体的案例研究和深入的理论分析，笔者认为，一个成功的学术谱系往往具有如下内在基本特征，即以下谱系的内部条件决定着一个学术谱系的命运。

第一，学术研究活动表现为研究者和研究对象的二元互动关系，研究对象作为此关系当中的重要元素，其特点决定了研究的基本目标、方法和总体品质，也从根本上限制着一个学术谱系是否能够取得成功以及此成功的高度。一般来说，一个可传承的学术谱系尤其是一个成功的学术谱系的研究对象具有如下特点：

(1) 该研究对象或领域从长远来看应当具有明显的实用前景或者其他足以吸引研究者投入辛勤劳动的品质，这样，研究工作才可能长期开展。比如，当下全球经济面临衰退，许多国家为了缩减科研经费开支，一直在尝试减少甚至取消那些现实价值模糊的研究资助，从而造成诸领域各学术谱系的消亡或中断。于此相对，高新技术研究领域的资助则节节攀升，其所对应的学术谱系也水涨船高，获得发展。

(2) 该研究应当具有一定的研究潜力和空间，应当有充足的解谜任务量，这样，研究工作自身才具备持续开展的可能性，才可能有学术谱系的不断传承。比如从十七八世纪开始，牛顿力学具有广阔的研究前景，因而能够在此后的几百年间持续繁荣；而到 19 世纪末，牛顿力学研究已近于完美，因此经典力学的传统学术谱系基本趋于衰落。

(3) 该研究对象或领域应当有一定的张力，有从事研究的门槛，非任何人都能够随意进入和参与其中，且该门槛不算太高，非任何人都难以胜任。如此，一个学术谱系既能够自立，又能够不断吸引新成员的加入。比如，成功的学术谱系一般都处于研究的前沿，不是最最前沿，也绝非成熟领域。

(4) 该研究对象应当具有可积累性或曰可继承性，即前人的研究应当能够在客观上潜在地成为后继者的基础和踩脚石，而非每一个研究人员在踏入研究活动之初或从事某个研究主题之初都必须从头做起。比如学武之人，无论其师傅武功修为有多高超，都必须自己从头练起，到头来，常常连师父的高度也难以达到，是故武学不能持续长进。具备该特点的研究对象往往呈现出难度由浅入深的研究任务序列，从而使得一项研究能够持续开展。

(5) 研究对象自身具有外在于研究者的个性，而非全然决定于研究者的个人特质。比如我国著名无机化学家张青莲，其所测定的化学原子质量的精度达到世界最先进水平，但这一成绩多有赖于他的坚持、一丝不苟等个人特质，所以该研究难以引领一个成功的学术谱系。

应当说明的是，以上所指的研究对象或领域是指某一个特定时空所对应的具体情形，随着时空的迁移和研究工作的持续开展，认识的边界、研究对象和研究任务都将不断地发生变化。受此影响，其所对应的学术谱系的命运也在不断发生变化。

第二，学术谱系的成功与失败不仅受制于在其中起基础作用的研究对象的特质的制约，也受到具有主观能动性的研究者的个性、才能和组织关系的影响。一个成功的学术谱系中的成员通常表现出以下特征：

(1) 人才与智力交汇。高质量人才和各种类型的人才的汇聚带来其所携带的知识和智力的交汇、碰撞，这极有助于队伍人才的全面成长和在研究中催生出新知识和新发现。比如爱因斯坦的好友——米凯尔・贝索被称为相对论的“助产士”，可以推测其对于相对论发现的助力作用。

(2) 高效的人才培养途径。一个成功的学术谱系具有学术传承和发展的基本使命，要完成这一使命，即进行学术谱系中的优良传统、高水平的研究旨趣、前沿的知识和信息基础、先进的研究方法以及高效的人才培养方法的充分、全面和高效传承，需要一个学术谱系在具备高水平的研究实力的同时应当具备高效的知识传递和人才培养方法。美国有机化学界罗杰・亚当斯，在研究成果享誉世界的同时，也是著名的有机化学教育家，其培养的高水平研究学者遍布全球，其所创建的美国伊利诺伊大学化学系——亚当斯有机化学谱系至今在国际上享有盛誉。

(3) 合理的人员组织。合理的人才组合能够使人才的潜能最大可能地发挥，因此也是影响一个学术谱系走向成功或是失败的重要条件之一。

另外，学术研究活动总是处在一定的外部环境当中，研究者与研究对象所构成的研究系统同样受到外部环境的左右。一般而言，一个成功的学术谱系背后总有一个绝佳的外部支撑环境。这样的优良环境通常呈现出安稳、开放、健康

(专注)等特点。具体内容包括研究资金的保障是否稳健充分,资金使用的考察和监督是否有效合理,研究活动是否能够自主、灵活地开展,等等。而就固有类型而言,高水平大学和高级研究所常常能够为一个学术谱系提供良好的外部环境,助其获得成功。

二、外部因素

以上所述的一个学术谱系内部诸要素的互动规律是学术谱系运动变化规律的主线,与此同时,学术谱系的外部要素,尤其是谱系之间的竞争,对于一个谱系的发展变化的作用也是十分明显的。学术谱系种类繁杂、为数众多。显而易见,在不同研究领域中存在着不同类别的学术谱系,而在同一个研究领域中则往往存在多个学术谱系。学术谱系与家族和王朝类似,具有地域性,当今每一个国家或地区几乎都有自己相对独立的科技体系,与此对应,位于此体系每一个领域中一般总有若干地域性的学术谱系,然而科技资源是有限的,因此存在于同一个国家或地域中、处于同一个领域的多个学术谱系之间具有竞争关系。与此同时,科技研究又具有开放和创新的特点,科学技术是全人类的事业,是跨越国家、需要参与国际竞争。只有那些在竞争中处于优势乃至位于顶端的学术团队和学术谱系才会获得最大的收益和最高的报酬,因此处于同一研究领域的各国际学术谱系之间同样存在着竞争关系。一般而言,宽松的外部环境可促使一个学术谱系的快速成长,而同时适当的竞争也是有利的。另外,在竞争之外,应努力寻求不同谱系之间的合作,如此更能获得双赢。

第四节　资源配置和谱系成长

前文已经涉及资源分配对谱系发展的影响和制约问题,而影响资源分配的其中一个最直接且特别关键的因素就是谱系中的关键性人物在学术共同体中以及在行政上的地位。在很多情况下,后者的影响权重往往要大于前者。

为了直观地反映化学家的学术职务和行政职务对谱系发展的影响,我们对数据库中有明确谱系归属的 278 位中国化学家进行了统计(不包含出国和改行者),根据其担任过的学术和行政职务进行分类(见表 8.9)。

表 8.9　化学家的行政和学术任职

	人数	第一代	第二代	第三代	第四代	第五代	说明
曾担任研究实体负责人	178	14	51	72	21	20	化学系主任、化学院院长、学科带头人、实验室负责人等
曾担任高级行政职务	89	12	30	33	8	6	理学院院长、校长或其他校级领导，中科院（中研院）院部、分院领导，学部主任，研究所所长及以上
兼任	79	11	28	27	7	6	同时拥有担任高级行政领导和研究实体负责人经历的研究对象
只担任研究实体负责人	99	3	23	45	14	14	
其他	90	0	11	47	12	20	担任以上两种职务的记录都没有的研究对象
总计	278	15	64	125	34	40	外国、外领域专家，出国、改行者，以及无法归类或事迹不可考者不计入

在这里，根据我国的实际情况，将研究实体界定为在科研工作中拥有相对独立的选题权、人事权、资源分配权和科研工作组织权的研究单元，大到中科院或高校系统内部的各种专业化学研究所、高校中的化学化工院系、实验室，小到研究所和高校化学院系内部具有相对独立的研究方向的研究室、教研室。这些研究实体的负责人通常都由在相关领域具有极高的专业技能和专业声誉的化学家出任，因此可以作为判断一位化学家在学术共同体内部的地位的标尺。同时，与普通人员相比，研究实体的负责人在划拨给所属研究实体的资源范围内，可以拥有一定程度的资源分配权。

高级行政职务是指管理范围超出学术专业领域以外的带有行政管理性质的职务，包括大学和科研机构的高级领导，以及除研究工作外还兼任过其他政府部门的高级行政职务（如国家留学基金委主任）的化学家。这些领导岗位的权限已经超越了学术领域本身，因此它们所代表的已经不仅仅是化学家本人在学术领域中的地位，而是他们在更高的层面上的社会声望和地位，特别是在国家行政权力体系中的地位，而这种地位也赋予了这些化学家更多的争取和分配资源的能力。

根据以上分类，我们分别统计了有高级行政职务或研究实体负责人任职经历的化学家和普通化学家谱系的发展情况。在担任过高级行政领导的89位化学家中，只有7个人没有明确的学术传人，占7.9%。当然、这并不意味着他们没有培养过学生，而是说他们的学生中在科研领域没有特别突出的人物。而在只担任过研究实体负责人的化学家中[①]，这个数字达到24人，占24.2%。至于两种职务都没有担任过的普通化学家，则有28人都没有明确的关于其学术传人的记录，占到31%。

对上述统计中至少拥有一位比较有名的弟子的化学家的平均弟子数量作进一步统计。鉴于后几代的化学家目前还在继续招生，并且他们的学生往往还在成长阶段，尚未培养出优秀的2代弟子或3代弟子。为了避免这方面因素对统计结果造成的影响，我们将五代化学家分开统计(见表8.10—表8.12)。

表8.10 曾担任高级行政领导的化学家弟子平均人数

	导师人数	1代弟子平均数	2代弟子平均数	3代弟子平均数	4代弟子平均数	谱系/支谱系中弟子总平均数
整体	82	6.4个	9.8个	7.0个	1.2个	24.4个
第一代化学家	13	5.8个	22.0个	33.8个	7.2个	68.7个
第二代化学家	27	5.3个	15.3个	4.9个	0.2个	25.8个
第三代化学家	28	7.5个	3.7个	0.0个	无	11.2个
第四代化学家	8	7.8个	0.4个	无	无	8.1个
第五代化学家	6	10.7个	0.5个	无	无	11.2个

表8.11 研究实体负责人弟子平均人数

	导师人数	1代弟子平均数	2代弟子平均数	3代弟子平均数	4代弟子平均数	谱系/支谱系中弟子总平均数
整体	75	6.2个	4.0个	0.9个	无	11.1个
第一代化学家	2	3.0个	2.5个	8.0个	无	13.5个

① 由于同时拥有研究实体负责人和高级行政职务任职经历的化学家为数众多(绝大多数担任高级行政职务的化学家都曾有过研究实体负责人的工作经历)，为了更清晰地展示学者的行政地位和学术地位对谱系发展的不同影响，在下面涉及研究实体负责人的考察中，将只考虑那些从未担任过高级行者职务的人。

（续表）

	导师人数	1代弟子平均数	2代弟子平均数	3代弟子平均数	4代弟子平均数	谱系/支谱系中弟子总平均数
第二代化学家	20	5.1个	10.4个	2.5个	无	17.9个
第三代化学家	34	7.1个	2.0个	0.1个	无	9.3个
第四代化学家	12	6.9个	1.8个	无	无	8.7个
第五代化学家	7	4.1个	无	无	无	4.1个

表8.12 一般化学家的弟子平均人数

	导师人数	1代弟子平均数	2代弟子平均数	3代弟子平均数	4代弟子平均数	谱系/支谱系中弟子总平均数
整体	62	6.1个	1.9个	无	无	8.0个
第一代化学家	0	无	无	无	无	无
第二代化学家	6	3.8个	3.7个	无	无	7.5个
第三代化学家	40	7.1个	2.4个	无	无	9.5个
第四代化学家	7	5.0个	无	无	无	5.0个
第五代化学家	9	3.8个	无	无	无	3.8个

从表8.10—表8.12中可以看出，曾担任过高级行政领导的化学家所建立的谱系或支谱系远比没有相关任职经历的化学家繁盛。而有过研究实体负责人任职经历的化学家建立的谱系或支谱系又比没有担任过任何领导职务的化学家的谱系繁盛。但是这种区别的具体表现方式却相当微妙。事实上，无论以上哪一类化学家，在1代弟子的数量上相差都不是很大，但是从2代弟子一辈开始，不同谱系的差距就显著拉开了。在担任过高级行政领导的化学家门下，2代弟子的数量在1代弟子的基础上都会有非常迅猛的增长，这一现象在第一代化学家的谱系中尤其明显[①]；而在担任过研究实体负责人的化学家的谱系中，尽管不如前者明显，但也可以看到类似的趋势；而在普通化学家的谱系中，不但看不到这种上升趋势，反而在3代以后，他们的谱系几乎都中途断绝了。

由此也可以看出，这三类化学家在起步阶段的差距其实并不是那么大。在

① 后几代化学家，尤其是第五代化学家，因为往往还来不及培养再传弟子，因此无法看出这一现象。

他们开始招收一代弟子的时候,往往年纪还比较轻,大多还没有获得后来的各种荣誉和地位,即便后期位高权重之后仍然继续招生,但前期学生的数量特别是优秀学生的数量已经奠定,相差不会太多。而在他们的弟子开始为自己的谱系培养再传弟子时,其中一些人已经开始担任领导职务了,凭借他们的学术声望和社会地位,往往能够为自己的谱系吸引到更多有才华的年轻人和争取到更多的资源投入,包括资金、研究硬件以及学术岗位,从而拉开与其他学术谱系之间的差距。

第五节　未能发展出学术谱系的化学家们

并不是所有的学术谱系都能够源源不断地传承下去,一个谱系中也不会所有的弟子能能够繁衍出自己的学术支系。学术谱系中途断绝的情况有很多,如:一些谱系在交流和互动过程中与其他更具影响力的谱系发生了融合;一些谱系的研究方向本身已经失去了内在的增长动力,从而导致谱系的没落与人员的流失;更多的一些小型学术谱系,常常在资源获取和人才培养上出现了问题,没有足够优秀的学术传人将谱系的传统传承下去,从而自然消亡。

对于化学家个人而言,未能发展出属于自己的学术谱系的情况就更多了。事实上,能够留在高校或国立科研机构,在研究领域建立起学术声望,并培养出学术传人的化学家,只是中国化学学科培养出的众多化学家中的很少一部分。那么那些默默无名的和没有培养出学术传人的化学家命运又如何呢?通过查阅大量资料,我们搜索到了其中一小部分人在结束学习生涯以后的踪迹,从中总结出以下几种情况。

一、转入其他职业领域

仅从数量上说,就我们能够搜索到确切资料的研究对象而言,真正彻底离开化学领域转入其他行业的个例并不算多。但值得注意的是,这些人中不乏精英人才,其中有些人甚至在那个时代属中国最优秀的知识分子之列,而他们转行后也分别成了各自领域中最杰出的人物。比如,著名科学哲学家和党史专家龚育之,曾任联合国安理会副秘书长的冀朝铸,曾任人民教育出版社总编和高等教育出版社学术版学术委员会主任的尹敬执等。

其中，除了龚育之、冀朝铸等少数人是在还没结束或刚刚结束化学学业时就离开了专业领域而进入一个完全不同的领域，其他人大部分是在从事化学研究工作之后逐步承担起相关的社会工作，并最终被科研以外的工作占去了主要精力。而这其中又以科研和教学管理工作最为典型。实际上，我们研究中涉及的很多重要化学家都有出任高校校长或研究机构领导者的经历，也都不同程度地面临过行政工作与学术工作争夺精力的矛盾。比如，1949 年去台湾的著名化学家钱思亮，到台湾后历任台湾大学校长、台湾“中央研究院”院长等职，对台湾高等教育体系和科研体系的建设贡献良多，但在专业领域再未有重要建树。

不过，这里要提到一些更为极端的情况，即一些人甚至最终彻底离开了学术和科研领域（包括科研管理或科技政策领域），名副其实地“学而优则仕”了。比如，一直作为我国有机化学领域最著名的研究和人才培养机构的上海有机化学所，在新中国成立后到“文革”前培养的全部 50 名研究生中，有确切资料可寻的就有两人属于这种情况，并且这两人在离开化学研究领域前都一度有着良好的专业发展前景。他们都曾作为改革开放后首批公派出国留学的访问学者在国外著名高校的化学系中学习，并有良好表现，但回国后只在原来的专业领域工作了很短的时间就被调离专业技术岗位，转入地方政府中的科技政策部门，进而又随着升迁和调动进入政府中的其他部门，最终成为省部级高官，但其所主管的工作早已和化学没有任何关系了。

诚然，这对于化学学科而言是一种人才流失。不过也应看到，这类情况有其历史必然性和必要性。无论是在 20 世纪初、1949 年前后，还是在改革开放初期，中国都处在一种社会剧烈变革、各行各业百废待兴、急需人才的时代背景下，当时为数不多的青年高级知识分子，无论其原本的专业是什么，都成为各行各业，尤其是严重缺少有才能的高级管理人才的政府部门争夺的对象。他们的离开尽管对于他们多年所受的专业学术训练和专业才能不能不说是一种浪费，但放眼整个社会的发展，这种牺牲不能说是没有价值的，而他们在新的职业领域为社会做出的贡献也是不可否认的。

二、投身化工产业

还有一些人，虽然在研究领域名不见经传，但其实并没有离开化学领域，而是投入到化学事业中与现实需求结合更紧密的部分即化工产业中了。他们从事的工作往往并无太大学术研究价值，但同样需要付出大量的心血与智力去进行钻研与创新，并且他们所钻研的课题无不是以当时国家和社会最迫切的需要为急务，其所表现出的拳拳之心与献身精神尤为感人。

其中一个有代表性的人物是肖坚白(萧坚白)，江西赣州人，1924 年毕业于北平国立大学应用化学系①，与同时在京求学的同乡刘太希、张绮山、李竺舟并称"赣南四大才子"。毕业后肖坚白回到江西发展化工事业，曾任江西省立工业专科学校教师、江西化学工业社技师、江西省立第一模范工厂厂长、赣州协昌肥皂厂技师兼经理等职。1931 年，他进入当时全国最大的工业研究试验机构中央工业试验所任技士，是当时该所的研究骨干之一，与著名化学家王箴以及同事周行谦合作攻克了丝用肥皂制造的课题，在社会上颇有影响。但此后不久，他又回到化工生产的第一线，到当时全国最大的两广硫酸厂任职。硫酸是制备炸药的重要原料，在当时是重要的战略物资。肖坚白在硫酸厂先后担任技士和炸药部主任，并兼任广西工学院化工系讲师，著有《黄色炸药》一书。抗战爆发后，他担任江西农村合作社委员会工业技师，兼任中国工业合作协会东南区办事处工程师。当时，纸张成为最紧缺的战略物资之一，肖坚白于是在江西省于都县梓山首创培养造纸人才的专门学校，后改为国立造纸印刷职业学校。在造纸印刷学校任教期间，面对国民政府燃油短缺的困局，他又研制出以糖蜜和砻糠制造酒精代替汽油的技术。在抗战胜利后，他一度被聘请出任中国汽车制造公司工程师、江西省公路处正工程师等职，研究以锅热裂植物油为原料制造汽油和以薜荔果实制造橡胶的技术，其中后者还试验成功并投入了生产。新中国成立后，肖坚白先后在赣县酒精厂、赣州化工厂、赣南造纸厂、江西省轻工业厅工业试验所从事技术工作，进行过多项造纸工艺的创新与改进，克服了新中国成立初期造纸业化工原料紧缺的困难。三年困难时期，他还进行过利用稻草制成人造肉精，利用马尾松和桦木等木材预水解制造人造丝浆板的研究，并成功投产。

可以看到，肖坚白所参与的这些工作绝大部分并没有太大的学术研究意义，但每一项都与当时国家急需的工业品的生产有关，并能因地制宜，与当时中国具体的资源和技术条件密切结合在一起。尽管学术研究意义有限，却为满足当时国家和社会最迫切的需求做出了十分扎实的贡献。

与此类似的又如浙江大学毕业的龚国祥。他 20 世纪 40 年代在浙大求学时

---

① 据《赣南造纸厂志》记载，国立北平大学为 1927 年由当时北平、天津和河北的 14 所国立高等院校合并而成，其中北京大学等 9 校旋即复校，只有北京农业大学、北京医科大学、北京工业大学、北京法政大学、北京女子大学 5 校继续沿用北平大学的校名，直至抗战爆发。1924 年北平大学尚未立校，疑应为北京工业大学(后作为北平大学工学院西迁，成为今西北工业大学之一部)应用化学科毕业。

师从我国著名高分子化学家、后当选中国科学院院士的王葆仁教授。毕业后，龚国祥先后就职于辽宁鞍山钢铁厂、湖南涟源钢厂、湘潭钢厂，主要负责煤焦油和焦炉煤气的检测与回收利用等，取得过多项国内领先的工业创新成就。业余还翻译大量国外技术资料，为本企业和本地焦化产业的技术进步做出了贡献。

有类似经历的人物可能还有很多，由于受当时的历史环境和档案管理水平所限，他们中大部分人的具体事迹已不可考，甚至在化工厂中任职的确切记录也未必能够留下。但有理由相信，中国早期化学科研和高等教育机构培养出的毕业生中默默投身化工产业的人数应该远比我们目前确切知道的多。

值得一提的是，除了这些早期化学人才，在“文革”后我国培养的新一代化学人才中，同样有很多人投身于产业界，并取得了令人瞩目的成绩。所不同的是，随着新科技革命的兴起，新一代化学人才中很多人所致力的都是生化制药、高新材料开发等高新技术产业。比如，中科院上海有机化学研究所 20 世纪 80 年代培养的研究生中，就已经有数人成为国外高新技术企业中的高级管理人员或技术负责人，有些人还回国创业，成为本土高新技术企业的负责人。这也是关于我国高级化学人才去向的一个重要的新动向。

三、远赴海外

离开中国，远走海外，则是另一些曾被寄予厚望的人才从中国化学界消失的原因。粗略统计，这种情况不在少数，而且其中一些人在国外取得的学术成就还相当令人瞩目。例如，被誉为 20 世纪国际药理学一代宗师的陈克恢、曾参与民国时期原子弹计划的王瑞駪等，都最终定居国外，并在国外度过了自己的绝大部分职业生涯，完成了自己主要的研究工作。

考察这些研究对象赴国外任职并定居的时间，可以看到，20 世纪 40 年代中国的战乱和由此带来的社会动荡有很重要的影响。比如，民国时期中国最著名的化学家之一、在国内外都享有盛名的萨本铁，就因为抗战临近结束时曾因生活所迫在日军控制下的北京大学短暂出任过教职，而在抗战胜利后惧祸远走美国，后成为美国加州大学教授。而萨本铁的得意弟子马祖圣，原本已经在 1946 年辞去了美国的教职，并携带大量重要的资料和仪器回国，任教于北京大学，想要在抗战胜利后的中国大展一番拳脚。但随即内战又起，马祖圣于 1949 年夏再次举家迁往国外。初任职于新西兰奥塔戈大学，为该校建立了一所面向全新西兰的有机微量分析实验室，并从事微量技术及人员培训工作。后定居美国，曾任美国纽约州立大学副教授、教授，国际纯粹与应用化学联合会分析试剂及反应委员会委员，纽约州科学院院士，《微量化学学报》(*Microchimica Acta.*)主编等职务。类似在20世纪40年代末出国并在国外继续研究生涯的还有曾师从王葆仁院士的郑家骏(曾任美国普林斯顿大学化学系研究员、堪萨斯大学医学中心教授兼药物研制实验室主任)和程克信夫妇；卢嘉锡院士曾寄予厚望的弟子、被誉为"走在世界前列的蛋白质结晶学家"的朱沅(原民国福建省政府主席朱绍良的侄女，后英年早逝于美国)。

继20世纪40年代以后，改革开放后随着中国海外留学生的派遣，又形成了一次新的赴美高潮。其中，也有一些毕业于国内知名高校和科研机构的优秀化学人才在国外完成学业后获得工作机会，遂定居当地。这里不再展开讨论。但是随着近年来长江学者奖励计划、千人计划等项目的推进，这些学者中也正不断有人回国任教或与国内高校和科研机构开展各方面合作。

四、留校从事教学工作

在新中国成立初期培养的化学人才中，还有一些人，虽然在科研方面表现平平，但一直留在高校中从事教学工作(主要是本科教学)，并在教学领域成就斐然。在包括北京大学在内的很多高校20世纪30—40年代出生的教师中，这样的教学型人才大有人在。其中有些人还出版过有全国影响的本科生教材；有些人因高超的教学水平而受到学生爱戴，直到退休后还被曾经教过的学生津津乐道。

这种情况固然与个人天赋的才能和兴趣有关，但可能也与当时我国的大学建设理念有关。由于当时建设研究型大学的理念还没有在我国被广泛接受和强调，教学被定位为大学的主要任务，因此当时新培养的大部分年轻教师的技能也侧重于教学，而在研究领域的成就则远逊于就业于研究机构的同侪。

五、留在基础研究领域，但因为种种原因成就比较一般

最后，也有不少研究人员，虽然师出名门并就职于一流研究机构，但一直没有取得显赫的成就，故终生默默无闻。这里的情况就比较复杂了，无法一概而论。其中有些涉及个人才能的差异，也有一些与学科本身的兴衰周期有关，还有一些涉及国家对科研任务的导向和定位，这里不赘述。

如果说那些在研究领域中取得杰出成就或为化学学科在中国的建立做出过开创性贡献的科学大师们构成了中国化学家谱系的主干，那么上述的这些人以及其他很多甚至连名字都已无法考证的人则是这个谱系的边缘和末梢。但他们同样是这个谱系的组成部分，代表着谱系发展过程中某些支脉的走向。从他们的个人命运中，我们也可以看到时代和国家的命运对谱系发展的影响。

附录　谱系树

一、无机化学部分

1. 戴安邦无机化学谱系

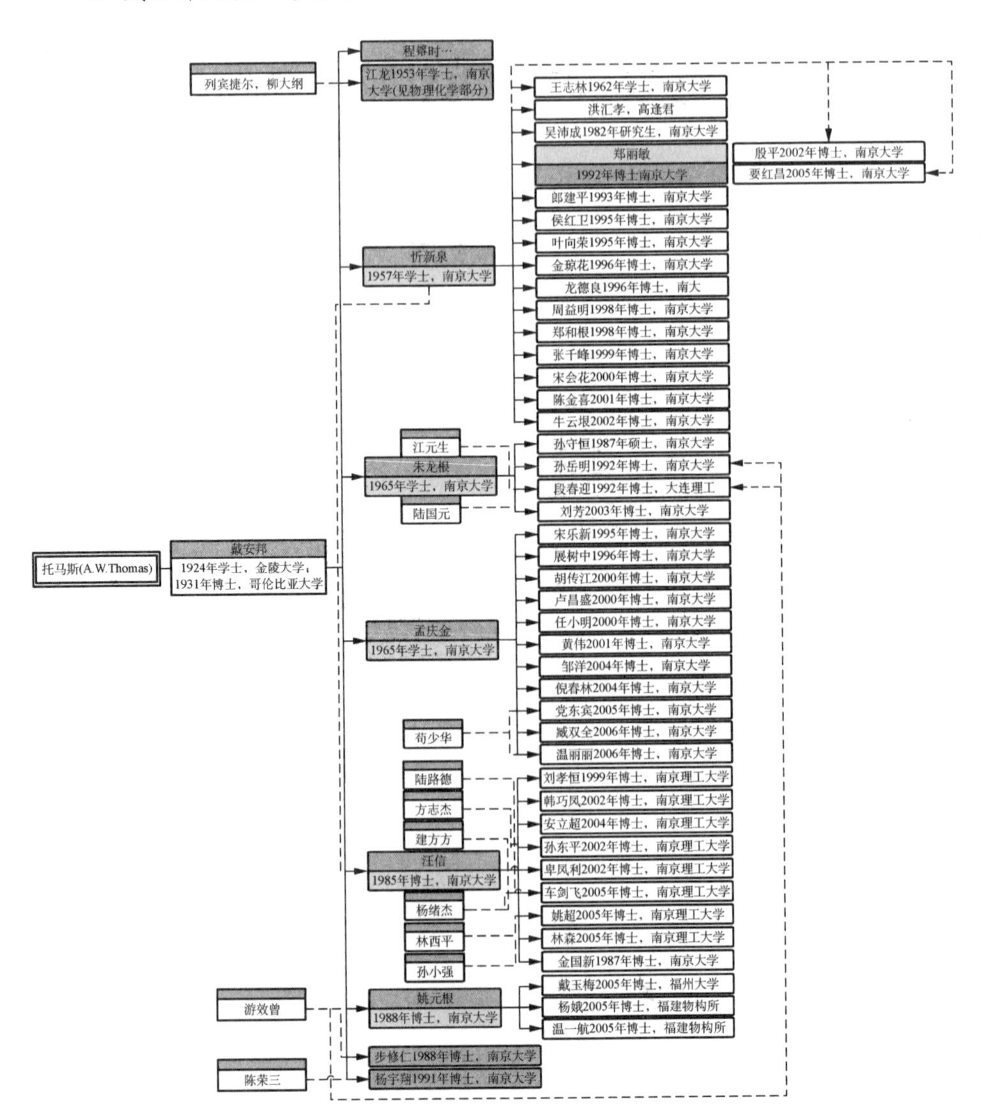

2. 柳大纲无机化学谱系

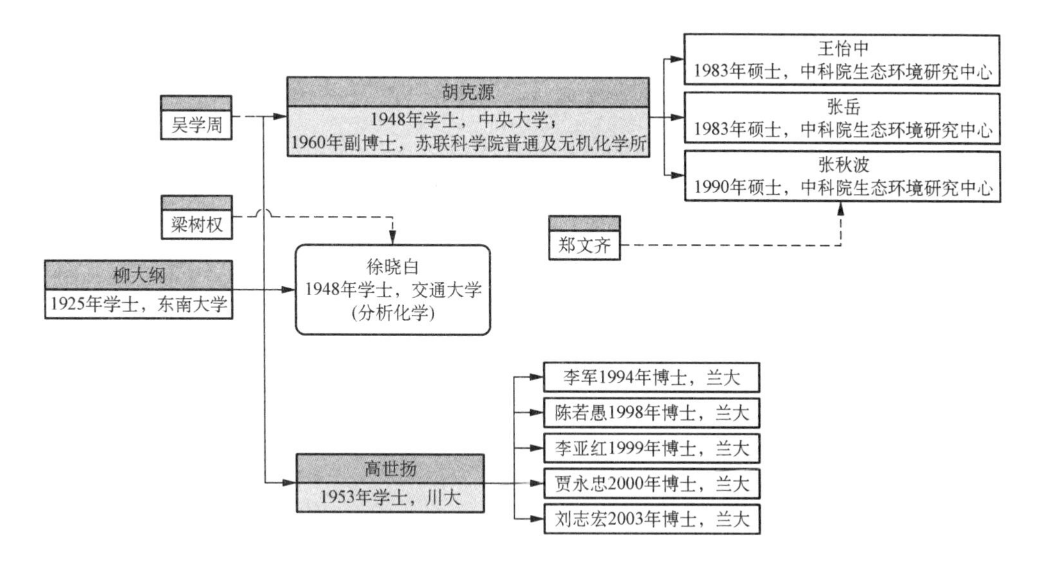

3. 严志弦无机化学谱系

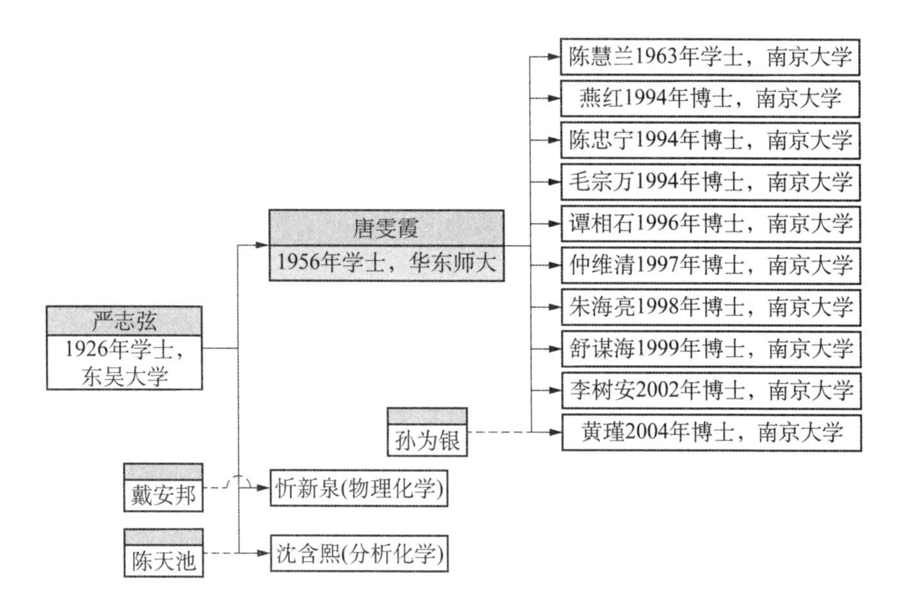

4. 张青莲无机化学谱系

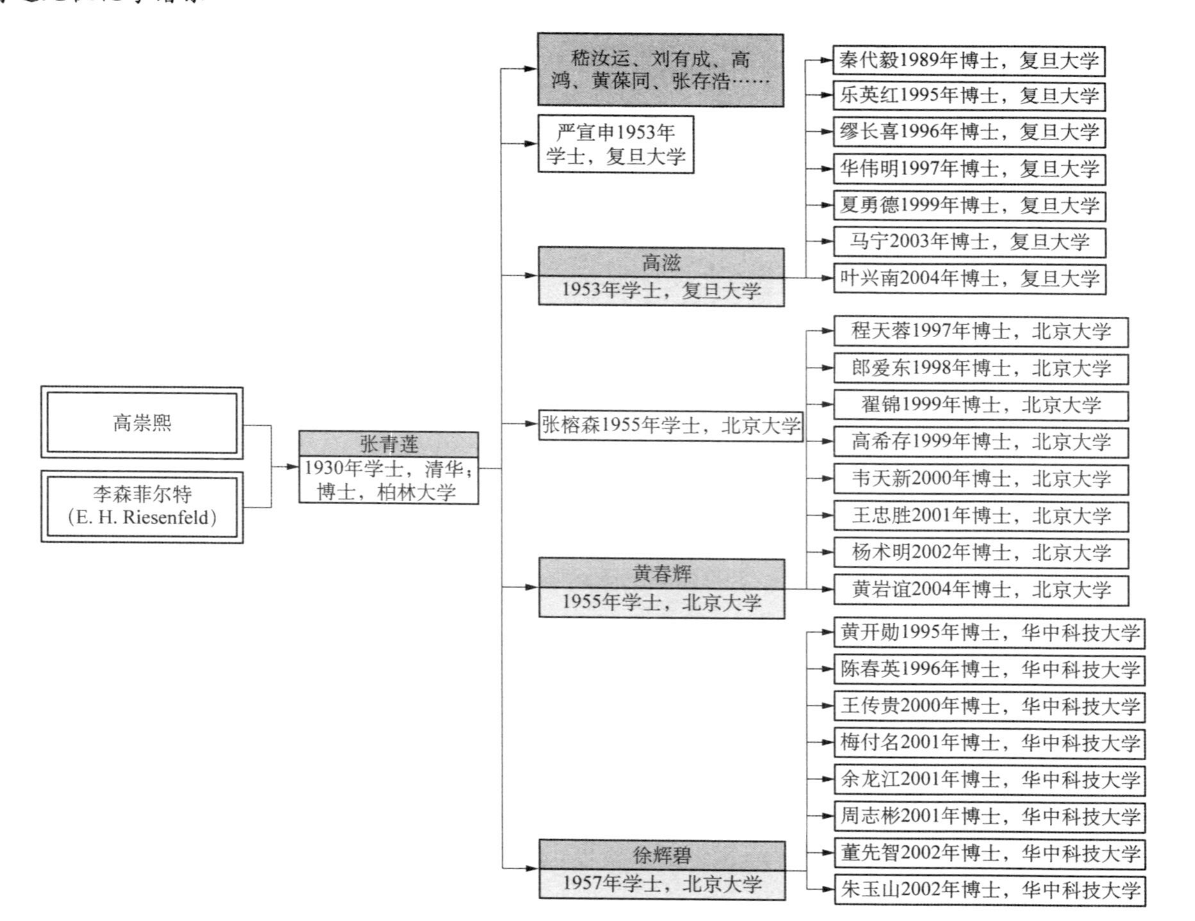

高崇熙
李森菲尔特 (E. H. Riesenfeld)
张青莲
1930年学士，清华；博士，柏林大学
嵇汝运、刘有成、高鸿、黄葆同、张存浩……
严宣申1953年学士，复旦大学
高滋
1953年学士，复旦大学
张榕森1955年学士，北京大学
黄春辉
1955年学士，北京大学
徐辉碧
1957年学士，北京大学
秦代毅1989年博士，复旦大学
乐英红1995年博士，复旦大学
缪长喜1996年博士，复旦大学
华伟明1997年博士，复旦大学
夏勇德1999年博士，复旦大学
马宁2003年博士，复旦大学
叶兴南2004年博士，复旦大学
程天蓉1997年博士，北京大学
郎爱东1998年博士，北京大学
翟锦1999年博士，北京大学
高希存1999年博士，北京大学
韦天新2000年博士，北京大学
王忠胜2001年博士，北京大学
杨术明2002年博士，北京大学
黄岩谊2004年博士，北京大学
黄开勋1995年博士，华中科技大学
陈春英1996年博士，华中科技大学
王传贵2000年博士，华中科技大学
梅付名2001年博士，华中科技大学
余龙江2001年博士，华中科技大学
周志彬2001年博士，华中科技大学
董先智2002年博士，华中科技大学
朱玉山2002年博士，华中科技大学

5. 严东生无机化学谱系

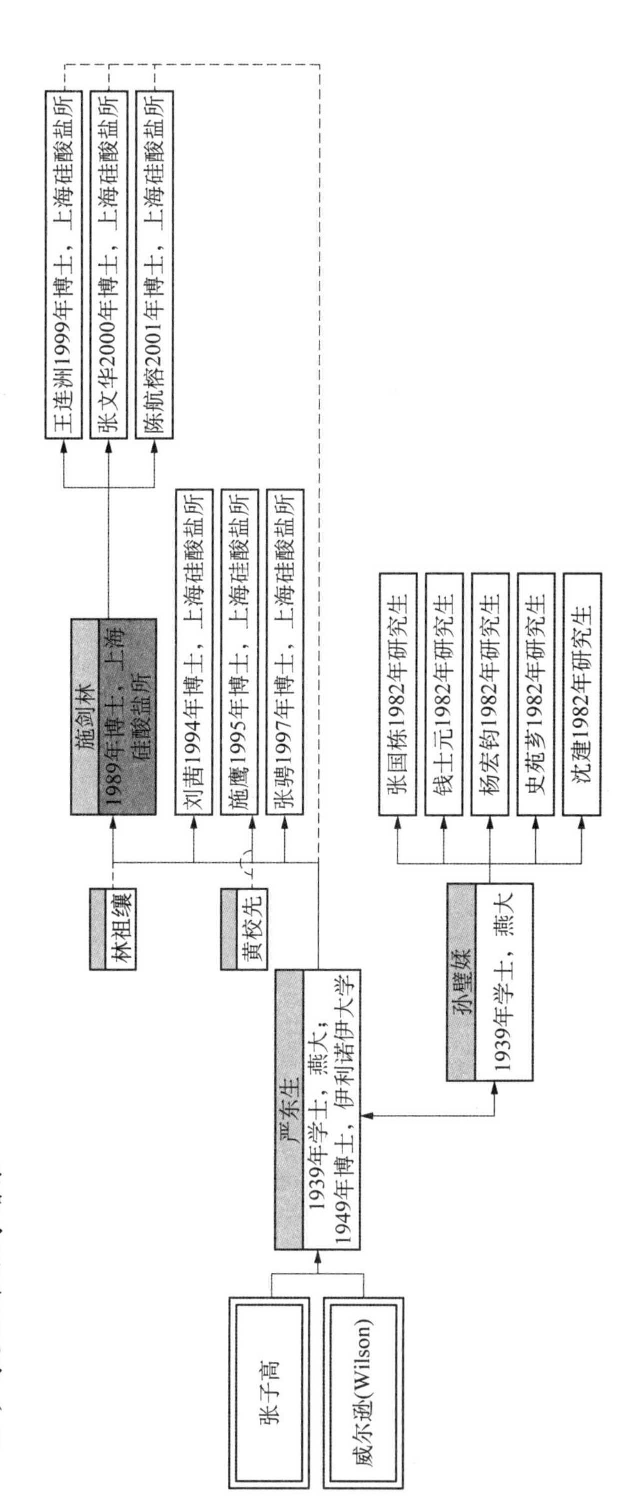

张子高
威尔逊(Wilson)
严东生
1939年学士，燕大；
1949年博士，伊利诺伊大学
孙璧媖
1939年学士，燕大
林祖纕
黄校先
施剑林
1989年博士，上海硅酸盐所
刘茜1994年博士，上海硅酸盐所
施鹰1995年博士，上海硅酸盐所
张骋1997年博士，上海硅酸盐所
王连洲1999年博士，上海硅酸盐所
张文华2000年博士，上海硅酸盐所
陈航榕2001年博士，上海硅酸盐所
张国栋1982年研究生
钱士元1982年研究生
杨宏钧1982年研究生
史苑芗1982年研究生
沈建1982年研究生

6. 徐光宪无机化学谱系

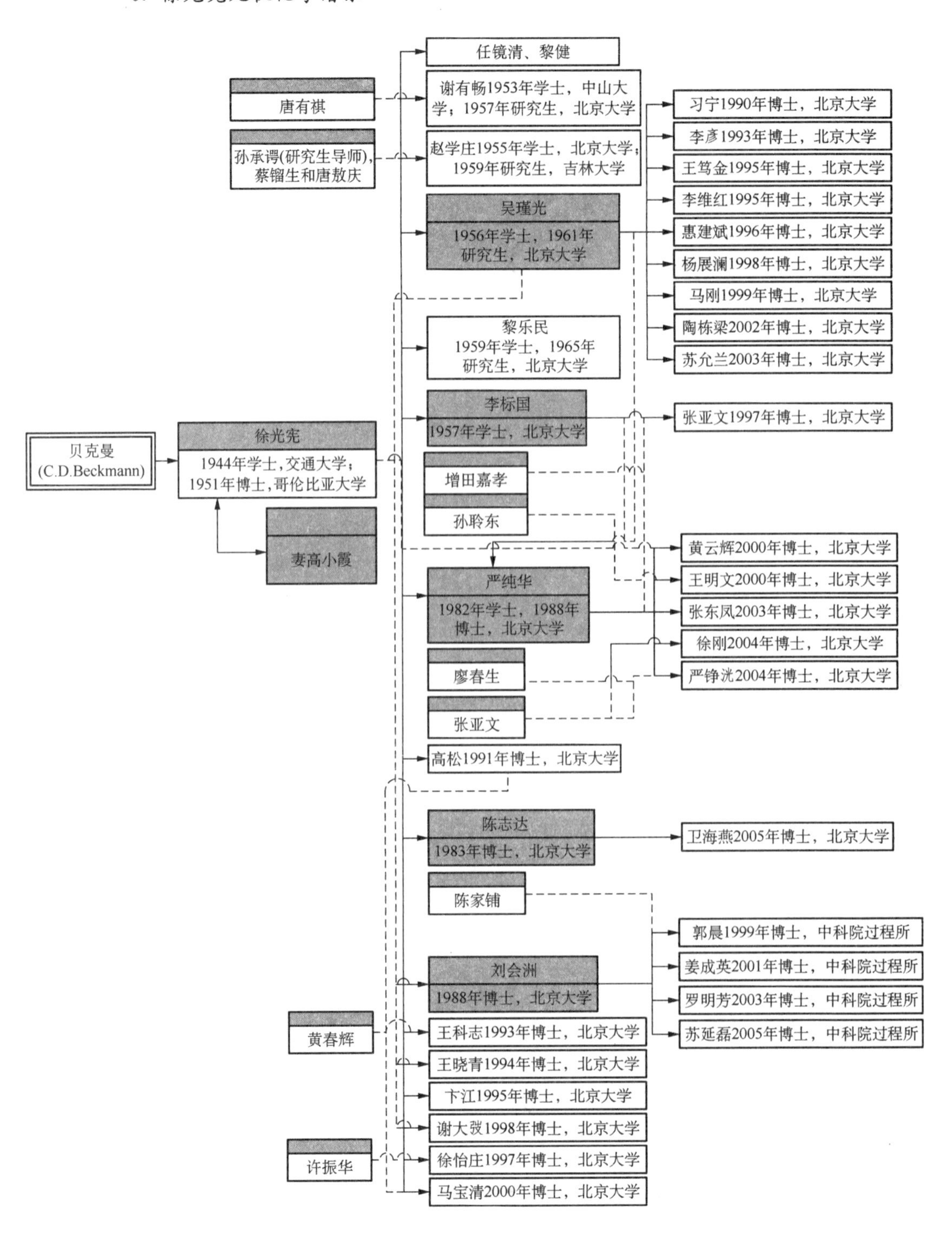

贝克曼 (C.D.Beckmann)
徐光宪
1944年学士，交通大学；1951年博士，哥伦比亚大学
妻高小霞
唐有祺
孙承谔(研究生导师)，蔡镏生和唐敖庆
任镜清、黎健
谢有畅1953年学士，中山大学；1957年研究生，北京大学
赵学庄1955年学士，北京大学；1959年研究生，吉林大学
吴瑾光
1956年学士，1961年研究生，北京大学
黎乐民
1959年学士，1965年研究生，北京大学
李标国
1957年学士，北京大学
增田嘉孝
孙聆东
严纯华
1982年学士，1988年博士，北京大学
廖春生
张亚文
高松1991年博士，北京大学
陈志达
1983年博士，北京大学
陈家铺
刘会洲
1988年博士，北京大学
黄春辉
王科志1993年博士，北京大学
王晓青1994年博士，北京大学
卞江1995年博士，北京大学
谢大弢1998年博士，北京大学
许振华
徐怡庄1997年博士，北京大学
马宝清2000年博士，北京大学
习宁1990年博士，北京大学
李彦1993年博士，北京大学
王笃金1995年博士，北京大学
李维红1995年博士，北京大学
惠建斌1996年博士，北京大学
杨展澜1998年博士，北京大学
马刚1999年博士，北京大学
陶栋梁2002年博士，北京大学
苏允兰2003年博士，北京大学
张亚文1997年博士，北京大学
黄云辉2000年博士，北京大学
王明文2000年博士，北京大学
张东凤2003年博士，北京大学
徐刚2004年博士，北京大学
严铮洸2004年博士，北京大学
卫海燕2005年博士，北京大学
郭晨1999年博士，中科院过程所
姜成英2001年博士，中科院过程所
罗明芳2003年博士，中科院过程所
苏延磊2005年博士，中科院过程所

7. 徐如人-庞文琴无机化学谱系

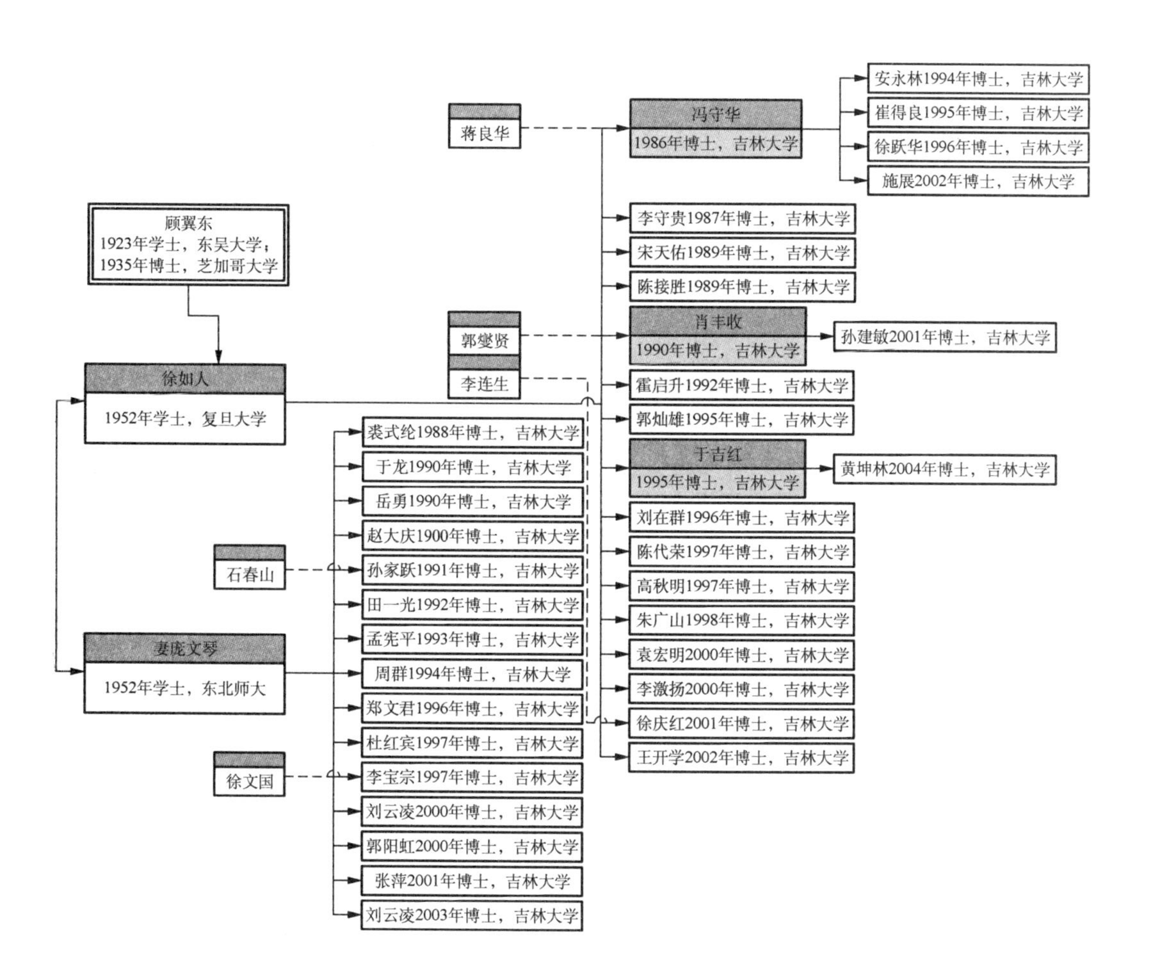

8. 游效曾无机化学谱系

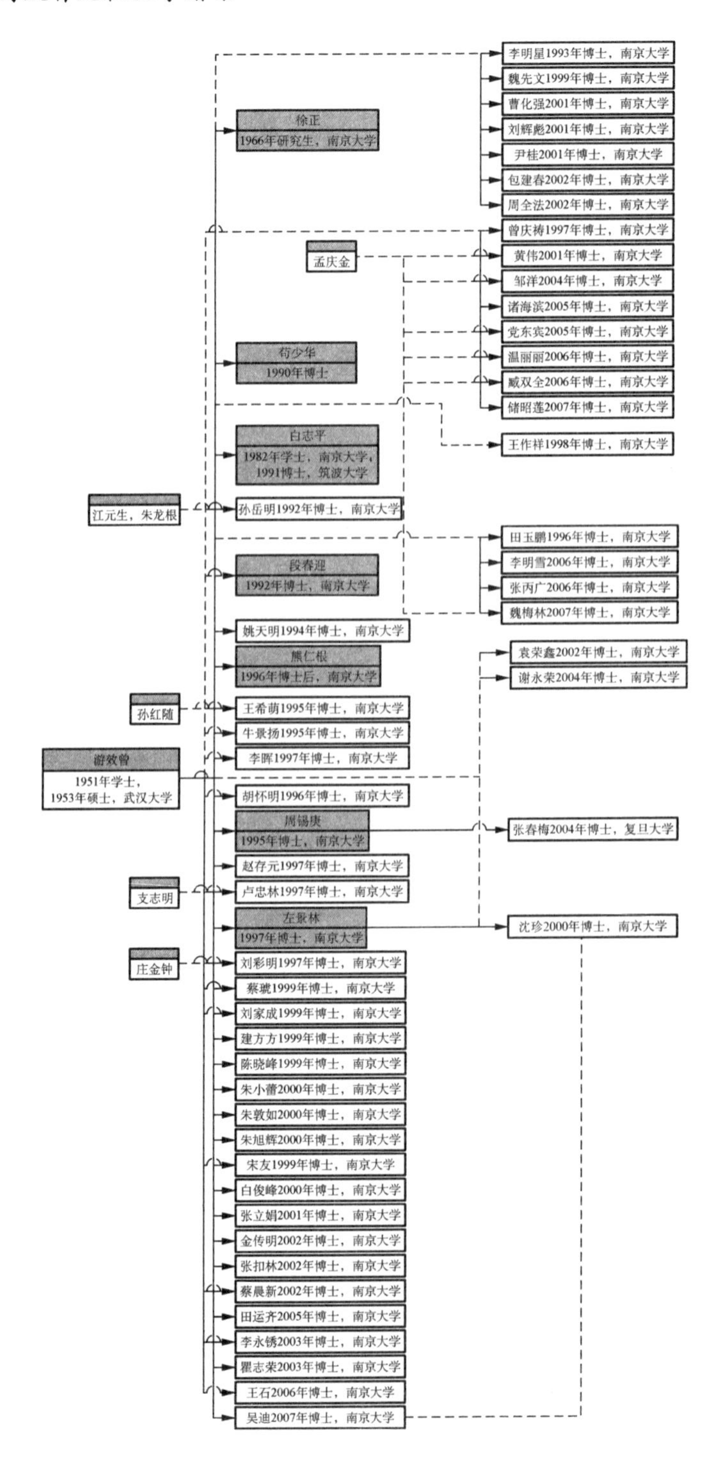
李明星1993年博士，南京大学
魏先文1999年博士，南京大学
曹化强2001年博士，南京大学
刘辉彪2001年博士，南京大学
尹桂2001年博士，南京大学
包建春2002年博士，南京大学
周全法2002年博士，南京大学
徐正
1966年研究生，南京大学
曾庆祷1997年博士，南京大学
孟庆金
黄伟2001年博士，南京大学
邹洋2004年博士，南京大学
诸海滨2005年博士，南京大学
党东宾2005年博士，南京大学
苟少华
1990年博士
温丽丽2006年博士，南京大学
臧双全2006年博士，南京大学
储昭莲2007年博士，南京大学
王作祥1998年博士，南京大学
白志平
1982年学士，南京大学，
1991博士，筑波大学
江元生，朱龙根
孙岳明1992年博士，南京大学
田玉鹏1996年博士，南京大学
段春迎
1992年博士，南京大学
李明雪2006年博士，南京大学
张丙广2006年博士，南京大学
魏梅林2007年博士，南京大学
姚天明1994年博士，南京大学
熊仁根
1996年博士后，南京大学
袁荣鑫2002年博士，南京大学
谢永荣2004年博士，南京大学
孙红随
王希萌1995年博士，南京大学
牛景扬1995年博士，南京大学
李晖1997年博士，南京大学
游效曾
1951年学士，
1953年硕士，武汉大学
胡怀明1996年博士，南京大学
周锡庚
1995年博士，南京大学
张春梅2004年博士，复旦大学
赵存元1997年博士，南京大学
支志明
卢忠林1997年博士，南京大学
左景林
1997年博士，南京大学
沈珍2000年博士，南京大学
庄金钟
刘彩明1997年博士，南京大学
蔡琥1999年博士，南京大学
刘家成1999年博士，南京大学
建方方1999年博士，南京大学
陈晓峰1999年博士，南京大学
朱小蕾2000年博士，南京大学
朱敦如2000年博士，南京大学
朱旭辉2000年博士，南京大学
宋友1999年博士，南京大学
白俊峰2000年博士，南京大学
张立娟2001年博士，南京大学
金传明2002年博士，南京大学
张扣林2002年博士，南京大学
蔡晨新2002年博士，南京大学
田运齐2005年博士，南京大学
李永锈2003年博士，南京大学
瞿志荣2003年博士，南京大学
王石2006年博士，南京大学
吴迪2007年博士，南京大学

9. 计亮年无机化学谱系

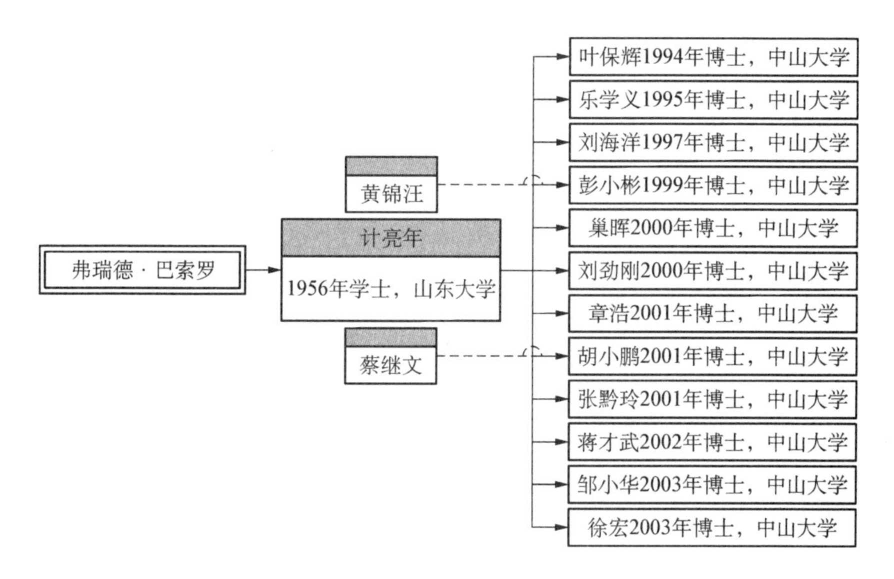

10. 李铁津无机化学谱系

11. 钱逸泰无机化学谱系

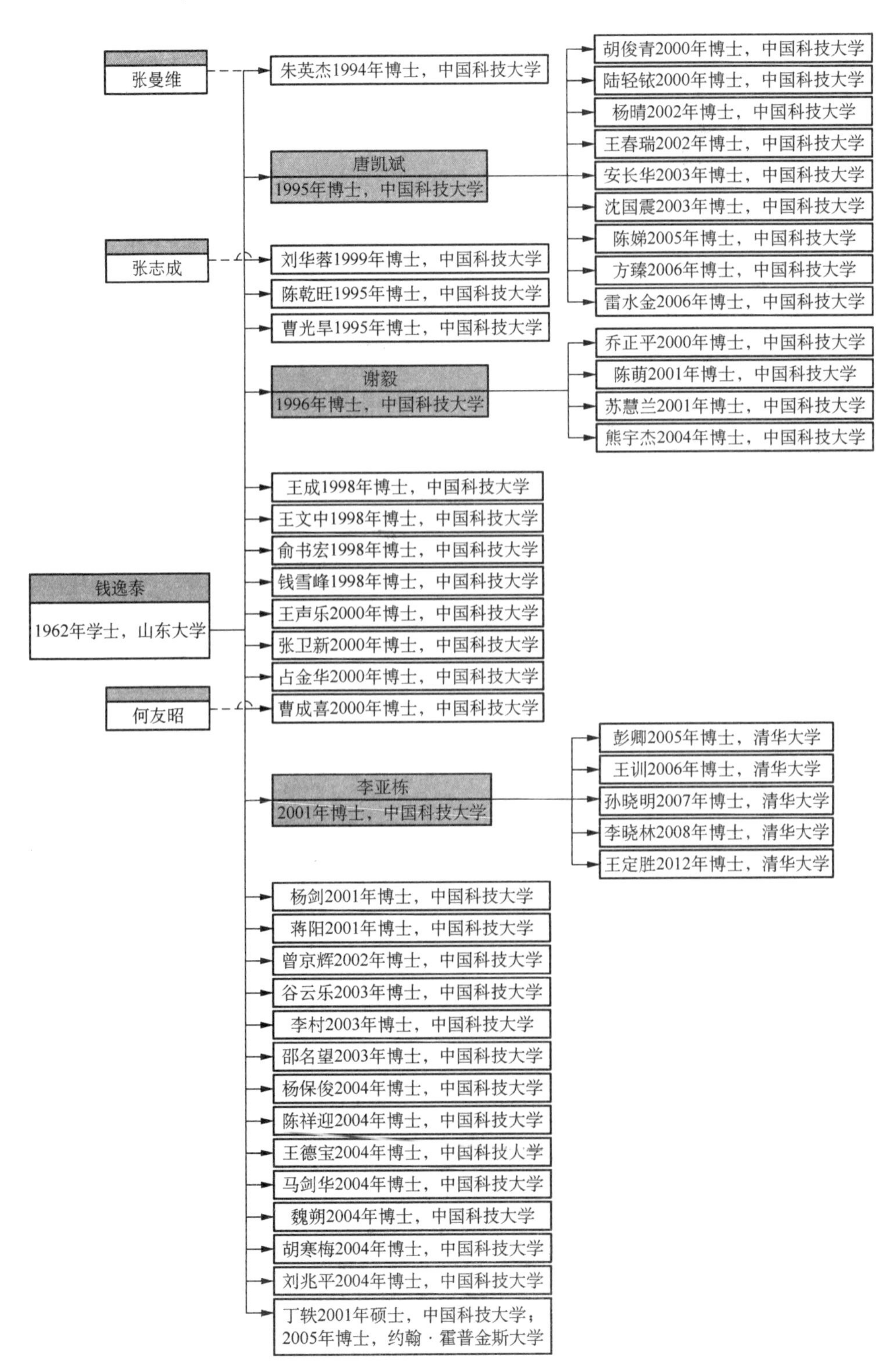

二、有机化学部分

1. 亚当斯中国留学生有机化学谱系

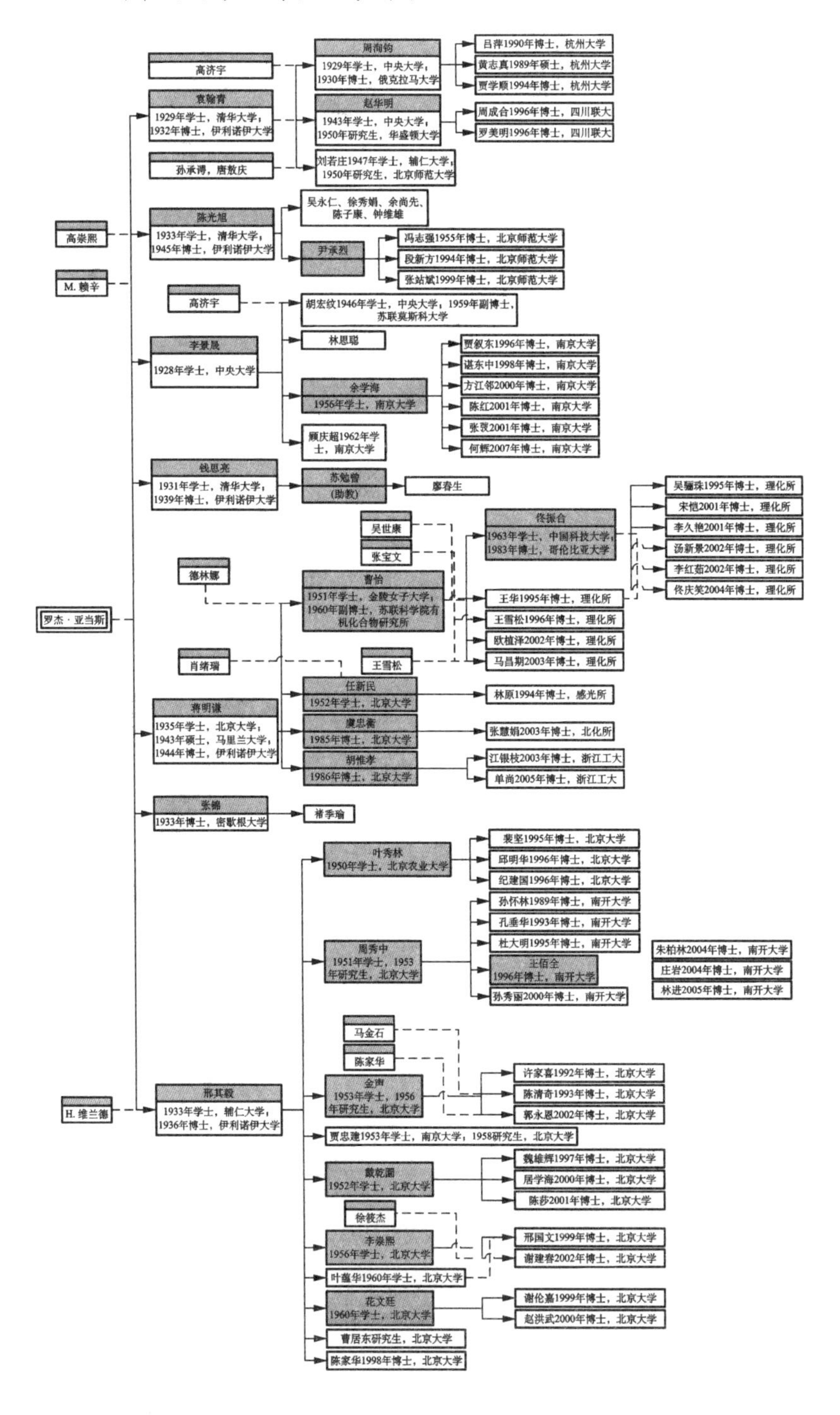

2. 吴宪有机化学谱系

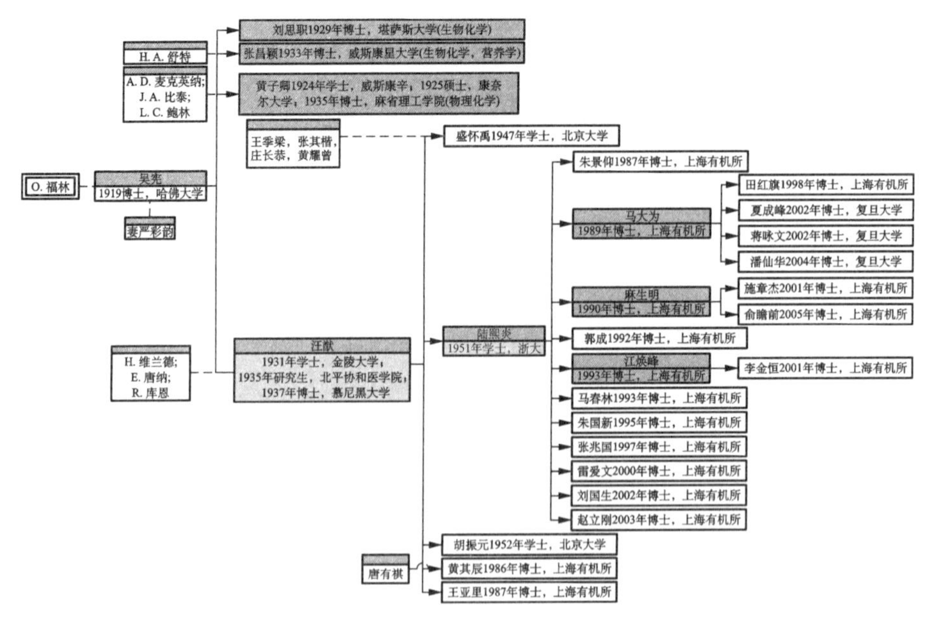

3. 庄长恭有机化学谱系

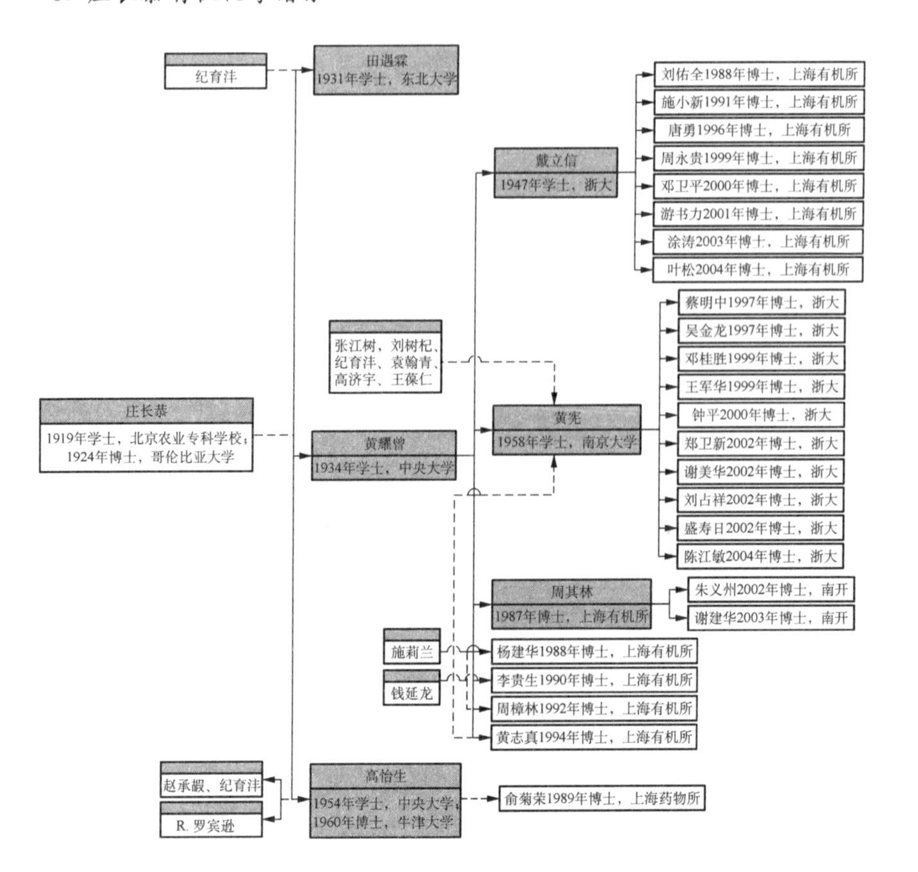

4. 杨石先有机化学谱系

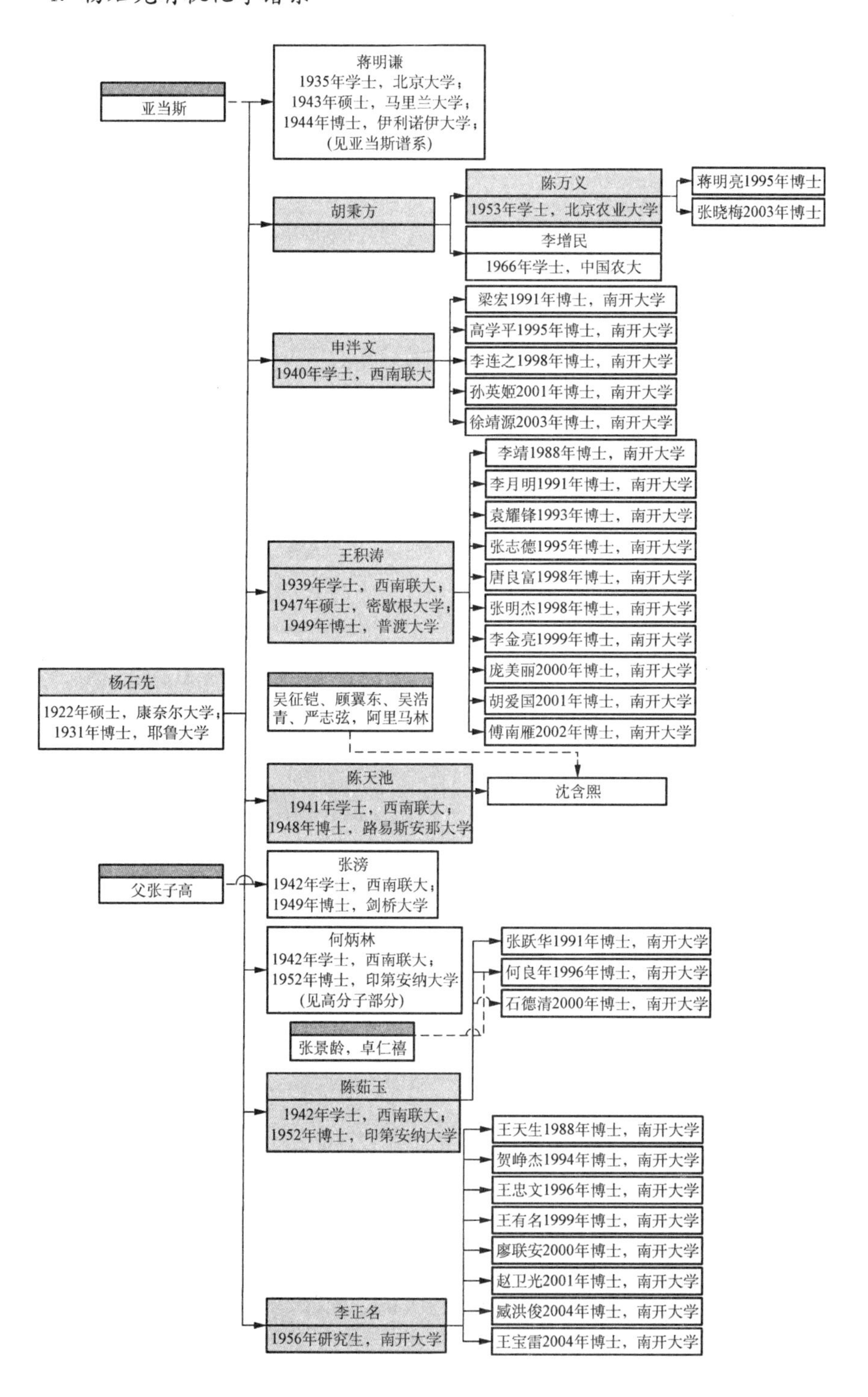

亚当斯
蒋明谦
1935年学士，北京大学；
1943年硕士，马里兰大学；
1944年博士，伊利诺伊大学；
(见亚当斯谱系)
胡秉方
陈万义
1953年学士，北京农业大学
蒋明亮1995年博士
张晓梅2003年博士
李增民
1966年学士，中国农大
申泮文
1940年学士，西南联大
梁宏1991年博士，南开大学
高学平1995年博士，南开大学
李连之1998年博士，南开大学
孙英姬2001年博士，南开大学
徐靖源2003年博士，南开大学
王积涛
1939年学士，西南联大；
1947年硕士，密歇根大学；
1949年博士，普渡大学
李靖1988年博士，南开大学
李月明1991年博士，南开大学
袁耀锋1993年博士，南开大学
张志德1995年博士，南开大学
唐良富1998年博士，南开大学
张明杰1998年博士，南开大学
李金亮1999年博士，南开大学
庞美丽2000年博士，南开大学
胡爱国2001年博士，南开大学
傅南雁2002年博士，南开大学
杨石先
1922年硕士，康奈尔大学；
1931年博士，耶鲁大学
吴征铠、顾翼东、吴浩青、严志弦、阿里马林
陈天池
1941年学士，西南联大；
1948年博士，路易斯安那大学
沈含熙
父张子高
张滂
1942年学士，西南联大；
1949年博士，剑桥大学
何炳林
1942年学士，西南联大；
1952年博士，印第安纳大学
(见高分子部分)
张跃华1991年博士，南开大学
何良年1996年博士，南开大学
石德清2000年博士，南开大学
张景龄，卓仁禧
陈茹玉
1942年学士，西南联大；
1952年博士，印第安纳大学
王天生1988年博士，南开大学
贺峥杰1994年博士，南开大学
王忠文1996年博士，南开大学
王有名1999年博士，南开大学
廖联安2000年博士，南开大学
赵卫光2001年博士，南开大学
臧洪俊2004年博士，南开大学
王宝雷2004年博士，南开大学
李正名
1956年研究生，南开大学

5. 黄鸣龙有机化学谱系

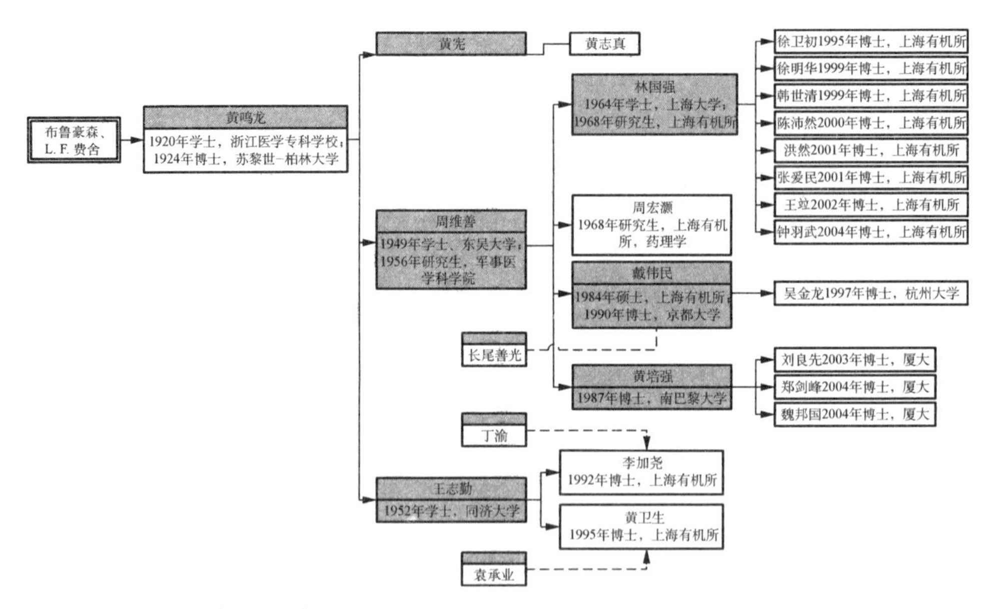

6. 曾昭抡有机化学谱系

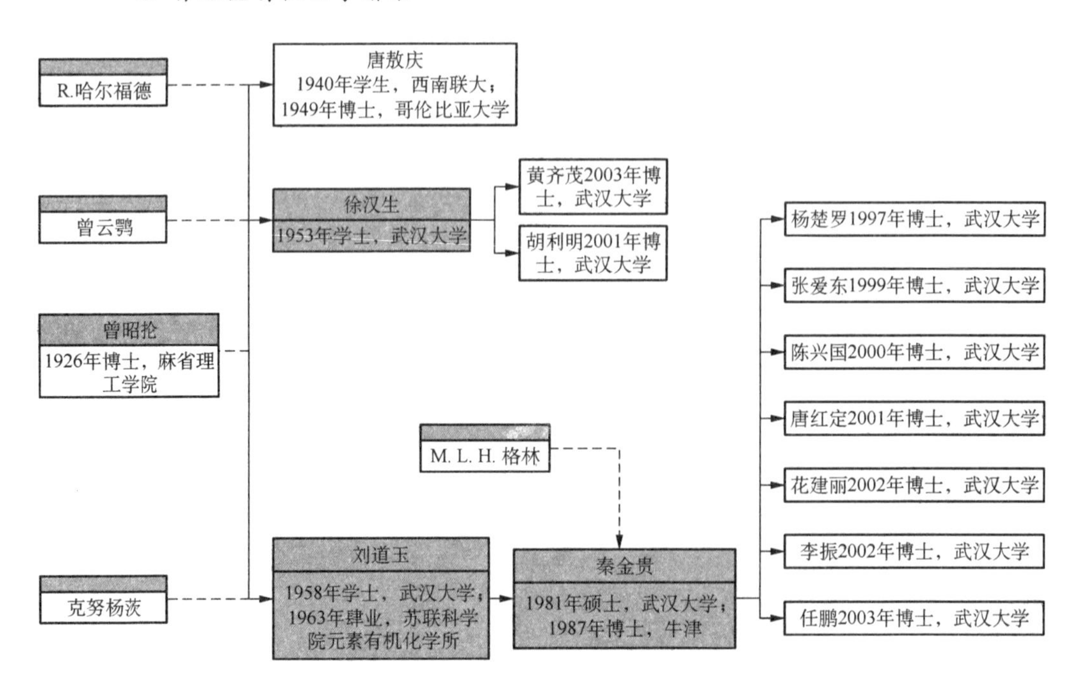

7. 高济宇有机化学谱系

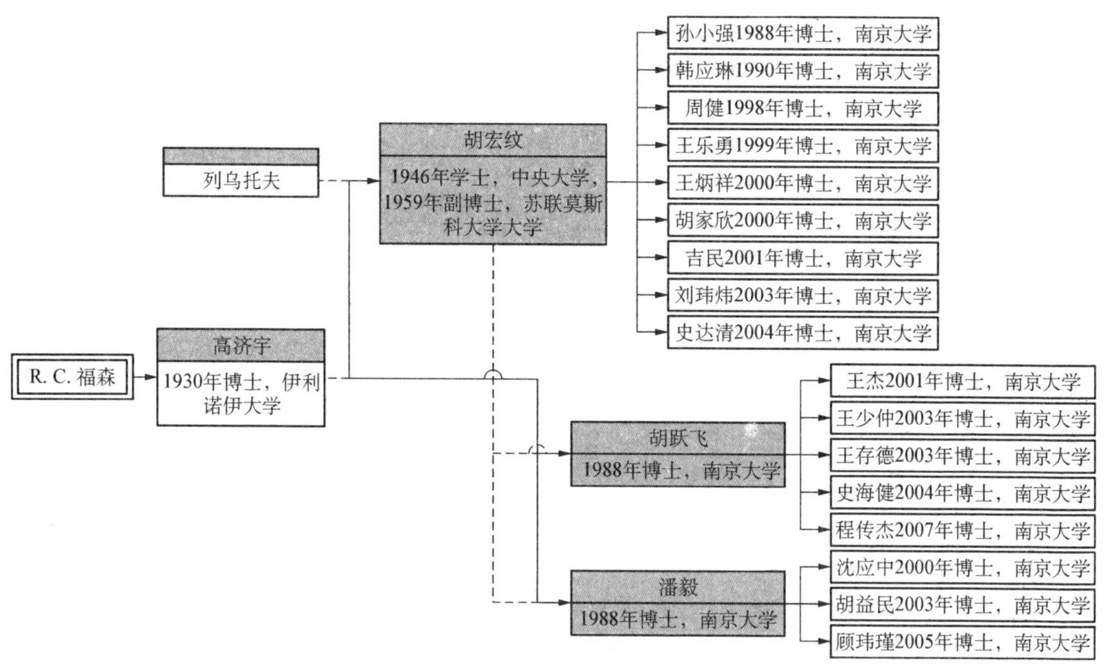

8. 王序有机化学谱系

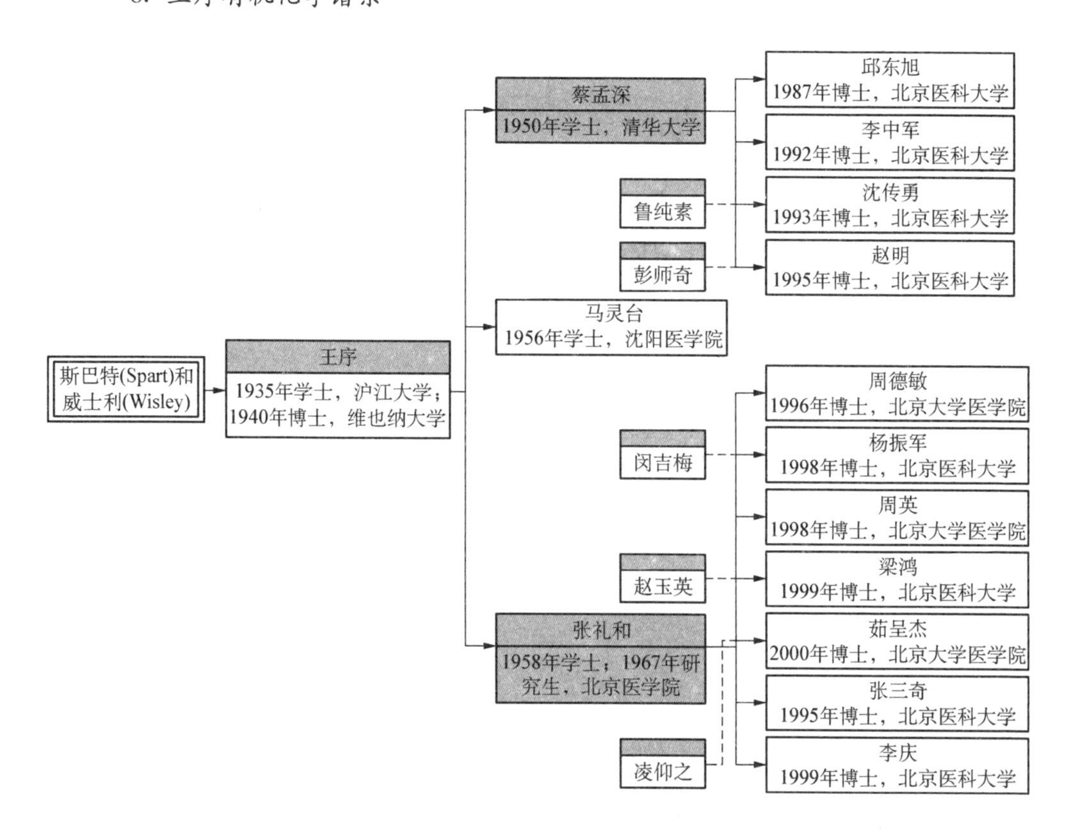

9. 嵇汝运有机化学谱系

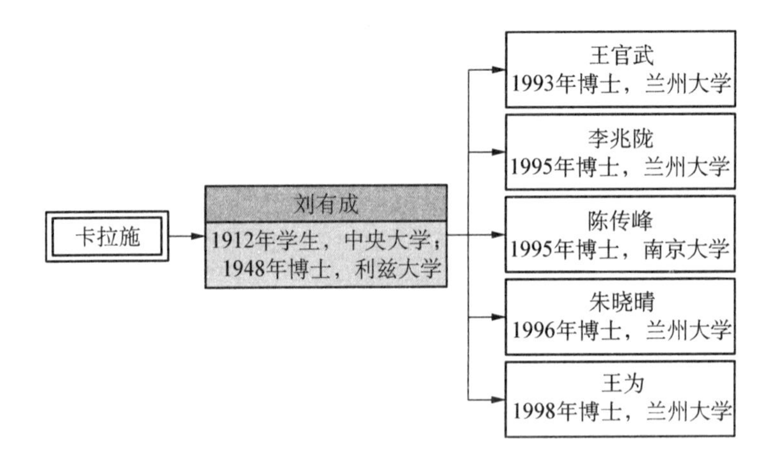

10. 刘有成有机化学谱系

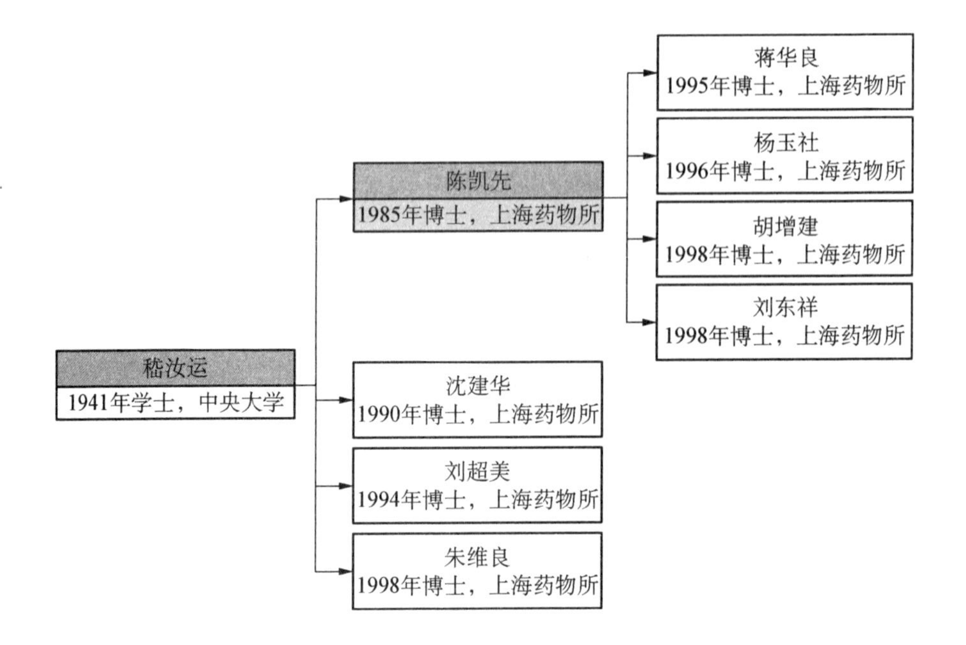

11. 梁晓天有机化学谱系

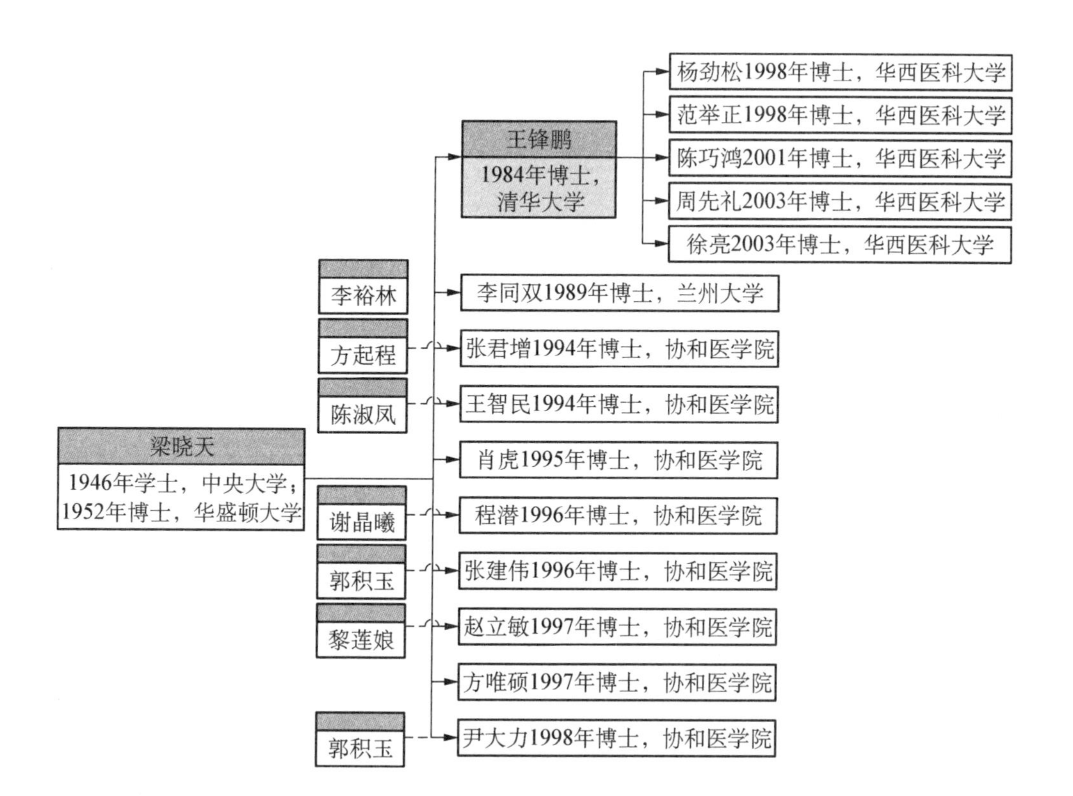

12. 朱正华有机化学谱系

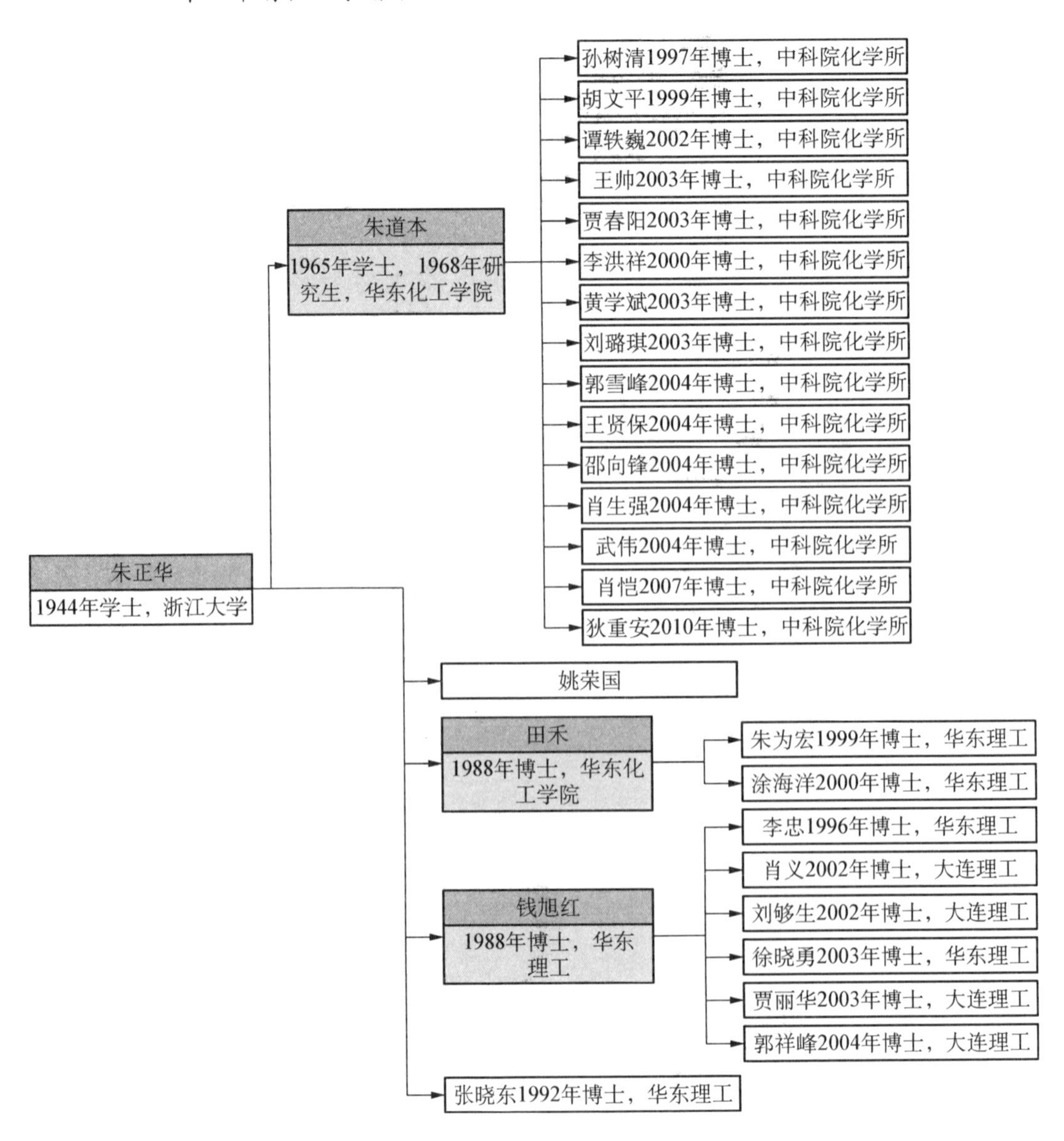

13. 陈庆云有机化学谱系

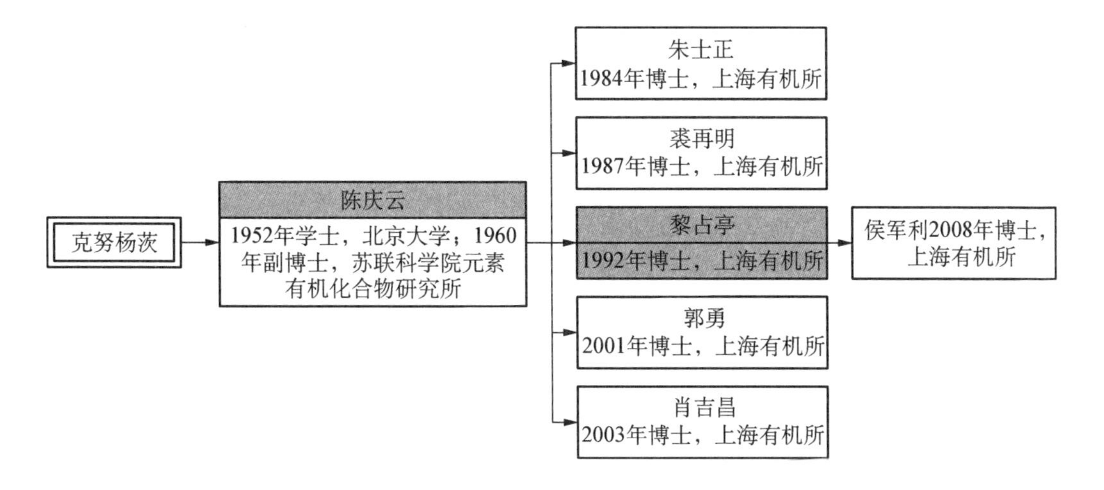

三、物理化学部分

1. 张江树物理化学谱系

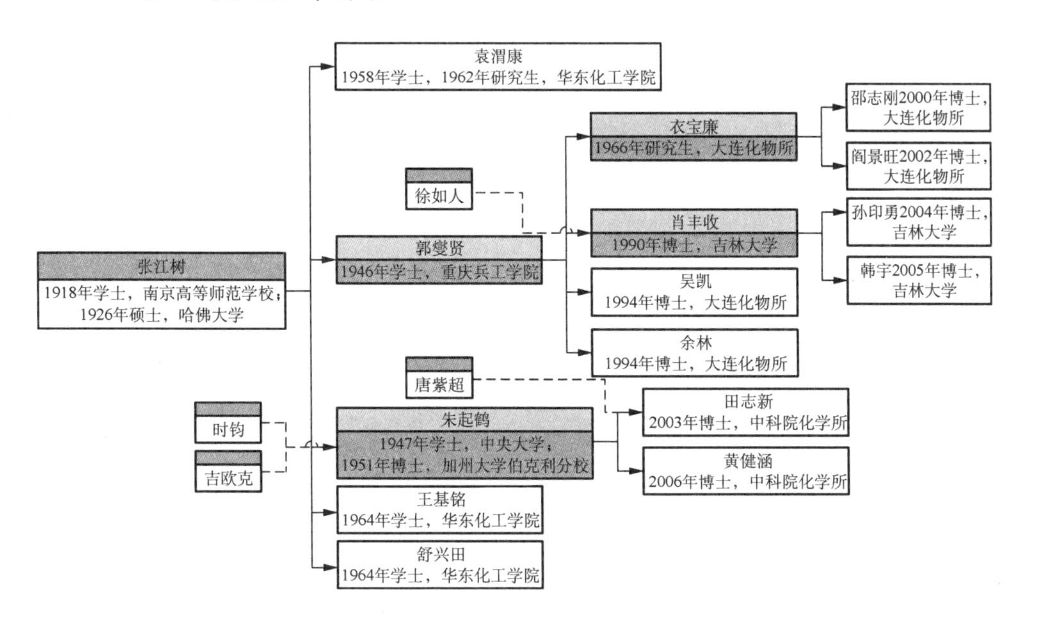

2. 黄子卿物理化学谱系

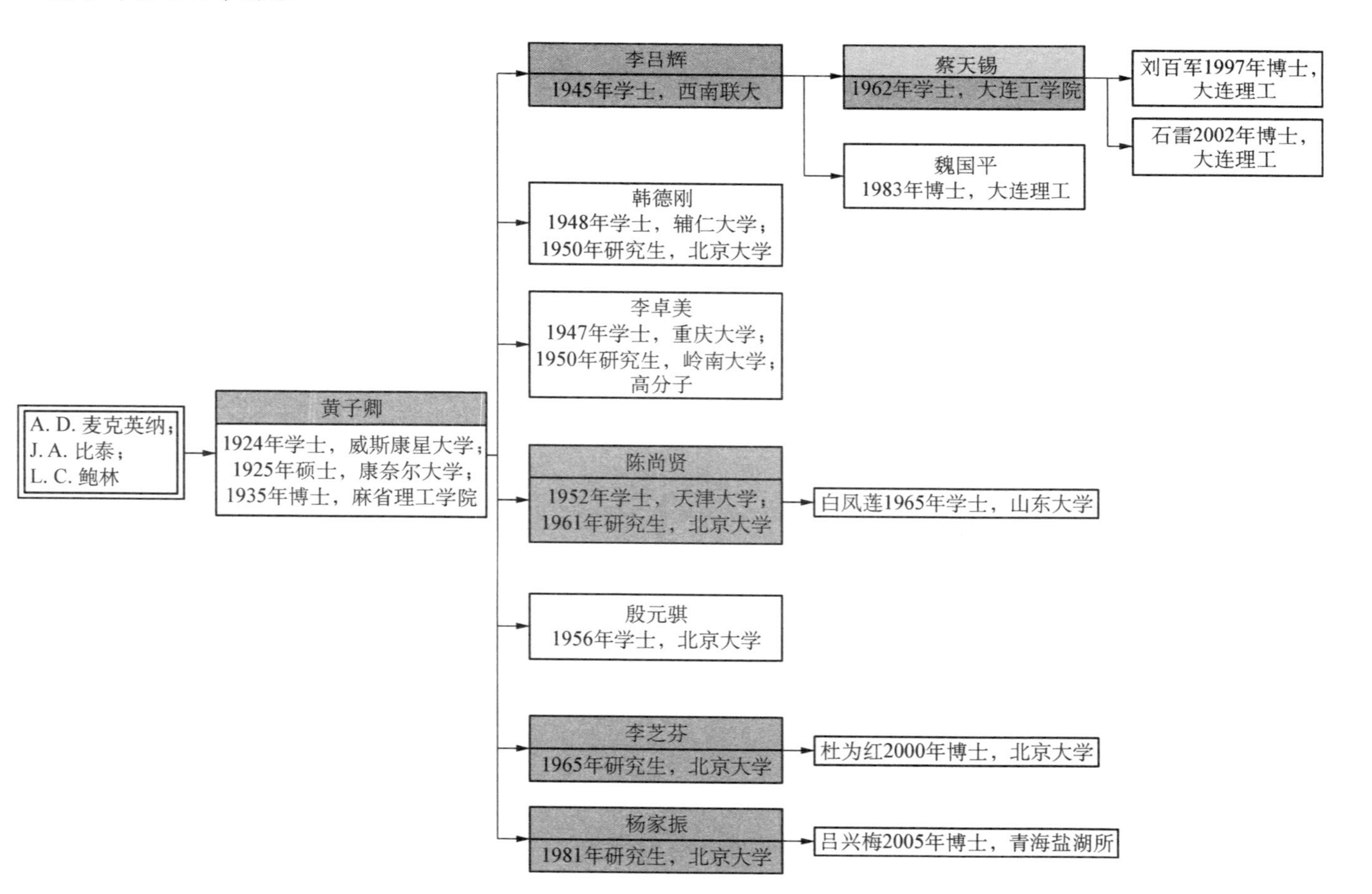
A. D. 麦克英纳；
J. A. 比泰；
L. C. 鲍林
黄子卿
1924年学士，威斯康星大学；
1925年硕士，康奈尔大学；
1935年博士，麻省理工学院
李吕辉
1945年学士，西南联大
蔡天锡
1962年学士，大连工学院
刘百军1997年博士，
大连理工
石雷2002年博士，
大连理工
魏国平
1983年博士，大连理工
韩德刚
1948年学士，辅仁大学；
1950年研究生，北京大学
李卓美
1947年学士，重庆大学；
1950年研究生，岭南大学；
高分子
陈尚贤
1952年学士，天津大学；
1961年研究生，北京大学
白凤莲1965年学士，山东大学
殷元骐
1956年学士，北京大学
李芝芬
1965年研究生，北京大学
杜为红2000年博士，北京大学
杨家振
1981年研究生，北京大学
吕兴梅2005年博士，青海盐湖所

3. 李方训物理化学谱系

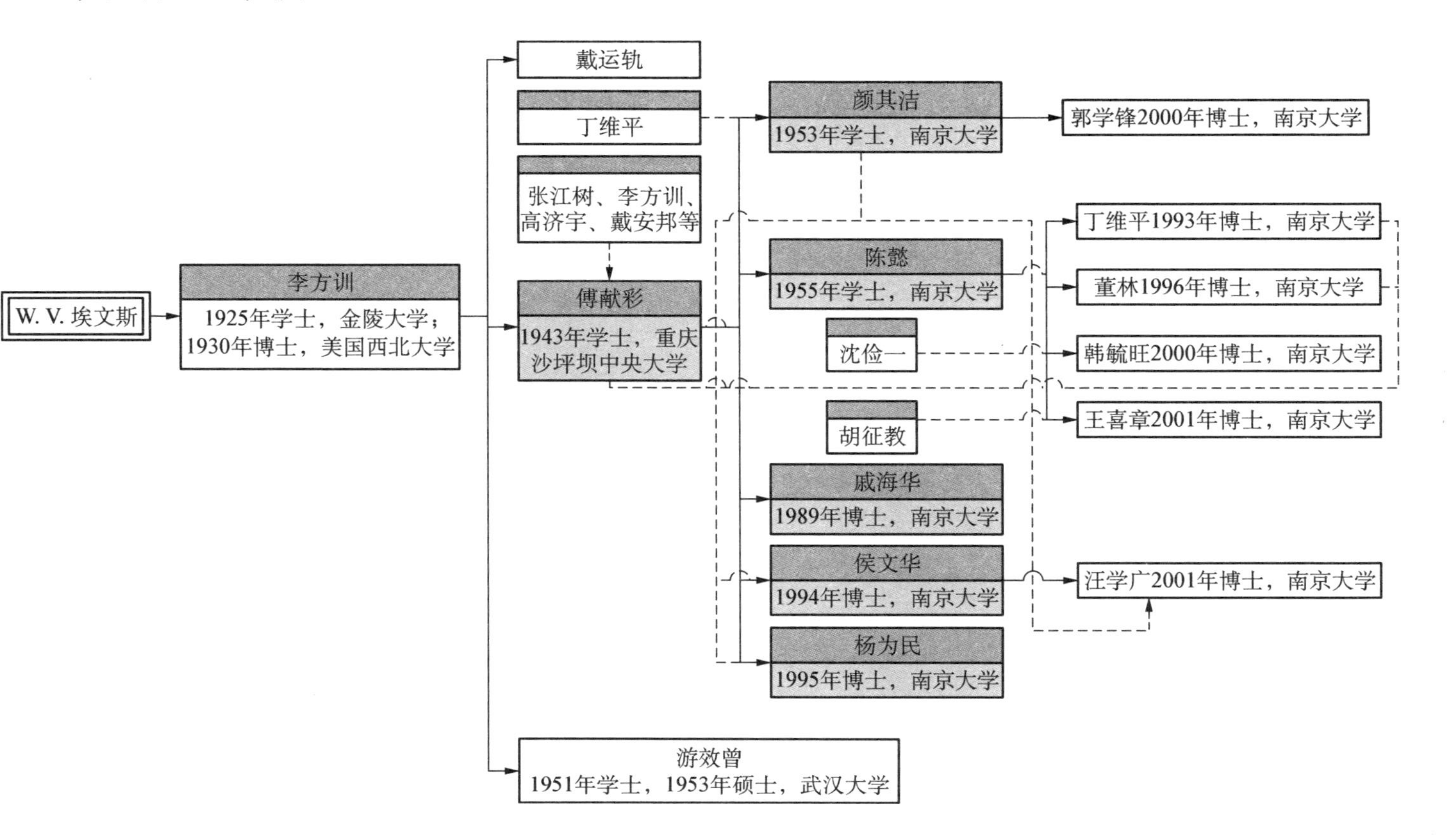
W. V. 埃文斯
李方训
1925年学士，金陵大学；
1930年博士，美国西北大学
戴运轨
丁维平
张江树、李方训、
高济宇、戴安邦等
傅献彩
1943年学士，重庆
沙坪坝中央大学
游效曾
1951年学士，1953年硕士，武汉大学
颜其洁
1953年学士，南京大学
陈懿
1955年学士，南京大学
沈俭一
胡征教
戚海华
1989年博士，南京大学
侯文华
1994年博士，南京大学
杨为民
1995年博士，南京大学
郭学锋2000年博士，南京大学
丁维平1993年博士，南京大学
董林1996年博士，南京大学
韩毓旺2000年博士，南京大学
王喜章2001年博士，南京大学
汪学广2001年博士，南京大学

4. 吴学周-柳大纲物理化学谱系

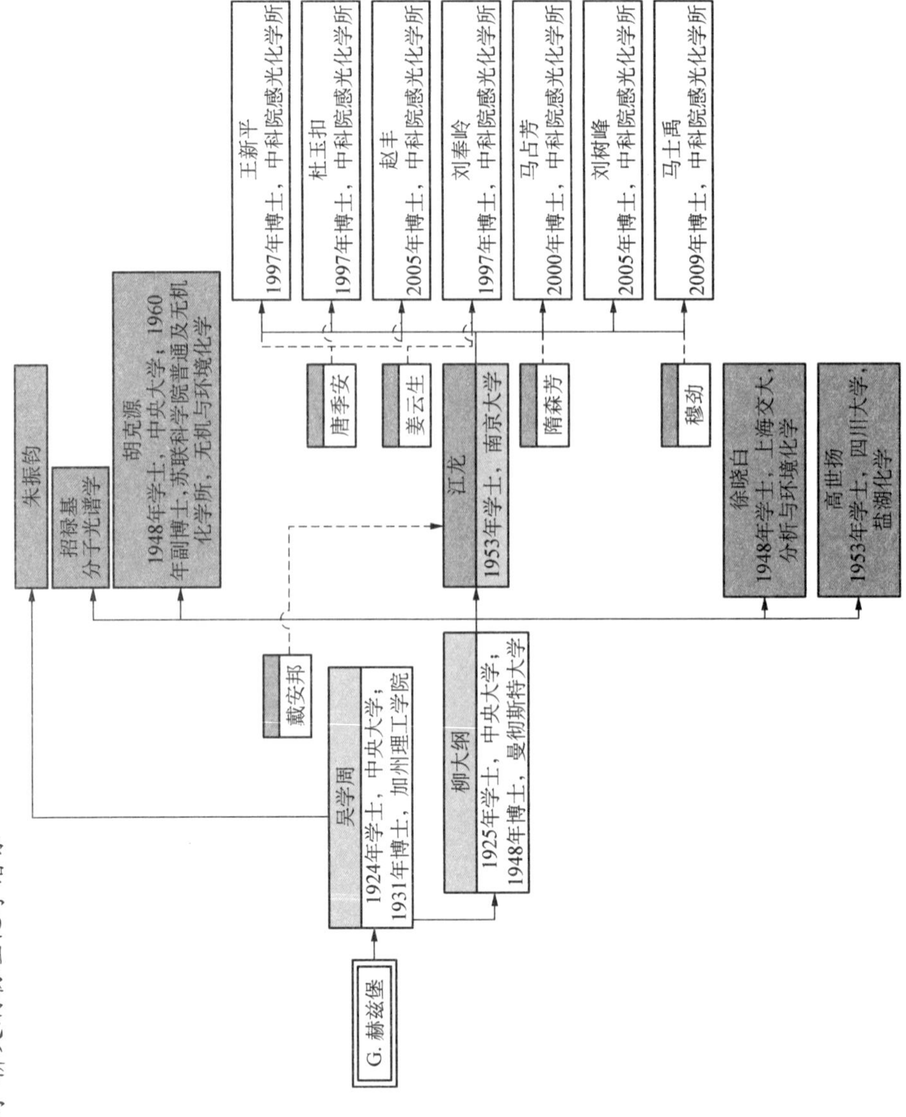

5. 傅鹰物理化学谱系

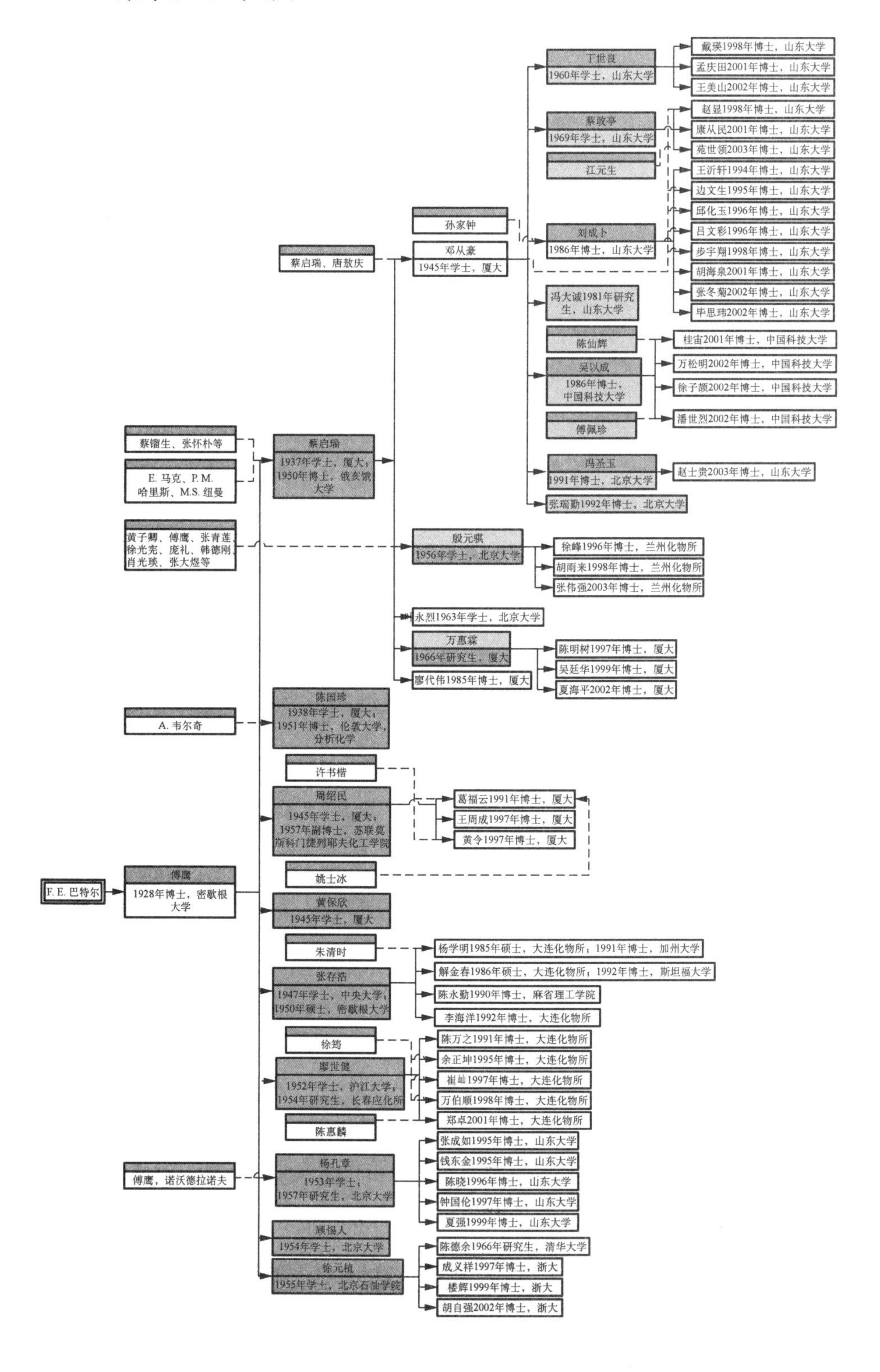

6. 张大煜物理化学谱系

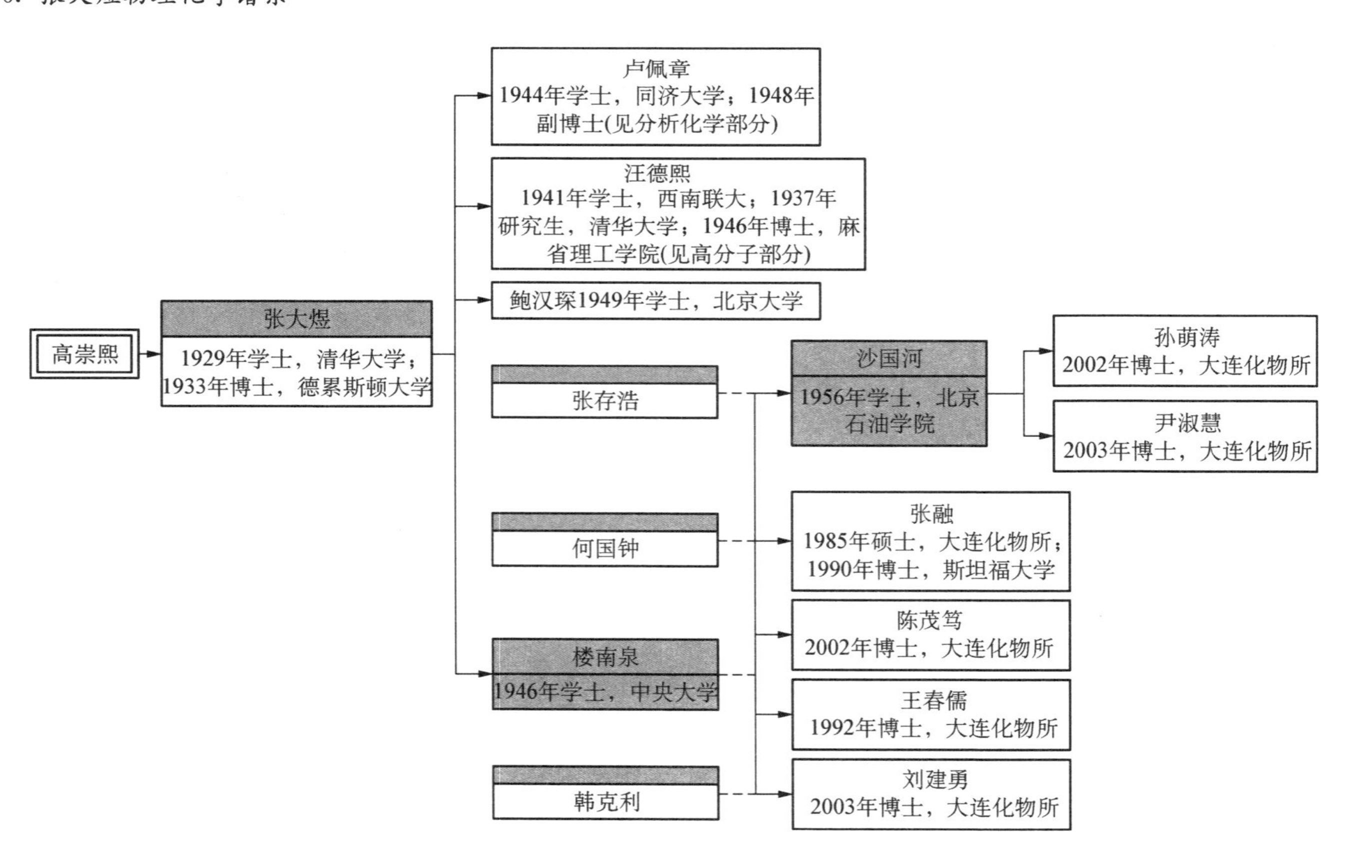

高崇熙
张大煜
1929年学士，清华大学；
1933年博士，德累斯顿大学
卢佩章
1944年学士，同济大学；1948年副博士(见分析化学部分)
汪德熙
1941年学士，西南联大；1937年研究生，清华大学；1946年博士，麻省理工学院(见高分子部分)
鲍汉琛1949年学士，北京大学
张存浩
何国钟
楼南泉
1946年学士，中央大学
韩克利
沙国河
1956年学士，北京石油学院
孙萌涛
2002年博士，大连化物所
尹淑慧
2003年博士，大连化物所
张融
1985年硕士，大连化物所；
1990年博士，斯坦福大学
陈茂笃
2002年博士，大连化物所
王春儒
1992年博士，大连化物所
刘建勇
2003年博士，大连化物所

7. 孙承谔物理化学谱系

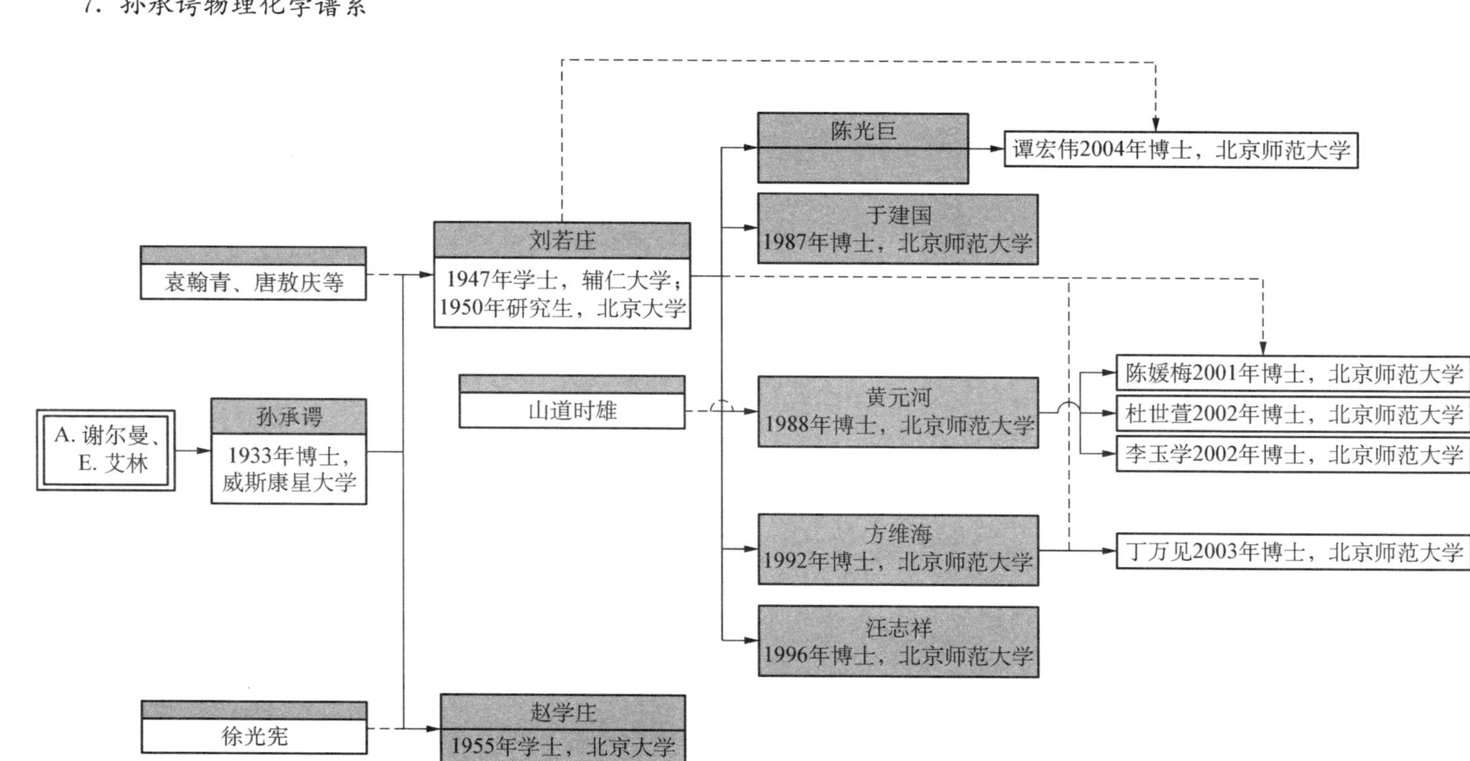
A. 谢尔曼、E. 艾林
孙承谔
1933年博士，威斯康星大学
袁翰青、唐敖庆等
徐光宪
刘若庄
1947年学士，辅仁大学；1950年研究生，北京大学
山道时雄
赵学庄
1955年学士，北京大学
陈光巨
于建国
1987年博士，北京师范大学
黄元河
1988年博士，北京师范大学
方维海
1992年博士，北京师范大学
汪志祥
1996年博士，北京师范大学
谭宏伟2004年博士，北京师范大学
陈媛梅2001年博士，北京师范大学
杜世萱2002年博士，北京师范大学
李玉学2002年博士，北京师范大学
丁万见2003年博士，北京师范大学

8. 吴浩青物理化学谱系

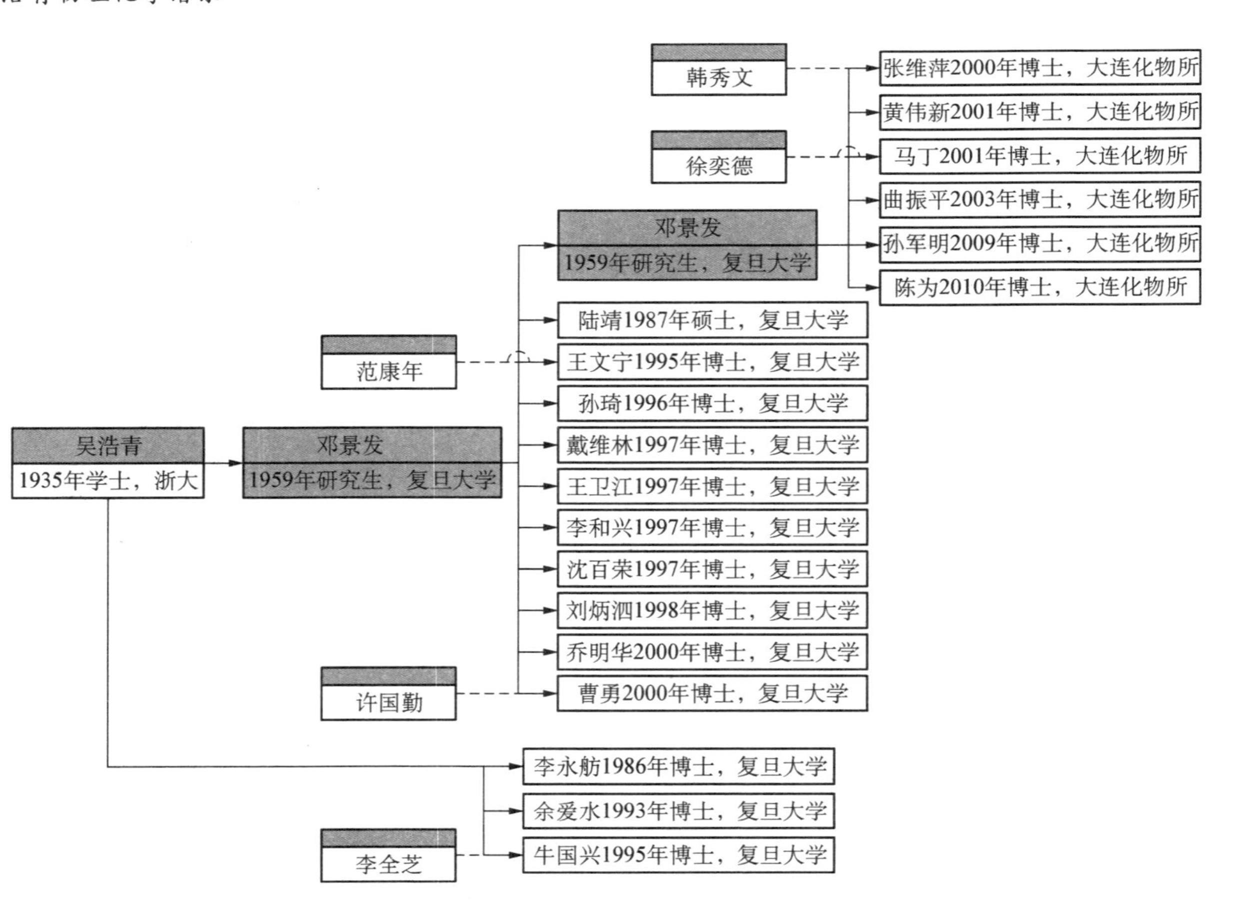
韩秀文
徐奕德
张维萍2000年博士，大连化物所
黄伟新2001年博士，大连化物所
马丁2001年博士，大连化物所
曲振平2003年博士，大连化物所
孙军明2009年博士，大连化物所
陈为2010年博士，大连化物所
邓景发
1959年研究生，复旦大学
范康年
吴浩青
1935年学士，浙大
邓景发
1959年研究生，复旦大学
陆靖1987年硕士，复旦大学
王文宁1995年博士，复旦大学
孙琦1996年博士，复旦大学
戴维林1997年博士，复旦大学
王卫江1997年博士，复旦大学
李和兴1997年博士，复旦大学
沈百荣1997年博士，复旦大学
刘炳泗1998年博士，复旦大学
乔明华2000年博士，复旦大学
曹勇2000年博士，复旦大学
许国勤
李永舫1986年博士，复旦大学
余爱水1993年博士，复旦大学
牛国兴1995年博士，复旦大学
李全芝

9. 卢嘉锡物理化学谱系

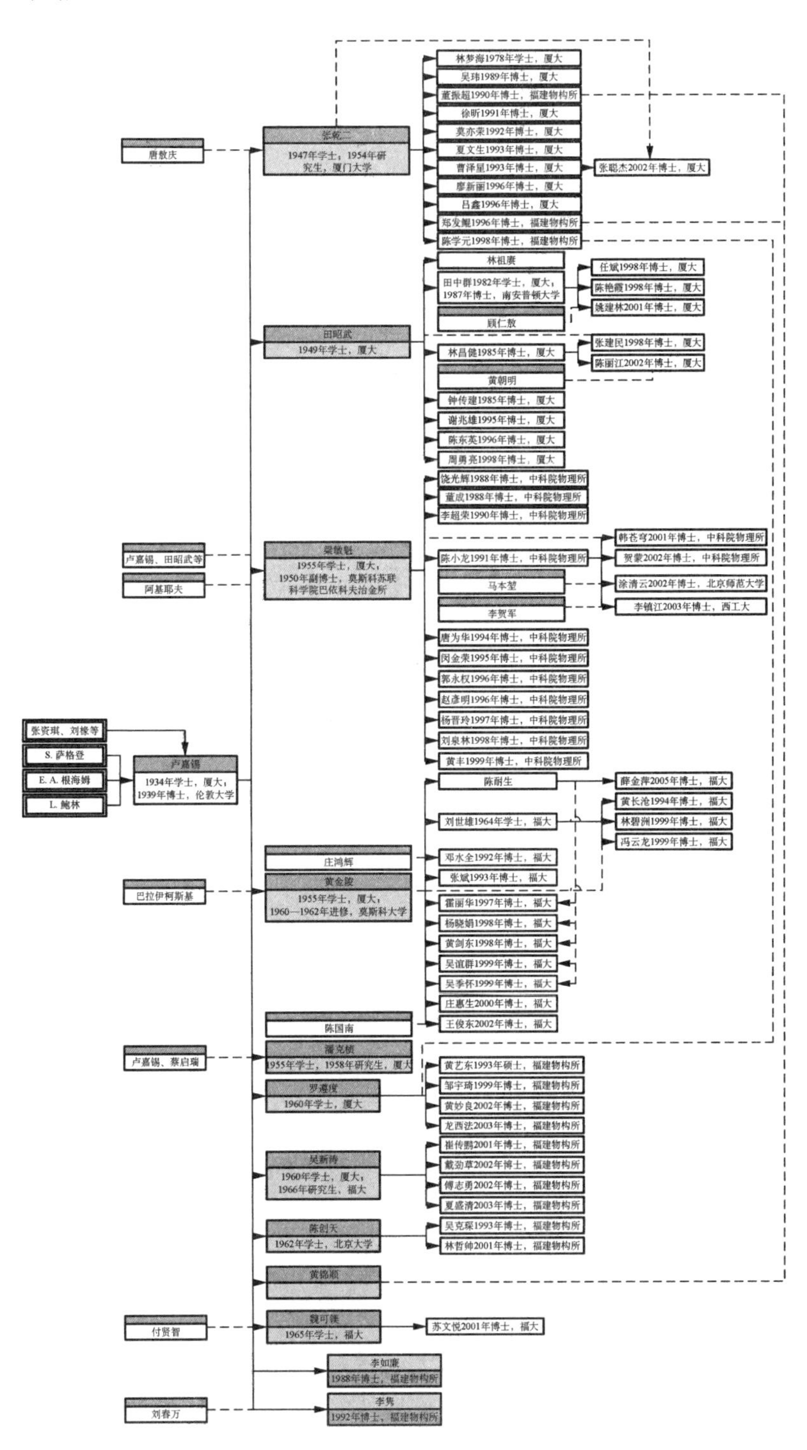

10. 唐敖庆物理化学谱系

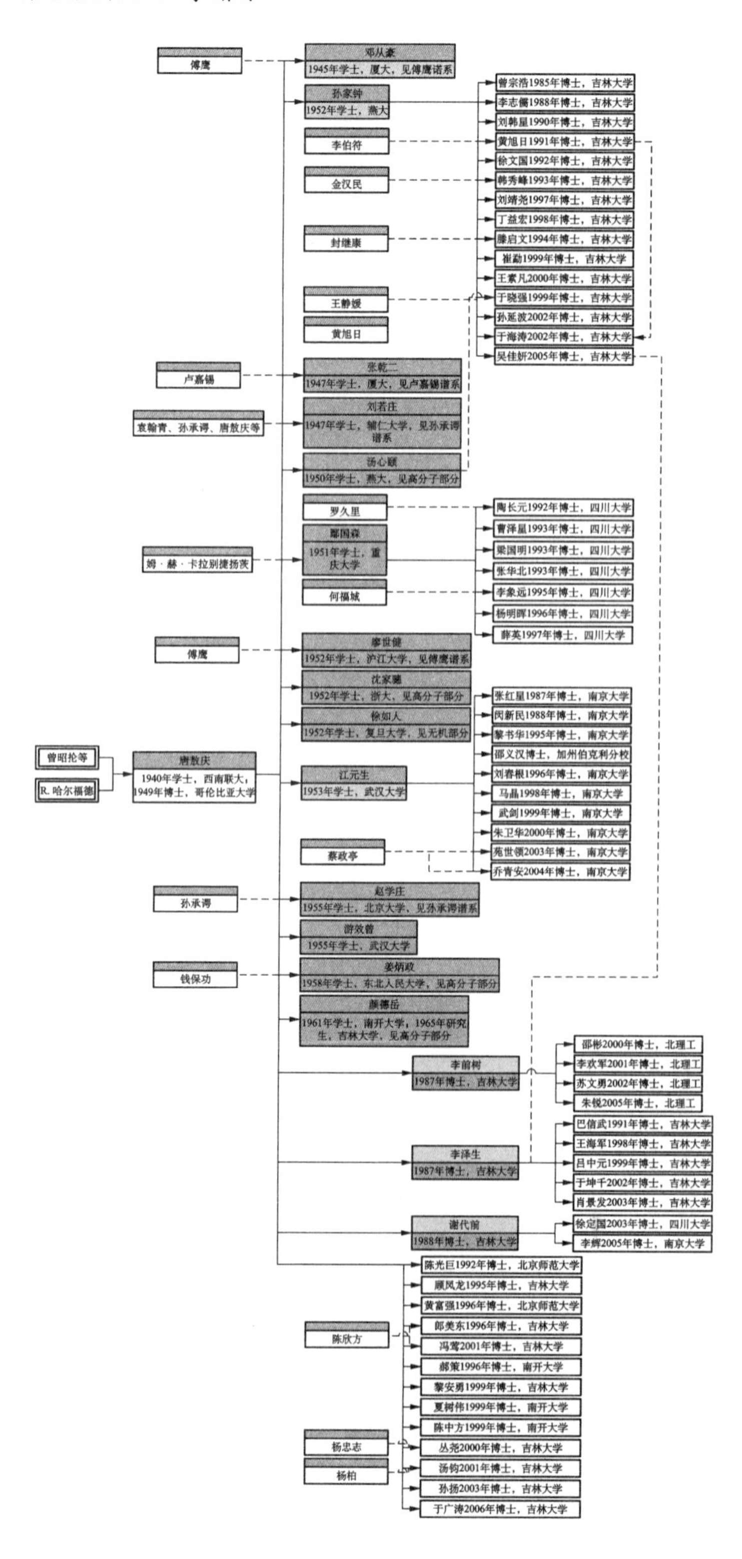

11. 徐光宪物理化学谱系

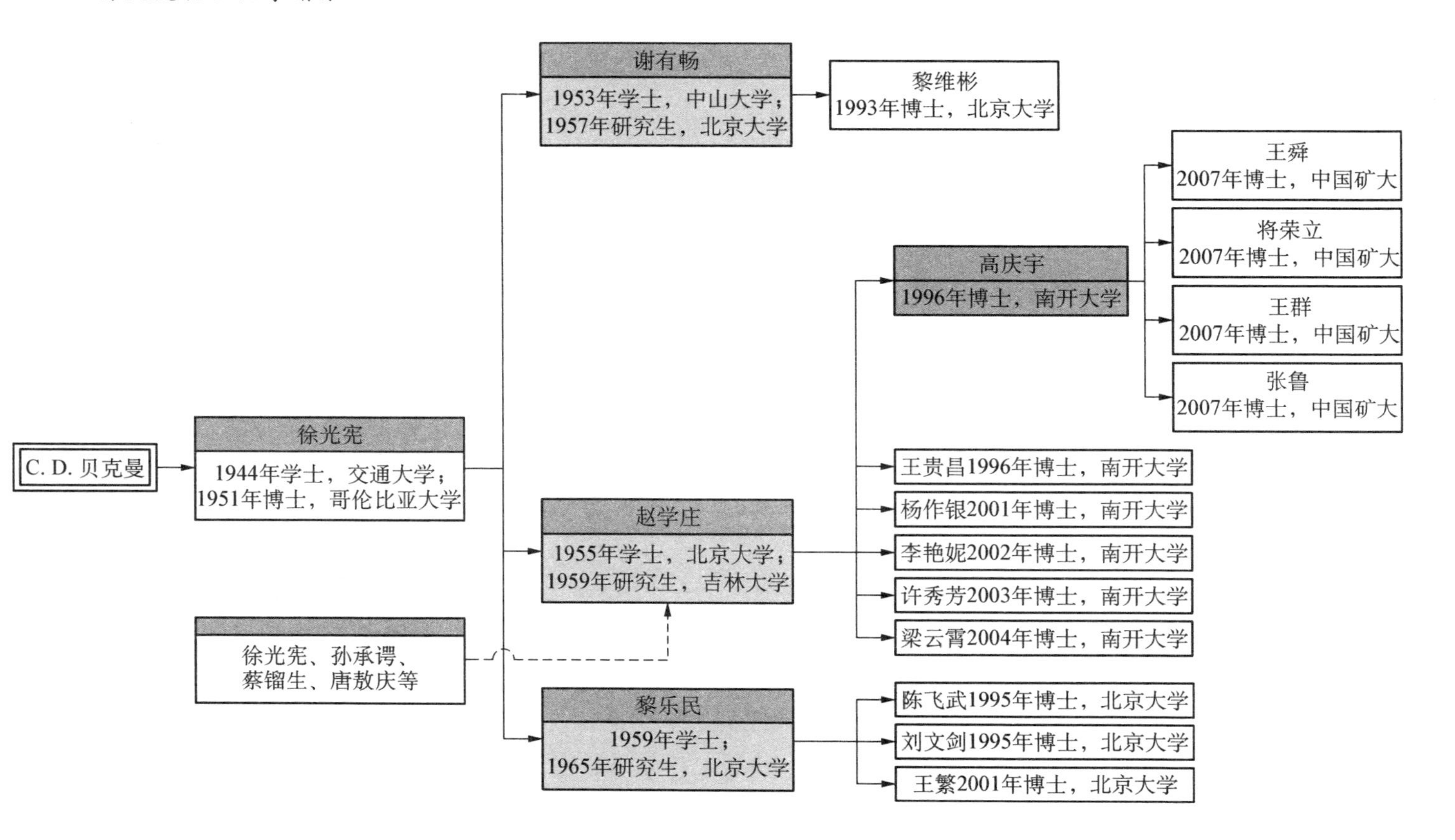

12. 查全性物理化学谱系

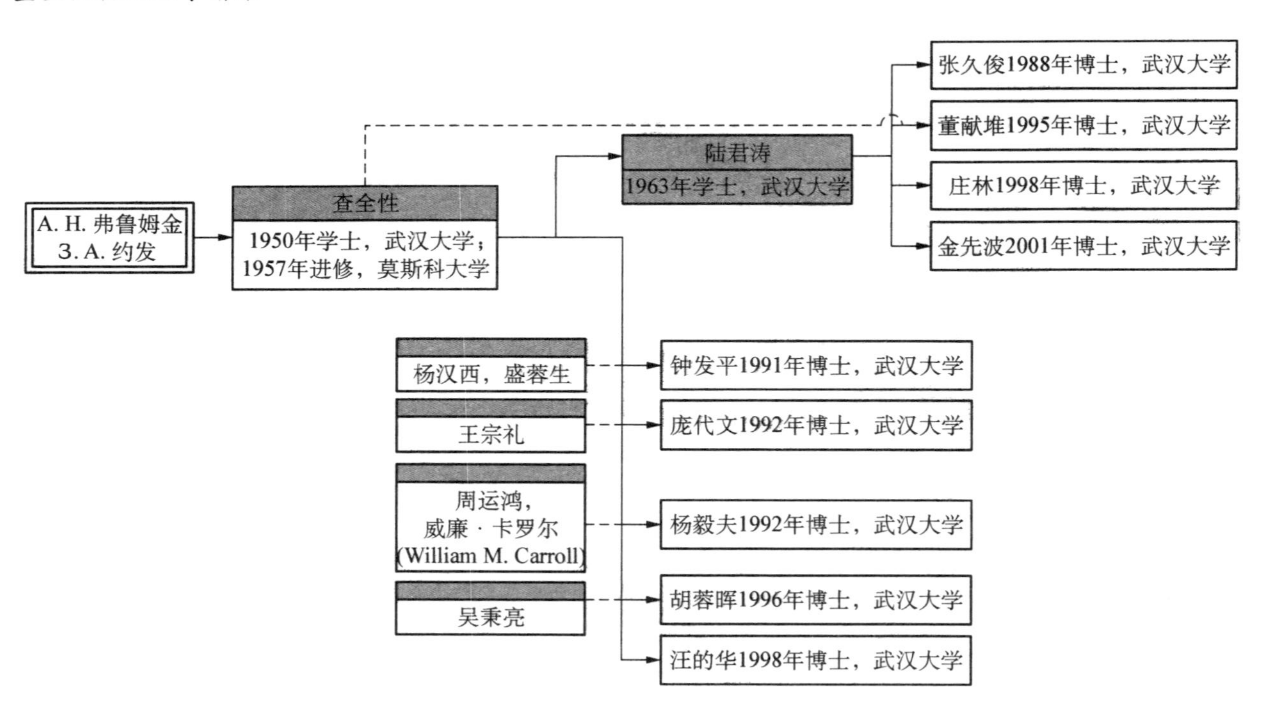

13. 唐有祺物理化学谱系

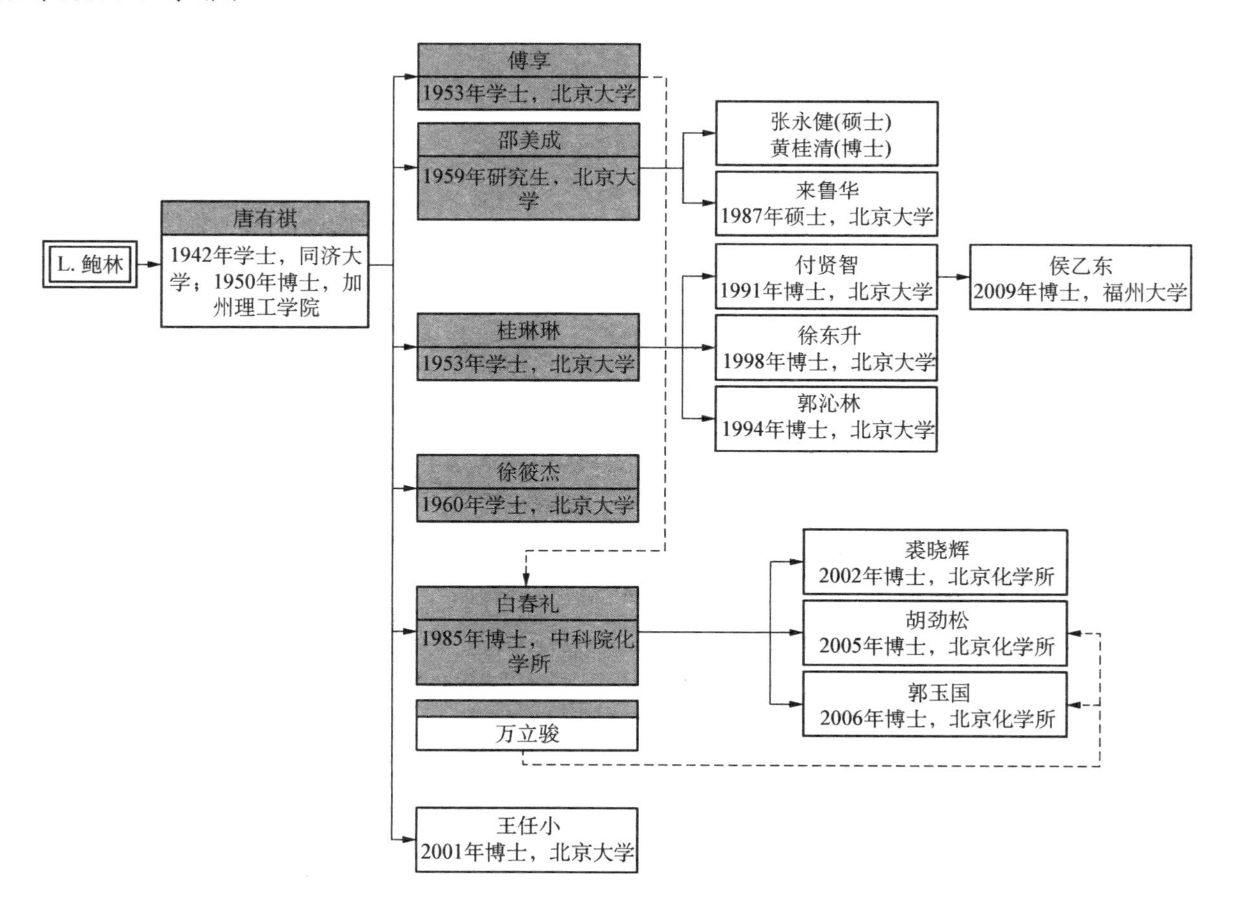

14. 韩世钧物理化学谱系

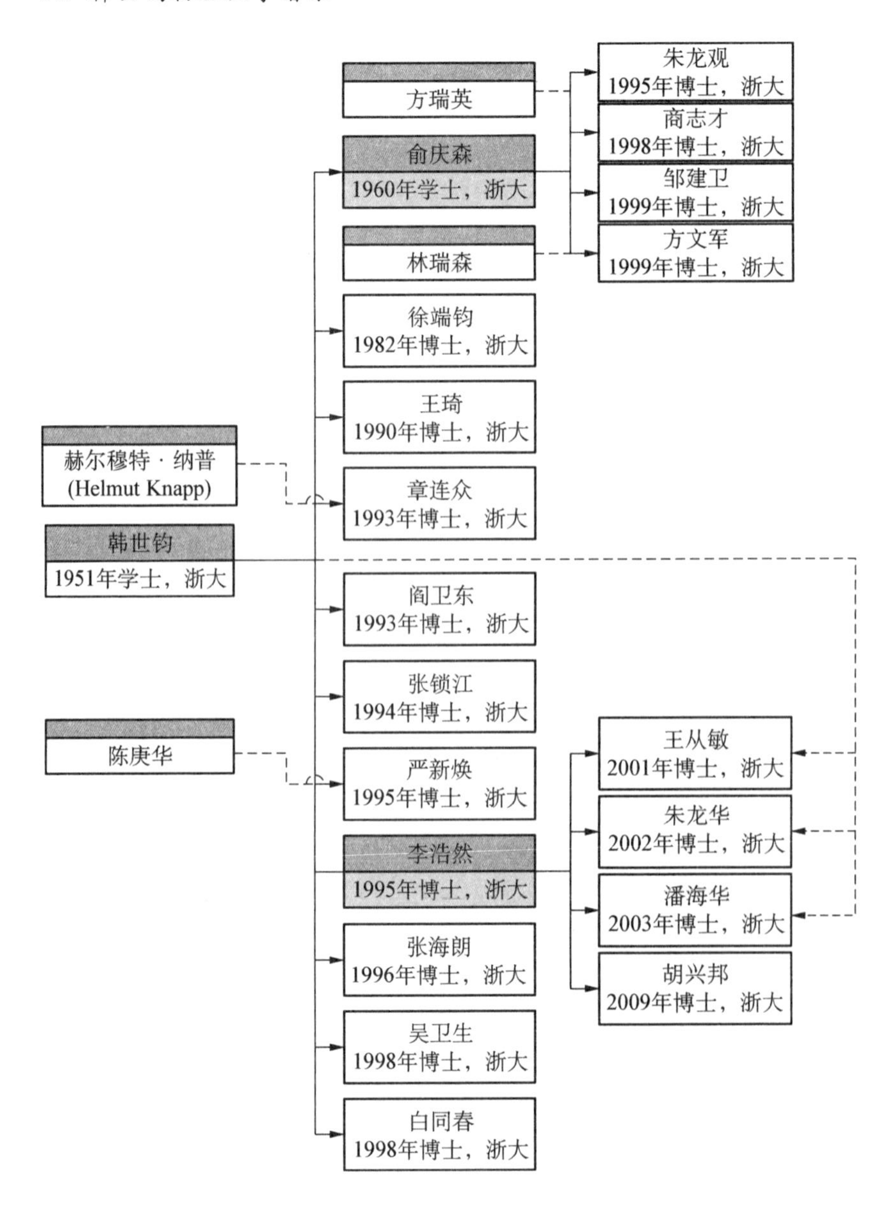

四、分析化学部分

1. 严仁荫分析化学谱系

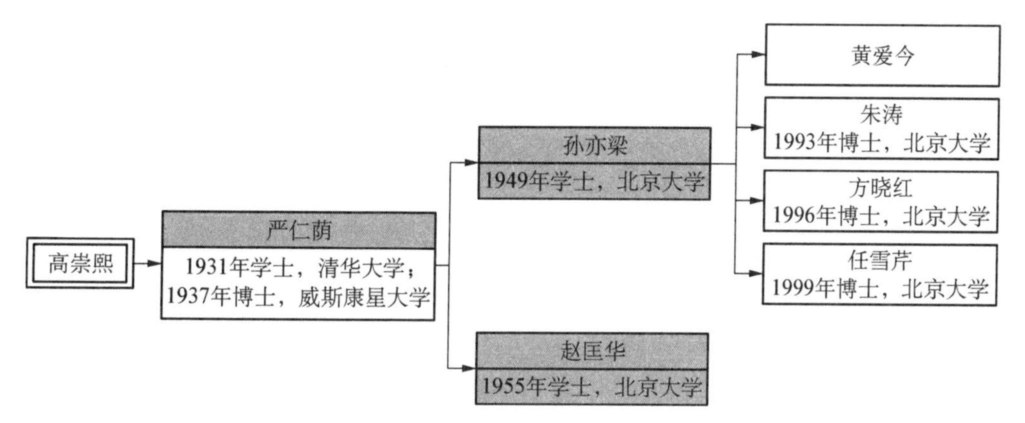

2. 陈国珍分析化学谱系

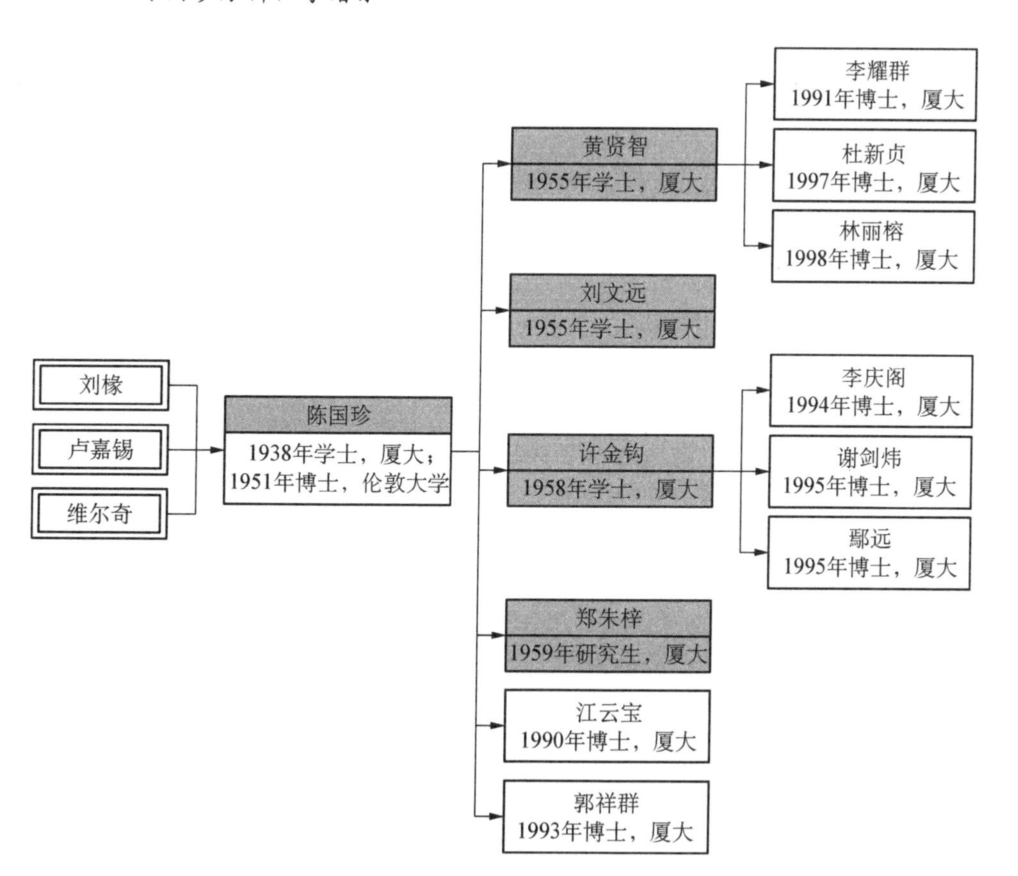

3. 梁树权分析化学谱系

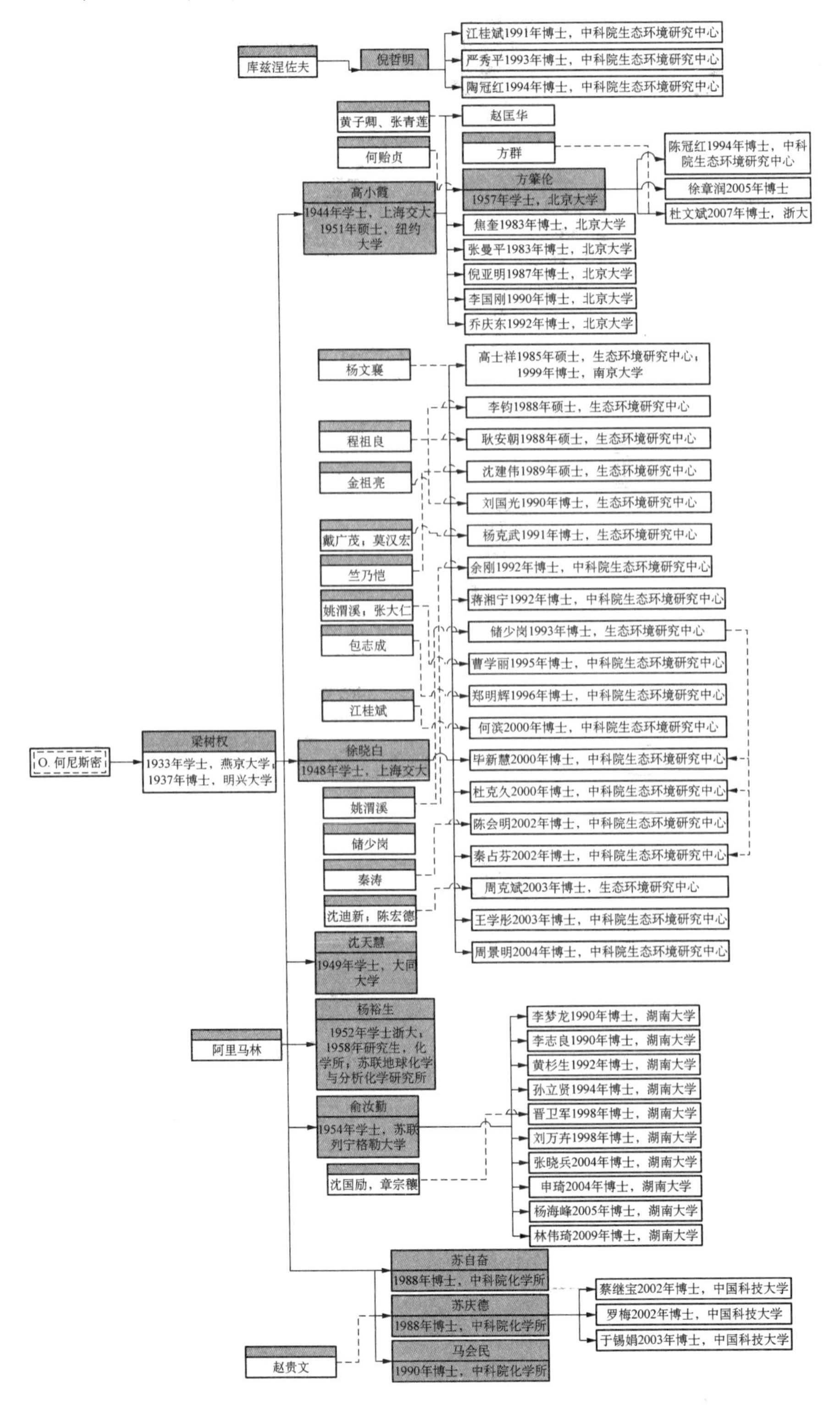

库兹涅佐夫
倪哲明
江桂斌1991年博士，中科院生态环境研究中心
严秀平1993年博士，中科院生态环境研究中心
陶冠红1994年博士，中科院生态环境研究中心
黄子卿、张青莲
何贻贞
高小霞
1944年学士，上海交大
1951年硕士，纽约大学
赵匡华
方群
方肇伦
1957年学士，北京大学
陈冠红1994年博士，中科院生态环境研究中心
徐章润2005年博士
杜文斌2007年博士，浙大
焦奎1983年博士，北京大学
张曼平1983年博士，北京大学
倪亚明1987年博士，北京大学
李国刚1990年博士，北京大学
乔庆东1992年博士，北京大学
杨文襄
程祖良
金祖亮
戴广茂，莫汉宏
竺乃恺
姚渭溪，张大仁
包志成
江桂斌
高士祥1985年硕士，生态环境研究中心；1999年博士，南京大学
李钧1988年硕士，生态环境研究中心
耿安朝1988年硕士，生态环境研究中心
沈建伟1989年硕士，生态环境研究中心
刘国光1990年博士，生态环境研究中心
杨克武1991年博士，生态环境研究中心
余刚1992年博士，中科院生态环境研究中心
蒋湘宁1992年博士，中科院生态环境研究中心
储少岗1993年博士，生态环境研究中心
曹学丽1995年博士，中科院生态环境研究中心
郑明辉1996年博士，中科院生态环境研究中心
何滨2000年博士，中科院生态环境研究中心
毕新慧2000年博士，中科院生态环境研究中心
杜克久2000年博士，中科院生态环境研究中心
陈会明2002年博士，中科院生态环境研究中心
秦占芬2002年博士，中科院生态环境研究中心
周克斌2003年博士，生态环境研究中心
王学彤2003年博士，中科院生态环境研究中心
周景明2004年博士，中科院生态环境研究中心
O. 何尼斯密
梁树权
1933年学士，燕京大学
1937年博士，明兴大学
徐晓白
1948年学士，上海交大
姚渭溪
储少岗
秦涛
沈迪新；陈宏德
沈天慧
1949年学士，大同大学
阿里马林
杨裕生
1952年学士浙大；1958年研究生，化学所；苏联地球化学与分析化学研究所
俞汝勤
1954年学士，苏联列宁格勒大学
沈国励，章宗穰
李梦龙1990年博士，湖南大学
李志良1990年博士，湖南大学
黄杉生1992年博士，湖南大学
孙立贤1994年博士，湖南大学
晋卫军1998年博士，湖南大学
刘万卉1998年博士，湖南大学
张晓兵2004年博士，湖南大学
申琦2004年博士，湖南大学
杨海峰2005年博士，湖南大学
林伟琦2009年博士，湖南大学
苏自奋
1988年博士，中科院化学所
苏庆德
1988年博士，中科院化学所
马会民
1990年博士，中科院化学所
赵贵文
蔡继宝2002年博士，中国科技大学
罗梅2002年博士，中国科技大学
于锡娟2003年博士，中国科技大学

4. 高鸿分析化学谱系

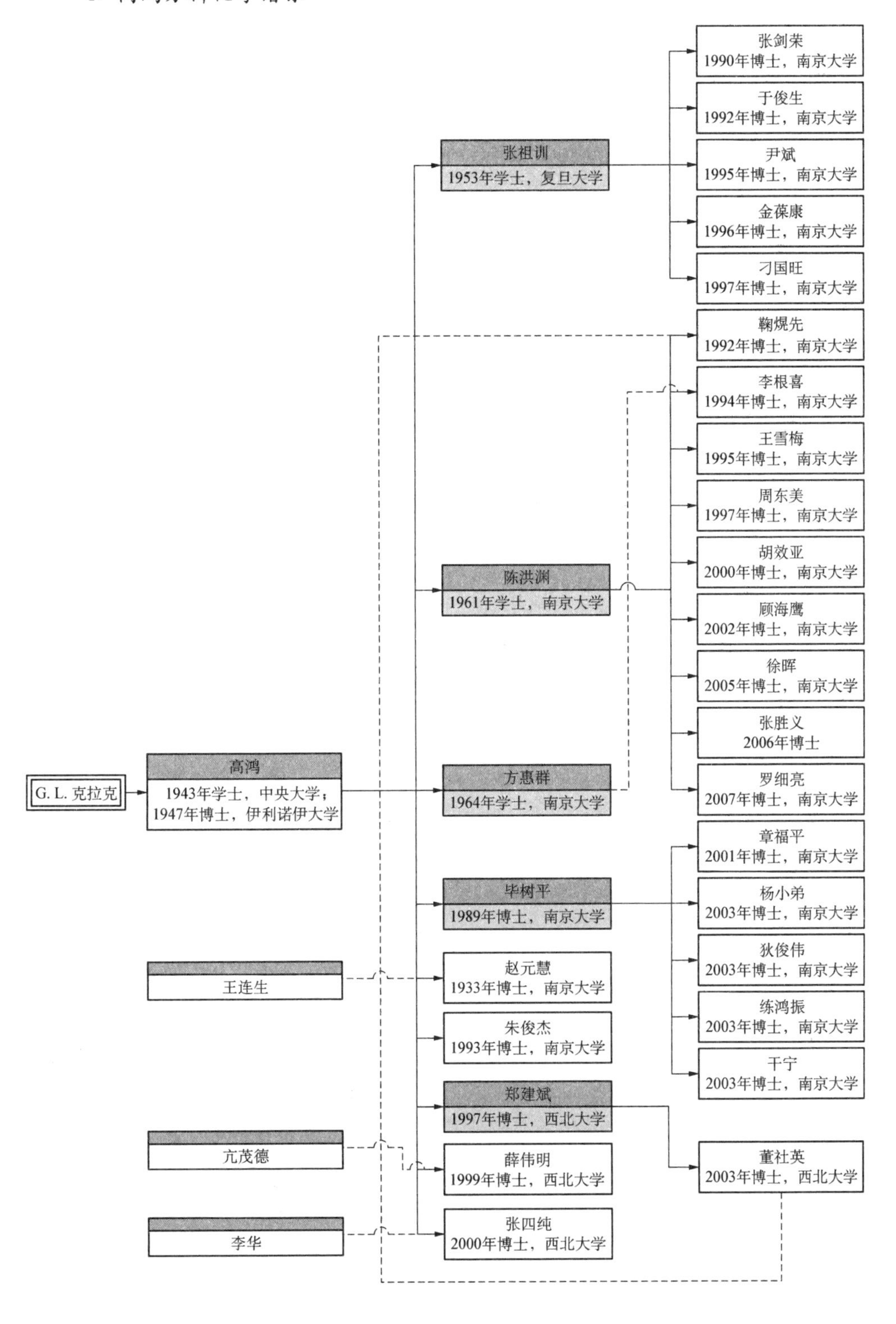
G. L. 克拉克
高鸿
1943年学士，中央大学；
1947年博士，伊利诺伊大学
王连生
亢茂德
李华
张祖训
1953年学士，复旦大学
陈洪渊
1961年学士，南京大学
方惠群
1964年学士，南京大学
毕树平
1989年博士，南京大学
赵元慧
1933年博士，南京大学
朱俊杰
1993年博士，南京大学
郑建斌
1997年博士，西北大学
薛伟明
1999年博士，西北大学
张四纯
2000年博士，西北大学
张剑荣
1990年博士，南京大学
于俊生
1992年博士，南京大学
尹斌
1995年博士，南京大学
金葆康
1996年博士，南京大学
刁国旺
1997年博士，南京大学
鞠熀先
1992年博士，南京大学
李根喜
1994年博士，南京大学
王雪梅
1995年博士，南京大学
周东美
1997年博士，南京大学
胡效亚
2000年博士，南京大学
顾海鹰
2002年博士，南京大学
徐晖
2005年博士，南京大学
张胜义
2006年博士
罗细亮
2007年博士，南京大学
章福平
2001年博士，南京大学
杨小弟
2003年博士，南京大学
狄俊伟
2003年博士，南京大学
练鸿振
2003年博士，南京大学
干宁
2003年博士，南京大学
董社英
2003年博士，西北大学

5. 陆婉珍分析化学谱系

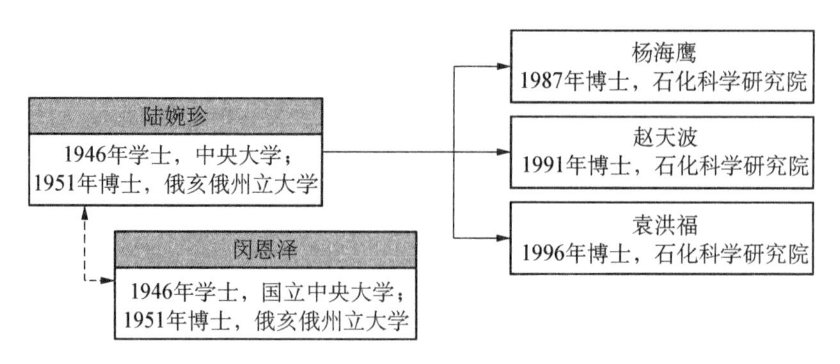

6. 卢佩章分析化学谱系

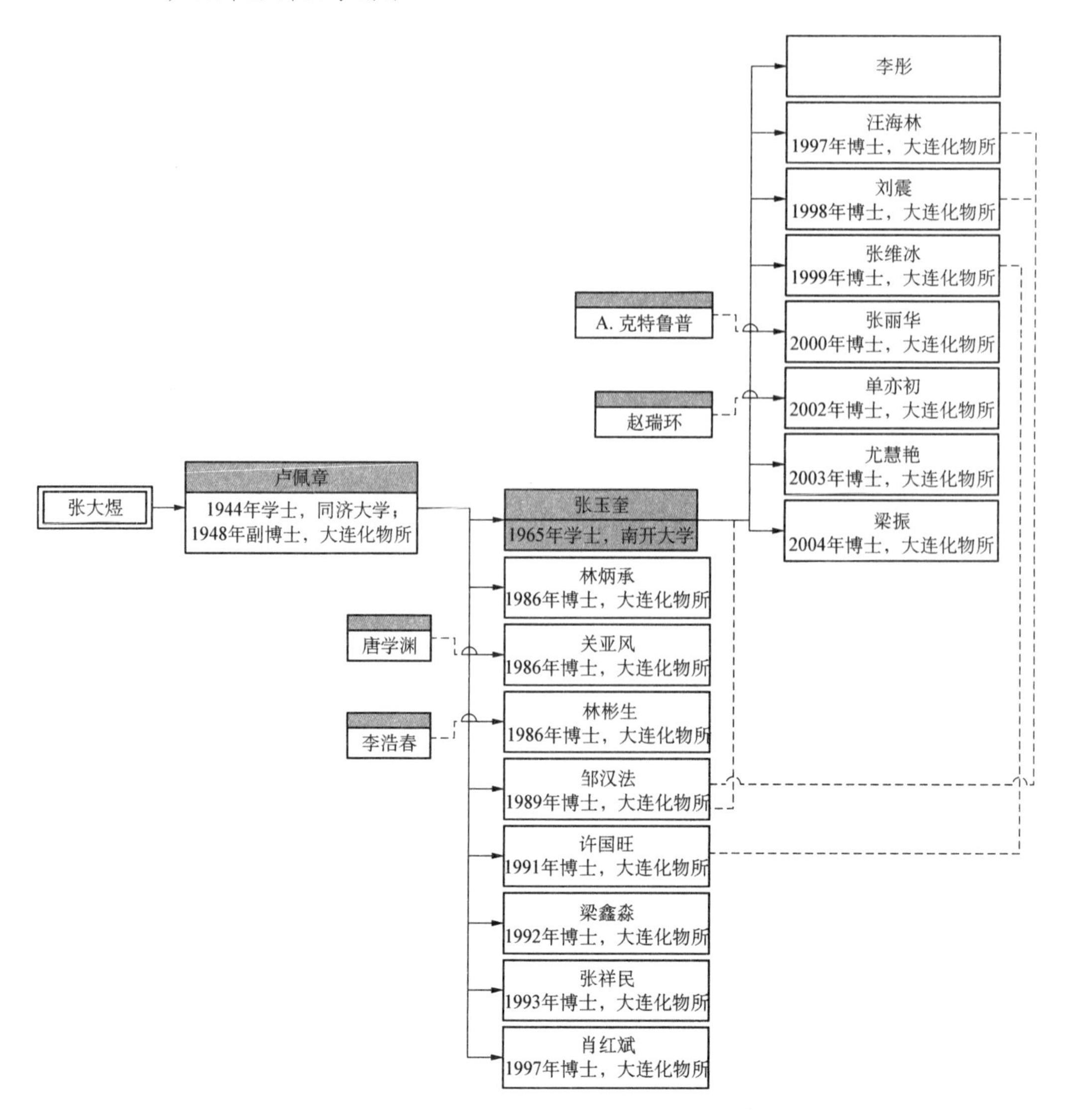

7. 程介克分析化学谱系

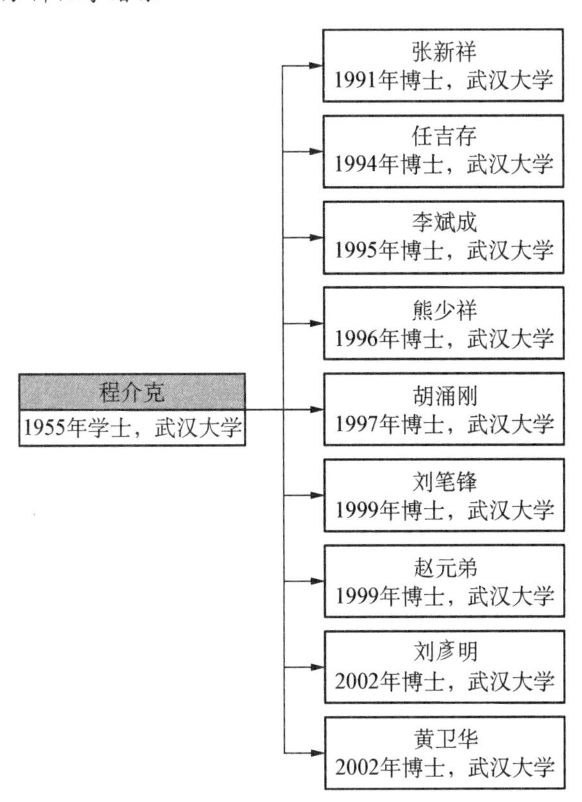

8. 姚守拙分析化学谱系

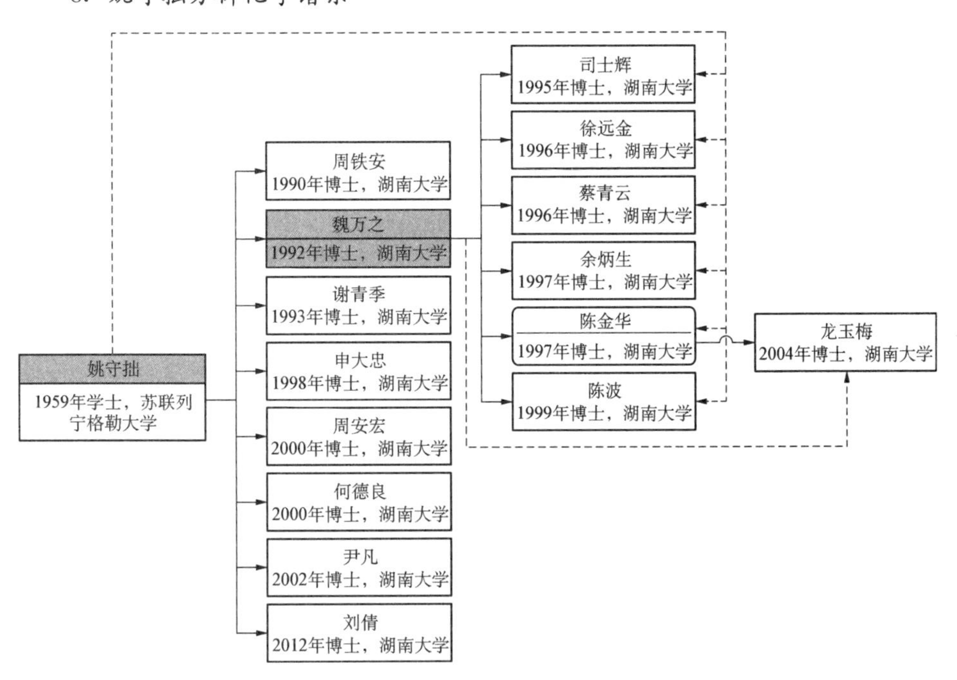

9. 汪尔康分析化学谱系

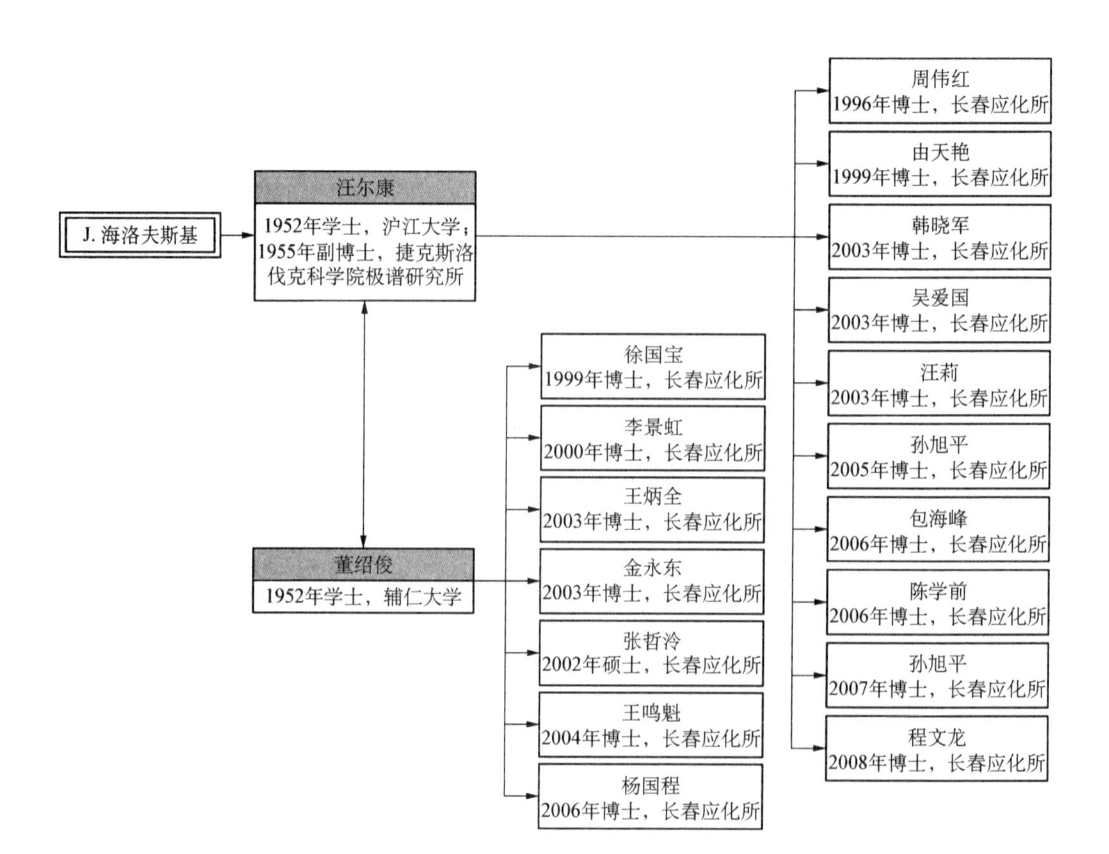
J. 海洛夫斯基
汪尔康
1952年学士，沪江大学；1955年副博士，捷克斯洛伐克科学院极谱研究所
董绍俊
1952年学士，辅仁大学
徐国宝
1999年博士，长春应化所
李景虹
2000年博士，长春应化所
王炳全
2003年博士，长春应化所
金永东
2003年博士，长春应化所
张哲泠
2002年硕士，长春应化所
王鸣魁
2004年博士，长春应化所
杨国程
2006年博士，长春应化所
周伟红
1996年博士，长春应化所
由天艳
1999年博士，长春应化所
韩晓军
2003年博士，长春应化所
吴爱国
2003年博士，长春应化所
汪莉
2003年博士，长春应化所
孙旭平
2005年博士，长春应化所
包海峰
2006年博士，长春应化所
陈学前
2006年博士，长春应化所
孙旭平
2007年博士，长春应化所
程文龙
2008年博士，长春应化所

五、高分子化学部分

1. 王葆仁高分子谱系

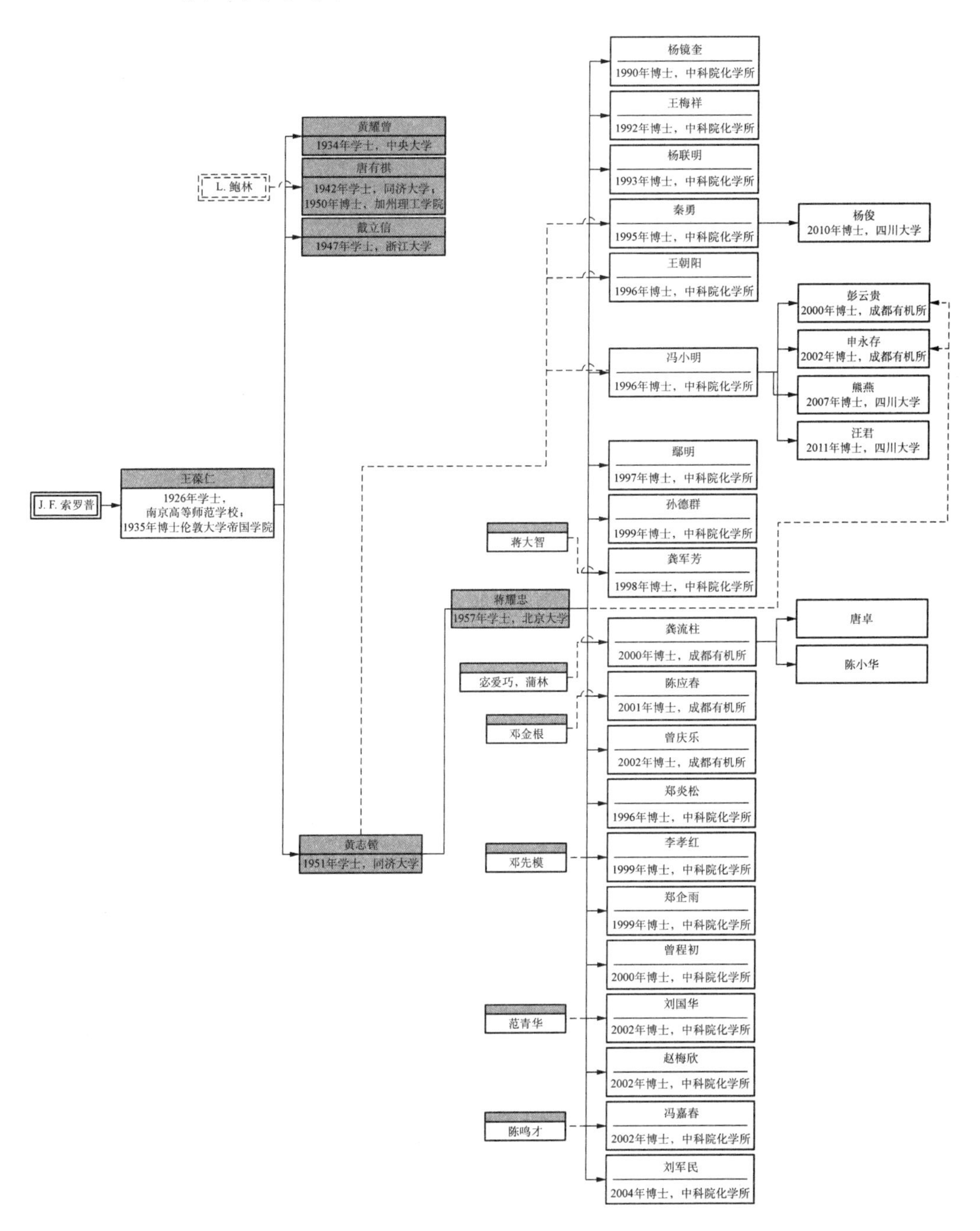

2. 冯新德高分子谱系

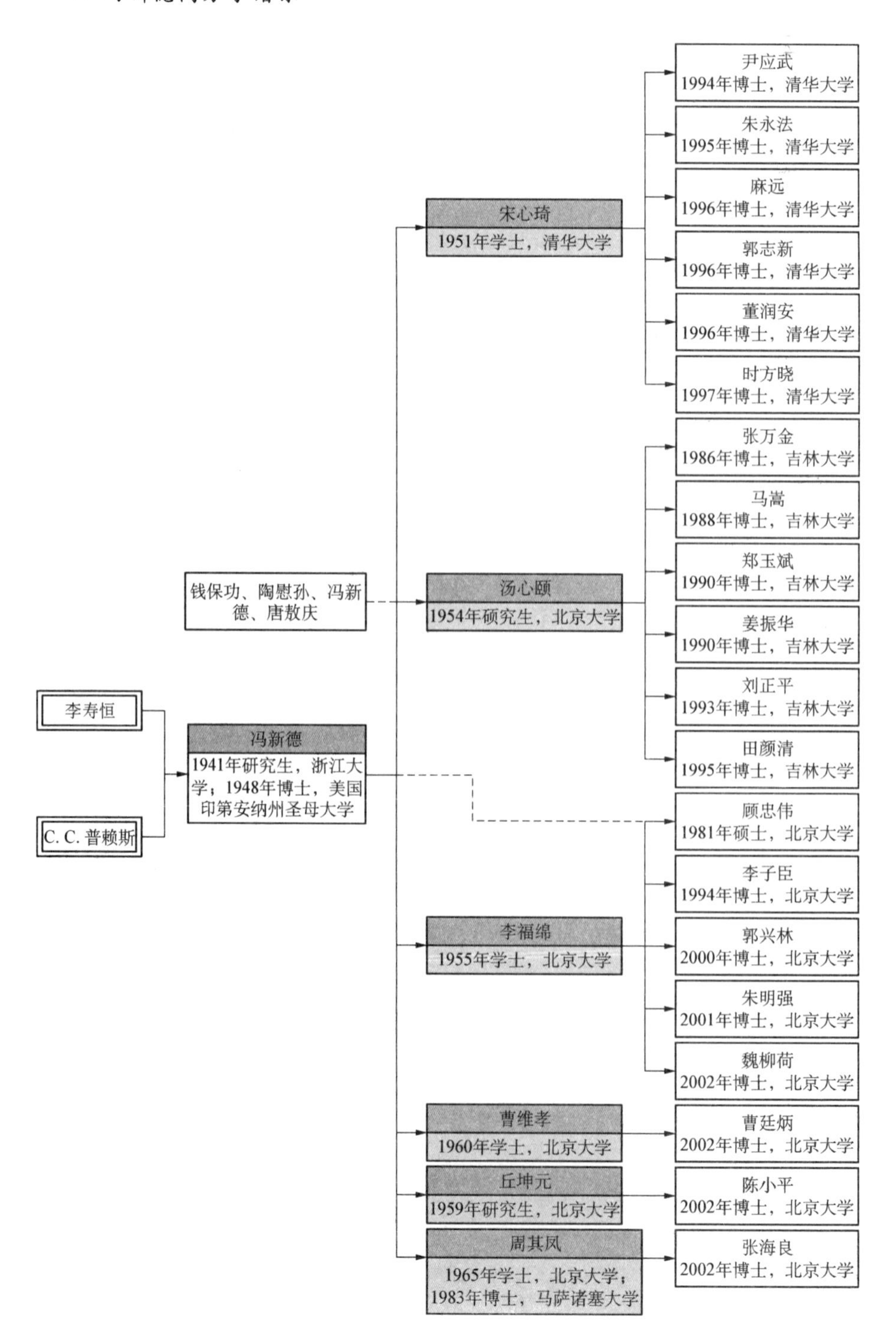
李寿恒
C. C. 普赖斯
冯新德
1941年研究生，浙江大学；1948年博士，美国印第安纳州圣母大学
钱保功、陶慰孙、冯新德、唐敖庆
宋心琦
1951年学士，清华大学
汤心颐
1954年硕究生，北京大学
李福绵
1955年学士，北京大学
曹维孝
1960年学士，北京大学
丘坤元
1959年研究生，北京大学
周其凤
1965年学士，北京大学；1983年博士，马萨诸塞大学
尹应武
1994年博士，清华大学
朱永法
1995年博士，清华大学
麻远
1996年博士，清华大学
郭志新
1996年博士，清华大学
董润安
1996年博士，清华大学
时方晓
1997年博士，清华大学
张万金
1986年博士，吉林大学
马嵩
1988年博士，吉林大学
郑玉斌
1990年博士，吉林大学
姜振华
1990年博士，吉林大学
刘正平
1993年博士，吉林大学
田颜清
1995年博士，吉林大学
顾忠伟
1981年硕士，北京大学
李子臣
1994年博士，北京大学
郭兴林
2000年博士，北京大学
朱明强
2001年博士，北京大学
魏柳荷
2002年博士，北京大学
曹廷炳
2002年博士，北京大学
陈小平
2002年博士，北京大学
张海良
2002年博士，北京大学

3. 徐僖高分子谱系

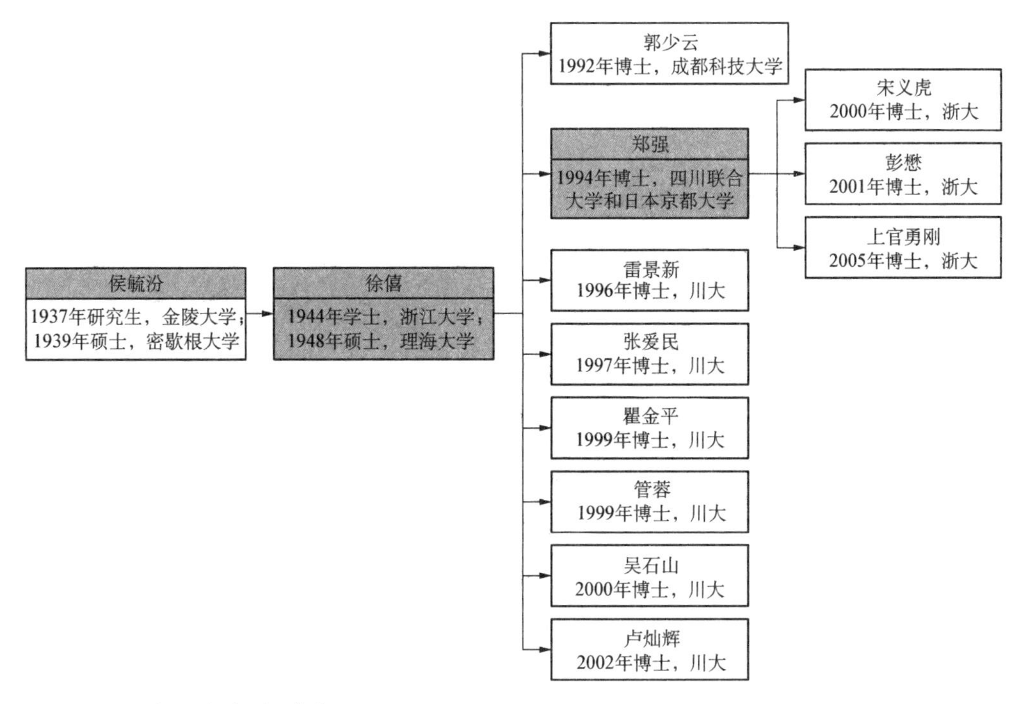

4. 林一高分子谱系

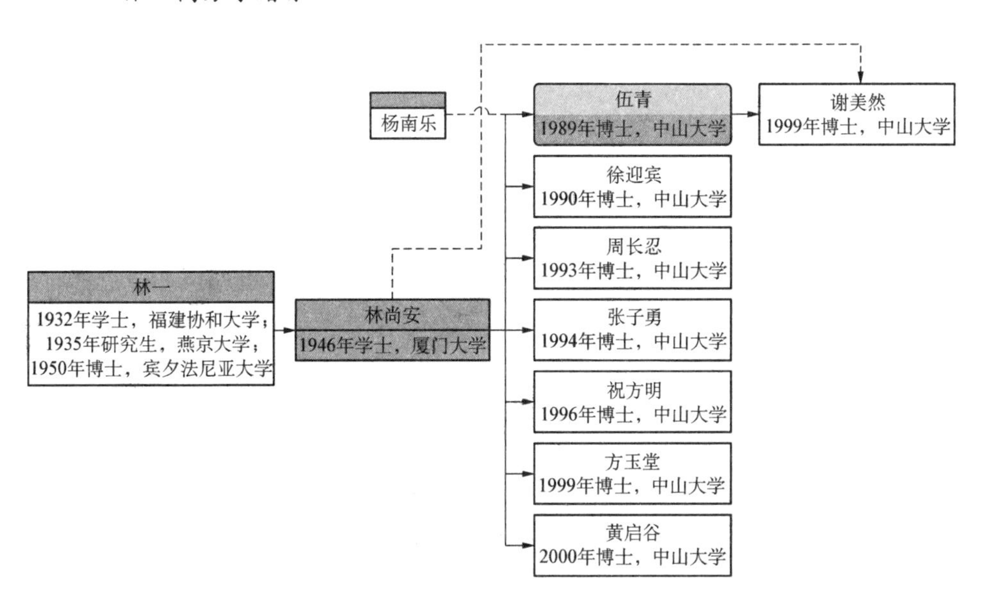

5. 唐敖庆高分子谱系

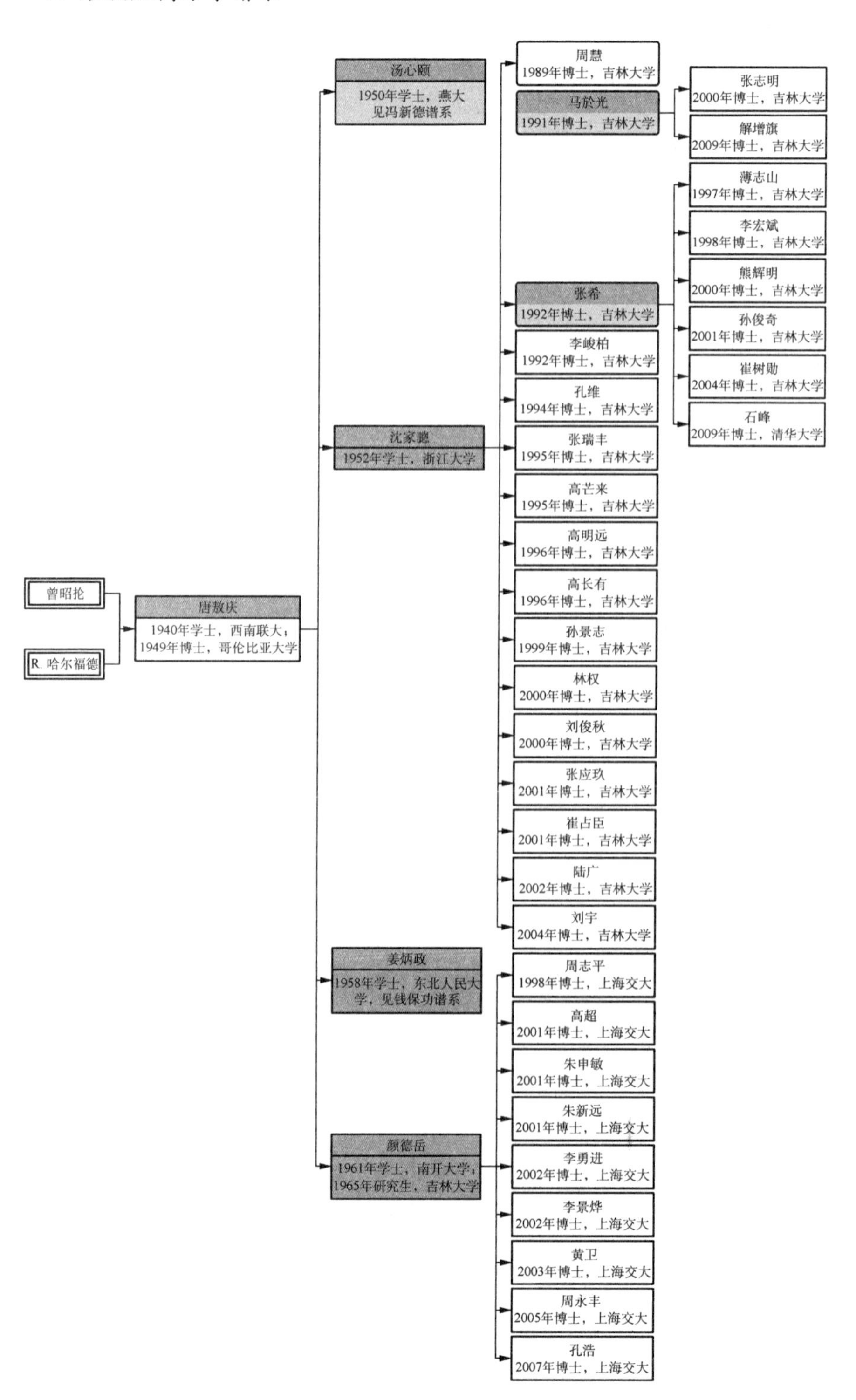

曾昭抡
R. 哈尔福德
唐敖庆
1940年学士，西南联大；
1949年博士，哥伦比亚大学
汤心颐
1950年学士，燕大
见冯新德谱系
周慧
1989年博士，吉林大学
马於光
1991年博士，吉林大学
张志明
2000年博士，吉林大学
解增旗
2009年博士，吉林大学
薄志山
1997年博士，吉林大学
李宏斌
1998年博士，吉林大学
熊辉明
2000年博士，吉林大学
孙俊奇
2001年博士，吉林大学
崔树勋
2004年博士，吉林大学
石峰
2009年博士，清华大学
张希
1992年博士，吉林大学
沈家骢
1952年学士，浙江大学
李峻柏
1992年博士，吉林大学
孔维
1994年博士，吉林大学
张瑞丰
1995年博士，吉林大学
高芒来
1995年博士，吉林大学
高明远
1996年博士，吉林大学
高长有
1996年博士，吉林大学
孙景志
1999年博士，吉林大学
林权
2000年博士，吉林大学
刘俊秋
2000年博士，吉林大学
张应玖
2001年博士，吉林大学
崔占臣
2001年博士，吉林大学
陆广
2002年博士，吉林大学
刘宇
2004年博士，吉林大学
姜炳政
1958年学士，东北人民大学，见钱保功谱系
周志平
1998年博士，上海交大
高超
2001年博士，上海交大
朱申敏
2001年博士，上海交大
朱新远
2001年博士，上海交大
颜德岳
1961年学士，南开大学；
1965年研究生，吉林大学
李勇进
2002年博士，上海交大
李景烨
2002年博士，上海交大
黄卫
2003年博士，上海交大
周永丰
2005年博士，上海交大
孔浩
2007年博士，上海交大

6. 钱保功高分子谱系

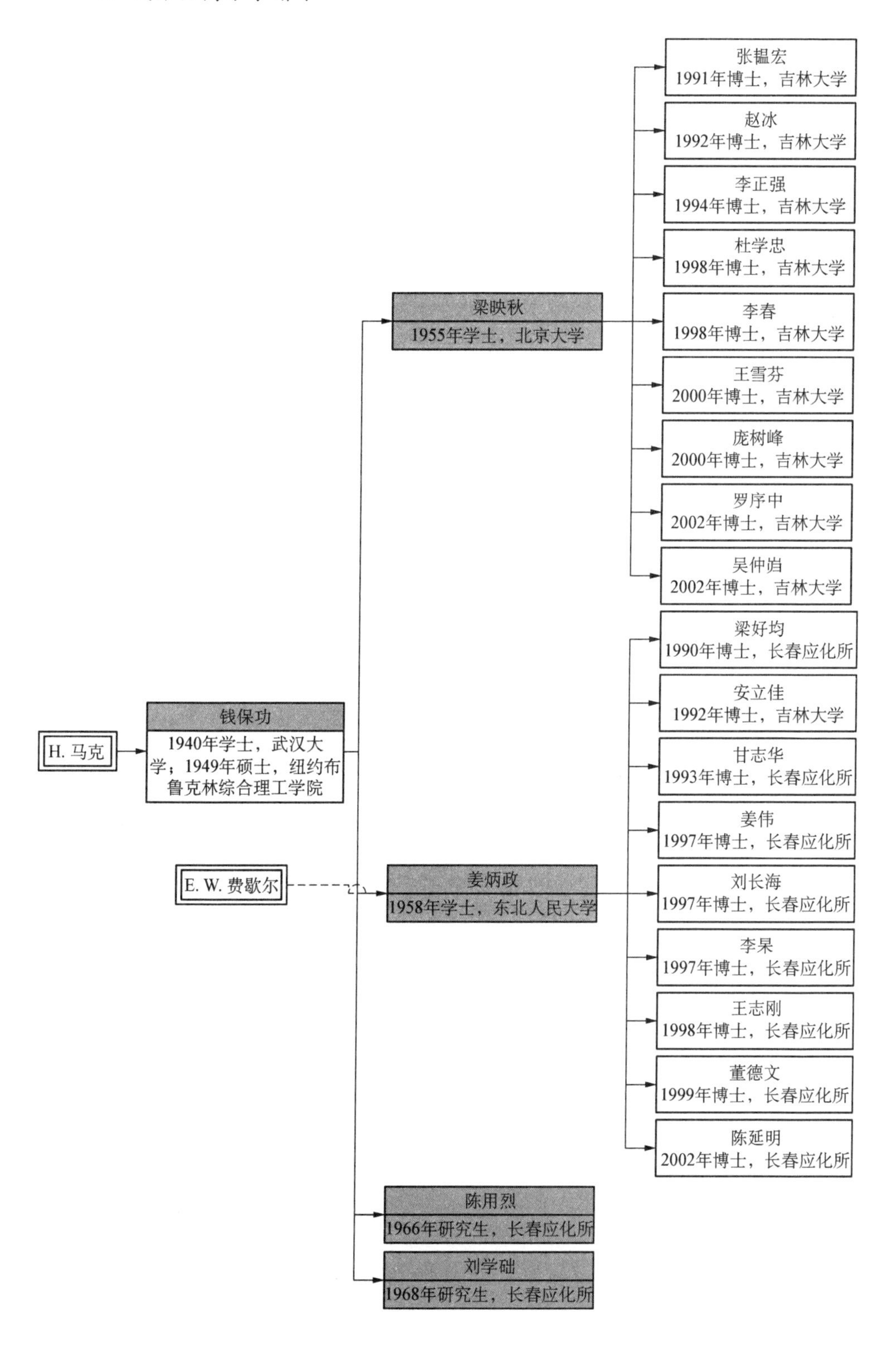
H. 马克
钱保功
1940年学士，武汉大学；1949年硕士，纽约布鲁克林综合理工学院
E. W. 费歇尔
梁映秋
1955年学士，北京大学
张韫宏
1991年博士，吉林大学
赵冰
1992年博士，吉林大学
李正强
1994年博士，吉林大学
杜学忠
1998年博士，吉林大学
李春
1998年博士，吉林大学
王雪芬
2000年博士，吉林大学
庞树峰
2000年博士，吉林大学
罗序中
2002年博士，吉林大学
吴仲岿
2002年博士，吉林大学
姜炳政
1958年学士，东北人民大学
梁好均
1990年博士，长春应化所
安立佳
1992年博士，吉林大学
甘志华
1993年博士，长春应化所
姜伟
1997年博士，长春应化所
刘长海
1997年博士，长春应化所
李杲
1997年博士，长春应化所
王志刚
1998年博士，长春应化所
董德文
1999年博士，长春应化所
陈延明
2002年博士，长春应化所
陈用烈
1966年研究生，长春应化所
刘学础
1968年研究生，长春应化所

7. 钱人元高分子谱系

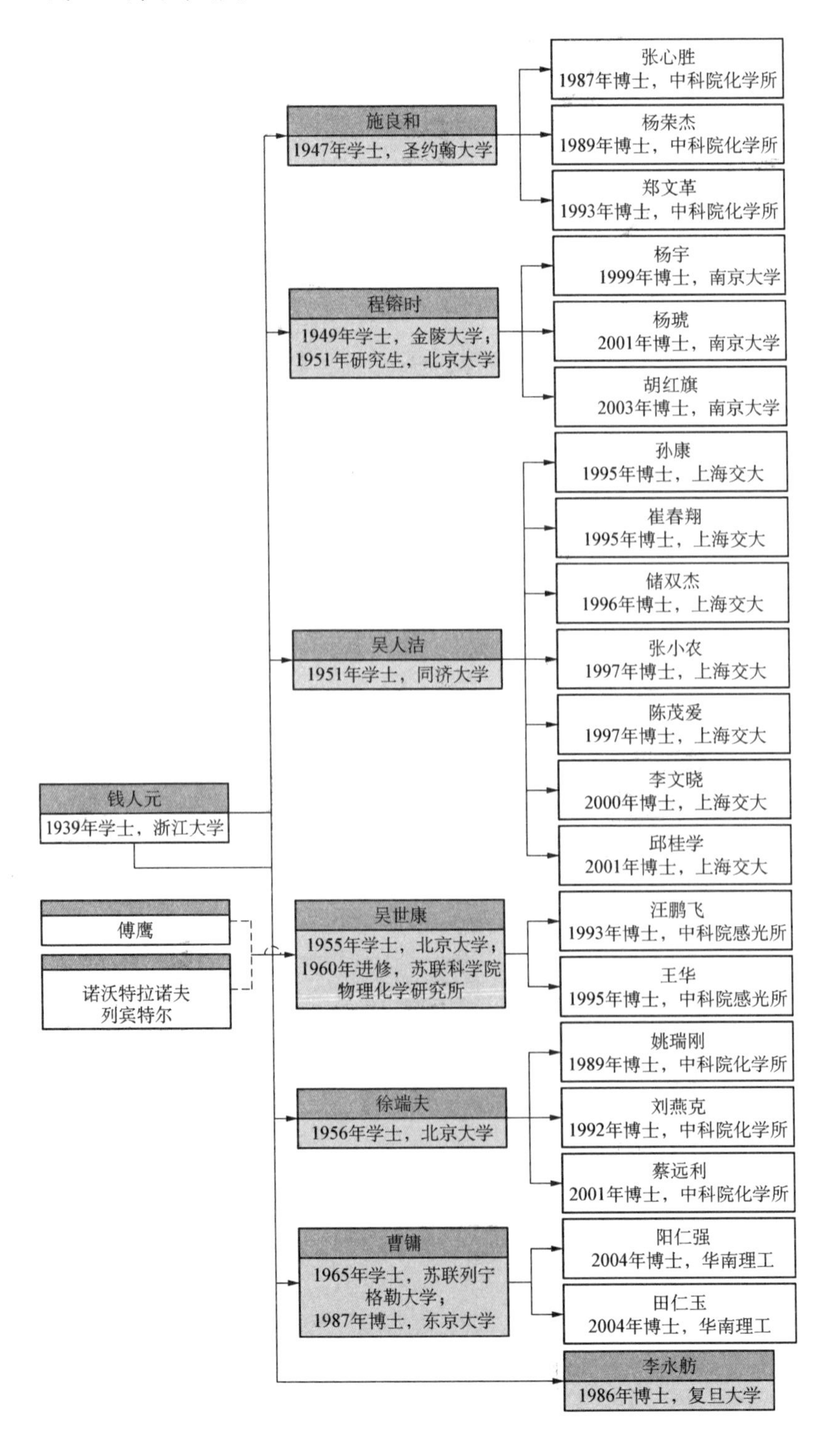
钱人元
1939年学士，浙江大学
傅鹰
诺沃特拉诺夫
列宾特尔
施良和
1947年学士，圣约翰大学
张心胜
1987年博士，中科院化学所
杨荣杰
1989年博士，中科院化学所
郑文革
1993年博士，中科院化学所
程镕时
1949年学士，金陵大学；
1951年研究生，北京大学
杨宇
1999年博士，南京大学
杨琥
2001年博士，南京大学
胡红旗
2003年博士，南京大学
吴人洁
1951年学士，同济大学
孙康
1995年博士，上海交大
崔春翔
1995年博士，上海交大
储双杰
1996年博士，上海交大
张小农
1997年博士，上海交大
陈茂爱
1997年博士，上海交大
李文晓
2000年博士，上海交大
邱桂学
2001年博士，上海交大
吴世康
1955年学士，北京大学；
1960年进修，苏联科学院
物理化学研究所
汪鹏飞
1993年博士，中科院感光所
王华
1995年博士，中科院感光所
徐端夫
1956年学士，北京大学
姚瑞刚
1989年博士，中科院化学所
刘燕克
1992年博士，中科院化学所
蔡远利
2001年博士，中科院化学所
曹镛
1965年学士，苏联列宁
格勒大学；
1987年博士，东京大学
阳仁强
2004年博士，华南理工
田仁玉
2004年博士，华南理工
李永舫
1986年博士，复旦大学

8. 于同隐高分子谱系

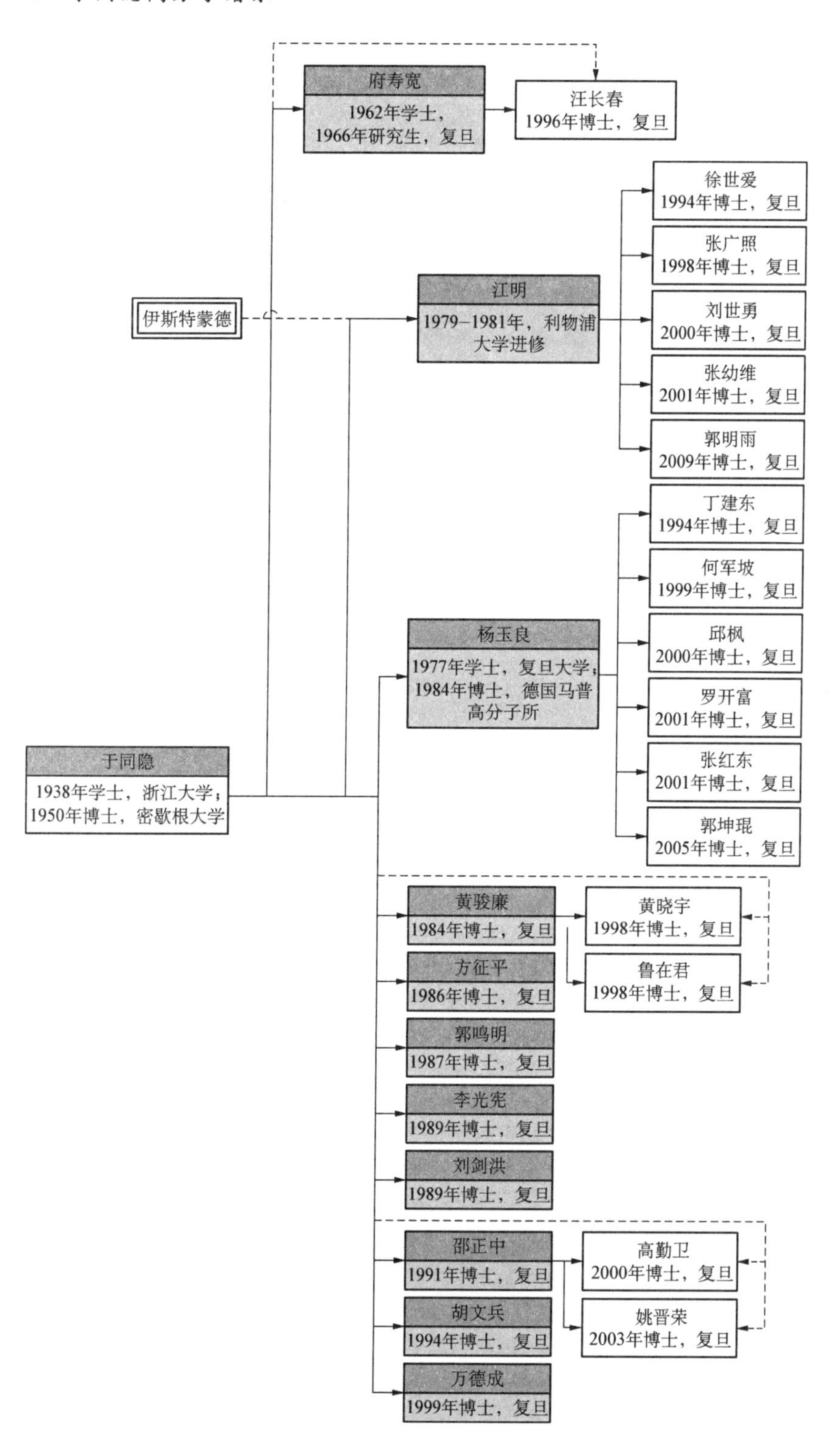

府寿宽
1962年学士，1966年研究生，复旦
汪长春
1996年博士，复旦
徐世爱
1994年博士，复旦
张广照
1998年博士，复旦
伊斯特蒙德
江明
1979−1981年，利物浦大学进修
刘世勇
2000年博士，复旦
张幼维
2001年博士，复旦
郭明雨
2009年博士，复旦
丁建东
1994年博士，复旦
何军坡
1999年博士，复旦
杨玉良
1977年学士，复旦大学；1984年博士，德国马普高分子所
邱枫
2000年博士，复旦
罗开富
2001年博士，复旦
张红东
2001年博士，复旦
于同隐
1938年学士，浙江大学；1950年博士，密歇根大学
郭坤琨
2005年博士，复旦
黄骏廉
1984年博士，复旦
黄晓宇
1998年博士，复旦
方征平
1986年博士，复旦
鲁在君
1998年博士，复旦
郭鸣明
1987年博士，复旦
李光宪
1989年博士，复旦
刘剑洪
1989年博士，复旦
邵正中
1991年博士，复旦
高勤卫
2000年博士，复旦
胡文兵
1994年博士，复旦
姚晋荣
2003年博士，复旦
万德成
1999年博士，复旦

9. 何炳林高分子谱系

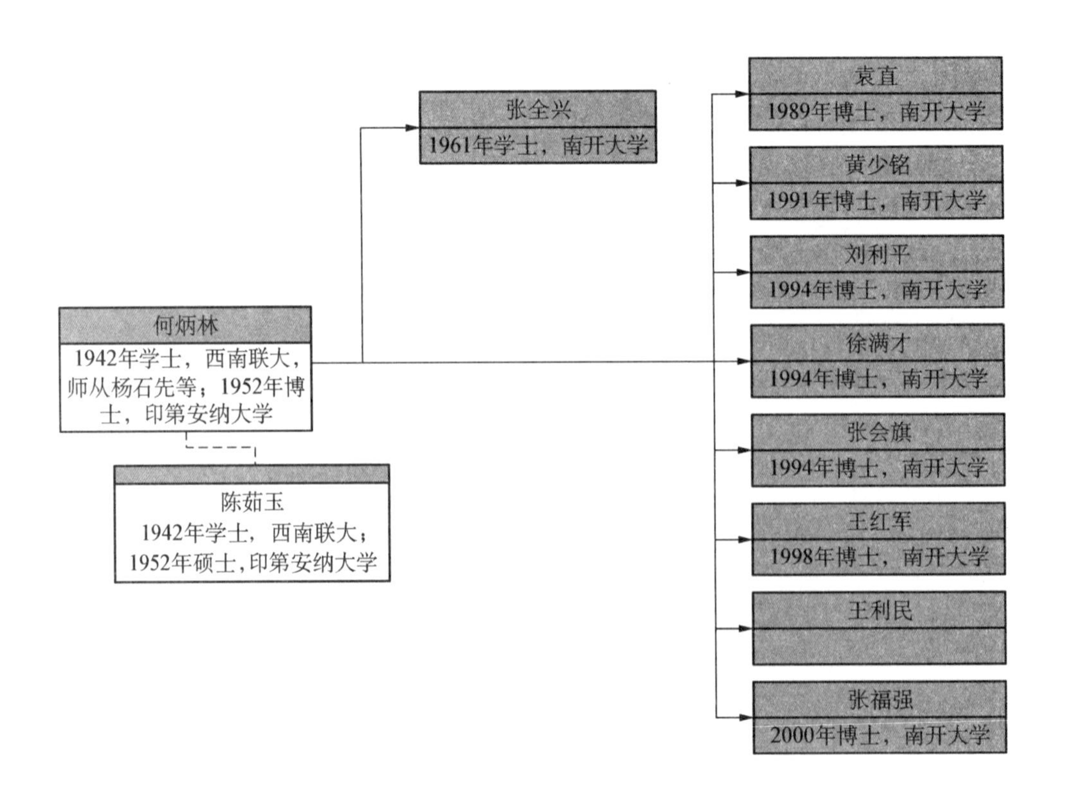

何炳林
1942年学士，西南联大，师从杨石先等；1952年博士，印第安纳大学
陈茹玉
1942年学士，西南联大；1952年硕士，印第安纳大学
张全兴
1961年学士，南开大学
袁直
1989年博士，南开大学
黄少铭
1991年博士，南开大学
刘利平
1994年博士，南开大学
徐满才
1994年博士，南开大学
张会旗
1994年博士，南开大学
王红军
1998年博士，南开大学
王利民
张福强
2000年博士，南开大学

10. 杨士林高分子谱系

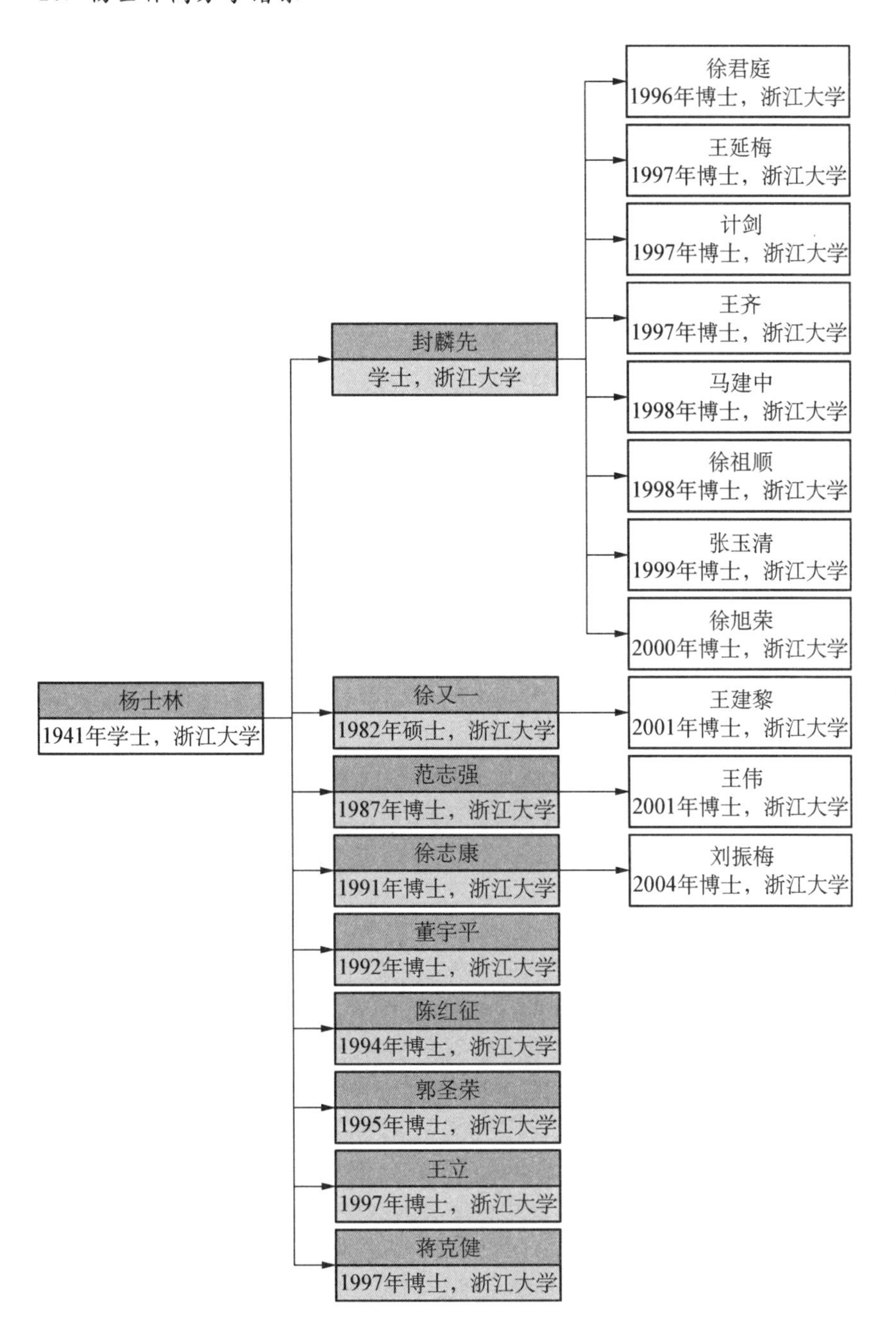

杨士林
1941年学士，浙江大学
封麟先
学士，浙江大学
徐君庭
1996年博士，浙江大学
王延梅
1997年博士，浙江大学
计剑
1997年博士，浙江大学
王齐
1997年博士，浙江大学
马建中
1998年博士，浙江大学
徐祖顺
1998年博士，浙江大学
张玉清
1999年博士，浙江大学
徐旭荣
2000年博士，浙江大学
徐又一
1982年硕士，浙江大学
王建黎
2001年博士，浙江大学
范志强
1987年博士，浙江大学
王伟
2001年博士，浙江大学
徐志康
1991年博士，浙江大学
刘振梅
2004年博士，浙江大学
董宇平
1992年博士，浙江大学
陈红征
1994年博士，浙江大学
郭圣荣
1995年博士，浙江大学
王立
1997年博士，浙江大学
蒋克健
1997年博士，浙江大学

11. 黄葆同高分子谱系

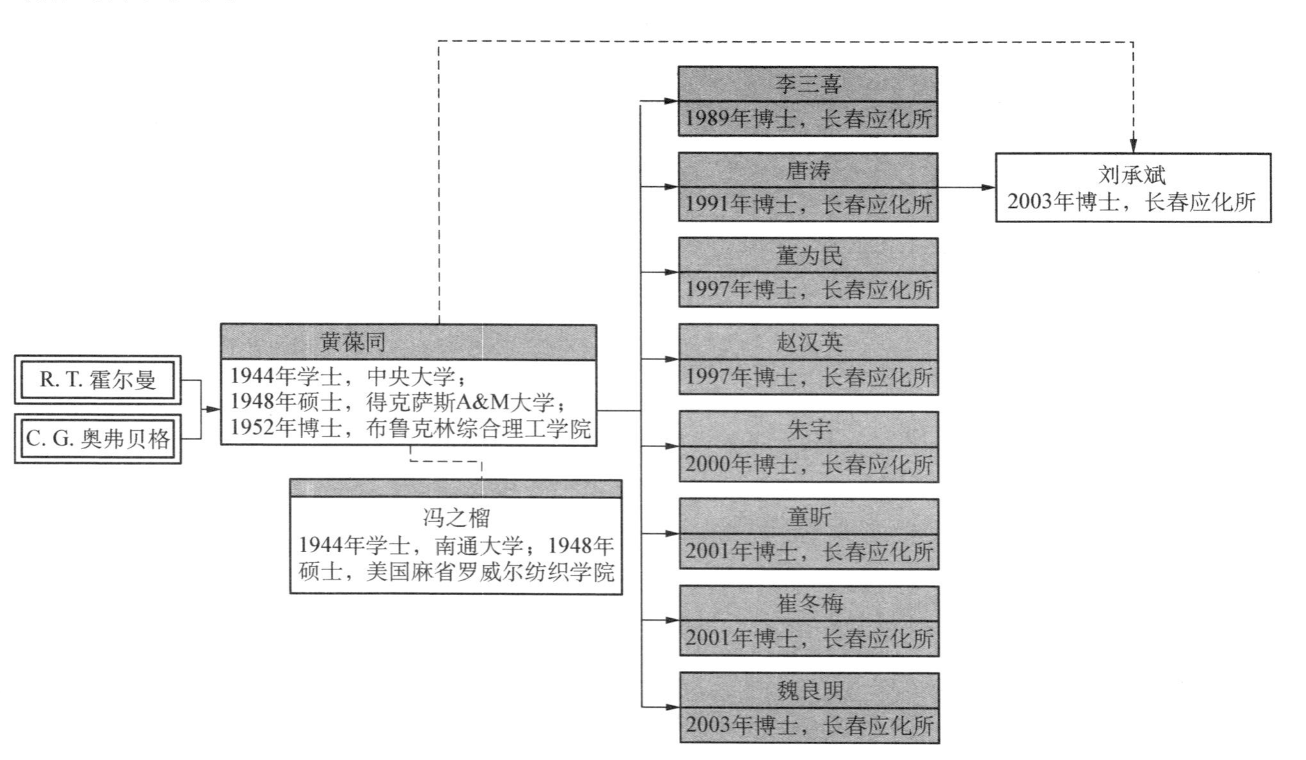
R. T. 霍尔曼
C. G. 奥弗贝格
黄葆同
1944年学士，中央大学；
1948年硕士，得克萨斯A&M大学；
1952年博士，布鲁克林综合理工学院
冯之榴
1944年学士，南通大学；1948年硕士，美国麻省罗威尔纺织学院
李三喜
1989年博士，长春应化所
唐涛
1991年博士，长春应化所
董为民
1997年博士，长春应化所
赵汉英
1997年博士，长春应化所
朱宇
2000年博士，长春应化所
童昕
2001年博士，长春应化所
崔冬梅
2001年博士，长春应化所
魏良明
2003年博士，长春应化所
刘承斌
2003年博士，长春应化所

12. 沈之荃高分子谱系

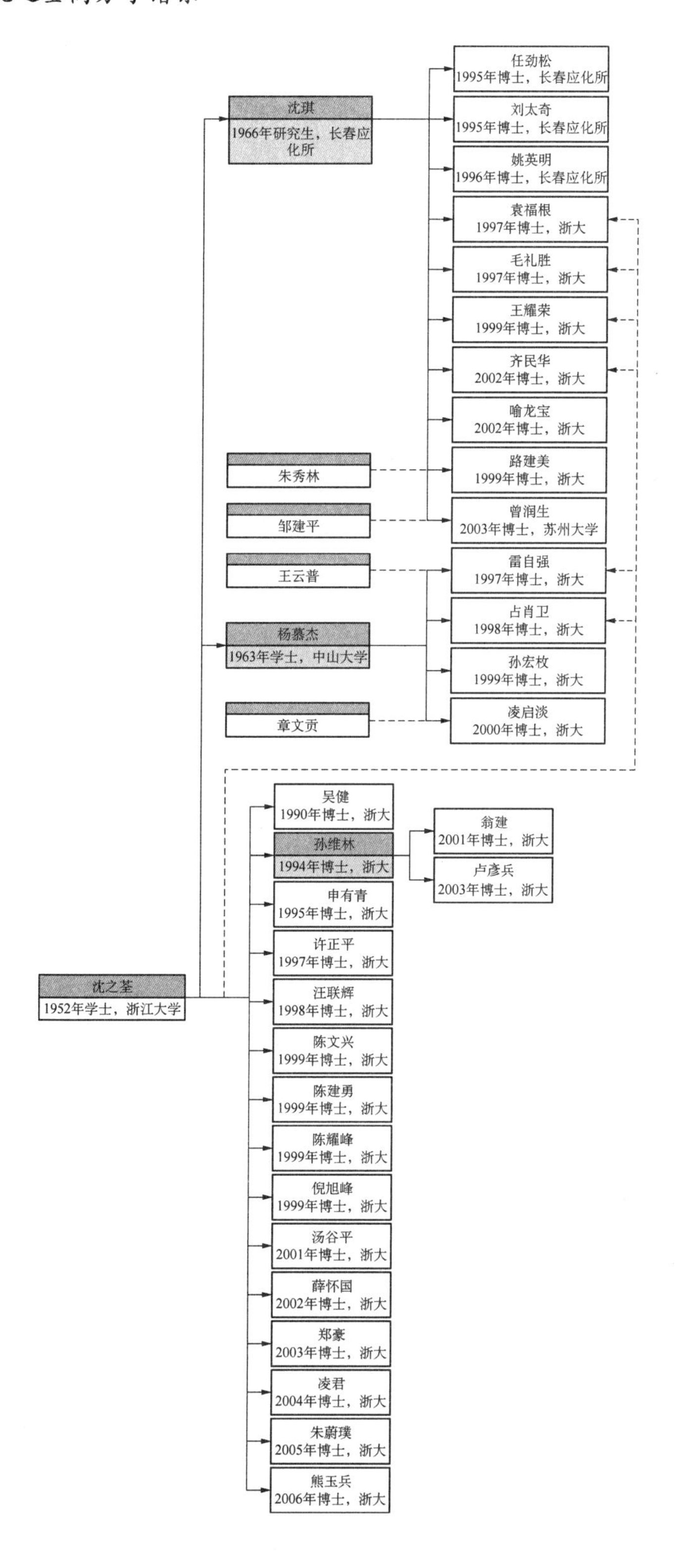
沈之荃
1952年学士，浙江大学
沈琪
1966年研究生，长春应化所
任劲松
1995年博士，长春应化所
刘太奇
1995年博士，长春应化所
姚英明
1996年博士，长春应化所
袁福根
1997年博士，浙大
毛礼胜
1997年博士，浙大
王耀荣
1999年博士，浙大
齐民华
2002年博士，浙大
喻龙宝
2002年博士，浙大
朱秀林
路建美
1999年博士，浙大
邹建平
曾润生
2003年博士，苏州大学
王云普
雷自强
1997年博士，浙大
杨慕杰
1963年学士，中山大学
占肖卫
1998年博士，浙大
孙宏枚
1999年博士，浙大
章文贡
凌启淡
2000年博士，浙大
吴健
1990年博士，浙大
孙维林
1994年博士，浙大
翁建
2001年博士，浙大
卢彦兵
2003年博士，浙大
申有青
1995年博士，浙大
许正平
1997年博士，浙大
汪联辉
1998年博士，浙大
陈文兴
1999年博士，浙大
陈建勇
1999年博士，浙大
陈耀峰
1999年博士，浙大
倪旭峰
1999年博士，浙大
汤谷平
2001年博士，浙大
薛怀国
2002年博士，浙大
郑豪
2003年博士，浙大
凌君
2004年博士，浙大
朱蔚璞
2005年博士，浙大
熊玉兵
2006年博士，浙大

13. 卓仁禧高分子谱系

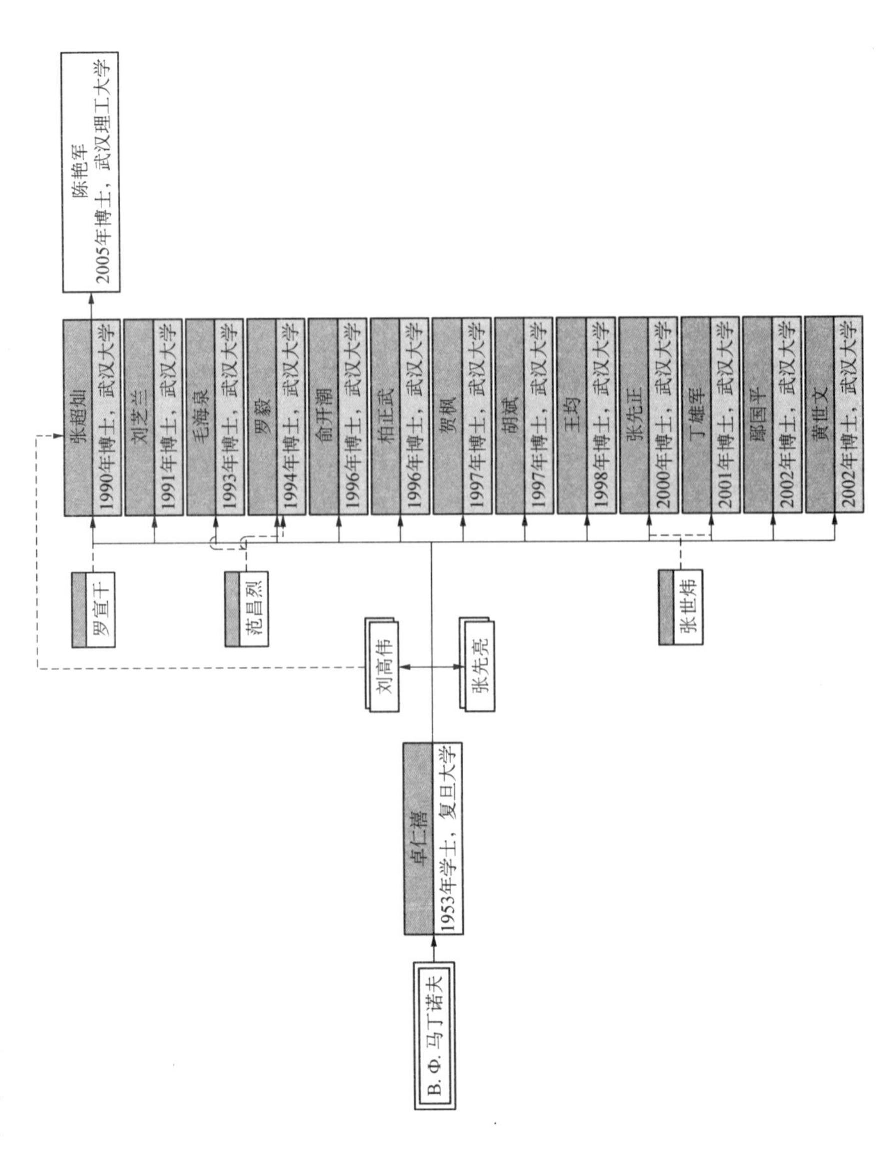

B. Φ. 马丁诺夫
卓仁禧
1953年学士，复旦大学
刘高伟
张先亮
罗宣干
范昌烈
张世炜
张超灿
1990年博士，武汉大学
刘芝兰
1991年博士，武汉大学
毛海泉
1993年博士，武汉大学
罗毅
1994年博士，武汉大学
俞开潮
1996年博士，武汉大学
柏正武
1996年博士，武汉大学
贺枫
1997年博士，武汉大学
胡斌
1997年博士，武汉大学
王均
1998年博士，武汉大学
张先正
2000年博士，武汉大学
丁雄军
2001年博士，武汉大学
鄢国平
2002年博士，武汉大学
黄世文
2002年博士，武汉大学
陈艳军
2005年博士，武汉理工大学

14. 王佛松高分子化学谱系

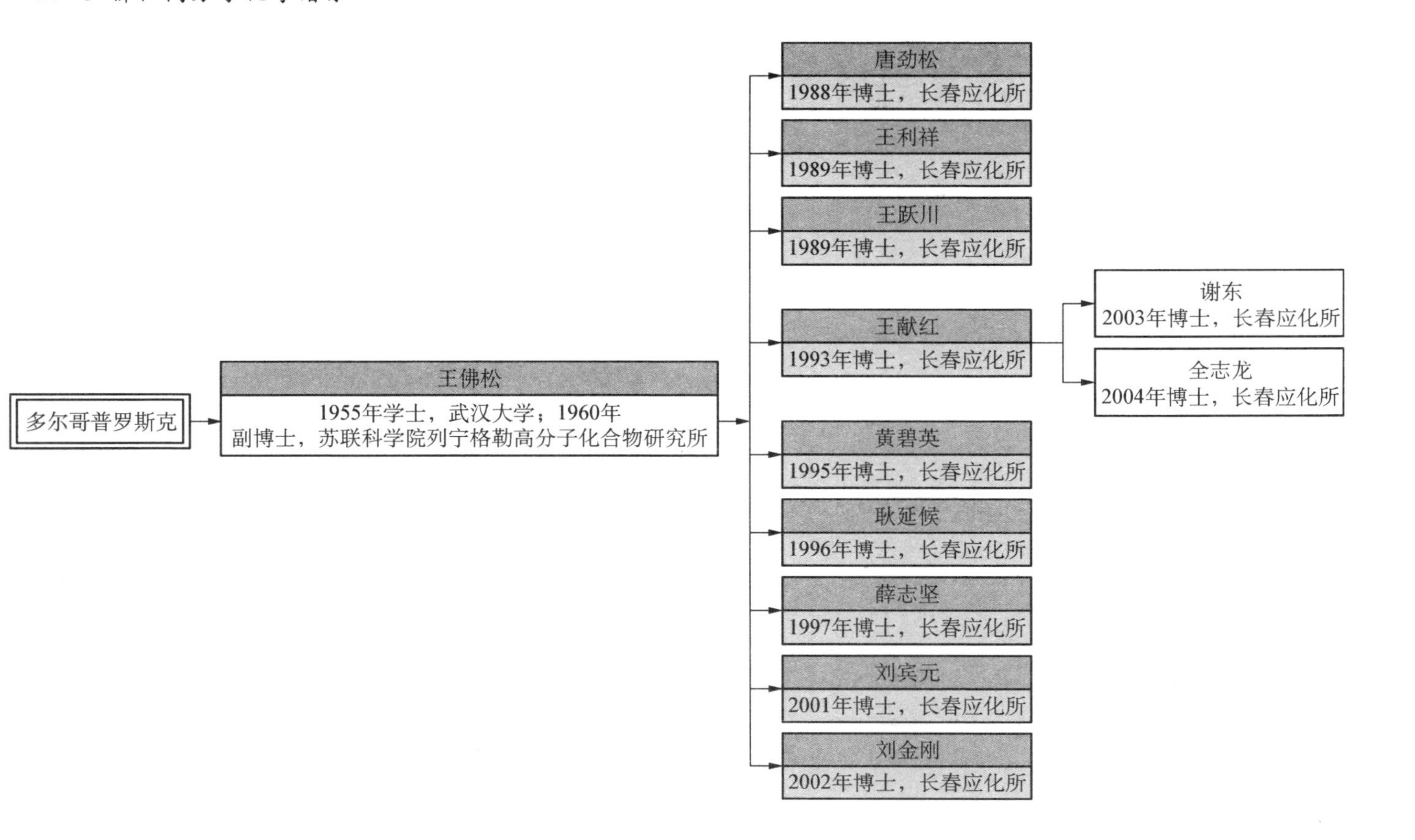

参考文献

1. 《当代中国科技名人成就大典》编委会. 当代中国科技名人成就大典(4)[M]. 福州：福建科学技术出版社,1992.
2. 《当代中国自然科学学者大辞典》编委会. 当代中国自然科学学者大辞典[M]. 杭州：浙江大学出版社,1992.
3. 《化学思想史》编写组. 化学思想史[M]. 长沙：湖南教育出版社,1986.
4. 《中国化学五十年》编辑委员会. 中国化学五十年[M]. 北京：科学出版社,1985.
5. Aaron J. Ihde. Criteria for Genealogical Roots [J]. Bull. Hist. Chem., Volume 26, Number 1(2001)：36 - 39.
6. C. 肖莱马. 有机化学的产生和发展[M]. 潘吉星,译. 北京：科学出版社,1978.
7. D. S. Tarbell, A. T. Tarbell. Roger Adams：Scientist and Statesman, American Chemical Society [M]. Washington D. C., 1981.
8. D. S. Tarbell, A. T. Tarbell, R. M. Joyce. The Students of Ira Remsen and Roger Adams [J]. Isis, Vol. 71, No. 4 (Dec., 1980), 620 - 626.
9. J. R. 柏廷顿. 化学简史[M]. 胡作玄,译. 北京：商务印书馆,1979.
10. Miles, Wyndham D. American Chemists and Chemical Engineers [M]. American Chemical Society, Washington D. C., 1976.
11. R. P. Graham. The Genealogy of a Chemistry Department [J]. J. Chem. Educ., 1948, 25,632 - 633.
12. V. Bartow. Chemical Genealogy [J]. J. Chem. Educ., 1939,16,236 - 238.
13. 白春礼. 20 世纪中国知名科学家学术成就概览・化学卷:第一分册[M]. 北京：科学出版社,2011.
14. 陈青之. 中国教育史:上,下册[M]. 上海：商务印书馆,1940.
15. 陈歆文. 侯德榜与侯氏制碱法[J]. 纯碱工业,1999,5：57 - 64.
16. 戴安邦. 现代中国化学教育之进展[J]. 化学,1945,9：1 - 15.
17. 戴安邦. 中国化学教育之现状[J]. 科学,1940,24(2)：89 - 109.
18. 戴安邦. 中国之无机化学研究[J]. 化学,1944,8：6 - 13.
19. 董光璧. 中国近现代科学技术史[M]. 长沙：湖南教育出版社,1995.
20. 樊小龙. 罗杰・亚当斯的化学风格[J]. 科学文化评论,2014,11(3)：93 - 109.
21. 高济宇. 中国之有机化学分析研究[J]. 化学,1944,8：25 - 28.
22. 高奇. 中国现代教育史[M]. 北京：北京师范大学出版社,1985.
23. 顾翼东. 中国化学家对物理化学的贡献[J]. 化学世界,1954,9(10)：424;9(11)：424.
24. 郭保章,董德沛. 化学史简明教程[M]. 北京：北京师范大学出版社,1986.

25. 郭保章. 中国化学教育史话[M]. 南昌：江西教育出版社，1993.
26. 郭保章. 中国化学史[M]. 南昌：江西教育出版社，2006.
27. 郭保章. 中国现代化学史略[M]. 南宁：广西教育出版社，1995.
28. 韩天琪，樊小龙，袁江洋. 唐敖庆谱系与福井谦一谱系比较研究[J]. 科学与社会，2013，3(1)，110-123.
29. 黄维垣，杜灿屏，朱士正. 中国有机氟化学十年进展[M]. 北京：高等教育出版社，1999.
30. 黄维垣. 中国有机氟化学研究[M]. 上海：上海科技出版社，1996.
31. 黄子卿. 中国之热力化学研究[J]. 化学(中国化学会十周年纪念刊)，1984，8：79.
32. 金以林. 近代中国大学研究[M]. 北京：中央文献出版社，2000.
33. 匡跃平. 现代化学工业概览[M]. 北京：中国石化出版社，2003.
34. 赖作卿. 30 年代中国化学事业发展状况[J]. 中国科技史料，1992，13(1)：12-20.
35. 黎占亭，王璐. 蒋锡夔研究员及其在物理有机化学和有机氟化学领域的成就[J]. 化学进展，2009，21(6)：1075-1079.
36. 黎占亭. 中国物理有机化学研究五十年重要成就介绍[J]. 化学通报，1999(12)：33-34.
37. 李华兴. 民国教育史[M]. 上海：上海教育出版社，1997.
38. 李佩珊. 评价一本美国学者撰写的中国现代化学史[J]. 自然辩证法研究，1995，11(11)：1-8.
39. 李乔苹. 中国化学史[M]. 台北：台湾商务印书馆，1978.
40. 李约瑟. 战时中国之科学[M]. 徐贤恭，刘建康，译. 上海：中华书局，1947.
41. 理论化学计算国家重点实验室. 纪念唐敖庆：中国现代理论化学开拓者和奠基人[M]. 长春：吉林大学出版社，2009.
42. 梁文平. 中国化学基础研究的回顾与思考[J]. 中国基础研究，2003，2：47-50.
43. 梁文平，等. 新世纪的物理化学：学科前沿与展望[M]. 北京：科学出版社，2004.
44. 刘广定. 中国化学教育发展简史[J]. 化学(台湾)，1985，43(4)：A152-A163.
45. 刘金涛. 中国有机化学研究 40 年[J]. 化学通报，2001(1)：60-63.
46. 刘敬义. 缅怀著名化学家、教育家、本刊副主编高振衡教授[J]. 高等学校化学学报，1990(12)：1460-1461.
47. 马晓娜等. 中国化工教育的历史、现状与展望[J]. 华工高等教育，2009，105(1)：1-8.
48. 倪加缵，苏锵，姚克敏，等. 稀土化学卅年的主要进展[J]. 化学通报，1979，6：1-10.
49. 任新民. 春华秋实　桃李满园：贺蒋明谦教授八十大寿[J]. 化学通报，1990(12)：52-54.
50. 申泮文. 我国高校化学专业大一化学教材的变迁与《无机化学丛书》的编撰出版：庆贺张青莲院士 95 华诞[J]. 大学化学，2003，18：3.
51. 苏云峰. 抗战前的清华大学，1928—1937 近代中国高等教育研究[M]. 台北：中央研究院近代史研究所，2000.
52. 汪猷，蒋明谦，黄耀增. 十年来的中国科学：化学[M]. 北京：科学出版社，1959.
53. 乌力吉. 中国理论化学学派的形成和发展[J]. 自然辩证法研究，2009(4)：90-95.
54. 乌云其其格，袁江洋. 谱系与传统：从日本诺贝尔奖获奖谱系看一流科学传统的构建[J]. 自然辩证法研究，2009(7)：57-63.
55. 吴学周. 中央研究院化学研究所[J]. 化学，1945.
56. 吴毓林，伍贻康. 中国有机合成化学家的攀登[J]. 化学通报，1999(12)：25-32.
57. 武文龙. 刘有成：有机自由基化学的奠基人[J]. 科技中国，2008(3)：133-136.

58. 熊国祥. 50 年来中国化学在基础研究方面取得的重大成就：国家自然科学家化学类一、二等奖项目综述[J]. 中国科技史料，1999，20(4)：294-309.
59. 熊为民，王克迪. 合成一个蛋白质：结晶牛胰岛素的人工合成[M]. 济南：山东教育出版社，2005.
60. 徐振亚，等. 北京大学化学系的八十五年[J]. 中国科技史料，1995，16(3)：58-68.
61. 杨矗. 中国人文学术研究的谱系危机[M]. 上海师范大学学报(哲学社会科学版)，2007(4)：118-125.
62. 杨根. 徐寿和中国近代化学史[M]. 北京：科学技术文献出版社，1986.
63. 杨石先，陈天池，王积涛，等. 十年来的中国科学：化学[M]. 北京：科学出版社，1963.
64. 袁翰青. 缅怀罗杰・亚当斯教授[J]. 化学教育，1981，4：45-47.
65. 袁振东. 国立中央研究院化学研究所的创建(1927—1937 年)：职业化化学研究在中国的尝试[J]. 中国科技史杂志，2006，27(2)：95-114.
66. 曾昭抡. 二十年来中国化学之进展[J]. 科学，1935，19(10)：1514-1554.
67. 曾昭抡. 一代宗师：曾昭抡百年诞辰纪念文集[M]. 北京：北京大学出版社，1999.
68. 曾昭抡. 中国化学之研究[J]. 化学，1944，8：1-5.
69. 张家治等. 化学教育史[M]. 南宁：广西教育出版社，1996.
70. 张剑. 中国近代科学与科学体制化[M]. 成都：四川人民出版社，2008.
71. 张藜. 二十世纪无机化学的复兴[J]. 自然科学史研究，1990，3.
72. 张藜. 中国西部科学院理化研究所始末[J]. 中国科技史料，1995，16(2)：24-35.
73. 张礼和. 化学学科进展[M]. 北京：化学工业出版社，2005.
74. 张培富. 海归学子演绎化学之路：中国近代化学体制化史考[M]. 北京：科学出版社，2009.
75. 赵匡华. 化学通史[M]. 北京：高等教育出版社，1990.
76. 赵匡华. 中国化学史・近现代卷[M]. 南宁：广西教育出版社，2003.
77. 郑登云. 中国高等教育史：上，下[M]. 上海：华东师范大学出版社，1994.
78. 郑集. 中国之生物化学研究[J]. 化学，1944，8：122-151.
79. 中国化学会. 中国化学会史[M]. 上海：上海交通大学出版社，2008.
80. 中国教育年鉴(1949—2008)[M]. 北京：人民教育出版社，2009.
81. 中国科学技术协会. 中国科学技术专家传略・理学编・化学卷 1[M]. 北京：中国科学技术出版社，1993.
82. 中国科学技术协会. 中国科学技术专家传略・理学编・化学卷 2[M]. 石家庄：河北教育出版社，1996.
83. 中国科学技术协会. 中国科学技术专家传略・理学编・化学卷 3[M]. 北京：中国科学技术出版社，1999.
84. 中国科学技术协会. 中国科学技术专家传略・理学编・化学卷 4[M]. 北京：中国科学技术出版社，2001.
85. 中国科学院编译出版委员会. 十年来的中国科学・化学[M]. 北京：科学出版社，1985.
86. 中科学技术史学会. 中国化学学科史[M]. 北京：中国科学技术出版社，2010.
87. 周益明，等. 中国化学史概论[M]. 南京：南京大学出版社，2004.
88. 朱汝华，曾昭抡. 中国之有机化学研究[J]. 化学，1944：29-68.

人名索引

A

B

C

D

F

G

H

J

M

N

P

Q

R

S

T

W

X

Y

Z